清华大学化学类教材

基础有机化学实验

阴金香 编著

清华大学出版社
北京

内容简介

本书为清华大学教材。全书共分7章，主要内容包括有机化学实验基本知识与方法；有机化合物物理常数测定，以及红外、核磁、质谱等常用的结构鉴定方法；有机化合物分离提纯方法与技术；基本操作实验、有机化合物的制备与合成实验及有机化合物性质与官能团测试实验，共选择了116个实验。实验分成了不同的层次和类型，由浅入深，循序渐进，便于使用者学习和教师安排。并介绍了常用有机溶剂的纯化与干燥方法。

本书可作为高等院校理工科类化学及相关专业的教材和参考书，也可供相关专业科研人员使用和参考。

图书在版编目(CIP)数据

基础有机化学实验/阴金香编著. —北京：清华大学出版社，2010.8(2025.1重印)
(清华大学化学类教材)
ISBN 978-7-302-22893-6

Ⅰ.①基… Ⅱ.①阴… Ⅲ.①有机化学-化学实验-高等学校-教材 Ⅳ.①O62-33

中国版本图书馆CIP数据核字(2010)第099886号

责任编辑：柳　萍
责任校对：赵丽敏
责任印制：沈　露

出版发行：清华大学出版社
网　址：https://www.tup.com.cn，https://www.wqxuetang.com
地　址：北京清华大学学研大厦A座　**邮　编**：100084
社 总 机：010-83470000　**邮　购**：010-62786544
投稿与读者服务：010-62776969，c-service@tup.tsinghua.edu.cn
质量反馈：010-62772015，zhiliang@tup.tsinghua.edu.cn
印 装 者：三河市人民印务有限公司
经　销：全国新华书店
开　本：185mm×260mm　**印　张**：25.25　**字　数**：646千字
版　次：2010年8月第1版　**印　次**：2025年1月第9次印刷
定　价：75.00元

产品编号：031693-03

前 言

本书与清华大学化学系教学实验中心编写的《基础无机化学实验》、《基础分析化学实验》及《基础物理化学实验》形成系列化学实验教材。近年来随着化学学科研究的迅速发展，对教学实验提出了更高的要求，目前的教学体系和实验内容、仪器等与10年前相比已有了很大发展和改变。

本书共分为7章，包含了有机化学基础理论大部分实验内容和实验的基本操作。第1章有机化学实验基本知识与方法，重点介绍实验室规则和安全、实验室常用仪器和设备、常用数据的查找、文献检索与网络资源，以及实施有机化学反应所需要的方法。第2章有机化合物物理常数测定及结构鉴定，介绍有机化合物物理常数，如沸点、熔点、折射率等的测定方法；以及红外、核磁、质谱等常用的结构鉴定方法。第3章介绍有机化合物分离提纯方法与技术。第4章基本操作实验，主要是将第2、第3章中的有关实验集中到这章，通过总结、提炼更便于学生自学，同时也便于不同学时教学的安排。第5章有机化合物的制备与合成实验，分3个层次，即基本合成实验、多步合成与综合性实验、研究型设计性实验。第6章有机化合物性质与官能团的化学测试实验，本章参考了近年来国外优秀专业教材和文献编写而成，对一些化合物新的性质进行了较为详细的描述，并且对部分实验进行了验证，内容新颖独特。第7章常用有机溶剂的纯化与干燥，提供了常用溶剂的纯化手段。附录包括化学中常见的英文缩写、常用有机化合物的物理常数、部分共沸混合物的性质、一些常用有机化合物的蒸气压、官能团特征红外吸收频率和典型有机官能团^{1}H NMR的化学位移值，供读者查阅参考。

本教材在编写过程中，坚持以基本训练为主，为学生进一步学习打下良好的基础。适当增加综合性、研究型设计性实验，由浅入深，循序渐进，增强了本教材的可读性和可授性。教材中研究型设计性实验是结合当前有机化学领域和学科交叉的研究热点，由我们自己开发转化而成，已为6届学生开出，此实验的开出受到学生的一致欢迎和好评。本书共116个实验包含了大部分基本有机化学反应类型，并且对这些反应类型的特点和应用加以简单介绍，使学生在学习实验的同时，对反应和化合物有进一步的了解，更好地与理论学习结合起来。

本教材的出版是作者本人和清华大学化学系有机化学实验室的同事们10多年教学经验的结晶，是我们励志教学实验改革的成果。

清华大学化学系李兆陇教授对全书进行了审核。在本书编写过程中，李广涛教授给予了大力支持和帮助，并且提出了很好的建议和意见。在成书过程中，林天舒高级实验师提出了很多宝贵的意见。林天舒高级实验师和助教王楠楠、胡君、吴义广、杨永冲、张永铭、徐丹、蔡辉、朱伟等参加了部分实验的改编和试做工作。SRT学生张一飞、林晨、曾行、周优、吴永炜、傅源、优伟、刘韬等参加了部分实验的开发工作。在此一并表示感谢。

作者衷心感谢多年来一直关注和支持我们工作的清华大学教师李艳梅教授、王芹珠教授、杨增家教授和邢玉芳教授，衷心感谢清华大学出版社柳萍编辑在本书编写和出版过程中给予的支持和帮助。

由于编者水平有限，书中错误在所难免，在此恳请读者和同行给予最真挚的批评指正。

阴金香
2010年3月于清华园

目　录

第1章　有机化学实验基本知识与方法 …… 1

1.1　有机化学实验必备知识 …… 1
1.1.1　实验室规则 …… 1
1.1.2　实验室安全 …… 2
1.1.3　实验报告的书写方法 …… 4
1.1.4　常用数据的查找、文献检索与网络资源 …… 9
1.2　有机化学实验中常用仪器和设备 …… 18
1.2.1　常用玻璃仪器及工具 …… 18
1.2.2　常用反应装置 …… 21
1.2.3　仪器的选择、搭装与拆卸 …… 22
1.2.4　玻璃仪器的清洗与干燥 …… 23
1.2.5　简单玻璃用品的制作及与塞子的连接 …… 23
1.2.6　常用电器设备 …… 25
1.2.7　其他设备 …… 27
1.3　反应实施方法 …… 28
1.3.1　加热 …… 29
1.3.2　冷却 …… 30
1.3.3　微波 …… 31

第2章　有机化合物物理常数测定及结构鉴定 …… 35

2.1　有机化合物物理常数测定 …… 35
2.1.1　熔点及其测定 …… 35
2.1.2　沸点及其测定 …… 43
2.1.3　温度计的校正 …… 45
2.1.4　折射率及其测定 …… 46
2.1.5　旋光度及其测定 …… 50
2.2　有机化合物的结构鉴定 …… 53
2.2.1　概述 …… 53
2.2.2　红外光谱 …… 54
2.2.3　核磁共振 …… 65
2.2.4　质谱法 …… 74

第3章　有机化合物分离提纯方法与技术 …… 81

3.1　蒸馏与分馏 …… 81

3.1.1　双组分溶液的气液相平衡 …… 81
3.1.2　常压蒸馏 …… 83
3.1.3　简单分馏 …… 86
3.1.4　减压蒸馏 …… 89
3.1.5　恒沸蒸馏 …… 93
3.1.6　水蒸气蒸馏 …… 94
3.2　萃取 …… 98
3.2.1　液液萃取 …… 98
3.2.2　固液萃取 …… 105
3.3　干燥 …… 106
3.3.1　液体干燥 …… 107
3.3.2　固体干燥 …… 110
3.3.3　气体干燥 …… 111
3.4　重结晶 …… 112
3.5　升华 …… 116
3.6　色谱分离技术 …… 118
3.6.1　色谱分离技术的发展与原理 …… 119
3.6.2　柱色谱 …… 120
3.6.3　薄层色谱 …… 124
3.6.4　纸色谱 …… 127
3.6.5　气相色谱 …… 129
3.6.6　高压液相色谱 …… 131

第4章　基本操作实验 …… 133

4.1　常压蒸馏与分馏、常量法测沸点和折射率 …… 133
实验1　常压蒸馏及常量法测沸点 …… 133
实验2　简单分馏 …… 134
实验3　折射率的测定 …… 135
4.2　减压蒸馏 …… 136
实验4　减压蒸馏乙二醇(半微量法) …… 137
实验5　减压蒸馏乙酰乙酸乙酯(微量法) …… 138
4.3　水蒸气蒸馏 …… 139
实验6　粗萘的水蒸气蒸馏 …… 139
实验7　苯胺的水蒸气蒸馏 …… 140
4.4　重结晶及熔点测定 …… 141
实验8　呋喃甲酸粗品的重结晶(微量法) …… 141
实验9　对氨基苯甲酸粗品的重结晶(常量法) …… 142
实验10　粗萘的混合溶剂重结晶 …… 143
实验11　显微熔点仪熔点测定法 …… 144
实验12　毛细管熔点测定法 …… 146

4.5 萃取分离 …… 147
实验 13 分离苯甲酸和萘的混合物 …… 147
实验 14 三组分混合物的分离(设计性实验) …… 149
实验 15 连续萃取法提取咖啡因(固液萃取法) …… 150
4.6 升华 …… 150
实验 16 升华提纯咖啡因 …… 151
4.7 色谱分离 …… 152
实验 17 薄层色谱分离绿色植物中的色素 …… 152
实验 18 柱色谱分离碱性品红与酸性品红 …… 154
实验 19 去痛片组分的分离(设计性实验) …… 155

第 5 章 有机化合物的制备与合成实验 …… 157

5.1 基本合成实验 …… 157
5.1.1 卤代烃的制备与合成 …… 157
实验 20 正溴丁烷的合成 …… 157
实验 21 溴乙烷的合成 …… 159
实验 22 2-氯丁烷的合成 …… 161
5.1.2 格氏反应 …… 162
实验 23 2-甲基-2-己醇的合成 …… 163
实验 24 3-己醇的合成 …… 165
实验 25 2-甲基丁酸的合成 …… 166
5.1.3 付氏反应 …… 168
实验 26 苯乙酮的合成 …… 169
实验 27 二苯甲酮的合成 …… 171
实验 28 2-丙基对二甲苯的合成 …… 172
5.1.4 羧酸及其衍生物的制备 …… 174
实验 29 戊酸的合成 …… 175
实验 30 3-噻吩甲酸的合成 …… 176
实验 31 肉桂酸的合成 …… 177
实验 32 乙酸正丁酯的合成 …… 179
实验 33 苯甲酸乙酯的合成 …… 181
实验 34 乙酰水杨酸的合成 …… 183
实验 35 苯甲酸丁酯的合成 …… 184
实验 36 邻氯苯甲酰氯的合成 …… 185
实验 37 对乙酰氨基苯磺酰氯的合成 …… 187
实验 38 DL-10-樟脑磺酰氯的合成 …… 188
实验 39 乙酰苯胺的合成 …… 189
实验 40 ε-己内酰胺的合成 …… 192
5.1.5 醚的制备与合成 …… 194
实验 41 正丁醚的合成 …… 195

实验 42 苯乙醚的合成 …………………………………………………… 197
5.1.6 坎尼扎罗反应 …………………………………………………… 199
实验 43 呋喃甲酸与呋喃甲醇的合成 …………………………………… 199
实验 44 苯甲酸与苯甲醇的合成 ………………………………………… 201
实验 45 对氯苯甲酸与对氯苯甲醇的合成 ……………………………… 202
5.1.7 Diels-Alder 反应 …………………………………………………… 205
实验 46 双环[2.2.1]-2-庚烯-5,6-二酸酐的合成 ……………………… 206
实验 47 3,6-内氧桥-4-环己烯二甲酸酐的合成 ………………………… 208
5.1.8 重氮化反应 …………………………………………………… 209
实验 48 对氯甲苯的合成 ……………………………………………… 209
实验 49 甲基橙的制备 ………………………………………………… 211
5.1.9 氧化还原反应 …………………………………………………… 213
实验 50 环己酮的合成 ………………………………………………… 214
实验 51 偶氮苯的合成 ………………………………………………… 217
实验 52 偶氮苯的光异构化反应 ……………………………………… 218
实验 53 9-芴醇的合成 ………………………………………………… 219
5.1.10 羟醛缩合反应 …………………………………………………… 221
实验 54 苄叉丙酮的合成 ……………………………………………… 222
实验 55 苯亚甲基苯乙酮的合成 ……………………………………… 223
实验 56 二苄叉丙酮的合成 …………………………………………… 224
实验 57 反-对甲氧基苄叉苯乙酮的合成 ……………………………… 225
5.2 多步合成与综合性实验 …………………………………………………… 227
5.2.1 7,7-二氯双环[4.1.0]庚烷的多步合成 ………………………… 227
实验 58 环己烯的合成 ………………………………………………… 228
实验 59 三乙基苄基氯化铵的合成 …………………………………… 229
实验 60 7,7-二氯双环[4.1.0]庚烷的合成 ……………………………… 230
5.2.2 4-苯基-2-丁酮亚硫酸氢钠加成物的多步合成 …………………… 231
实验 61 乙酰乙酸乙酯的合成 ………………………………………… 232
实验 62 4-苯基-2-丁酮的合成 ………………………………………… 234
实验 63 4-苯基-2-丁酮亚硫酸氢钠加成物的合成 ……………………… 235
5.2.3 正丁基巴比妥酸的多步合成 …………………………………… 236
实验 64 正丁基丙二酸二乙酯的合成 ………………………………… 236
实验 65 5-正丁基巴比妥酸的合成 …………………………………… 238
5.2.4 以安息香为原料的多步合成 …………………………………… 239
实验 66 安息香的合成 ………………………………………………… 239
实验 67 二苯基乙二酮的合成 ………………………………………… 241
实验 68 二苯基乙醇酸的合成 ………………………………………… 242
5.2.5 二茂铁及其衍生物的合成与柱色谱分离 ………………………… 243
实验 69 二茂铁的合成 ………………………………………………… 244
实验 70 乙酰基二茂铁和二乙酰基二茂铁的合成及柱色谱分离 ……… 246

5.2.6　魏梯希反应……………………………………………………… 248
实验 71　1,4-二苯基-1,3-丁二烯的合成 ……………………………………… 248
实验 72　(*E*)-1,2-二苯乙烯和(*Z*)-1,2-二苯乙烯的合成 ……………………… 250
5.2.7　其他类型综合性实验…………………………………………………… 253
实验 73　氢化肉桂酸(3-苯基丙酸)的合成 …………………………………… 253
实验 74　鲁米诺的制备与性质实验 …………………………………………… 255
实验 75　环己烷杯[4]吡咯的合成 …………………………………………… 258
5.2.8　高分子聚合物……………………………………………………………… 260
实验 76　聚苯乙烯的制备 ………………………………………………………… 260
实验 77　聚邻苯二甲酸乙二醇酯的制备 ……………………………………… 262
实验 78　聚乙烯醇缩甲醛的合成 ……………………………………………… 263
5.2.9　离子液体与表面活性剂…………………………………………………… 264
实验 79　溴化 *N*-十六烷基-*N'*-甲基咪唑的合成 ……………………………… 265
实验 80　十二烷基硫酸钠的合成 ……………………………………………… 267
实验 81　十二烷基二甲基甜菜碱的合成 ……………………………………… 268
5.2.10　天然产物的提取与分离 ……………………………………………… 269
实验 82　咖啡因的提取与提纯 ………………………………………………… 269
实验 83　从番茄酱中提取番茄红素和β-胡萝卜素 …………………………… 272
实验 84　绿色植物中色素的提取和分离 ……………………………………… 274
实验 85　云香苷的提取与鉴定 ………………………………………………… 277
实验 86　从中草药黄连中提取黄连素 ………………………………………… 279
5.3　研究型与设计性实验 …………………………………………………………… 281
实验 87　四氢咔唑及咔唑合成方法的研究 …………………………………… 281
实验 88　吲哚并咔唑合成方法的研究 ………………………………………… 283
实验 89　四氢咔唑酮合成方法的研究 ………………………………………… 285
实验 90　*N*-乙酸咔唑的合成与金属配合物的研究……………………………… 287
实验 91　*N*-溴代烷基咔唑合成方法的研究……………………………………… 290
实验 92　2-羟基-4-正辛氧基二苯甲酮的合成研究 …………………………… 292
实验 93　利用 Wittig 与 Wittig-Horner 方法合成烯烃 ……………………… 293
实验 94　不同取代基杯[4]吡咯合成方法及其性质研究 ……………………… 294
实验 95　有机-无机介孔材料的制备与性能表征 ……………………………… 297

第 6 章　有机化合物性质与官能团测试实验……………………………………… 299

6.1　碳氢化合物——烯烃、炔烃、芳香烃 ……………………………………… 299
实验 96　烯烃的性质鉴定 ……………………………………………………… 299
实验 97　乙炔的制备与炔烃的性质鉴定 ……………………………………… 303
实验 98　芳香烃的性质鉴定 …………………………………………………… 305
6.2　卤代烃 …………………………………………………………………………… 307
实验 99　卤代烷与 $AgNO_3$-乙醇溶液反应 ……………………………………… 308
实验 100　卤代烷与 NaI-丙酮溶液反应 ……………………………………… 309

6.3　醇、酚、醚 …… 311
实验 101　醇的性质鉴定 …… 312
实验 102　酚的性质鉴定 …… 320
实验 103　醚的性质鉴定 …… 323
6.4　醛、酮 …… 325
实验 104　醛、酮的共性反应 …… 325
实验 105　区别醛、酮的反应 …… 329
6.5　羧酸及其衍生物 …… 332
实验 106　羧酸的性质鉴定 …… 332
实验 107　羧酸衍生物的性质鉴定 …… 333
6.6　胺基与硝基化合物 …… 338
实验 108　用 Hinsberg 法区分伯胺、仲胺、叔胺 …… 338
实验 109　胺类化合物与亚硝酸的反应 …… 341
实验 110　脂肪族仲胺和伯胺的鉴别 …… 345
实验 111　硝基化合物的性质鉴定 …… 347
6.7　碳水化合物 …… 349
实验 112　糖生成糠醛及其衍生物的性质鉴定 …… 349
实验 113　碳水化合物的氧化反应 …… 351
实验 114　碳水化合物的其他性质鉴定 …… 353
6.8　氨基酸、蛋白质 …… 355
实验 115　氨基酸的性质鉴定 …… 355
实验 116　蛋白质的显色反应 …… 357

第 7 章　常用有机溶剂的纯化与干燥 …… 359

附录 1　化学中常见的英文缩写 …… 368

附录 2　常用有机化合物的物理常数 …… 369

附录 3　部分共沸混合物的性质 …… 374

附录 4　一些常用有机化合物的蒸气压 …… 376

附录 5　官能团特征红外吸收频率 …… 377

附录 6　典型有机官能团 ^{1}H NMR 的化学位移值 …… 386

附录 7　常用酸碱溶液的相对密度及组成 …… 388

主要参考文献 …… 392

第1章　有机化学实验基本知识与方法

任何一门科学的形成都来源于实践，尤其是化学，化学是一门实践性很强的科学。有机化学是化学学科中很重要的一个分支，要想学好有机化学必须做好有机化学实验，否则有机化学只是学好了一半。本课程的目的就是培养学生掌握有机化学实验的基本知识和基本技能，并能综合地运用它们。

1.1　有机化学实验必备知识

1.1.1　实验室规则

为了保证有机化学实验课正常、有效、安全地进行，保证实验课的教学质量，学生必须遵守下列规则：

(1) 在进入实验室之前，必须认真阅读本章内容，了解进入实验室后应该注意的事项及有关的操作要求，掌握实验室安全和紧急救护的常识。

(2) 进入实验室后首先要了解实验室的布局，水、电、气阀门的位置。消防器材、洗眼器、紧急喷淋装置的位置和使用方法。药品、玻璃仪器及实验中所用到的公用物品的存放位置。

(3) 进入实验室应穿实验服，不能穿拖鞋、背心等身体暴露过多的服装进入实验室，根据实验需要佩戴防护镜。实验室内不能吸烟、吃东西、打电话等。书包、衣服等物品应放在老师指定的地方或衣柜中。

(4) 做实验之前，要认真预习实验内容及相关资料，写好实验预习报告，才可以进入实验室做实验。

(5) 做实验时，应先将实验装置搭装好，经指导老师检查合格后，才能进行下一步操作。在操作前，应想好每一步操作的目的、意义，实验中的关键步骤及难点，了解所用药品的性质及应注意的安全问题。

(6) 实验中要严格按操作规程操作，如要改变必须经指导老师同意。实验中要认真、仔细观察实验现象，如实做好记录。实验完成后，指导老师要登记实验结果，并将产品回收统一保管。课后，按时写出符合规范的实验报告。

(7) 在实验过程中不得大声喧哗，不得擅自离开实验室。损坏玻璃仪器应如实填写破损单。温度计破损后，首先应将洒落的水银全部收到专门的回收容器中，再在原处撒上硫磺粉覆盖，最后将覆盖过水银的硫磺粉统一回收处理。实验中出现意外及时请示老师或助教协助处理，学生不得私自重做实验。

(8) 实验中要保持实验室的环境卫生，公用仪器用完后放回原处。取完药品及时将容器的盖子盖好，液体药品在通风橱中量取，固体药品在称量台上称取。

(9) 废液应倒入专门回收容器内(易燃液体除外)，固体废物(如沸石、棉花等)应倒在垃圾桶内，不要倒在水池中，以免堵塞。

(10) 实验结束后，将个人实验台面打扫干净，仪器洗、挂、放好，拔掉电源插头。请指导老师检查、签字后方可离开实验室。值日生待做完值日后，再请指导老师检查、签字。离开实验室前应检查水、电、气是否关闭。

1.1.2 实验室安全

在有机化学实验中经常要用到一些有毒有害、易燃易爆、腐蚀性较强的化学药品(如乙醚、苯、硫酸、盐酸、氢氧化钠等)。虽然我们在选择实验时，尽量选用毒性较低，比较安全的溶剂和试剂，但是当大量使用时也要注意。因此，在实验中防止火灾、爆炸事故的发生是非常重要的。同时，在实验中还要使用易碎的玻璃仪器和电器设备进行操作。因此，安全用电和防止割伤、灼伤事故的发生也非常重要。

1) 防火

引起着火的原因很多，如用敞口容器加热低沸点的溶剂，加热方法不正确等，均可引起着火。为了防止着火，在实验中应注意：不能用敞口容器加热和放置易燃、易挥发的化学药品。应根据实验要求和物质的特性，选择正确的加热方法。如对沸点低于 80℃的液体，在蒸馏时，应采用水浴，不能直接用明火加热。尽量防止或减少易燃气体的外逸。处理和使用易燃物时，应远离明火，注意室内通风，及时将蒸气排出。易燃、易挥发的废物，不得倒入废液缸和垃圾桶中，应专门回收处理。实验室不得存放大量易燃、易挥发性物质。有煤气的实验室，应经常检查管道和阀门是否漏气。

一旦发生着火，应沉着镇静地及时采取正确措施，控制事故的扩大。首先，立即切断电源，移走易燃物。然后，根据易燃物的性质和火势采取适当的方法进行扑救。有机物着火通常不用水进行扑救，因为一般有机物不溶于水或遇水可发生更强烈的反应而引起更大的事故。小火可用湿布或石棉布盖熄，火势较大时，应用灭火器扑救。

常用灭火器有二氧化碳、四氯化碳、干粉及泡沫等灭火器。

目前实验室中常用的是干粉灭火器。使用时，拔出销钉，将出口对准着火点，将上手柄压下，干粉即可喷出。

二氧化碳灭火器也是有机实验室常用的灭火器。灭火器内存放着压缩的二氧化碳气体，适用于油脂、电器及较贵重的仪器着火时使用。

虽然四氯化碳和泡沫灭火器都具有较好的灭火性能，但四氯化碳在高温下能生成剧毒的光气，而且与金属钠接触会发生爆炸。泡沫灭火器会喷出大量的泡沫而造成严重污染，给后处理带来麻烦。因此，这两种灭火器一般不用。不管采用哪一种灭火器，都是从火的周围开始向中心扑灭。

地面或桌面着火时，还可用砂子扑救，但容器内着火不易使用砂子扑救。

身上着火时，应就近在地上打滚(速度不要太快)将火焰扑灭。千万不要在实验室内乱跑，以免造成更大的火灾。

2) 防爆

在有机化学实验室中，发生爆炸事故一般有两种情况：

(1) 某些化合物容易发生爆炸，如过氧化物、芳香族多硝基化合物等，在受热或受到碰撞时，均会发生爆炸。含过氧化物的乙醚在蒸馏时，也有爆炸的危险。乙醇和浓硝酸混合在一起，会引起极强烈的爆炸。

(2) 仪器安装不正确或操作不当也可引起爆炸，如蒸馏或反应时实验装置被堵塞，减压蒸馏时使用不耐压的仪器等。

为了防止爆炸事故的发生应注意：使用易燃易爆物品时，应严格按操作规程操作，要特别小心。反应过于猛烈时，应适当控制加料速度和反应温度，必要时采取冷却措施。在用玻璃仪器组装实验装置之前，要先检查玻璃仪器是否有破损。不能在密闭体系内进行加热或反应，要经常检查反应装置是否被堵塞。如发现堵塞应停止加热或反应，排除后再继续进行。减压蒸馏时，不能用平底烧瓶、锥形瓶、薄壁试管等不耐压容器作为接收瓶或反应瓶。无论是常压蒸馏还是减压蒸馏，均不能将液体蒸干，以免局部过热或产生过氧化物而发生爆炸。尤其是乙醚，因为乙醚长时间与空气接触可以形成羟乙基过氧化氢，羟乙基过氧化氢失去一分子水转变成亚乙基过氧化物，这是具有猛烈爆炸性的物质。这种过氧化物的沸点比乙醚高。因此，爆炸往往发生在蒸馏的后期，将乙醚蒸馏到原来体积的 1/10 时，就存在着爆炸的危险。在使用乙醚时，即便不需要完全蒸干，也应检查一下是否有过氧化物存在。

$$CH_3-CH(OH)-O-O-H \longrightarrow CH_3-CH\langle{}^{O}_{O}\rangle + H_2O$$

羟乙基过氧化氢　　亚乙基过氧化物(爆炸性物质)

3) 防止中毒

大多数化学药品都具有一定的毒性。中毒主要是通过呼吸道和皮肤接触有毒物品而对人体造成危害。因此预防中毒应做到：称量药品时应使用工具，不得直接用手接触，尤其是毒品。做完实验后，应洗手后再吃东西。任何药品不能用嘴尝。使用和处理有毒或腐蚀性物质时，应在通风柜中进行或加气体吸收装置，并戴好防护用品。尽可能避免蒸气外逸，以防造成污染。一旦发生中毒现象，应让中毒者及时离开现场，到通风好的地方，严重者应及时送往医院。毒品应由专人保管。

4) 防止灼伤

皮肤接触了高温、低温或腐蚀性物质后均可能被灼伤。为避免灼伤，在接触这些物质时，最好戴橡胶手套和防护眼镜，一旦发生灼伤时可以在伤口处涂抹凡士林或烫伤膏。

如果发生化学灼伤根据情况做相应处理：

(1) 被酸或碱灼伤先用大量的水冲洗，如果被酸灼伤用 1％的碳酸氢钠溶液，如果被碱灼伤用 1％的硼酸溶液冲洗，然后再用水冲洗，最后涂上烫伤膏。

(2) 被溴灼伤应立即用大量的水冲洗，再用酒精擦洗或用 2％的硫代硫酸钠溶液洗至灼伤处呈白色，然后涂上甘油或鱼肝油软膏加以按摩。

以上这些物质一旦溅入眼睛中，应立即用冲眼器冲洗 15min 左右，并及时去医院治疗。

5) 防止割伤

有机化学实验主要使用玻璃仪器。使用时，最基本的原则是：不能对玻璃仪器的任何部位施加过度的压力。

需要用玻璃管和塞子连接装置时，用力处不要离塞子太远，如图 1-1 中(a)和(c)所示。图 1-1 中(b)和(d)的操作是不正确的。尤其是插入温度计时，要特别小心。

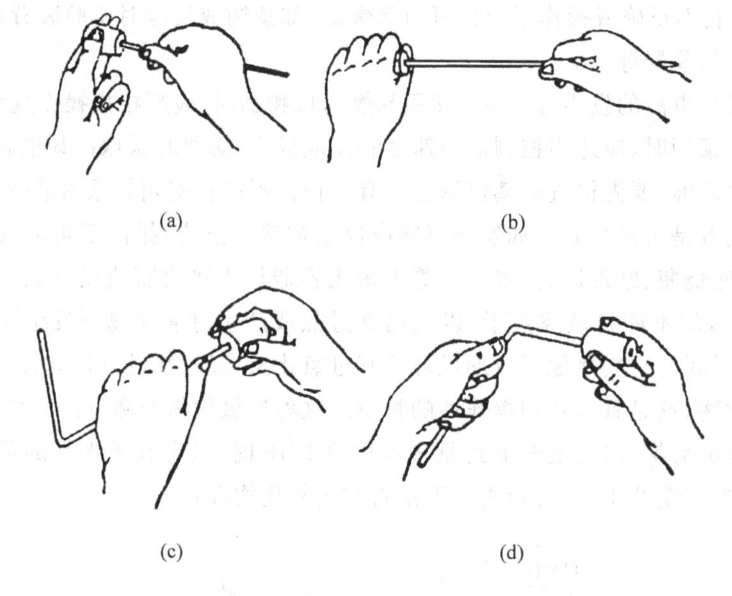

图 1-1　玻璃管与塞子连接时的操作方法

新割断的玻璃管断口处特别锋利，使用时，要将断口处用火烧至熔化，使其成圆滑状。发生割伤后，应将伤口处的玻璃碎片取出，再用生理盐水将伤口洗净，涂上红药水，用纱布包好伤口。若割破静(动)脉血管，流血不止时，应先止血。具体方法是：在伤口上方约 5～10cm 处用绷带扎紧或用双手掐住，然后再进行处理或送往医院。

实验室应备有急救药品，如生理盐水、医用酒精、红药水、烫伤膏、1%～2%的乙酸或硼酸溶液、1%的碳酸氢钠溶液、2%的硫代硫酸钠溶液、甘油、止血粉、龙胆紫、凡士林等。还应备有镊子、剪刀、纱布、药棉、绷带等急救用具。

6) 安全用电

进入实验室后，首先应了解水、电、气的开关位置在何处，而且要掌握它们的使用方法。在实验中，应先将电器设备上的插头与插座连接好后，再打开电源开关。不能用湿手或手握湿物去插或拔插头。使用电器前，应检查线路连接是否正确，电器内外要保持干燥，不能有水或其他溶剂。实验做完后，应先关掉电源，再拔插头。

1.1.3　实验报告的书写方法

有机化学实验课是一门综合性较强的理论联系实际的课程。它是培养学生独立工作能力的重要环节。完成一份正确、完整的实验报告，也是一个很好的训练过程。在基础教学实验中有机化学实验报告有规定的格式。

实验报告分 3 部分：实验预习、实验记录及实验报告。

1) 实验预习

实验预习的内容包括：

(1) 写出实验要达到的主要目的。

(2) 用反应式写出主反应及副反应,并写出反应机理,简单叙述操作原理。

(3) 画出反应及产品纯化过程的流程图。

(4) 按实验报告要求填写主要试剂及产物的物理和化学性质。

(5) 画出主要反应装置图,并标明仪器名称。

(6) 写出操作步骤。

预习时,应想清楚每一步操作的目的是什么,为什么这么做,要弄清楚本次实验的关键步骤和难点,实验中有哪些安全问题。预习是做好实验的关键,只有预习好了,实验时才能做得又快又好。

2) 实验记录

实验记录是科学研究的第一手资料,实验记录可以直接影响对实验结果的分析。因此,学会做好实验记录也是培养学生科学作风及实事求是精神的一个重要环节。作为一位科学工作者,必须对实验的全过程进行仔细观察。如反应液颜色的变化,有无沉淀及气体出现,固体的溶解情况,以及加热温度和加热后反应的变化等,都应认真、如实记录。同时还应记录加入原料的颜色和加入的量、产品的颜色和产品的量、产品的熔点或沸点等物理常数。记录时,要与操作步骤一一对应,内容要简明扼要,条理清楚。记录直接写在报告上。不要随便记在一张纸上,课后抄在报告上。

3) 实验报告

这部分工作在课后完成。内容包括:

(1) 对实验现象逐一作出正确的解释。能用反应式表示的尽量用反应式表示。

(2) 计算产率。在计算理论产量时,应注意:①有多种原料参加反应时,以摩尔数最小的那种原料的量为准;②不能用催化剂或引发剂的量来计算;③有异构体存在时,以各种异构体理论产量之和进行计算,实际产量也是形成的异构体实际产量之和。计算公式如下:

$$产率=实际产量/理论产量\times100\%$$

(3) 填写物理常数测试表。分别填上产物的文献值和实测值,并注明测试条件,如温度、压力等。

(4) 对实验过程或结果进行讨论与总结。这部分给了学生一个自由发挥的空间,学生可以根据实验中的问题和体会展开,通过讨论来总结、提高和巩固实验中所学到的理论知识和实验操作技能。

一份完整的实验报告可以充分体现学生对实验理解的程度、综合解决问题的能力以及文字表达的能力。

下面以乙酸正丁酯的合成为例说明实验报告的具体写法。

乙酸正丁酯的合成

1. 实验目的

(1) 了解缩合和酯化反应的原理及合成方法。

(2) 学习洗涤、萃取原理及操作(分液漏斗的使用)。

(3) 学习干燥原理及操作。

(4) 熟练掌握分水器的使用方法及作用。

2. 反应原理

缩合反应是两个以上有机分子间或分子内反应，放出水、氨、氯化氢等简单小分子而得到较大分子的反应。酯化反应是缩合反应的特例。本反应由正丁醇和冰乙酸在硫酸催化下生成乙酸正丁酯和水：

$$CH_3COOH + n\text{-}C_4H_9OH \xrightleftharpoons{H_2SO_4} CH_3COOC_4H_9 + H_2O$$

3. 主要原料和产物的物理化学性质

名称	相对分子质量	折射率 n_D^{20}	相对密度 D_4^{20}	沸点/℃	熔点/℃	溶解度/(g/100mL)			投料量	摩尔数	理论产量/g
						水	醇	醚			
正丁醇	74.12	1.3993	0.8098	117.25	−89.53	溶	溶	溶	4.1g (或 5mL)	0.054	
冰乙酸	60.5	1.3716	1.0492	117.9	16.5	溶	溶	溶	3.7g (或 3.5mL)	0.061	
乙酸正丁酯	116.16	1.3941	0.8825	124～126	−77.9	微	溶	溶			6.27

4. 主要反应装置图

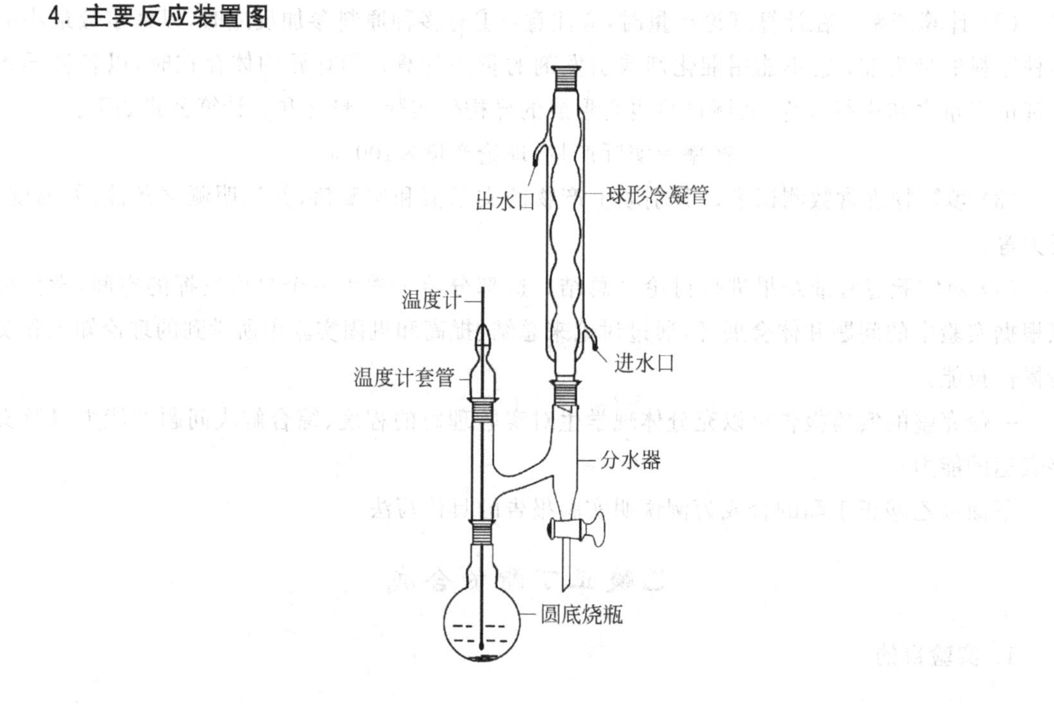

5. 产品纯化过程流程图

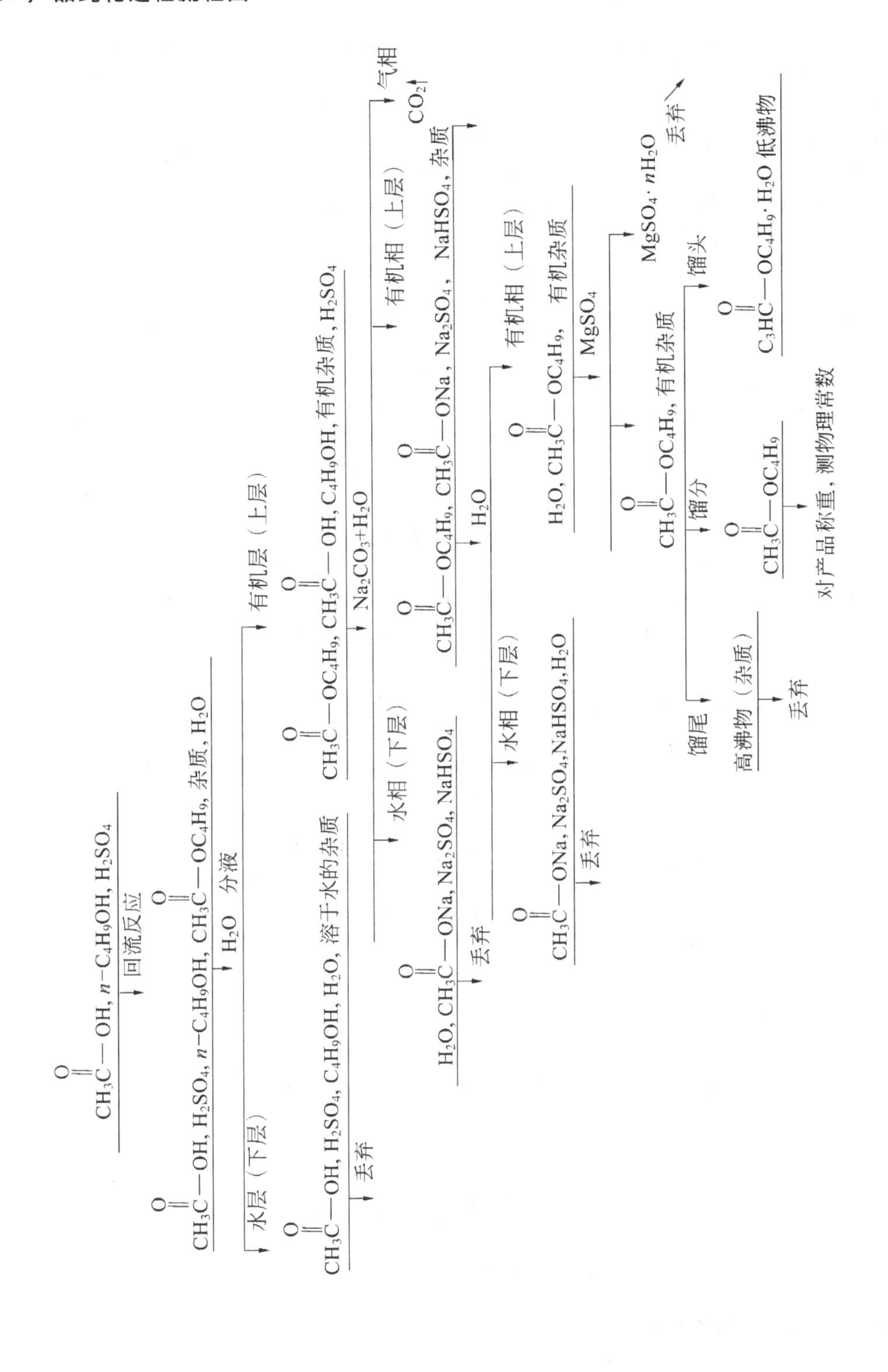
CH3C(=O)—OH, n-C4H9OH, H2SO4
回流反应
CH3C(=O)—OH, H2SO4, n-C4H9OH, CH3C(=O)—OC4H9, 杂质, H2O
H2O　分液
水层（下层）
有机层（上层）
CH3C(=O)—OH, H2SO4, C4H9OH, H2O, 溶于水的杂质
丢弃
CH3C(=O)—OC4H9, CH3C(=O)—OH, C4H9OH, 有机杂质, H2SO4
Na2CO3+H2O
水相（下层）
有机相（上层）
气相
CO2
H2O, CH3C(=O)—ONa, Na2SO4, NaHSO4
丢弃
CH3C(=O)—OC4H9, CH3C(=O)—ONa, Na2SO4, NaHSO4, 杂质
H2O
水相（下层）
有机相（上层）
CH3C(=O)—ONa, Na2SO4, NaHSO4, H2O
丢弃
H2O, CH3C(=O)—OC4H9, 有机杂质
MgSO4
CH3C(=O)—OC4H9, 有机杂质
MgSO4·nH2O
丢弃
馏尾
馏分
馏头
高沸物（杂质）
丢弃
CH3C(=O)—OC4H9
C3HC(=O)—OC4H9·H2O 低沸物
对产品称重，测物理常数

6. 实验步骤预习、记录及现象解释

操作步骤(预习部分)	实验记录(现场部分)	现象解释(课后总结)
按图将实验装置搭好。在分水器一端做好记号,加水至标记处。 在反应瓶中加入 5mL 正丁醇,3.5mL 冰乙酸,边摇边滴加 1 滴浓硫酸,加入 2 粒沸石。装好温度计,开始加热。	从试剂瓶中量取反应原料:正丁醇 5mL,冰乙酸 3.5mL,均为无色液体。浓硫酸 1 滴,略带黄色,此时反应液为黄色。向反应体系中加沸石 2 粒,装好温度计后开始加热。	浓硫酸长期放置易被空气氧化,使其带有颜色。
温度控制在 80℃以下反应 10min,然后提高温度回流。当体系中无水珠穿行时可停止加热,约 15min。待溶液冷却后,将体系中分出来的水倒回反应瓶中与反应液一起分液。	温度控制在 70～80℃之间反应 10min,提高温度回流,分水器另一侧有明显水珠穿行,约 15min 后无水珠穿行,此时有机相变透明,又加热约 5min,停止加热。温度为 130℃,分出水量 1mL。将分出来的水倒入反应瓶中与反应液一起倒入分液漏斗中进行分液。	由于水与产物和反应物不互溶,而且水的密度大使水珠通过有机层落入水层。 无水珠穿行和有机相变透明都说明体系中没有水生成,反应已经结束。
先将下层水分出,然后用 10mL 10%碳酸氢钠水溶液洗涤,测 pH 值。再用 10mL 水洗涤一次,分出水层。	分出下层水溶液,pH＝1。用 10mL 10%碳酸氢钠水溶液洗涤后,测有机相 pH＝7。再用 10mL 水洗涤一次,测水相 pH＝7,分出水层,有机层进行干燥。	说明溶液已被中和。
将有机层倒入一个干净的干燥锥形瓶中,加入少量无水硫酸镁进行干燥,约 10～15min。	先加入干燥剂约 0.2g,溶液中无悬浮颗粒存在,干燥剂结块。又加入约 0.2g 干燥剂摇动锥形瓶,可见悬浮的干燥剂颗粒存在,静止约 10min。	有悬浮干燥剂存在说明干燥剂用量已够。
搭好蒸馏装置,将滤去干燥剂的粗产品加入蒸馏瓶中,加入 2 粒沸石,装好温度计,开始加热。收集 124～126℃的馏分。	常压蒸馏纯化产品,接馏头两滴,收集 123～125℃馏分,得产品 4.61g。产品为无色透明液体,略有香味。	

7. 产品产率的计算

$$CH_3COOH + n\text{-}C_4H_9OH \xrightleftharpoons{H_2SO_4} CH_3COOC_4H_9 + H_2O$$

74.12　　　　116.16

4.05　　　　　x

理论产量　$$x = \frac{116.16 \times 4.05}{74.12} = 6.33$$

实际产率＝4.61/6.33×100%＝73%

8. 产物物理常数测试表

名　称	测试项目与方法	文献值/℃	实测值/℃	备注
乙酸正丁酯	沸点,常量法	124～126	123～125	常压

9. 总结与讨论

可根据自己在实验过程中对本次实验的理解和体会进行总结、讨论和提建议。

1.1.4 常用数据的查找、文献检索与网络资源

快速查阅化学文献及所需要的数据对于一个化学工作者来说是十分重要的基本功。我们在实验报告中设计了“主要试剂、产物的物理和化学性质”表，以及要求写出参考文献，目的也是让学生通过各种手段来练习查阅相关资料的能力。化学文献对于化学实验是很好的补充材料，例如，要合成一个化合物首先要了解所用原料和产物的性质，如熔点、沸点、折射率等，在做实验的时候才能做到心中有数，否则就非常盲目。特别是在科研工作中，通过文献可以了解相关科研方向的研究现状与最新进展。

有机化学相关的文献资料相当丰富，如化学辞典、物理化学手册、波谱数据等，这些数据来源可靠，查阅简便，并且还在不断地更新补充内容，是有机化学的知识宝库。随着计算机与互联网技术的发展，网上的文献资源发挥着越来越重要的作用，了解有关有机化学网上资源对于做好有机化学实验非常有帮助，例如在做研究型设计性实验时就要用到这些相关的资源，有了这些化学资源可以避免很多重复劳动，起到事半功倍的作用。

1. 手册

手册是化学工作者必备的工具书，在实验室一般都备有这类工具书。通过手册可以查找相关化合物的基本性质，如沸点、熔点、折射率等数据，对实验提供有用的帮助。

(1) 精细化学品制备手册

该手册由章思规、辛忠主编，科学技术文献出版社出版，1994年第1版。单元反应部分共12章，分章介绍磺化、硝化、卤化、还原、胺化、烷基化、氧化、酰化、羟基化、酯化、成环缩合、重氮化与偶合，从工业实用角度介绍这些单元反应的一般规律和工业应用。实例部分大约收录了120条。实例条目以产品为中心，每一条目按标题(中文名称、英文名称)、结构式、分子式和相对分子质量、别名、性状、生产方法、产品规格、原料消耗、用途、危险性质、国内生产厂和参考文献等顺序介绍。

(2) 新编危险物品安全手册

该手册在国家技术监督局颁布的GB 12268—90《危险品货物品名表》和1992年编写的《化学危险品实用手册》的内容基础上，重新编写而成，2001年由化学工业出版社出版。它汇集了6015个品种，并对2757个品种按照国外现有安全技术的要求重新加以修订，反映了手册的政策性、专业性、实用性。该手册为危险物品的生产、使用、运输和存放提供了非常有用的安全专业知识。具体使用方法在书的开始就有介绍。

(3) 化学化工物性数据手册

该手册由刘光启、马连湘、刘杰主编，2002年由化学工业出版社出版。分上下两卷，上卷为无机卷，下卷为有机卷，两卷共30章，以表格的形式列出12 000多种物料的基本物性数据。

(4) Handbook of Chemistry and Physics(CRC)

该书为英文版的物理化学手册，由美国化学橡胶公司1913年首次出版，此手册每隔一二

年再版一次。内容分 6 个方面：数学用表、元素、无机化合物、有机化合物、普通化学、普通物理常数和其他。有机化合物是按照 1979 年国际纯粹与应用化学联合会的原则进行命名的，按照化合物英文名称的字母顺序排列。查阅时，使用化合物的英文名称或分子式索引(Formula Index)便可很快查出所需要的化合物的分子式及物理常数。如果化合物分子式中碳、氢、氧的数目较多，在该分子式后面附有不同结构化合物的编号，根据编号可以查出相应的化合物。由于有机化合物有同分异构现象，因此在一个分子式下面常有许多编号，需要逐条去查。这部分列出了 15 031 条常见有机化合物的物理常数。

(5) The Merk Index

这是一本非常详尽的化学工程工具书，收集了近 1 万种有机化合物和药物的性质、制法和用途，以及 4500 多个结构式和 4 万多条化学产品和药物的命名。化合物按名称字母的顺序排列，附有简明的摘要、物理和生物性质，并附文献和参考书。索引中还包括交叉索引和一些化学文摘登录号的索引。在 Orgnic Name Reactlotls 部分中，对在国外文献资料中以人名来称呼的反应作了简单的介绍。一般是用方程式来表明反应的原料、产物及主要反应条件，并指出最初发表论文的作者和出处，同时列出有关这个反应综述性文献资料，便于进一步查阅。本书 1889 年由美国 Merck 公司首次出版，2008 年已经出版第 14 版。

(6) I. V. Heibrom Dictionary of Organic Compounds，6th Ed (海氏有机化合物辞典)

该书收集了常见的有机化合物条目近 3 万条，连同衍生物在内约 6 万多条。主要内容包括有机化合物的组成、分子式、结构式、来源、性状、物理常数、化合物性质及其衍生物等，并给出了制备化合物的主要文献资料，该书的编排按化合物的英文字母顺序排列，便于查找。该书自第 6 版以后，每年出一补编，到 1988 年已出了第 6 补编。该书有中文译本，仍按化合物英文名称的字母顺序排列，在英文名称后面附有中文名称。因此，在使用中文译本时，仍然需要知道化合物的英文名称。

(7) Lange's Handbook of Chemistry(兰氏化学手册)

该书于 1934 年出第 1 版，1999 年已经出版第 15 版。由 Dean J. A. 主编，McGraw-Hill Company 出版社出版。第 1 版至第 10 版由 Lange N. A. 主编，第 11 版至第 15 版由 Dean J. A. 主编。该书为综合性化学手册，内容包括数学、综合数据和换算表，以及化学各学科中物质的光谱学、热力学性质，其中给出了 7000 多个有机化合物的物理性质。

(8) Beilstein's Handbuch der Organischen (贝尔斯坦有机化学大全)

该书是由留学德国的俄国人贝尔斯坦(Beilstein F. K.)所编，1881 年首次出版，现在多数使用的是 1918 年开始发行的第 4 版共 31 卷，H 称为正篇(Hauptwetk，简称 H)，收集内容到 1909 年为止。第 1～27 卷为正篇的主要内容，第 28～29 卷为索引，第 30 卷为多异戊二烯，第 31 卷为糖(以后此两卷内容并入其他各卷，取消此两卷)。收集 1910—1919 年资料补充正篇的内容为第 1 补篇(Erganzung-swerk，简称 E，EⅠ表示第 1 补篇)，以后出版的补篇依次类推。从 1910 年第 1 补编(EⅠ)至 1959 年第 4 补编(EⅣ)以德文出版，1960 年起第 5 补编(EⅤ)以英文出版，但不完全。1991 年出版了英文的百年累积索引，对所有化合物提供了物质名称和分子式索引，索引文献覆盖了 1779—1959 年。此外，还有一些指南和德-英词典描述了 Beilstein 的用途。

贝尔斯坦手册所涉及的文献年度如下：

H	Vol. 1～27	1909
EⅠ	Vol. 1～27	1910—1919
EⅡ	Vol. 1～27	1920—1929
EⅢ	Vol. 1～16	1930—1949
EⅢ/Ⅳ	Vol. 17～27	1930—1959
EⅣ	Vol. 1～16	1950—1959
EⅤ	Vol. 17～27	1960—1979

《贝尔斯坦有机化学大全》从性质上讲是一个手册，它从期刊、会议论文集、专利等最新资料中收集有确定结构的有机化合物汇编而成，对于有机化学工作者是一套非常有用的工具书，对物理和化学领域中的其他学科也是一本很好的工具书。

无论在哪一卷，该书均是以体系中化合物官能团的种类来排列的，一个化合物始终以同样的体系处理。因此，一旦得到一个化合物的系统号，就可以在整个手册中很容易找到它。自1995年该书启动了一个CrossFire体系与Inter连接(http://www.beilstein.com)，其主要特点是输入原料的结构和目标产物的结构就可以查找到有关的化学反应。

(9) Dictionary of Organic Compounds (第6版)

该书由Buckingham J.主编，Chapman and Hall (New York)公司1996年出版，共有9卷，1～6卷包含有机化合物的数据，第7卷包含交叉参考的物质名称索引，第8卷和第9卷分别包含分子式索引和化学文摘登录号索引。

(10) Aldrich

这是一本化学试剂目录，由美国Aldrich化学试剂公司出版，它收集了约1.8万个化合物的性质。一个化合物作为一个条目，内含相对分子质量、分子式、沸点、折光率、熔点等数据，较复杂的化合物还附了结构式，并给出了部分化合物核磁共振和红外光谱谱图的出处。每个化合物都给出了不同包装的价格，这对有机合成、订购试剂和比较各类化合物的价格很有好处。书后附有分子式索引，便于查找，并列出了化学实验中常用仪器的名称、图形和规格。此书每两年更新一次，并免费赠送查阅。

(11) Aldrich NMR谱图集

Aldrich NMR谱图集由Pouchert C. L.主编，Aldrich化学公司出版，1983年出第2版。共两卷，收集了约37 000张谱图。

Aldrich ^{13}C和^{1}H NMR谱图集，1993年出第3版，由Pouchert C. L.和Behnke J.主编，Aldrich化学公司出版。共3卷，收集了约12 000张谱图。

(12) Sadtler NMR谱图集

Sadtler NMR谱图集由美国宾州Sadtler研究实验室出品。1996年已经刊出了超过64 000个化合物的质子NMR谱图，以后每年增加1000张。该NMR谱图集中对不同环境氢质子的共振信号和积分强度给予相应的指认。此外还有42 000个化合物的^{13}C NMR质子去偶谱图也由该实验室同年发表。

(13) Sadtler IR光谱集

Sadtler IR光谱集，由美国宾夕法尼亚州Sadtler研究实验室出品。1996年已经出版1～123卷，编辑了超过91 000个化合物的红外光谱谱图。同时还编辑了超过91 000个化合物的相应光栅红外光谱图。

(14) Aldrich 红外光谱集

Aldrich 红外光谱集 1981 年出第 3 版，由 Pouchert C. L. 主编，Aldrich 化学公司出版。共两卷，收集了约 12 000 张红外光谱图。该公司还于 1985—1989 年出版了 3 册 FT-IR 红外光谱谱图集。

2. 参考书

关于有机合成和实验方面的参考书很多。在国家“十一五”和精品教材项目的支持下，近年来出版了大量的专著和教材，这些书籍的出版和再版为科学研究工作提供了大量的有参考价值的素材。下面简单介绍几种有机合成和实验方面的常用参考书。

(1) 新编有机合成化学

该书由黄宪、王彦广、陈振初等编著，他们根据 1983 年由黄宪、陈振初编著的《有机合成化学》重编而成。重编版仍然保持原书体系和风格，采用官能团体系分章，以反应类型分节，再以有机合成方法分成小节进行叙述。该书介绍了各种合成方法的特点和应用范围，并注明了原始文献，便于读者进一步阅读。该书共分 17 章，约 500 余个合成方法，列参考文献 3000 余篇。

(2) 现代有机合成试剂——性质、制备和反应

该书由胡跃飞等人编著，化学工业出版社出版。该书基于重要而常用的观点，从万种有机合成试剂中精选出 365 种，恰好是一年 365 天的数目，寓意着一日一读。本书的重点在试剂的反应部分，在简要介绍试剂的物理性质和制备方法之后，着重描述了它们在有机合成反应中正确和巧妙的运用，力图通过具有代表的反应方程式，充分展示每一个试剂独特的化学性质和反应能力。全书包括 2498 个反应方程式和 3688 篇参考文献。

(3) Organic Synthesis

该书最初由 Adams R. 和 Gilman H. 主编，后由 Blatt A. H. 担任主编。于 1921 年开始出版，每年一卷，1996 年为 74 卷。该书主要介绍各种有机化合物的制备方法，也介绍了一些有用的无机试剂制备方法。书中对一些特殊的仪器和装置有文字和图形说明。书中所选实验步骤叙述得非常详细，并附有作者的经验介绍及注意点。书中每个实验步骤都经过其他人的核对，因此内容成熟可靠，是有机制备的优秀参考书。

另外，该书每 10 卷有合订本(Collective Volume)，卷末附有分子式、反应类型、化合物类型、主题等索引。1976 年出版了合订本 1～5 集(即 1～49 卷)的累积索引，可供阅读时查考。54 卷、59 卷、64 卷的卷末附有包括本卷在内的前 5 卷作者和主题累积索引，每卷末也有本卷的作者和主题索引。另外，该书合订本的第 1、第 2、第 3 集已分别译成中文。

(4) Organic Synthesis—Concepts and Methods，3th Ed

该书由德国化学家 Jürgen-Hinrich Fuhrhop 和 Guangtao Li 教授合编。全书共分 10 章，内容涵盖了合成化学的各个研究领域，主要内容包括碳链的形成、官能团的转换、杂环和芳烃化合物、生物高分子和树枝状聚合物、组合混合物及其选择、纳米级的骨架与单元、逆合成分析、合成设计、串联反应和绿色化学，并对网络与资源问题进行了评价。该书已经由张书圣等人翻译成中文，2006 年 5 月由化学工业出版社出版。

(5) Organic Reactions

该书由 Adams R. 主编，自 1951 年开始出版，刊期不固定，约为一年半出一卷，1988 年已出 35 卷。该书主要是介绍有机化学有理论价值和实际意义的反应。每个反应都分别由在该方面

有一定经验的人来撰写。书中对有机反应的机理、应用范围、反应条件等都作了详尽的讨论，并用图表指出这个反应在哪个研究工作中使用过。卷末有以前各卷的作者索引，章节和题目索引。

(6) Text Book of Practical Organic Chemistry，5th Ed

该书由 Furniss B. S.，Hannaford A. J.，Smith P. W. G.，Tachell A. R. 编写，由 Longman Scientific & Technical 于 1989 年出版。内容包括有机化学实验的安全常识、有机化学基本知识、常用仪器、常用试剂的制备方法、常用的合成技术，以及各类典型有机化合物的制备方法。所列出的典型反应数据可靠，是一本比较好的实验参考书。

3. 期刊

期刊是获得有关科学领域最新进展最重要的信息来源。期刊的形式不是千篇一律的，各种期刊都有自己的特色和重点。一般是定期以全文、研究简报、短文和研究快报等形式发表作者最新的研究成果。全文一般刊登重要发现的进展和历史概况，实验过程中的细节问题、结果与讨论、结论等。研究简报和研究快报一般刊登一些阶段性成果。下面列出一些主要的有机化学领域的期刊。

(1) 中国科学

由中国科学院、国家自然科学基金委员会主办，于 1951 年创刊，为月刊。原为英文版，自 1972 年开始出中文和英文两种文字版本。刊登我国各个自然科学领域中有水平的研究成果。中国科学分类从 A 辑到 G 辑，其中，B 辑为化学，C 辑为生命科学。B 辑主要报道化学基础研究及应用研究方面具有重要意义的创新性研究成果，涉及的学科包括理论化学、物理化学、分析化学、无机化学、有机化学、高分子化学、生物化学、药物化学、环境化学、化学工程等，是化学领域的综合性学术期刊。

(2) 科学通报

由中国科学院、国家自然科学基金委员会主办，1950 年创刊，为半月刊。它是自然科学综合性学术刊物，有中、外文两种版本。

(3) 化学学报

由中国化学会和中科院上海有机研究所合办，1933 年创刊，为月刊。原名中国化学会会志。主要刊登化学方面有创造性的、高水平的学术论文。

(4) 高等学校化学学报

由教育部主办，吉林大学承办，1980 年创刊，为月刊。它是化学学科综合性学术期刊，除重点报道我国高校师生创造性的研究成果外，还反映我国化学领域其他方面研究人员的最新研究成果。

(5) 有机化学

由中国化学会和中科院上海有机研究所合办，1980 年创刊，为双月刊。主要刊登有机化学方面的重要研究成果。

(6) 化学通报

由中科院化学所和中国化学会主办，1934 年创刊，为月刊。以报道知识介绍、专论、教学经验交流等为主，也有部分研究工作报道。

(7) Angewandte Chemie International Edition in English（德国应用化学，缩写为 Angew. Chem.）

由德国化学会编主办，1988 年创刊。从 1962 年起出版英文国际版。主要刊登整个化学研究领域高水平的研究论文和综述文章，它是目前化学期刊中影响最大的期刊之一。

(8) Journal of the American Chemical Society(美国化学会会志，缩写为 J. Am. Chem. Soc.)

由美国化学会主办，1879 年创刊。主要刊登研究工作，论文内容涉及无机化学、有机化学、生物化学、物理化学、高分子化学等领域，并有书刊介绍。每卷末有作者索引和主题索引。目前每年刊登高水平的研究论文 2000 多篇，是世界上最有影响的综合性化学期刊之一。

(9) Journal of the Chemical Society(英国化学会会志，缩写为 J. Chem. Soc.)

由英国皇家化学会主办，1848 年创刊，为双月刊。由 1962 年起取消了卷号，按公元纪元编排。本刊为综合性化学期刊，研究论文包括无机化学、有机化学、生物化学、物理化学。全年末期有主题索引及作者索引。1972 年起分 6 辑出版，其中 Perkin Transactions，Ⅰ和Ⅱ分别刊登有机化学、生物有机化学和物理有机化学方面的全文。研究简报则发表在另一辑上，刊名为 Chemical Communications (化学通讯)，缩写为 Chem. Commun.。

(10) Journal of Organic Chemistry(有机化学，缩写为 J. Org. Chem.)

由美国化学会主办，1936 年创刊，初期为月刊，1971 年改为半月刊。主要刊登涉及整个有机化学领域中高水平研究论文的全文、短文和简报。全文给出了比较详细的合成步骤和实验结果。

(11) Tetrahedron (四面体)

由英国牛津 Pergamon 出版，1957 年创刊。初期为不定期出版，1968 年后改为半月刊。此刊物主要是为了迅速发表有机化学方面的研究工作和综述性文章，刊载有机反应、光谱和天然产物。在本刊发表的多数论文用英文，也有部分文章用德文或法文。

(12) Tetrahedron Letters (四面体快报，简称为 TL)

由英国牛津 Pergamon 出版，1949 年创刊，初期为不定期出版，1964 年改为周刊。此刊物主要刊登对有机化学家感兴趣的通讯报道，包括新概念、新技术、新结构、新试剂和新方法的简要快报，文章内容要求简洁，一般 2～4 页，文章可以用英文、德文或法文发表。

(13) Organic Letters (有机快报，缩写为 Org. Lett.)

由 ACS 主办，1998 年创刊，月刊。主要提供最新的有关有机化学方面的重大研究简报，包括整个有机化学相关领域的高水平研究。

(14) Synthetic Communications (合成通讯，缩写为 Syn. Commun.)

由美国 Dekker 出版，1971 年创刊。原名为 Organic Preparations and Procedures，双月刊，1972 年改为现名，每年出 18 期。主要刊登与有机合成有关的新方法、新试剂的制备与使用的研究简报。

(15) Synthesis (合成)

由德国斯图加特 Thieme 出版，1969 年创刊，为月刊。主要刊登有机合成化学方面的综述性文章、通讯和文摘。

(16) Journal of Organmetallic Chemistry(有机金属化学，缩写为 J. Organomet. Chem.)

于 1963 年创刊，主要报道金属有机化学方面的最新进展。

(17) Science 和 Nature

是两种非常有影响的综合性科技期刊。其论文大都为跨学科的高水平文章，虽然只有薄薄的几页报道，但内容都属于科技创新、发明和新发现的结果。Science 由美国国家科学院出版；Nature 由英国出版，1869 年首次出版，为周刊。

4. 文摘、索引与网络

(1) Chemical Abstracts (美国化学文摘,简称CA)

CA是世界上最著名的文摘,几乎囊括了化学领域出版物中所有的论文,一年可收录75万多篇文献,包括来自8000个主要科学杂志的60多万篇文献和来自世界上38个专利授予组织的20多万个专利。

CA有多种索引方式,包括普通物质索引、专利索引、关键词索引、作者索引、分子式索引和化学物质索引。1907年开始出版普通物质索引、专利索引和作者索引的累积索引,1920年开始出版分子式索引,1972年开始出版化学物质索引。起初累积索引10年出版一次,但是,由于出版的论文数量急剧增加,后来累积索引改为5年出版一次。从1967年第8卷累积索引开始出版索引指南。第14卷累积索引包含从1997年9月至2002年3月的所有文献。

自从1898年麻省理工学院的化学家Arthur Noyes创办Review of American Chemical Research开始,Chemical Abstracts Service就诞生了。为了使美国化学家的研究成果得到人们的认可,Noyes将美国化学工作者的研究论文收录在Review of American Chemical Research中。

1897年Review of American Chemical Research成为Journal of the American Chemical Society的一部分。Journal of the American Chemical Society的编辑是Arthur Noyes的亲戚William A. Noyes。他建议美国化学会发行这样一种刊物,主要刊登化学研究领域论文的所有文摘。1906年,美国化学会同意发行Chemical Abstracts,1907年开始出版,William Noyes是第一位编辑。

随着计算机的发明,人们快速获取信息的要求越来越强烈。20世纪60年代后期,为了及时解决快速增长的化学文献,化学文摘社建立了计算机处理系统。此系统由3部分组成。一部分是计算机辅助输入系统,将所有信息综合性地输入计算机;另一部分是一个独立的数据库,编辑输入的所有数据;最后一部分是用户服务系统。1965年建立CAS化学登记系统,为化学文摘社索引的每一个化学物质的结构和名称给定了独一无二的CAS登记号。所有的化学物质标签和出版物中都使用CAS登记号。1968年建立了第一个计算机阅读系统,CA Condensates(化学文摘精要),包含了所有被化学文摘社摘录的文献。其中既有文献目录信息,也有原版语言关键词索引。1978年CA Condensates和CA Subject Index Alert合并成为一个系统,称为CA Search。现在CA Search是世界上应用广泛的网络文件,而且是许多其他在线搜索系统的基础。CAS Online开始于1980年,除了有CAS Chemical Registry数据库的基本查询以外,还可以进行包含词条、摘要和索引等信息的附加特征查询。

(2) Science Finder Scholar (CAS化学文摘网络版)

Science Finder Scholar是美国化学学会(ACS)领导下的化学文摘服务社CAS(Chemical Abstract Service)所出版的化学文摘(Chemical Abstract)在线数据库学术版,除可查询每日更新的CA数据回溯至1907年外,还提供读者自己画结构式进行检索。它是全世界最大、最全面的与化学相关的科学信息数据库。

CA是化学和生命科学研究领域中不可或缺的工具,也是资料量最大,最具权威的出版物。网络版化学文摘SciFinder Scholar,更是整合了Medline医学数据库、欧洲和美国等近50家专利机构的全文专利资料,以及化学文摘1907年至今的所有内容。它涵盖的学科包括应用化学、化学工程、普通化学、物理、生物学、生命科学、医学、聚合体学、材料学、地质学、食品科学和农业等领域。它可以透过网络直接查看“化学文摘”1907年以来的所有期刊文献和专利摘要，以及超过4000万的化学物质记录和CAS注册号。

SciFinder可检索的数据库包括：

CAPLUSSM(超过2150万条参考书目记录，每天更新3000条以上，始自1907年)；

CAS REGISTRYSM(超过2000万条物质记录，每天更新约4000条，每种化学物质有唯一对应的CAS注册号，始自1957年)；

CASREACT®(超过570万条反应记录，每周更新约600～1300条，始自1974年)；

CHEMCATS®(超过390万条商业化学物质记录，来自655家供应商的766种目录)；

CHMLIST®(超过22.7万种化合物的详细清单，来自13个国家和国际性组织)；

MEDLINE(National Library of Medicine数据库，超过1200万参考书目记录，来自3900多种期刊，始自1958年)。

它有多种先进的检索方式，比如化学结构式(其中的亚结构模组对研发工作极具帮助)和化学反应式检索等，这些功能是CA光盘中所没有的。从1997年开始它还可以通过Chemport链接到全文资料库以及进行引文链接。强大的检索和服务功能，有助了解最新的科研动态，确认最佳的资源投入和研究方向。根据统计，全球95%以上的科学家们对SciFinder给予了高度评价，认为它加快了他们的研究进程，并在使用过程中得到了很多启示和创意。具体使用方法见清华大学网站。

(3) CrossFire-Beilstein/Gmelin数据库(贝尔斯坦和盖墨林数据库)

CrossFire Gmelin和CrossFire Beilstein数据库由Elsevier Information Systems GmbH出版发行，数据内容包括化学物质结构、化学/物理/生物活性数据、反应信息，以及相关的文献书目信息。

CrossFire Gmelin是内容最全面的关于有机金属和无机化学的数据集合，收录了1772年以来文献记录中的254万个化合物、195万个反应，以及133万篇文献引文(1995年以来的引文包括文摘)。数据来源于62种期刊，记录包含800多种化学和物理数据字段的内容，包括电、磁、热、晶体以及生理学数据。

CrossFire Beilstein是世界上最大的关于有机化学事实的数据库，数据来源于175种期刊，现已收录超过1031万个化合物及其相关的事实、参考文献，包括物理、化学和生物活性数据；1070万个有机化学反应，包括制备及反应详情；214万篇引文的书目信息；3亿2000万个实验数据，数据库内容每季度更新一次。作为最基本的化学文献数据库，CrossFire Beilstein能帮助有机化学研究人员形成新思路、设计合成路径(包括起始原料和中间体)、确定生物活性和物理性质、了解外界环境对化合物的影响等。主要数据的索引分为3部分：化学物质部分收集了结构信息及相关的事实和参考文献，包括化学、物理和生物活性数据；反应部分提供化学物质制备的详细资料，帮助研究人员用反应式检索特定的反应路径；文献部分包括引用、文献标题和文摘，化学物质部分和反应部分的条目与文献部分有超链接。使用时需要下载专门的应用软件。

(4) 美国化学学会(ACS)期刊及数据库网站(http://pubs.acs.org)

美国化学学会(American Chemical Society，ACS)成立于1876年，现已成为世界上最大的科技协会之一，其会员数超过16.3万。多年来，ACS一直致力于为全球化学研究机构、企业及个人提供高品质的文献资讯及服务，在科学、教育、政策等领域提供了多方位的专业支持，成为享誉全球的科技出版机构。ACS 的期刊被 ISI 的 Journal Citation Report(JCR)评为化学领域中被引用次数最多的化学期刊。

ACS 电子期刊数据库目前包括 35 种期刊，内容涵盖生化研究方法、药物化学、有机化学、普通化学、环境科学、材料学、植物学、毒物学、食品科学、物理化学、环境工程学、工程化学、应用化学、分子生物化学、分析化学、无机与原子能化学、资料系统计算机科学、学科应用、科学训练、燃料与能源、药理与制药学、微生物应用生物科技、聚合物、农业学领域。

ACS 电子期刊数据库的主要特色，除具有一般的检索、浏览等功能外，还可在第一时间内查阅到被作者授权发布、尚未正式出版的最新文章(Articles ASAPsm)；用户也可定制 E-mail 通知服务，以了解最新的文章收录情况；ACS 的 Article References 可直接链接到 Chemical Abstracts Services(CAS)的资料记录，也可与 PubMed，Medline，GenBank，Protein Data Bank 等数据库相链接；具有增强图形功能，含 3D 彩色分子结构图、动画、图表等；全文具有 HTML 和 PDF 格式可供选择。

值得注意的是，目前访问 ACS 电子期刊全文需要经过设在国外的 DOI 解析服务器(暂时不能通过专线访问)，所以请开放登录至国外后下载全文(整个解析过程几乎不产生国际流量费)。在检索结果显示页面请不要用鼠标右键保存 PDF 全文。建议先用 Acrobat Reader 打开，然后保存副本。

(5) 英国皇家化学学会(RSC)期刊及数据库网站(http://www.rsc.org)

英国皇家化学学会(Royal Society of Chemistry)出版的期刊及数据库是化学领域的核心期刊和权威性数据库，数据库 Methods in Organic Synthesis(MOS)，提供了有机合成方面最重要的进展通告服务，并带有反应图解。涵盖新反应、新方法，包括新试剂、官能团转化、酶和生物转化等内容，只收录在有机合成方法上具有新颖性特征的条目。数据库 Natural Product Updates(NPU)是有关天然产物化学方面最新发展的文摘，内容选自 100 多种主要期刊。包括分离研究、生物合成、新的天然产物以及来自新来源的已知化合物、结构测定，以及新特性和生物活性等。

(6) 美国专利商标局网站数据库 (http://www.uspto.gov)

该数据库用于检索美国授权专利和专利申请，免费提供 1790 年至今的图像格式的美国专利说明书全集，1976 年以来的专利还可以看到 HTML 格式的说明书全文。专利类型包括发明专利、外观设计专利、再公告专利、植物专利等。该系统检索功能强大，可以免费获美国专利全文。

(7) 中文科技期刊数据库(全文版)

该数据库是由重庆维普资讯有限公司开发研制的中文电子期刊数据库。收录我国自然科学、工程技术、农业科学、医药卫生、经济管理、教育科学和图书情报等学科 9000 余种期刊，1500 多万篇文章的全文，每年增加约 250 万篇。该数据库中的期刊回溯至 1989 年，但有部分期刊收录不完整。该数据库检索入口较多，辅助手段较为丰富。上网时请不要设置代理，否则看不到全文。

(8) 中国期刊网

中国期刊网是中国学术期刊电子杂志社编辑出版，以《中国学术期刊》光盘版全文数据库为核心的数据库，目前已发展成为“CNKI 数字图书馆”。收录资源包括期刊、博硕士论文、会议论文、报纸等学术与专业资料。覆盖理工、社会科学、电子信息技术、农业、医学等广泛的学科范围，数据每日更新，支持跨库检索。目前读者可访问的主要数据库如下：

- 中国期刊全文数据库(1994 年至今)(部分回溯至创刊)；
- 中国优秀硕士论文全文数据库(1999 年至今)；
- 中国博士论文全文数据库(1999 年至今)；
- 中国重要会议论文全文数据库(1999 年至今)，收录我国 300 个一级学会、协会和其他同级别学术机构或团体所主持召开的国际性和全国性会议的会议论文的全文；
- 中国重要报纸全文数据库(2000 年至今)，收录国内公开发行的 430 多种重要报纸的全文，每年精选 120 万篇，目前已超过 698 万篇；
- 中国年鉴全文数据库(1999 年至今)，收录国内公开发行的 750 多种年鉴全文，目前已超过 234 万篇；
- 中国学术期刊网络出版总库(1994 年至今)(部分回溯至创刊)收录国内出版的学术期刊 6642 种；
- 中国引文数据库(1979 年至今)，收录了中国学术期刊(光盘版)电子杂志社出版的所有源数据库产品的参考文献，并揭示各种类型文献之间的相互引证关系；
- 中国工具书网络出版数据库。

目前，随着网络资源的发展给我们带来了很大的方便，以上这些网络资源在各高校网站上都有。

1.2 有机化学实验中常用仪器和设备

在有机化学实验中，学生要用单个的玻璃仪器组装成一套适合实验用的装置，因此要求学生要掌握玻璃仪器的性能和正确的使用方法。

1.2.1 常用玻璃仪器及工具

玻璃仪器一般是由软质或硬质玻璃制作而成的。软质玻璃耐温、耐腐蚀性较差，但是价格便宜，因此，一般用它制作的仪器均不耐温，如普通漏斗、量筒、吸滤瓶、干燥器等；硬质玻璃具有较好的耐温和耐腐蚀性，制成的仪器可在温度变化较大的情况下使用，如烧瓶、烧杯、冷凝器等。玻璃仪器一般分为普通口和标准磨口两种，具体形状见图 1-2。玻璃仪器用途见表 1-1。

标准磨口仪器根据磨口口径分为 10，14，19，24，29，34，40，50 等号。相同编号的子口与母口可以连接。当用不同编号的子口与母口连接时，中间可加一个大小口(变口)接头。当使用 14/30 这种编号时，表明仪器的口径为 14mm，磨口长度为 30mm。现在学生使用的仪器一般是 14 号和 19 号口的磨口仪器。使用玻璃仪器时应注意以下几点：

(1) 使用时，应轻拿轻放。

(2) 不能用明火直接加热玻璃仪器，加热时应垫石棉网。

(3) 不能用高温加热不耐温的玻璃仪器，如吸滤瓶、普通漏斗、量筒等。

(4) 玻璃仪器使用完后，应及时清洗干净，特别是标准磨口仪器放置时间太久，塞子容易和烧瓶等粘结在一起，很难拆开。如果发生此情况，可用热水煮粘结处或用热风吹母口处，使其膨胀而脱落，还可用木槌轻轻敲打粘结处。玻璃仪器最好自然晾干。

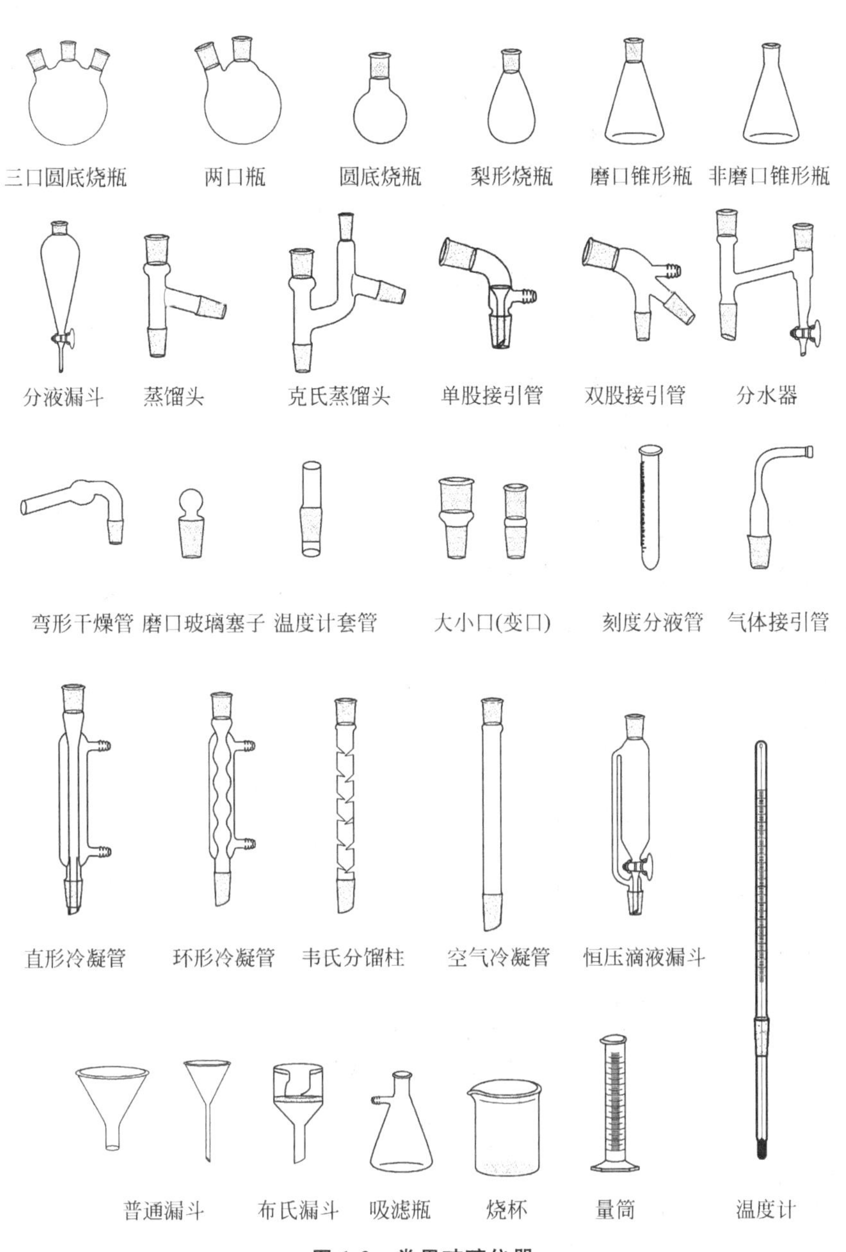

图 1-2 常用玻璃仪器

表 1-1 有机化学实验常用玻璃仪器和铁器的用途

序号	仪器名称	用途	备注
1	三口圆底烧瓶	用于反应,3个口分别安装电搅拌器、回流冷凝管及温度计等组装成一套反应装置	
2	两口瓶	用于反应、回流等,一般与冷凝管、恒压滴液漏斗或温度计等组装成一套反应装置	
3	圆底烧瓶	用于回流反应及蒸馏的蒸馏瓶和接收瓶等	
4	梨形烧瓶	用于回流反应及蒸馏的蒸馏瓶和接收瓶等	
5	球形冷凝管	用于冷凝温度低于140℃的热蒸气,在反应装置中常常用于回流	不能用在蒸馏装置中

续表

序号	仪器名称	用　途	备　注
6	直形冷凝管	用于冷凝温度低于140℃的热蒸气，一般在蒸馏液体化合物时常与蒸馏头、圆底烧瓶组装成蒸馏装置	
7	分馏柱	用于冷凝热蒸气，在分馏装置中使用	
8	空气冷凝管	当蒸气温度高于140℃时使用	
9	分水器	用于共沸蒸馏时将体系中的水去除	
10	恒压滴液漏斗	当反应体系内有压力时，可使液体顺利滴加到反应体系中	
11	分液漏斗	用于溶液的萃取、分离及洗涤，当反应体系内没有压力时，也可用于滴加液体试剂	
12	蒸馏头	用于蒸馏装置中	
13	克氏蒸馏头	用于减压蒸馏装置中	
14	单股接收管	用于常压蒸馏	
15	双股接收管	用于减压蒸馏或多组分蒸馏	
16	磨口锥形瓶	用于储存液体或混合溶液，也可用于加热	不能用于减压蒸馏
17	烧杯	用于加热和浓缩溶液，也可用来混合和转移溶液	
18	量筒	量取液体	切勿用直接火加热
19	刻度分液管	多用途实验仪器，常用作量取液体，分离微量液体化合物，也可用作接收器等	
20	吸滤瓶	常与布氏漏斗、抽滤垫装置成过滤装置，用于减压过滤固体化合物	不能直接用火加热
21	布氏漏斗 (büchner funnel)	常与吸滤瓶、抽滤垫组装成过滤装置，用于减压过滤固体化合物	磁制品
22	弯形干燥管	常用于无水反应体系中，在内部填充干燥剂，安装在反应瓶或冷凝管上，防止空气中的水或二氧化碳进入到反应体系中	
23	磨口玻璃塞子	用于盖烧瓶、锥形瓶等磨口仪器	
24	大小口(变口)	用于连接两个不同标准磨口的仪器。学生实验中一般用两种，即14#变19#和19#变14#	
25	普通漏斗	用于常压下过滤液体化合物	
26	气体接引管	用于将反应体系中有害气体导出	
27	温度计	测量温度	
28	温度计套管	用于固定温度计与反应装置连接	
29	蒸发皿	用于高温加热	
30	烧瓶夹和S扣	用于固定实验装置	

(5) 带旋塞或具塞的仪器清洗后，应在塞子和磨口接触处夹放纸片或涂抹凡士林，以防粘结。

(6) 标准磨口仪器磨口处要干净，不得粘有固体物质。清洗时，应避免用去污粉擦洗磨口，否则，会使磨口连接不紧密，甚至会损坏磨口。

(7) 安装仪器时，应做到横平竖直，连接处应自然，不能有应力，以免仪器破裂。

(8) 一般使用时，磨口处无需涂润滑剂，以免粘有反应物或产物。但是反应中使用强碱时，则要涂润滑剂，以免磨口连接处因碱腐蚀而粘结在一起，无法拆开。当减压蒸馏时，应在磨口连接处涂润滑剂，保证装置的密封性。

(9) 使用温度计时，应注意不要用冷水冲洗热的温度计，以免炸裂，尤其是水银球部位，应冷却至室温后再冲洗。严禁用温度计搅拌液体或固体物质，以免损坏后，汞掉入反应体系中，污染反应体系或造成更加严重的后果。

在有机化学实验中除了用玻璃仪器以外，还要使用一些金属器具来固定装置，如铁架台、烧瓶夹、铁圈、S 扣等，还要用到镊子、剪刀、锉、打孔器、不锈钢小勺等。这些器具有些是公用的，放在实验室规定的地方，希望同学们用完后及时放回原处，并要保持这些仪器的清洁，经常在活动部位加上一些润滑剂，以保证灵活不生锈。

1.2.2 常用反应装置

在有机实验中，搭好实验装置是做好实验的基本保证。反应装置一般根据实验要求组合。常用反应装置有回流反应装置、带有搅拌及回流的反应装置、带有气体吸收的反应装置等。图 1-3 为常见的反应装置图，(a)是一般回流反应装置；(b)在冷凝管上加了带有干燥剂的干燥管，可以防止空气中的水和二氧化碳等进入反应体系中；(c)在干燥管上又加了气体吸收装

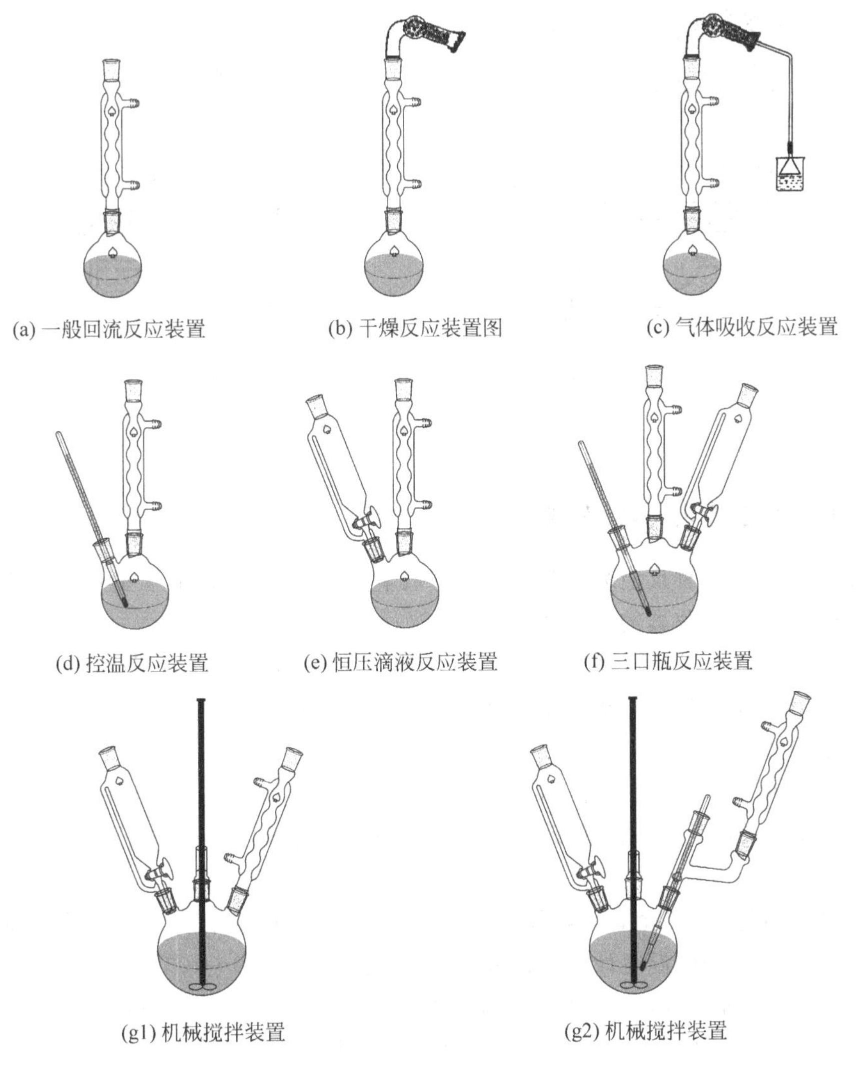

图 1-3　常见的反应装置图

置，主要用于吸收反应体系中的有害物质或腐蚀性气体；(d)当反应需要控制温度时，可以用两口瓶加上温度计；(e)加了一个恒压滴液漏斗，可以不断地向反应体系中滴加原料；(f)是最常用的三口瓶反应装置；(g1)是带有机械搅拌的反应装置；(g2)当反应中需要多种控制时，可以在三口瓶的一个口上加上Y形管来实现。图1-4为最常用的两个微量反应装置。以上介绍了部分反应装置，还有一些提纯装置将在有关章节中介绍。

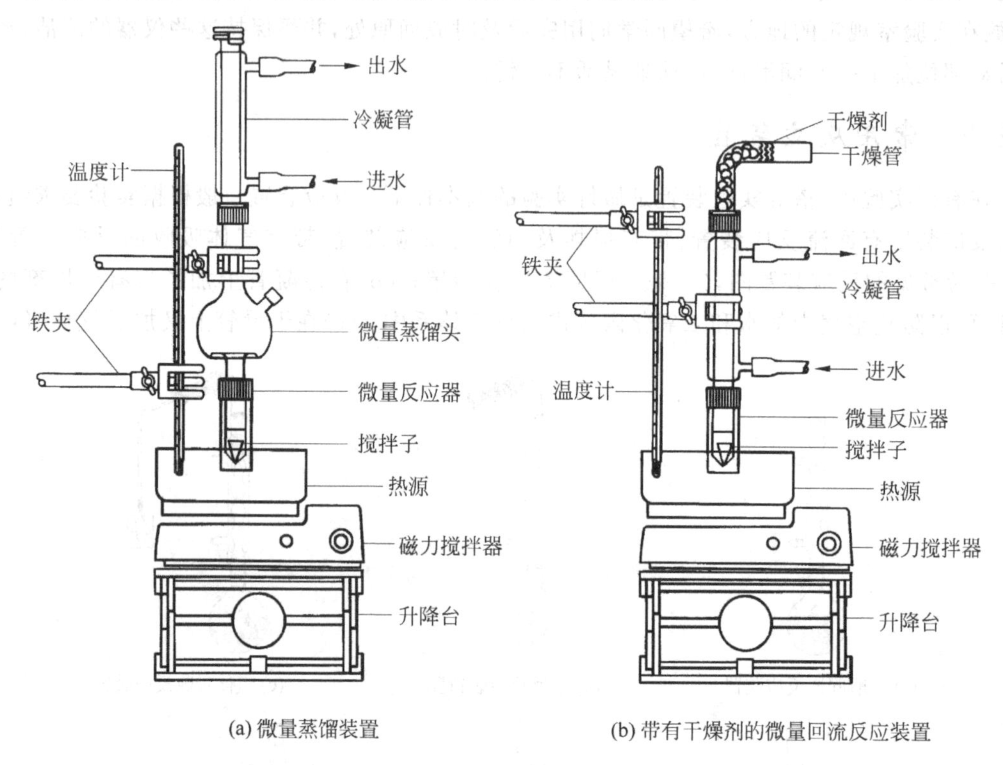

(a) 微量蒸馏装置　　(b) 带有干燥剂的微量回流反应装置

图 1-4　微量反应装置

1.2.3　仪器的选择、搭装与拆卸

有机化学实验的各种反应装置都是由单件玻璃仪器组装而成的，实验中应根据要求选择合适的仪器。一般选择仪器的原则如下：

(1) 烧瓶的选择根据液体的体积而定，一般液体的体积应占容器体积的2/3～1/2，也就是说烧瓶容积的大小应是液体体积的1.5倍。进行水蒸气蒸馏和减压蒸馏时，液体体积不应超过烧瓶容积的1/2。

(2) 冷凝管的选择，一般情况下回流用球形冷凝管，蒸馏用直形冷凝管，当反应或蒸馏温度超过140℃时应改用空气冷凝管，以防温差较大时，由于仪器受热不均匀而造成冷凝管断裂。

(3) 温度计的选择，实验室一般备有150℃和300℃两种温度计，根据所测温度可选用不同的温度计。一般选用的温度计的读数范围要高于被测温度10～20℃。

组装仪器时，首先要选好用于反应的烧瓶的位置。首先在电热套下面放1～2块垫板，将烧瓶放在电热套中心，然后要按先下后上，先左后右的原则，逐个将所用玻璃仪器边固定边组装好。拆卸的顺序则与组装相反，即先右后左，先上后下。拆卸前，应先停止加热，移走加热源,待稍微冷却后,先取下产物,然后再逐个拆掉。拆冷凝管时,注意不要将水洒到加热设备上。

1.2.4　玻璃仪器的清洗与干燥

一般来说,有机化学实验要求仪器的清洁程度不像化学分析实验那么高,但是由于仪器不干净也可以造成实验失败或产率降低,因此在实验中培养学生及时清洗实验仪器和使用清洁的实验仪器也是很重要的,同时也是培养学生良好实验习惯的必要环节。

仪器清洗的方法很多,如用超声波清洗,酸碱溶液浸泡,清洗剂清洗等。在基础教学实验中最常用的是用清洗剂清洗,其方法是:反应结束后,趁热将磨口连接处打开(尤其是在反应中使用了碱性物质或反应液比较粘稠时),用毛刷蘸少许已经配好的混合清洁剂(洗衣粉加去污粉,按3∶1配)洗刷器皿内部和外部,再用清水冲洗器皿。遇到难洗的残渣或焦油状物时,可以用稍微硬些的工具将其刮下来,如果达不到要求,应该根据瓶内残留污物的性质,用相应的方法进行处理。例如,瓶内残留物为碱性物质时,可用稀盐酸或稀硫酸溶解浸泡清洗,如果是酸性残留物可用稀的氢氧化钠水溶液浸泡清洗,根据相似相容的原则,也可以用少量溶剂浸泡后加以清洗。但是千万不要盲目使用酸、碱或各种有机溶剂清洗仪器,这不仅造成浪费,更重要的是性质不明的残留物可能发生危险。例如,硝酸与许多有机物可以发生激烈反应而导致意外事故发生。超声波清洗器是利用声波的振动和能量来清洗仪器,既省事省时又方便,还能有效地清洗焦油状物,是目前清洗仪器很好的设备。

仪器的干燥可以根据实验要求来决定,如果反应不需要在无水条件下进行,就没有必要干燥仪器,例如,乙酸正丁酯的合成反应中,反应本身就要生产水,因此仪器中只要没有大量水存在就可以了。但是大部分有机化学实验都要求在无水条件下进行,例如,格氏反应和付氏反应等,必须将仪器严格干燥后再使用;还有分离提纯产物时要求仪器必须是干净和干燥的。常用干燥仪器的设备有鼓风干燥箱、气流烘干器、吹风机等。干燥方法是:仪器洗净后瓶口向下放置,使水流尽量自然晾干后,再用以上设备加以烘干。如来不及时,可将仪器中水倒尽后,加入少量95%乙醇或丙酮清洗,然后再用吹风机吹干或用水泵抽去残留溶剂,即可立即使用。

在碱性反应和高真空反应条件下,磨口和活塞处容易发生拆不开的现象。因此,在使用前必须在仪器的磨口连接处和活塞部位涂上一薄层凡士林或高真空油脂。带有活塞的仪器长时间放置不用时,也应在活塞处涂上凡士林或夹一张小纸条,防止活塞部位由于长时间不用而粘连打不开。

1.2.5　简单玻璃用品的制作及与塞子的连接

在有机化学实验中,常常需要自己动手加工制作一些玻璃用品,如滴管、弯管、毛细管、搅拌棒等。因此,学会这些实验用品的制作也是非常必要的。

1) 玻璃管(棒)的清洗与切割

在加工玻璃管(棒)前,应用水将内外冲洗干净。如果玻璃管内脏物较多,且管径比较粗,可以将两端系有绳子的布条塞入玻璃管中来回拉动,使管内的脏物除去。制备熔点管和点样用的毛细管,在拉制前应用洗涤剂或酸性洗液浸泡后,再用水冲洗干净,烘干后才能加工。

玻璃管的切割可以根据管的直径采用不同的工具。对于直径为5～10mm的玻璃管(棒),可用三棱锉或鱼尾锉的边棱进行切割。对较细的玻璃管如毛细管等,可用小砂轮切割,有时用碎瓷片的锐棱切割也可收到同样效果。

切割时，把锉刀的边棱压在要切割的部位上，一只手按住玻璃管(棒)，另一只手握锉，朝一个方向用力锉出一个稍深的凹痕，若凹痕不够深或不够长时，可以在同一凹痕处重复上述操作2～3次，用力方向应保持一致。切忌来回乱锉，给后面的操作带来困难。划好凹痕后两手握住凹痕两侧，两手拇指顶住凹痕的背面，轻轻向前推，同时两手向外拉，玻璃管(棒)就会在凹痕处平整地断开。也可在凹痕处涂点水，折断时更容易。为了安全，折断玻璃管(棒)时，可在玻璃管凹痕两端垫一小块布，推拉时离眼睛稍远些。以上的切割方法为冷切法。

对较粗的玻璃管或者切割处离玻璃管一端比较近时，可利用玻璃管(棒)骤热、骤冷易裂的性质进行切割。其方法是：将要切割的玻璃管(棒)在切割部位用锉刀划出凹痕，并且用水润湿。用一根末端较细的玻棒在煤气灯上烧成呈赤红色，趁热立即压触到用水湿润过的玻璃管(棒)凹痕处，此时玻璃管可在凹痕处立即炸裂开。此方法为热切法。

玻璃断开后，断口处非常锋利，应把玻璃管(棒)断面插入氧化火焰的边缘，并不断转动玻璃管(棒)，使其切口处稍微软化成圆形即可。

2) 玻璃弯管的制备

(1) 玻璃管加热方法：双手握住需要加工玻璃管的两端，将要弯制的部位先放在火焰的上边缘弱火中预热几分钟，然后向下放入强火中进行加热。加热时，为了使加热面积加大，两手一上一下来回倾斜，约15°～30°，同时均匀地同方向转动玻璃管，受热长度应保持在5～8cm。

(2) 玻璃管弯制方法：当玻璃管软化变红可以弯动时，离开火焰，轻轻地在同一个平面上向内或向外用力弯成所需要的角度。

应当注意的是，在弯玻璃管时不要急于求成，尤其是弯度小于90°时，可以通过几次加热弯管周围的玻璃待软化后，再重复弯管的动作。反复多次加热弯曲，每次的加热部位要稍有偏移，直到弯成所需要的角度。如果遇到弯管处有塌陷可以趁热用手(或塞子)将一端堵住，用嘴向另一端吹气，直到塌陷部位变平滑为止。

玻璃弯管的标准应该是管径均匀，不扭曲，角度符合要求。

玻璃制品加工后应及时进行退火处理。其方法是：将玻璃制品在火焰的弱火上加热一会儿，慢慢离开火焰，放在石棉网上冷却至室温，防止玻璃急速冷却，内部产生很大应力，导致使用时玻璃裂开。

3) 毛细管的制备

根据使用要求选择不同直径、不同壁厚、不同长度的玻璃管洗净烘干。按上述玻璃管加热的方法进行加热。当玻璃管烧软可以拉动时，离开火焰，趁热双手向外快速均匀地拉伸。在拉毛细管的过程中，两手应保持在同一水平上。拉长之后，松开一只手，另一只手提着玻璃管的一端，使管靠垂直重力拉直并冷却定型。待中间部分冷却之后，放在石棉布上，以防烫坏实验台面。待玻璃管全部冷却后，用小瓷片的锐棱把拉好的毛细管根据需要截断使用。

测熔点用的毛细管内径为1～1.2mm，长度为7～8cm，一端要封闭起来。封管方法是：取一段截好的毛细管，用酒精灯加热，将毛细管一端进入火焰的边缘1～1.5mm慢慢加热，同时不断捻动毛细管(一般习惯是左手食指和拇指捏住毛细管的中部，右手食指和拇指捏住毛细管另一端并不断捻动)，当看见毛细管端口处有小红珠出现时，取出观看是否封住，如果没有封好再继续上述操作，直至封好为止。也可以截长一点(约15cm)，两边封住后从中间截断。点样用的毛细管内径约0.5mm，长度可根据需要来截取，一般5～7mm即可，不需要封口。减压毛细管要求端口越细越好，一般是按拉毛细管的方法拉好后，从中间一截两段制成两根，如果毛细管端口不够细，在已经拉好的毛细管端口处再拉一次。

4) 玻璃管与塞子的连接

上述制备好的玻璃弯管和减压毛细管常要与塞子配合使用。实验室常用的塞子有玻璃塞和橡皮塞两种,能用来打孔与这些制品配合使用的也只有橡皮塞。橡皮塞分00,0,1,2,3,4,5,6,7等号,数字越大塞子的直径就越大。橡皮塞的特点是:不漏气、不易被酸碱腐蚀,但易被有机物浸蚀或溶胀。

当与玻璃管连接时需要在塞子上打孔,其方法是:选择一个合适的塞子,塞子的大小应与仪器的口径相符合,塞子进入瓶颈或管颈的部分是塞子高度的1/3~1/2。用钻孔器在塞子合适的部位打孔,用来打孔的钻孔器外径应比玻璃管外径略大一些。因为橡皮塞有弹性,孔打好后会缩小。钻孔时,把塞子小头朝上平放在一块小木板上。先用手转动打孔器,在塞子中心刻出一个圆形凹痕,然后左手按紧塞子,右手握住打孔器,一边向下用力压,一边手或塞子朝顺时针(或逆时针)方向转动。注意,要从塞子的一端垂直向下钻孔,直至钻好为止。打孔器的前端最好敷少量凡士林,使之润滑便于钻入。孔钻好后,为了美观可用圆锉将孔锉平,也可以用此方法来扩大孔径。

塞子的孔打好后,右手握住玻璃管离塞子最近的一端,左手拿着打好孔的塞子,将玻璃管插进孔中,如图1-1中的(a)和(c)。注意,在插玻璃管时用力要均匀缓慢,边插边旋转玻璃管,可以在塞子孔内滴一些甘油或水,使其润滑,便于插入或拔出。当温度计需要与橡皮塞连接使用时更要小心操作,方法与玻璃管的连接一样。一般情况下温度计能与温度计套管固定的尽量用温度计套管。

1.2.6 常用电器设备

实验室有很多电器设备,使用时应注意安全,并保持这些设备的清洁,千万不要将药品洒到设备上。

1) 恒温鼓风干燥箱

主要用于干燥玻璃仪器或无腐蚀性、热稳定好的药品。使用时,应根据所干燥的物质定好最高温度,如烘干玻璃仪器一般控制在110℃以下。刚洗好的仪器,应将水控干后,再放入干燥箱中。一般将烘热干燥的仪器放在上边,刚洗好的仪器放在下边。热仪器取出时,不要马上碰冷的物体,如冷水、金属、实验台等,防止仪器骤冷而炸裂。带旋塞或具塞的仪器,应取下塞子后再放入干燥箱中。

2) 快速气流烘干器

是一种用于快速烘干仪器的设备,如图1-5所示。使用时,将仪器洗干净后,甩掉多余的水分,然后将仪器套在烘干器的多孔金属管上。注意随时调节热空气的温度。气流烘干器不宜长时间加热,以免烧坏电机和电热丝。

3) 电热套

是用玻璃纤维与电热丝编织成半圆形的内套,外边加上金属外壳,中间填上保温材料制成的,如图1-6所示。根据内套直径的大小分为50,100,150,200,250,500mL等规格,最大可到3000mL。此设备使用较安全。由于它的结构是半圆形的,在加热时,烧瓶处于热气流中,因此,加热效率较高。同时,还可以与电磁搅拌器同时使用,方便了很多需要搅拌的反应。使用时应注意,不要将药品洒在电热套中,以免加热时,药品挥发污染环境,同时避免电热丝被腐蚀而断开。用完后放在干燥处,否则内部吸潮后会降低绝缘性能。

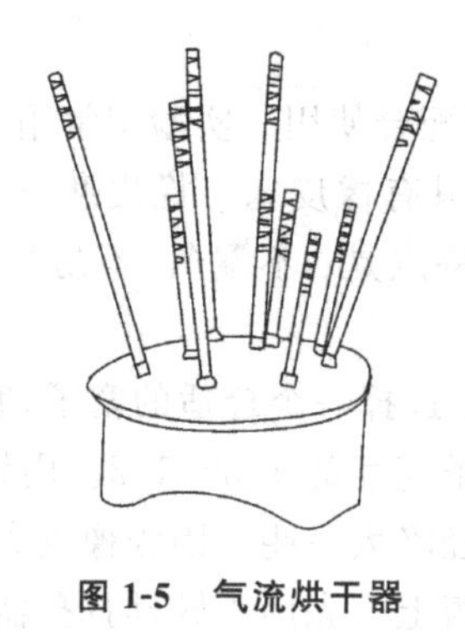

图 1-5　气流烘干器

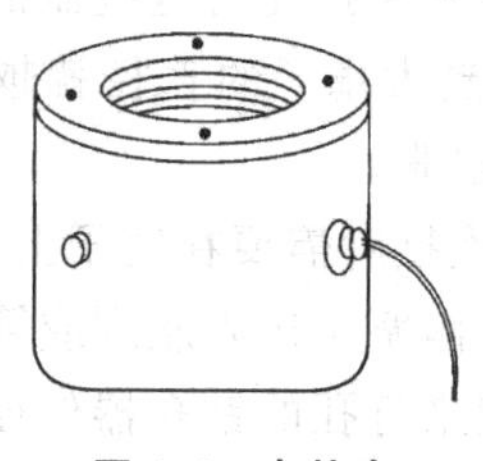

图 1-6　电热套

4）温度控制器

通过调节电压的大小来控制温度，一般用于加热设备，如电热套、热得快、电炉等。使用时应注意以下几点：

（1）先将控制器调至零点，再接通电源。

（2）使用时，先打开电源开关，再调节旋钮到所需要的位置。调节控制器旋钮时，应缓慢进行。无论使用哪种控制器都不能超负荷运行，最大使用量为满负荷的 2/3。

（3）用完后将旋钮调至零点，关上开关，拔掉电源插头，放在干燥通风处，保持控制器的清洁，以防腐蚀。

5）电动搅拌器

一般适用于反应体系中固体比较多；溶液比较粘稠（但是不能搅拌过于粘稠的反应体系，如胶状物）；反应量比较大（如有机化学实验中的常量反应）；或用电磁搅拌已经不能达到良好搅拌效果的反应体系。它由电机、机座、搅拌棒和控制器组成。使用时，应先将搅拌棒与电动搅拌器连接好，再将搅拌棒用套管或塞子与反应瓶连接固定，搅拌棒与套管的固定一般用乳胶管，乳胶管的长度不要太长也不要太短，以免由于摩擦而使搅拌棒转动不灵活或密封不严。在开动搅拌器前，应先空试，看搅拌器转动是否灵活，如不灵活应找出摩擦点，进行调整，直至转动灵活为止。

6）电磁搅拌器

适用于反应量比较小，反应液粘度比较低，要求密封性好的反应体系。它是由电机带动磁体旋转，磁体又带动反应器中的磁子旋转，从而达到搅拌的目的。电磁搅拌器一般都带有温度和速度控制旋转钮，使用后应将旋钮回零，使用时应注意防潮防腐。

7）旋转蒸发仪

可用来回收、蒸馏有机溶剂。由于使用方便，近年来在化学实验中被广泛使用。它由蒸发器（一般用圆底烧瓶）、冷凝管、接收瓶、电动设备、加热设备组成，如图 1-7 所示。其工作原理为：利用电机带动蒸发器旋转，通过变速器来调节旋转速度，经过加热器使液体汽化后进入冷凝器中再冷凝为液体。此装置可在常压或减压下使用；可一次进料，也可分批进料。由于蒸发器在不断旋转，可免加沸石。同时，随着不断旋转，液体附于蒸发器壁上加大了蒸发面积，使蒸馏速度加快。

使用时应注意：

（1）减压蒸馏时，当温度高、真空度低时，瓶内液体可能会暴沸。此时，及时转动真空接口，通入冷空气降低真空度即可。对于不同的物料，应找出合适的温度与真空度，达到平稳蒸馏的目的。

(2) 停止蒸馏时,先停止旋转再关真空泵,以免蒸发瓶滑落。

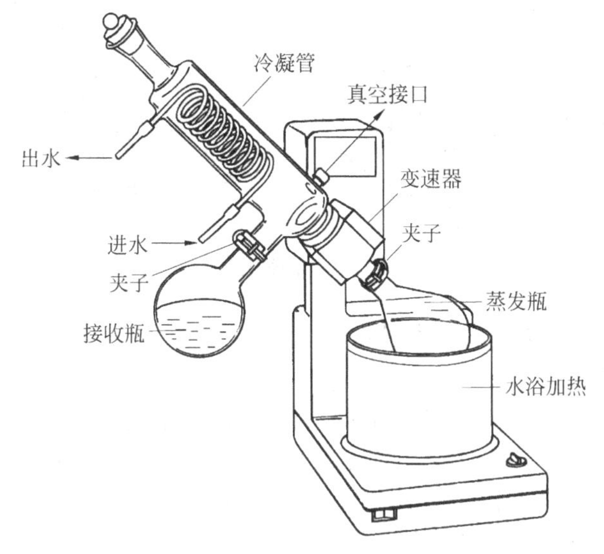

图 1-7 旋转蒸发仪

1.2.7 其他设备

有机化学实验室还有一些辅助设备,如称量设备、减压设备等。应注意正确使用,以保证设备的灵敏度和准确性。

1) 电子天平

电子天平是实验室常用的称量设备,尤其在微量、半微量实验中经常使用。

Scout 电子天平是一种比较精密的称量仪器,其设计精良,可靠耐用,如图 1-8 所示。它采用前面板控制,具有简单易懂的菜单,可自动关机。电源可以采用 9V 电池或随机提供的适配器。使用方法如下:

(1) 开机按 Rezero on,瞬时显示所用的内容符号后依次出现软件版本号和 0.00g。热机时间为 5min。

(2) 关机按 Mode off 直至显示屏指示 off,然后松开此键实现关机。

(3) 称量天平可选用的称量单位有克(g)、盎司(oz)、英两(ozt)、英担(dwt)。重复按 Mode off 选定所需要的单位,然后按 Rezero on,调至零点(一般已调好,学生不要自己调节)。在天平的称量盘上添加需要称量的样品,从显示屏上读数。

(4) 去皮,此功能可将称量盘上的容器质量从总质量中除去。将空的容器放在称量盘上,按 Rezero on 使显示屏上的数字为零,加入所称量的样品,天平即显示出样品质量,并可保持容器的质量直至再次按 Rezero on。

电子天平是一种比较精密的仪器,因此,使用时应注意维护和保养:

(1) 天平应放在清洁、稳定的环境中,以保证测量的准确性。勿放在通风、有磁场或产生磁场的设备附近,勿在温度变化大、有震动或存在腐蚀性气体的环境中使用。

(2) 保持机壳和称量台的清洁,以保证天平的准确性,可用蘸有柔性洗涤剂的湿布擦洗。

(3) 将校准砝码存放在安全干燥的场所,在不使用时拔掉交流适配器,长时间不用时取出电池。

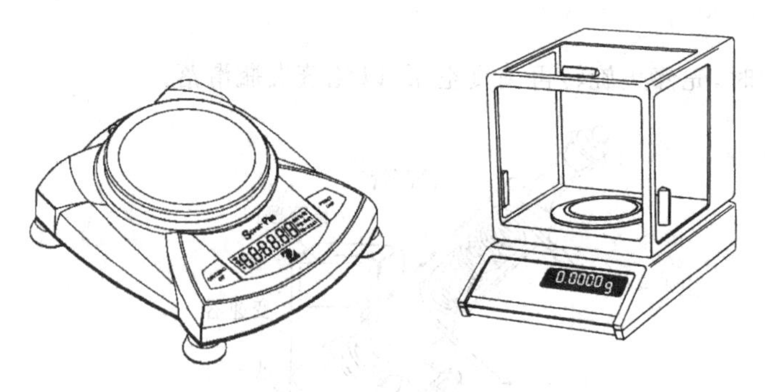

图 1-8　电子天平

(4) 使用时，不要超过天平的最大量程。

2) 循环水多用真空泵

循环水多用真空泵是以循环水作为流体，利用射流产生负压的原理而设计的一种新型多用真空泵，广泛用于蒸发、蒸馏、结晶、过滤、减压、升华等操作中。由于水可以循环使用，避免了直排水的现象，节水效果明显。因此，是实验室理想的减压设备。水泵一般用在对真空度要求不高的减压体系中。使用时应注意：

(1) 真空泵抽气口最好接一个缓冲瓶，以免停泵时，水被倒吸而进入反应瓶中，使反应失败。

(2) 开泵前，先将泵与体系连接好，然后，打开缓冲瓶上的旋塞。开泵后，用旋塞调至所需要的真空度。关泵时，先打开缓冲瓶上的旋塞，拆掉与体系的接口，再关泵。切忌相反操作。

(3) 应经常补充和更换水泵中的水，以保持水泵的清洁和真空度。

3) 油泵

油泵也是实验室常用的减压设备。油泵常在对真空度要求较高的场合下使用。油泵的效能取决于泵的结构及泵油的好坏，一般来说泵油的蒸气压越低越好。好的油泵使用时真空度可以达到 13.3Pa(相当于 0.1mmHg)。油泵的结构越精密，对工作条件要求就越高。

在用油泵进行减压蒸馏时，溶剂、水和酸性气体会使油污染，油的蒸气压增加，造成泵的真空度降低，同时这些气体可以引起泵体的腐蚀。为了保护泵和油，使用时应在泵的进口处加一些保护性材料，如石蜡片(吸收有机物)、硅胶(吸收微量的水)、氢氧化钠(吸收酸性气体)、氯化钙(吸收水汽)和冷阱(冷凝杂质)，这些材料要定期检查更换。同时应定期更换新油，防潮、防腐蚀，这样可以延长油泵的使用寿命。

4) 冷却水循环使用泵

此设备是由清华大学化学系实验教学中心开发研制的一种节水设备，主要用于实验中需要使用自来水作冷却水的反应中。此设备由循环系统和冷却系统组成，保证了学生实验中冷却用水的循环使用，达到节约水的目的。

1.3　反应实施方法

化学反应的发生常常需要借助于加热、冷却、搅拌等来实现或控制反应速度。尤其是在有机化学实验中，由于反应时间长、副反应多，因此反应条件的控制就显得尤为重要。

1.3.1 加热

加热是有机化学实验中经常使用的反应手段，目的是加快反应进程或提高产率。经实验证明，多数反应温度每升高10℃，反应速率可以提高2～4倍。目前，在实验中常用的加热方法有水浴、油浴、电热套、沙浴、微波等。

1）水浴

当加热温度低于100℃时，通常采用水浴加热。方法是：将盛放反应物的容器浸入水浴中，放入的深度根据被加热反应物体积而定，一般水浴液面略高于容器中反应物的液面即可，最深不要超过容器的2/3，容器与水浴底部距离不低于15cm。在使用中应该注意：长时间加热时，水浴中的水会蒸发掉，应不断补充新水。还可加些固体石蜡，石蜡密度比水小，沸点比水高，且不溶于水，受热熔化后浮在水面上，以减少水的蒸发。需要控制温度时可用恒温水浴装置。

2）油浴

加热温度高于100℃时可采用油浴，油浴所能达到的最高使用温度取决于所用油的种类。常用的油浴介质有植物油、石蜡油、甘油、硅油等沸点较高的物质。使用时应注意：无论在油浴中选用任何介质都应在油的分解温度以下使用。当油冒烟时，说明已经接近油的分解温度，应立即停止加热或降低加热温度，以免油自燃。硅油是有机硅单体水解缩聚而成的一类线形结构的物质，其性质比较稳定，而且无色、无味、无毒，使用温度可以达到250℃左右，虽然价格比较高，但是目前在实验室中是首选的油浴介质。油浴的使用方法与水浴大致相同，不同的是油浴需要控制油的温度，一般是在油浴中悬挂一支温度计随时控制温度，并在加热器上加一个控温装置。加热油浴一般不用煤气灯或电炉这些带有明火的加热设备，常用如“热得快”这类电加热设备，使用起来安全一些。表1-2给出几种常用油浴的使用温度。

表1-2 常用油浴的使用温度

名　　称	使用温度/℃	说　　明
甘油和邻苯二甲酸邻苯二甲酸二甲酯混合液	140～180	
聚乙二醇	160～200	根据相对分子质量的大小决定使用温度，聚乙二醇相对分子质量为200～20 000
石蜡油	约220	
蓖麻油、菜子油	约200	
煤油	约200	
硅油	约250	

3）电热套

是目前基础教学实验中最常用的加热工具，它加热的温度范围与电阻丝功率有关，2000W的电阻丝，可以加热到400℃左右。教学实验中使用的一般是800～1000W，最高温度不能超过300℃，温度超过使用范围电阻丝就容易烧断。使用电热套的优点是安全，加热速度快，加热比较均匀。缺点是加热后冷却速度比较慢。电热套与调压器一起使用，以便更好地控制温度。烧瓶应放在电热套的中心部位，不能靠壁太近，以免局部过热造成意外。

4）沙浴

当加热温度比较高时，可以选择沙浴。它的使用温度是由加热沙浴所用的电炉电阻丝功率来决定的，最高不能超过沙子的熔化温度。沙子应选择50～100目的颗粒。将洗净干燥好的沙子平铺在铁盘上，把盛有被加热物料的容器埋在沙子中间，加热铁盘。使用时，由于沙子对热的传导能力较差，而散热较快，所以容器底部的沙层要薄些，以便容器受热。由于沙浴散热快，温度上升又慢，且不易控制，因此在实验室中使用不广泛。

除了以上介绍的几种加热方法外，还可用熔盐浴、金属浴(合金浴)等。微波也是近几年来使用比较多的一种加热方法。无论使用何种加热方法，都要求加热均匀而且稳定，尽量减少热损失。

1.3.2 冷却

在有机化学实验中有很多反应需要在低温下进行，如重氮化反应、亚硝化反应。有些是放热反应，在实验中需要冷却控制反应速度，如Cannizzaro的歧化反应，在结晶析出和反应物冷凝过程中也需要用冷却的方法将体系中的热量转移。实验室常用的冷却方法有冰、冰-水混合浴、冰-盐混合浴、固体二氧化碳与有机溶剂混合组成的冷冻剂、液氮、液氨等。随着科学技术的发展，制冷技术也在不断提高。利用深度冷却，可使很多在室温下不能进行的反应能顺利实现，如负离子反应或一些有机金属化合物的反应。目前，制冷技术对有机合成技术的发展起着越来越重要的作用。

在实验中根据反应体系的要求可采取不同的冷却方法和技术。实验室最常用的冷却剂就是水，用自来水做冷却剂即廉价又安全，但是水只能将反应物冷却到室温。如果需要冷却到0℃左右可用冰或将冰与水按一定比例混合使用。表1-3给出了实验室常用冷却剂的组成和制冷温度。

表1-3　常用冷却剂的组成和制冷温度

冷却剂组成	冷却温度/℃
碎冰(或冰-水混合浴)	0
氯化钠：碎冰(按1：3混合)	－20
6个结晶水的氯化钙：碎冰(按10：8混合)	50(－20～－40)
液氨	－33
干冰＋四氯化碳	－25～－30
干冰＋乙腈	－55
干冰＋乙醇	－72
干冰＋丙酮	－78
干冰＋乙醚	－100
液氨＋乙醚	－116
液氮	－195.8

当使用更低温度的冷却剂时，如用干冰(固体二氧化碳)和乙醇等组成的混合冷却剂，一般是将冷却剂放入保温瓶或其他绝热较好的容器中，为了防止骤冷骤热而引起爆炸，在保温瓶外面应用石棉绳或金属网、木箱等加以保护，再将反应瓶放入冷却剂中。如果时间较长，上口应用铝箔覆盖，降低挥发和散热速度。使用时，干冰必须在铁研钵(不能用瓷研钵)中粉碎，操作时应带好防护用具，如眼镜、手套等。在使用低温制冷剂时，应注意不要用手直接接触，以免灼伤皮肤。在测量－38℃以下的低温时，不能使用水银温度计，因为水银的凝固点为－38.87℃，应使用低温温度计。

若有机物需要在低温下长期保存,可把盛放有机物的瓶子贴好标签,塞紧瓶塞,直接放入冰箱的冷冻室或制冷机中保存。在保存过程中,应注意不要让蒸气外逸,以免发生腐蚀、爆炸等事故。

1.3.3 微波

微波是一个十分特殊的电磁波段,它的频率在300MHz～300GHz,即波长在0.1～100cm范围内,位于电磁波的红外辐射和无线电波之间。

微波化学(microwave chemistry)是利用微波技术来研究物质在微波场作用下的物理和化学行为的一门新兴的前沿交叉学科。微波应用于化学领域是近几十年才发展起来的。从1986年Giguere R. J. 对蒽与马来酸二甲酯的Diels-Alder环加成反应和Gedye R. 对苯甲酸和醇的酯化反应的微波合成研究开始,至今已在涉及有机合成许多主要领域的研究中取得了明显成效。如Perkin反应、Knoevenage反应、Witting反应、Reformatsky反应、羟醛缩合反应、缩醛化反应,以及取代、消除、加成、水解、氧化、催化加氢、酯交换、酰胺化、烷基化、聚合、脱羧和重排等反应。微波作用下的有机反应速率较传统的加热方法快数倍甚至数十倍,并且具有操作简便等特点,因此,目前利用微波加热进行有机合成反应的方法发展异常迅速,有着非常好的应用前景。

1) 微波加热的原理

微波加热不同于一般的常规加热方式。常规加热是由外部热源通过热辐射由表及里的传导式加热。微波加热则是材料在电场中由介质损耗而引起的体加热,这就意味着将微波电磁能转变为热能,其能量是通过空间或介质以电磁波形式来传递的,对物质的加热过程与物质内部分子的极化有着密切的关系。微波交变电场振动一周的时间约为10^{-9}～10^{-12}s,其频率与偶极子转向极化与界面极化的时间刚好吻合,因此,介质在微波场中的加热也主要是靠这两种极化方式来实现的。

微波对化学反应的促进和加速作用是十分明显的,但迄今的研究还主要停留在实验事实方面,对于反应机理的研究还很少,也不深入。因此,目前对微波加速改善化学反应的机理还无法作出统一的令人信服的解释。关于微波加速有机反应的原因,学术界有"热效应"和"非热效应"两种不同观点:持"热效应"观点的人认为,虽然微波是一种内加热,具有加热速度快、加热均匀、无温度梯度、无滞后效应等特点,但微波应用于化学反应仅仅是一种加热方式,和传统的加热方式是一样的。对特定的反应而言,在反应物、催化剂、产物不变的情况下,该反应的动力学因素,与加热方式无关,他们认为微波用于化学反应的频率2450MHz属于非电离辐射,在与分子的化学键发生共振时不可能引起化学键的断裂,也不能使分子激发到更高的转动或振动能级。微波对化学反应的加速主要归结为对极性有机物的选择加热,即微波的致热效应。持"非热效应"观点的人认为,微波对化学反应的作用是非常复杂的,一方面是反应分子吸收了微波能量,提高了分子运动速率,使分子运动杂乱无章,导致熵的增加;另一方面微波对极性分子的作用,迫使其按照电磁场作用方式运动,每秒变化2.45×10^9次,导致了熵的减小,因此微波对化学反应的作用机理是不能仅用微波致热效应来描述的。微波除了具有热效应外,还存在不是由温度引起的非热效应,微波作用改变了反应动力学,降低了反应活化能,从而加速了反应的进程。

尽管微波有机合成已有十几年的时间,但是,对微波加速有机反应机理的研究还是一个新的领域,有些反应结果还缺乏充分的实验来证实,有许多实验现象需要更全面、细致和系统的研究。

2）微波有机合成技术的发展

微波有机合成技术从 1986 年发展至今，主要有以下几种技术：微波密闭合成反应技术、微波常压合成反应技术、微波干法合成反应技术和微波连续合成反应技术、微波间歇式合成反应技术等。

为了使微波技术应用于常压有机合成反应，1991 年 Bose 等对微波常压技术进行了研究。他们选择一个长颈的锥形瓶，在锥形瓶内放置反应的化合物及溶剂，在锥形瓶的上端盖一个表面皿或漏斗，溶剂的沸点超出反应所需温度 20～30℃。将反应体系放入微波炉内，开启微波，控制微波辐射能量的大小，使得反应体系的温度缓慢上升，选择溶剂温度高于反应温度的目的是使反应达到所需的温度条件，同时又能保证溶剂不因温度过高而挥发。利用此装置他们成功地进行了阿司匹林中间产物的合成。上述微波常压反应技术由于敞开反应体系置于微波炉内，不可避免地会造成部分反应物和溶剂挥发到微波炉体内，往往会引起着火及爆炸事故。

为了使微波常压有机合成反应在安全可靠的条件下进行，伦敦帝国理工学院 Mingos 对家用微波炉进行了改造。在微波炉壁上开了一个小孔，将冷凝管置于微波炉腔外，盛溶液的圆底烧瓶经过一玻璃接头与空气冷凝管相连，通过此管可为反应瓶提供惰性气体，从而对反应体系起到保护作用(图 1-9)。Mingos 等人利用这一装置成功地合成了一些金属有机化合物。微波常压合成反应技术的出现，大大推动了微波合成化学的发展。

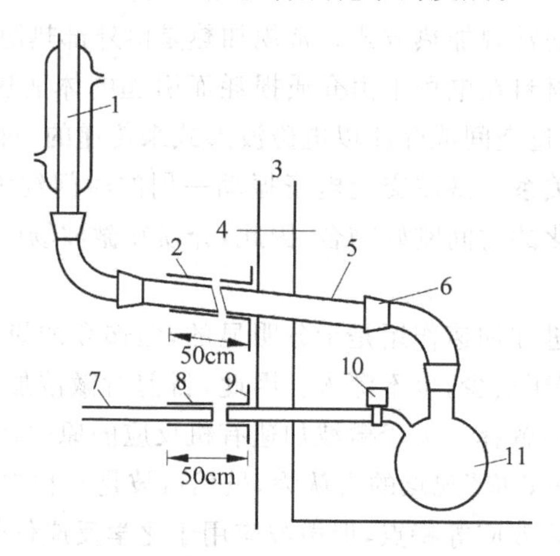

图 1-9　早期的常压微波反应装置

1—冷凝管；2—铜管；3—微波炉壁；4—微波炉内腔；5—空气冷凝管；6—玻璃接头；7—聚四氟乙烯；8—铜管；9—铜片；10—活塞；11—圆底烧瓶

Mingos 等设计的实验装置中，由于体系无搅拌、滴加和分水等装置，往往给反应带来极大的麻烦，在某些程度上限制了它的应用范围。1992 年吉林大学刘福安等对常压体系进行了改进，改进后的装置如图 1-10 和图 1-11 所示。这一装置采取了在微波炉上端打孔，反应容器由打孔处与外界的搅拌和滴加装置及冷凝管相连。他们利用此装置成功地完成了一系列反应的研究。

1999 年作者在清华大学有机实验室为本科生开设微波实验，采用在微波炉顶部开两个孔的方法，很好地解决了搅拌、冷凝、加料同时进行的问题，为了防止微波的泄露在开孔处增加了一个内部装有填料的防辐射金属环，改装后的装置如图 1-12 所示。

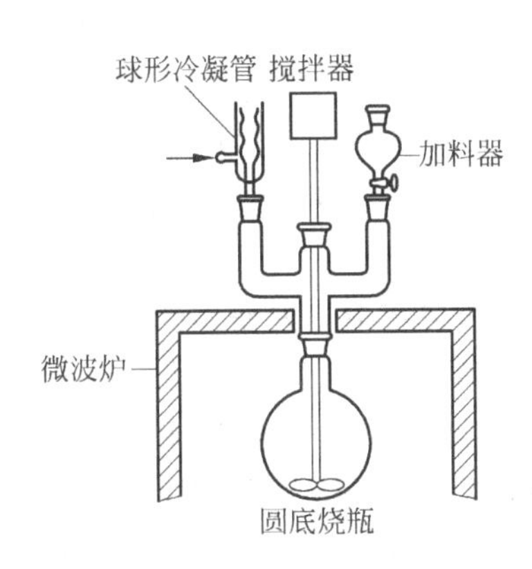

图 1-10 带搅拌器的常压微波反应装置

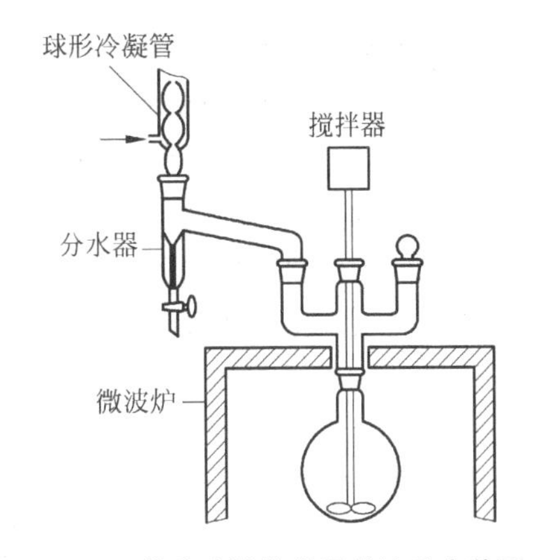

图 1-11 带分水器的常压微波反应装置

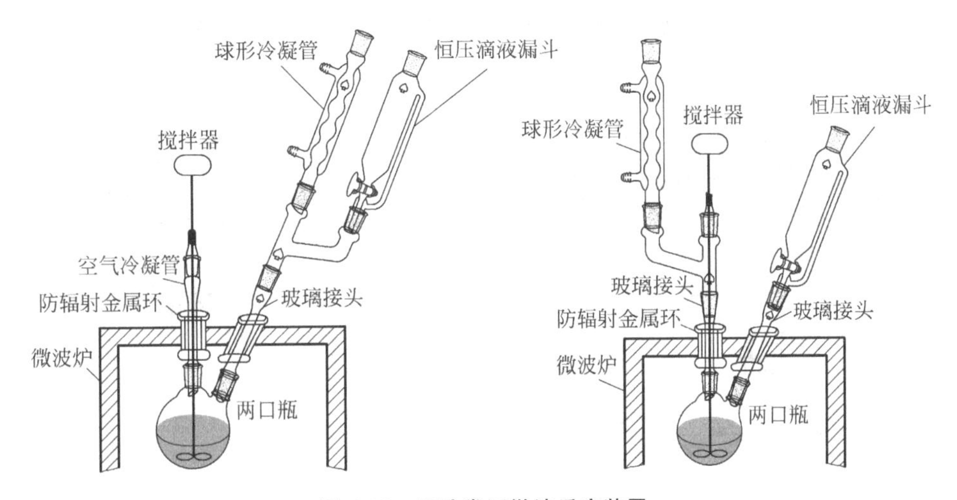

图 1-12 双孔常压微波反应装置

目前，一些专业生产厂家致力于微波反应器的研究工作，生产出了适用于各种反应条件下使用的微波反应装置。图 1-13 和图 1-14 是北京祥鹄科技发展有限公司生产的 XH-200A 电脑微波固、液相合成工作站和祥鹄 XH-100A 微波合成仪。

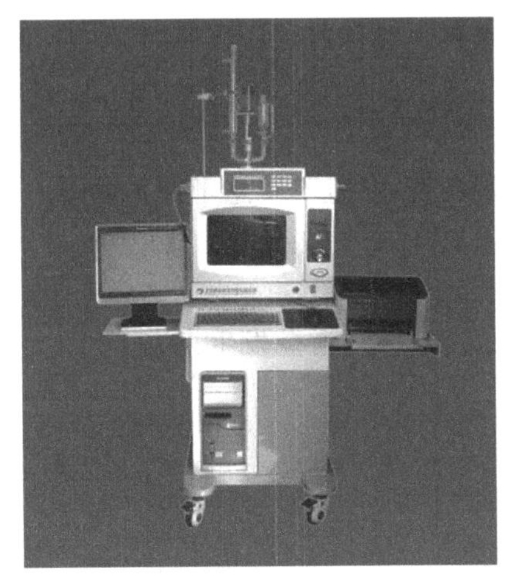

图 1-13 XH-200A 电脑微波固、液相合成工作站

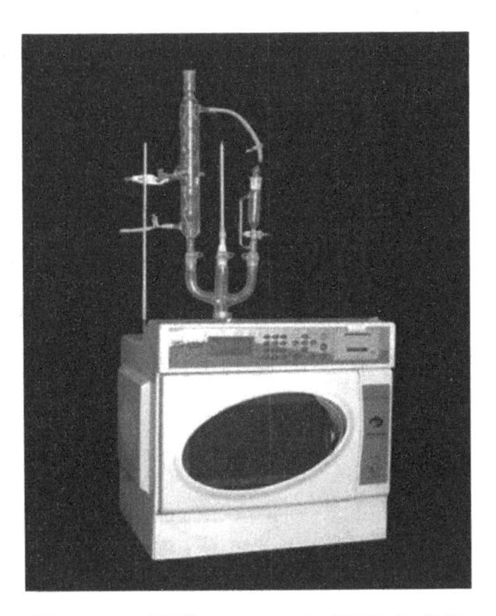

图 1-14 祥鹄 XH-100A 微波合成仪

该仪器适用于有机合成化学、药物化学、食品科学、检疫防疫、军事化学、分子生物学、分析化学、无机化学、石油化工、材料科学、生物医学等相关领域，在上述领域中具有重要的应用价值，通过焓效应和熵效应诱导或加速化学反应和物理过程，使反应速度比常规方法加快数百倍甚至数千倍，同时提高了反应选择性和收率，使过去许多难以发生或速度很慢的化学反应或物理过程变得容易实现和高速完成。

XH-100A 电脑微波催化合成-萃取仪，是专门为催化合成萃取开发研制的产品。

图 1-15 是上海新仪微波化学科技有限公司生产的 MAS-3 型微波合成反应仪。它是一款专门为大专院校的老师和学生设计的普及型微波合成反应装置。价格较低，操作简便，性能可靠。可以满足主要的微波合成反应要求，能达到比常规反应更理想的实验效果。

图 1-16 所示 CEM Discover(单模) 微波合成仪是由美国培安公司生产的。Discover 系列采用目前世界上最大专利的 AFC 单模微波腔，以均匀的定量耦合、高密度的微波场、功率的稳定性，从根本上满足了微波辅助反应中微波场的可控性和可重复性等要求。

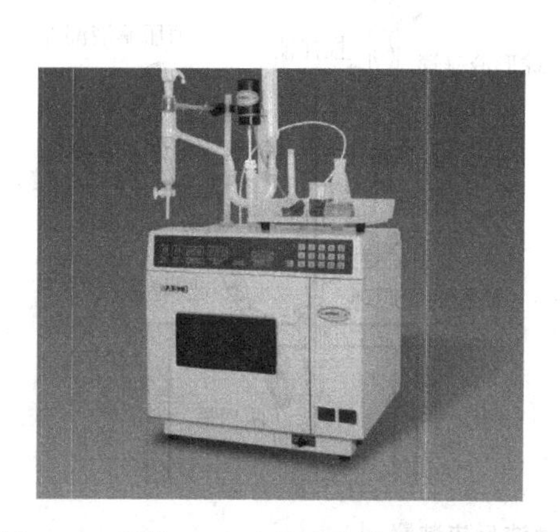

图 1-15　新仪 MAS-3 普及型微波合成反应仪

图 1-16　CEM Discover(单模) 微波合成仪

3) 使用微波合成时的注意事项

由于微波反应的特殊性，尤其是在使用家用微波炉改装的微波反应装置进行实验时，应注意以下几点：

(1) 微波炉炉门密封及门体如果损坏，要经专业维修人员修好之后再使用。

(2) 在微波炉内加热不能使用金属器皿。

(3) 不能空腔启动微波炉。

(4) 如果微波炉内出现烟雾，应立即将微波炉电源断开，并且不要急于打开炉门。

(5) 在取出被加热的液体时，要防止烫伤。

(6) 在微波炉附近不要放置易燃、易爆物品。

(7) 在微波炉运行期间，要注意监控反应时间、反应温度等，避免发生火灾。

第2章　有机化合物物理常数测定及结构鉴定

有机化合物物理常数测定及结构鉴定，在有机化学合成实验中占有重要的位置。一个化合物合成后首先要鉴定它的物理性质，然后再对其结构进行鉴定。如果是已知化合物，可以和文献进行对照，检验结果是否正确；如果是未知化合物，这些数据对于结构鉴定至关重要。

2.1　有机化合物物理常数测定

有机化合物物理常数测定通常包括熔点(mp)、沸点(bp)、折射率(n_D^t)、比旋光度$[\alpha]_D^t$，这些常数是有机化合物重要的物理性质。通过这些物理常数的测定可以鉴定有机化合物的纯度，也可以用来鉴定未知化合物。

2.1.1　熔点及其测定

1. 熔点

熔点是指在大气压下固体化合物通过加热(或冷凝)固相与液相平衡时的温度，此时固相和液相的蒸气压相等。纯净的固体化合物一般都有敏锐而且固定的熔点，即在一定压力下，从固体开始熔化到全部熔化温度不超过0.5～1℃，这个温度范围称为熔程。

熔点是鉴定固体有机化合物的重要物理常数，也是判断化合物纯度的重要标准。当化合物中混有杂质时，熔程会加长，熔点会降低。

2. 基本原理

物质在任何温度下都有相应的蒸气压，温度升高蒸气压一般总是增大。固相时的蒸气压随温度变化的速率比液相时的要大。将同一纯物质的固相和液相两条蒸气压与温度的曲线放在一起就出现了一个相交点M，在这个交点M上，固相与液相的蒸气压相等，固、液两相并存，与M点相对应的温度T_m就是该物质的熔点，如图2-1所示。

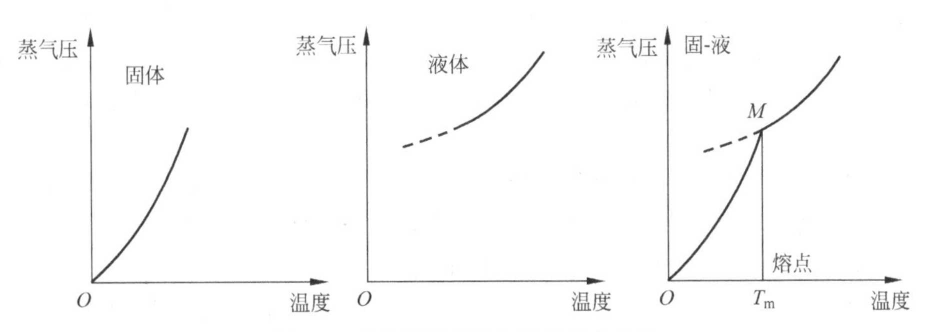

图2-1　纯物质蒸气压与温度的曲线图

M 点是物质的热力学平衡点，对于纯的固体化合物来说 M 点是唯一确定的，不同的物质有不同的 M 点。当温度高于 T_m 时，固体全部溶解成为液体；当温度低于 T_m 值时，液体全部冷凝成为固体。只有固、液相并存时，固相和液相的蒸气压是一致的。这就是纯物质有固定而又敏锐熔点的原因。一旦温度超过 T_m（甚至只有几分之一度时），若有足够的时间，固体就可以全部转变为液体。所以，要想得到精确的熔点值，在测熔点时，低于已知熔点 20℃左右，加热速度一定要慢，一般升温速度每分钟不超过 2℃。只有这样，才能使熔化过程尽可能接近两相平衡的条件。

对于混合物来说，熔点除了与蒸气压和温度有关以外，还与混合物的组成有关，它们之间的关系比较复杂，在物理化学有关相平衡的章节中有专门论述。在此仅举一个最常见的例子来加以说明，以便更容易理解为什么混合物的熔点总是比纯物质的熔点低，熔程长。

设有两种固体 A 和 B，纯 A 的熔点为 95.5℃，如图 2-2 中的 a 点，纯 B 的熔点为 80℃，如图 2-2 中的 b 点。将两种物质按不同比例混合，在压力不变的情况下，分别测其熔点（全熔点），得到两条曲线，如图 2-2 中的 ac 和 cb。c 点是 A 与 B 二组分的最低共熔点，在这点上既有 A(s) 和 B(s) 二组分的固体颗粒，又有由 A 与 B 组成的熔液，c 点的温度既低于纯 A 的熔点，也低于纯 B 的熔点。曲线 ac 是 A(s) 与熔液两相共存线，也称为 A(s) 在熔液中的饱和溶解度曲线，在这条曲线上温度一定，熔液的组成也定了。在 afc 范围内（即 1＋A(s) 区）是纯固体 A 与熔液两相平衡区。同理，曲线 cb 是 B(s) 与熔液两相共存线，在 bcg 范围内（即 1＋B(s) 区）是纯固体 B 与熔液两相平衡区。在 acb 线之上是熔液的单相区，为液相区。fg 线是固体 A，B 和熔液三相共存线，在这条线上的任何一点都是以固体 A(s)，B(s) 和由 A，B 共同组成的熔液三相共存。fg 线以下是两种纯固体的混合区。在物理化学中，这种二组分混合物系统的相图是根据步冷曲线绘制而成的。

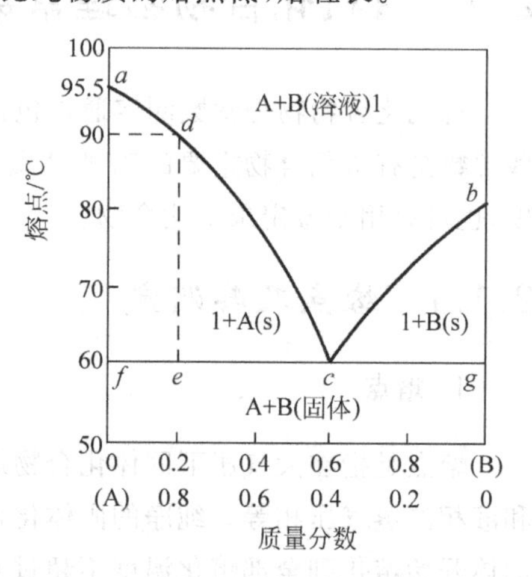

图 2-2　AB 混合物的组成与熔点的关系

从图 2-2 中可以看到混合物的熔融过程。我们用 80％的 A 和 20％的 B 混合，加热升温，当温度达到 e 点时，A 与 B 将以恒定的比例（共熔点的比例）一起熔化，而温度保持不变。最后由于 B 含量少首先全部熔化，只留下 A 与熔化的共熔组分（液体）保持平衡。继续加热，随着 A 不断熔化，液相中 A 的含量增加，超过了共熔组分。由于液态 A 的蒸气压增加，它与共熔液达到平衡的温度也将提高，其关系如图 2-2 中的 cd 段。当温度达到 d 点时，A 全部熔化，这时的熔点比纯物质要低，而且从固体开始熔化到全部熔化的温度间隔（即熔程）也长，30℃左右。因此测熔点时，一定要记录固体开始塌陷有液体出现到固体全部熔化时的温度，即熔程。

必须要注意的是，当混合物样品组分恰好与共熔混合物组分相同时，在最低共熔点 c 处会显示出固定而且敏锐的熔点，这时往往会误将混合物当作纯物质。此时可向样品中加入少量任意一种已知固体，观察熔点的变化，由此可作出判断。

混合物熔点降低的另外一因素就是蒸气压，假定混合物之间不生成固熔体，根据拉乌尔（Raoult）定律，在一定压力和温度下，在溶剂中增加溶质的量，将导致溶剂蒸气分压降低，出现新的液态蒸气压曲线 M_1L_1。在图 2-1 纯物质蒸气压与温度的曲线图上就出现新的交点 M_1，

对应的熔点值 T_{m_1} 比纯物质的熔点值 T_m 要低，如图 2-3 所示。由于物质不纯，在熔化过程中，固相和液相平衡时的组成在不断改变，因此两相平衡时的熔点就不是一个点，而是一条曲线，如图 2-2 中的 *cd* 段。这两种理论都说明杂质的存在不但使固体化合物熔点降低，而且使熔程加长。

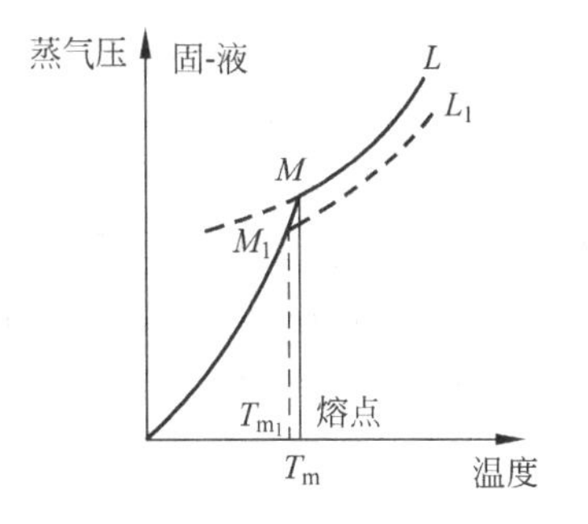

图 2-3　蒸气压与温度变化曲线图

可以利用固体混合物的这个性质来鉴定未知物质。通常使用的方法是：当测得一未知物的熔点同某已知物熔点相同，可将这两种固体混合均匀，测混合物的熔点。测量时，一般将这两种物质至少要按 1∶9，1∶1，9∶1 这 3 种不同的比例混合，分别测其熔点，将结果进行比较。若它们是同一化合物，则熔点值不变，若不是同一化合物，则熔程长，熔点下降，利用这种方法测定混合物熔点通常称为混合熔点法。

但是当两种固体混合后，如果生成了新的物质或形成了共熔体也可以出现敏锐的熔点或熔点值反而上升的现象。虽然利用混合熔点法测定熔点有少数特例，但是对于鉴定有机化合物和确定未知物仍然有很大的实用价值。

熔点可以近似地看作是物质的三相点，它们之间相差很小，只有千分之几。

3. 熔点与加热时间的关系

当一个系统在缓慢而均匀地加热（或冷却）时，如果系统内不发生相的变化，则温度随加热时间均匀地或线性地改变。当系统内发生相的变化时，由于相变带来的放热或吸热现象使温度随时间的变化发生了转折，甚至在一段时间内温度不发生变化。

在测纯固体化合物熔点时，加热温度不到固体化合物熔点时，样品仍然以固体形式存在，继续加热，温度随时间呈线性上升。当达到固体样品熔点时，开始有少量液体出现，很快达到固液两相平衡，此时即便继续加热，温度也不再变化，加热所提供的热量是使固体不断转变为液体，两相间仍为平衡，最后固体完全熔化成液体，继续加热则温度随时间线性上升，如图 2-4 所示。

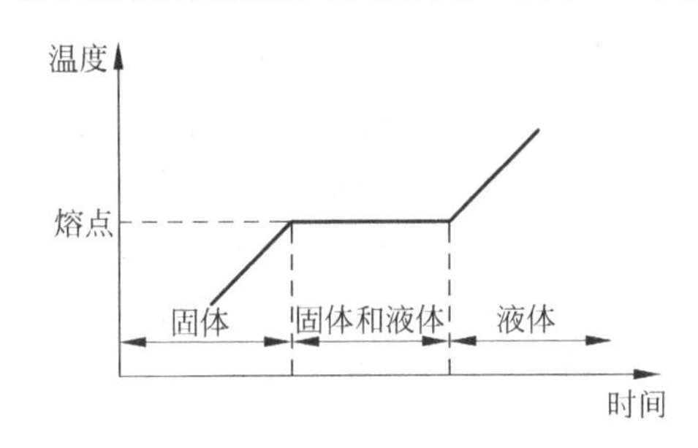

图 2-4　纯物质加热时温度随时间的变化

混合物熔点随时间的变化趋势大致与纯物质相同，在达到最低共熔点时温度不变，继续加热，混合物的组成不断变化，当其中一种物质全部熔化时，温度随时间的变化出现转折点，升温速度有所加快，直至固体全部熔化。

4. 熔点的测定方法

熔点测定在有机化学实验中是基本的操作，在有机合成实验中实际应用价值比较大。实验室常用的熔点测定方法有毛细管熔点测定法和显微熔点仪测定法。

1）毛细管熔点测定法

（1）样品的准备

将干燥好的待测固体样品用玻璃塞或玻璃棒碾成粉末状，堆放在表面皿上。取一支已制作好的熔点管（具体制作方法见 1.2.5 节中测熔点毛细管的制备），将熔点管开口端向下插入样品中,取少量粉末于熔点管中,然后把熔点管倒过来,开口端向上。取一支内径 8～10mm、长 300～400mm 干净且干燥的玻璃管,将另一表面皿倒扣在桌面上,使玻璃管垂直放在表面皿上,将装有样品的熔点管开口端向上,从玻璃管上端放入玻璃管中,形成自由下落,如图 2-5 所示。此时熔点管从玻璃管中落到表面皿上,由于下落时的作用力和反作用力,使毛细管在玻璃管中反复弹跳几次。重复以上操作,直至样品量高度为 2～3mm,并且没有空隙,使样品紧密堆集在熔点管底部。

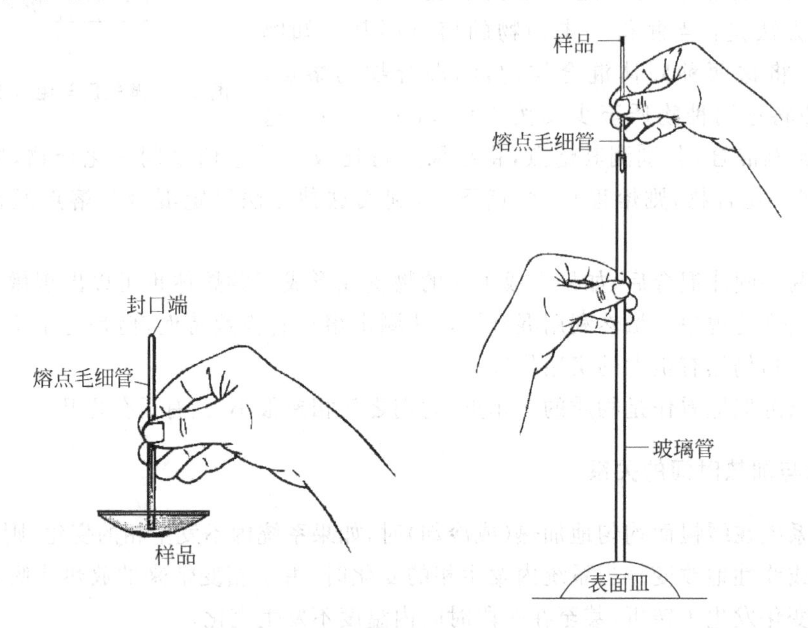

图 2-5　毛细管熔点测定样品管的制备

(2) 熔点测定

毛细管法常用的熔点测定装置是提勒管(Thiele,又称 b 型管)。在提勒管中加入载热体,又称为浴液,可根据所测物质的熔点来选择,表 2-1 给出了常用浴液的使用温度,浴液的高度应在提勒管上支管口上方 3～5mm 处。在提勒管上口装一个带有开口的塞子,将温度计插入塞子中,温度计水银球部位应在提勒管上下两支管口的中间。毛细管用剪好的乳胶管圈固定在温度计上,将待测样品置于水银球中部。加热时,为了使整个提勒管内浴液温度均匀,火源位置应在侧管下端,如图 2-6 所示。这时受热浴液沿侧管底部作上升运动促使浴液在提勒管中形成对流循环,使温度变化比较均匀。

用毛细管测熔点应注意:

(1) 固定熔点管用的乳胶管圈不要浸入浴液中,以免加热时造成乳胶管圈熔胀而断裂。

(2) 若测已知样品的熔点,开始加热可以快一些,当温度低于被测样品熔点 20℃左右时,需调整火焰或来回移动火焰慢慢加热,每分钟升温速度控制在 1～2℃。

(3) 在测未知物熔点时,至少制备两支装好样品的熔点管,先用一支熔点管以较快的加热速度测出样品的熔点范围,再用另一支根据所测定的熔点值调节加热速度,精确测出样品的熔点。

(4) 有的样品长时间加热易分解,可先加热提勒管中的浴液,当温度低于样品熔点 20℃时,再将熔点管放入其中。

表 2-1　常用浴液的使用温度范围

浴　　液	使用温度范围/℃	浴　　液	使用温度范围/℃
水	0～100	液体石蜡	低于 230
无水甘油	低于 150	真空泵油	低于 250
邻苯二甲酸二丁酯	低于 150	浓硫酸＋硫酸钾(7：3)	低于 325
浓硫酸	低于 220(敞口容器中)	聚有机硅油	低于 350

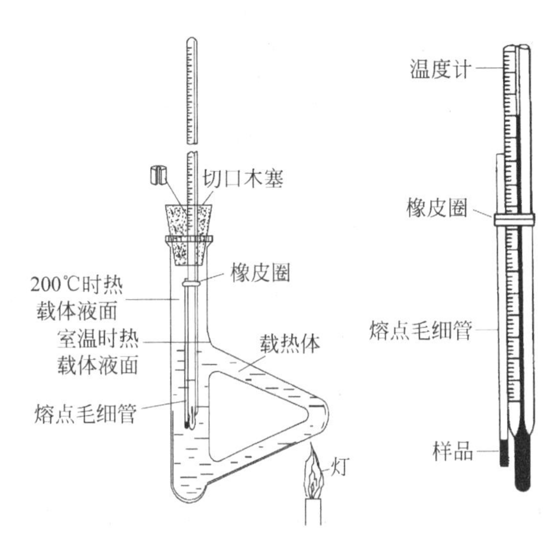

图 2-6　提勒管测定熔点的装置图

(5) 在测易升华物质熔点时，样品装好后将开口端也用同样的方法封起来，测熔点时将毛细管全部浸入到浴液中。

(6) 在熔点记录过程中，应记录从固体塌落有液体出现时的初熔到固体全部熔化时的温度，即熔程，如 133～135℃，而不是一个点的温度。

(7) 在测熔点的过程中，还要注意观察和记录在加热过程中固体是否有萎缩、变色、发泡、升华及碳化等现象，以提供对样品进一步分析的资料。

(8) 熔点测定至少要有两次重复数据，每次都要用新制备的熔点管。

2) 显微熔点仪测定法(又称微量熔点测定法)

显微熔点仪由显微镜、加热平台、电压调节和温度显示系统组成，如图 2-7 所示。这类仪器型号较多，共同特点是：样品用量少，可观察晶体在加热过程中的变化情况，最高测量温度由加热平台的功率而定，实验室常用的显微熔点仪都可以测熔点低于 300℃的样品。

具体操作如下：在两片干净且干燥的盖玻片中间放入微量被测样品，用拇指和食指将两片盖玻片捻实，防止空气对熔点测定的干扰。然后放在载玻片的一端，手拿载玻片的另一端，从加热台的凹槽处，将样品放入加热台中间，盖上防止散热的玻璃板。将显微镜镜头对准样品，用调焦手轮调节焦距，直到从目镜中可以清楚地看到经过放大的晶体，再打开调压测温仪上的电源开关，然后用旋钮 1 和 2 调节加热电压至 100V 左右。当温度升至低于被测样品熔点 20℃时，用旋钮 2 调节加热速度，使升温速度控制在每分钟 1～2℃。当晶体棱角开始变圆有液体出现时，表示样品开始熔化，直至晶体全部熔化，记录熔程。第一个熔点测完后，用旋钮

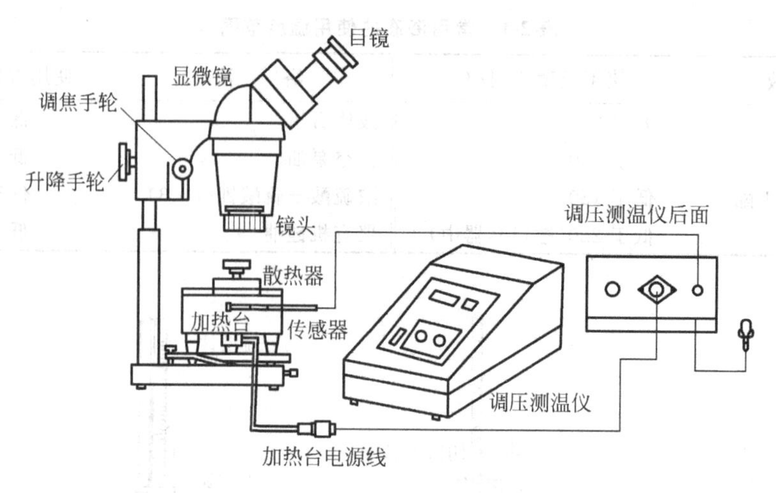

图 2-7　显微熔点测定仪

1 和 2 将电压调到零，停止加热，稍微冷却后，用镊子取下玻璃板，放在已经准备好的磁盘中，再将载玻片和盖玻片一起取出，热的盖玻片放在老师已经准备好的放废盖玻片的容器中，将铝制散热片放在加热台上，可以加快加热台的冷却速度。当调压测温仪上温度显示低于第二个被测样品熔点 20℃以下时，可以进行下一个样品的测试。

使用显微熔点仪测熔点应注意：

(1) 测完熔点后加热台上所有物品不要直接用手摸，以免烫伤，要用镊子将其一一取下，包括热的散热片。热的散热片取下后不要直接放在桌子上，以免烫坏桌子，而是放在专门配置的隔热板上。

(2) 利用显微熔点仪测熔点可以看到样品变化的全过程，如结晶的失水、晶体形状的变化、分解及升华等现象，在测量过程中应注意观察。

(3) 被测物熔点比较高时，可先将旋钮 1 和 2 调到最大，当低于被测物熔点 40℃左右时再用旋钮 1 和 2 调至电压为 100V；低于被测物熔点 20℃左右时，用旋钮 1 和 2 调节加热速度，控制在每分钟升温 1～2℃。

3) 数字熔点仪

WRS-1A 数字熔点仪采用光电检测、数字温度显示等技术，具有初熔、终熔自动显示，熔化曲线自动记录等功能。温度系统应用了线性校正的铂电阻作检测元件，并用集成化的电子线路实现快速“起始温度”设定，并有 8 挡可供选择的线性升温速率自动控制功能。初熔、终熔读数可自动储存，无需人工记录。仪器采用毛细管作为样品管，样品制备方法与毛细管法相同。具有快速简便、数据可靠准确等优点。

(1) 仪器结构

本仪器由温度显示、起始温度设定、调零、升温速度选择、线性升温控制、样品加热等系统组成。具有快速升温和降温的功能，可直接连接记录仪记录结果。图 2-8(a)显示了仪器正面的几个操作控制模块，图 2-8(b)显示了仪器背面的功能和结构。

(2) 工作原理

物质在结晶状态时反射光线，在熔融状态时透射光线。因此，物质在熔化过程中随着温度的升高会产生透光度的跃变。本仪器采用光电方式自动检测熔化曲线的变化。当温度达到初

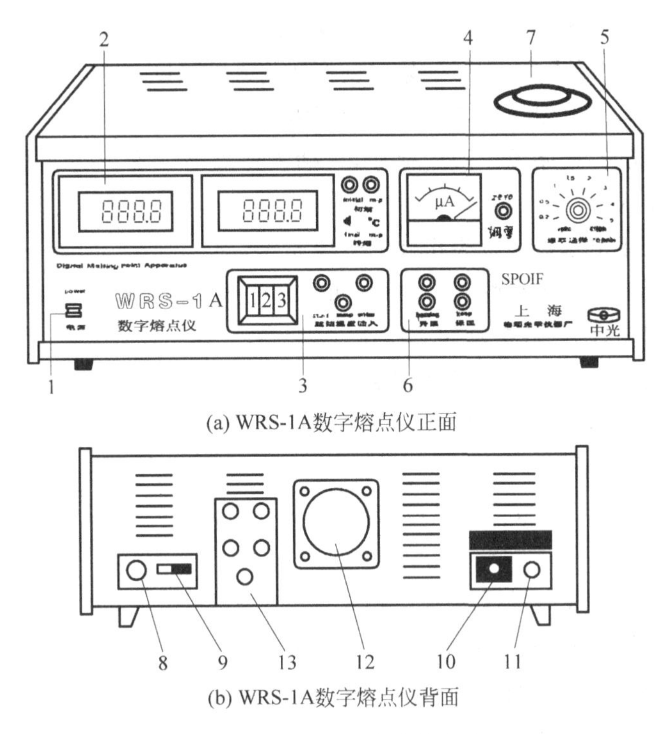

(a) WRS-1A数字熔点仪正面

(b) WRS-1A数字熔点仪背面

图 2-8　WRS-1A 数字熔点仪

1—电源开关；2—温度显示单元；3—起始温度设定单元；4—调零单元；5—升温速度选择单元；6—线性升温控制单元；7—样品管插口；8—记录仪电缆；9—控制开关；10—电源插座；11—保险丝；12—降温散热电机；13—校正窗口

熔点时，初熔指示灯闪亮，初熔温度被储存。当温度达到终熔点时，终熔温度直接显示出来并被储存。由白炽灯发出的光，经聚光镜穿过电热炉和毛细管座的透光孔会聚在毛细管中，透过熔融样品的光，由硅光电池接收。所得的光电信号经零点补偿及电压放大，一路经记录仪驱动 Y 轴记录笔走动(用记录仪时)，另一路经熔化检测显示结果及指示灯，并使初熔、终熔温度直接储存起来。温度检测采用直接插入毛细管座底部的铂电阻作探头，所得的测温信号经非线性校正、电压放大送至数字电压表进行温度显示。加热器温度控制采用数字程控，以振荡器产生一定频率的脉冲作为速率基准，通过分频器可改变每分钟送入计数器的脉冲个数，以得到相应的升温速率。控制门接受升温按钮的指令，使可预置可逆计数器作相应的加法，升温灯亮；控制门接受起始温度输入按钮或保温按钮的指令，保温灯亮。起始温度通过输入拨盘使可预置可逆计数器记入一定的数，计数器的状态经数模转换器(D/A)将数字电压量转换为模拟电压量。这个模拟量与测温单元所得的温度模拟电压一同送入加法器 E，其输出的偏差信号经调节器驱动控温执行器。当加热器实际温度高于 D/A 转换的模拟温度或超过设定的起始温度时，冷却风机被打开，加热器开始降温。当实际温度低于 D/A 转换的模拟温度，或未达到设定的起始温度时，加热器的电热丝接通或电流加大。通过这样一个闭环系统实现加热器温度的跟随，并由上述逻辑控制门和可逆计数器实现加热器全速升降温、保温及线性升温的功能。

(3) 操作步骤

常规熔点测定的步骤：

- 开启电源开关，稳定 20min。此时，保温灯、初熔灯亮，电表偏向右方。
- 通过拨盘设定起始温度，通过起始温度按钮输入此温度，此时预置灯亮。
- 选择升温速率，将升温速率波段开关扳至需要位置。
- 当预置灯熄灭时，起始温度设定完毕，可插入样品毛细管。此时电表指针基本接近零位，初熔灯熄灭。
- 调零，旋转调零电位器使电表指针完全指零。
- 按动升温旋钮，升温指示灯亮。注意，如果忘记插入带有样品的毛细管按升温旋钮，读数显示屏将出现随机数提示纠正操作。
- 数分钟后，初熔灯先闪亮，然后出现终熔读数显示，按初熔钮即可得到初熔读数。
- 只要电源未切断，上述读数值将一直保留，直至测下一个样品。

配合记录仪测定的步骤：

- 用单芯屏蔽线把记录仪和熔点仪连接起来（记录仪可采用上海大华仪表厂出品的 XWT-164 型等）。
- 将走纸开关置于“关”，量程选“2V”挡。
- 开启记录仪，稳定 20min。将信号开关拨向“1”。
- 按上述常规熔点测定的方法操作熔点仪。按动升温钮后将记录仪速率开关调至 8mm/min 或 16mm/min，开始记录，并调节零线。
- 到达初熔、终熔时分别在记录纸上作好标记。
- 将走纸开关置于“关”。
- 读出初熔、终熔温度，并填写在记录纸上，测定完毕。
- 如升温控制开关置于内侧，可绘制样品液化后分解及双熔点曲线。
- 熔化曲线可作为结果报告单，其一致性可判断测定结果的可信度。

(4) 注意事项

- 样品必须按要求焙干，在干燥且干净的容器中碾碎，按毛细管测熔点的方法制备样品毛细管，样品填装高度应不低于 3mm。同一批号样品高度应一致，以确保测量结果的一致性。
- 仪器开机后自动预置到拨盘温度，加热器温度高于或低于此温度都可用拨盘快速设定。
- 达到起始温度附近时，预置灯交替发光，此乃加热器缓冲过程，平衡后两灯熄灭。
- 设定起始温度切勿超过仪器使用范围，否则仪器会损坏。
- 某些样品起始温度高低对熔点测定结果有影响，应确定好线性升温速率和起始温度设定的操作范围。建议：如果线性升温速率选 1℃/min，起始温度的设定应比样品熔点低 3～5℃；如果线性升温速率选 3℃/min，起始温度设定应比样品熔点低 9～15℃。一般应以实验确定最佳测试条件。毛细管可以提前 3～5min 插入。
- 线性升温速率不同，测定结果也不一致。一般速率越大，读数值越高。各挡速率的熔点读数值可用实验修正值加以统一。不知道熔点值的未知样品可先用快速升温得到初步熔点范围后再精测。
- 被测样品最好一次填装 5 根毛细管，分别测定后废弃最大最小值，取用中间 3 个读数的平均值作为测定结果，以消除毛细管及样品制备填装带来的偶然误差。

- 测完较高熔点样品后，再测较低熔点的样品。此时可直接用起始温度设定拨盘及按钮实现快速降温。
- 有些样品在测熔点时会出现电流表指针摆动，终熔读数会显示两次。这是由于固态结晶在熔化过程中，进入半透明状态所致，影响了终熔测定结果。此时，在读取终熔读数时，待电流指针指到最大时再读数，此过程需要 10s 左右。有时样品填装不好也会造成上述情况，应重装样测定。
- 毛细管插入仪器前用软布将外面沾污的物质清除，否则长时间使用插座下面会积污垢，导致熔点仪无法使用。毛细管只允许使用专用产品，切忌使用手工拉制的毛细管，以免插入样品管插口时，因太紧而断裂。
- 若毛细管断裂在样品管插口内，应先切断电源，待加热器冷却后用 1mm 铜丝（仪器附件）插入断裂的毛细管中，然后慢慢提起，把断裂的毛细管取出，如果管座中还有玻璃碎屑，可将管座拨出，将玻璃碎屑倒出或敲出，然后按原来方向将管座插入加热器内。插入时要注意管座的凹槽与加热器的凸缘对齐。最后应对仪器进行检查，如有不正常情况应请专业技术人员解决。
- 仪器应在干燥通风的室内使用，切忌沾水，防止受潮。仪器采用三芯电源插头，接地端应接大地，不能用中线代替。
- 如果开机后初熔指示灯不亮，说明光源灯被损坏，可打开上盖更换灯泡。灯泡应调整到最佳位置，使光斑会聚在加热器通光孔中心。

2.1.2 沸点及其测定

沸点是指当液体加热时，内部饱和蒸气压与外界施加给液体表面的总压力（通常为 1atm 即 101.3kPa，相当于 760mmHg）相等时，液体开始沸腾，此时的温度为该液体化合物的沸点。不同的化合物由于内部饱和蒸气压达到一个大气压时的温度不同，因此沸点不同。

沸点是有机化合物重要的物理常数之一，在利用蒸馏、分馏等技术分离液体有机化合物时，了解溶剂和化合物的沸点有着非常重要的意义。通过沸点的测定可以判断化合物的纯度，也可以用来鉴定未知的液体有机化合物。

1. 基本原理

由于分子运动，液体分子有从表面逸出的倾向，这种倾向常随温度的升高而增大。如果把液体置于密闭的真空体系中，液体分子不断地逸出在液体表面形成了蒸气，当分子由液体逸出的速率与分子由蒸气中回到液体的速率相等时，使蒸气保持一定的压力。当液体表面上的蒸气达到饱和时，称为液体的饱和蒸气，它对液体表面所施的压力称为饱和蒸气压。实验证明，液体的蒸气压只与温度有关，与体系中存在的液体和蒸气的绝对量无关。当液体化合物受热内部饱和蒸气压达到与外界施加给液体表面的压力相等时，液体开始沸腾。图 2-9 给出了几种物质温度与蒸气压的关系。

在一定压力下，凡纯净化合物都有固定的沸点，因此可以利用测定液体化合物的沸点来鉴别物质是否纯净。但是具有固定沸点的液体不一定为纯净的化合物。因为当两种以上的物质形成共沸混合物时也可以具有固定沸点。如 95.6％乙醇和 4.4％水的混合物沸点为 78.2℃；83.2％乙酸乙酯与 9.0％乙醇和 7.8％水的混合物的共沸点为 70.3℃。由于共沸混合物在沸腾时，气相组成与液相组成一样，故不能用简单蒸馏或分馏的方法将它们分离。

液体的沸点与外界压力和组成有关。当外界压力有变化和液体不纯时，液体化合物沸点会在一定范围内波动，这种沸点波动的范围叫做沸程。通常沸程只有1～2℃，沸程的长短与化合物的纯度有关，沸程越长化合物的纯度越低，因此在记录时应记录沸程。当液体中混有其他杂质时，无论杂质是液体、固体还是气体，无论它们的挥发性大小，这个溶液的蒸气压总是降低的，而且所形成溶液的沸点与杂质的性质有关。

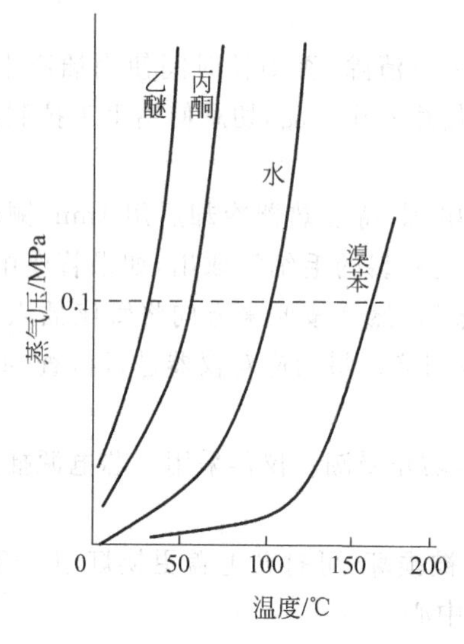

图 2-9　温度与蒸气压的关系图

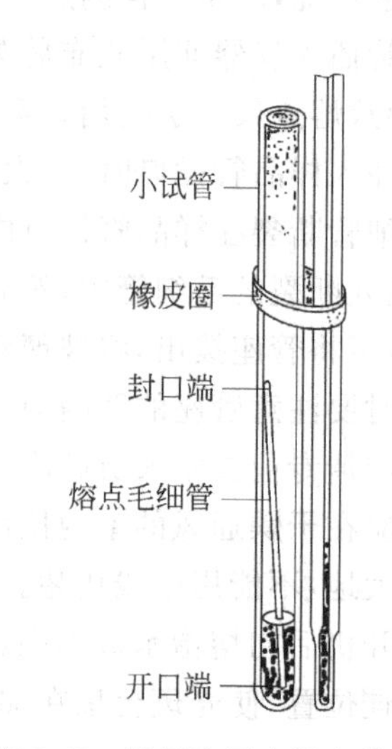

图 2-10　微量法测定沸点装置

2. 沸点的测定

一般用于测定沸点的方法有两种：

(1) 对于大量液体沸点的测定通常采用常量法，即通过蒸馏来测液体的沸点。

(2) 对于少量液体通常采用微量法，即利用沸点测定管来测沸点。微量法测沸点的装置由内管和外管两部分组成。内管用一端封口，直径约1mm，长约6cm的毛细管，外管用内径约5mm，长8cm左右的小试管即可，用乳胶圈将外管与温度计固定在一起，如图2-10所示。可用小烧杯或提勒管盛放浴液。

操作方法如下：

向外管中加入2～3滴被测液体，把内管开口端朝下插入液体中。装好温度计，放入浴液中加热。如果用小烧杯加热，为了加热均匀需要不断搅拌浴液。随着不断加热，液体的汽化加快，此时，可以看到有小气泡从毛细管中不断冒出。当温度达到该物质沸点时就有一连串的气泡快速逸出，此时停止加热，浴液温度靠余热会继续上升。当浴液温度自行下降时，随着温度的下降，气泡逸出的速度渐渐减慢。当气泡不再冒出，被测液体刚刚要进入毛细管的瞬间，记录此时的温度，即为该液体化合物的沸点。此时，液体内部蒸气压与外界压力相等。

利用微量法测沸点时应注意：①加热一定要慢，小试管（即外管）中的液体量要足够多；②对于每一种样品应重复测2～3次，平行数据误差应小于1℃；③每支毛细管只可用一次，不得重复使用。

2.1.3 温度计的校正

为了进行准确测量，一般从市场购来的温度计，由于种种缺陷存在着一定的误差，因此在使用前应对温度计进行校正。校正温度计的方法一般有两种。

(1) 比较法

选一支标准温度计与要进行校正的温度计在同一条件下测量温度，比较所指示的温度值，找出此温度计与标准温度计的误差值加以修正。

(2) 定点法

选择几种已知熔点或沸点的标准样品，见表2-2和表2-3，测量它们的熔点或沸点。如果用同一台仪器和同一支温度计来测定，以实测值(t)为纵坐标，实测值与标准样品(文献值)的差(Δt)为横坐标作图，求得校正后的温度误差值，对实际使用的温度计加以校正。例如实测值为100℃，从图上找到对应的Δt为1.3℃，则校正后实际温度计的值应为101.3℃，如图2-11所示。表2-2给出了一些标准有机化合物样品的熔点值，表2-3给出了一些标准有机化合物样品在常压下的沸点值。

表2-2 一些标准有机化合物样品的熔点

样品名称	熔点/℃	样品名称	熔点/℃
冰	0	水杨酸	157
对二氯苯	53	马尿酸	187
间二硝基苯	90	蒽	216
邻苯二酚	105	均二苯脲	238
苯甲酸	121	草酰苯胺	257
尿素	132	蒽醌	286

表2-3 一些标准有机化合物样品在常压下的沸点

化合物名称	沸点/℃	化合物名称	沸点/℃	化合物名称	沸点/℃
溴乙烷	38.4	水	100	苯胺	184.5
丙酮	56.1	甲苯	110.6	苯甲酸甲酯	199.5
氯仿	61.3	氯苯	131.8	硝基苯	210.9
四氯化碳	76.8	溴苯	156.2	水杨酸甲酯	223
苯	80.1	环己醇	161.1	对硝基甲苯	238.3

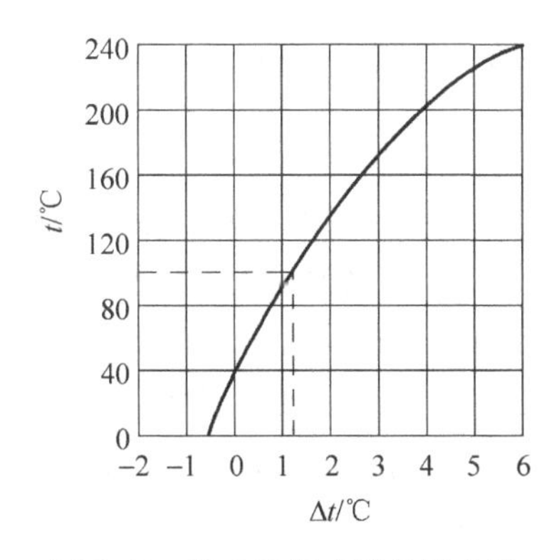

图2-11 定点法温度计校正曲线

2.1.4 折射率及其测定

折射率是物质固有的特性常数，固体、液体、气体都具有折射率。折射率通常用 n_D^t 表示，n 表示折射率，t 表示测量时的温度，D 表示钠灯的 D 线波长(589.3nm)。

对于液体有机化合物，折射率是重要的物理常数，折射率也是有机化合物纯度和材料性能的重要参数，折射率还可以用来鉴定未知的有机化合物。折射率的测量常用的仪器是阿贝折射仪。

1. 阿贝折射仪

阿贝(Abbe)折射仪是用来测定透明、半透明液体或固体折射率和平均色散的一种仪器，同时还可以测出糖溶液内含糖量浓度的百分数(从 0～95%，相当于折射率为 1.333～1.531)。此仪器使用范围比较广泛，是化学化工、医药、食品行业及学校、科研单位不可缺少的常用小型仪器。目前市场上销售的此种仪器型号很多，一般分为单目、双目和数字阿贝折射仪，如图 2-12 所示。

单目阿贝折射仪

双目阿贝折射仪

数字阿贝折射仪

图 2-12 阿贝折射仪

(1) 基本原理

一般来说，光在不同介质中的传播速度不一样。当光从一种介质进入到另外一种介质中时，只要它的传播方向与两种介质的界面不垂直，则在界面处传播方向就会改变，这种现象称为光的折射。如图 2-13 所示。

根据折射定律，波长一定的单色光在外界条件一定的情况下，从介质 A 进入介质 B 时，入射角 α 和折射角 β 的正弦之比与 A、B 两种介质的折射率 N 与 n 成反比，即

$$\frac{\sin\alpha}{\sin\beta} = \frac{n}{N}$$

当介质 A 为真空时，$N_{真空}=1.0000$，n 为介质 B 的绝对折射率，则

$$n = \frac{\sin\alpha}{\sin\beta}$$

如果介质 A 为空气，空气的绝对折射率 $N_{空气}=1.0003$，则

$$\frac{\sin\alpha}{\sin\beta} = \frac{n}{1.0003} = n'$$

n'为介质 B 的相对折射率。如果将空气的绝对折射率近似地看作 $N_{空气}=1$，则 $n'=n$，在实际测量中也经常用 n 代替 n'，但是在精密测定时，还是要加以校正。

设 A 为光疏介质，B 为光密介质，当光线从光疏介质进入光密介质，即 $n_A<n_B$ 时，折射角 β 小于入射角 α。让入射角 α 从 0°～90°变化。当入射角 α 达到最大值 $\alpha_0=90°$时，$\sin 90°=1$，此时的折射角 β 也达到了最大，用 β_0 表示，β_0 称为临界角，如图 2-14 所示。阿贝折射仪测定液体化合物折射率就是基于测定临界角的原理，即利用一套光学装置，通过测定待测液体与已知折射率玻璃棱镜间界面处的临界折射角，得到待测液体的折射率。

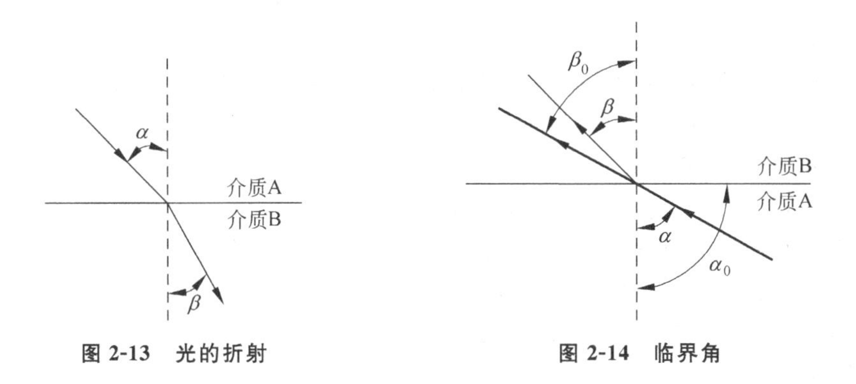

图 2-13　光的折射　　　　图 2-14　临界角

(2) 仪器的结构

无论是哪种型号的阿贝折射仪，其结构主要分为两个部分：①光学部分，由望远系统与读数系统组成；②机械部分主要由底座、棱镜转动系统、刻度盘组件等组成。图 2-15 为双目阿贝折射仪的主要部件。

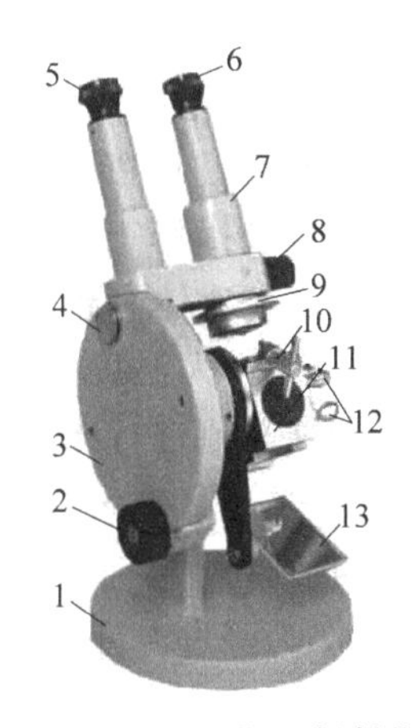

图 2-15　双目阿贝折射仪

1—底座；2—棱镜转动旋钮(即终点调节钮)；3—刻度盘组件；4—透光镜；5—观察读数目镜；6—观察终点目镜；7—零点校正螺丝；8—色散调节钮；9—阿米西棱镜及色散值刻度盘；10—锁紧样品槽扳手；11—样品槽棱镜组；12—恒温器接口；13—反光镜

2. 折射率的测定

阿贝折射仪的进光方向是从下向上的，也就是光通过反光镜进入样品槽棱镜组下面的进光棱镜照射到样品上，再通过折射棱镜，经消色散棱镜(也称为阿米西棱镜)将光源所产生的其他波长的光消除，会聚于观察终点目镜下面的透射物镜上，就可以通过终点目镜清楚地看到半明半暗的终点。

阿贝折射仪的样品槽是由两块直角棱镜组成的，打开锁紧样品槽的扳手，样品槽呈上下两块直角棱镜，中间由主轴连接。下面的进光棱镜是表面比较粗糙的磨砂玻璃，上面的折射棱镜是光洁度比较高的玻璃材质，通常它的折射率比较高，约为 1.85。样品就加在这两个棱镜中间，当测液体样品时，样品在棱镜中间形成了一层液膜，当光从下面进入进光棱镜时，由于磨砂玻璃的作用，使入射光产生漫反射，液体层内有各种不同角度的入射光经过，进入折射棱镜。通过调节棱镜转动旋钮使棱镜组在 0°～90°范围内变化，当接近临界角时可以看到，临界角以内的整个区域均有光线通过，是明亮的，而临界角以外的全部区域没有光线通过，是黑暗的，这个分界线是非常清晰的。

为了换算方便，使不同介质的临界角都通过一个位置，因此阿贝折射仪在观察终点的目镜中刻上了"+"字交叉线，使每次明暗两区的界线总是与"+"字交叉线的交点重合，如图 2-16 所示。如果明暗两区的界线不清晰，可以用色散调节钮进行调节。

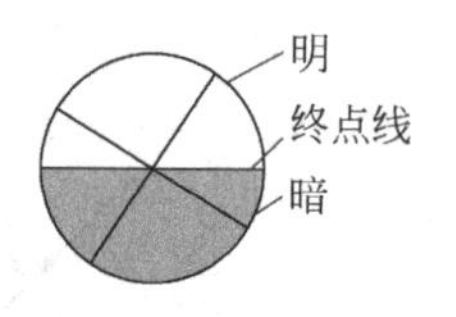

图 2-16　折射率终点显示

阿贝折射仪的读数系统根据仪器而定，如单目阿贝折射仪的读数与终点都在一个目镜中，在观察终点的同时就可以看到读数；数字阿贝折射仪是通过按显示键，在显示窗中直接读数；双目阿贝折射仪的读数需要经过棱镜转换才能进入读数目镜中，在读数时，需要将透光镜打开。无论哪种折射仪标尺上的读数，都是已经换算好的折射率 n_D^t 值，因此在测量时直接读数即可。在调整棱镜转动旋钮时，刻度盘组件也跟着转动，当从观察终点目镜中看到终点时，就可以读出被测物的 n 值。

n 与物质结构、光线的波长、温度及压力等因素有关。通常大气压的变化对折射率影响不明显，一般不考虑，只有在精密测量时才考虑。使用单色光要比使用白光测得的折射率值更为精确，因此，常用钠灯的 D 线波长（$\lambda=589.3$nm）作为光源。温度对折射率的影响比较大，因此，在仪器加样品的进光棱角和折射棱镜处，有可供接恒温水浴用的进出口，恒温浴液可以在进光棱角和折射棱镜内部循环，维持样品测量过程在温度恒定的条件下进行。如果在室温条件下进行测试，可以用近似的方法对实测值加以修正，虽然这种方法有误差，但是具有一定的参考价值。具体方法：一般温度每升高 1℃，液体有机化合物的折射率就减少 $3.5\times10^{-4}\sim5.5\times10^{-4}$，为了便于计算，通常采用 4×10^{-4} 为温度变化常数。文献上折射率表示一般为 n_D^{20}，表示 20℃时所测 n 的值，为了便于与文献值进行比较，实测值应用公式加以修正，即

$$n_D^{20}=n_D^t+4\times10^{-4}\times(t-20)$$

式中，n_D^t 为实测值，t 为测量时的温度（一般为室温）。此公式说明测试温度高于 20℃时，$n_D^{20}>n_D^t$；测试温度低于 20℃时，$n_D^{20}<n_D^t$。其中，n_D^{20} 为经过温度校正后利用公式计算出来的被测物折射率值。

3. 阿贝折射仪的使用方法

1）测试前的准备工作

（1）安装温度计

将仪器自带的温度计从保护套中取出与仪器连接好。

（2）棱镜的清洗

打开样品槽，用丙酮或无水乙醇对进光棱镜和折射棱镜进行清洗。具体方法：在进光棱镜的磨砂玻璃面上放一小张镜头纸或吸水纸，在上面滴 2～3 滴丙酮，然后将上下棱镜合在一起，反复合 2～3 次后打开，取下镜头纸擦拭上下棱镜表面。要注意的是，擦拭时不要用纸来回擦棱镜的表面，要轻轻地用纸蘸着擦。然后取一张干净的镜头纸将棱镜表面的残留物擦干，等棱镜表面晾干后待用。

（3）读数的校正

新的阿贝折射仪在使用前，应先用标准试样对仪器上的读数进行校正。一般阿贝折射仪都自带标准试样，此标准试样是经过加工并标好折射率的标准玻璃块。具体测试方法：标准玻璃块有两个互相垂直的抛光面，在一个抛光面上加 1～2 滴溴化萘，贴在样品槽上面的折射棱镜上，使标准试样另一抛光面向上，以接受光线的射入，如图 2-17 所示。然后调节棱镜转动旋钮，当从

观察读数目镜中找到标准试样上刻的折射率值时，再从观察终点目镜中观察明暗分界线是否与"＋"交叉线的交点重合，如图 2-18 所示。若有偏差用小改锥或螺丝刀对零点校正螺丝进行微调，使视窗中明暗分界线与"＋"字交叉线的交点重合。通过反复观察与校正，使示值的起始误差降至最小。读数的校正也可以用重蒸馏水为标准样品，将重蒸馏水滴在进光棱镜表面，合上两个棱镜并拧紧样品槽，调节棱镜转动旋钮至读数为水的折射率，其他与标准试样测试步骤相同。

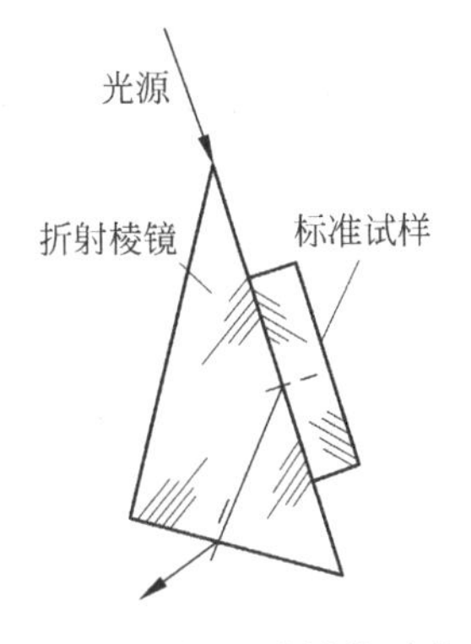

图 2-17　标准试样的测试

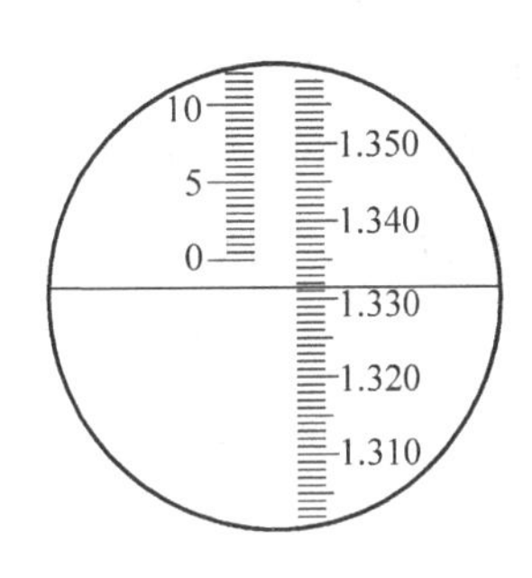

图 2-18　阿贝折射仪的读数显示

2）样品的测试

(1) 加入样品。在清洗干净的进光棱镜的磨砂玻璃面上，加 1～2 滴被测液体，立刻与折射棱镜锁紧。要求加入的液体层要均匀，充满视场，无气泡。

(2) 终点调节。将反光镜对准光源，调节棱镜转动旋钮使样品槽棱镜组随着转动，直到在观察终点目镜中看到半明半暗的分界线，将分界线调到正好通过"＋"字交叉线的交点。如果光源不是单色光，则在明暗分界线处出现很多彩色条纹，此时，调节色散旋钮使界线清晰，再将终点调整好。

(3) 读数。打开透光镜从观察读数目镜中读出被测物质的折射率值。如图 2-18 所示。折射率 n_D^t 值的有效数字为小数点后 4 位，如水在 20℃时的 n_D^{20} 为 1.3330。仪器上最小刻度是小数点后 3 位，第四位是估读值。阿贝折射仪上的读数有两排，右边从 1.300～1.700 是折射率值，精密度为±0.0001，左边的读数是测糖溶液含糖量浓度时使用的。

(4) 测量糖溶液内含糖量浓度时，操作与测折射率相同。但测量结果应从读数目镜视场左边得到，读出糖溶液含糖量的质量百分数(0～95%)。

(5) 若需测量不同温度时的折射率，可在进光棱镜和折射棱镜恒温器接口处接恒温槽，根据测试要求将温度调节到所需的测量范围内，待温度恒定后按上述方法进行测量。

(6) 固体的测量与标准试样块的测量方法相同，要求固体上有两个相互垂直的抛光面。但是当被测物折射率大于 1.6600 时，不能用溴代萘来粘连固体与折射棱镜，要用二碘甲烷代替。

(7) 测量半透明固体时，固体上需要有一个抛光面，测量时，将固体上抛光的一面与折射棱镜粘连在一起，取下样品槽棱镜组上黑色保护罩作为进光面，利用反射光来测量，其余操作同上。

(8) 仪器使用完毕，打开样品槽棱镜组，用丙酮按测试前准备工作(2)的方法清洗棱镜。

3）注意事项

(1) 阿贝折射仪上最重要的保护对象是样品槽的一对棱镜，在清洗和平时使用时都不能用较硬的物质接触棱镜表面。清洗时，要用镜头纸或吸水纸蘸着擦，切忌来回用纸蹭棱镜表面。严禁腐蚀物质，如强酸、强碱、氟化物等接触棱镜。

(2) 当物质折射率不在 1.3000～1.7000 范围内时，不能用阿贝折射仪测折射率。

(3) 折射率随温度增加而减小。多数有机物服从温度升高 1℃，折射率下降 0.0004 的规律。但是当温度相差太大时，这一规律往往是不准确的。测量时温度应控制在±0.1℃范围内。同时还要注意不能在较高温度下使用阿贝折射仪。

(4) 为了得到准确的测量结果，测量时对样品的纯度要求比较高。测量易挥发和易吸水的样品时要快一些，尽量在干燥和室温比较低的环境中进行。

(5) 仪器长期不用时，应清洗干净晾干后，放入仪器自带的木箱内保存，防止灰尘和潮湿空气的侵入。避免强烈震动和撞击，以免光学部件损伤而影响精度。

(6) 阿贝折射仪读数的校正工作由老师完成，学生未经老师允许不要自己调节。

2.1.5 旋光度及其测定

旋光性不是所有化合物都具有的特性，因此，只有具有旋光性(即光学活性)的物质才需要测定旋光度。旋光度通常用 α 来表示。

1. 基本原理

光波是电磁波，它的振动方向与其前进方向垂直。在普通光线中，光波可以在垂直于它前进方向的任何一个平面上振动。如果将普通光通过一个尼科耳(Nicol)棱镜，此棱镜是由方解石经过加工而制成的，好像是一个栅栏，只允许与棱镜晶轴相互平行的平面上的振动光(AA')通过，其他光被阻挡，如图 2-19 所示。这种只在一个平面上振动的光称为平面偏振光，简称偏振光或偏光。

如果将液体或溶液放在偏振光的后面，使光线透过液体或溶液，会发生两种情况：一种是对偏光不发生影响，偏光仍然维持原来的振动平面，如水、乙醇等；另一种是使偏光的振动平面发生旋转，如乳酸、葡萄糖等。这种能使偏光振动平面发生旋转的物质称为旋光性物质或光学活性物质。这种物质具有“手性”，即影像与实物不能重合。有的旋光性物质能使偏光振动平面向左旋转，称为左旋体；有的则能使偏光振动平面向右旋转，称为右旋体。旋光物质能使偏光振动平面旋转的角度称为旋光度，通常用 α 表示。

2. 旋光仪

在实验室物质旋光度测定常用的仪器是旋光仪。在旋光仪里面装有两个尼科耳棱镜，一个叫起偏棱镜，是固定不动的，它的作用是把光源投入的光变成偏光；另一个叫检偏棱镜，是可以转动的，它与回转刻度盘连接，用来测定振动平面旋转角度 α 和方向，如图 2-20 所示。

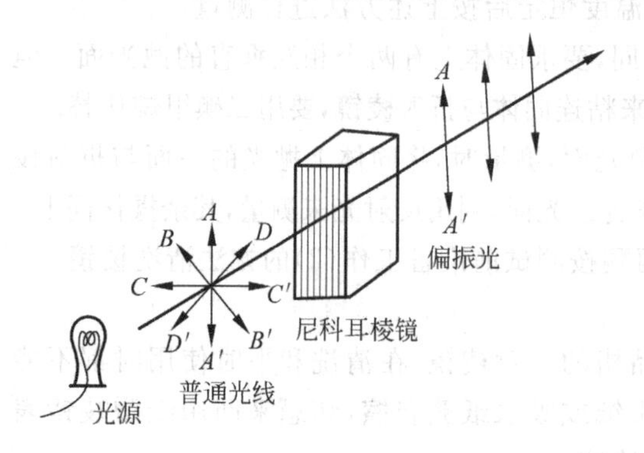

图 2-19　光的偏振

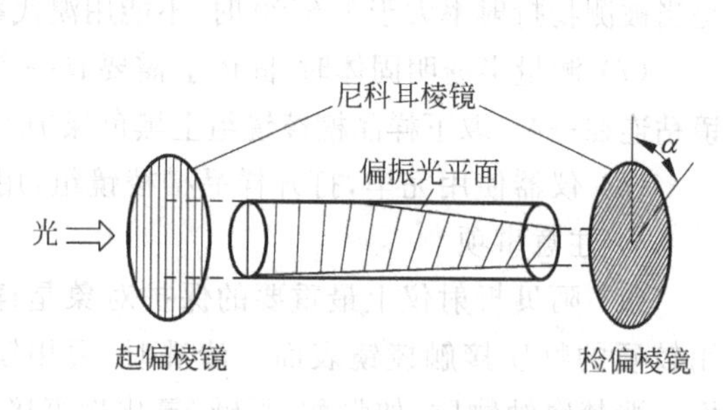

图 2-20　旋光仪的主要结构

旋光仪就是利用这两个棱镜来测定旋光度。在测定时，可以把两个棱镜的晶轴相互平行作为零点，若被测样品没有旋光性，偏振光经过样品管后，可以全部通过检偏棱镜，此时检偏棱镜不转动，数字显示为零；若被测样品有旋光性，偏振光的振动平面就会向左或向右转动一定的角度，此时，偏光不能完全通过检偏棱镜，只有检偏棱镜相应的旋转同样一个角度时，才能使光线全部通过，这时仪器上显示的读数就是该物质的旋光度。图 2-21 给出了 WZZ-2A 型自动旋光仪的工作原理示意图。

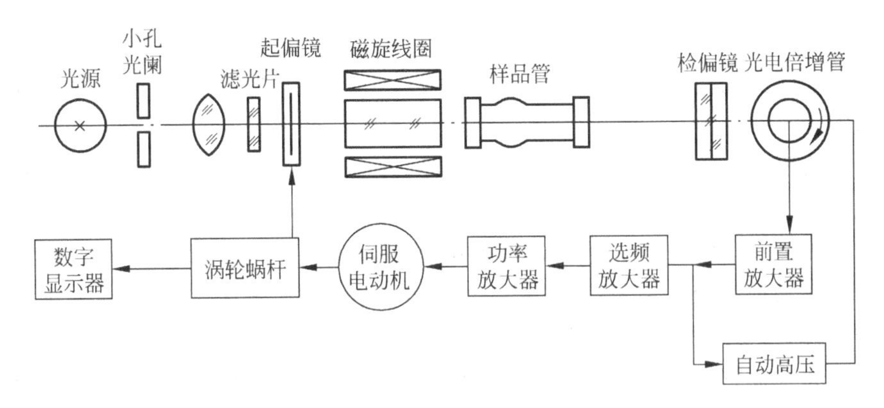

图 2-21　WZZ-2A 型自动旋光仪工作原理示意图

3. 比旋光度

具有旋光性的物质在一定条件下，都具有一定的旋光度。由于在测定时溶液浓度、样品管长度、温度及波长等对测量结果都有影响，因此，为了能够对物质的旋光性能进行比较，通常将测定 1mL 含 1g 旋光性物质的溶液，放在长度为 1dm(10cm)的样品管中测得的旋光度称为比旋光度，用$[\alpha]_\lambda^t$ 来表示。t 为测定时的温度，一般为室温；λ 为测定时的波长，一般用钠光的 D 线波长(589.3nm)。

物质在其质量浓度(c)或样品管长度(L)下测得的旋光度 α，可以通过下面的公式将旋光度换算成比旋光度：

$$[\alpha]_\lambda^t = \frac{\alpha}{Lc}$$

纯液体也可以直接测定旋光度，不必配成溶液。只是在计算比旋光度时，把上式中的 c 换成液体的密度 d 即可：

$$[\alpha]_\lambda^t = \frac{\alpha}{Ld}$$

式中，$[\alpha]_\lambda^t$ 是根据旋光性物质旋光度的实测值计算出来的比旋光度；d 是纯物质的密度 g/cm^3；α 是旋光度实测值；L 是样品管的长度，一般为 1dm；c 是样品浓度(100mL 溶液中所含样品的克数)。

比旋光度常用“＋”表示右旋，“－”表示左旋。如肌肉乳酸的比旋光度为$[\alpha]_D^{20}=+3.8°$，表示肌肉乳酸在 20℃时，用钠光的 D 线波长作为光源的比旋光度为右旋 3.8°。发酵乳酸的$[\alpha]_D^{20}=-3.8°$，表示在同样条件下，发酵乳酸的比旋光度为左旋 3.8°。

当所测物质为溶液时，所用溶剂和样品浓度不同也会影响物质的旋光度。因此在不是用水作溶剂时，需要注明溶剂的名称和样品的浓度，例如：$[\alpha]_D^{20}=+3.79$(乙醇，5%)表示此物质在测定时，使用乙醇为溶剂，浓度(质量分数)为5%。

利用比旋光度公式还可以得到物质的浓度。如果已知被测物质的比旋光度，通过上述公式计算得到实测值的比旋光度，可以鉴定该物质的光学纯度：

$$光学纯度=\frac{[\alpha]_D^t\ 实测值}{[\alpha]_D^t\ 理论值}\times 100\%$$

4. 旋光度的测定

1) 样品的准备

(1) 样品管的清洗。将样品管先用蒸馏水或空白溶剂清洗干净，再用配好的待测样品清洗2～3次。

(2) 样品的配制。准确称量0.1～0.5g样品，在25mL容量瓶中配成溶液。常用溶剂有水、乙醇、氯仿等。

(3) 样品的装入。拧下样品管一端的螺帽，将玻璃盖片和橡胶密封圈取下。将事先配制好一定浓度的溶液或纯液体待测物，倒入已经清洗干净的样品管中，液体尽量充满样品管。然后先盖上玻璃片，将密封圈放在玻璃片的上面，再拧紧螺帽。注意不要拧得太紧，只要样品不流出来即可。将样品管倾斜过来，让样品管中的气泡集中在样品管凸起的部位，以免影响测定工作。如果两端玻璃盖片上有溶液，应擦干净，以免影响偏光的通过。

2) 旋光仪的使用

以WZZ-2A型自动旋光仪为例。

(1) 将仪器接在220V交流电源上，打开开关，经5min预热，并在光源发光正常后，开始测定待测样品。

(2) 打开光源开关，若钠光灯熄灭，则再将光源开关上下重复扳动几次，直至钠光灯在直流电下一直亮着，为正常工作状态。

(3) 在光源为正常工作状态下，打开测量开关，这时数字显示窗应有数字显示。

(4) 先将空白(纯溶剂)样品放入样品室内，盖上样品室箱盖，此时如果空白样品有旋光性，在数字显示窗中应有数字显示，待示数稳定后，按清零按钮，使显示窗中的数字为零，以去除溶剂对样品测定带来的误差。样品管安放时，应记住位置和方向。

(5) 取出空白样品管，将待测样品管按相同的位置和方向放入样品室内，盖好箱盖。此时，显示窗中显示出该样品的旋光度。按住复测按钮，使显示窗中的数字快速变化，约1～2s后松开按钮，使数字显示窗中示数回到原来的示数附近，待示数稳定后，记录所显示的旋光度。重复上述操作5次，取5次平均值作为样品的测定结果。

(6) 旋光仪只能在±45°处来回振荡，若样品超过测量范围，则数字显示极为不稳定，而且不能重复。此时，取出样品管，仪器即自动回到零位。

(7) 仪器使用完后，应先关闭测量开关，再关闭光源开关，最后关闭电源开关。

5. 注意事项

(1) 旋光仪应放在干燥通风处，防止潮气侵蚀，尽可能在20℃的工作环境中使用仪器，搬动仪器应小心轻放，避免振动。

(2) 钠灯在直流供电系统出现故障不能使用时，仪器也可在钠灯交流供电的情况下测试，但仪器的性能可能略有降低。

(3) 当放入样品的角度小于 0.5°时，旋光度示数可能不稳定，这时只要按复测按钮，就会出现新的数字。

(4) 旋光度与温度有关，当用 $\lambda=589.3$nm 的钠光测定时，温度升高 1℃，大多数旋光性物质的旋光度约减少 0.3%。对于要求较高的测定，需要在(20±2)℃的恒温条件下进行。

(5) 长时间连续使用旋光仪，会造成仪器本身温度升高，使测量结果误差加大，因此仪器连续工作不能超过 2h。

2.2　有机化合物的结构鉴定

有机化合物的结构鉴定在有机化学合成实验中占有非常重要的地位，一个化合物被合成后，除了利用其物理化学常数确定是否与目标产物一致以外，还应对其结构做出相应的表征，才能最终确定，尤其是对未知化合物和新化合物的确定。

有机化合物结构鉴定常用的方法有化学分析法和仪器分析法。近 40 年来，波谱分析方法发展非常迅速，对有机化合物结构鉴定起到了至关重要的作用，与常规的化学分析法相比，波谱分析方法在结构鉴定中具有独特的优势，如可直接获得被测物质结构信息而不破坏物质的分子结构(质谱法除外)；分析所用样品量少，适合微量分析；耗时少，速度快等。近年来，我们在有机化学教学实验中，也已经安排相应的实验，使用现代波谱分析方法测定有机化合物的结构，使学生尽早接触谱图，学会对谱图给出的信息进行分析。

鉴定有机化合物结构常用的波谱仪器有红外光谱(IR)、核磁共振(NMR)仪、紫外光谱(UV)、质谱(MS)。在本教材中我们重点介绍红外光谱、核磁共振谱和质谱法。

2.2.1　概述

电磁辐射又称为电磁波，它是一种能量，以光的形式存在，这种光具有电和磁的特性，其能量范围很宽。1905 年爱因斯坦提出了光子学说，认为辐射能量的最小单位是光子，光子的能量等于普朗克常数 h 和辐射频率 ν 的乘积：

$$E = h\nu$$

这样就将波动概念中的振动频率 ν 和粒子的概念“光子”联系起来，形成了现代物理学中电磁辐射“波粒二象性”的概念，即电磁辐射既有波动的性质，又有粒子的性质。这对于解释电磁辐射与分子间的相互作用奠定了理论基础。当不同波长的电磁辐射与分子作用时，引起了电子在分子内部不同运动能级间的跃迁，同时，产生了分子对不同波长电磁波的吸收，因此，形成了相应的吸收光谱。

电磁波谱的划分如表 2-4 所示，不同波长区域对应物质不同类型的能级跃迁和光谱类型。

表 2-4　电磁波谱区域的划分及能级跃迁和光谱类型

波谱区	波长范围	光子能量/eV	能级跃迁类型	光谱类型
γ 射线区	<0.005nm	>2.5×10^5	原子核能级	中子活化分析、穆斯鲍尔谱
X 射线区	0.005～10nm	2.5×10^5～1.2×10^2	内层电子能级	X 射线吸收、发射、衍射、荧光光谱、光电子能谱
远紫外区	10～200nm	1.2×10^2～6.2	原子的电子能级或分子的成键电子能级	光电子能谱、远紫外吸收光谱
近紫外区	200～400nm	6.2～3.1		紫外-可见吸收和发射光谱
可见光区	400～780nm	3.1～1.7		

续表

波谱区	波长范围	光子能量/eV	能级跃迁类型	光谱类型
近红外区	0.75～2.5μm	1.7～0.5	分子振动能级	近红外吸收光谱
中红外区	2.5～50μm	0.5～0.025	分子振动能级	红外吸收光谱
远红外区	50～1000μm	$2.5\times10^{-2}\sim1.2\times10^{-4}$	分子转动能级	远红外吸收光谱
微波区	0.1～100cm	$1.2\times10^{-4}\sim1.2\times10^{-7}$	分子转动能级	微波光谱、电子顺磁共振光谱
射频区	1～1000m	$1.2\times10^{-6}\sim1.2\times10^{-9}$	电子自旋能级或核自旋能级	核磁共振光谱

2.2.2　红外光谱

从表 2-4 中可以看出红外光区在可见光区和微波区之间，波长范围为 0.75～1000μm，分为近红外、中红外、远红外 3 个区域。这 3 个区所包含的波长、波数以及能级跃迁的类型如表 2-5 所示。

表 2-5　红外光谱区域的划分

区　域	能级跃迁类型	波长范围/μm	波数范围/cm^{-1}
近红外	倍频	0.75～2.5	13 300～4000
中红外(基频)	分子振动、转动	2.5～25	4000～400
远红外	骨架振动、转动	25～1000	400～10

几乎所有具有共价键的化合物，无论是有机物，还是无机物，都会在红外区吸收不同频率的电磁辐射。在这 3 个区域中最有用的是中红外区，因为有机分子振动的基频在此区域，即波长为 2.5～25μm，相应的波数范围在 4000～400cm^{-1}。在红外光谱中习惯用波数 $\bar{\nu}$ 来表示 IR 谱带的位置，单位为厘米的倒数(cm^{-1})。波长 λ 与波数之间的转换可利用下式进行：

$$\text{波数}\ \bar{\nu}(\mathrm{cm^{-1}}) = \frac{10\,000}{\lambda(\mu\mathrm{m})}$$

1. 基本原理

每个分子之间都是由单个原子通过化学键连接而成的。在每个分子中原子与化学键都处于一种不断运动的状态，它们的运动除了原子外层价电子跃迁以外，还有分子中原子的振动和分子本身的转动。当不同波长的光通过时，分子吸收外界给予的能量都有可能发生能级的跃迁，不同的分子吸收的波长不同。如在近红外区主要是 O—H，N—H 及 C—H 键伸缩振动的倍频吸收，特别适用于各种官能团的定量分析。基频红外(即中红外)区，绝大多数有机化合物化学键振动的基频均出现在这个区域，因此，它在有机化合物结构鉴定和组成分析中起到非常重要的作用。而在金属有机化合物中，金属有机键的振动、大分子骨架振动及分子转动跃迁大多数都出现在远红外区域。在红外区每一个振动能级常包含有很多转动分能级，因此在分子发生振动能级跃迁时，不可避免地伴随着转动能级的跃迁，故通常所测得的红外光谱实际上是分子的振动和转动光谱。

从经典力学的观点分析双原子分子的振动，可以将化学键看成是无质量的弹簧，两个由价键连接在一起的原子看成是两个刚性小球，它们的质量分别等于两个原子的质量，这样便构成了一个谐振子，其频率可按下式计算：

$$\nu = \frac{1}{2\pi}\sqrt{\frac{k}{m^*}}$$

式中，ν 为振动频率；m^* 为相连接的两个原子的折合质量，$m^* = m_1 m_2/(m_1 + m_2)$；$k$ 为化学键的力常数。

从上式也可以看出，双原子分子的振动频率与化学键的力常数成正比，与原子的折合质量(m^*)成反比。这种固有的振动频率叫基频，这时的能量状态叫基态。如果用波数来表示，上式应为

$$\bar{\nu} = \frac{1}{2\pi c}\sqrt{\frac{k}{m^*}}$$

式中，c 为光速(3×10^8 m/s)。

多原子分子的振动比双原子分子的振动要复杂得多，一个分子中含的原子数越多，则振动时的自由度也就越多。确定一个原子在空间的位置需要 3 个坐标，对于由 n 个原子组成的多原子分子，要确定它的空间位置则需要 $3n$ 个坐标，即分子有 $3n$ 个自由度。一般非线形分子转动自由度有 3 个，因此，它的振动自由度有$3n-6$ 个，即有 $3n-6$ 个基本振动。而线形分子则只有两个转动自由度，因此，它的振动自由度是 $3n-5$ 个，也就是线性分子有 $3n-5$ 个基本振动。分子振动自由度数越大，在红外光谱中出现的峰也就越多，但是实际上，经常遇到峰数少于振动自由度的情况。其主要原因是：①振动过程中分子不发生瞬间偶极矩变化，则不引起红外吸收，这种振动称为红外非活性振动；②由于分子结构对称的缘故，某些振动频率相同的峰彼此之间发生了峰的简并；③强宽峰覆盖了与它频率相近的弱而窄的峰等。

在红外光谱中分子振动一般分为伸缩振动和弯曲振动。伸缩振动(stretching vibration)常用 ν 表示，它的振动方式是指原子沿着键轴方向伸缩，使键长发生周期性变化的振动。其振动的力常数 K 比弯曲振动的力常数 K 要大，因而同一基团的伸缩振动常在高频端出现吸收。周围环境的改变对频率变化影响比较小。由于振动耦合作用，原子数 $n\geqslant3$ 的基团还可分为对称伸缩振动和不对称伸缩振动，分别用 ν_s 和 ν_{as}表示，一般 ν_{as}比 ν_s 的频率高。具体振动方式如图 2-22(a)和(b)所示。

弯曲振动(bending vibration)又叫变形或变角振动，常用 δ 来表示，它的振动方式一般是指分子中基团键角发生周期变化的振动。由于弯曲振动的力常数 K 比伸缩振动的力常数 K 小，因此同一基团的弯曲振动在其伸缩振动的低频端出现。另外，弯曲振动由于环境结构的改变可以在较广的波段范围内出现，所以一般不把它作为基团频率处理。具体振动方式如图 2-22(c)，(d)，(e)，(f)所示。

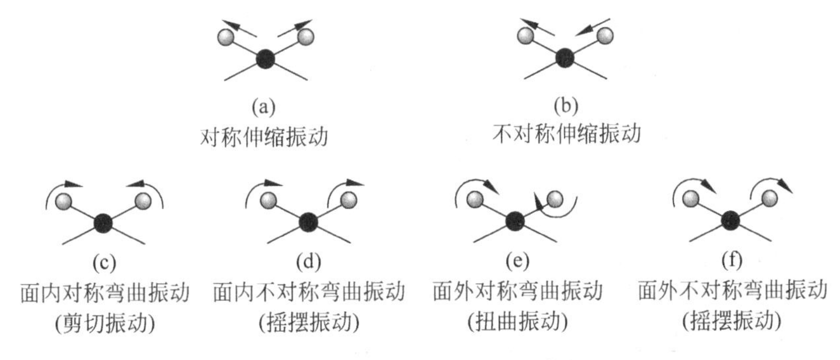

图 2-22　各种类型的分子振动方式

2. 红外光谱与分子结构的关系

利用红外光谱鉴定有机化合物实际上就是确定基团和频率之间的相互关系。一般把 IR 谱图分为 2 个主要吸收区，即官能团区和指纹区。

(1) 官能团区 ($4000\sim1300cm^{-1}$)

在这个区域中大多数官能团都有吸收，称为红外光谱的特征区。在这个区域内由于含氢的官能团折合质量小，含双键或三键的官能团键力常数大，因此官能团的振动受分子中其余部分影响小，振动频率高，容易与该分子中的其他振动相区别，因而分子中的官能团在这个区域内都有特定的吸收峰。其中大多数吸收峰为中等强度或强峰，并且在此区域很少发生吸收峰的重叠或干扰，该区域在有机化合物结构分析中有很大的应用价值。

(2) 指纹区($1300\sim400cm^{-1}$)

在此区域内由于分子中不连氢原子的单键伸缩振动及各种键的弯曲振动，折合质量大或键力常数小，各基团间的相互连接易产生各种振动间较强的相互耦合作用，并且存在化合物的分子骨架振动，因此振动吸收谱带较多，相互重叠，不易归属于某一基团，吸收带的位置可随分子结构的微小变化产生很大的差异，因而在该区域光谱吸收峰千变万化，但每种分子都有它的特征峰，这对于结构相似的化合物，如同系物的鉴定是极为有用的。例如，苯环上的各种取代吸收峰都出现在$910\sim650cm^{-1}$区域内，因此这个区又称为苯环取代区，也有教科书将它划分为芳香区。

一般文献中很少报道 IR 的定量吸收或透射率，只注明峰的强弱，常用很强(vs)、强(s)、中等(m)、弱(w)、极弱(vw)来表示。一些常用的有机分子官能团的红外吸收列于表 2-6 中。

表 2-6 常用有机分子官能团的红外吸收

官能团及键的振动类型		波数/cm^{-1}	波长/μm	强度
烷烃	$-CH_3$(伸缩)	2960～2870	3.39～3.48	s
	$-CH_3$(弯曲)	1450,1375	6.90,7.27	m
	$-CH_2-$(伸缩)	2925～2850	3.42～3.51	s
	$-CH_2-$(弯曲)	1465,1150～1350	6.83	m
	—CH (3°)(伸缩)	2890	3.46	w
	$-CH(CH_3)_2$(弯曲)	1385～1365,922～912	7.22～7.32 10.8～10.9	s
	$-C(CH_3)_3$(弯曲)	1395～1385,1370 932～926	7.17～7.30 10.7～10.8	m
不饱和烃	$C{=}CH_2$烯烃 (伸缩)	3100～3300	3.23～3.33	m
	C=C双键 (伸缩)	1680～1600	5.95～6.25	m,w
	≡CH (伸缩)	3300	3.03	s
	—C≡C—H (伸缩)	2250～2100	4.44～4.76	m,w
芳香烃	C=C—H (伸缩)	3150～3050	3.17～3.28	s
	C=C—H (面外弯曲)	1000～700	10.0～14.3	s
	苯环 (骨架振动)	1600～1400	6.25～7.14	m,w
	=C—H(芳杂环,伸缩)	3077～3003	3.25～3.33	s,m,w
	芳杂环 (骨架振动)	1600～1300	6.25～7.69	m,w

续表

官能团及键的振动类型		波数/cm^{-1}	波长/μm	强度
醛基	$\mathrm{H-C(=O)-}$（伸缩）	2900～2800	3.45～3.57	w
		2800～2700	3.57～3.70	w
羰基（C=O）	醛基	1740～1720	3.75～5.81	vs
	酮	1725～1705	5.80～5.87	vs
	羧酸	1725～1700	5.80～5.88	vs
	酯	1750～1730	5.71～5.78	vs
	酰胺	1700～1640	5.88～6.10	vs
	酸酐	1810，1760	5.52，5.68	vs
C—O	醇、醚、酯、羧酸	1300～1000	7.69～10.0	s
O—H	醇、酚（游离）	3650～3600	2.74～2.78	m
	有氢键缔合	3400～3200	2.94～3.12	m
	羧酸	3300～2500	3.03～4.00	m
N—H	伯胺和仲胺	3500	2.86	m
	杂环	3500～3220	2.86～3.11	s
C—N	氰基	2260～2240	4.42～4.46	s
N=O	硝基	1600～1500	6.25～6.67	s
		1400～1300	7.14～7.69	s
C—X	氟	1400～1000	7.14～10.0	s
	氯	800～600	12.5～16.7	s
	溴、碘	＜600	＞16.7	s

在同一类基团中影响谱带位置的因素主要有诱导效应、共轭效应、空间效应、质量效应（如氘代的影响）以及氢键作用等。这些因素都会引起官能团红外吸收频率的变化，致使同一个基团的特征吸收不是固定在某个频率上，而是根据这些因素对基团影响的大小在一个范围内波动。具体变化可以参考相关书籍或本书后面的附录 5。

3. 红外光谱仪测定原理

红外光谱仪分为色散型和干涉型两种，都是用来获得物质的红外吸收光谱，但测定原理却不相同，如图 2-23 所示。在色散型红外光谱仪（a）中，光源发出的光先照射试样，然后再经分光器（光栅或棱镜）分成单色光，由检测器检测后获得光谱。但在傅里叶变换红外光谱仪（b）中，首先是把光源发出的光经迈克尔逊干涉仪变成干涉光，再让干涉光照射到样品上，经检测器检测仅能获得干涉图，得不到常见的红外吸收光谱图，实际吸收光谱图是由计算机把干涉图进行傅里叶变换后得到的。

与传统的色散型光谱仪相比较，傅里叶变换红外光谱（FT-IR）仪是通过测量干涉图和对干涉图进行傅里叶积分变换的方法来测定和研究光谱图，也可以理解为以某种数学方式对光谱信息进行编码的摄谱仪，它能同时测量、记录所有谱元信号，并以更高的效率采集来自光源的辐射能量，从而使它具有比传统光谱仪高得多的信噪比和分辨率。同时，它的数字化光谱数据也便于计算机处理。正是这些基本优点使傅里叶变换光谱法发展成为目前红外和远红外波段中最有力的光谱工具，并向近红外、可见和近紫外波段扩展，与荧光、拉曼散射等其他光谱技术相结合，它的研究、开发和应用已经形成了光谱学的一个独立分支。图 2-24 给出了美国

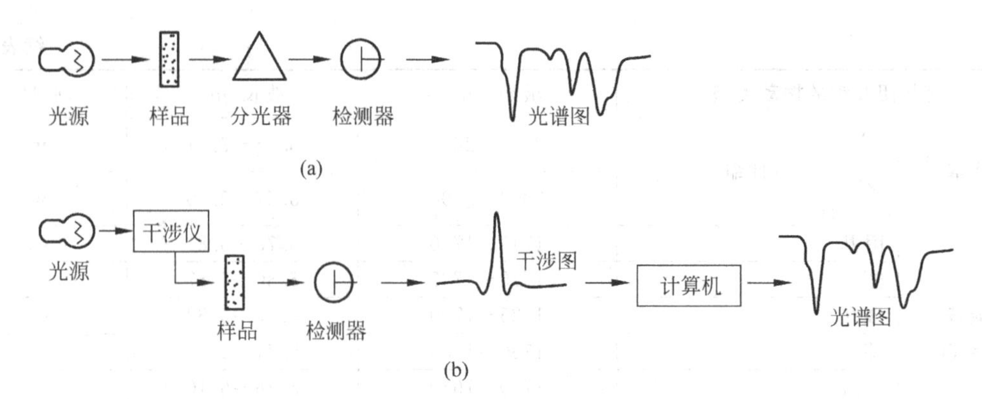

图 2-23 红外光谱仪工作原理图

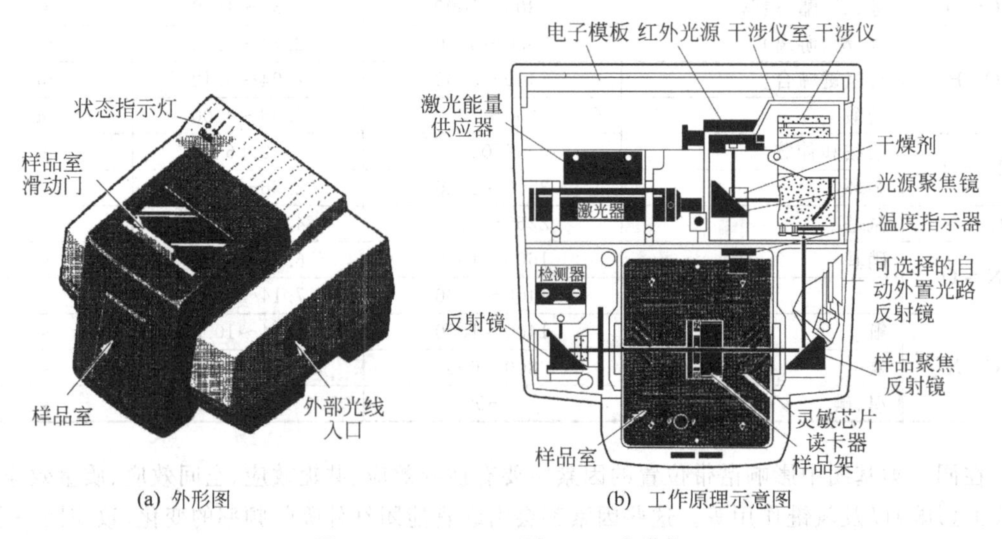

(a) 外形图　　(b) 工作原理示意图

图 2-24 Avatar 360 型 FT-IR 光谱仪

(由美国 Nicolet 公司提供)

Nicolet 公司生产的 Avatar 360 型 FT-IR 光谱仪的工作原理图和外形图。

4. 红外光谱测定方法

1) 样品制备

红外光谱分析技术的优点之一是应用范围广，几乎任何物质都可以测出它的红外光谱，但是要得到高质量的谱图，除需要好的仪器、合适的操作条件外，样品的制备也是很重要的。红外吸收谱带的位置、强度和形状，可随测定时样品的物理状态及制备方法而变化，例如，同一种样品的气态红外谱图与它在液态、固态时的光谱图不同；同一种固态样品，颗粒大小不同会有不同形状的谱图。同一张谱图中各吸收峰的强度可能相差很悬殊，为了清楚地研究一个样品中的弱吸收谱带及强吸收谱带，需要在几个不同厚度或不同浓度的条件下对样品进行测量。不同的样品有不同的处理技术，一种样品可以有几种制备方法，因此需要根据具体情况选择正确的样品制备方法。

(1) 固体样品的制备

固体样品制备常用的方法是卤化物压片法，一般选择与固体有机物折射率(1.5～1.6)相近的溴化钾作为基质。如果样品的折射率与溴化钾的折射率不匹配，可改选其他物质作为基质或窗片，表 2-7 给出了实验室常用的红外透光材料的性质。溴化钾在中红外区完全透明，在高压下可变为透明锭片。市售的分析纯溴化钾可满足一般红外分析的要求，破碎的溴化钾窗片磨碎后更为适用，因为窗片溴化钾的质量很高。在使用时，溴化钾基质应充分干燥，可先将市售的溴化钾晶体干燥后保存在干燥器中，每次使用前研细（一般为 200 目）后立即使用。

表 2-7 实验室常用红外透光材料的性质

材料名称	化学组成	透过范围* /cm^{-1}	在水中的溶解度 /(g/100mL)	折射率
氯化钠	NaCl	5000～625	35.7(0℃)	1.54
溴化钾	KBr	5000～400	53.5(0℃)	1.56
碘化铯	CsI	5000～165	44.0(0℃)	1.79
KRS-5（溴化铊、碘化铊）	TlBr、TlI	5000～250	0.02(20℃)	2.37
氯化银	AgCl	5000～435	不溶	2.0
溴化银	AgBr	5000～255	不溶	2.2
氟化钡	BaF_2	5000～830	17(20℃)	1.46
氟化钙	CaF_2	5000～1110	0.0016(20℃)	1.43
硫化锌	ZnS	5000～710	不溶	2.2
硒化锌	ZnSe	5000～500	不溶	2.4
金刚石（Ⅱ）	C	3400～270；1650～600	不溶	2.42
锗	Ge	5000～430	不溶	4.0
硅	Si	5000～660	不溶	3.4

* 透光材料透光的低限往往与材料厚度有关，厚度不同，透光的低限波数不一样。

用于傅里叶变换红外光谱仪测定样品的制备方法与用于棱镜、光栅等色散型红外光谱仪没有什么不同，只是色散型仪器中狭缝形状为长方形而在傅里叶变换红外光谱仪中为圆形。因此傅里叶变换光谱仪用的样品支架的开孔及所用窗片等透光部位的形状一般都为圆形。常用的 FT-IR 红外测量的锭片，直径为 13mm，厚度为 1mm 左右。

具体制备方法：在玛瑙研钵中加入 0.5～2mg 样品和 100～200mg 干燥的溴化钾粉末，用研磨棒将两者边研细边混合均匀，研磨至平均颗粒度约 2μm 即可。然后将混合物倒入特制的红外模具中，捻动上下模具柱使样品均匀地铺平，盖上带有弹簧的模具盖，压紧后，放到压片机中压片，如图 2-25 所示。压片时，压力一般在 10MPa 左右，在此压力下保持 1～2min。然后打开卸压阀将压力卸掉，取出模具。将模具柱放入另一个孔较深的模具底座中，用压片机将压好的锭片从模具中退出。

在此过程中应注意，模具放入压片机时一定要放正，施加的压力不应超过 10MPa，以防模具变形；所制得的锭片待测样品应分布在整个光束通过的截面上，如果在测定样品时，某些光束通过处没有样品，则应设法遮住这部分未通过样品的光以免使谱图畸变；样品的厚度、浓度与颗粒度要均匀，这些对于定量测定尤其重要。

也可以用石蜡油作为分散剂，将固体样品磨成糊状后夹在两个窗（盐）片之间进行测定，用该法时应注意石蜡油本身在 3030～2830cm^{-1}和 1357cm^{-1}附近有吸收。

(2) 液体样品制备

可以将液体样品滴加到用固体样品制备方法制备的两个空白锭片之间，形成液膜进行检测。也可以将样品装在可拆卸的样品池中，如图 2-26 所示。

图 2-25　压片机

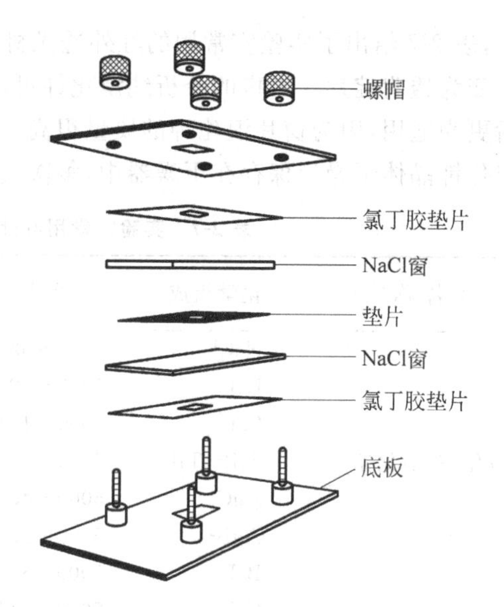

图 2-26　红外分析中两种可拆卸的液体样品池

具体操作方法：在底板的中间放上用于密封的垫片和一块 NaCl 或溴化钾窗片，在窗片上加一块垫片或隔片，用另一块 NaCl 或溴化钾窗片盖上，并将一块密封垫片放在上面，盖上上面的盖板并拧紧螺帽，使样品在两个窗片中间形成均匀分散的液膜。在此过程中应注意，螺帽不宜拧得过紧，以免将窗片压碎。

对于易挥发的样品可以用注射器将样品注入密封的样品池中，图 2-27 给出了往密封样品池正确加入样品的方法。

在此过程中应注意，用手拿窗（盐）片时，只能接触窗（盐）片的边缘；不能用水清洗窗（盐）片，否则会将窗（盐）片损坏。清除窗（盐）片上的样品时，应用棉花蘸上丙酮擦拭；如果窗（盐）片上面有划痕应用研磨膏加以研磨，或用非常细的砂纸打磨。

(3) 气体样品的制备

气体一般灌入专门抽空的气体槽中进行测试。吸收峰的强度可以通过调节气体槽中的压力来达到测试要求。

(4) 对于纤维状、橡胶等不宜破碎的固体或对窗（盐）片具有腐蚀性的液体物质，可以用红外附件欧米采样器（OMNI sampler）直接进行测试。具体方法：取一小块不易碎的固体样品放在欧米采样器样品台上，将样品压杆旋下，当听到"咔"的响声时，停止转动，此时样品已经被压实，可以开始测试。液体样品直接滴在附件自带的样品槽中。上述两种方法，如图 2-28 所示。

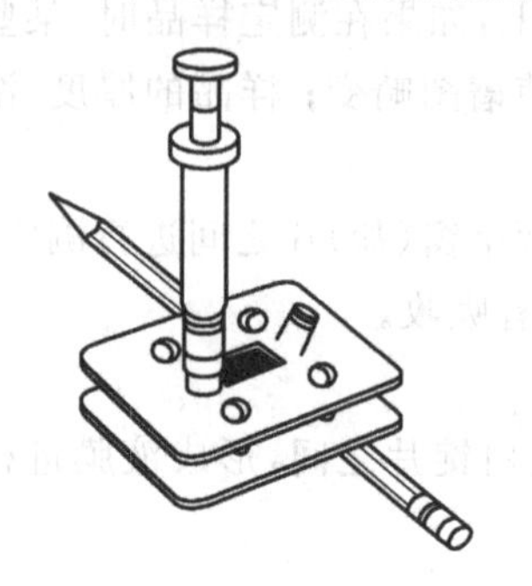

图 2-27　密封样品池加样方法

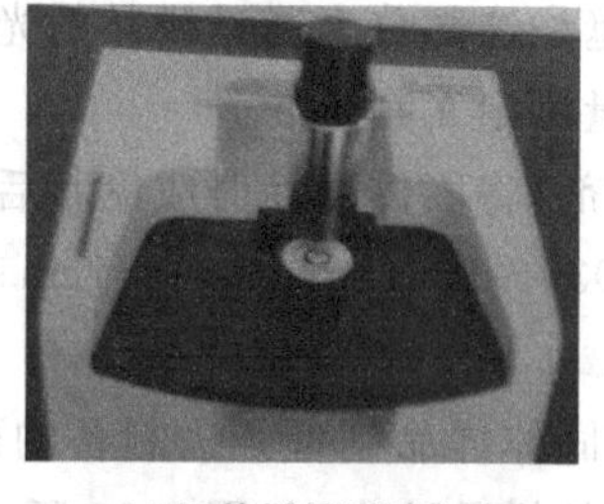

(a) 固体样品测试方法

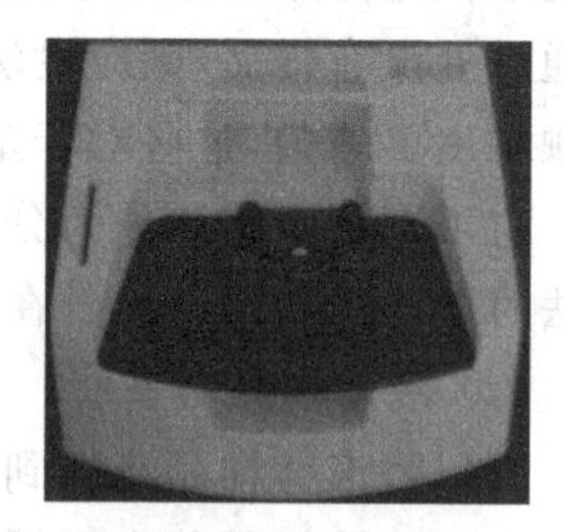

(b) 液体样品测试方法

图 2-28　欧米采样器

无论使用哪种方法制备样品，为了得到可靠并且较好的光谱图，在制备样品之前应先对样品进行提纯处理，如用重结晶、柱色谱、蒸馏、萃取、干燥等方法处理。

2）样品测定

使用红外光谱仪主要是掌握相应的软件，无论是固体、液体还是气体，均是将制备好的样品放在仪器样品室固定的样品架上测量。下面以固体样品为例，具体方法：将制备好的锭片固定在样品槽中，放在固定样品用的架子上夹住，如图 2-29 所示。然后放在红外仪器样品室中的样品架上，如图 2-30 所示。

图 2-29　固体样品的固定方法

图 2-30　红外仪器样品室

依次打开红外光谱仪和计算机的电源开关，用鼠标双击 EZ OMNIC E. S. P. 5. 1 图标，进入该程序，如图 2-31 所示。进入程序后先调整所用常数，图 2-32 给出了主要参数调整的图标。

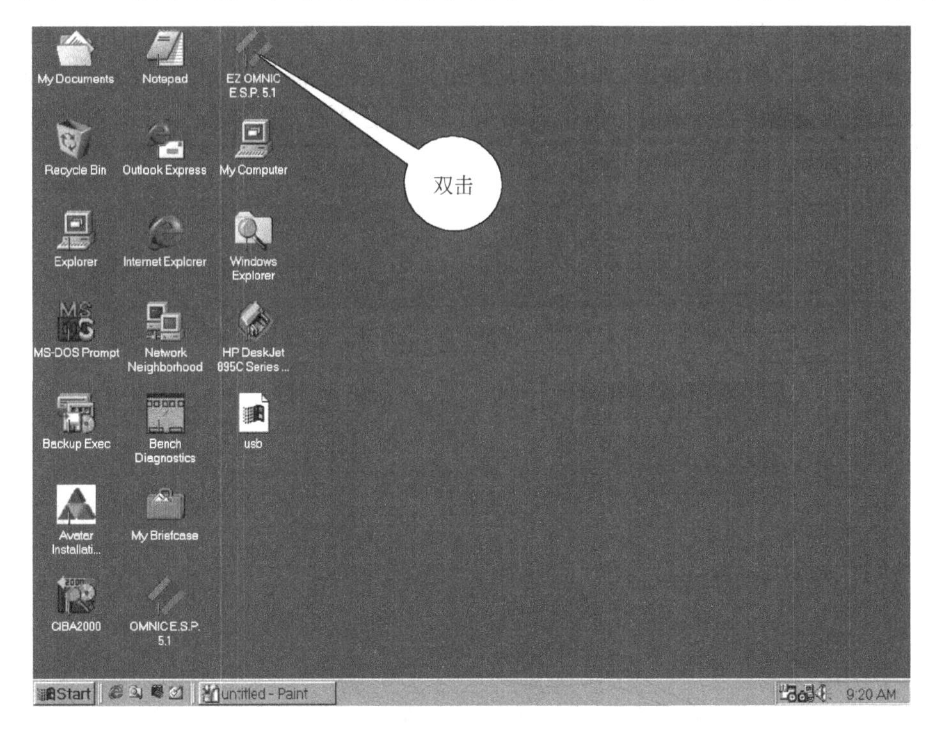

图 2-31　计算机桌面图标

(1) 空白样品的测试

一般在测试样品之前，应先扫描一个空白样品，即用溴化钾压的锭片，以扣除溴化钾对被

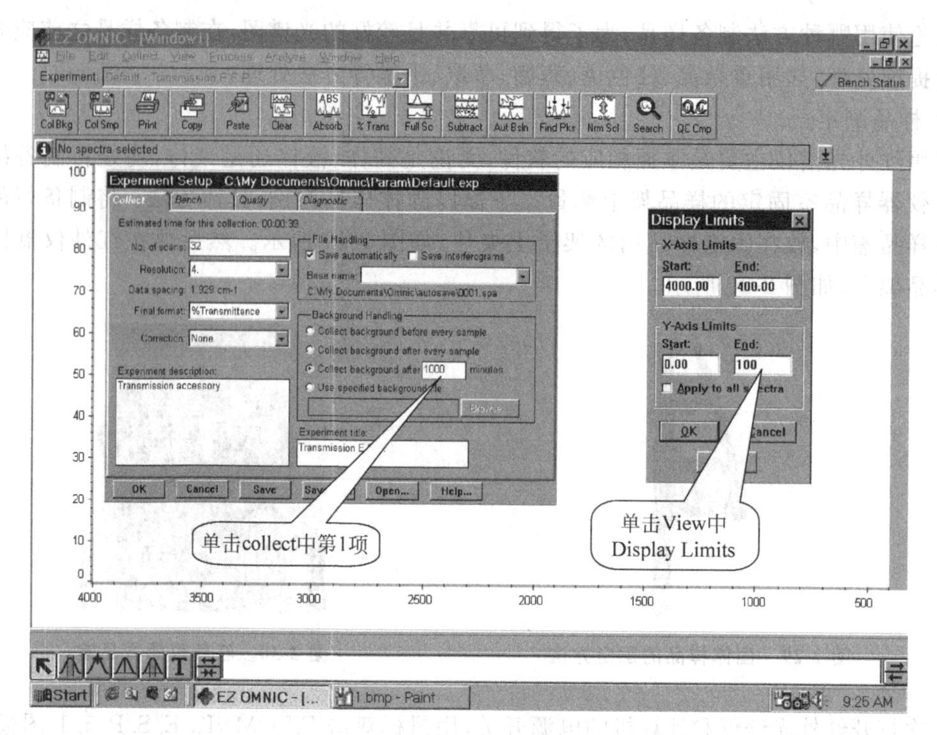

图 2-32　主要参数调整

测样品谱图的影响。具体方法：用鼠标单击 Window1 窗口里的 Col Bkg，再单击 OK，这时窗口中会出现一个空白样品的谱图，如图 2-33 所示，当谱图全部扫描完，即屏幕左下脚的 5 个▱全部变成▰后，说明扫描过程结束。屏幕上会出现 Confirmation 对话框，此时用鼠标单击 NO，程序回到 Window1 窗口。

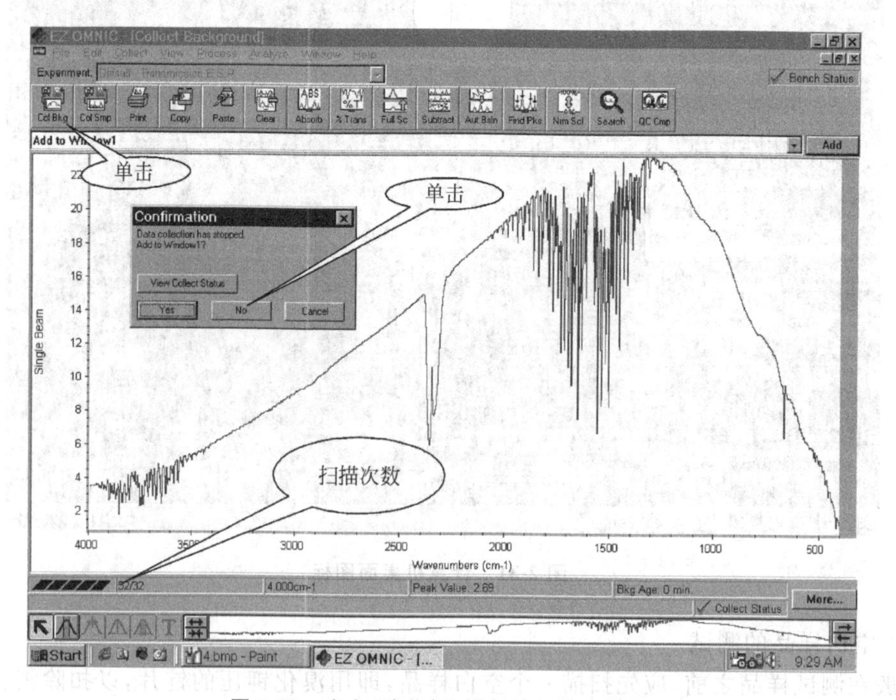

图 2-33　空白(溴化钾)样品的红外光谱图

(2) 样品测定

取出空白样品锭片，换上待测样品锭片，放入样品室中，盖好窗盖。用鼠标单击 Col Smp，此时窗口里出现 Collect Sample 对话框，在空白处填上所做样品的名称，单击 OK。此时，屏幕上又出现一个 Confirmation 对话框，继续单击 OK，屏幕上出现了被测样品的红外谱图，当扫描过程结束后，屏幕上再次出现 Confirmation 对话框时，用鼠标单击 Yes 回到 Window1 窗口。此时，在屏幕上出现一张完好的样品红外光谱图，然后可以进行谱图的处理工作，如标注峰的位置等，如图 2-34 所示。

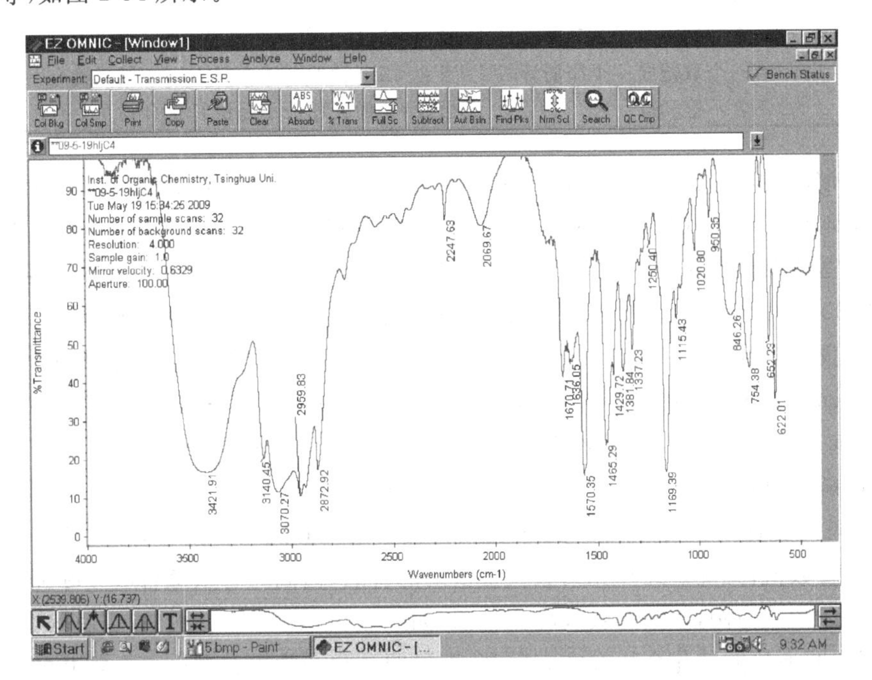

图 2-34　被测样品的红外光谱图

在操作过程中应注意，开机时，应先打开红外光谱仪上的电源，再开启计算机。预热约 5min，待红外光谱仪稳定后再进行测试。样品测试完成后，将 Window1 窗口中的谱图全部 Clear 掉，从 File 主菜单中选择退出程序，关闭计算机，然后关闭红外光谱仪上的电源。

5. 红外光谱谱图解析方法

红外光谱是测定分子结构的重要手段之一。对于简单化合物可以根据化学分子式，通过对红外光谱谱图的分析推断出结构。但是在一般情况下只根据红外谱图来推断化合物的结构是不够的，还需要借助于其他的方法，如核磁、质谱等。

红外光谱谱图解析的一般方法是：首先根据分子式，确定不饱和度。不饱和度 Ω 的计算可以利用公式：

$$\Omega = (2n_4 + n_3 - n_1 + 2)/2$$

式中，n_4，n_3，n_1 分别表示分子中 4 价、3 价、1 价元素的原子个数。如苯(C_6H_6)的不饱和度 $\Omega=(2\times6-6+2)/2=4$，肉桂酸($C_9H_8O_2$)的不饱和度 $\Omega=(2\times9-8+2)/2=6$。通过计算不饱和度，可以估计分子结构式中是否有双键、三键或芳香环等官能团存在，并可验证利用光谱图解析的结构是否合理。不饱和度与分子结构的经验关系见表 2-8。其次，依据红外光谱中的6个主要区域，按照先特征区后指纹区，先强峰后弱峰，先粗查后细分，先否定后肯定的原则仔细查找，找出主要的吸收峰的位置，再对照相关资料或表2-6给出的信息来确定是什么官能团。

表2-8　不饱和度与分子结构的经验关系

不饱和度Ω	分子结构	说　明
4	有一个苯环	当Ω≥4时说明分子中可能含有苯环或其他芳香环
2	有一个三键或两个双键或一个双键一个脂肪环	当Ω=2时说明分子中可能存在一个炔烃或两个烯烃或是脂肪环上有一个烯烃
1	有一个双键或一个脂肪环	当Ω=2时说明分子中只有一个烯烃或有一个脂肪环
0	不含不饱和键	当Ω=0时说明分子是链状化合物

在解析谱图时，可先从4000～1500cm^{-1}的官能团区入手，找出该化合物存在的官能团，然后有的放矢地到指纹区找出相应基团的弯曲振动吸收峰，再根据指纹区的吸收峰进一步验证该基团及该基团与其他基团的结合方式。例如，在谱图中1735cm^{-1}左右出现较强的吸收峰，在相应的1300～1150cm^{-1}范围内又出现两个强吸收峰，可判断此化合物为酯类化合物。如果在谱图上发现，在1600～1400cm^{-1}有4个较强的吸收峰，可以首先考虑苯环的骨架振动，在3100～3000cm^{-1}又有苯环的C—H伸缩振动吸收峰，可判断化合物中存在有苯环或芳环化合物，再进一步查找910～650cm^{-1}区的吸收峰位置可确定其取代情况。

在谱图解析过程中应注意：

(1) 在红外谱图解析时，应兼顾红外光谱的三要素，即峰位、峰强和峰形。吸收峰的位置，即吸收峰的波数值，无疑是红外光谱吸收最重要的特点，但同时必须综合吸收峰强度和峰形来加以分析。以羰基为例，羰基的吸收峰比较强，如果在1680～1780cm^{-1}有吸收峰，但其强度很低，这并不表明所研究的化合物存在有羰基，而说明该化合物中存在少量含羰基的杂质。吸收峰的形状也决定于官能团的种类，从峰形可辅助判断官能团的情况。以缔合的羟基、缔合的伯胺基和炔氢为例，它们的吸收峰出峰位置略有差别，但是吸收峰形状差别很大：缔合的羟基峰圆润而宽；缔合的伯胺基吸收峰有一个小的分岔；而炔氢(≡C—H)则为尖峰。总之，只有同时注意吸收峰的位置、强度、峰形，综合地与其他测试结果进行比较和分析，才能得出较为可靠的结论。

(2) 注意同一基团的几种振动吸收峰的相互印证。对任意一个官能团，由于存在伸缩振动和多种弯曲振动，因此，在红外谱图的不同区域都显示出几个相关的吸收峰。所以，只有当几处相应出峰的位置都呈现出吸收峰时，方能得出该官能团在分子结构中的存在。例如：—CH_2—在2920，2850，1470，720cm^{-1}处都应该出现吸收峰。当分子中存在酯基时，应该在谱图上同时出现1700cm^{-1}左右的羰基峰和1050～1300cm^{-1}的C—O—C对称和不对称的伸缩振动峰。

(3) 判断化合物是否饱和，除了用不饱和度Ω来确定以外，还可以用C—H的伸缩振动吸收峰来判断。以3000cm^{-1}为界，芳烃、烯烃、炔烃的ν_{C-H}在3000cm^{-1}以上，而烷烃的ν_{C-H}在3000cm^{-1}以下。

(4) 排除非样品谱带的干扰。当样品易吸水时，在3400cm^{-1}左右会出现吸收峰。一般在空气中测红外吸收都会在2300cm^{-1}左右出现CO_2吸收峰的干扰。这些在谱图解析过程中都应注意。

在红外光谱谱图中不是每一个峰都能有所归属，有许多峰，特别是指纹区的峰，是很难找到归属的。所以在对红外谱图解析时，应抓住主要峰进行分析。对于新化合物的鉴定应同时进行核磁、质谱等仪器的分析，然后根据结果进行综合分析来判断它的结构。

2.2.3 核磁共振

核磁共振(nuclear magnetic resonance，NMR)。核磁共振自 20 世纪 50 年代问世以来，是化学家鉴定有机化合物结构及研究化学动力学最有效的波谱分析方法，在有机、无机、生物、药物、物理化学等化学领域及多种工业部门都得到了广泛的应用。随着科学技术的飞速发展，目前核磁共振已作为一种诊断方法应用于临床医学中，如核磁共振成像技术。核磁共振这个名词对于人们已不再陌生。

1. 基本原理

核磁共振是指某些原子核在磁场中选择性地吸收电磁波的现象。核磁共振波谱就是原子核在磁场中发生共振吸收而产生的谱带。原子核也有自旋运动，由于质子带电，它的自旋产生一个小的磁矩。这种量子化的核自旋运动用自旋量子数 I 来描述，$I=0,1/2,1,3/2,\cdots$。$I=0$ 的原子核没有自旋运动，因此也就不产生磁矩，这种原子核不发生核磁共振现象，如 12C，16O，32S。只有 $I\neq0$ 的原子核才有自旋运动。核自旋有自旋角动量和对应的核磁矩：

$$\mu_N = \gamma M = \gamma\sqrt{I(I+1)}\,\frac{h}{2\pi}$$

式中，μ_N 是核磁矩；M 是自旋角动量；γ 是磁旋比或旋磁比，与原子核的性能有关，是核磁矩的相对量度；h 是普朗克常数。

在外加磁场(B_0)中核磁矩的方向是量子化的，有$(2I+1)$种不同的取向，用磁量子数 m 来表示，$m=I,(I-1),\cdots,(-I+1),-I$。磁性原子核在外加磁场($B_0$)中的自旋取向如图 2-35 所示。

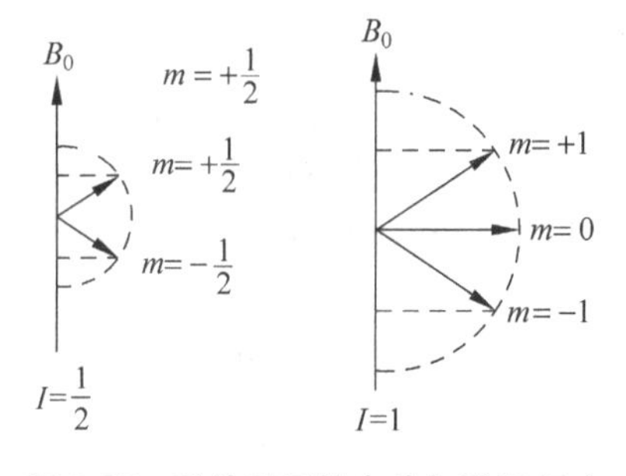

图 2-35　磁性原子核在外加磁场(B_0)中的自旋取向

有机化合物的质子在外加磁场中，其磁矩与外加磁场方向相同或相反。$m=+1/2$ 时，能量较低；$m=-1/2$ 时，能量较高。这两种取向相当于两个能级，其能量差 ΔE 与外加磁场的强度成正比：

$$\Delta E = \gamma B_0\,\frac{h}{2\pi}$$

式中，γ 是磁旋比(质子的特征常数)；h 是普朗克常数。

如果用能量为 $h\nu=\Delta E$ 的射频电磁波照射，原子核有选择性地吸收电磁波的能量，从低能态($m=+1/2$)跃迁到高能态($m=-1/2$)，即发生共振，所产生的信号为核磁共振谱。

发生核磁共振的条件：

$$\Delta E = h\nu = \gamma\frac{h}{2\pi}B_0$$

$$\nu = \frac{\gamma}{2\pi}B_0$$

从上式可以看出 ν 与外加磁场的强度 B_0 成正比，当外加磁场强度固定后，只与质子的性质有关，因此不同的质子 ν 是不同的。一般核磁共振波谱仪的工作磁场越高，电磁波的频率也越高，仪器的灵敏度就越高，并且谱图解析也就越容易，许多复杂的谱图就变成一级谱图。

另外，磁性原子核处于高能态和低能态的动态平衡中，当电磁波的能量($h\nu$)等于能级差 ΔE 时，磁性原子核吸收电磁波从低能态跃迁到高能态。此时，处于高能态的粒子也可以通过自发辐射放出能量回到低能态，它们的几率与两能级的能量差 ΔE 成正比。在一般的吸收光谱中 ΔE 较大，自发辐射容易进行。但是，在核磁共振波谱中，ΔE 非常小，自发辐射的几率实际为零。要想在一定时间间隔内持续检测到 NMR 信号，必须要有一个弛豫过程，即高能态的原子核以非辐射的形式放出能量回到低能态，重新建立玻尔兹曼(Boltzmann)分布的过程。弛豫过程分为纵向弛豫(又称作自旋-晶格弛豫)和横向弛豫(又称作自旋-自旋弛豫)两种。自旋-晶格弛豫反映了体系和环境的能量交换，自旋-自旋弛豫反映的是核磁矩之间的相互作用。

2. 化学位移

质子的共振频率不仅由外加磁场和核的磁旋比决定，而且还受到核周围环境的影响。针对某一个原子核实际受到的磁场强度，不完全与外部磁场相同。在分子中原子核都不是裸露的，外层由电子云包围着，这些电子云在外加磁场的作用下发生循环流动，又产生一个感应磁场。如果化学键与外加磁场 B_0 的方向平行，则感应磁场与外加磁场 B_0 相反，核所受到的磁场强度减小，质子被屏蔽。屏蔽得越多，对外加磁场的感受就越少，所以核在较高的磁场强度下才发生共振吸收。例如，在乙炔中质子的感应磁场与 B_0 相反，质子受到屏蔽，它们的化学位移(chemical shift)δ 值较低，$\delta=2.70$。如果化学键与 B_0 的方向垂直，则感应磁场与 B_0 相同，此时，就相当于又增加了一个小磁场，核所受到的磁场强度增加，质子被去屏蔽。例如，在苯环中质子的感应磁场与外加磁场相同，质子被去屏蔽，它们的化学位移 δ 值较高，$\delta=7.27$。随着碳链的增加，这种效应对质子的影响会越来越小。正是这种电子的屏蔽与去屏蔽作用引起的同一分子中同种质子由于所处环境不同，使核磁共振吸收位置发生了变化。这个差别传递了分子结构的信息，对于分析有机化合物的结构起到了非常重要的作用，也使得核磁共振技术在有机化合物结构鉴定方面发挥着越来越大的作用。核磁共振吸收位置的移动称为化学位移，用 δ 表示。

在核磁谱图上给出的样品吸收峰信号的位置就是化学位移。化学位移定义为被测质子频率与四甲基硅烷(TMS)频率之差。以四甲基硅烷$(CH_3)_4Si$ 为内标，其化学位移 $\delta=0.00$。化学位移(δ)值计算是：待测样品频率 ν 与内标频率 ν_{TMS} 之差除以仪器的频率 ν_0：

$$\delta=\frac{(\nu-\nu_{TMS})\times 10^6}{\nu_0}$$

如果在 60MHz 核磁仪器上，信号出现在 60Hz，δ 值计算如下：

$$\delta=\frac{(60\text{Hz}-0)\times 10^6}{60\text{MHz}}=1.00$$

由于化学位移和仪器产生的频率及质子的共振频率有关，频率越高，化学位移也就分开得越大。如果用 500MHz 仪器测定，质子共振频率出现在 500Hz，而不是 60Hz，δ 仍然等于 1.0。这样可分开原来不易分开的质子。一些常见有机官能团质子的化学位移如图 2-36 所示。

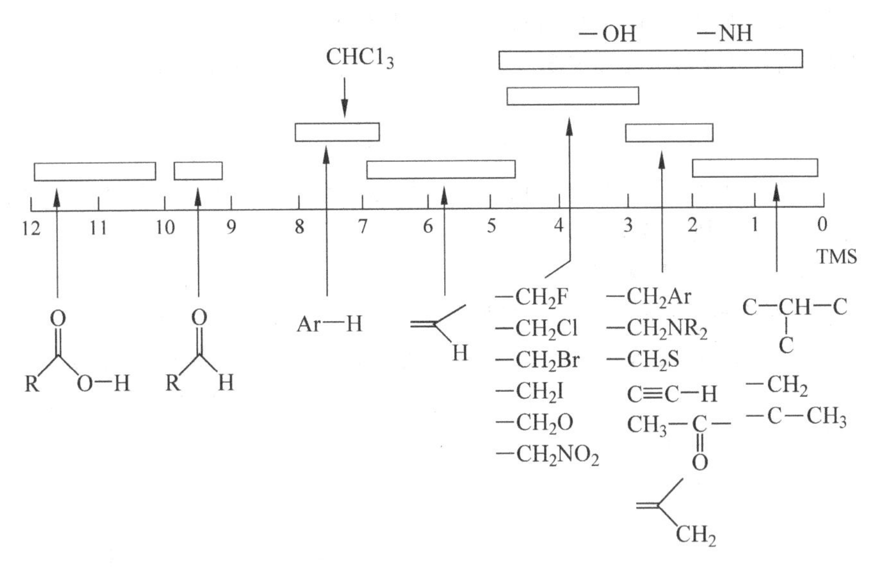

图 2-36　一些常见有机官能团质子的化学位移

影响化学位移的因素有很多，主要是与相邻基团的电负性、各相异性效应（如单键、双键、叁键、芳环等）、范德华效应、溶剂、温度、样品浓度及氢键作用等有关。表 2-9 给出了连在不同基团上氢原子的化学位移。

表 2-9　与不同基团相连氢原子的化学位移值

氢原子的类型	δ	氢原子的类型	δ
TMS$(CH_3)_3Si$	0	I—C—H	2～4
环丙烷	0～1.0	HO—C—H	3.4～4
RCH_3	0.9	R—O—C—H	3.3～4
R_2CH_2	1.3	$—(O)_2—C—H$	5.3
R_3CH	1.5	R—COO—C—H	3.7～4.1
—C═C—H	4.5～5.9	RO—CO—C—H	2～2.6
$—C═C—CH_3$	1.7	HO—CO—C—H	2～2.6
—C≡C—H	2～3	R—COO—H	10.5～12
$—C≡C—CH_3$	1.8	R—CO—C—H	2～2.7
Ar—H	6～8.5	R—CO—H	9～10
Ar—C—H	2.2～3	R—CO—N—H	5～8
F—C—H	4～4.45	R—O—H	4.5～9
Cl—C—H	3～4	Ar—O—H	4～12
$(Cl)_2—C—H$	5.8	$R—NH_2$	1～5
Br—C—H	2.5～4	$O_2N—C—H$	4.2～4.6

3. 自旋耦合

当两个质子相互接近时，每个质子的磁场都会影响到相邻碳上的质子。尤其是在高分辨率核磁共振谱中，质子峰往往分裂为几个小峰。这种导致信号分裂为多重峰的磁效应称为自旋-自旋裂分。它源于某个质子与相邻质子自旋之间的相互作用，这种作用称为自旋耦合。信号分裂的间隔反映了两种质子自旋之间相互作用的大小，一个信号各峰之间的距离称为耦合常数 J。J 的数值不随外加磁场 B_0 的变化而改变。质子间的耦合只发生在邻近质子之间，相隔 3 个碳链以上的质子间相互耦合作用可以忽略不计。

在一般情况下，具有核自旋量子数 I 的 A 原子与相邻 B 原子耦合裂分形成 B 峰的数目可由下式得到：

$$N = 2nI + 1$$

式中，N 是可以观察到 B 原子的峰数目；n 是相邻磁等性 A 原子(如果在氢谱中就是氢原子)的数目；I 是 A 原子的核自旋量子数。

当 A 原子为 ^{1}H，^{13}C，^{19}F 和 ^{31}P 时，由于 $I=1/2$，这种表达可简化为 $N=n+1$，也就是说，一个信号中峰的数目等于邻近碳原子上氢原子数加 1，也称为 $n+1$ 规则。根据这一规则分析图 2-37 中 1-硝基丙烷的 ^{1}H NMR 谱图，其裂分方式应该是：H_c 和 H_a 均受邻近 H_b 上两个氢质子的耦合，即 $2+1=3$，因此裂分形成三重峰。而 H_b 则受 H_a 和 H_c 5 个氢原子的裂分($5+1=6$)，因此形成六重峰。

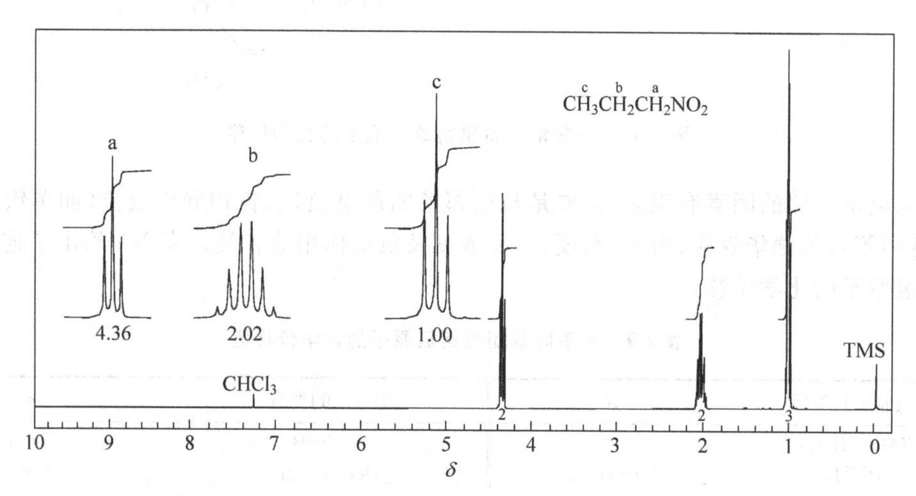

图 2-37 1-硝基丙烷的 ^{1}H NMR 谱图(300MHz，$CDCl_3$)

4. 核磁共振波谱仪工作原理

核磁共振波谱仪按射频源可分为连续波波谱仪(CW-NMR)和脉冲傅里叶(Fourier)变换波谱仪(PFT-NMR)。连续波波谱仪有 60，90MHz 等通用型仪器，主要由磁体、射频源、接收线圈等组成。磁体主要是产生均匀而稳定的磁场(B_0)。磁体两极的狭缝间放置样品管，样品管以 40～60 周/s 的速度旋转，使待测样品感受到平均磁场强度。射频源在与外磁场垂直的方向上，绕样品管外加有射频振荡线圈，固定发射与磁场 B_0 相匹配的射频，如 60，120，300，600MHz 等。选择适当的射频功率，使待测核有效地产生核磁共振。围绕样品管的线圈，除射频振荡线圈外，还有接收线圈，二者互相垂直，并与 B_0 场垂直，互不干扰。射频振荡线圈和接收线圈紧密地缠绕在称作探头的小装置里，并于两磁极间紧贴在样品管的周围。探头是 NMR 的心脏。

在记录图谱时，由 Helmholtz 线圈连续改变磁场强度，即由低场至高场扫描，这种扫描方式称扫场(field-sweep)。扫场就是通过连续改变外加磁场的强度而使分子中所有质子都能发生共振吸收的方法。若以改变射频频率的方式扫描，称扫频(frequency-sweep)。扫频是固定外加磁场的强度而连续地改变照射电磁波的频率，使分子中所有质子都发生共振吸收的方法。当满足某种核的共振频率时，就产生 NMR 吸收。接收器、扫描器同时与记录系统相连，记录下 NMR 谱。这两种方法所得到的谱图是一致的。图 2-38 给出了核磁共振波谱仪的工作原理示意图。

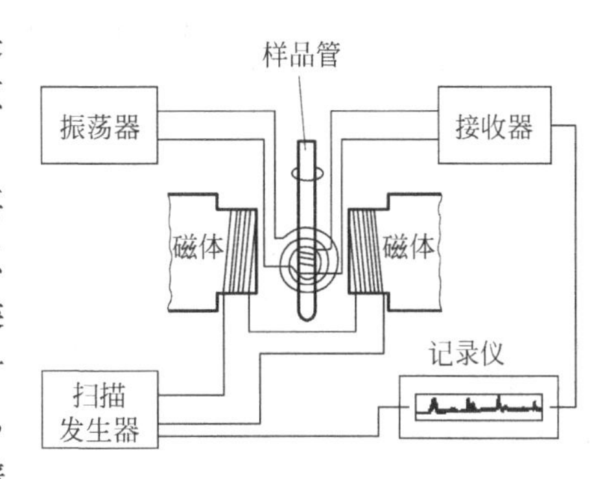

图 2-38　核磁共振波谱仪工作原理示意图

CW-NMR 价廉、稳定、易操作，但灵敏度低，需要样品量大，使很多样品无法做核磁共振分析。而且只能测天然丰度高的核，如 ^{1}H，^{19}F，^{31}P。对于 ^{13}C 这类天然丰度极低的核很难得到 ^{13}C 谱。随着脉冲傅里叶变换波谱仪(pulse fourier transform-NMR)的出现，其灵敏度得到很大提高，上述的问题迎刃而解，^{13}C 谱也得到广泛的应用。

PFT-NMR 波谱仪是在 CW-NMR 谱仪上增添两个附加单元，即脉冲程序器和数据采集及处理系统，以便使所有待测核同时激发(共振)、同时接收，均由计算机在很短的时间内完成。

5. 核磁共振样品的制备

核磁共振测定时一般使用专门的样品管来装待测样品，其规格为外径 5mm，内径 4mm，长 180mm，如图 2-39 所示，并配有塑料或聚四氟乙烯塞子。

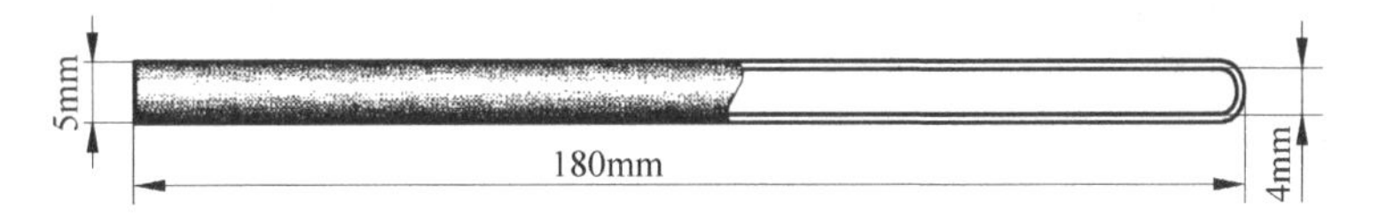

图 2-39　常用普通玻璃 NMR 样品管

待测样品浓度一般为：氢谱在 0.5～1.0mL 的溶剂中，溶解 5～10mg 待测样品；碳谱浓度要大一些，一般在 0.5mL 的溶剂中，溶解 30mg 左右的待测样品。对于粘度小的有机液体，可以不用溶剂直接测定。对于粘度比较大的液体有机化合物，最好将样品溶在溶剂中测定。具体方法：先加入样品管 1/5 体积的被测物质，然后加入 4/5 的溶剂，加上塞子摇匀后测定。对于固体有机化合物一定要选择合适的溶剂，溶剂中不能含有氢质子，最常用的有机溶剂是 CCl_4。随着被测物质极性的增大，就要选择氘代试剂如 $CDCl_3$，DMSO-d_6，D_2O，C_6D_6。在实际测试过程中，氘代试剂有时也会与样品中活泼氢发生交换反应。氘代试剂中含有 1% 的 H 就会产生小的信号，应注意与样品信号的区别。常用 NMR 氘代试剂的 ^{1}H 化学位移值见表 2-10，^{13}C 化学位移值见表 2-11。

为了方便，使用一般市售的氘代试剂中都加入了一定浓度的内标物，常用内标物为四甲基硅烷，氢化学位移值为 0。选择溶剂时，主要考虑溶剂对样品的溶解能力，为了不影响测定结果，样品在氘代试剂中的溶解度一定要好，溶解后溶液应均一透明，如果有固体微粒应将其过滤除掉。

为了保证测量结果的准确性，在样品制备时应注意：

(1) 核磁管在使用前必须清洗干净。具体方法：先用溶剂或洗涤液洗干净，再用丙酮清洗，然后进行干燥处理。由于核磁管比较细，干燥时间最好长一些，以免残留的溶剂影响测定结果，给谱图的解析带来困难。

表 2-10　常用 NMR 氘代试剂的^{1}H 化学位移

溶剂	基　团	δ	多重性	溶剂	基　团	δ	多重性
乙酸-d_4	甲基	2.03	5	二氯甲烷-d_2	亚甲基	5.32	3
	羟基	11.53	1	硝基苯-d_5	次甲基(H-3,H-5)	7.50	b
丙酮-d	甲基	2.05	5		次甲基(H-4)	7.67	b
乙腈-d_3	甲基	1.94	5		次甲基(H-2,H-6)	8.10	b
苯-d_6	次甲基	7.16	1	硝基甲烷-d_3	甲基	4.33	5
氯仿-d	次甲基	7.27	1	吡啶-d_5	次甲基(H-3,H-5)	7.20	1
环己烷-d_{12}	亚甲基	1.38	1		次甲基(H-4)	7.58	1
1,2-二氯乙烷-d_4	亚甲基	3.69	1		次甲基(H-2,H-6)	8.74	1
乙醚-d_{10}	甲基	1.07	m	四氢呋喃-d_8	亚甲基(H-3,H-4)	1.00	
	亚甲基	3.34	m		亚甲基(H-2,H-5)	3.58	
二甲基甲酰胺-d_7	甲基	2.75	5		甲基	2.00	
	甲基	2.92	5	甲苯-d_8	次甲基(H-2,H-6)	6.98	m
	酰胺基	8.03	1		次甲基(H-4)	7.00	1
二甲亚砜-d_6	甲基	2.50	5		次甲基(H-3,H-5)	7.09	m
1,4-二噁烷-d_8	亚甲基	3.53	m	三氟乙酸-d_1	羟基	11.50	1
乙醇-d_6	甲基	1.11	m	甲醇-d_4	甲基	3.31	5
	亚甲基	3.56	1		羟基	4.84	1
	羟基	5.26	1	水-d_2	羟基	4.80	1

注：b 表示宽峰，m 表示多重峰。

表 2-11　常用 NMR 氘代溶剂^{13}C 化学位移

溶　剂	基　团	δ	多重性	J_{C-D}
乙酸-d_4	甲基	20.1	7	20.0
	羰基	178.4	1	
丙酮-d_6	甲基	29.9	7	20.0
	羰基	206.0	13	0.9
己腈-d_3	甲基	1.3	7	21.0
	氰基	118.2	1	
苯-d_6	次甲基	128.3	3	24.3
二硫化碳		192.8		
四氯化碳		96.7		
氯仿-d	次甲基	77.0	3	32.0
环己烷-d_{12}	亚甲基	26.4	5	19.0
二甲基甲酰胺-d_7	甲基	30.1	7	21.0
	甲基	35.2	7	21.0
	酰胺基	162.7	3	29.4
二甲亚砜-d_6	甲基	39.5	7	21.0
1,4-二噁烷-d_8	亚甲基	66.7	5	21.9
乙醇-d_6	甲基	17.3	7	19.1
	亚甲基	56.8	5	22.0
甲醇-d_4	甲基	49.1	7	21.4
二氯甲烷-d_2	亚甲基	54.0	5	27.2

续表

溶剂	基团	δ	多重性	J_{C-D}
硝基苯-d_5	次甲基(C-3,C-5)	129.7	3	25.0
	次甲基(C-4)	134.9	3	24.5
	次甲基(C-2,C-6)	123.2	3	26.0
	取代的(C-1)	148.6	1	
硝基甲烷-d_3	甲基	60.5	7	22.0
吡啶-d_5	次甲基(C-3,C-5)	123.8	3	25.0
	次甲基(C-4)	135.7	3	24.5
	次甲基(C-2,C-6)	150.4	3	27.5
四氢呋喃-d_8	亚甲基(C-3,C-4)	25.4	5	20.5
	亚甲基(C-2,C-5)	67.5	5	22.1
甲苯-d_8	甲基	20.4	7	19.0
	次甲基(C-2,C-6)	129.1	3	23.0
	次甲基(C-4)	125.2	3	24.0
	次甲基(C-3,C-5)	128.2	3	24.0
	取代的(C-1)	137.6	1	
三氟乙酸-d_1	羰基	164.2	4	44.0
	三氟甲基	116.6	4	28.3

(2) 待测样品的浓度对测定结果有一定的影响，在样品配制时应根据待测样品的具体情况确定浓度。测试氢谱时，浓度太低噪声大，基线不平，浓度太高则会影响谱线裂分；测试碳谱时浓度高可以缩短测试时间，减小噪声，基线比较平直。测试高聚物时一般以溶解度最大为好。

(3) 提交样品时，应在样品管所带的标签纸上注明：样品可能的结构、所用的氘代试剂、测试要求(如^{1}H，^{13}C，DEPT，COSY 等)、送样人姓名、联系方式以及日期等。

(4) 液体核磁通常扫场范围：^{1}H 为－1～13；^{13}C 为－12～230，如果有特殊要求，在送样品时应注明。不稳定样品应及时测定。

6. ^{1}H NMR 谱图的解析

^{1}H NMR 谱图能够提供3方面的信息：化学位移δ值、耦合常数j和自旋裂分峰形、各峰面积之比，即积分曲线高度比。这3方面的信息都与化合物结构密切关系，所以^{1}H NMR 谱图的解析就是具体分析和综合利用这些信息来推测化合物中所含的基团以及基团之间的连接顺序、空间位置等。最后提出分子的可能结构并加以验证。

对于已知化合物^{1}H NMR 谱图的解析就是找出^{1}H NMR 谱图中每一个谱峰的归属，即找出谱峰与结构单元之间的关系。通过对已知化合物谱图的“指认”学会综合利用化学位移、耦合及积分曲线3种信息。

对于未知化合物^{1}H NMR 谱图解析步骤：

(1) 根据分子式确定化合物的不饱和度。不饱和度可根据下式计算：

$$\Omega = C + 1 - \left(\frac{H}{2} + \frac{X}{2} - \frac{N}{2}\right) = C + 1 - \frac{H}{2} - \frac{X}{2} + \frac{N}{2}$$

式中，C是化合物中碳原子数目；H是化合物中氢原子数目；X是化合物中卤原子数目；N

是化合物中 3 价 N 原子数目。

如果化合物中含有 5 价 N 原子，上式应为

$$\Omega = C + 1 - \frac{H}{2} - \frac{X}{2} + \frac{3}{2}N$$

2 价原子数目如 R—O—R′，C=O，C=S 等不计入计算式。

(2) 区分出杂质峰、溶剂峰等杂峰。一般杂峰面积总是比样品峰面积小，并且它们的峰面积之间没有简单的整数比关系。

(3) 根据谱图中的积分曲线，确定各组峰对应的氢原子数目。

在 ^{1}H NMR 谱图中，每组峰的面积与产生这组信号的质子数成正比。比较各组信号峰的积分面积，可以确定各种不同类型质子的相对数目。近代核磁共振仪都具有自动积分的功能，可以在谱图上记录下积分曲线。峰面积一般用阶梯式积分曲线来表示，积分曲线由低场向高场扫描。在有机化合物的 ^{1}H NMR 谱图中，从积分曲线的起点到终点的高度变化与分子中氢原子的总数成正比，而每一阶梯的高度则与相应氢原子的数目成正比。由此可以确定出各种官能团的氢原子数目的比例关系。

(4) 根据每一组峰的化学位移(δ)、氢原子数目以及峰的裂分情况推测出对应的结构单元。在这一步骤中，应特别注意那些貌似化学等价，而实际上不等价的质子或基团。连接在同一碳原子上的质子或相同基团，因单键不能自由旋转或因与手性碳原子直接相连等原因常常不是化学等价的。这种情况会影响峰的个数，并使裂分峰形复杂化。

(5) 分子对称性。当分子存在对称结构时，会使谱图上出现的峰组减少，只有局部对称时也是如此。主要原因是由于分子的对称性，使某些基团在同一处出峰，峰的强度有所增加。

(6) 计算剩余的结构单元和不饱和度。用原分子式的不饱和度减去已确定结构单元的不饱和度，即得剩余的不饱和度。这一步骤虽然简单，但必不可少，因为不含氢的基团，如 O=C<、—C≡N、—O—等在氢谱中不产生直接的信息。

(7) 将结构单元组合成可能的结构式。根据化学位移和耦合关系将各个结构单元连接起来。对于简单的化合物有时只能列出一种结构式，但是比较复杂的化合物则能列出多种可能的结构式，应逐一排查，排除与谱图明显不符的结构，以减少下一步的工作量。如果依然不能明确下结论，则需借助于其他波谱分析结果，如紫外、红外、质谱以及核磁共振碳谱等。

7. ^{13}C NMR 谱图的解析

随着 PFT-NMR 波谱仪的出现，^{13}C NMR 谱图的测定越来越方便。在有机化学中碳原子构成了化合物的骨架，掌握有关碳原子的信息在有机化合物结构鉴定中具有非常重要的意义。从某种意义讲，碳谱的重要性要大于氢谱。例如，苯环六取代、乙烯四取代、饱和碳原子的四取代和不含氢的官能团，如 >C=O、>C=C=C<、—N=C=O、—N=C=S 等从氢谱不能得到直接的信息，但是从碳谱可以得到。

由于碳谱的化学位移变化范围比氢谱大十几倍，化合物结构上的细微变化在碳谱上反映得比较充分。相对分子质量在三四百以内的有机化合物，若分子无对称性，一般每个碳原子对应一条尖锐、分离的谱线，并且可以得到分辨很好的 δ 值，不会出现像氢谱那样峰的重叠现象。

借助于现有的数据可以计算出碳原子的化学位移值，其公式为

$$\delta_C = \delta_{C(烷烃)} + \sum(\alpha + \beta + \gamma)$$

式中，δ_C 为某个碳原子的化学位移值；α,β,γ 分别是这个碳原子邻近 α，β，γ 位取代基的影响因子，这些数据可以从相应的表中得到。本书后面的附录中给出了一些常用数据。

现在用的^{13}C NMR 谱都是全去偶的，因为去偶能够除去碳和氢之间的所有裂分。在^{13}C NMR 谱图中不同的信号数目表明有多少种不同类型的碳原子存在，即有多少个峰就有多少个碳存在于分子中。每个信号的化学位移代表了它的电子环境。碳谱有多种多重共振，利用无畸变化转移增强(DEPT)谱，可以很方便地鉴定出 CH_3，CH_2，CH 或 C。不含氢的碳原子在 DEPT 谱图上没有峰。图 2-40 给出了丁酸的^{13}C NMR 谱，图 2-41 给出了丁酸的 DEPT 谱。对照两张谱图可以看出，碳 a 是 CH_3，化学位移 δ=12.29，在 DEPT 谱上全是正峰；碳 b 和碳 c 是 CH_2，化学位移分别是 δ=17.24 和 δ=34.88，在 DEPT 谱中，上面的图是负峰，下面的图是正峰；碳 d 是羰基没有氢，化学位移 δ=179.28，在 DEPT 谱图上没有峰。通常在^{13}C NMR 谱中带有 2 个或 3 个氢的碳原子产生的信号最强，不带氢的碳原子产生的信号最弱。

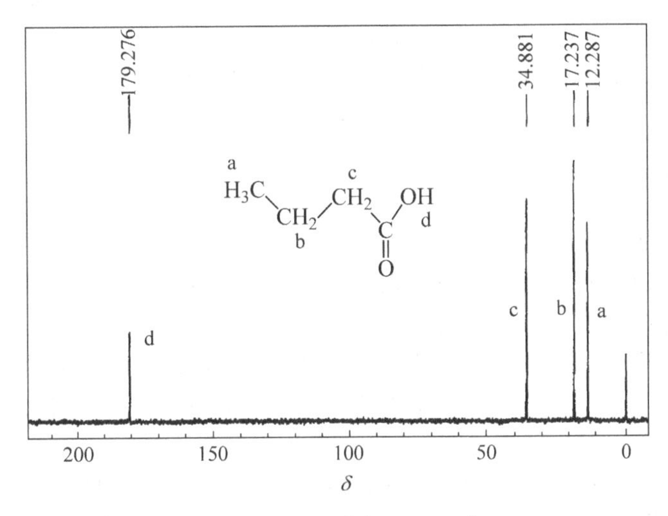

图 2-40　丁酸的^{13}C NMR 谱

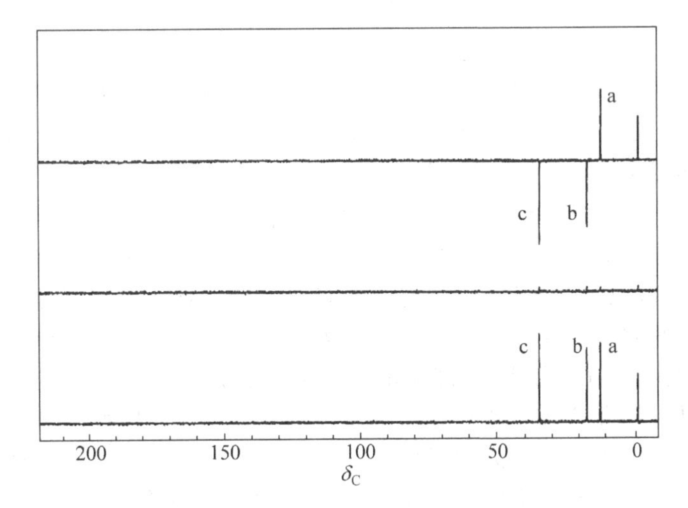

图 2-41　丁酸的 DEPT 谱

碳原子的弛豫时间较长,能被准确测定,由此可帮助对碳原子进行指认,从而有助于结构推断。在实际应用中,碳谱和氢谱是互补的,在解析时应综合考虑,尤其对未知化合物的解析。

2.2.4 质谱法

质谱法(mass spectrometry)常简称为质谱(MS),是有机结构鉴定四大谱之一。质谱的灵敏度比其他 3 种方法都高,用的样品量也少,最小用量可达 10^{-10} g,检出极限可达 10^{-14} g。质谱是唯一可以确定分子式的检测方法,而分子式对结构推断至关重要。

近几年来,由于有机质谱的内容丰富、作用突出,使它成为质谱学中最重要的分支。在国际质谱学会议上,有机质谱占据最重要的位置。

1. 质谱原理

质谱是按粒子质量大小而排列的谱图。准确地说,质谱是带电原子、分子或分子碎片通过质谱仪的分离,按质荷比(或质量)的大小顺序排列的谱图。质谱仪器是能使原子或分子离子化成离子,并通过适当稳定或者变化的电场、磁场将它们按空间位置、时间先后或者轨道稳定与否来实现质荷比分离,检测其强度后进行物质分析的仪器。

从以上定义可以看出,要实现质谱分析,首先要使被分析物质带上电荷,然后对其进行分离,最终确定其质量。这是质谱分析的 3 个关键环节。

2. 质谱仪及其分析方法

质谱仪的主体为离子源、质量分析器和离子检测器。质谱仪的记录方式分为两种,一种采用干板,同时记录下所有的离子;另一种则顺次记录各种质荷比(m/z)的离子强度。用于有机化合物分析的质谱仪均采用后一种记录方式。

质谱法可以分析各种纯的样品,固体样品可以放在一根杆的顶端,接着通过真空密封热插入真空室,在加热情况下使固体样品升华或蒸发。气体或液体样品可通过注射器直接进样引入真空室。

在质谱仪上分析的化合物必须是气态的,固体和液体样品需加热蒸发,然后用电子束轰击蒸气。在电子离子化质谱仪中,正离子通过加速板加速,磁场按质荷比分离离子,因为电荷常为+1,可直接测量粒子。通过改变磁场,测定每个碎片质量的丰度,检测器记录质荷比,用质谱图给出上述信息,图 2-42 给出了电子离子化质谱仪的示意图。

可以采用几种方式使样品离子化。除了上述电子轰击外,还可以采用化学电离。气体,如甲烷、异丁烷或氨通过电子撞击而离子化,这些离子再和样品分子反应生成离子。电喷雾离子化直接从溶液生成离子,通过采用高电势差产生带电荷的雾状液滴。随相对分子质量的增加,这种方法能够产生多电荷离子。大气压化学电离借助一个加热雾化器而使样品汽化,在大气压下用电晕放电来生成离子。在基质辅助激光解吸离子化中,样品溶解在含有过量基质化合物的溶液中,基质吸收某个波长的激光。把溶液放在激光靶标上,混合物的脉冲紫外辐射从基质和样品的蒸气中产生等离子体。在快原子轰击离子化中,样品溶于液体基质:甘油或间硝基苄醇中,将混合物放在探针上,用高能铯离子或氙原子束轰击,从化合物中释放分子离子和碎片离子。在诱导耦合等离子离子化中,样品注入由氩高能诱导耦合产生的气态离子中,样品微滴发生汽化和离子化。还可以采用许多其他的质谱分析方法。在双聚质谱仪中,磁场提供方向聚焦,离子便可受到垂直于磁场的电场影响。四极质量过滤器由 4 根平行杆组成,离子从一端进入,并受杆上直流电和射频电压的影响,只有通过四极杆而不与四极杆撞击的离子才能被记

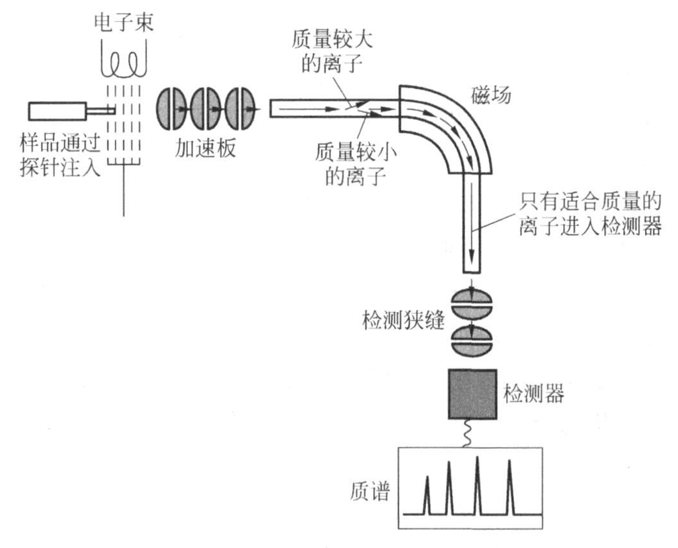

图 2-42　电子离子化质谱仪示意图

录下来。在维持直流电和射频电压比例的同时改变直流电和射频电压可进行质量扫描。在四极离子存储器中,离子暂时储存在离子阱中。通过扫描电场,离子按质荷比增加的次序陆续释放到检测器中。在飞行时间质谱仪中,从离子源发射出离子脉冲,按通过一段已知距离的不同飞行时间来分离离子。在恒定磁场中,傅里叶变换离子回旋加速共振质谱仪把离子捕获在一个方盒中,在恒定的射频电压下,离子采取一种回旋运动方式,改变电场并达到共振时,可以检测到信号。在串联质谱仪中,选定的离子可产生另外的碎片,然后对这些碎片进行质量分析。

值得注意的是,用于质谱分析的样品必须是纯的,如果样品不纯,在质谱分析前必须分离成适于测定的单一组分,因为一个纯化合物可以产生许多峰,混合物将产生许多重叠峰。常用的分离方法是气相色谱法,样品注入气相色谱仪,各组分被分离,可根据色谱图选择单一组分作质谱分析。还可选择其他的分离方法,如液相色谱法、超临界流体色谱法和毛细管电泳法,每种方法都可以与质谱仪联机使用。

3. 样品的裂解过程

产生质谱,必须首先由最小能量的电子束轰击样品以启动离子的产生过程:

$$M + e^- \rightarrow M^+ + 2e^-$$

其中,M^+ 是分子离子,随着电子束能量的增加,分子离子的数目就会增大,若大大增加电子束能量,可能造成了分子离子键的断裂而形成许多小的分子碎片,反而会使分子离子的数目降低。其分离过程可以假设成化合物 ABCD 的分裂来加以说明。

$ABCD + e^- \rightarrow ABCD^+ + 2e^-$　　分子离子峰形成

$ABCD^+ \rightarrow BCD\cdot + A^+$

$\quad\rightarrow CD\cdot + AB^+ \rightarrow B\cdot + A^+$

$\quad\quad\quad\quad\quad\quad\quad\quad\rightarrow A\cdot + B^+$

$\quad\rightarrow AB\cdot + CD^+ \rightarrow C\cdot + D^+$

$\quad\quad\quad\quad\quad\quad\quad\quad\rightarrow D\cdot + C^+$

单键断裂　　双键断裂　　多键断裂

一个含有多个原子的分子，可能产生许多数目不等的正离子。其分布情形由电子束的能量及分子的分裂情况而定，通常谱图具有重现性。

对于一个有机分子，使其离子化的能量大约需要 10～15eV。但在质谱中，分子则经常受到 70eV 能量电子束的轰击而失去电子。一般电子将从分子中最容易离子化的部位失去，如常常从具有孤对电子的 O，N，S 或卤素等原子中失去或从一个不饱和键上失去。假如分子中没有孤对电子或不饱和键，则将从 σ 键上失去电子。分子离子也会由于某些化合物对电荷的离域作用而使其寿命较长，其寿命之长甚至可以导致第二、第三次被电离。此外，某些分子离子也会由于受到如此大能量的轰击而裂解。

分子离子 M^+ 的质量与其来源化合物的相对分子质量相同，因此它是确定被测物质的一个重要参数。尤其是有机化合物，80%～90%的有机化合物的分子离子峰很容易分辨。

分子一般具有 3 种裂解形式：

(1) 均裂：一个 σ 键断开，每个碎片均保持一个电子，$X—Y \rightarrow X\cdot + Y\cdot$

(2) 异裂：一个 σ 键断开，成键电子转到一个碎片上，$X—Y \rightarrow X^+ + Y^-$

(3) 半异裂：离子化的 σ 键断开，$X^+—Y \rightarrow X^+ + Y\cdot$

多数有机化合物是以此 3 种简单的断裂方式为基础的，但均裂形式不利于质谱的检测。化合物具体断裂形式请参考有关书籍，在此不再叙述。

4．质谱谱图的解析

(1) 校核质谱谱峰 m/z 值。在质谱分析中要求离子质量数完全准确，若质量数错一个质量单位就会产生错误，如简单断裂产生的碎片离子和失去小分子的重排离子的区分，化合物中是否含氮等。有质量标记的质谱仪可以给出明确的谱峰 m/z 值。如果质谱仪上没有质量标记，应先从低质量端读起。一般以 $m/z=18$(水)或 $m/z=40$ 作为起点。分子离子的 m/z 值即为化合物的相对分子质量，这对确定化合物的元素组成和分子式非常重要。

(2) 分子离子峰的确定。中性分子失去一个电子形成分子离子：

$$M + e^- \rightarrow M^+ + 2e^-$$

它是奇电子离子。分子离子的质量变化可以忽略不计，但是化学行为却发生了很大变化。

下面以甲烷为例说明分子的裂解过程。甲烷经过电子轰击后失去一个电子，形成分子离子，形成的分子离子再经历键的断裂，可能形成一系列碎片：

$$H:\overset{H}{\underset{H}{\ddot{\underset{..}{C}}}}:H + e^- \longrightarrow H:\overset{H}{\underset{H}{\ddot{\underset{..}{C}}}}\overset{+}{\cdot}H + 2e^-$$

自由基阳离子

甲烷 相对分子质量=16　　$M^{+\cdot}$ $m/z=16$

$$\underset{m/z=16}{CH_4^{+\cdot}} \xrightarrow{-H\cdot} \underset{15}{CH_3^+} \xrightarrow{-H\cdot} \underset{14}{CH_2^{+\cdot}} \xrightarrow{-H\cdot} \underset{13}{CH^+} \longrightarrow \cdots$$

($CH_4^{+\cdot} \xrightarrow{-H_2} CH_2^{+\cdot}$)

在图 2-43 中，可观察到上述裂解过程中 4 个碎片的峰：16，15，14 和 13。

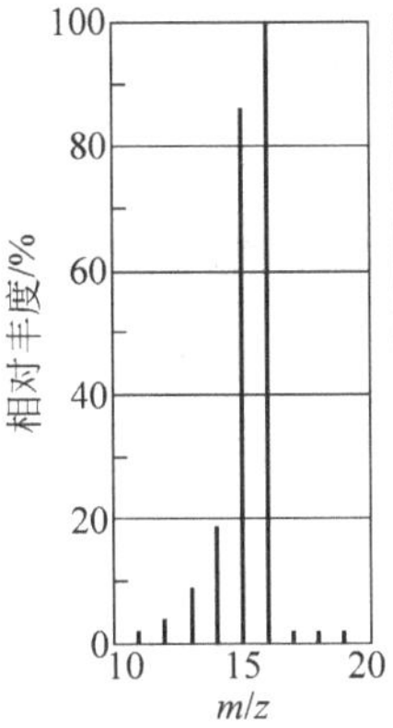

m/z	强度
12	2.6
13	8.6
14	17.1
15	85.6
16	100.0
17	1.15

图 2-43　甲烷棒状质谱图和列表式质谱图

在单位分辨质谱中(质量对应最接近的整数)，通常在分子离子区域可观察到连续质量数的峰簇，这归结于化合物的不同元素中丰度有效的同位素，见表 2-12。分子离子是由最大丰度同位素的原子组成，对于甲烷，丰度最大的同位素是^{12}C和^{1}H。在峰簇中较高质量的小峰由低丰度同位素组成的分子提供，对于甲烷是^{13}C和^{2}H。

表 2-12　基于普通同位素为 100%的同位素相对丰度

元素	同位素 M	M 的相对丰度%	相对丰度% M+1		相对丰度% M+2	
氢	^{1}H	100	^{2}H	0.0115		
碳	^{12}C	100	^{13}C	1.08		
氮	^{14}N	100	^{15}N	0.36		
氧	^{16}O	100	^{17}O	0.0381	^{18}O	0.205
氟	^{19}F	100				
硅	^{28}Si	100	^{29}Si	5.08	^{30}Si	3.35
磷	^{31}P	100				
硫	^{32}S	100	^{33}S	0.800	^{34}S	4.52
氯	^{35}Cl	100			^{37}Cl	32.0
溴	^{79}Br	100			^{81}Br	97.3
碘	^{127}I	100				

为了理解碳和氢同位素的意义，可以尝试把 $m/z=16$ 的结构写作$^{12}C_1{}^{1}H_4$，而不是简单写作 CH_4，见表 2-12。对 $m/z=17$ 峰的最大贡献来自$^{13}C_1{}^{1}H_4$，较小的贡献来自氘取代甲烷中一个氢原子。来自于包含两个以上元素较小丰度的同位素化合物峰常常太弱，对质谱没有什么贡献。对于较大丰度的同位素，不需要标记核素。溴和氯的情况例外，这些特别的核素需要鉴别。从表 2-12 和表 2-13 中可以看出，^{37}Cl 同位素的丰度是^{35}Cl 同位素的 1/3 左右，这是因为氯原子是由 75.78%的^{35}Cl 和 24.22%的^{37}Cl 组成，比例约为 3∶1。而^{79}Br 同位素与^{81}Br 同位素的丰度相近，因为溴是以 50.69%的^{79}Br 和 49.31%的^{81}Br 存在的。

在质谱图中，最高的峰是基峰，基峰常常不是分子离子峰。

分子离子峰的强度取决于分子离子的稳定性。当分子中有大的共轭体系时，其稳定性高；有 π 键的化合物分子离子比无 π 键的化合物分子离子稳定性高；脂环族化合物环发生断裂时，其质量并不改变，因此分子离子峰的强度比同类链状化合物要大；在同系物中分子离子丰的强度与相对分子质量的关系不明确。

因为分子离子是分子电离而尚未碎化的离子，因此分子离子峰应该是该化合物质谱中质量最大的峰，即谱图最右边的峰。

表 2-13　常用元素同位素精确相对质量

元素	相对原子质量	核素	同位素组成	相对分子质量
氢	1.007 94	^{1}H	99.9885	1.007 83
		D(^{2}H)	0.0115	2.014 10
碳	12.0107	^{12}C	98.93	12.000 00
		^{13}C	1.07	13.003 36
氮	14.0067	^{14}N	99.632	14.003 07
		^{15}N	0.368	15.000 10
氧	15.9994	^{16}O	99.757	15.994 91
		^{17}O	0.038	16.999 14
		^{18}O	0.205	17.999 16
氟	18.998 403 2	^{19}F	100	18.998 40
硅	28.0855	^{28}Si	92.2297	27.976 93
		^{28}Si	4.6832	28.976 49
		^{30}Si	3.0872	29.973 77
磷	30.973 761	^{31}P	100	30.973 76
硫	32.065	^{32}S	94.93	31.972 07
		^{33}S	0.76	32.971 46
		^{34}S	4.29	33.967 87
氯	35.453	^{35}Cl	75.78	34.968 88
		^{37}Cl	24.22	36.965 90
溴	79.904	^{79}Br	50.69	78.918 34
		^{81}Br	49.31	80.916 29
碘	126.904 47	^{127}I	100	126.904 47

(3) 归纳总结所有的谱峰，找出相互之间的关系。从分子离子峰的强度、整个谱图碎片离子的多少、低质量端的碎片离子系列可以看出未知化合物中是否含芳环。一般芳香化合物分子离子峰较强，谱图上碎片少，低质量端相应的碎片 m/z 值为 39,51,65,77 等。

(4) 分子式的推定。由高分辨质谱仪可测出未知物的精确相对分子质量，从而可以推出该化合物的分子式。质谱仪的分辨率用 R 表示，定义如下：

$$R = M/\Delta M$$

其中，M 为所测两个峰中质量较大者的质量数；ΔM 为检测时可分辨的两个峰的质量差。注意，可分辨是指两个峰之间的峰谷高度小于或等于两侧峰高的 10%。

双聚焦质谱仪可达到高分辨率，$R>50\ 000$。设仪器分辨率为 50 000，未知物相对分子质量为 500，在此条件下，分子质量的测定可准确到 0.01 原子质量单位。在这种情况下，限定分子中的各杂原子的数目在一定范围，可以找出分子式。

现在的双聚焦质谱仪都带计算机系统，由未知离子精确扫描(磁场)时间的确定，从已知精确质量离子的扫描时间内插，即可准确测定未知离子的精确质量。通过该计算机系统也就可找到分子离子的元素组成式。同时也可以确定该质谱中重要离子的元素组成式。这对推测结构是十分有用的。

对于中等分辨率的质谱仪，利用峰匹配法也可以测定精确分子质量。具体方法：利用质谱仪磁场偏转的基本公式：

$$\frac{m}{z}=\frac{r_m^2B^2e}{2V}$$

式中，r_m 是离子在磁分析器中运动的半径；B 是磁分析器的磁场强度；e 是电子所带的电荷；V 是加速电压。

对两种质量的离子，当保持 r_m 和 B 不变时，即 $m_1:m_2=V_2:V_1$(m_1 为已知离子的精确质量，m_2 为未知离子的精确质量)，这两种离子的峰在荧光屏上相间显示。通过调节 V_2 和 V_1 使二峰的位置准确重合，精确读出 V_2 和 V_1，m_2 即可利用上面的公式精确算出。利用峰匹配法，精确质量的测定可准确到几个 ppm，因此可以找到分子式，但测定时间较长。

表 2-13 给出了常用元素同位素精确相对质量，利用这些数值可以计算化合物的精确相对分子质量。

另外，利用同位素峰簇的方法也可以确定化合物的分子式。在有机化合物中常见的元素通常不只含一种同位素，因此分子离子或碎片离子一般都以同位素峰簇的形式存在。为便于计算，把低质量的同位素的丰度计为 100，按此法计算的有机化合物常见元素的同位素丰度如表 2-12 所示。利用$(M+2)/M$ 值可以估算出分子中含溴、氯、硫的数目；利用$(M+1)/M$ 值可以估算出分子中含碳原子的数目，这是解析质谱谱图的起点，分子中碳原子的数目≈$\left(\frac{M+1}{M}\right)\div 1.1\%$。表 2-14 总结了质谱中某些常见元素的明显特征。

表 2-14　在质谱中某些常见元素的明显特征

元素	区分特征	元素	区分特征
N	奇数 M^+	Br	$M+2$ 与 M^+ 相当
S	大的 $M+2$(约 4%)	I	小的 $M+1$ 和 $M+2$
Cl	$M+2$ 为 M^+ 的 1/3		

(5) 研究重要的离子：①高质量端的离子，其重要性远大于中、低质量范围的离子。无论是由简单断裂或重排产生都反映出该化合物的一些结构特征。②重排离子，经过重排的离子反映了化合物的结构特征，其重要性大于简单断裂的离子。一般的重排离子均为奇电子离子，其质量数符合氮规则，由此可与简单断裂所产生的碎片离子相区别。③亚稳离子，由亚稳离子可找到母和子离子对，这对于推测结构很重要，由分子离子产生的亚稳离子更应引起重视。④重要的特征性离子，它反映了化合物的特征。如邻苯二甲酸酯类总产生强峰 $m/z=149$。

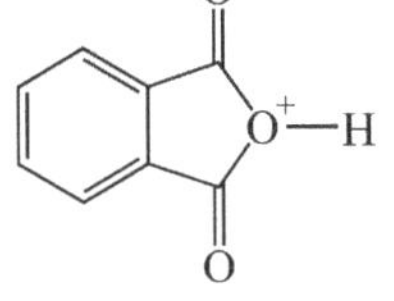

O
O⁺—H
O

(6) 尽可能推测结构单元和分子结构。

(7) 对质谱谱图的校核和指认。对所推测出的结构式反过来进行校核和指认，在质谱分析中是非常重要的。质谱中的重要峰，如基峰、高质量区的峰、重排离子峰、强峰等都应得到合理的解释，或至少其中大部分峰能得到合理的解释，找到其归属。

需要说明的是，对分子质量小的、结构比较简单的化合物，靠质谱数据可以推出结构，但是对分子质量较大的化合物，仅靠质谱数据是不能够推出结构的，必须结合几种谱图，进行综合分析。

第3章　有机化合物分离提纯方法与技术

在有机化学实验中合成实验完成后，为了对产品进行分析与鉴定，得到比较纯净的化合物，常常伴随着分离和纯化产物的过程。因此，将产物从错综复杂的反应体系中分离出来是非常关键的技术。很好地掌握分离提纯方法和技术，对于有机化学工作者是非常必要的。

3.1　蒸馏与分馏

对于液体混合物，蒸馏和分馏是最常用、最简单的分离提纯方法。实验室常用的方法有常压蒸馏、减压蒸馏、水蒸气蒸馏、共沸蒸馏以及简单分馏等。

3.1.1　双组分溶液的气液相平衡

液体混合物由于组成不同，性质也比较复杂。为了更容易理解蒸馏原理，我们引入双组分溶液的气液相平衡理论。

1. 理想溶液

所谓理想溶液是指液体中不同组分的分子间作用力和相同组分分子间作用力完全相等的溶液。因此，理想溶液中各组分的挥发度不受其他组分存在的影响，如大部分烃类、苯-甲苯及甲醇-乙醇等可视为理想溶液。只有理想溶液才严格服从拉乌尔(Raoult)定律，但是大部分有机溶液只是具有近似理想溶液的性质。

对于理想溶液，拉乌尔定律指出：在一定温度下，溶液上方蒸气中任意组分的分压等于该纯组分在该温度下的饱和蒸气压乘以它在溶液中的摩尔分数。假如液体混合物中有A和B两组分，且此混合液为理想溶液，则有

$$p_A = p_A^0 x_A \tag{3-1}$$

$$p_B = p_B^0 x_B = p_B^0 (1 - x_A) \tag{3-2}$$

式中，p_A，p_B 是溶液上方组分A，B的平衡分压；p_A^0，p_B^0 是纯组分A，B的饱和蒸气压；x_A，x_B 是溶液中组分A，B的摩尔分数。

当溶液沸腾时，各组分蒸气压之和应等于系统压力 p：

$$p = p_A + p_B \tag{3-3}$$

根据道尔顿分压定律，气相中每一组分的蒸气压与系统压力之比在数值上等于其在气相中的摩尔分数：

$$y_A = \frac{p_A}{P} = \frac{p_A}{p_A + p_B} \tag{3-4}$$

$$y_B = \frac{p_B}{P} = \frac{p_B}{p_A + p_B} \tag{3-5}$$

式中，y_A，y_B 为气相中组分A，B的摩尔分数。

由式(3-1)、式(3-2)、式(3-4)、式(3-5)可以得到下式：

$$\frac{y_A}{y_B}=\frac{p_A}{p_B}=\frac{p_A^0 x_A}{p_B^0 x_B} \tag{3-6}$$

由此可以看出，气相中的摩尔分数 y_A，y_B 受液相组分的影响。

因此还可以得到

$$x=\frac{p-p_B^0}{p_A^0-p_B^0}=\frac{p-p_B^0(T)}{p_A^0(T)-p_B^0(T)} \tag{3-7}$$

$$y=\frac{p_A^0}{p}\,\frac{p-p_B^0}{p_A^0-p_B^0}=\frac{p_A^0(T)}{p}\,\frac{p-p_B^0(T)}{p_A^0(T)-p_B^0(T)} \tag{3-8}$$

上面两式分别为泡点方程和露点方程，泡点方程表示液相组成 x 与泡点温度 T 之间的关系（式(3-7)）；露点方程表示气相组成 y 与露点温度 T 之间的关系（式(3-8)）。

图 3-1 给出了双组分理想溶液的气液平衡相图，它是根据在一定压力条件下，溶液的气、液相组成与温度的关系绘制而成的。下面一条曲线为饱和液体线（也称为泡点线），它表示液相组成与泡点温度（即加热溶液至产生第一个气泡时的温度）的关系，由式(3-7)泡点方程表示。上面的曲线为饱和蒸气线（也称为露点线），它表示气相组成与露点温度（即冷却气体至产生第一个液滴时的温度）的关系，由式(3-8)露点方程表示。它们分别表示气、液相组成与平衡温度的关系。两条曲线构成了 3 个区域，饱和液体线以下为液体尚未沸腾的液相区；饱和蒸气线以上的为液体全部汽化为过热蒸气的过热蒸气区；两条曲线之间为气、液两相共存区，蒸馏和分馏过程就发生在这个区域内。

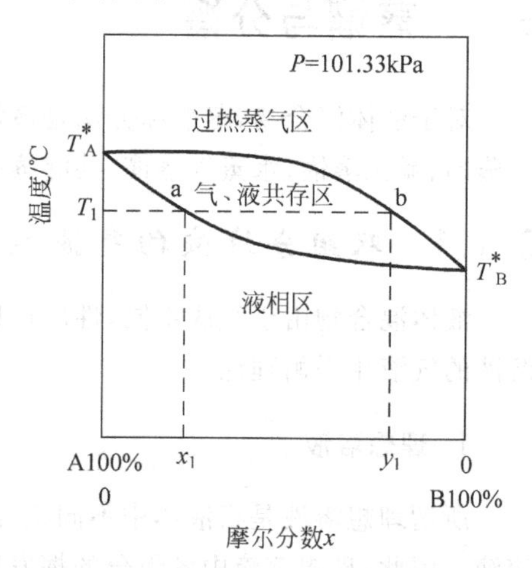

图 3-1　双组分理想溶液的气液平衡相图

图 3-1 中 T_A^*，T_B^* 为纯物质的沸点，从图中可以看出，在同一温度下，气相组成中易挥发物质的含量总高于液相组成中易挥发物质的含量。

利用相对挥发度 α 可以很方便判断某种混合物是否能用蒸馏的方法将其分离及分离的难易程度。相对挥发度的数值可由实验测得，对于理想溶液，

$$\alpha=\frac{p_A^0}{p_B^0} \tag{3-9}$$

上式表明，理想溶液中组分的相对挥发度等于同温度下两纯组分的饱和蒸气压之比。由于 p_A^0 及 p_B^0 随温度变化的趋势相同，因而两者的比值变化不大，故一般可将 α 视为常数，计算时可取平均值。若 $\alpha>1$，$p_0^A>p_B^0$，表示组分 A 比组分 B 容易挥发，α 越大，分离越容易；若 $\alpha=1$，$p_A^0=p_B^0$，说明气相组成等于液相组成，用一般的蒸馏分离方法不能将该混合物分离。

2. 非理想溶液

虽然多数均相液体的性质接近理想溶液，但是实际上大多数溶液还是非理想溶液。非理想溶液是指溶液不同分子相互之间的作用是不同的，与拉乌尔定律有一定的偏差。

非理想溶液的蒸气压若用拉乌尔定律的形式表示，可引入活度系数：

$$p_A=\gamma_A p_A^0 x_A \tag{3-10}$$

$$p_B=\gamma_B p_B^0 x_B \tag{3-11}$$

式中，γ_A，γ_B 分别为组分 A 和 B 的活度系数，若其值大于 1，则称对拉乌尔定律具有正偏差；若小于 1，则为负偏差。

在正偏差情况下，两种或两种以上的分子之间的引力要比同种分子间的引力小，因此，混合液体的蒸气压要比单一的易挥发组分蒸气压大，形成了最低恒沸混合物，如图 3-2 所示，图中 z 点为混合液体的最低恒沸点，在此温度下其组成一定。

在负偏差情况下，两种或两种以上分子间的引力，要比同种分子间引力大，因此，混合物的蒸气压要比单一的难挥发组分的蒸气压小，形成了最高恒沸混合物，如图 3-3 所示，图中 z 点为混合液体的最高恒沸点，在此温度下其组成也是一定的。

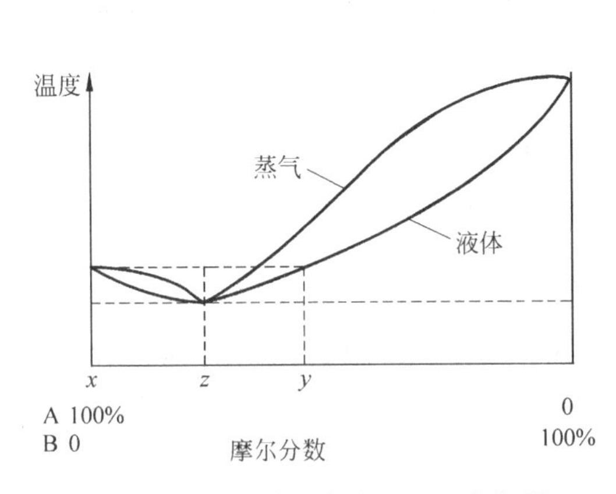

图 3-2　最低恒沸混合物 t-x-y 平衡相图

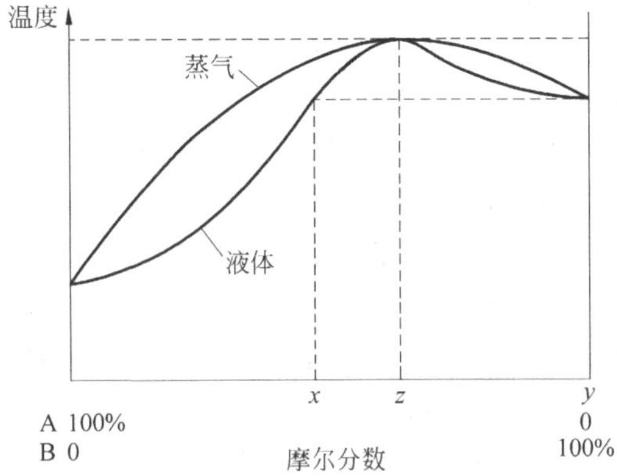

图 3-3　最高恒沸混合物 t-x-y 平衡相图

当 A，B 两种物质形成最低恒沸或最高恒沸混合物时，用一般的蒸馏方法是不能将其完全分离的，要想得到纯物质要用共沸蒸馏、水蒸气蒸馏或者其他的一些分离方法（如膜蒸馏）。

在已知的恒沸物中，最高恒沸混合物比最低恒沸混合物少得多。在恒沸温度下彼此不能完全互溶的混合液体称为非均相恒沸混合物（如水-乙酸正丁酯、水-苯等）；与此相反，在恒沸温度下完全互溶的混合液体称为均相恒沸物（如乙醇-水、丙酮-氯仿等）。非均相共沸物都具有最低恒沸点。

非理想溶液的相对挥发度随组成的变化较大，不能近似作为常数处理。

3.1.2　常压蒸馏

常压蒸馏是分离液体混合物最常用的一种方法和技术。通过常压蒸馏可以将两种或两种以上挥发度不同的液体混合物分离。常压蒸馏只能分离混合液体中，组分之间沸点相差比较大的混合物，一般相差 30℃以上。

1. 常压蒸馏原理及过程

液体混合物之所以能用蒸馏的方法加以分离，是因为组成混合液的各组分具有不同的挥发度。例如，在常压下苯的沸点为 80.1℃，而甲苯的沸点为 110.6℃。若将苯和甲苯的混合液在蒸馏瓶内加热至沸腾，溶液部分被汽化。此时，随着加热不断进行，在溶液上方蒸气中，易挥发组分苯的含量大于在液相中的含量，而较难挥发的组分甲苯在液相中的含量比在蒸气中的含量大，若将部分汽化的蒸气全部冷凝，并加以收集，就可以得到低沸点组分苯含量比蒸馏瓶内残留溶液中苯含量高的冷凝液，从而达到分离提纯的目的。由此可见，混合液中各组分挥发度相差越大，常压蒸馏的效果就越好。综上所述，常压蒸馏就是在常压下将液体混合物加热至沸腾，使其部分液体汽化，然后将这部分汽化了的蒸气冷凝为液体，从体系中分离出来，达到分离提纯的目的。

蒸馏大致可以分为 3 个阶段：

第一阶段，随着加热，蒸馏瓶内的混合液不断汽化，当液体的饱和蒸气压与施加给液体表面的外压相等时，液体沸腾。在蒸气未达到温度计水银球部位时，温度计读数不变。一旦水银球部位有液滴出现，说明体系正处于气、液平衡状态，温度计内水银柱急剧上升，直至接近易挥发组分沸点，温度计示数上升变缓慢，开始有液体被冷凝而流出。将这部分流出液称为前馏分（或馏头）。由于这部分液体的沸点低于要收集组分的沸点，因此，应作为杂质弃掉。有时被蒸馏的液体几乎没有馏头，应将蒸馏出来的前 1～2 滴液体作为冲洗仪器的馏头去掉，不要收集到馏分中去，以免影响产品质量。

第二阶段，馏头蒸出后，温度稳定在沸程范围内，沸程范围越小，组分纯度越高。此时，流出来的液体称为馏分，这部分液体是所要的产品。随着馏分的蒸出，蒸馏瓶内混合液体的体积不断减少。直至温度超过沸程，即可停止接收。

第三阶段，如果混合液中只有一种组分需要收集，此时，蒸馏瓶内剩余液体应作为馏尾弃掉。如果是多组分蒸馏，第一组分蒸完后温度上升至第二组分沸程前流出的液体，既是第一组分的馏尾又是第二组分的馏头，当温度稳定在第二组分沸程范围内时，即可接收第二组分。如果蒸馏瓶内液体很少，温度会自行下降。此时，应停止蒸馏。

2. 常压蒸馏装置及操作方法

1）装置

常压蒸馏装置由蒸馏瓶（长颈或短颈圆底烧瓶）、蒸馏头、温度计套管、温度计、直形冷凝管、接引管、接收瓶等组装而成，见图 3-4。

在仪器组装过程中应注意：

（1）为了保证温度测量的准确性，温度计水银球的位置应放置在如图 3-4（a）所示的部位，即温度计水银球上限与蒸馏头支管下沿在同一水平线上。

（2）任何蒸馏或回流装置均不能为密封体系，否则，当液体蒸气压增大时，轻则蒸气冲开连接口，使液体冲出蒸馏瓶，重则装置爆炸，引起火灾。

（3）安装仪器时，应首先确定仪器的高度，一般在铁架台上放 1～2 块垫板（或升降台），将电热套放在垫板（或升降台）上，再将蒸馏瓶放置于电热套中间。然后，按自下而上，从左至右的顺序组装仪器。仪器组装的标准是横平竖直，铁架台一律整齐地放置于仪器背后。

2）操作方法

（1）加料：做任何实验都应先组装仪器后加原料。加液体原料时，取下温度计和温度计套管，在蒸馏头上口放一个长颈漏斗，注意长颈漏斗下口处的斜面应超过蒸馏头支管，慢慢地将液体倒入蒸馏瓶中。固体样品用样品勺或卷一个纸筒，将样品送入反应瓶中时，尽量避免加到瓶壁上。加料顺序如果没有特殊说明一般是先加固体后加液体。

（2）加沸石：为了防止液体暴沸，再加入 2～3 粒沸石。沸石为多孔性物质，刚加入液体中小孔内有许多气泡，它可以将液体内部的气体导入液体表面，形成气化中心。如果加热中断，再加热时，因原来沸石上的小孔已被液体充满，不能再起气化中心的作用，因此需要重新加入新沸石。同理，分馏和回流时也要加沸石。

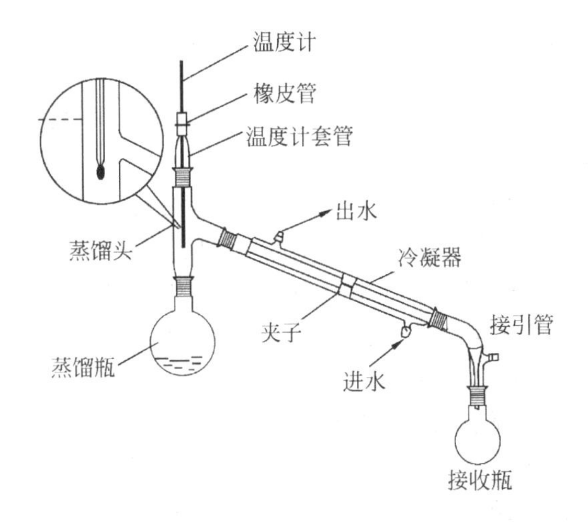

(a) 常量及半微量蒸馏装置

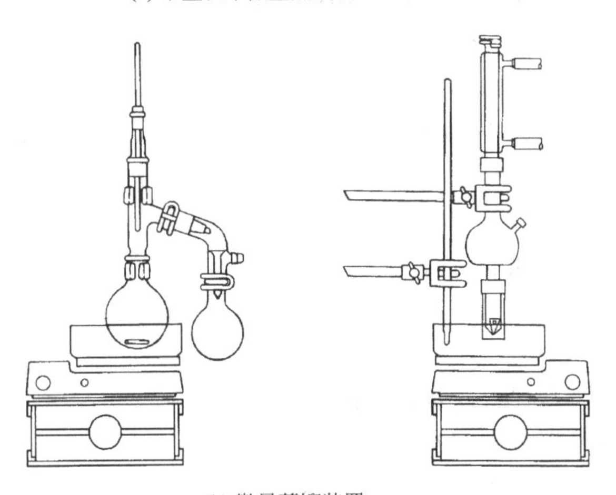

(b) 微量蒸馏装置

图 3-4 常压蒸馏装置图

(3) 加热：在加热前应检查仪器装配是否正确，原料、沸石是否加好，冷凝水是否通入，一切无误后再开始加热。用电热套加热时，开始电压可以调得略高一些，一旦液体沸腾，水银球部位出现液滴，应控制调压器电压，使蒸馏速度为 1～2 滴/s 为宜。蒸馏时，温度计水银球上应始终保持有液滴存在，如果没有液滴说明可能有两种情况：一是温度低于沸点，体系内气、液相没有达到平衡，此时，应将电压调高；二是温度过高，出现过热现象，此时，温度已超过沸点，应将电压调低。

(4) 收集馏分：一般馏分都是要收集的产品，因此要根据产品的性质严格地控制沸程范围，当温度超过沸程范围，停止接收。沸程越小，蒸出的物质纯度越高(恒沸物除外)。接收馏分的容器应该是经过称重，并且干燥的锥形瓶或圆底烧瓶等。

(5) 停止蒸馏：馏分蒸完后如不需要接收第二组分，可停止蒸馏。应先停止加热，将调压器调至零点，关上电源开关，取下电热套。稍冷却待馏出物不再继续流出时，取下接收瓶保存好产品，关掉冷凝水，按规定从右至左，从上至下的顺序拆除仪器并加以清洗。

3. 常压蒸馏的注意事项

(1) 蒸馏前应根据待蒸馏液体的体积,选择合适的蒸馏瓶。一般被蒸馏的液体占蒸馏瓶容积的2/3为宜,蒸馏瓶越大产品损失越多。

(2) 在加热开始后发现没有加沸石,应停止加热,待溶液稍冷却后再加入沸石。千万不要在沸腾或接近沸腾的溶液中加入沸石,以免在加入沸石的过程中发生暴沸。

(3) 对于沸点较低又易燃的液体,如乙醚,应用水浴加热,而且蒸馏速度不能太快,以保证蒸气全部冷凝。如果室温较高,接收瓶应放在冷水浴或冰-水浴中冷却,在接引管支口处连接一根橡胶管,将未冷凝的蒸气导入流动的水中带走。

(4) 在蒸馏沸点高于130℃的液体时,应用空气冷凝管。主要原因是,温度高时如继续用水作冷却介质,冷凝管内外温度相差太大,使冷凝管接口处局部骤冷骤热容易断裂。

(5) 冷凝管的选择根据蒸馏液体的性质和反应要求而定,一般蒸馏或回馏沸点比较低的混合液时,选择冷却面积比较大的冷凝管(即粗一些、长一些),沸点比较高的选择冷却面积小的冷凝管(即细一些、短一些)。在蒸馏时一般采用直形冷凝管,回馏时采用球形冷凝管,且不可用球形冷凝管作蒸馏用。

(6) 无论进行何种蒸馏操作,蒸馏瓶内的液体都不能蒸干,以防蒸馏瓶过热或有过氧化物存在而发生爆炸。

(7) 常压蒸馏由于大气压往往不恰好等于101.325kPa(760mmHg),因此,严格地说,应该对温度计加以校正。但一般偏差很小,可忽略不计。

4. 思考题

(1) 试利用平衡相图叙述常压蒸馏原理。
(2) 为什么蒸馏系统不能密闭?
(3) 什么情况下接收的为馏头、馏分和馏尾?
(4) 为什么蒸馏时不能将液体蒸干?
(5) 蒸馏时,温度计水银球上有无液滴意味着什么?
(6) 为什么进行蒸馏、分馏和回流时要加入沸石?其作用是什么?
(7) 拆、装仪器的程序是怎样的?
(8) 一般常压蒸馏的速度多少为宜?

3.1.3 简单分馏

简单分馏主要用于分离两种或两种以上沸点相近且混溶的混合液。分馏在实验室和工业生产中广泛应用,工程上常称为精馏。现在工业上最精密的分馏设备已经能将沸点相差1℃的混合液分离开。

1. 简单分馏原理及过程

一般的蒸馏方法只能使液体混合物得到初步的分离。为了获得高纯度的产品,理论上可以采用多次部分汽化和多次部分冷凝,即将简单蒸馏得到的馏出液,再次部分汽化和冷凝,就会得到纯度更高的馏出液。而将简单蒸馏剩余的混合液再次部分汽化,则得到易挥发组分更低、难挥发组分更高的混合液。只要部分冷凝、部分汽化的次数足够多,就可以将两种沸点相差很近的有机溶液分离成纯度很高的易挥发组分和难挥发组分的两种或多种产品。简言之，分馏即为反复多次的简单蒸馏。在实验室常采用分馏柱来实现，而工业上常用精馏塔。

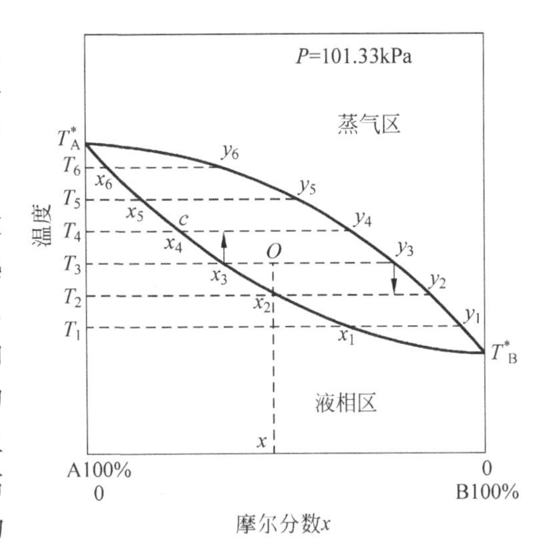

图 3-5　分馏（精馏）过程的 *T-x-y* 示意图

工业上用的精馏塔内部有许多塔板，精馏过程的发生如图 3-5 所示。在精馏塔底部是加热区温度较高，越往上，温度越低，塔顶温度最低。将加热到一定温度，组成为 x 的原料从塔中部加入，设处于 0 点处，这时分为两相，气相和液相的组成分别用 y_3 和 x_3 表示。组成为 y_3 的气相上升到上一层塔板，温度由 T_3 下降为 T_2，部分高沸点的物质被冷凝为液体，使气相中含低沸点物质增多，这时气、液相的组成分别用 y_2 和 x_2 表示。如此继续，气相不断上升，含低沸点物质越来越多，温度也相应下降，直到塔顶，气相中几乎由纯组分 B 组成。经过冷凝收集，可获得纯的 B 组分。

处于 x_3 处的液相组分经塔板上的孔下降到下一层塔板，温度由 T_3 上升为 T_4，部分低沸点物质汽化后向上升，使液相组成变为 x_4，在 x_4 的组分中含高沸点物质 A 较多。如此继续，下降的液相温度越来越高，含高沸点的物质越来越多，最后可获得纯的 A 组分。上述过程相当于在每一层塔板之间发生了一次简单蒸馏。

精馏塔中的理论塔板数可以通过计算得到，精馏要求得到的组分纯度越高，理论塔板数就越多。为了降低成本，提高精馏效率，现在工业上多数精馏都用填料塔。

在有机化学实验中常用的分馏柱就是简化了的精馏塔，它的原理和过程与精馏塔类似。当液体混合物在蒸馏瓶中被加热沸腾时，混合物蒸气进入分馏柱。分馏柱中有很多玻璃毛刺或填料，每一个平面上的玻璃毛刺或填料就相当于是一层塔板，蒸气沿柱身上升，通过柱身进行热交换，在分馏柱内进行反复多次的冷凝—汽化—再冷凝—再汽化过程，以保证达到柱顶的蒸气为纯的易挥发组分，而蒸馏瓶中的液体为难挥发组分，从而高效率地将混合物分离。在分馏过程中，沿分馏柱柱身保持动态平衡，不同高度段存在着温度梯度和浓度梯度，此过程是一个热和质的传递过程。

精馏（分馏）还可以将恒沸物分离，常用的方法有恒沸精馏和萃取精馏。

2. 分馏装置

分馏装置与常压蒸馏装置类似，不同之处是在蒸馏瓶与蒸馏头之间加了一根分馏柱，如图 3-6 所示。分馏柱的种类很多，实验室常用的是韦氏分馏柱。微量实验一般用填料柱效果比较好，即在一根玻璃管内填上惰性材料，如玻璃、陶瓷或耐腐蚀的金属材料，这些材料可以做成各种形状，如螺旋形、马鞍形、环形等。

3. 分馏操作

根据被分馏的混合样品选择合适的仪器，按图 3-6 所示的简单分馏装置图，自下而上，从左至右的顺序将装置搭好，按常压蒸馏的方法加入被分馏的样品。沸石要在塔装置之前放入

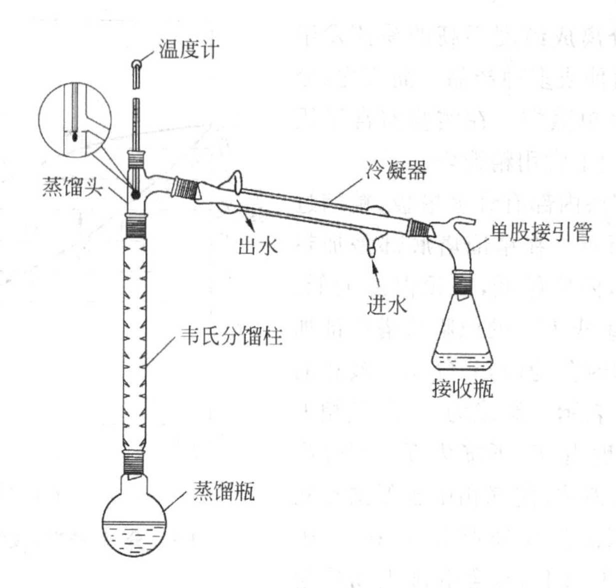

图 3-6　简单分馏装置图

蒸馏瓶中，以免卡在分馏柱内。待一切准备好后开始加热，液体沸腾后，要注意调节电热套电压，为了提高柱效率先使柱内人为地造成“液泛”。

液泛能使柱身及填料完全被液体浸润，利用液泛将液体均匀地分布在塔板或填料表面，充分发挥塔板或填料本身的效率，这种情况叫做“预液泛”。具体操作是：先将电压调得稍大一些，一旦液体沸腾就应将电压调小，当蒸气冲到柱顶还未达到温度计水银球部位时，通过控制电压使蒸气保持在柱顶全回流，这样维持 5min。再将电压调至合适的位置，此时，应控制好柱顶温度，使馏出液以 2～3 秒 1 滴的速度平稳流出。

对分馏来说，在柱内保持一定的温度梯度是极为重要的。在理想情况下，柱底的温度与蒸馏瓶内液体沸腾时的温度接近。柱内自下而上温度不断降低，直至柱顶接近易挥发组分的沸点。一般情况下，柱内温度梯度的保持是通过调节馏出液速度来实现的，若加热速度快，蒸出速度也快，会使柱内温度梯度变小，影响分离效果。若加热速度慢，蒸出速度也慢，会使柱身被流下来的冷凝液阻塞，这种现象称为“液泛”。在分馏过程中，不论使用哪种分馏柱，都应该防止“液泛”的出现，否则会减少液体和蒸气的接触面积，或者使上升的蒸气将液体冲入冷凝管中，达不到分馏的目的。为了避免上述情况出现，一是需要在分馏柱外面包一定厚度的保温材料，以保证柱内具有一定的温度梯度，防止蒸气在柱内冷凝太快。当使用填充柱时，往往由于填料装得太紧或不均匀，造成柱内液体聚集，这时需要重新装柱。二是可以通过控制回流比来实现。所谓回流比，是指冷凝液流回蒸馏瓶的速度与柱顶蒸气通过冷凝管流出速度的比值。回流比越大，分离效果越好。回流比的大小根据物系和操作情况而定，一般回流比控制在 4∶1 较好，即冷凝液流回蒸馏瓶的速度为 4 滴/s，柱顶馏出液的速度为 1 滴/s。

4. 思考题

(1) 为什么分馏时柱身的保温十分重要？

(2) 为什么分馏时加热要平稳并控制好回流比？

(3) 分馏与常压蒸馏有什么区别？

(4) 如果改变温度计水银球的位置，测量的温度会有何变化？

(5) 为什么加热速度快,会使柱内温度梯度变小?

(6) 为什么加热速度慢,会出现液泛现象?

(7) 进行预液泛的目的是什么?

(8) 有一个恒沸物混合液,试问能用分馏的方法将它分离吗?

3.1.4 减压蒸馏

减压蒸馏适用于在常压下沸点较高及常压蒸馏时易发生分解、氧化、聚合等反应的热敏性有机化合物的分离提纯。一般把低于一个大气压的气态空间称为真空,因此,减压蒸馏也称为真空蒸馏。

1. 减压蒸馏原理

液体的沸点与外界施加于液体表面的压力有关,随着外界施加于液体表面压力的降低,液体沸点下降。沸点与压力的关系可近似地用下式表示:

$$\lg p = A + \frac{B}{T} \tag{3-12}$$

式中,p 是液体表面的蒸气压;T 是溶液沸腾时的热力学温度;A,B 是常数。

如果用 $\lg p$ 为纵坐标,$1/T$ 为横坐标,可近似得到一条直线。从二元组分已知的压力和温度,可算出 A 和 B 的数值,再将所选择的压力带入上式即可求出液体在这个压力下的沸点。表3-1给出了部分有机化合物在不同压力下的沸点。

表 3-1 部分有机化合物压力与沸点的关系

压力/Pa(mmHg)	沸点/℃					
	水	氯苯	苯甲醛	水杨酸乙酯	甘油	蒽
101 325(760)	100	132	179	234	290	354
6665(50)	38	54	95	139	204	225
3999(30)	30	43	84	127	192	207
3332(25)	26	39	79	124	188	201
2666(20)	22	34.5	75	119	182	194
1999(15)	17.5	29	69	113	175	186
1333(10)	11	22	62	105	167	175
666(5)	1	10	50	95	156	159

注:1mmHg≈133Pa。

实际上许多物质的沸点变化是由分子在液体中的缔和程度决定的。因此,在实际操作中经常使用图3-7来估计某种化合物在某一压力下的沸点。

图3-7具体使用方法:分别在两条线上找出两个已知点,用一把尺子将两点连接成一条直线,并与第三条线相交,其交点便是要求的数值。例如,某物质在760mmHg时沸点为200℃,实验中体系内实际压力为10mmHg。利用此表可先在常压下沸点B线上找到200℃,再在压力C线上找到10mmHg,将两点连成一条直线并延伸至A线并与之相交,其交点便是10mmHg时,这个物质的沸点,约85℃。利用此图也可以反过来估计常压下的沸点和减压时要求的压力。

压力对沸点的影响还可以作如下估算:

(1) 从大气压降至3.332kPa(25mmHg)时,对于高沸点(250~300℃)物质,沸点随之下

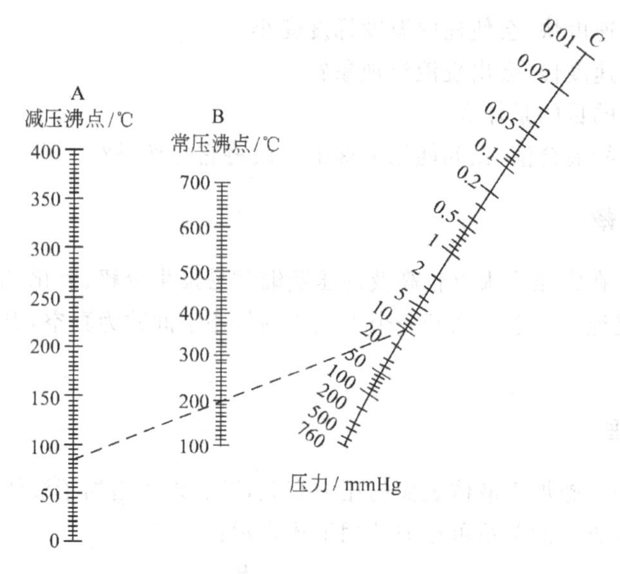

图 3-7 液体在常压和减压下沸点近似关系图

降 100～125℃。

(2) 当体系内压力降至 1.333～3.332kPa(10～25mmHg)时,压力每降低 0.133kPa,沸点下降约 1℃。

对于具体化合物减压到一定程度后其沸点是多少,可以查阅有关资料,但更重要的是通过实验来确定。

综上所述,减压蒸馏就是通过降低反应体系内部压力的方法,使被提纯样品沸点降低,从而在低于被提纯样品常压沸点的温度下蒸馏,达到分离提纯的目的。

2. 减压蒸馏装置及过程

减压蒸馏装置是由蒸馏瓶、克氏蒸馏头(或用 Y 形管与蒸馏头组成)、直形冷凝管、真空接引管(双股接引管或多股接引管)、接收瓶、安全瓶、压力计和油泵(或循环水泵)组成的,见图 3-8(a),微量减压蒸馏装置见图 3-8(b)。

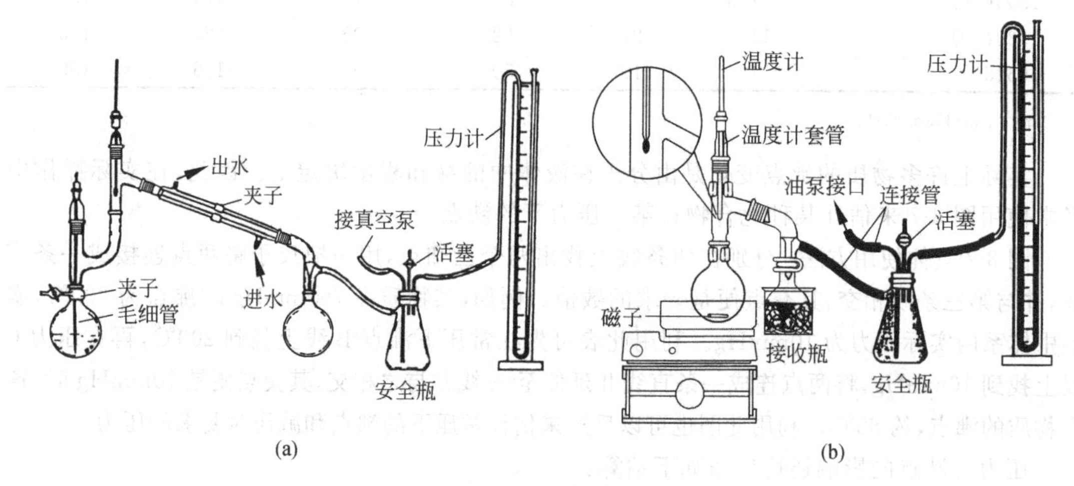

图 3-8 减压蒸馏装置图

组装时在圆底烧瓶上加上克氏蒸馏头。减压蒸馏使用克氏蒸馏头的目的是为了避免液体沸腾冲出蒸馏瓶，直接进入冷凝管中而降低蒸馏效果。在克氏蒸馏头的直口处插一根毛细管到蒸馏瓶底部，距底部距离越短越好，但又要保证毛细管有一定的出气量。毛细管的作用是在抽真空时，将微量气体抽进反应体系中，起到搅拌和气化中心的作用，防止液体暴沸。因为在减压条件下沸石已不能起汽化中心的作用。在毛细管上端加一节乳胶管并插入一根细铜丝，用螺旋夹夹住，可以调节进气量。进行半微量和微量减压蒸馏时，用电磁搅拌搅动液体可以起到防止液体暴沸作用。但是，样品量比较大时，因为被蒸馏液体较多，用此方法不太妥当。温度计插在克氏蒸馏头的另外一个口上，克氏蒸馏上的支管与直形冷凝管连接，直冷的出口接真空接引管，然后根据真空接引管的出口接两个或多个接收瓶。

真空接引管上的出气支口与安全瓶连接，安全瓶的作用不仅是防止压力下降或停泵时油（或水）倒吸流入接收瓶中造成产品污染，而且还可以防止物料进入减压系统。安全瓶连接着泵和压力计。

油泵是实验室常用的减压设备。油泵常在对真空度要求较高的场合下使用。油泵的效能取决于泵的结构及油的好坏，好的真空油泵能抽到 13.3Pa(0.1mmHg)。为了保护好油和泵，在油泵与反应体系之间增加必要的保护装置，如放固体石蜡片的干燥塔，作用是吸收低沸点的有机物；氢氧化钠干燥塔，用于吸收酸性全气体；硅胶或无水氯化钙干燥塔，作用是吸收水汽。用循环水泵进行减压蒸馏时，真空度的高低与当时室温下水的饱和蒸气压有关，一般最低能到 666Pa(5mmHg)左右。用循环水泵进行减压蒸馏不需要这些干燥塔保护，但是在体系与泵之间加一个安全瓶还是必要的。无论用哪种泵进行减压蒸馏都应该在减压蒸馏前，先将低沸点的溶剂用常压蒸馏的方法去除。

真空压力表常用来与水泵或油泵连接在一起使用，测量体系内的真空度。常用的压力表有水银压力计、莫氏真空规、真空压力表，见图 3-9。在使用水银压力计时应注意：停泵时，先慢慢打开缓冲瓶上的放空阀，再关泵，否则，由于汞的密度较大(13.9g/cm^3)，在快速流动时，会冲破玻璃管，使汞喷出，造成污染。

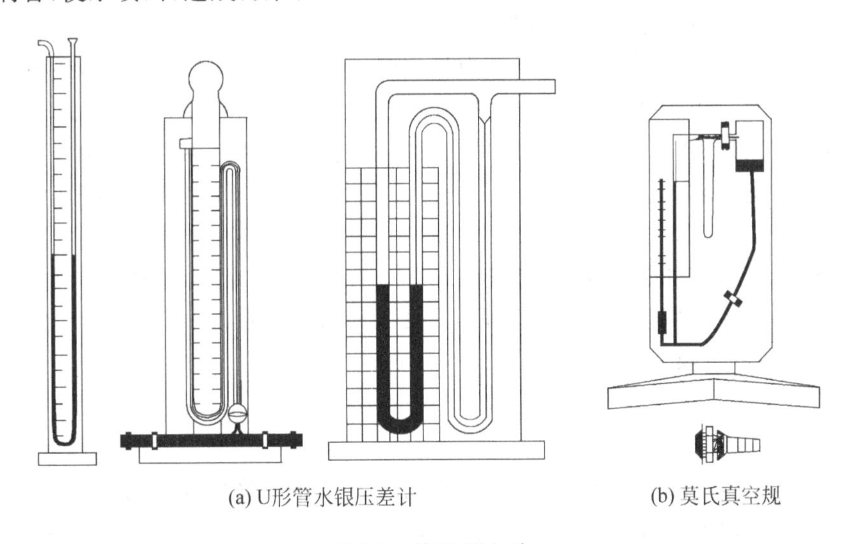

(a) U形管水银压差计　　(b) 莫氏真空规

图 3-9　真空压力计

循环水泵本身带有真空表。真空表的读数是以 MPa 为单位的，需要换算才能使用图 3-7 查出减压时的沸点。一般采用下面公式：

$$0.1\text{MPa} - \text{真空表读数} = \text{体系内的绝对压强}$$

$$X\ (\text{mmHg}) = \frac{\text{绝对压强}}{133} \times 10^6$$

3. 减压蒸馏操作

如果被减压蒸馏的样品量比较大，按图 3-8(a)自下而上，从左至右将装置组装好。加入待蒸馏液体，加入的量不得超过蒸馏瓶容积的 1/2。

减压蒸馏的关键是装置密封性要好，因此在安装仪器时，应在磨口接头处涂抹少量凡士林或真空酯，以保证装置密封和润滑。毛细管一般用一小段乳胶管固定在温度计套管上，根据毛细管的粗细来选择乳胶管内径，乳胶管内径略小于毛细管直径较好。组装好后，从克氏蒸馏头与圆底烧瓶连接处上方的磨口处插入圆底烧瓶底部。克氏蒸馏头的另一个磨口安装温度计。

仪器装好后，应检查系统的密封情况是否达到要求。具体方法：

(1) 打开泵后，将安全瓶上的放空阀关闭，拧紧毛细管上的螺旋夹，待压力稳定后，观察压力计(表)上的读数是否达到最小或者达到所要求的压力。如果没有，说明系统内漏气，应进行检查。

(2) 检查方法：首先将真空接引管与安全瓶连接处的橡胶管折起来用手捏紧，观察压力计(表)的变化，如果压力上升，说明装置内有漏气点，应进一步检查装置，排除漏气点；如果压力不变，说明自安全瓶以后的系统漏气，应依次检查安全瓶和泵，并加以排除或请指导老师协助排除。

(3) 漏气点排除后，应再重新空试，直至压力稳定并且达到所要求的真空度时，方可进行下面的操作。

(4) 如果气泡太大已冲入克氏蒸馏头的支管，则可能有两种情况：一是进气量太大，二是真空度太低。此时，应调节毛细管上的螺旋夹使其平稳进气。

待体系中压力达到要求并且压力计读数稳定时，蒸馏瓶内液体中有连续平稳的小气泡通过，这时再开始加热。由于减压蒸馏一般液体在较低的温度下就可以蒸出，因此，加热不要太快。当馏头蒸完后转动真空接引管(一般用双股接引管，如果接收多组馏分时，可采用多股接引管)开始接收馏分，蒸馏速度控制在 1～2 滴/s。在压力稳定及化合物较纯时，沸程应控制在 1～2℃范围内。

停止蒸馏时，应先将加热器撤走，打开毛细管上的螺旋夹，待稍冷却后，慢慢打开安全瓶上的放空阀，使压力计(表)恢复到零的位置，再关泵，否则，由于系统中压力低，会发生油或水倒吸回安全瓶或冷阱的现象。

4. 注意事项

(1) 减压蒸馏时，蒸馏瓶和接收瓶均不能使用不耐压的平底仪器(如锥形瓶、平底烧瓶等)和薄壁或有破损的仪器。以防由于装置内处于真空状态，外部压力过大而引起爆炸。

(2) 为了保护油泵和油，在使用油泵进行减压蒸馏前，应将低沸点的物质先用简单蒸馏的方法去除，必要时可先用水泵进行减压蒸馏。加热温度以产品不分解为准。蒸馏沸点比较低的物质时，最好用循环水泵。

(3) 蒸馏少量液体时，可采用图 3-8 中(b)的装置，可以减少样品的损失。

5. 思考题

(1) 简述减压蒸馏的过程。

(2) 为什么减压蒸馏时，必须先抽真空后加热？

(3) 请估计苯甲醛、苯胺、苯乙酮在 1333Pa(10mmHg)下的沸点大约是多少？

3.1.5 恒沸蒸馏

恒沸蒸馏又称共沸蒸馏，主要用于恒沸物的分离。恒沸物是指在一定压力下，混合液体具有相同沸点的物质。该沸点比纯物质的沸点更低或更高。

1. 恒沸蒸馏原理

在恒沸混合物中加入第三组分，使该组分与原恒沸混合物中的一种或两种组分，形成沸点比原来恒沸物沸点更低的新的恒沸物，使组分间的相对挥发度增大，易于用蒸馏的方法分离。这种蒸馏方法称为恒沸蒸馏或恒沸精馏，加入的第三组分称为恒沸剂或夹带剂。

恒沸蒸馏或精馏中常用的夹带剂有苯、甲苯、二甲苯、三氯甲烷、四氯化碳等。工业上常用苯作为恒沸剂进行恒沸精馏制取无水酒精。

2. 恒沸蒸馏装置

图 3-10 是实验室常用的恒沸蒸馏装置。它是在蒸馏瓶与回流冷凝管之间增加了一个分水器。常用分水器如图 3-11 所示。

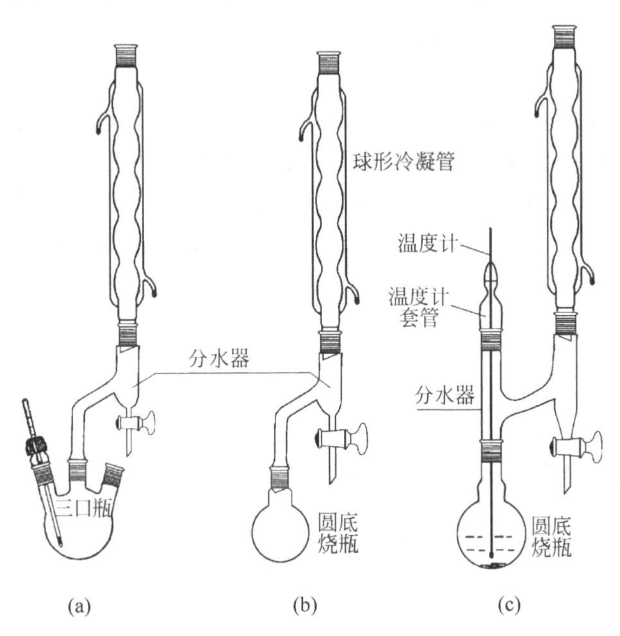

图 3-10 恒沸蒸馏装置

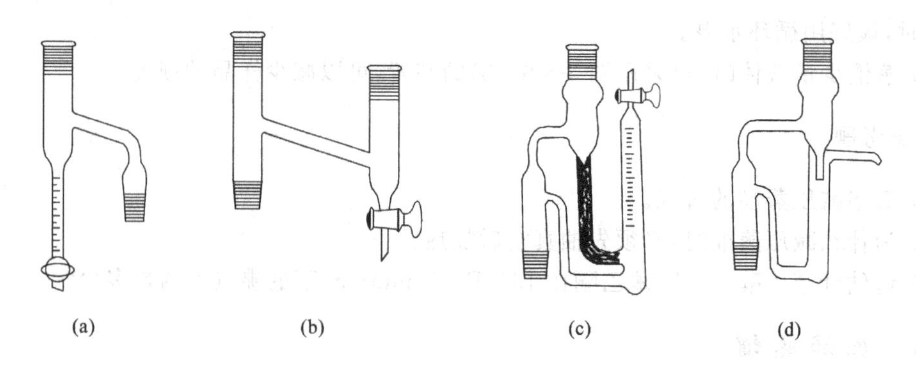

图 3-11　常用分水器

3.1.6　水蒸气蒸馏

水蒸气蒸馏也是有机化合物分离提纯时常用的一种方法，特别对天然植物中有机物的提取。它主要用于与水互不混溶，不反应，并且具有一定挥发性的有机化合物的分离，这些物质在近100℃时蒸气压应不小于1333Pa；也广泛用在常压蒸馏时，达到沸点后，易发生分解物质的提纯，和从天然原料中分离液体和固体产物。

1. 水蒸气蒸馏原理

当对一个互不混溶的挥发性混合物进行蒸馏时，在一定温度下，混合物中每种组分显示各自的蒸气压，而不受另一种组分的影响，它们各自的分压只与各自纯物质的饱和蒸气压有关，即 $p_A=p_A^0$，$p_B=p_B^0$，而与各组分的摩尔分数无关。其总压为各分压之和，即

$$p_{总} = p_A + p_B + p_C + \cdots + p_i = p_A^0 + p_B^0 + p_C^0 + \cdots + p_i^0$$

由此可以看出，混合物的沸点比其中任何单一组分的沸点都低。如果将水或水蒸气作为其中的一个组分，在常压下进行蒸馏就可以在低于100℃时，将沸点高的组分与水一起蒸出来，这就是水蒸气蒸馏。

这一行为可用非理想溶液中最低共沸混合物形成的原理来解释。可把不混溶混合物液体的行为看作是由于两种组分极度不相溶性造成的，两种分子间的引力远远小于同种分子间的引力，使混合物的蒸气压比单一组分蒸气压高，形成了最低共沸混合物，如图2-2所示。

在进行水蒸气蒸馏时，馏出液两组分的组成由被蒸馏化合物的分子质量以及在此温度下两者相应的饱和蒸气压来决定。假如它们是理想气体，则服从理想气体方程：

$$pV = nRT = \frac{g}{M}RT$$

式中，p 是蒸气压；V 是气体体积；g 是气相下该组分的质量；M 是纯组分的摩尔质量；R 是气体常数；T 是热力学温度，K。

在气相中两组分的理想气体方程分别表示为

$$p_{水}^0 V_{水} = \frac{g_{水}}{M_{水}}RT \tag{3-13}$$

$$p_B^0 V_B = \frac{g_B}{M_B}RT \tag{3-14}$$

将以上两式相比得到下式：

$$\frac{p_B^0 V_B}{p_{水}^0 V_{水}} = \frac{g_B M_{水} RT}{g_{水} M_B RT} \tag{3-15}$$

在水蒸气蒸馏条件下，$V_{水}=V_{B}$ 且温度(T)相等，故上式可改写为

$$\frac{g_B}{g_{水}}=\frac{p_B^0 M_B}{p_{水}^0 M_{水}} \tag{3-16}$$

上式说明，被蒸馏的两种物质在蒸气中的相对质量与它们的蒸气压和相对分子质量成正比。利用此公式可以计算出水蒸气蒸馏时，馏出液中水和组分的相对质量。例如，溴苯的去除，首先利用混合物的蒸气压与温度的关系图查出沸腾温度下水和溴苯的蒸气压。图 3-12 给出了溴苯、水及溴苯-水混合物的蒸气压与温度的关系。从图中可以看出，当混合物沸点为 95℃时，水的蒸气压为 85.3kPa(640mmHg)，溴苯为 16.0kPa(120mmHg)，代入式(3-16)得到：

$$\frac{g_{溴苯}}{g_{水}}=\frac{16.0\times157}{85.3\times18}=\frac{1.64}{1}$$

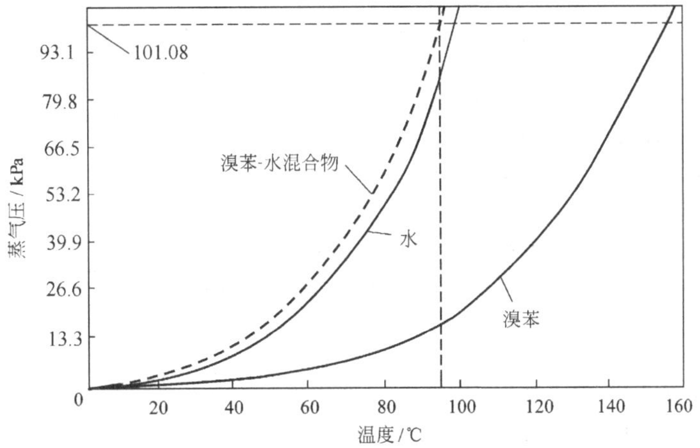

图 3-12　溴苯、水及溴苯-水混合物的蒸气压与温度的关系

此结果说明，虽然在混合物沸点下溴苯的蒸气压低于水的蒸气压，但是，由于溴苯的相对分子质量大于水的相对分子质量，因此，在馏出液中溴苯的量比水多，即 1g 的水就能带出 1.64g 溴苯，溴苯在馏出液中的质量分数为 62.1%。但是，在实际操作中，完全与水不互溶的有机物很少，因此蒸出水量要多一些，这种计算值只是一个近似值。

如果在体系中导入过热蒸汽，可以提高组分在馏出液中的比例。例如，在肉桂酸的合成中，反应完成后需要将过量的苯甲醛去除，如果直接在反应体系中加入一定量的水进行水蒸气蒸馏，此时溶液沸腾温度为 97.9℃，$p_{水}=93.7$kPa(703.5mmHg)，$p_{苯甲醛}=7.5$kPa(56.5mmHg)，馏出液中苯甲醛的质量分数为 32.1%。如果导入 133℃的过热蒸气，溶液沸腾时，苯甲醛的蒸气压可以达到 29.3kPa(220mmHg)，$p_{水}=71.9$kPa(540mmHg)，这时馏出液中苯甲醛的质量分数为

$$\frac{g_{苯甲醛}}{g_{水}}=\frac{29.3\times106}{71.9\times18}=\frac{3105.8}{1294.2}=\frac{2.4}{1}$$

$$\frac{2.4}{1+2.4}\times100\%=70.59\%$$

由此可以看出，利用过热蒸气进行蒸馏效率提高了 1 倍。对于在 100℃时，蒸气压仅有 0.133～0.666kPa(1～5mmHg)的物质也可以利用过热蒸气进行蒸馏。

只有极性差异比较大的物质才能用水蒸气蒸馏加以分离，这种极性差异是由分子中的第

二个官能团所致。通常，多官能团化合物比单官能团化合物的极性大、沸点高。因此，可用水蒸气蒸馏将一元醇与二元醇、多元醇分离。同样，一元酸、一元胺和许多其他挥发性化合物也可以用此方法与相应的双官能团和多官能团化合物分离，而且这些官能团不一定与原先基团相同。例如通过水蒸气蒸馏可以分离乙酸和草酸、乙醇和乙二醇、苯甲酸和邻苯二甲酸，每对化合物中的前者能被水蒸气蒸馏除去。氨基酸、羟基酸、硝基酸、酮酸、酮醇和氰酮等不能与蒸气一起挥发随水蒸气蒸馏。当分子中存在两个和多个极性官能团时，会使化合物挥发性降低。表 3-2 列出了能否采用水蒸气蒸馏分离的化合物。

表 3-2　物质溶解性和水蒸气蒸馏的关系

溶解性	化合物类型	挥发性	气体挥发性
溶于水和醚	低相对分子质量醇、醛、酮、酸、酯、胺、腈和酰氯	易蒸馏，许多化合物沸点低于 100℃	可随水蒸气挥发
溶于水，不溶于醚	多元醇、二胺、碳水化合物、胺盐、金属盐、多元酸、羟基醛、羟基酮及羟基酸、氨基酸	不易挥发，这些化合物常压下不能蒸馏，但也有例外	不随水蒸气挥发
不溶于水，溶于 NaOH 溶液和 $NaHCO_3$ 溶液(A_1)	高相对分子质量酸、负电性基团取代苯酚	不易挥发	一般不随水蒸气挥发，但有例外
不溶于水和 $NaHCO_3$ 溶液，溶于 NaOH 溶液(A_2)	酚、伯磺酰胺、伯硝基化合物、仲硝基化合物、酰亚胺、硫酚	高沸点，许多不能蒸馏	一般不随水蒸气挥发
不溶于水，溶于稀 HCl(B)	氮上只连有一个芳基的胺、肼	高沸点	许多可随水蒸气挥发
不溶于水、稀 NaOH 溶液和 HCl，除碳、氢、氧和卤素外，还含有其他元素(MN)	叔硝基化合物，酰胺、负电性基取代胺、仲磺酰胺、偶氮和氧化偶氮类化合物、烷基或芳基氰化物、亚硝酸酯、硝酸酯、硫酸酯和磷酸酯	高沸点，许多不能蒸馏	有些可随水蒸气挥发
不溶于水、稀 NaOH 溶液和 HCl，溶于 H_2SO_4(N)	醇、醛、酮、酯、不饱和烃	高沸点	一般可随水蒸气挥发
不溶于水、稀 NaOH 溶液、稀 HCl 和 H_2SO_4(I)	芳烃、脂肪烃及基卤代烃	易挥发	可随水蒸气挥发

有些芳香族化合物不符合多官能团规则，如邻羟基苯甲醛、邻硝基苯酚以及其他许多邻位二取代苯的衍生物都能随水蒸气蒸馏。这是由于分子内形成了氢键，分子不再与水缔合，易挥发，导致这种极性反常现象。

另外，通过水蒸气蒸馏，可以将反应产物从 *N*,*N*-二甲基甲酰胺(DMF)或二甲基亚砜(DMSO)等溶剂中蒸馏出来。DMF 和 DMSO 是许多反应的良好溶剂，但由于沸点高，很难蒸馏出来。因此，往往只能加水稀释反应混合物，然后再采用水蒸气蒸馏的方法分出产物或未反应的原料。

2. 水蒸气蒸馏装置

水蒸气蒸馏装置由水蒸气发生器和简单蒸馏装置组成，图 3-13 给出了实验室常用的水蒸气蒸馏装置。当直接在反应体系中加入适量的水进行水蒸气蒸馏时，用简单蒸馏或分馏装置即可。

水蒸气发生器有两种，如图 3-14 所示。装置图 3-14 中(a)是由铜或铁板制成，在装置的

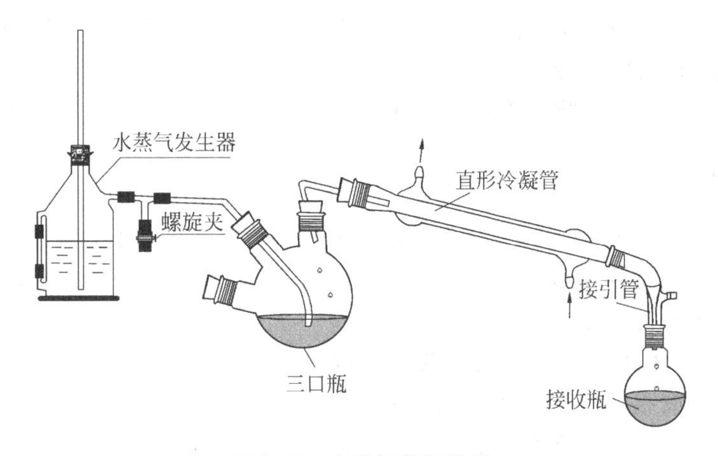

图 3-13 水蒸气蒸馏装置

侧面安装一个水位计(B),以便观察发生器内水位,一般水位最高不要超过 2/3,最低不要低于 1/3。在发生器的上边安装一根约 60cm 长玻璃管(C),将此管插入发生器底部,距底部距离 1～2cm,可用来调节体系内部的压力并可防止系统发生堵塞时出现危险,蒸气出口管与冷阱(G)连接。冷阱是一支用玻璃管制作的 T 形管,它的一端与发生器连接,另一端与蒸馏瓶连接,下口接一段软的橡皮管,用螺旋夹夹住,以便调节蒸气量。图 3-14(b)是由 500mL 或 1000mL 蒸馏瓶组装而成的简易水蒸气发生器。无论使用哪种水蒸气发生器,在与蒸馏系统连接时管路越短越好,否则,水蒸气冷凝后会降低蒸馏瓶内温度,影响蒸馏效果。

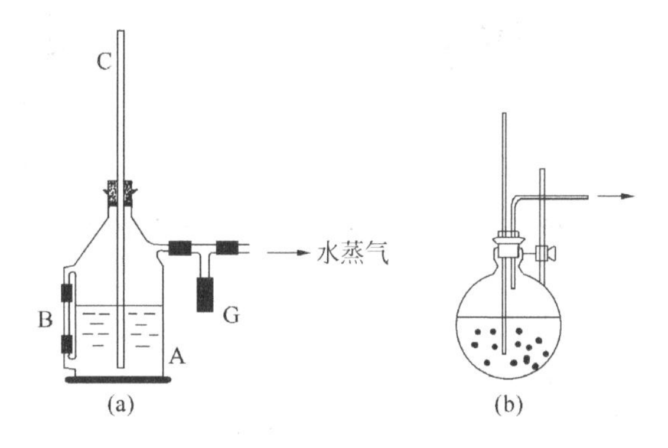

图 3-14 水蒸气发生器

3. 水蒸气蒸馏操作

在水蒸气发生器中加入约 2/3 高度的水,并放入 2～3 粒沸石。将蒸气导气管插入水蒸气发生器中,打开冷阱上的螺旋夹,在下面放一个 250mL 的烧杯,以免从冷阱流出来的水流到桌子上,将冷阱的另一端玻璃管插入蒸馏瓶底部液体中。蒸馏瓶可选用圆底烧瓶,也可用两口瓶或三口瓶。将混合液加入蒸馏瓶中,搭好蒸馏装置,被蒸馏液体的体积不应超过蒸馏瓶容积的 1/2。检查装置无误后,开始加热水蒸气发生器,使水沸腾。当蒸汽从冷阱下面喷出时,将螺旋夹拧紧,使蒸汽尽快进入蒸馏系统中。调节进汽量,保证蒸汽在冷凝管中全部冷凝下来。

在蒸馏过程中要注意观察蒸馏瓶和水蒸气发生器中的情况。当流出液不再浑浊时,用表面皿取少量流出液,在日光或灯光下观察是否有油珠状物质,如果没有,说明有机物已经被蒸出,此时,再多蒸出 10～20mL 的馏出液即可停止蒸馏。停止蒸馏时,先打开冷阱上的螺旋夹,移走加热设备,待稍冷却后,将水蒸气发生器与蒸馏系统断开。收集馏出物或残液(有时残液是产物),最后按顺序拆除仪器。

水蒸气蒸馏还可以采取将水直接加入到反应体系中用常压蒸馏的方法将混合液分离。

4. 注意事项

(1) 在蒸馏过程中,若插入水蒸气发生器中的导气管蒸汽突然上升甚至几乎喷出时,说明蒸馏系统内部压力增高,可能系统内发生堵塞。应立刻打开螺旋夹,移走热源,停止蒸馏,待故障排除后方可继续进行蒸馏。

(2) 当蒸馏瓶内的压力大于水蒸气发生器内的压力时,会发生液体倒吸的现象,此时,应打开螺旋夹或对蒸馏瓶进行保温,加快蒸馏速度。

(3) 如果室温较低,会降低蒸馏速度,使蒸馏瓶中的液体增多。这时应采取在蒸馏瓶下面放电热套加热保温的方法,加快蒸馏速度,使蒸馏瓶中的液体体积保持不变。

(4) 如果用圆底烧瓶进行蒸馏瓶时,应在上面加一个 Y 形管或克氏蒸馏头,如图 3-15 所示。

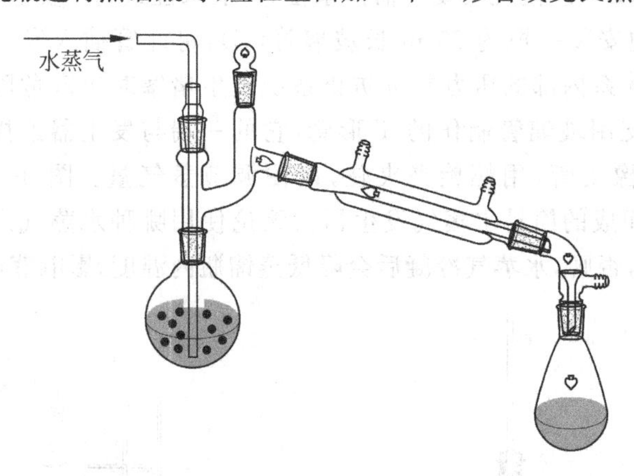

图 3-15 用克氏蒸馏头组装成的水蒸气蒸馏装置

5. 思考题

(1) 如何判断水蒸气蒸馏的终点。

(2) 为什么水蒸气蒸馏时要多蒸出 10～15mL 的馏出液?

(3) 在水蒸气发生器上安装一根导气的作用是什么?为什么要将它插入发生器的底部?

(4) 如何利用水蒸气蒸馏的方法将乙酸和环己酮的混合物分离,已知,乙酸含量为 3mL,环己酮含量为 5mL,请写出具体实验步骤。

3.2 萃取

萃取(洗涤)是实验室常用的一种分离提纯的方法。按萃取相的不同,可分为液液萃取、液固萃取、气液萃取。

3.2.1 液液萃取

液液萃取又称为溶剂萃取,它是分离液体混合物的重要方法之一。当混合液不能用蒸馏方法分离时,可以考虑用萃取的方法加以分离。

1. 萃取原理及过程

在欲分离的液体混合物中加入一种与它不溶或部分互溶的溶剂形成两相。利用液体混合物中各组分在这两相中的溶解度和分配系数不同，使易溶组分较多地进入溶剂相，而难溶组分仍然留在了原来的液相中，从而实现混合液的分离。

组分在两相之间的平衡关系是萃取过程的热力学基础，它决定萃取过程的方向，是推动力和过程的极限。一般地说，液液萃取有两种情况：①萃取剂与原溶液完全不互溶；②萃取剂与原溶液部分互溶。当萃取剂与原溶液完全不互溶时，溶质 A 在两相间的平衡关系如图 3-16 所示。图中纵坐标表示溶质在萃取剂中的质量分数 y，横坐标表示溶质在原溶液中的质量分数 x。图中分配曲线又称平衡曲线。

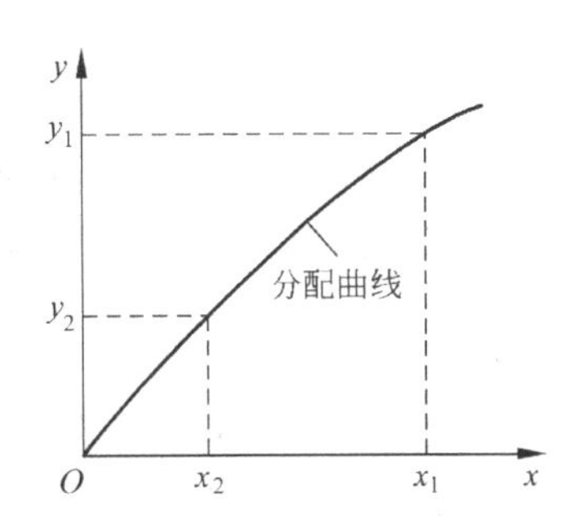

图 3-16　溶质 A 在两相间的分配曲线

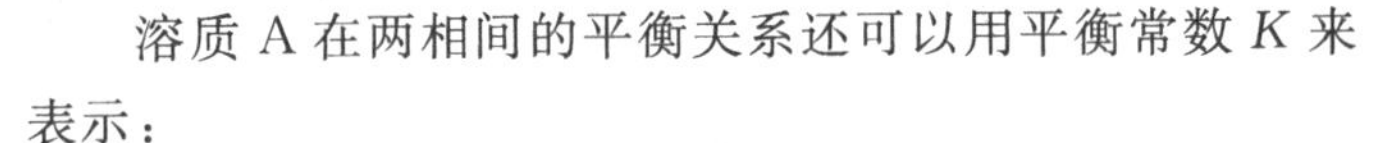

溶质 A 在两相间的平衡关系还可以用平衡常数 K 来表示：

$$K = \frac{c_A}{c_B}$$

式中，c_A 是溶质在萃取剂中的浓度；c_B 是溶质在原溶液中的浓度。

对于液液萃取，K 通常称为分配系数，可近似地看作溶质在萃取剂和原溶液中溶解度之比。

由此可以看出，简单萃取过程为：将萃取剂加入到混合液中，使其互相混合，因溶质在两相间的分配未达到平衡，而溶质在萃取剂中的平衡浓度高于在原溶液中的浓度，于是溶质从原混合液中向萃取剂中扩散，使溶质与原混合液中的其他组分分离。因此，萃取也是两相间的传质过程。溶质 A 保留在原溶液中的质量主要依赖于 K 值的大小，当 $K>1$ 时，只要萃取剂体积大致与原溶液的体积相当，溶质 A 将主要存在于萃取相中。

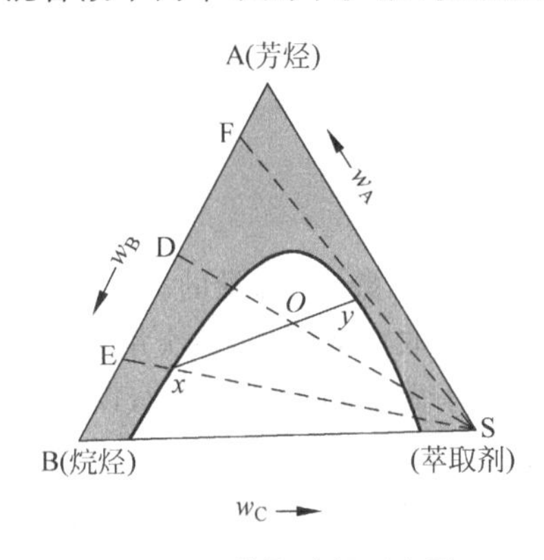

图 3-17　萃取过程示意图

当萃取剂与原溶液部分互溶时，需用三角形图表示。例如，在石油炼制过程中芳烃和烷烃分离，通常采用二乙二醇醚作为萃取剂，利用两者在萃取剂中溶解能力不同而将其分离。图 3-17 是萃取过程的示意图。A 代表芳烃，B 代表烷烃，S 代表萃取剂二乙二醇醚。A 与 B，A 与 S 能完全互溶，而 B 与 S 只能部分互溶，在帽形区内分为两相。如果设芳烃与烷烃的混合物组成为 D，在 D 物系中加入萃取剂，物系点向 DS 方向移动，到达 O 点时停止加萃取剂。作通过 O 点的连接线，则两相组成分别由 x 和 y 表示，将这两个液相分离，并分别蒸去萃取剂。组成为 x 的液相称为萃余相，蒸去萃取剂后，物系沿 Sx 方向移动，与 AB 线交于 E 点。组成为 y 的液相称为萃取相，蒸去萃取剂后，物系沿 Sy 线移动，与 AB 线交于 F 点。原来组成为 D 的物系经一次萃取后，分成了 E 和 F 两个物系，E 中含烷烃比 D 多，F 中含芳烃比 D 多。如果要将烷烃和芳烃进一步分离，需进行二次或多次萃取，以达到预期的目标。需加入萃取剂的量及两种不互溶液相的相对量都可以用杠杆规则进行计算。

用萃取方法分离混合液时，混合液中的溶质既可以是挥发性物质，也可以是不挥发性物质(如无机盐类)。

2. 分离效果及萃取剂的选择

萃取过程的分离效果主要表现为被分离物质的萃取率和分离纯度。萃取率是萃取液中被提取的溶质的量与原溶液中剩余溶质的量之比。萃取率越高，表示萃取过程的分离效果越好。影响分离效果的主要因素包括被萃取的物质在萃取剂与原溶液两相之间的平衡关系，在萃取过程中两相之间的接触情况。这些因素都与萃取次数和萃取剂的选择有关。利用分配定律，可算出经过 n 次萃取后在原溶液中溶质的剩余量：

$$W_n = W_0\left(\frac{KV}{KV+S}\right)^n$$

式中，W_n 是经 n 次萃取后溶质在原溶液中的剩余量；W_0 是萃取前化合物的总量；K 是分配系数；V 是原溶液的体积；S 是萃取剂的用量；n 是萃取次数，$n=1,2,3,\cdots$。

当用一定量溶剂萃取时，希望原溶液中溶质的剩余量越少越好。因为 $KV/(KV+S)$ 总是小于1，所以 n 越大，W_n 就越小，也就是说，将全部萃取剂分为多次萃取比一次全部用完萃取效果要好。例如，在100mL水中含有4.0g正丁酸的溶液，在15℃时用100mL苯萃取，设已知在15℃时正丁酸在水和苯中的分配系数 $K=1/3$，下面计算用100mL苯一次萃取和将100mL苯分3次萃取的结果。

一次萃取后正丁酸在水中的剩余量为

$$W_1 = 4.0\times\frac{1/3\times 100}{1/3\times 100+100}\text{g} = 1.0\text{g}$$

被萃取剂提取出来正丁酸的量为

$$(4.0-1.0)\text{g} = 3.0\text{g}$$

分3次萃取后正丁酸在水中的剩余量为

$$W_3 = 4.0\times\left(\frac{1/3\times 100}{1/3\times 100+33.33}\right)^3\text{g} = 0.5\text{g}$$

被萃取剂提取出来正丁酸的量为

$$(4.0-0.5)\text{g} = 3.5\text{g}$$

从上面的计算看出，用100mL苯一次萃取可以提出3.0g的正丁酸，占总量的75%，分3次萃取后可提出3.5g，占总量的87.5%。当萃取剂总量不变时，萃取次数增加，每次用萃取剂的量就要减小。当 $n>5$ 时，n 和 S 这两种因素的影响几乎抵消。再增加萃取次数，$W_n/(W_n+1)$ 的变化很小。所以同体积溶剂一般分为3～5次萃取效果最好。

但是，上式只适用于萃取剂与原溶液不互溶的情况，对于萃取剂与原溶液部分互溶的情况，只能给出近似的预测结果。

溶剂对萃取分离效果的影响很大，选择时应注意考虑以下几个方面：

(1) 分配系数：被分离物质在萃取剂与原溶液两相间的平衡关系是选择萃取剂首先要考虑的问题。分配系数 K 的大小对萃取过程有着重要的影响，分配系数 K 越大，表示被萃取组分在萃取相的组成高，萃取剂用量少，溶质容易被萃取出来。

(2) 溶剂密度：在液液萃取中两相间应保持一定的密度差，以利于两相的分层。因此在选择溶剂时要考虑与原溶液的密度应有一定差别。

(3) 界面张力：萃取体系的界面张力较大时，细小的液滴比较容易聚结，有利于两相的分离。但是界面张力过大,液体不易分散,难以使两相很好地混合;界面张力过小时,液体易分散,但是易产生乳化现象使两相难以分离。因此,应从界面张力对两相混合与分层的影响来综合考虑,一般不宜选择界面张力过小的萃取剂。常用体系界面张力的数值可在文献中找到。

(4) 粘度:萃取剂粘度越低,越有利于两相的混合与分层,因而粘度低的萃取剂对萃取过程有利。

(5) 其他:萃取剂应具有良好的化学稳定性,不易分解和聚合。一般选择低沸点的溶剂作萃取剂容易与溶质分离和回收。在选择萃取剂时,毒性、易燃、易爆、价格等都应加以考虑。

一般选择萃取剂时,难溶于水的物质用石油醚作萃取剂,较易溶于水的物质用苯或乙醚作萃取剂,易溶于水的物质用乙酸乙酯或类似的物质作萃取剂。常用的萃取剂有乙醚、苯、四氯化碳、石油醚、氯仿、二氯甲烷、乙酸乙酯等。

3. 利用萃取法分离混合物

在实验中经常利用酸、碱反应将混合液体中的某种物质变成盐使其进入水相,然后用有机溶剂将有机相萃取出来或直接分液。例如,用稀 HCl 为萃取剂分离苯胺和甲苯,苯胺与甲苯互溶,不溶于水;而苯胺与盐酸形成的苯胺盐酸盐极性大,溶于水,不溶于甲苯。因此,在苯胺和甲苯的溶液中加入稀 HCl 后,苯胺盐酸盐进入水相与甲苯分离。

$$C_6H_5\ddot{N}H_2 + HCl \longrightarrow C_6H_5NH_3^+Cl^-$$

溶于水,不溶于甲苯

同样,在苯酚和甲苯的混合溶液中加入稀 NaOH 溶液,苯酚与 NaOH 反应生成极性较大的苯酚钠,易溶于水而不溶于甲苯,从而将苯酚和甲苯分离。

利用相同的方法还可以将甲苯和苯甲醛分离。在混合物中加入 $NaHSO_3$ 水溶液,摇匀,醛与 $NaHSO_3$ 反应生成易溶于水的硫酸盐,不溶于甲苯,从混合物中分离出来。

$$C_6H_5CHO + NaHSO_3 \longrightarrow C_6H_5CH(O^-Na^+)SO_3H$$

溶于水,不溶于甲苯

分离过程中生成的盐可以很容易地还原为相应的酸、碱或醛。

还可以通过增大组分的极性差异利用萃取法分离。例如伯胺和叔胺的分离,利用乙酰化或苯甲酰化将伯胺转化为中性酰胺,用稀 HCl 萃取分离出叔胺,溶液中的酰胺可以通过水解来还原为伯胺。

利用酸性差异也可以分离不同酸性的组分,强酸与 $NaHCO_3$ 溶液反应成盐,再用 $NaHCO_3$ 溶液萃取分离,而弱酸则不与 $NaHCO_3$。例如,在分离 2-甲基苯酚和苯甲酸的混合物时,加入稀 $NaHCO_3$ 溶液,摇匀,酸性较强的苯甲酸以钠盐的形式进入水相,弱酸性的 2-甲基苯酚则留在有机相中。

$$\text{(O, OH)} + \text{(OH, CH}_3\text{)} \xrightarrow{NaHCO_3} \text{(COO}^-\text{Na}^+\text{)} + \text{(OH, CH}_3\text{)}$$

易溶于水

各组分极性差异较大，或者通过实验方法能使两组分间产生较大的极性差异，是成功分离的必要条件。如果混合物中含有两种以上的组分，采用下述分离方法可以得到满意的结果。根据是否溶于水，混合物通常可分为两类。下面分别讨论这两类混合物的分离方法。

(1) 水不溶性混合物的萃取分离方法

假设有 5g 水不溶性混合物，一般采取下面的方案进行全分离。但是，在实际操作中某些假设的组分可能不存在，这里只是介绍如何根据混合物中各组分的性质将混合物分离的思路。分离方案的设计如图 3-18 所示。

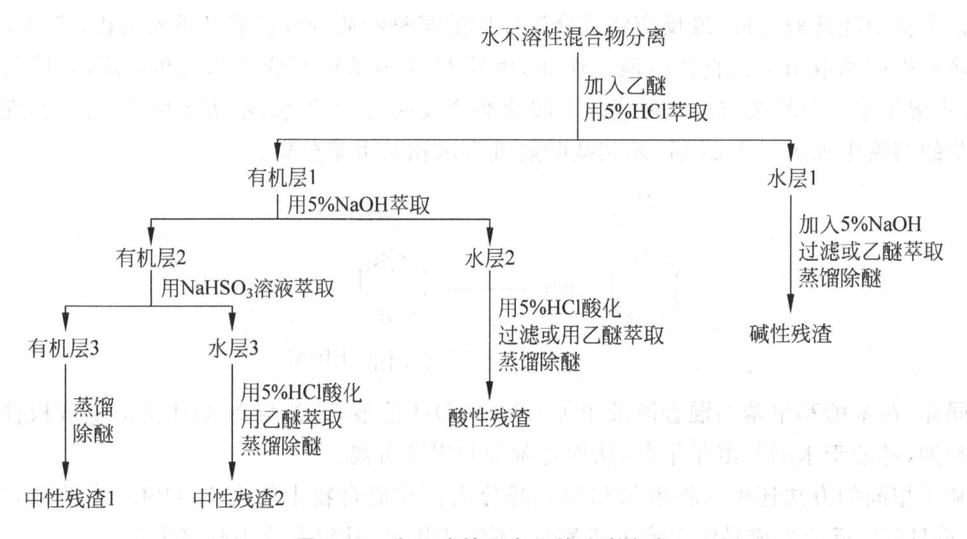

图 3-18　水不溶性混合物的分离方案

具体操作：将 5g 混合物和 15mL 乙醚混合，每次用 5mL 5%HCl 溶液萃取，共 3 次(或洗涤)，分出水层和有机层，并分别合并，得到水层 1 和有机层 1。

在水层 1 中加入 5%NaOH 溶液使其呈碱性，再每次用 5mL 乙醚萃取，共 3 次。然后用无水 Na_2SO_4 干燥醚层，蒸馏除去乙醚，得到碱性残渣。

每次用 5mL 5%NaOH 溶液对有机层 1(醚层)进行 3 次萃取(或洗涤)，合并水层，分别得到有机层 2 和水层 2。水层 2 用 5%HCl 溶液酸化，过滤或每次用 5mL 乙醚萃取，共 3 次。再蒸馏除乙醚，得酸性残渣。

每次用 5mL 40%$NaHSO_3$ 溶液萃取有机层 2(醚层)，共 4 次。分出有机层 3 和水层 3。向水层 3 中加入 7mL 5%HCl 溶液，并每次用 5mL 乙醚萃取，共 3 次，蒸馏除去乙醚，得到中性残留物 2。用简单蒸馏的方法将有机层 3 中的乙醚除去，得到中性残渣 1。

每一步得到的固体残渣可以通过重结晶的方法进一步提纯。

(2) 水溶性混合物的萃取分离方法

如果混合物中的所有组分都是水溶性的，采用与水蒸气蒸馏结合的分离方法是最好的。具体方案如图 3-19 所示。

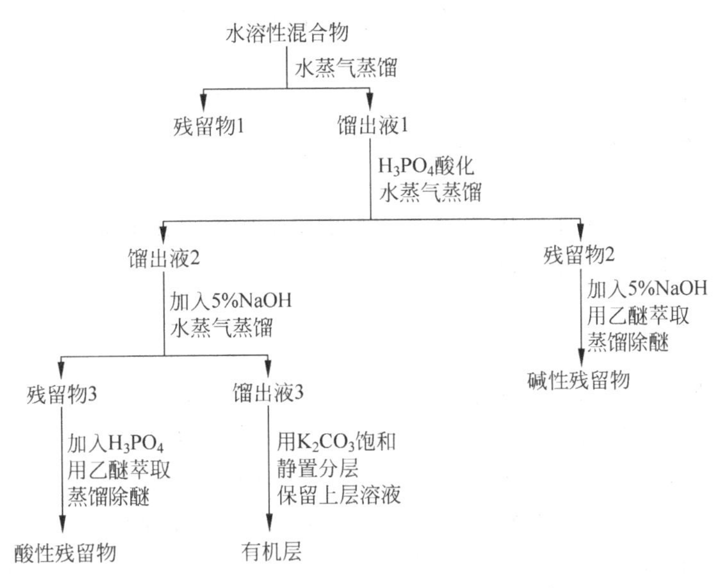

图 3-19 水溶性混合物的萃取分离方案

具体操作：将5mL混合物加入100mL圆底烧瓶中进行水蒸气蒸馏，收集5～6mL馏出液1。馏出液1用H_3PO_4酸化后，进行水蒸气蒸馏，收集5mL馏出液2。剩余物（残留物2）用5%NaOH处理呈碱性，再用5mL乙醚萃取，共3次。蒸馏去除乙醚，得到碱性残留物。

馏出液2用5%NaOH溶液调至微碱性，进行水蒸气蒸馏，收集5mL馏出液3。在馏出液3中加入K_2CO_3使其饱和，静置分层，分出上层溶液（有机层）。

用H_3PO_4酸化剩余物（残留物3），用5mL乙醚萃取，共3次，合并醚层。蒸馏去除乙醚，得到酸性残留物。然后对每一步分离出来的物质进行进一步的纯化和鉴定。

对于含酯水溶性混合物的分离方案如图3-20所示。

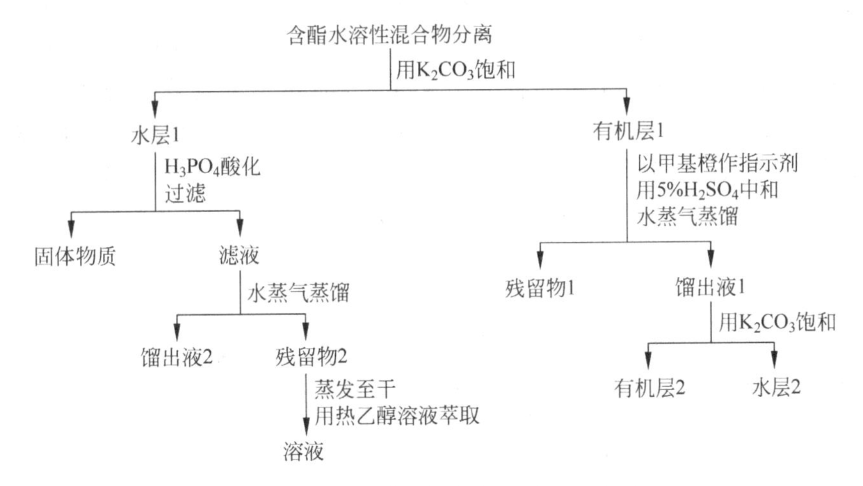

图 3-20 含酯水溶性混合物的分离方案

具体操作：在5mL混合物加入K_2CO_3，使其饱和，静置分层，上层为有机层1，下层为水层1。以甲基橙为指示剂，用5%H_2SO_4水溶液中和有机层1，再用水蒸气蒸馏的方法进一步分离。残留物1为原溶液中的碱性盐溶液，馏出液1中含有中性的有机物。在馏出液1中加入

K_2CO_3 固体使其饱和，静置分层，使含有中性混合物的上层溶液（有机层 2）与水层（水层 2）分离。

水层 1 用 H_3PO_4 酸化，将含有酸性化合物的固体物质过滤去除。对滤液进行水蒸气蒸馏，馏出液 2 中含有酸性化合物。将残留物 2 蒸发至干，并用热的乙醇溶液萃取，得到含有酸的醇溶液。

如果混合物中不含有酸性组分，则从处理有机层 1 的步骤开始进行分离。此方案可用来分离含有酸和醇的混合物，而不会发生酯化反应。

4. 萃取操作方法

萃取操作经常利用分液漏斗来进行，常用的分液漏斗有两种，一种是梨形分液漏斗如图 3-21(a)所示，另一种是球形分液漏斗如图 3-21(b)所示。使用前，应先检查下口活塞和上口塞子是否漏液。具体操作：在活塞处涂少量凡士林，旋转几圈将凡士林涂均匀。在分液漏斗中加入一定量的水，将上口用塞盖好，上下摇动分液漏斗中的水，检查是否漏水。确定不漏后再使用。

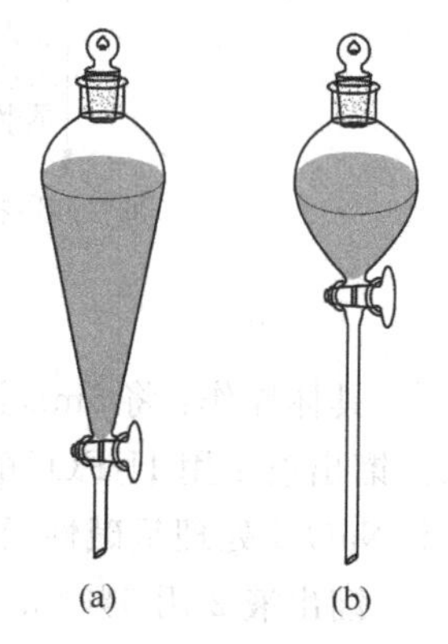

图 3-21　分液漏斗

将待萃取的原溶液倒入分液漏斗中，如果原溶液原本就是两相体系，应先将两相分开，再加入萃取剂或洗涤剂。将塞子塞紧，用右手的拇指和中指拿住分液漏斗，食指压住上口塞子，左手的食指和中指夹住下口管，同时，食指和拇指控制活塞或如图 3-22 所示的姿势握住分液漏斗。然后将分液漏斗平放，前后摇动或作圆周运动，使液体振动起来，两相充分接触。在振动过程中注意不断放气，以免萃取或洗涤时，内部压力过大，造成漏斗的塞子被顶开，使液体喷出，严重时会引起分液漏斗爆炸，造成伤人事故。放气时，将漏斗的下口向上倾斜，使液体集中在下面，用控制活塞的拇指和食指打开活塞放气（注意不能对着人放气），一般振动两三次放一次气。经几次摇动放气后，将漏斗放在铁架台的铁圈或烧瓶夹上，将塞子上的小槽对准分液漏斗上口的通气孔，静止 3～5min。待液体分层后将下层液体从下面的活塞处放出，上层液体从上口倒出。有机相需要放在一个干燥好的锥形瓶中，水相如果需要继续萃取，再加入新萃取剂重复以上操作。萃取操作完成后，将有机相合并，加入干燥剂进行干燥。干燥后，先将低沸点的物质和萃取剂用简单蒸馏的方法蒸出，然后视产品的性质选择合适的纯化手段。

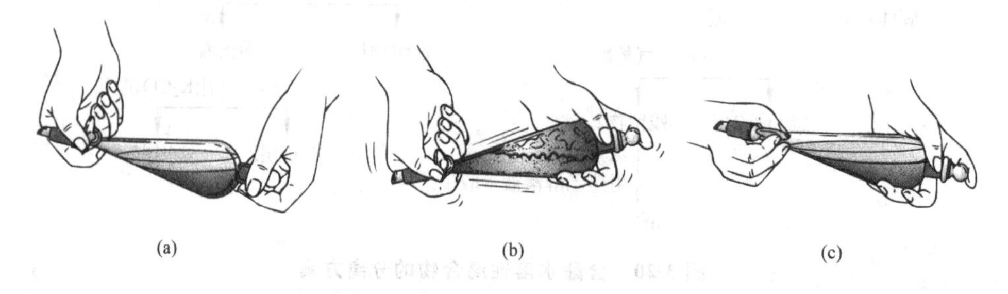

图 3-22　萃取时手握分液漏斗的姿势

当被萃取的原溶液量很少时，可采取微量萃取技术。取一支离心分液管放入原溶液和萃取剂，盖好盖子，用手摇动分液管或用滴管向液体中鼓气，使液体充分接触，并注意随时放气。

静止分层后，用滴管将萃取相吸出，在萃余相中加入新的萃取剂继续萃取(图 3-23)。以后的操作如前所述。

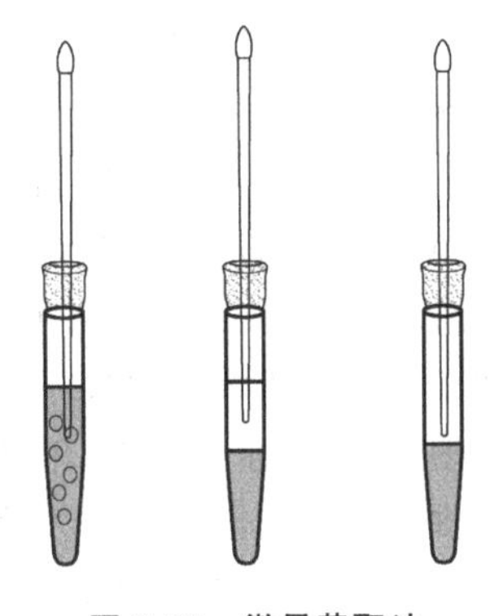
图 3-23　微量萃取法

5. 注意事项

(1) 分液漏斗中的液体不宜太多，以免摇动时影响液体接触而使萃取效果下降。一般选择体积比被萃取液大 1～2 倍的分液漏斗。

(2) 液体分层后，上层液体由上口倒出，下层液体由下口经活塞放出，以免污染产品。

(3) 当溶液呈碱性时，常产生乳化现象。有时由于存在少量轻质沉淀，两液相密度接近，两液相部分互溶等都会引起分层不明显或不分层。此时，静止时间应长一些，或加入一些食盐，增加两相的密度，使絮状物溶于水中，迫使有机物溶于萃取剂中；或加入几滴酸、碱、醇等，以破坏乳化现象。如上述方法不能将絮状物破坏，在分液时，应将絮状物与萃余相(水层)一起放出。千万不要放在有机相中，以免给后面的干燥带来麻烦。

(4) 液体分层后应正确判断萃取相和萃余相，一般根据两相的密度来确定，密度大的在下面，密度小的在上面。如果一时判断不清，应将两相分别保存起来，待弄清后，再弃掉不要的液体。

(5) 在萃取过程中放气时，应注意周围情况，千万不能对着人放气。

(6) 与水互溶的混合物不能采用萃取分离，可用萃取水蒸气蒸馏或其他方法加以分离。

6. 思考题

(1) 请设计合适的方案将下列混合物分离并鉴定各个组分。

① 乙酸、丁醇、乙酸乙酯、水。

② 氯仿、苯胺、*N*,*N*-二乙基苯胺、苯甲酸、萘。

③ 甲苯、二苯胺、喹啉、硝基苯。

④ 环己烷、4-甲基苯胺、甲苯、3-甲基苯酚、2-氯-4 氨基苯甲酸。

(2) 通过公式计算说明当 $K=0.5$ 时，每次用 5mL 溶剂萃取 3 次，回收率比一次用 15mL 溶剂萃取要好。

(3) 已知化合物 A 在乙醚和水相中的配分系数 $K=3$，请计算①40mL 含 1.2g 化合物 A 的水溶液，用 24mL 乙醚萃取一次能萃取多少克？②若每次分别用 12mL、7mL、5mL 连续萃取 3 次，能萃出多少克化合物 A？

(4) 在萃取过程中为什么要不断放气，不放气会出现什么后果？

(5) 在萃取过程中出现分层不明显是什么原因造成的，应该如何解决？

(6) 如果在萃取过程中出现乳化现象应该如何解决？

3.2.2　固液萃取

固液萃取的原理同液液萃取一样。常用的方法有浸取法和连续提取法。

(1) 浸取法：最常见的浸取法就像熬中药，将溶剂加入到被萃取的固体物质中加热，使易溶于萃取剂的物质提取出来，然后再进行分离纯化。当使用有机溶剂作萃取剂时，应使用回流装置。

（2）连续提取法：一般使用 Soxhlet 提取器提取，如图 3-24 所示。

具体操作方法：将固体物质研细，放入卷好的滤纸筒内包好，以防固体逸出。将其放入提取器中，滤纸筒不宜太紧，以加大液体和固体的接触面积；但是也不能太松，否则不好装入提取器中。滤纸筒的高度不要超过虹吸管顶部。从提取器上口加入溶剂，当发生虹吸时，液体流入蒸馏瓶中，再补加过量溶剂（根据提取时间和溶剂的挥发程度而定），一般 20～30mL 即可。装上球形冷凝管，通入冷却水，加入沸石后开始加热。当溶剂沸腾后开始回流，溶剂在提取器中蓄积，使固体浸泡在溶剂中。当液面超过虹吸管顶部时，蓄积的液体带着从固体中提取出来的易溶物质流入蒸馏瓶中。继续加热，再进行第二次提取。这样反复三四次，几乎可将固体中易溶物质全部提取到溶剂中。提取过程结束后，将仪器拆除，对提取液进行分离。

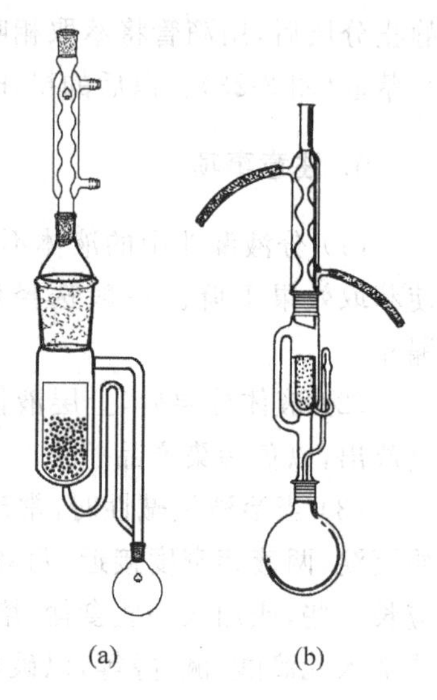

图 3-24　Soxhlet 提取装置图

图 3-25 及图 3-26 为两种微型固液连续萃取装置图。

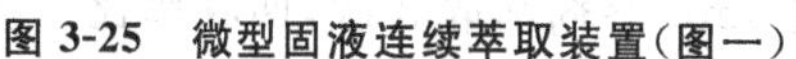

图 3-25　微型固液连续萃取装置（图一）

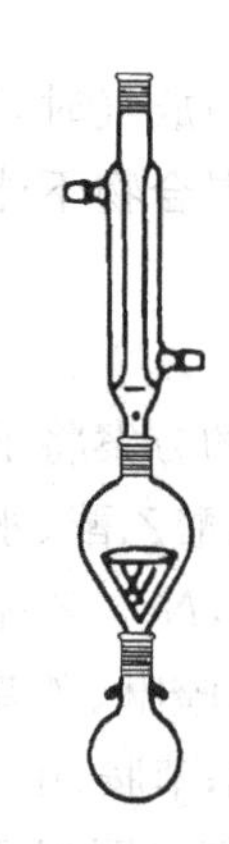

图 3-26　微型固液连续萃取装置（图二）

在提取过程中应注意调节温度，因为随着提取过程的进行，蒸馏瓶内的液体不断减少，当从固体物质中提取出来的溶质较多时，温度过高会使溶质在瓶壁上结垢或碳化。当物质受热易分解和萃取剂沸点较高时，不宜使用此方法。

3.3　干燥

干燥是进一步将有机液体、固体或气体中的微量水或溶剂除去最常用的方法。

在有机合成中常常会遇到溶剂、反应原料、产物需要干燥处理。因为有些反应需要在无水条件下进行，如格氏反应、付氏反应，水的存在会使反应无法进行，这时所用到的试剂和反应原料都要进行干燥处理；产物中含水或溶剂都会给后续熔点、沸点等物理数据测定和红外、核磁等波谱鉴定带来影响。因此，干燥在有机化学实验中是最普遍也是比较重要的一项基本操作。

干燥按被干燥物质的特征可分为液体干燥、固体干燥和气体干燥。按干燥方法又可分为物理干燥和化学干燥。

3.3.1 液体干燥

1. 基本原理

液体有机化合物的干燥，常用的方法有物理法和化学法两种。

(1) 物理法：物理法是通过烘干、晾干、分馏、共沸蒸馏、冷冻等方法将物质中的痕量水去除，在干燥过程中不涉及化学反应。有些吸附干燥方法也可以看作是物理法，如用离子交换树脂和分子筛等方法干燥，利用这些物质多孔的性质，将化合物中的水和部分溶剂吸附，达到干燥的目的。

(2) 化学法：化学法是采用某种物质与水能形成水合物将体系中的痕量或微量水去除。

根据与水作用的原理又可分可逆和不可逆两种：

与水发生可逆反应，生成水合物。例如：

$$CaCl_2 + nH_2O \rightleftharpoons CaCl_2 \cdot nH_2O$$

与水发生不可逆反应，生成新的化合物。例如：

$$2Na + 2H_2O \rightleftharpoons 2NaOH + H_2\uparrow$$

2. 干燥剂的选择

选择干燥剂，首先，要求干燥剂不能与被干燥的化合物发生化学反应，包括溶解、络合、缔合和催化等作用，例如，酸性化合物不能用碱性干燥剂干燥，碱性化合物不能用酸性干燥剂干燥，醇、胺类化合物不能用无水氯化钙干燥等。并且干燥后，干燥剂应易与被干燥的物质分离。其次，应考虑干燥剂的吸水容量和干燥效能。吸水容量是指单位质量干燥剂所吸收水的容量，吸水容量大表明干燥剂吸收的水分多。干燥效能是指达到平衡时，液体被干燥的程度。对于能形成水合物的无机盐干燥剂，常用吸水后结晶水的蒸气压来表示干燥效能，蒸气压越小，干燥效能越强。如无水硫酸钠能形成10个结晶水，在25℃下，水蒸气压为256Pa，吸水容量为1.25。而无水氯化钙最多能形成6个结晶水，在25℃下，水蒸气压为39Pa，吸水容量为0.97。由此可以看出，在相同条件下，虽然硫酸钠的吸水容量比氯化钙大，但是由于水蒸气压比氯化钙大，因此干燥效能要比氯化钙弱。在实际操作中，干燥含水量较大而又不易干燥的化合物时，常常先用吸水容量较大的干燥剂除去大部分水，再用干燥效能强的干燥剂进行第二次干燥。表3-3给出了常用干燥剂20℃时的水蒸气压。表3-4给出了常用干燥剂的干燥性能。

表3-3 常用干燥剂20℃时的水蒸气压

干燥剂	水蒸气压/kPa	干燥剂	水蒸气压/kPa	干燥剂	水蒸气压/kPa
P_2O_5	2×10^{-6}	浓硫酸	7×10^{-4}	$CaCl_2$	0.039(25℃)
KOH(熔融过)	2×10^{-4}	硅胶	8×10^{-4}	CaO	0.027
无水 $CaSO_4$	5×10^{-4}	NaOH(熔融过)	2×10^{-2}	Na_2SO_4	0.256(25℃)

表 3-4 常用干燥剂的干燥性能

干燥剂名称	最大吸水产物及失水温度	性质	干燥效能	适用范围	不适用范围	备注
无水 $CaCl_2$	$CaCl_2 \cdot 6H_2O$ 30℃以上开始失水	中性	中等	烷烃、烯烃、醛、酮、硝基化合物，中性气体	胺、氨、酰胺、醇、酚、酯、酸和某些醛酮类化合物	吸水量大(0.97)，作用快，常用于初步干燥。由于含 CaO 等杂质不能干燥酸性物质
无水 $MgSO_4$	$MgSO_4 \cdot 7H_2O$ 48℃以上开始失水	中性	较弱	适用范围广，一般有机化合物都能干燥，尤其是不能用无水 $CaCl_2$ 干燥的物质		作用快，效力高，吸水容量大(1.05)
无水 Na_2SO_4	$Na_2SO_4 \cdot 10H_2O$ 32.4℃以上失水	中性	弱	适用范围广，一般有机化合物都能干燥，尤其是不能用无水 $CaCl_2$ 干燥的物质		作用慢，效力低，吸水容量大(1.25)，常用于初步干燥
无水 $CaSO_4$	$CaSO_4 \cdot 2H_2O$ 80℃以上失水成无水盐	中性	强	适用范围广，一般有机化合物都能干燥，尤其是不能用无水 $CaCl_2$ 干燥的物质		作用快，效力高，吸水容量小(0.06)，常与 Na_2SO_4 配合用作二次干燥
分子筛* 3Å，4Å	物理吸附	中性	强	各类有机化合物及溶剂、不饱和烃气体		作用快，效力高，吸水容量较小(0.25)，常用作二次干燥和放在干燥器中
NaOH KOH	可被水溶解	强碱	中等	氨、胺、醚、杂环等碱性化合物	醇、酯、醛、酸、酚等化合物	干燥速度快，效力高，吸湿性强
金属钠(Na)	$Na + H_2O \rightarrow NaOH + H_2\uparrow$	强碱	强	仅限于醚、烃、三级胺中痕量水的干燥	醇、酸等物质，与氯代烃相遇有爆炸危险	作用慢，效力高，与水接触强烈放热并可自燃，常用作二次干燥
CaO BaO	$CaO+H_2O \rightarrow Ca(OH)_2$ $BaO+H_2O \rightarrow Ba(OH)_2$	碱性	强	中性及碱性气体，胺、乙醚、低级醇	酸和酯类化合物	干燥速度较快，不易挥发，热稳定性好，干燥后可不过滤，直接蒸馏
无水 K_2CO_3	$K_2CO_3 \cdot 2H_2O$	碱性	较弱	醇、酮、酯、胺、杂环等碱性化合物	酚及酸性化合物	干燥速度慢，易潮解，吸水容量小(0.2)
H_2SO_4	$H_3^+OHSO_4^-$	酸性		中性和酸性气体，脂肪烃、烷基卤化物	醇、酮、醚、不饱和烃及碱性化合物	脱水效力高，不能用于高温下真空干燥
P_2O_5	$P_2O_5+3H_2O \rightarrow 2H_3PO_4$	酸性	强	烃、卤代烃、腈中痕量水、二硫化碳等酸性化合物。也常用于保干器和干燥枪中	醇、醚、酮、胺、碱性化合物、HCl、HF	
硅胶				常用于干燥器中	HF	

* 分子筛是硅酸钠铝和硅酸钙铝的商业名称，是多孔性物质，只允许水或小分子进入，如氨分子。3Å，4Å(1Å=0.1nm)代表孔径的大小。吸水后，在 300～320℃下可以脱水，经脱水活化后可继续使用。

3. 有机液体的干燥

经过水洗或萃取的有机液体，应先经过干燥将体系中痕量(或微量)的水去除后才能进行蒸馏，因为一般蒸馏方法不能将这部分水除掉。

具体操作：将含水的有机液体倒入分液漏斗中将水层尽可能分出，以看不到明显的水珠存在为准。把待干燥的液体放入干净并且干燥的锥形瓶中，取颗粒大小合适的干燥剂，如黄豆粒大小的无水氯化钙颗粒、粉末状无水硫酸镁，放入液体中。用塞子盖住瓶口，轻轻振摇，观察干燥剂颗粒的悬浮情况，并判断干燥剂用量是否合适。待锥形瓶中干燥剂不结块，不粘壁，并且有悬浮颗粒随液体流动，说明干燥剂用量合适，静置约30min，将干燥剂过滤掉。把干燥好的液体滤入干净且干燥的蒸馏瓶中，然后进行蒸馏。

4. 影响干燥效果的几种因素

(1) 干燥剂用量

根据水在溶液中的溶解度和干燥剂的吸水量，可计算出干燥剂的最低用量。例如，在室温下，水在乙醚中溶解度为1%～1.5%，用无水硫酸镁干燥100mL乙醚溶液。假设无水硫酸镁在干燥过程中全部转变为$MgSO_4 \cdot 7H_2O$水合物，无水硫酸镁的吸水容量应为1.05，即1g无水硫酸镁可以吸收1.05g水，按理论推算在100mL乙醚溶液中加入1g无水硫酸镁就可以。但是，在实际操作中干燥剂的实际用量要大大超过理论计算量。因为，首先在萃取过程中水不能完全从乙醚溶液中分离出来；其次，无水硫酸镁在干燥过程中转变为$MgSO_4 \cdot 7H_2O$水合物需要较长时间，短时间内不能达到无水硫酸镁最大的吸水容量。因此，在实际操作中干燥100mL含水乙醚，往往要加5～10g无水硫酸镁固体，才能看到有悬浮颗粒存在。

确定干燥剂的最低使用量可查阅溶解度手册。根据溶解度进行估算，如果结构中含有亲水基时，干燥剂应过量。在实际操作中，一般干燥剂的用量为每10mL液体需0.5～1g。但是，由于各体系情况不同，干燥剂质量不同，颗粒大小不同，干燥时温度不同，因此不能一概而论。操作时，应分批加入，每次加入后要振荡溶液，并仔细观察干燥剂和溶液状态，如果加入的干燥剂因吸水而变粘，粘在器壁上，摇动时不易旋转，表明干燥剂用量不够，应适量补加，直到新加入的干燥剂不结块，不粘壁，干燥剂棱角分明，摇动时有悬浮颗粒随液体旋转(尤其$MgSO_4$等小晶粒干燥剂)，表明所加干燥剂量合适。如果加入干燥剂的量过大，会吸收一定量的产品，造成产品的损失。因此控制好干燥剂的用量对于液体化合物的干燥是非常重要的。

(2) 干燥时间

干燥时间越长，干燥效果越好，一般放置30min左右，在此过程中应多摇动几次，以提高干燥效率。

(3) 干燥时的温度

对于能与水反应生成水合物的干燥剂，因在温度高时失水，影响干燥效果，故一般在常温下使用。在蒸馏前必须把干燥剂过滤去除，千万不能带着干燥剂一起蒸馏。对于能与水发生不可逆反应生成稳定物质的干燥剂，如金属钠、石灰、五氧化二磷等，可以带着干燥剂一起蒸馏。有时为了加快干燥速度，在处理溶剂时，经常采用加热回馏的方法，图 3-27 所示是一种简易的溶剂干燥处理装置。具体操作：将被干燥的溶剂和干燥剂一起加入到圆底烧瓶中，打开恒压滴液漏斗上的活塞，加热回馏 30min 或更长时间，将活塞关闭，使干燥好的液体在恒压滴液漏斗中蓄积，待用。

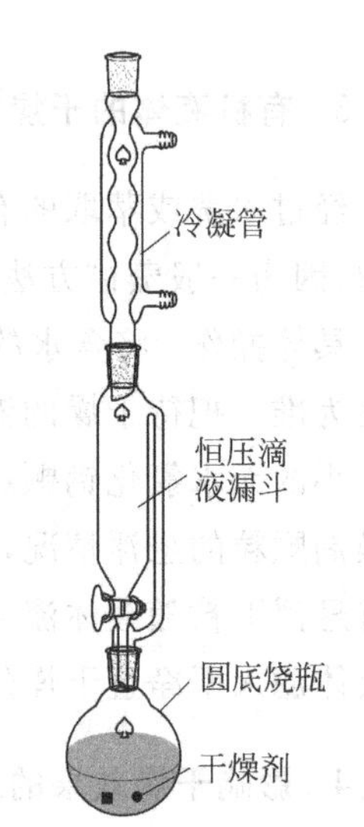

图 3-27　溶剂干燥简易装置

(4) 干燥时液体的变化

含水的有机化液体一般都是混浊的(与水完全互溶的化合物除外)，经过干燥后，液体变透明。但是液体透明并不能说明已经不含水，液体透明与否和水在该化合物中的溶解度有关，只要含水量不超过它在常温下的溶解度，含水的液体也是透明的。液体的透明不能说明溶液中不含水，只是没有达到饱和。因此判断干燥剂用量时，液体透明后还应该再加一些干燥剂，直至有悬浮颗粒存在为止。

有些化合物，如苯、甲苯、四氯化碳等能与水形成共沸物，这些液体可以用恒沸蒸馏的方法将水去除。也可以用这些有机溶剂作夹带剂将体系中的水去除，如无水乙醇的制备就是在 95% 的乙醇中加入适量的苯作为夹带剂进行共沸蒸馏。前馏分为三元共沸混合物，当把水蒸完后，即为乙醇和苯的二元共沸混合物，当将苯蒸出后，沸点升高，此时的液体就是无水乙醇。但该乙醇中带有微量苯，不宜用作光谱溶剂。

3.3.2　固体干燥

固体有机化合物利用抽滤的方法可以除掉大量的水或溶剂，如果要得到完全无水干燥的固体还需要进一步的干燥处理。一般采用物理法，常用的方法有自然晾干、烘干、玻璃干燥器干燥、冷冻干燥等。

1) 晾干

将待干燥的固体放在表面皿或培养皿中，铺平，尽量薄一些，盖一张滤纸或培养皿的盖子，在室温下放置固体干燥。这种方法对于低沸点溶剂的去除和在高温下容易分解的固体的干燥是最好的处理方法。

2) 烘干

常用的设备有恒温干燥箱、恒温真空干燥箱、红外灯。

(1) 恒温干燥箱(烘箱)干燥：烘箱用来干燥无腐蚀、无挥发性的固体物质，使用温度一般为 50～300℃，通常使用温度应控制在 100～200℃。对于在高温下容易发生分解、聚合等反应的固体物质，应使用恒温真空干燥箱干燥。

(2) 红外灯干燥：固体中如含有不易挥发的溶剂，为了加速干燥，常用红外灯干燥。干燥的温度应低于晶体的熔点和升华温度，干燥时可利用红外灯的高度来控制温度。在干燥过程中要随时翻动固体，防止结块。对于熔点低、易升华、热稳定性差的固体尽量不用红外灯干燥，一般选择晾干。红外灯与可调变压器连接可以用来控制加热温度，使用时温度不易过高，红外灯与被干燥的固体要有一定的距离，防止被蒸发的水滴溅在灯泡上而使灯泡炸裂。

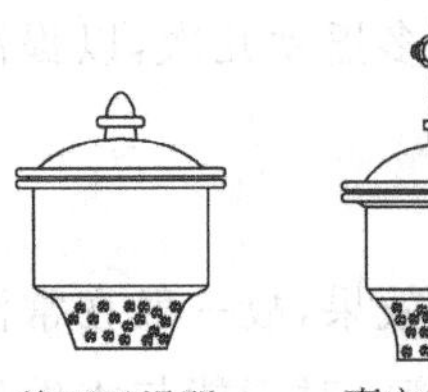

图 3-28　玻璃干燥器

3) 玻璃干燥器干燥

一般常用的有普通的玻璃干燥器和真空玻璃干燥器两种，如图 3-28 所示。

普通的玻璃干燥器一般用来保存易潮解或易升华的固体样

品。但干燥效率不高,时间较长。干燥剂放在多孔瓷板下面,待干燥的样品用表面皿或培养皿装盛,置于瓷板上面。常用的干燥剂有变色硅胶、分子筛。变色硅胶是使用最普遍的干燥剂,它干燥时为蓝色,吸水后变成红色,置于250～300℃的烘箱中活化脱水后又变成蓝色,可重复使用。分子筛是一种硅铝酸盐晶体,在晶体内部有许多孔道。它允许孔径比干燥剂孔径小的分子进入,孔径比干燥剂孔径大的分子排除在外,从而达到将直径大小不同的分子分离的目的。分子筛通常按微孔直径进行分类,如3Å,4Å分子筛,表示它可吸附最大直径为3Å,4Å的分子。当加热至350℃以上时,吸附水的分子筛可以脱水活化,重复使用。一般新购买的分子筛应放在马弗炉内加热至550℃活化2h,待温度降到200℃左右取出,存放在干燥器内,待用。

真空玻璃干燥器比普通玻璃干燥器干燥效率要高一些,但这种干燥器不能用来干燥在常温易升华的物质。使用时,先在干燥器的上下盖子上涂抹一些凡士林,以保证干燥器的密封性能。打开盖子上的活塞,接水泵,将干燥器内部的空气抽气走,使干燥器内部处于真空状态,待水泵上真空表读数达到要求后,将活塞关闭,保持干燥器内部处于一定的真空状态。取样品时将活塞打开,使内外气压平衡后,再打开盖子取样品。活塞打开时,要用滤纸片挡住抽气口,防止气体进入冲散样品。对于空气敏感的物质,可加氮气保护。

4) 冷冻干燥

此方法是使有机物的水溶液或混悬液在高真空的容器中,先冷冻成固体,然后利用冰蒸气压较高的性质,使水从冰冻的体系中升华,有机物即成固体或粉末。此方法非常适合干燥受热不稳定的固体物质。

3.3.3 气体干燥

在有机实验中,常有气体参与反应,常用的气体有 N_2,O_2,H_2,Cl_2,NH_3,CO_2,有些反应要求气体中不含 CO_2 或 H_2O 等,因此需要对使用的气体进行干燥处理。常用的方法是将固体干燥剂装入干燥管、干燥塔或大的U形管中,液体干燥剂则装在各种形式的洗气瓶中。根据被干燥气体的性质、用量、潮湿程度以及反应条件,选择不同的干燥剂和仪器,表3-5给出了常用的气体干燥剂。

表3-5 常用的气体干燥剂及适用范围

干 燥 剂	性质	可干燥的气体
CaO、碱石灰、NaOH、KOH	碱性	NH_3 类
P_2O_5	酸性	H_2、O_2、CO_2、SO_2、N_2、烷烃、乙烯
浓 H_2SO_4	酸性	H_2、N_2、CO_2、Cl_2、HCl、烷烃
无水 $CaCl_2$	中性	H_2、HCl、CO_2、CO、SO_2、N_2、O_2、低级烷烃、醚、烯烃、卤代烃
$CaBr_2$	中性	HBr
$ZnBr_2$	中性	HBr

在使用过程中应当注意:

(1) 用无水氯化钙干燥气体时,切勿用细粉末,以免吸潮后结块堵塞。

(2) 用浓硫酸干燥时,酸的用量要适当,并控制好通入气体的速度。为了防止发生倒吸,在洗气瓶与反应瓶之间应连接一个安全瓶。

(3) 用干燥塔进行干燥时，为了防止干燥剂在干燥过程中结块，那些不能保持其固有形态的干燥剂，如五氧化二磷，应加入一些如石棉绳、玻璃纤维、浮石等载体混合使用。

(4) 低沸点的气体可通过冷阱将其中的水或其他可凝性杂质冷冻除去，从而获得干燥的气体，固体二氧化碳与甲醇组成的体系或液态空气都可用作为冷却阱的冷冻液。

(5) 为了防止大气中的水蒸气侵入，有特殊干燥要求的开口反应装置可加干燥管，进行空气的干燥。

3.4　重结晶

重结晶是固体化合物提纯的一种重要方法，它适用于产品与杂质性质差别比较大，产品中杂质含量小于5%的体系。

1. 基本原理

固体有机化合物在溶剂中的溶解度随温度的变化而变化，一般情况下，当温度升高，溶解度加大，温度降低，溶解度减小。利用这一性质使化合物在高温下溶解，在低温下析出结晶，由于产品与杂质在溶剂中的溶解度不同，可以通过过滤将杂质去除，达到分离提纯的目的。由此可见，选择合适的溶剂是重结晶操作中的关键。

2. 溶剂选择

1) 单一溶剂选择

根据“相似相溶”原理，通常极性化合物易溶于极性溶剂中，非极性化合物易溶于非极性溶剂中。借助于文献可以查出常用化合物在某一溶剂中的溶解度。在选择时应注意：

(1) 所选择的溶剂应不与产物(即被提取物)发生化学反应。

(2) 产物在溶剂中的溶解度随温度变化越大越好，即在温度高时，溶解度越大越好，在温度低时溶解度越小越好，这样才能保证有较高的回收率。

(3) 杂质在溶剂中要么溶解度很大，冷却时不会随晶体析出，仍然留在母液(溶剂)中，过滤时与母液一起去除；要么溶解度很小，在加热时不被溶解，在热过滤时将其去除。

(4) 所用溶剂沸点不宜太高，应易挥发，易与晶体分离。一般溶剂的沸点应低于产物的熔点。

(5) 所选溶剂还应具有毒性小，操作比较安全，价格低廉等优点。

如果在文献中找不出合适的溶剂，应通过实验选择溶剂。其方法是：取0.1g的产物放入一支试管中，滴入1mL溶剂，边振荡边观察产物是否被溶解，若在不加热的情况下，很快溶解，说明此产物在此溶剂中的溶解度太大，不适合作此产物重结晶的溶剂；若在加热至沸腾情况下，还不溶解，可补加溶剂，当溶剂用量超过4mL产物仍不溶解时，说明此产物在这个溶剂中的溶解度太小，也不适合。如所选择的溶剂能在1～4mL溶剂中，在加热至接近沸腾的情况下，使产物全部溶解，并在冷却后能析出较多的晶体，说明此溶剂适合作为此产物重结晶的溶剂。在实验中应同时选用几种溶剂进行比较。表3-6给出了一些重结晶常用的溶剂。有时很难选择到一种较为理想的单一溶剂，这时应考虑选用混合溶剂。

表 3-6　常用重结晶溶剂的性质

溶剂名称	沸点/℃	密度/(g/cm³)	溶剂名称	沸点/℃	密度/(g/cm³)
水	100.0	1.00	乙酸乙酯	77.1	0.90
甲醇	64.7	0.79	二氧六环	101.3	1.03
乙醇	78.0	0.79	二氯甲烷	40.8	1.34
丙酮	56.1	0.79	二氯乙烷	83.8	1.24
乙醚	34.6	0.71	三氯甲烷	61.2	1.49
石油醚	30～60 60～90	0.68～0.72	四氯化碳	76.8	1.58
环己烷	80.8	0.78	硝基甲烷	120.0	1.14
苯	80.1	0.88	甲乙酮	79.6	0.81
甲苯	110.6	0.87	乙腈	81.6	0.78

2）混合溶剂选择

混合溶剂一般是由两种能以任何比例相互混溶的溶剂组成。其中一种溶剂对产物的溶解度较大，称为良溶剂；另一种溶剂则对产物溶解度很小，称为不良溶剂。操作时，应先将产物溶于沸腾或接近沸腾的良溶剂中，滤掉不溶杂质或经脱色后的活性炭，趁热在滤液中滴加不良溶剂，至滤液变浑浊为止，再加热或滴加良溶剂，使滤液变为清澈透明，放置冷却，使结晶全部析出。如果冷却后析出的是油状物，需要调整两种溶剂的比例，再进行实验，或换另一对溶剂。有时也可以将两种溶剂按比例预先混合好，再进行重结晶。表 3-7 给出了一些常用的混合溶剂。

表 3-7　重结晶常用的混合溶剂

溶剂名称	溶剂名称	溶剂名称
水-乙醇	甲醇-乙醚	石油醚-丙酮
水-甲醇	甲醇-二氯乙烷	石油醚-苯
水-丙酮	甲醇-氯仿	苯-乙醇*
水-乙酸	乙醇-氯仿	氯仿-乙醚
水-乙腈	丙酮-乙醚	乙醇-乙醚-乙酸乙酯

* 当使用苯-乙醇作混合溶剂时，应该用无水乙醇，因为苯与含水乙醇不能任意混溶，在冷却时会引起溶剂分层。

3. 操作方法

重结晶操作过程：饱和溶液的制备→脱色→热过滤→晶体的析出→过滤→晶体干燥。

1）饱和溶液的制备

饱和溶液的制备是重结晶操作过程中的关键步骤。其目的是将产物与杂质充分分散在溶剂中，以利于分离。具体操作：当用水作溶剂时，可以直接在烧杯、锥形瓶、圆底烧瓶中溶解固体。若使用有机溶剂，特别是使用易燃或有毒性的溶剂时，应在锥形瓶或圆底烧瓶上安装回流冷凝管，如图 3-29 所示。在容器中加入沸石和已称量好的粗产品，先加少量溶剂，然后加热使溶液沸腾或接近沸腾，边滴加溶剂边观察固体溶解情

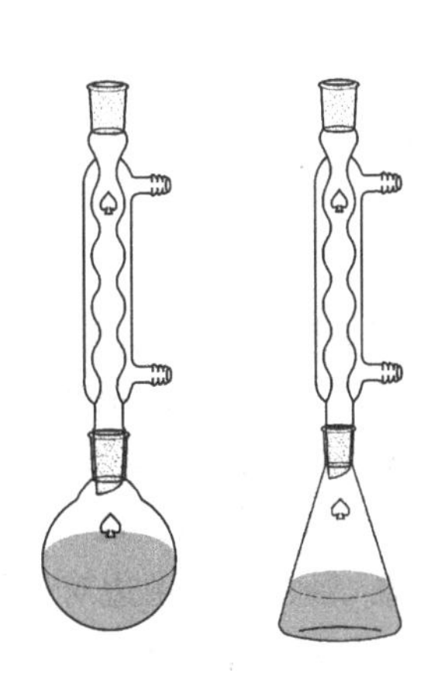

图 3-29　重结晶操作中饱和溶液制备和脱色装置

况，使固体刚好全部溶解，停止滴加，记录溶剂用量。再加入20%左右的过量溶剂（最多不要超过30%），主要是为了避免溶剂挥发和热过滤时因温度降低使晶体过早地在滤纸上析出，而造成产品损失。

在此过程中应注意溶剂用量不宜太多，以免造成结晶析出太少或根本不析出，如果发生此种情况，应将多余的溶剂蒸发掉，再冷却结晶。有时，总有少量固体不能溶解，此时，应将热溶液倒出或过滤，在剩余不溶物中再加入少量溶剂，观察是否能溶解，如加热后慢慢溶解，说明此产品需要加热较长时间才能全部溶解，如仍不溶解，则视为杂质去除。

2）脱色

粗产品中常有一些有色杂质不能被溶剂去除，因此，需要用脱色剂脱色。最常用的脱色剂是活性炭，它是一种多孔性物质，可以吸附色素和树脂状杂质，但同时它也可以吸附产品，因此加入量不宜太多，一般为粗产品质量的5%。具体方法：待上述热的饱和溶液稍冷却后，加入适量的活性炭摇动，使其均匀分散在溶液中。加热煮沸5～10min即可。注意，千万不能在沸腾的溶液中加入活性炭，否则会引起暴沸，使溶液冲出容器造成产品损失。

3）热过滤

热过滤的目的是去除不溶性杂质。在操作过程中，为了减少晶体的损失，操作时应做到：热仪器、热溶液、动作快。

热过滤有两种方法，即常压热过滤（重力过滤）和减压热过滤（抽滤）。

(1) 常压热过滤：常压热过滤的装置如图3-30所示。为了保证“热仪器”，在操作过程中应事先将所用仪器烘热，过滤时，将热的仪器放在电热板、蒸汽漏斗或电热套中保温。

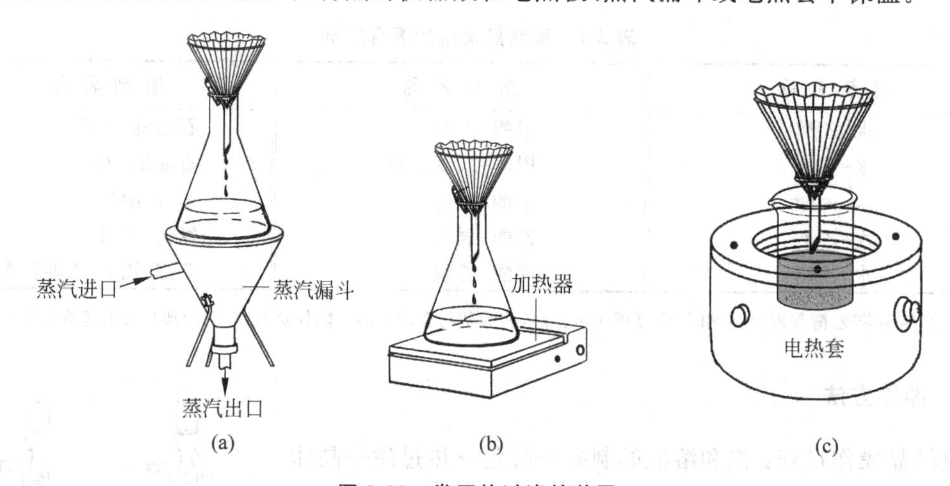

图3-30　常压热过滤的装置

为了保证过滤速度快，经常采用折叠滤纸，滤纸的折叠方法如图3-31所示。

具体折叠方法：将滤纸对折，然后再对折成4份；将2与3对折成4，1与3对折成5，如图3-31(a)所示；2与5对折成6，1与4对折成7，如图(b)所示；2与4对折成8，1与5对折成9，如图(c)所示。这时，折好的滤纸边全部向外，角全部向里，如图(d)所示；再将滤纸反方向折叠，相邻的两条边对折即可得到图(e)的形状；然后将图(f)中的1和2向相反的方向折叠一次，可以得到一个完好的折叠滤纸，如图(g)所示。在折叠过程中应注意，所有折叠方向要一致，滤纸中央圆心部位不要用力折，以免破裂。

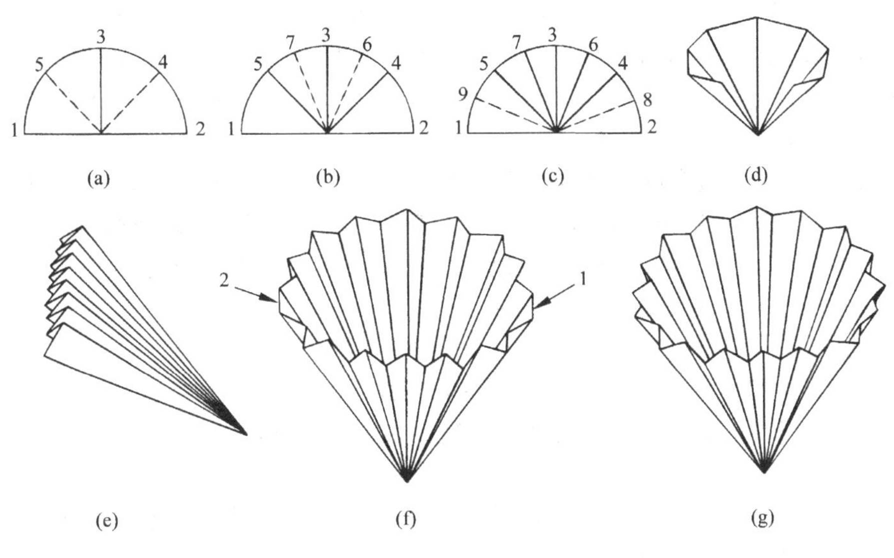

图 3-31　滤纸的折叠方法

热过滤时动作要快，以免液体或仪器冷却后，晶体过早地在漏斗中析出。如发生此现象，应用少量热溶剂洗涤，使晶体溶解到滤液中。如果晶体在漏斗中析出太多，应重新加热溶解，再进行热过滤。

(2) 减压热过滤：减压热过滤的优点是过滤速度快，缺点是当使用沸点较低的溶剂时，因减压会使热溶剂蒸发或沸腾，导致溶液浓度变大，晶体过早析出。减压热过滤装置如图 3-32 所示。

抽滤时，滤纸应小于布氏漏斗的内底，恰好将底部的孔全部盖住即可，不要过大，使滤纸翘起来，这样由于漏气容易造成穿滤。先用热溶剂将滤纸润湿，抽真空使滤纸与漏斗底部贴紧。然后迅速将热溶液倒入布氏漏斗中，在液体抽干之前漏斗应始终保持有液体存在，此时，真空度不宜太低。

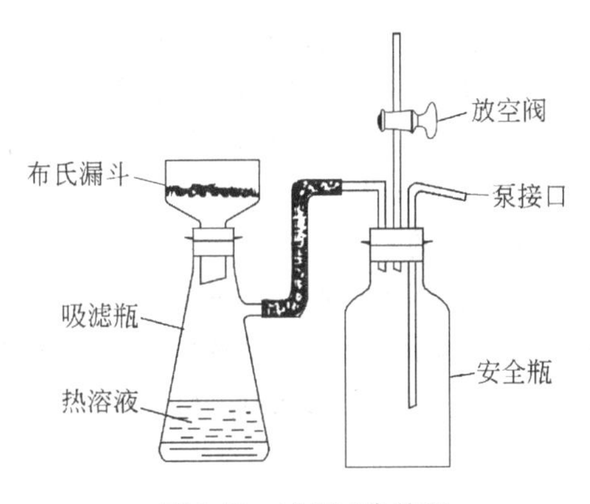

图 3-32　减压过滤装置

4）晶体的析出

晶体析出的过程是使产物重新形成晶体的过程。其目的是进一步与溶解在溶剂中的杂质分离。具体方法：将上述热的饱和溶液冷却后，晶体即析出，冷却条件不同，晶体析出的情况也不同。为了得到形状好、纯度高的晶体，在结晶析出的过程中应注意以下几点：

(1) 应在室温下慢慢冷却至有固体出现时，再用冷水或冰进行冷却，这样可以保证晶体形状好，颗粒大小均匀，晶体内不含杂质和溶剂。冷却太快，会使晶体颗粒太小，晶体表面易从液体中吸附更多的杂质，加大洗涤的困难；冷却太慢，晶体颗粒有时太大(超过 2mm)，溶液会夹带在里边，给干燥带来一定的困难。因此，控制好冷却速度是晶体析出的关键。

(2) 在晶体析出的过程中，不宜剧烈摇动或搅拌，否则会造成晶体颗粒太小。只有当晶体颗粒大于 2mm 时，才可稍微摇动或搅拌几下，使晶体颗粒大小趋于均匀。

(3) 如果溶液冷却后，晶体还不析出，可用以下几种方法促使晶体形成尽快析出。①用玻璃棒摩擦瓶壁，促使饱和溶液在粗糙的溶液表面形成少量晶核，从而大面积的晶体形成；②加热使溶剂挥发，增加溶质在液体中的浓度；③在原溶液中加入少量同样的晶体作为晶种，液体中一旦有了晶种或晶核，晶体会逐渐析出。晶种的加入量不宜过多，而且加入后不要搅动，以免晶体析出太快，影响产品的纯度。

(4) 如果溶剂沸点过高或固体熔点过低，会造成固体不固化，出现油状物，此时，更深一步的冷冻可以使油状物成为晶体析出，但晶体中杂质含量较多。或者重新加热溶解固体，然后慢慢冷却，当油状物析出时，剧烈搅拌可使油状物在均匀分散的条件下固化，如还是不能固化，则需要更换溶剂或改变溶剂用量，再进行结晶。

5) 过滤

过滤一般都采用抽滤，即真空过滤。过滤的目的是将留在溶剂(母液)中的可溶性杂质与晶体(产品)彻底分离。其优点是过滤和洗涤速度快，固体与液体分离得比较完全，固体容易干燥。

常用的抽滤装置是减压(真空)过滤装置。具体操作与减压热过滤大致相同，所不同的是仪器和液体都应该是冷的，所收集的是固体而不是液体。

在晶体抽滤过程中应注意以下几点：

(1) 在转移瓶中的残留晶体时，应用母液转移，不能用新的溶剂转移，以防溶剂将晶体溶解，造成产品损失。用母液转移的次数和每次母液的用量都不宜太多，一般2～3次即可。

(2) 晶体全部转移至漏斗中后，为了将固体中的母液尽量抽干，用玻璃钉或玻璃塞挤压晶体。当母液抽干后，将安全瓶上的放空阀打开，用玻璃棒或不锈钢小勺将晶体松动，滴入几滴冷的溶剂进行洗涤，然后将放空阀关闭，将溶剂抽干，与此同时对晶体要进行挤压，将溶剂全部抽干。这样反复2～3次，将吸附在晶体上的杂质洗干净。晶体经过抽滤洗涤后倒入表面皿或培养皿中进行干燥。

6) 晶体的干燥

为了保证产品的纯度，需要将晶体进行干燥，把溶剂彻底去除。如果使用的溶剂沸点比较低，可在室温下使溶剂自然挥发，达到干燥的目的；如果使用的溶剂沸点比较高(如水)而产品又不易分解和升华，可用红外灯烘干；如果产品易吸水或吸水后易发生分解，应用真空干燥器进行干燥。

4. 思考题

(1) 简述重结晶过程及各步骤的目的。
(2) 加活性炭脱色应注意哪些问题？
(3) 母液浓缩后所得到的晶体为什么比第一次得到的晶体纯度要差？
(4) 在热过滤操作过程中为什么要“热容器、热溶液、动作快”，否则会出现什么后果？
(5) 使用有毒或易燃溶剂重结晶时应注意哪些问题？

3.5 升华

升华是固体化合物提纯的又一种手段。由于不是所有固体都具有升华性质，因此，它只适用于以下情况：①被提纯的固体化合物具有较高的蒸气压(一般高于2.67kPa)，在低于熔点时，就可以产生足够的蒸气，使固体不经过液体熔融状态直接变为气体，从而达到分离的目的；

②固体化合物中杂质的蒸气压较低，有利于分离。

升华的操作比重结晶要简便，纯化后产品的纯度较高。但是产品损失较大，时间较长，不适合大量产品的提纯。

1. 基本原理

升华是利用固体混合物的蒸气压或挥发度不同，将不纯净的固体化合物在固体熔点温度以下加热，利用产物蒸气压高，杂质蒸气压低的特点，使产物不经液体过程而直接气化，遇冷后固化，而杂质则不发生这个过程，达到分离的目的。

一般来说，具有对称结构的非极性化合物，因电子云密度分布比较均匀，偶极矩较小，晶体内部静电引力小，这种固体都具有较高的蒸气压。为进一步说明问题，考察图3-33所示的某物质的三相平衡图。图中的3条曲线将图分为3个区域，每个区域代表物质的一相。由曲线上的点可读出两相平衡时的蒸气压，GS表示固相与气相平衡时，固相的蒸气压曲线；SY表示液相与气相平衡时，液相的蒸气压曲线；SV则表示固相与液相的平衡曲线。S为3条曲线的交点，也是物质的三相平衡点，在此状态下物质以气、液、固三相共存。由于不同物质具有不同的液态、固态与气态处于平衡时的温度与压力，因此，不同的物质三相点是不同。固体的熔点与三相点之间相差很小，只有千分之几度，因此常常把熔点近似地看作是物质的三相点。

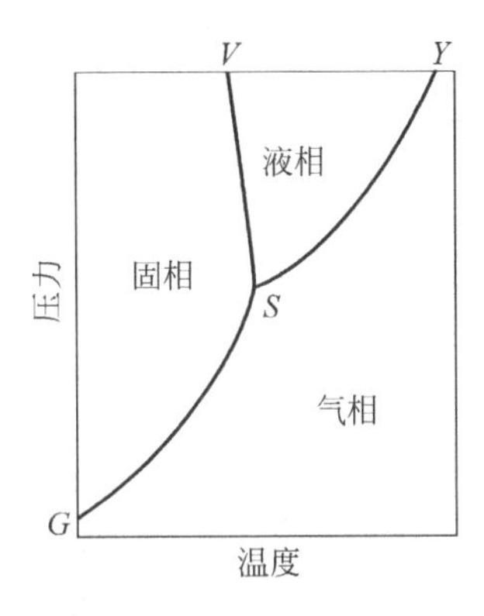

图3-33　三相平衡图

从图中可以看出，在三相点以下，物质处于气、固两相的状态，因此，升华都在物质的熔点和三相点温度以下进行。

与液体化合物的沸点相似，当固体化合物的蒸气压等于外界所施加给固体化合物表面的压力时，具有升华性质的固体化合物开始升华，此时的温度为该固体化合物的升华温度。在常压下不易升华的物质，可利用减压进行升华。

查阅化合物的熔点，可以得到化合物是否具有升华性质的信息，缩写词“Sub”表示化合物可以升华，如咖啡因和樟脑等。

2. 升华操作

(1) 常压升华

常用的常压升华装置如图3-34所示。图中(a)是实验室常用的常压升华装置。将被升华的固体化合物烘干，放入蒸发皿中，铺匀。取一大小合适的锥形漏斗，将颈口处用少量棉花堵住，以免蒸气外逸，造成产品损失。选一张略大于漏斗底口的滤纸，在滤纸上扎一些小孔后盖在蒸发皿上。将蒸发皿放在砂浴上，用电炉或电热套加热，在加热过程中应注意控制温度，使升华过程在熔点以下慢慢进行。当蒸气开始通过滤纸上升至漏斗中时，可以看到滤纸和漏斗壁上有晶体出现。如果晶体不能及时析出，可在漏斗外面用湿布冷却。当样品量较大时，可用装置(b)分批进行升华。当需要通入空气或惰性气体进行升华时，可用装置(c)。

(2) 减压升华

减压升华的装置如图3-35所示。将样品放入吸滤管(或瓶)中，在吸滤管中放入“指形冷凝器”，接通冷凝水，抽气口与水泵连接好，打开水泵，关闭安全瓶上的放空阀，进行抽气。将此

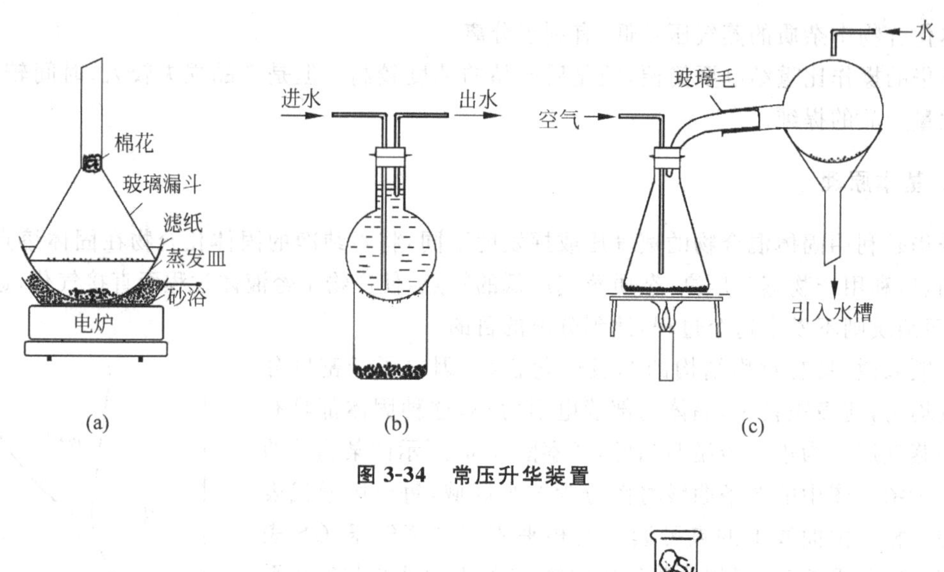

图 3-34　常压升华装置

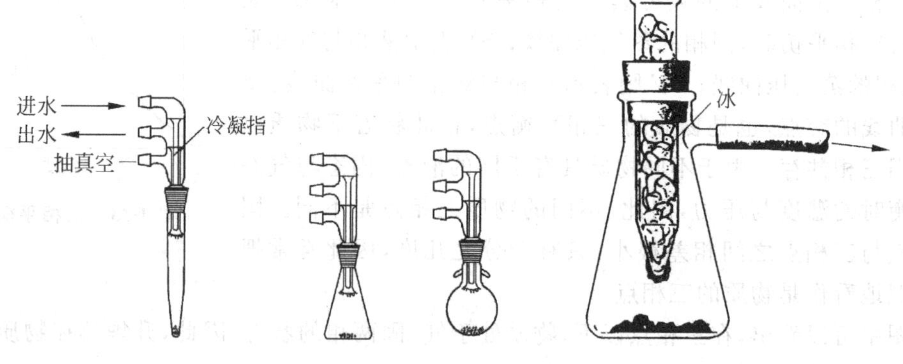

图 3-35　减压升华装置

装置放入电热套或水浴中加热，使固体在一定压力下升华。冷凝后的固体将凝聚在“指形冷凝器”的底部。

3. 注意事项

(1) 升华温度一定要控制在固体化合物熔点以下。

(2) 被升华的固体化合物一定要干燥，如有溶剂会影响升华后固体的凝结。

(3) 滤纸上的孔应尽量大一些，以便蒸气上升时顺利通过滤纸，在滤纸的上面和漏斗中结晶，否则将会影响晶体的析出。

(4) 减压升华中，停止抽滤时，一定要先打开安全瓶上的放空阀，再关泵，否则循环水泵内的水会倒吸进入吸滤管中，实验失败。

3.6　色谱分离技术

前边介绍了蒸馏、萃取、重结晶和升华等有机化合物的提纯方法。然而，经常遇到化合物的物化性质十分相近的情况，用以上的几种方法均不能得到较好的分离效果，此时，用色谱分离技术可以得到满意的结果。随着科学技术的快速发展，色谱分离技术应用越来越广泛，已发展成为分离、纯化和鉴定有机化合物重要的实验技术。

3.6.1 色谱分离技术的发展与原理

1. 发展过程

色谱技术是分离混合物、提纯物质以及鉴定结构的有效方法之一。20世纪初由俄国植物学家Tswett创立。他将从绿叶中提取出来带有色素的石油醚溶液，加入到一根填满碳酸钙的玻璃柱内，然后用纯净的石油醚淋洗，结果在玻璃柱内的植物绿叶色素就被分离成几个具有不同颜色的谱带，然后按谱带颜色对混合物进行鉴定分析。当时，Tswett将这种分离方法命名为色谱法，分离出的谱带称为色谱。色谱自从诞生后逐步发展完善。1935年，Adams和Holmes合成了离子交换剂并用于色谱分离，从而诞生了离子交换色谱。1938年，Izmailov等人将糊状氧化铝铺在玻璃板上形成薄层，用以分析药用植物的萃取物，建立了薄层色谱法。1941年，Martin和Synge设计了一个萃取容器，将乙酰化氨基酸从水相中萃取到有机相，使其离析出来。不久又用填充颗粒硅胶的色谱柱代替这种萃取器，奠定了液液分配色谱的基础。1944年，Consden等人将纤维纸做成滤纸形式，利用毛细管作用使溶剂在滤纸上移动。由于混合物中各组分在两相中溶解度的差异使它们以不同速率穿过滤纸，从而得到分离。由此创立了纸色谱法。1952年，Jomes和Martin在惰性载体表面涂布一层薄而均匀的有机化合物液膜，并以气体作冲洗剂，产生了气液色谱。1953年，Janak根据某些固体物质能吸附气体而发展了气固色谱法。1959年，Porath和Flodin提出了大小排阻色谱法，其原理是基于柱内多孔填料对大小不同的分子具有选择渗透作用。20世纪60年代早期，Giddings等人将气液色谱重要理论用于液相色谱，同时出现了高效能液相色谱填料。到60年代末，Kirkland等人研制了高效液相色谱仪，使液相色谱的分离效率和速度大大提高。目前色谱技术在有机合成及分析实验中应用极为广泛。

2. 原理

在讨论色谱原理时，一般都以柱色谱或薄层色谱为例。在色谱分析中，当流动相携带样品通过固定相时，样品与固定相之间相互作用，使样品在流动相和固定相之间进行分配。样品中与固定相作用力越大的组分向前移动速度越慢，与固定相作用力越小的组分向前移动速度越快，经过一定的距离后由于反复多次的分配，柱色谱分配次数为$10^3 \sim 10^6$次，使原本性质(沸点、极性等)差异很小的组分也可得到很好的分离。

在一定的温度和压力下，当体系达到平衡时，组分在两相中的浓度之比为一常数，这个常数称为分配系数：

$$K = \frac{\text{组分的固定相中的浓度 } c_s}{\text{组分在流动相中的浓度 } c_m}$$

分配系数与组分和固定相的热力学性质相关，随柱温而变化，而与两相的体积无关。当色谱体系和分离对象给定以后，K值只与柱温有相。在液相色谱中分配系数还取决于流动相的性质。

分配比是指在一定温度和压力下，组分在两相间达到分配平衡时，分配在固定相和流动相中总量之比：

$$k = \frac{c_s V_s}{c_m V_m} = K \frac{V_s}{V_m}$$

式中，V_s，V_m分别表示固定相与流动相的体积。

V_s 在不同类型的色谱中含义不同,分配色谱中表示固定液体积,吸附色谱中表示吸附剂的表面积,离子交换色谱中表示离子交换剂的交换容量。它是指真正参与组分在两相间分配的那一部分有效体积。

V_m 包括两部分,一是指在固定相颗粒间的流动相,是流动的;另一是指多孔固定相颗粒内部孔隙中的流动相,是静止的。

分配比是衡量分离体系对组分保留能力的重要参数,分配比不仅取决于组分和两相的性质,还与两相的体积有关。分配比越大,停留在固定相中的分子数越多,组分移动越慢。

色谱按分离材料不同原理也有所不同,可分为吸附色谱、分配色谱、离子交换色谱和排阻色谱等。

(1) 吸附色谱

一般采用硅胶或氧化铝作为吸附剂,利用吸附剂表面对不同物质吸附能力的差异而达到分离提纯的目的。

(2) 分配色谱

常用硅胶或纤维素作为载体,利用不同组分在给定的两相中具有不同的分配系数而使混合物实现分离。

(3) 离子交换色谱

利用某种含离子交换活性基团的纤维素作为固定相,通过与组分中某种基团作用实现分离和测试。

(4) 排阻色谱

也称为凝胶色谱,利用组分中分子的大小不同,在通过色谱时受阻情况不同而将组分分离。

按操作条件又可分为柱色谱、薄层色谱、纸色谱、气相色谱和高压液相色谱等。

3.6.2 柱色谱

1. 原理及过程

柱色谱有吸附色谱和分配色谱两种。实验室中最常用的是吸附色谱,其原理是利用混合物中各组分在不相混溶的两相(流动相和固定相)中吸附和解吸的能力不同,也可以说在两相中的分配不同,当混合物随流动相流过固定相时,发生了反复多次的吸附和解析过程,从而使混合物分离成两种或多种单一的纯组分。

为了进一步理解色谱原理,我们对柱色谱的分离过程作一简单介绍。柱色谱常用的吸附剂有氧化铝、硅胶等,将吸附剂调成糊状,加入到色谱柱中,具体装柱方法见本节的第 5 部分。将已溶解的样品加入到已装好的色谱柱中,然后,用洗脱剂(流动相)进行淋洗。样品中各组分在吸附剂(固定相)上的吸附能力不同,一般来说,极性大的吸附能力强,极性小的吸附能力相对弱一些。当用洗脱剂淋洗时,各组分在洗脱剂中的溶解度也不一样,因此,被解吸的能力也就不同。根据“相似相溶”原理,极性化合物易溶于极性洗脱剂中,非极性化合物易溶于非极性洗脱剂中。一般是先用非极性洗脱剂进行淋洗。当样品加入后,无论是极性组分还是非极性组分均被固定相吸附,其作用力为范德华力。当加入洗脱剂后,非极性组分由于在固定相(吸附剂)中吸附能力弱,而在非极性的流动相(洗脱剂)中溶解度大,首先被解吸出来,被解吸出来的非极性组分随着流动相向下移动与新的吸附剂接触再次被固定相吸附。随着洗脱剂向下流动,被吸附的非极性组分再次与新的洗脱剂接触,并被解吸出来再次随着流动相向下流动。而极性组分由于与固定相吸附能力强，且在洗脱剂中溶解度又小，因此不易被解析出来，随洗脱剂（流动相）移动的速度比非极性组分要慢得多（或根本不移动）。这样经过一定次数的吸附和解析后，各组分在色谱柱中形成了一段一段的色带，随着洗脱过程的进行从柱底端流出。每一段色带代表一个组分，分别收集不同的色带，再将洗脱剂蒸发，就可以获得单一的纯净物质。图 3-36 所示为色谱分离过程。

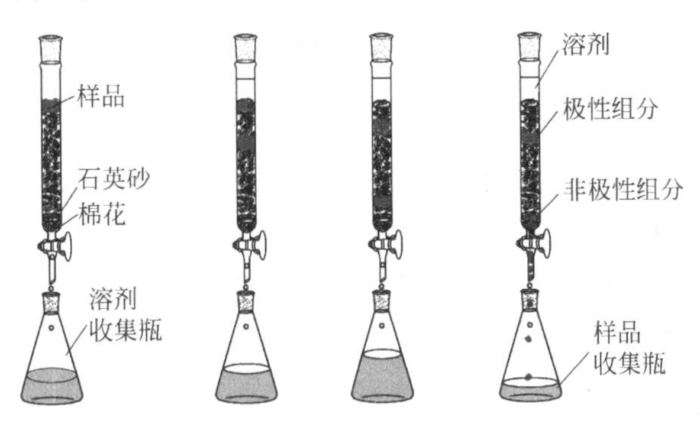

图 3-36　色谱分离过程

2. 吸附剂的选择

选择合适的吸附剂作为固定相对于柱色谱来说是非常重要的。常用的吸附剂有硅胶、氧化铝、氧化镁、碳酸钙和活性炭等。实验室一般使用氧化铝或硅胶，在这两种吸附剂中氧化铝的极性更大一些，它是高活性和强吸附的极性物质。通常市售的氧化铝分为中性、酸性和碱性 3 种。酸性氧化铝的 pH 值为 4，适用于分离酸性有机物质；碱性氧化铝的 pH 值为 10，适用于分离碱性有机物质，如生物碱和烃类化合物；中性氧化铝的 pH 为 7.5，其应用最为广泛，适用于中性物质的分离，如醛、酮、酯、醌等类有机物质。市售的硅胶略带酸性，一般用于分离极性有机化合物。

由于样品被吸附到吸附剂表面上，因此吸附剂的颗粒大小、均匀程度都会影响分离效果，比表面积大的吸附剂分离效果最佳。因为，比表面积越大，组分在流动相和固定相之间达到平衡的速度就越快，色带就越窄。对于 Al_2O_3 和硅胶中较好等级的吸附剂，比表面积一般可达到几百 m^2/g 的数量级。颗粒越小比表面积越大，但是颗粒太小流动速度太慢，分离所用的时间就越长。通常使用的吸附剂颗粒大小以 100～200 目为宜。

吸附剂的活性取决于吸附剂的含水量，含水量越高，活性越低，吸附剂的吸附能力越弱，反之，则吸附能力强。吸附剂的含水量和活性等级关系如表 3-8 所示。一般常用Ⅱ和Ⅲ级吸附剂，Ⅰ级吸附性太强，而且易吸水，Ⅴ级吸附性太弱。

表 3-8　吸附剂的含水量和活性等级关系　　%

活性等级	Ⅰ	Ⅱ	Ⅲ	Ⅳ	Ⅴ
氧化铝含水量	0	3	6	10	15
硅胶含水量	0	5	15	25	38

有机化合物在固定相上的吸附强度不仅仅依赖于吸附剂的极性和性质，还依赖于有机分子中存在的官能团的性质。在正相色谱中，固定相的填充材料是极性吸附剂，如 Al_2O_3 和硅胶，一般用有机溶剂作为流动相。在这种条件下，含有羧基和其他极性官能团的化合物比含卤

素的化合物结合得更紧，洗脱顺序见图 3-37，必须使用极性更高的有机溶剂作为流动相来洗脱柱上的高极性分子。

极性固定相上吸附能力增大

$$\longleftarrow$$

RCO_2H　ROH　RNH_2　$R^1R^2C=O$　$R^1CO_2R^2$　$ROCH_3$　$R^1R^2C=CR^3R^4$　R—H

$$\longrightarrow$$

非极性固定相上吸附能力提高

图 3-37　固定相对有机分子中官能团的吸附能力

在反相色谱中，固定相的填充材料是由表面覆盖有非极性、疏水薄膜的玻璃珠组成，一般用水和有机溶剂的混合物作为洗脱剂。在这种条件下，非极性有机分子很强地吸附到非极性固定相上，而极性有机分子留在流动相中，洗脱顺序与正相色谱相反。反相色谱可用于正相色谱无法分开的混合物的分离。

3. 洗脱剂的选择

在柱色谱分离中，洗脱剂的选择也是很重要的。一般洗脱剂的选择是通过薄层色谱实验来确定的。具体方法：先用少量溶解好(或提取出来)的样品，在已制备好的薄层板上点样，用少量展开剂展开，观察各组分点在薄层板上的位置，并计算 Rf 值，具体方法见 3.6.3 节薄层色谱。能将样品中各组分完全分开的展开剂，即可作为柱色谱的洗脱剂。有时，单纯一种洗脱剂达不到所要求的分离效果，可考虑选用混合溶剂洗脱剂。

选择洗脱剂的另一个原则是，洗脱剂的极性不能大于样品中各组分的极性，否则会由于洗脱剂在固定相上被吸附，迫使样品一直保留在流动相中。在这种情况下，组分在色谱柱中移动得非常快，很少有机会建立起分离所要达到的化学平衡，从而影响分离效果。此时，洗脱剂的极性必须明显地比混合物中各组分的极性低，才能获得较好的分离。常用洗脱剂极性大致按以下顺序排列：

乙酸＞吡啶＞水＞甲醇＞乙醇＞1-丙醇＞丙酮＞乙酸乙酯
＞乙醚＞氯仿＞二氯甲烷＞甲苯＞环己烷＞己烷和石油醚

另外，所选择的洗脱剂必须能够将样品中各组分溶解，但不能同组分竞争与固定相的吸附。如果被分离的样品不溶于洗脱剂，那么各组分可能会牢固地吸附在固定相上，而不随流动相移动或移动很慢。

洗脱剂的洗脱能力是指不同的洗脱剂使给定的样品沿 Al_2O_3 或硅胶柱相对移动的能力。

4. 色谱柱的选择

常用的玻璃色谱柱如图 3-38 所示。色谱柱是一根带有下旋塞或无下旋塞的玻璃管，实验者可以根据被分离物质的量来选择合适的色谱柱。一般来说，吸附剂的质量应是待分离物质质量的 25～30 倍，所用色谱柱的高度和直径比应为 8∶1。表 3-9 给出了样品质量、吸附剂质量、柱高和直径之间的关系，实验者可根据实际情况参照选择。

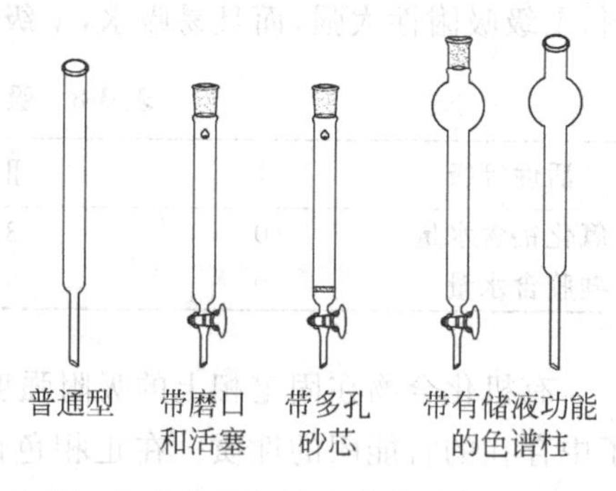

图 3-38　常用各种形式的玻璃色谱柱

表 3-9　样品和吸附剂质量与色谱柱高和直径的关系

样品质量/g	吸附剂质量/g	色谱柱直径/cm	色谱柱高度/cm
0.01	0.3	3.5	30
0.10	3.0	7.5	60
1.00	30.0	16.0	130
10.00	300.0	35.0	280

5. 操作方法

1）色谱柱的填装

填装色谱柱前应先将柱子洗干净，并干燥，然后在柱底铺一小块脱脂棉或玻璃棉，再铺2～3mm厚的石英砂。填装色谱柱的方法有湿法装柱和干法装柱两种，下面分别加以介绍。

（1）湿法装柱

将吸附剂（氧化铝或硅胶）用洗脱剂中极性最低的洗脱剂调成糊状，在柱内先加入约3/4柱高的洗脱剂，再将调好的吸附剂边敲打边倒入柱中，同时，打开下旋活塞，在色谱柱下面放一个干净并且干燥的锥形瓶或烧杯，接收洗脱剂。当装入的吸附剂有一定高度时，洗脱剂流速变慢，待所用吸附剂全部装完后，用色谱柱下面锥形瓶或烧杯中接出来的洗脱剂转移残留的吸附剂，并将柱内壁残留的吸附剂淋洗下来。在此过程中，应不断敲打色谱柱，以使吸附剂填充均匀并没有气泡。柱子填充完后，在吸附剂上端再覆盖一层2～3mm厚的石英砂。覆盖石英砂的目的是：①使样品均匀地流入吸附剂表面；②当加入洗脱剂时，它可以防止吸附剂表面被破坏。在整个装柱过程中，柱内洗脱剂的高度始终不能低于吸附剂最上端，否则，柱内会出现裂痕和气泡。填装好的色谱柱如图3-39所示。

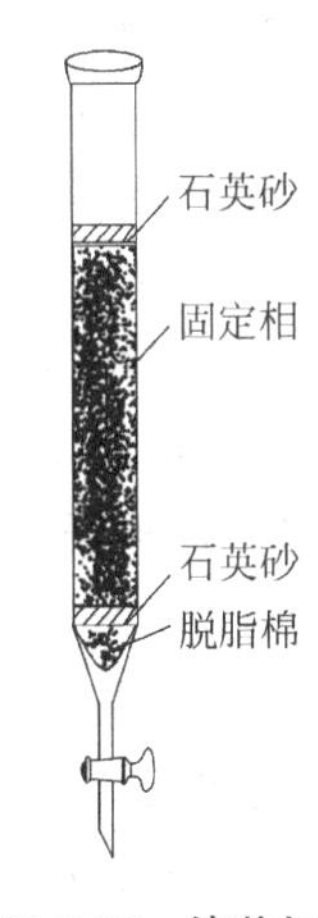

图 3-39　填装好的柱色谱

（2）干法装柱

在色谱柱上端放一个干燥的漏斗，将吸附剂倒入漏斗中，使吸附剂连续不断地装入柱中，并轻轻敲打色谱柱柱身，使填充均匀，再加入洗脱剂淋洗平衡一次即可。也可以先加入3/4的洗脱剂，然后再倒入干的吸附剂。与传统的柱色谱相比，干法装柱可以提高样品的分离度，分离速度更快，并且可将TLC结果近似定量地应用于干法装柱色谱分析中。用干法装柱时，控制吸附剂的湿度是非常重要的，要求硅胶中含水量为15%，氧化铝中含水量为3%～6%。

2）样品的加入及谱带的展开

液体样品可以直接加入到色谱柱中，如浓度低应浓缩后再进行分离。固体样品应先用最少量的溶剂溶解后再加入到柱中。在加入样品时，应先将柱内洗脱剂排至稍低于上层石英砂表面后停止排液，用滴管将样品加入到柱内上层石英砂表面，样品尽量一次加完。在加入样品时，应注意滴管尽量向下靠近石英砂表面。样品加完后，打开下旋活塞，使样品进入石英砂层后再加入少量的洗脱剂将壁上的样品洗下来，待这部分液体进入石英砂层后，再加入大量洗脱剂进行淋洗，直至所有色带被展开。

当使用极性溶剂溶解样品时，也可以将样品用少量易挥发的极性溶剂溶解后，与一定量的吸附剂混合均匀（一般样品与吸附剂的比例为1∶5），再将溶剂除去，并且干燥混合固体。然后将带有样品的吸附剂均匀地加入到已经填好的柱子顶部，再覆盖2～3mm厚的石英砂。这种方法比先将样品溶在极性溶剂中，直接用滴管加入到石英砂层中分离效果要好，但是比较麻烦。

色谱带的展开过程也就是样品的分离过程。在此过程中应注意：

(1) 洗脱剂应连续平稳地加入，不能中断。样品量少时，可用滴管加入；样品量大时，可用带有储液器的色谱柱或用滴液漏斗作储存洗脱剂的容器，放在色谱柱的上面，控制好滴加速度，可得到更好的效果。

(2) 在洗脱过程中，应先使用极性最小的洗脱剂淋洗，然后逐渐加大洗脱剂的极性，使洗脱剂的极性在柱中形成梯度，以形成不同的色带环。也可以分步进行淋洗，即将极性小的组分分离出来后，再改变极性，分出极性较大的组分。溶剂极性改变太快，会使样品各组分之间分离度变差，因此，在改变洗脱剂极性之前，要用新配制的洗脱剂平衡色谱柱，用量一般为每克吸附剂用10～20mL，分2～4次加入。

(3) 在洗脱过程中，样品在柱内的下移速度不能太快，但是也不能太慢(甚至过夜)，因为吸附表面活性较大，时间太长会造成某些成分被破坏，使色谱带扩散，影响分离效果。通常流出速度为5～10滴/min，若洗脱剂下移速度太慢，可适当加压或用水泵减压。

(4) 当色谱带出现拖尾时，可适当提高洗脱剂极性。

3) 样品中各组分的收集

当样品中各组分带有颜色时，可根据不同的色带用锥形瓶或试管分别进行收集，然后分别将洗脱剂蒸除得到纯组分。但是大多数有机物质是无色的，可采用等分收集的方法，即将收集瓶编好号，根据使用吸附剂的量和样品分离情况来进行收集，一般用50g吸附剂，每份洗脱剂的收集体积约为50mL。如果洗脱剂的极性增加或样品中组分的结构相近时，每份收集量应适当减小。将每份收集液浓缩后，以残留在烧瓶中物质的质量为纵坐标，收集瓶的编号为横坐标绘制曲线图，来确定样品中的组分数。还可以在吸附剂中加入磷光体指示剂用紫外线照射来确定。一般用TLC或GC进行监控是最有效的方法(具体方法见3.6.3节或3.6.5节)。

6. 思考题

(1) 吸附色谱法的基本原理是什么？

(2) 样品在柱内的下移速度为什么不能太快？如果太快会有什么后果？

3.6.3　薄层色谱

1. 原理及过程

薄层色谱(thin layer chromatography，TLC)。一般薄层色谱分为吸附薄层色谱、分配薄层色谱、离子交换薄层色谱和凝胶薄层色谱。吸附薄层色谱在实验室使用最为广泛，其原理与柱色谱相似(见3.6.2节)，即在薄层层析过程中，主要发生物理吸附。由于物理吸附的普遍性、无选择性，当固体吸附剂与多元溶液接触时，可以吸附溶剂，也可吸附溶质，尽管由于溶质的性质不同，也只是吸附量有所不同。另外，由于吸附过程是可逆的，被吸附的物质在一定条件下也可以被解析出来，而解析与吸附的无选择性和相互关联性使吸附过程比较复杂。

在薄层层析过程中，由于毛细作用，展开剂是不断供给的，所以处于原点上的溶质不断地被解吸。解吸出来的溶质随着展开剂向前移动，当遇到新的吸附剂时，又有部分溶剂和溶质被吸附，从而建立起新的平衡，这一平衡过程是暂时的，随即又被不断移动上来的展开剂所破坏，使部分溶质从吸附剂中解析出来，并随展开剂向前移动，形成了吸附—解析—再吸附—再解析这样一个交替上升的过程。因此可以说薄层层析的过程就是不断产生平衡,又不断破坏平衡的过程。溶质在经历了无数次这样的过程后,当移动到一定的高度时,各组分由于与吸附剂和展开剂的作用力不同,换句话说,不同溶质对吸附剂有不同的作用力,因而随展开剂上升移动速度不一样,使它们之间移动的距离(或者高度)有所不同,从而使样品中的各组分分开。

吸附剂的性质和展开剂的相对展开能力,在柱色谱中适用的同样适用于TLC中。与柱色谱不同的是,TLC中的流动相沿着薄板上的吸附剂向上移动,而柱色谱中的流动相则沿着吸附剂向下移动。另外,薄层色谱最大的优点是:需要的样品量少,展开速度快,分离效率高。TLC常用于有机化合物的鉴定与分离,如通过与已知结构的化合物相比较,可鉴定有机混合物的组成。在有机合成反应中可以利用薄层色谱对反应进行监控。在柱色谱分离中,经常利用薄层色谱来确定其分离条件和监控分离的进程。薄层色谱不仅可以分离少量(几微克)样品,而且也可以分离较大量(可达500mg)的样品,特别适用于挥发性较低,或在高温下易发生变化而不能用气相色谱进行分离的化合物。

在TLC中所用的吸附剂颗粒比柱色谱中用的要小得多,一般为260目以上。颗粒太大,表面积小,吸附量少,样品随展开剂移动速度快,斑点扩散较大,分离效果不好;颗粒太小,样品随展开剂移动速度慢,斑点不集中,效果也不好。

2. 操作方法

1) 薄层板的制备方法

在薄层色谱中常用的吸附剂有硅胶和氧化铝。常用的粘合剂有煅石膏和羧甲基纤维素、淀粉、聚乙烯醇等。

(1) 吸附剂:在薄层色谱中常用的硅胶分为硅胶H、硅胶G、硅胶GF_{254}、硅胶HF_{254}。硅胶H不含粘合剂;硅胶G(Gypsum的缩写)含粘合剂(一般是煅石膏);硅胶GF_{254}含有粘合剂和荧光剂,可在波长254nm紫外光下发出荧光;硅胶HF_{254}只含荧光剂。氧化铝也分为氧化铝G、氧化铝GF_{254}、氧化铝HF_{254}。其含义与硅胶相同,氧化铝的极性比硅胶大,用于分离极性小的化合物。

(2) 粘合剂:粘合剂除煅石膏外,还可用淀粉、聚乙烯醇和羧甲基纤维素钠(CMC)。使用时,一般配成百分之几的水溶液。如羧甲基纤维素钠的质量分数一般为1%~0.5%,最好是0.7%。淀粉的质量分数为5%。在薄板制备过程中,可以根据需要加粘合剂,也可以不加粘合剂,加粘合剂的薄板称为硬板,不加粘合剂的薄板称为软板。

薄板的制备方法有两种,一种是干法制板,另一种是湿法制板。

干法制板常用氧化铝作吸附剂。具体操作方法:将氧化铝倒在玻璃上,取一根直径均匀的玻璃棒,将两端用胶布缠好,在玻璃板上滚压,把吸附剂均匀地铺在玻璃板上。这种方法操作简便,展开快,但是样品展开点易扩散,制成的薄板不易保存。

实验室最常用的是湿法制板。具体操作方法:取2g硅胶G,加入5~7mL 0.7%的羧甲基纤维素钠水溶液,调成糊状。将糊状硅胶均匀地倒在三块载玻片上,先用玻璃棒铺平,然后用手轻轻震动至平。大量铺板或铺较大板时,也可使用涂布器。

薄层板制备的好坏直接影响色谱分离的效果,在制备过程中应注意:

(1) 在用湿法铺板时,尽可能将吸附剂铺均匀,不能有气泡或干的颗粒存在。

(2) 吸附剂的厚度不能太厚也不能太薄,太厚展开时会出现拖尾,太薄会使样品不能充分的建立平衡而分不开,一般厚度为0.5~1mm。

(3) 湿板铺好后，应放在比较平的地方晾干，然后转移至试管架上慢慢地自然干燥，千万不要快速干燥，否则薄层板会出现裂痕。

2) 薄层板的活化

薄板经过自然干燥后，再放入烘箱中活化，进一步除去水分。不同的吸附剂及配方，需要不同的活化条件。例如，硅胶一般在烘箱中逐渐升温，在105～110℃下，加热30min；氧化铝在200～220℃下烘干4h可得到活性为Ⅱ级的薄层板，在150～160℃下烘干4h可得到活性为Ⅲ～Ⅳ级的薄层板，含水量与活性的关系见表3-8。当分离某些易吸附的化合物时，可不用活化。

3) 点样

将样品用易挥发溶剂配成1%～5%浓度的溶液。在距薄层板的一端10mm处，用铅笔轻轻地画一条横线作为点样时的起点线，在距薄层板的另一端5mm处，再画一条横线作为展开剂向上爬行的终点线(注意，画线时不能将薄层板表面破坏)，如图3-40所示。

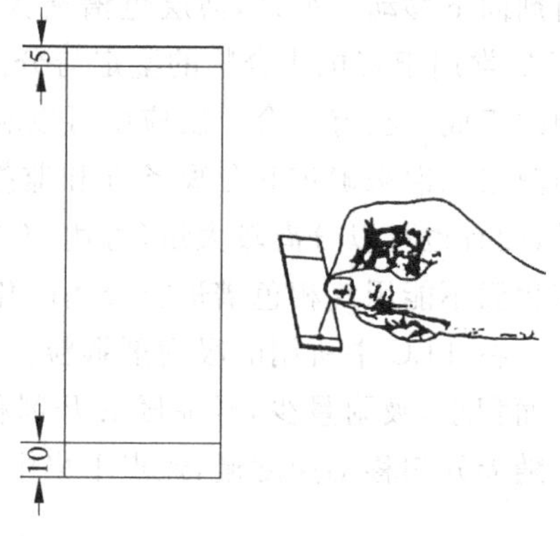

图3-40　薄层板及薄层板的点样方法

用内径小于1mm干净并且干燥的毛细管吸取少量的样品，轻轻触及薄层板的起点线(即点样)，然后立即抬起，待溶剂挥发后，再触及第二次。根据样品的浓度确定点样的数，一般点3～5次即可，如果样品浓度低可多点几次，样品浓度高点1次即可。在点样时应做到“少量多次”，即每次点的样品量要少一些，点的次数可以多一些，这样可以保证样品点即有足够的浓度，点又小。点好样品的薄层板待溶剂挥发后再放入展开缸中进行展开。

4) 样品的展开

在此过程中，选择合适的展开剂是至关重要的。一般展开剂的选择与柱色谱中洗脱剂的选择类似，即极性化合物选择极性展开剂，非极性化合物选择非极性展开剂。当一种展开剂不能将样品分离时，可选用混合展开剂。表3-10给出了常见溶剂在硅胶板上的展开能力，一般展开能力与溶剂的极性成正比。混合展开剂的选择请参考柱色谱中洗脱剂的选择。

表3-10　TLC常用的展开剂的极性及能力

溶剂名称
石油醚<戊烷<四氯化碳<苯<氯仿<二氯甲烷<乙醚<乙酸乙酯<丙酮<乙醇<甲醇<水 极性及展开能力增加 →

展开时，在展开器中注入配好的展开剂，将薄板点有样品的一端放入展开剂中(注意，展开剂液面的高度应低于样品斑点)，可以在展开器中放一张大小合适的滤纸，其目的是使展开器内充满溶剂蒸气，使器皿内气、液尽快达到平衡，如图3-41(a)所示。在展开过程中，样品斑点随着展开剂向上迁移，当展开剂前沿移动至薄层板上边终点线时，立刻取出薄层板。将薄层板上分开的样品点用铅笔圈好，计算比移值。

5) 比移值(R_f)的计算

某种化合物在薄层板上上升的高度与展开剂上升高度的比值称为该化合物的比移值，常用R_f来表示：

$$R_f = \frac{\text{样品中某组分离开原点的距离}}{\text{展开剂前沿离开原点的距离}}$$

图3-41(b)给出了某化合物的展开过程及 R_f 值。对于同一种化合物，当展开条件相同时，R_f 值是一个定值。因此，可用 R_f 作为定性分析的依据。但是，由于影响 R_f 值的因素较多，如展开剂、吸附剂、薄层板的厚度、温度等，因此同一化合物的 R_f 值与文献值会相差很大。在实验中常采用的方法是，在一块板上同时点一个已知物和一个未知物进行展开，通过计算 R_f 值来确定是否为同一化合物。

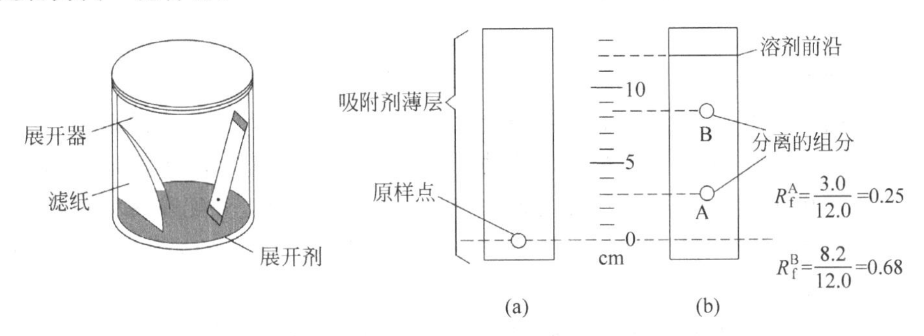

图3-41 某组分TLC色谱展开过程及 R_f 值的计算

6）显色

样品展开后，如果本身带有颜色，可直接看到斑点的位置。但是，大多数有机化合物是无色的，因此，就存在显色的问题。常用的显色方法有：

(1) 显色剂法：常用的显色剂有碘、三氯化铁水溶液等。许多有机化合物能与碘生成棕色或黄色的络合物。利用这一性质，在一密闭容器中(一般用展开缸即可)放几粒碘，将展开并干燥的薄层板放入其中，稍稍加热，让碘升华，当样品与碘蒸气反应后，薄层板上的样品点处即可显示出黄色或棕色斑点，取出薄层板用铅笔将点圈好即可。除饱和烃和卤代烃外，均可采用此方法。三氯化铁溶液可用于带有酚羟基化合物的显色。

应用含茴香醛的喷显剂是一种很灵敏的检测方法，具体操作：在冷却条件下，加入9mL 95%的乙醇、0.5mL浓硫酸和2滴冰醋酸，再慢慢加入0.5mL茴香醛。将这种显色剂喷到TLC展开板上，加热将板烤干直到出现黑色斑点。

此外，用5%磷钼酸作显色剂喷到TLC薄板上，即便硅胶中带有荧光指示剂也不影响显色。

(2) 紫外光显色法：用硅胶 GF_{254} 制成的薄层板，由于加入了荧光剂，在254nm波长的紫外灯下，可观察到暗色斑点，此斑点就是样品点。

以上这些显色方法在柱色谱和纸色谱中同样适用。

3. 思考题

(1) 为什么展开剂的液面要低于样品斑点？如果液面高于斑点会出现什么后果？

(2) 制备薄层板时，厚度对样品展开有什么影响？

3.6.4 纸色谱

1. 原理

分配色谱是利用化合物在两种互不混溶(或微溶)的溶剂中，溶解度或分配情况不同的性质进行的分离过程。在一定温度下，可以近似地把有机物在两种溶剂中的溶解度之比，称为“分配系数”。

分配色谱是使混合物中的组分在移动的溶剂与固定的溶剂之间进行分配。前者称为移动相，后者称为固定相。为使固定相固定下来，需要一种固体吸附着溶剂，这种固体称为载体或支持剂，在薄层或柱色谱中常用硅藻土和纤维素。纤维素是由大量的纤维二糖通过β-1，4-苷键连接的，由于有许多羟基，所以具有亲水性。一分子水与纤维素的两个羟基结合，称为“纤维素-H_2O络合物”。这种固定相可以看成是多糖浓溶液，即使使用与水相混溶的溶剂，也仍然形成类似不相混的两相。

当在有机溶剂中进行层析时，原点上的溶质就在纤维素的水相和有机相之间进行分配。有一部分溶质离开原点进入有机相中，并随着它向前移动，当进入无溶质的薄层区时，在两相间又重新进行分配，一部分溶质不断向前移动，同时不断重复分配。有机溶质在薄层上移动的快慢取决于在两相间的分配系数，极性化合物在水中溶解度大些，分配在固相中多些，移动较慢；非极性化合物易溶于有机相，分配在移动相中多一些，移动较快。通过这样一个分配过程使样品中各组分得以分离。

纸色谱属于分配色谱的一种。它的分离作用不是靠滤纸的吸附作用，而是以滤纸作为惰性载体，以吸附在滤纸上的水或有机溶剂作为固定相，流动相是被水饱和过的有机溶剂（展开剂）。

纸色谱和薄层色谱一样，主要用于分离和鉴定有机化合物。纸色谱多用于多官能团或高极性化合物，如糖、氨基酸等的分离。它的优点是操作简单，价格便宜，所得到的色谱图可以长期保存。缺点是展开时间较长，因为在展开过程中，溶剂的上升速度随着高度的增加而减慢。

2. 纸色谱的装置

图3-42给出了几种不同的纸色谱装置，它们是由展开缸、橡皮塞、钩子组成的。钩子固定在橡皮塞上，展开时将滤纸挂在钩子上。

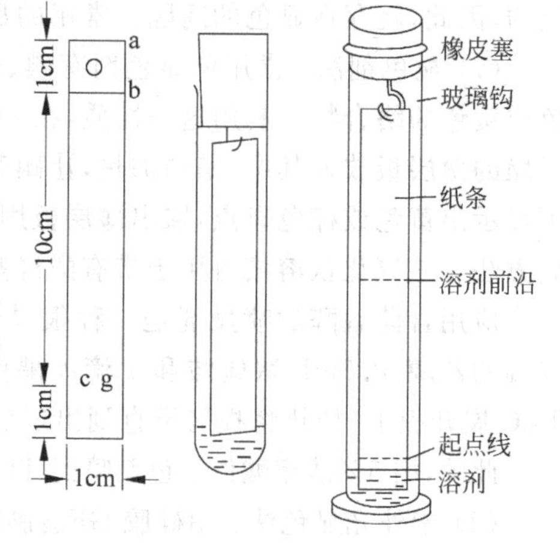

图3-42　纸色谱装置

3. 操作方法

纸色谱操作过程与薄层色谱一样，所不同的是薄层色谱需要吸附剂作为固定相，而纸色谱只用一张滤纸，或在滤纸上吸附相应的溶剂作为固定相。在操作和选择滤纸、固定相、展开剂过程中应注意：

（1）所选用滤纸的薄厚应均匀，无折痕，滤纸纤维松紧适宜。通常作定性实验时，可采用国产1号展开滤纸，滤纸大小可自行选择，一般为3cm×20cm、5cm×30cm、8cm×50cm等。

（2）在展开过程中，将滤纸挂在展开缸内，展开剂液面高度不能超过样品点的高度。

（3）流动相（展开剂）与固定相的选择，根据被分离物质性质而定。一般规律如下：①对于易溶于水的化合物，可直接以吸附在滤纸上的水作为固定相（即直接用滤纸）；以能与水混溶的有机溶剂作流动相，如低级醇类。②对于难溶于水的极性化合物，应选择非水性极性溶剂作为固定相，如甲酰胺、*N*，*N*-二甲基甲酰胺等；以不能与固定相相混合的非极性化合物作为流动相，如环己烷、苯、四氯化碳、氯仿等。③对于不溶于水的非极性化合物，应以非极性溶剂作为固定相，如液体石蜡等；以极性溶剂作为流动相，如水、含水的乙醇、含水的酸等。

当一种溶剂不能将样品全部展开时，可选择混合溶剂。常用的混合溶剂有正丁醇-水，一般用饱和的正丁醇；正丁醇-醋酸-水，可按 4∶1∶5 的比例配制，混合均匀，充分振荡，放置分层后，取出上层溶液作为展开剂。

3.6.5　气相色谱

气相色谱(gas chromatography，GC)。气相色谱目前发展极为迅速，已成为许多工业部门(如石油、化工、环保等)必不可少的工具。气相色谱主要用于分离和鉴定气体及挥发性较强的液体混合物，对于沸点高、难挥发的物质可用高压液相色谱进行分离鉴定。气相色谱常分为：气液色谱(GLC)和气固色谱(GSC)，前者属于分配色谱，后者属于吸附色谱。本章主要介绍气液色谱法。

1. 原理

气相色谱中的气液色谱法属于分配色谱，其原理与纸色谱类似，都是利用混合物中各组分在固定相与流动相之间分配情况不同，达到分离的目的。所不同的是气液色谱中的流动相是载气，固定相是吸附在载体或担体上的液体。担体是具有热稳定性和惰性的材料，常用的担体有硅藻土、聚四氟乙烯等。担体本身没有吸附能力，对分离不起什么作用，只是用来支撑固定相，使其停留在柱内。分离时，先将含有固定相的担体装入色谱柱中。色谱柱通常是一根 U 形或螺旋状的不锈钢管，内径约为 3mm，长度 1～10m 不等。当配成一定浓度溶液的样品，用微量注射器注入气化室后，样品在气化室中受热迅速气化，随载气(流动相)进入色谱柱中，由于样品中各个组分的极性和挥发性(或沸点)不同，气化后的样品在柱中固定相和流动相之间不断地发生分配平衡，分离过程如图 3-43 所示。从图中可以看出，挥发性较高的组分由于在流动相中溶解度大，因此随流动相迁移快，而挥发性较低的组分在固定相中溶解度大于在流动相中的溶解度，因此，随流动相迁移慢。这样，易挥发的组分先随流动相流出色谱柱，进入检测器鉴定，而难挥发的组分随流动相移动得慢，后进入检测器，从而达到分离的目的。

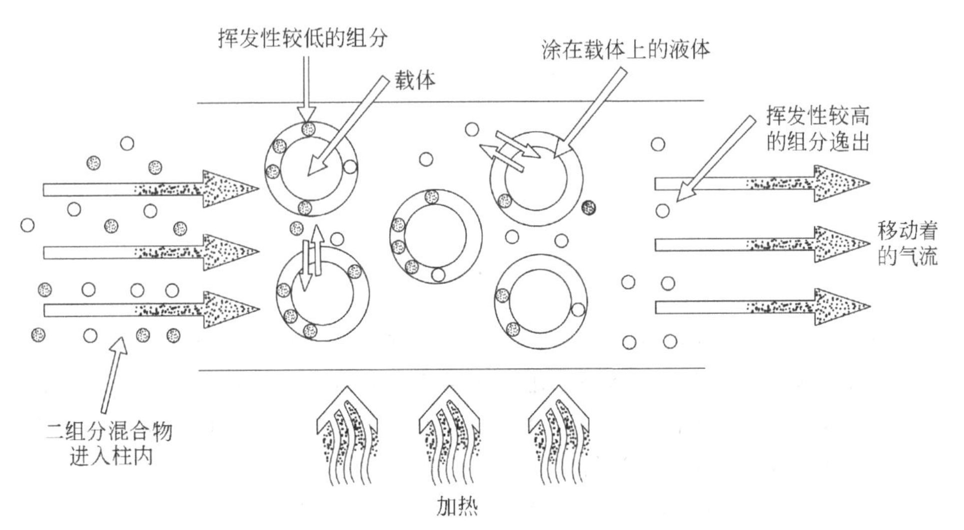

图 3-43　样品在气相色谱中的分离过程

2. 气相色谱仪及色谱分析

气相色谱仪由气化室、进样器、色谱柱、检测器、记录仪、收集器组成，如图 3-44 所示。

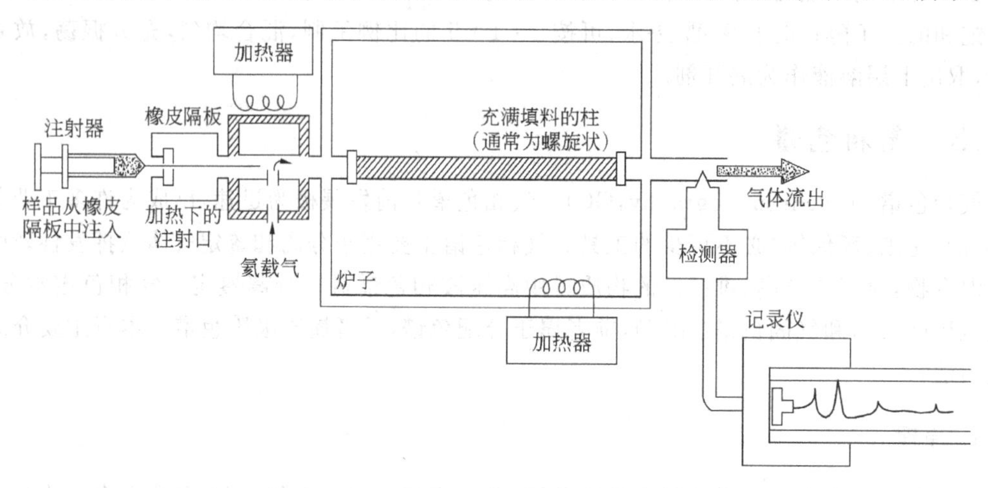

图 3-44 气相色谱仪示意图

通常使用的检测器有热导检测器和氢火焰、离子化检测器。热导检测器是将两根材料相同、长度一样且电阻值相等的热敏电阻丝作为一惠斯通(Wheatstone)电桥的两臂，利用含有样品气的载气与纯载气热导率的不同，引起热敏丝的电阻值发生变化，使电桥电路不平衡，产生信号。将此信号放大并记录下来就得到一条检测器电流对时间的变化曲线，通过记录仪画在纸上便得到了一张色谱图。图 3-45 给出了一张典型的气相色谱样品分析图。

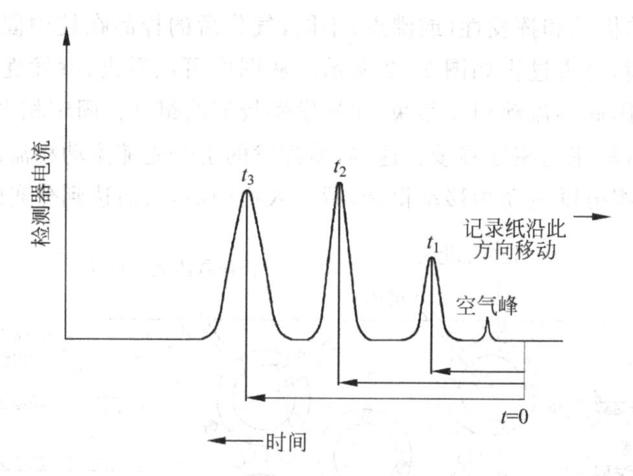

图 3-45 气相色谱样品分析图

图 3-45 中除空气峰以外，其余 3 个峰均代表样品中的 3 个组分。t_1，t_2，t_3 分别是 3 个组分的保留时间。所谓保留时间，就是一个化合物从注入时刻起到流出色谱柱所需的时间。当分离条件给定时，就像薄层色谱中的 R_f 一样，每一种化合物当条件相同时都具有恒定的保留时间。利用这一性质，可对化合物进行定性分析。在做定性分析时，最好用已知样品作参比，因为在一定条件下，有时不同的物质也可能具有相同的保留时间。

利用气相色谱还可以进行化合物的定量分析。其原理是：在一定范围内色谱峰的面积与化合物各组分的含量呈直线关系，即色谱峰面积(或峰高)与组分的浓度成正比。峰面积 A 等于峰高乘以半峰宽 $W/2$，即 $A=H\times W/2$。峰面积确定后，某组分的质量分数为

$$x_i=\frac{A_i}{A_1+A_2+\cdots+A_n}\times 100\%$$

式中，x_i 是组分 i 的质量分数；A_i 是体系中某组分的峰面积；$A_1,A_2,\cdots,A_n$ 是体系中各组分的峰面积。

3.6.6 高压液相色谱

高压液相色谱(high pressure liquid chromatography，HPLC)又称为高效液相色谱(high performance liquid chromatography)。

1. 简介

高压液相色谱是近50～60年发展起来的一种高效、快速的分离分析有机化合物的仪器。它适用于那些高沸点、难挥发、热稳定性差、离子型的有机化合物的分离与分析。作为分离与分析手段，气相色谱和高压液相色谱可以互补。就色谱而言，它们的差别主要在于，前者的流动相是气体，而后者的流动相则是液体。与柱色谱相比，高压液相色谱具有方便，快速，分离效果好，使用溶剂较少等优点。高压液相色谱使用的吸附剂颗粒比柱色谱要小得多，一般为5～50μm，因此，需要采用高的柱进口压(大于100kg/cm^2)以加速色谱分离过程。这也是由柱色谱发展到高压液相色谱所采用的主要手段之一。

2. 高压液相色谱流程

高压液相色谱流程和气相色谱流程的主要差别在于，气相色谱是气流系统，高压液相色谱则是由储液罐、高压泵等系统组成的，具体流程见图3-46。

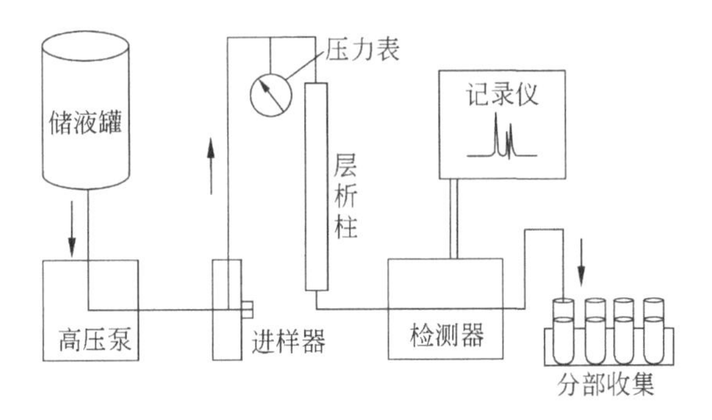

图3-46　高压液相色谱流程

3. 高压液相色谱的流动相和固定相

(1) 流动相

液相色谱的流动相在分离过程中有较重要的作用，因此在选择流动相时，不但要考虑到检测器的需要，还要考虑它在分离过程中所起的作用。常用的流动相有正己烷、异辛烷、二氯甲烷、水、乙腈、甲醇等。在使用前一般都要过滤、脱气，必要时需要进一步纯化。

(2) 固定相

常用的固定相有全多孔型、薄壳型、化学改性型等类型。

高压液相色谱用的色谱柱大多数为内径 2～5mm，长 25cm 以内的不锈钢管。

4. 检测器

常用的高压液相色谱检测器有紫外检测器、折光检测器、传动带氢火焰离子化检测器、荧光检测器、电导检测器等。

一般采用往复泵作为高压液相色谱系统中的高压泵。

第4章 基本操作实验

本章实验内容基本涵盖了有机化学实验中的基本操作。通过基本操作实验的训练，可以使学生比较全面地掌握有机化学实验基本操作技能，并且通过严格的训练，给初次接触有机化学实验的学生打下良好的实验基础是非常重要的。因此，本章实验在内容上尽量详细具体，使学生更加全面地掌握操作细节，熟练掌握各种基本操作，少走弯路。希望同学们在学习基本操作实验内容前，一定要做好预习，与前面基本知识联系起来掌握相关操作的知识点，充分领会基本操作的要领，养成良好的实验习惯。

4.1 常压蒸馏与分馏、常量法测沸点和折射率

常压蒸馏就是在常压下将液体混合物加热至沸腾，使其部分液体汽化，然后将这部分被汽化了的蒸气冷凝为液体，从体系中分离出来，从而达到分离提纯的目的。在有机化学实验中，常压蒸馏和分馏是常用的液体化合物提纯的基本操作方法，尤其是常压蒸馏用途更为广泛。折射率测定也是鉴定化合物纯度和未知化合物鉴定的重要手段。

本节实验可以使学生通过具体操作，更好地理解基本理论，为以后的有机化学实验学习打下好的基础，养成良好的实验习惯。本节内容可以安排一次实验完成也可以分别安排。

实验1 常压蒸馏及常量法测沸点

1. 实验目的

(1) 熟悉有机实验室设施，学习有机化学实验装置的安装和拆卸方法。

(2) 熟悉并掌握常压蒸馏的操作，了解蒸馏原理和用途。

(3) 掌握沸点测定的方法和原理。

2. 预习内容与学时

预习 3.1.1 节和 3.1.2 节的内容。本实验约需 2～3 学时。

3. 主要药品与仪器

(1) 药品：工业乙醇。

(2) 仪器：50mL 圆底烧瓶、25mL 和 50mL 锥形瓶、蒸馏头、直形冷凝管、变口、单股接引管、50mL 量筒、150℃温度计及温度计套管、玻璃漏斗、滴管。

4. 实验步骤

蒸馏 30mL 工业乙醇

按图 3-4(a)将实验装置按自下而上，从左至右的顺序组装成常压蒸馏装置。仪器组装的

标准是横平竖直,铁架台一律整齐地放置于玻璃仪器的后面。

装置搭好后,将温度计和套管取下来,放上玻璃漏斗,向 50mL 的圆底烧瓶中加入 30mL 工业乙醇,加入 1～2 粒沸石,将温度计和套管放回原处。在冷凝管中通入冷却水。打开电热套控制器上开关,调节控制器电压,开始可以调大一些,一般 200V 左右,待液体沸腾后将电压调小,一般 160V 左右。液体沸腾有蒸气达到温度计水银球部位时,温度计读数急剧上升。控制电压,使馏出液速度达到 1～2 滴/s,并且保证温度计水银部位有液滴存在,使气、液达到平衡。在沸点之前流出来的液体为前馏分或馏头。当温度计读数恒定达到沸点后,换一个干净并且干燥的接收瓶收集馏分。当温度计读数超出沸程范围或蒸馏瓶内液体少于 1mL 时,停止加热。

蒸馏完成后,停止加热时,应先将控制器电压调至零点,关上电源开关,取下电热套。稍冷却待馏出物不再继续流出时,取下接收瓶保存好产品,关掉冷凝水,按从右至左,从上至下的顺序拆除装置,并及时清洗仪器。

所收集的液体样品用一个干净并且干燥的量筒测出体积,然后测定折射率。将所有数据和实验现象记录在实验报告上。

95%乙醇,bp：78.2℃,n_D^{20}：1.3651。

5. 注意事项

(1) 安装仪器时,应首先确定仪器的高度,一般在铁架台上放 1～2 块垫板(或升降台),将电热套放在垫板(或升降台)上,再将蒸馏瓶放置于电热套中间。然后,按自下而上,从左至右的顺序组装仪器。仪器组装的标准是横平竖直,铁架台一律整齐地放置于仪器背后。

(2) 在搭蒸馏装置时,应注意温度计水银球的位置。温度计水银球上限与蒸馏头支管下沿相切。

(3) 实验过程中,应时刻保持装置的畅通,不能为密封体系,以免造成事故。

(4) 千万不要在沸腾或接近沸腾的溶液中加入沸石,以免在加入沸石的过程中液体发生暴沸。应先停止加热,待溶液稍冷却后再加入沸石。使用过的沸石因微孔被液体堵塞,已经起不到汽化中心的作用,重新加热时,应换新的沸石。

(5) 装置搭好后,应先请老师或助教检查后再开始加热。

6. 思考题(参见 3.1.2 节)

应该如何正确记录实验结果(指沸点)?

实验 2　简 单 分 馏

1. 实验目的

(1) 学习简单分馏的原理,并且了解其用途。

(2) 熟悉并掌握简单分馏的基本操作和方法。

2. 预习内容与学时

预习 3.1.1 节和 3.1.3 节的内容。本实验约需 2～3 学时。

3. 主要药品与仪器

(1) 药品：工业丙酮。

(2) 仪器：50mL圆底烧瓶、25mL锥形瓶、蒸馏头、直形冷凝管、变口、单股接引管、韦氏分馏柱、20mL量筒、150℃温度计及温度计套管、玻璃漏斗、滴管。

4. 实验步骤

分馏15mL工业丙酮和15mL水的混合物

先将1～2粒沸石加入到圆底烧瓶中，然后按图3-6将实验装置按自下而上，从左至右的顺序组装成简单分馏装置。仪器组装的标准与常压蒸馏相同。用石棉布将韦氏分馏柱的柱身包起来，使其保温，加热时使柱内形成温度梯度。

装置搭好后，按蒸馏加料的方法，向50mL的圆底烧瓶中加入30mL丙酮和水的混合液，在冷凝管中通入冷却水。将电热套控制器电压调到最大。液体沸腾后，蒸气沿柱身上升，当蒸气上升到柱顶时，停止加热或将控制器电压调到最小，使冷凝液在柱顶回馏，约5min，然后将控制器电压调大，一般160V左右。当蒸气达到温度计水银球部位时，温度计读数急剧上升。控制电压，使馏出液以每两到三秒一滴的速度平稳流出，收集56～58℃的馏分。如果电压控制得比较稳定，丙酮在这个温度段全部蒸完后温度会自然下降，可以停止接收。然后在分别收集58～72℃和72～98℃的分馏。98～100℃的馏分几乎是水，可以不蒸出来留在圆底烧瓶中。待仪器冷却后，先取下接收瓶，保存好各温度段的馏分。然后按相反方向拆掉装置，并及时清洗仪器。将56～58℃段的馏分用一个干净并且干燥的量筒测出体积，然后测定折射率。分别量出各温度段的体积，课后在实验报告上绘制出分馏曲线图。

丙酮，bp：56.2℃，n_D^{20}：1.3588。

5. 注意事项

(1) 由于分馏装置比较高，在搭装置时，应注意装置的稳定性。

(2) 韦氏分馏柱内有很多由玻璃做成的毛刺组成了塔板，一般来说玻璃毛刺的组数越多分离效果越好。

(3) 分馏时要先将沸石放到圆底烧瓶中。

(4) 在整个操作过程中应注意控制好温度。

(5) 装置搭好后，应先请老师或助教检查后再开始加热。

6. 思考题(参见3.1.3节)

(1) 有一个恒沸物混合液，试问能用分馏的方法将它分离吗？

(2) 为什么丙酮蒸完后温度会有一个自然下降的过程？

实验3　折射率的测定

1. 实验目的

(1) 学习阿贝折射仪的使用方法及原理。

(2) 熟练掌握用阿贝折射仪测定折射率的方法。

2. 预习内容

预习 2.1.4 节的内容。

3. 主要药品与仪器

(1) 药品：自己提纯出来的乙醇和丙酮，化学纯的丙酮装入滴瓶中用于清洗阿贝折射仪，2～3 种未知液体有机化合物装入滴瓶中。

(2) 仪器：双目阿贝折射仪。

4. 实验步骤

分别测出自己提纯出来的丙酮和乙醇的折射率，并且根据老师要求测定 2～3 种未知样品。

打开阿贝折射仪上的样品槽，在进光棱镜的磨砂玻璃表面放一小张镜头纸或吸水纸，在上面滴 2～3 滴分析纯的丙酮，然后将上、下棱镜合在一起，反复合两三次后打开，取下镜头纸擦拭上、下棱镜表面。擦拭时应注意不要用纸来回擦棱镜的表面，要轻轻地用纸蘸着擦。然后取一张干净的镜头纸将棱镜表面的残留物擦干。待棱镜表面晾干后，用滴管滴加 1～2 滴自己提纯过的乙醇或丙酮，合上样品槽，调节终点。直到在观察终点目镜中看到半明半暗的分界线，将分界线调到正好通过“十”字交叉线的交点。打开透光镜，从观察读数的目镜中，读出被测物质的折射率值(详细操作请阅读 2.1.4 节相关内容)。然后再从仪器自带的温度计上读出测量时的温度，并用公式 $n_D^{20}=n_D^t+4\times10^{-4}\times(t-20)$，对实测值进行校正。

5. 注意事项

(1) 阿贝折射仪上最重要的保护对象是样品槽的一对棱镜，在清洗和平时使用时都不能用较硬的物质接触棱镜表面。清洗时，要用镜头纸或吸水纸蘸着擦，切忌来回用纸蹭棱镜表面。严禁腐蚀物质，如强酸、强碱、氟化物等接触棱镜。

(2) 为了得到准确的测量结果，测量时对样品的纯度要求比较高。由于丙酮和乙醇都比较容易挥发，测量时，动作要快。

(3) 阿贝折射仪读数的校正工作由老师来完成，学生未经老师允许不要自己调节。

(4) 实验 4～实验 6 一般安排在一次实验完成，约 6 学时。

6. 思考题

(1) 应该如何正确记录折射率的实验结果?

(2) 测折射率时，应读取目镜中哪边的数据，另一边数据代表什么值?

(3) 折射率与温度的关系如何?

4.2 减压蒸馏

液体的沸点与外界施加于液体表面的压力有关，随着外界施加于液体表面压力的降低，液体沸点下降。沸点与压力的关系可近似地用下式表示：

$$\lg P = A + \frac{B}{T}$$

减压蒸馏就是通过降低反应体系内部压力的方法，使被提纯样品沸点降低，从而在低于被提纯样品常压沸点的温度下蒸馏，达到分离提纯的目的。

实验 4　减压蒸馏乙二醇(半微量法)

1. 实验目的

(1) 了解减压蒸馏的基本原理。
(2) 学会使用水(油)泵进行减压蒸馏的操作。
(3) 学习减压蒸馏装置的搭装和气密性的检查。
(4) 掌握压力-沸点经验曲线的用法。

2. 各种真空度范围

(1) 10～760mmHg 为粗真空，有机实验常用。
(2) 10^{-3}～10mmHg 为低真空，用于精细实验。
(3) 10^{-8}～10^{-4}mmHg 为高真空。
(4) <10^{-9}mmHg 为超高真空。

3. 预习内容与学时

预习 3.1.4 节的内容。本实验约需 4 学时。

4. 主要药品与仪器

(1) 药品：乙二醇。
(2) 仪器：50mL 和 25mL 圆底烧瓶、克氏蒸馏头、直形冷凝管、双股接引管、量筒、减压毛细管、温度计及其套管。

5. 实验步骤

按图 3-8(a)搭装好减压蒸馏装置。先空试(具体方法详见 3.1.4 节)，当体系内真空度达到要求(一般低于 10mmHg)后，关上真空泵电源开关，停 5min 左右。待真空表示数不下降，说明体系密封很好；如果真空表示数下降，说明体系有漏气的地方，应解决后重新空试。空试达到要求后，将减压毛细管取下。向 50mL 蒸馏瓶中，加入 25mL 工业乙二醇，在冷凝管中通入冷凝水。然后打开真空泵电源开关，利用缓冲瓶上的活塞和毛细管上的螺旋夹调节真空度和进气量，待压力达到要求后，开始加热，进行减压蒸馏。馏头收集后，转动双股接引管用另一个圆底烧瓶接收馏分。改变压力，分别记录 4 个压力下的沸点，并绘制出($\lg p = 1/T$)曲线，计算出 A,B 值，并求出 100℃时的压力。

乙二醇，bp：196～198℃，n_D^{20}：1.4370。

6. 注意事项

(1) 因为减压下蒸气的体积比常压下大得多，因此蒸馏瓶内液体体积不能超过容器体积的 1/2。

(2) 组装仪器时，首先要求检查仪器是否有裂痕，为了提高气密性应在磨口处涂凡士林(或真空脂)。

(3) 由于减压时蒸气体积比常压时大，故减压操作要缓慢平稳地进行，避免蒸气过热。

(4) 减压蒸馏不能使用薄壁及不耐压的仪器(如锥形瓶、平底烧瓶)。仪器要安装正确，不能有扭力和加热后产生的内应力。

(5) 为便于接收，减压蒸馏应使用双股接引管或多股接引管。

7. 思考题(参见 3.1.4 节)

减压蒸馏使用毛细管的作用是什么？为什么不能用沸石？

实验 5 减压蒸馏乙酰乙酸乙酯(微量法)

1. 实验目的

(1) 了解减压蒸馏的基本原理。

(2) 学会使用水(油)泵进行减压蒸馏的操作。

(3) 学习减压蒸馏装置的搭装和气密性的检查。

(4) 掌握压力-沸点经验曲线的用法。

2. 预习内容与学时

预习 3.1.4 节的内容。本实验约需 3 学时。

3. 主要药品与仪器

(1) 药品：乙酰乙酸乙酯。

(2) 仪器：25mL 和 10mL 圆底烧瓶、克氏蒸馏头、双股接引管、量筒、温度计及其套管、磁子、电磁搅拌。

4. 实验步骤

按图 3-8(b)搭装好微量减压蒸馏装置。按 3.1.4 节中的方法先空试，当体系内真空度达到要求(一般低于 10mmHg)后，关上真空泵电源开关，停 5min 左右。待真空表示数不下降，说明体系密封很好；如果真空表示数下降，说明体系有漏气的地方，应解决后重新空试。空试达到要求后，将温度计及套管取下。向 25mL 圆底烧瓶中，加入 6mL 乙酰乙酸乙酯。开动电磁搅拌使液体随磁子均匀地转动，打开真空泵电源开关，利用缓冲瓶上的活塞调节真空度，待压力达到要求后，开始加热，进行减压蒸馏。馏头收集后，转动双股接引管用另一个圆底烧瓶接收馏分。

由于乙酰乙酸乙酯中含乙酸乙酯、水、乙酸等杂质，需要先用常压蒸馏的方法将杂质去除，再进行减压蒸馏。

纯乙酰乙酸乙酯，bp：180.4℃，n_D^{20}：1.4198。

5. 注意事项

实验 4 的注意事项同样适用实验 5。

(1) 由于微量减压蒸馏样品量比较少,可以用磁子代替毛细管。

(2) 样品量超过10mL时,最好不要用磁子代替毛细管。

6. 思考题

(1) 乙酰乙酸乙酯760mmHg时,沸点为180.4℃,如果收集10mmHg的馏分,此时沸点应是多少?

(2) 样品量大时,为什么不能用磁子代替毛细管?

4.3 水蒸气蒸馏

水蒸气蒸馏也是有机化合物分离提纯时常用的一种方法,特别对天然植物中有机物的提取。它主要用于与水互不混溶、不反应,并且具有一定挥发性的有机化合物的分离,这些物质应在近100℃时蒸气压不小于1333Pa(10mmHg),并且被广泛用于高温下易发生分解、聚合、升华等物质的提纯。

水蒸气蒸馏就是将水或水蒸气加入到蒸馏体系中,作为其中的一个组分进行蒸馏,由于互不混溶的挥发性混合物在进行蒸馏时,在一定温度下,混合物中每种组分将显示其各自的蒸气压,而不受另一种组分的影响,它们各自的分压只与各自纯物质的饱和蒸气压有关,而与各组分的摩尔分数无关。其总压为各分压之和,这时混合物的沸点比其中任何单一组分的沸点都低。因此,可以将沸点高的组分与水一起,在低于100℃时,常压下蒸出来。

实验6 粗萘的水蒸气蒸馏

1. 实验目的

(1) 学习水蒸气蒸馏的基本原理。

(2) 掌握水蒸气蒸馏的基本操作方法。

(3) 了解萘的物理化学基本性质。

2. 预习内容与学时

预习3.1.6节的内容。本实验约需4学时。

3. 主要药品与仪器

(1) 药品:粗萘。

(2) 仪器:50mL圆底烧瓶、克氏蒸馏头、直形冷凝管、单股接引管、50mL锥形瓶、变口、玻璃塞、50mL量筒、150℃温度计及温度计套管、玻璃漏斗、滴管、水蒸气发生器。

4. 实验步骤

按图3-15将水蒸气蒸馏装置搭好。在圆底烧瓶中加入3g萘的粗品和20mL水,开始加热,并通入水蒸气。蒸馏过程中如果发现有固体在冷凝管中析出,应停止通入冷凝水,以免冷凝管或接引管堵塞。如果室温低可以不加冷凝管,使接引管直接与蒸馏头连接。当有液体流出时记录温度。开始馏出液为混浊，待馏出液变清亮透明后，再多蒸出 10～15mL 清液。冷却，待萘形成固体后，用抽滤的方法收集产品，测定熔点。

纯品萘，mp：80.2℃，bp：217.7℃。

5. 注意事项

(1) 实验中应随时注意控制冷凝管中的冷凝水，不要将冷凝管和接引管堵住，以免造成因体系密闭而使装置爆炸或冲液现象。

(2) 如果室温太低可以在圆底烧瓶的下面加电热套保温。

6. 思考题（参见 3.1.6 节）

实验 7 苯胺的水蒸气蒸馏

1. 实验目的

(1) 学习水蒸气蒸馏的基本原理和基本操作方法。

(2) 学习利用空气冷凝管进行常压蒸馏的方法。

(3) 学习分液漏斗的使用和液体的干燥。

2. 预习内容与学时

预习 3.1.6 节的内容。本实验需 4～6 学时。

3. 主要药品与仪器

(1) 药品：工业级苯胺。

(2) 仪器：100mL 三口瓶、直形冷凝管、单股接引管、50mL 圆底烧瓶、玻璃塞、50mL 量筒、分液漏斗、水蒸气发生器、蒸馏头、空气冷凝管、单股接引管、锥形瓶。

4. 实验步骤

按图 3-14 将水蒸气蒸馏装置搭好。在 100mL 三口瓶中加入 10mL 工业级苯胺，进行水蒸气蒸馏，待馏出液变清澈透明后，再多收集 10～15mL 馏出液。

在馏出液中加入等体积的饱和食盐水，然后转移至 250mL 的分液漏斗中，待溶液分层后，将苯胺转移至一个干净并且干燥的锥形瓶中，用粒状氢氧化钠干燥，约 15min。用空气冷凝管搭好蒸馏装置，将干燥好的苯胺倒入圆底烧瓶中进行常压蒸馏，收集 183～185℃时的馏分。也可以用减压蒸馏的方法将干燥好的苯胺纯化。

苯胺，bp：184.4℃，mp：－5.98℃，n_D^{20}：1.5855，d_4^{20}：1.0217。

5. 注意事项

(1) 水蒸气发生器加热后比较烫，操作应戴好手套，避免烫手。

(2) 分液时，注意上下层的关系，苯胺的密度为 1.0217g/cm^3。在没有弄清楚之前千万不要随意将其中的一相倒掉。

(3) 分液后有机相中应保证不能看到明显的水珠，以免给后面的干燥带来麻烦。

6. 思考题

(1) 如何判断水蒸气蒸馏的馏出液中,有机层在上层还是在下层?

(2) 为什么常压蒸馏苯胺时要用空气冷凝管?如果用水冷凝会出现什么后果?

4.4 重结晶及熔点测定

重结晶是固体化合物提纯的重要方法,它适用于产品与杂质性质差别比较大,产品中杂质含量小于5%的体系。

熔点是指在大气压下,固体化合物通过加热(或冷凝)使固相与液相达到平衡时的温度。熔点是固体化合物特有的性质,它与化合物的结构有关。纯净的固体有机化合物一般都有固定而敏锐的熔点,因此熔点测定对于固体化合物是非常重要的物理常数测定方法。

实验8 呋喃甲酸粗品的重结晶(微量法)

1. 实验目的

(1) 学习固体化合物的提纯方法。

(2) 掌握重结晶的操作方法及原理。

(3) 熟练掌握重结晶的操作过程。

(4) 学习固体化合物熔点测定的方法及原理。

2. 预习内容与学时

预习3.4节的内容。本实验需3~4学时。

3. 主要药品与仪器

(1) 药品:呋喃甲酸粗品。

(2) 仪器:25mL圆底烧瓶、球形冷凝管、100mL烧杯、表面皿、量筒、布氏漏斗、抽滤瓶、药匙、玻璃棒、滴管。

4. 实验步骤

(1) 饱和溶液的制备:称取1g呋喃甲酸粗品,加到25mL的圆底烧瓶中,再加入6~7mL水和1~2粒沸石,按图3-29搭好装置,在冷凝管中通入冷凝水,加热。当溶液沸腾或接近沸腾时,如果固体没有完全溶解,用滴管补加少量的水,直至固体全部溶解,停止加热。然后向饱和溶液中再加入20%的过量水。

(2) 脱色:待饱和溶液稍冷却后加入适量的活性炭,加热煮沸10~15min,进行脱色。

(3) 热过滤:先将热过滤用的滤纸按图3-31的方法折叠好,备用。将烧杯和普通漏斗烘热,按图3-30(c)将装置搭好,热的烧杯放在已经关掉的电热套中利用余热保温,漏斗用烧瓶夹固定在铁架台上,将折叠好的滤纸放在漏斗中。一切准备好后,取下经过脱色的热饱和溶液。取时,将S扣固定烧瓶夹一端的旋钮松开,用手拿住烧瓶夹的杆,连烧瓶一起取下。为了减少晶体的损失,操作时应做到:**热仪器、热溶液、动作快**。先用少量热溶剂将滤纸润湿,然后迅速将热溶液到入滤纸中，使溶液尽快流到烧杯中。如果溶液比较多可分几次倒入，但是要注意溶液的保温。如果晶体过早地在滤纸上析出，会造成产品损失。有此种情况发生时，应用少量热溶剂洗涤，使晶体溶解到滤液中。如果晶体在滤纸上析出太多，应连滤纸一起重新加热溶解，再进行一次热过滤。热过滤的次数越多产品损失越大。

(4) 冷却结晶：热过滤完成后，让溶液在室温下，自然冷却到少量晶体析出后，可以用冷水或冰水冷却，让晶体析出完全。

(5) 抽滤：当晶体完全析出后，开始过滤，将晶体和溶液分开。按图 3-32 将装置搭好，在此过程中应注意，所用滤纸要根据布氏漏斗的大小自己剪裁，滤纸应小于布氏漏斗底部的直径，恰好将底部的孔全部盖住即可。不要过大，使滤纸翘起来，这样由于漏气容易造成穿滤；滤纸太小盖不住孔也会造成穿滤。安装布氏漏斗时，应将下面出液口处的坡面对准吸滤瓶的抽气口，如图 4-1 所示。先用少量冷的溶剂将滤纸润湿，打开真空泵的电源开关，抽真空使滤纸与漏斗底部贴紧。然后迅速将晶体和溶液一起倒入布氏漏斗中。烧杯中残留晶体应用母液转移(即抽滤瓶中的溶液)，因为母液是饱和溶液不再继续溶解晶体。但是母液中残留着杂质，因此，在转移晶体时尽量用少量母液将晶体转移到布氏漏斗中。待母液全部抽干后，先停止抽气，用玻璃棒将晶体松动，在晶体表面滴少量冷的新鲜溶剂，使晶体润湿一下，并静置片刻，使结晶均匀地被润湿，然后再抽干，这样反复洗 1～2 次，以除掉晶体表面的杂质。将溶剂抽干后，倒入表面皿中干燥。

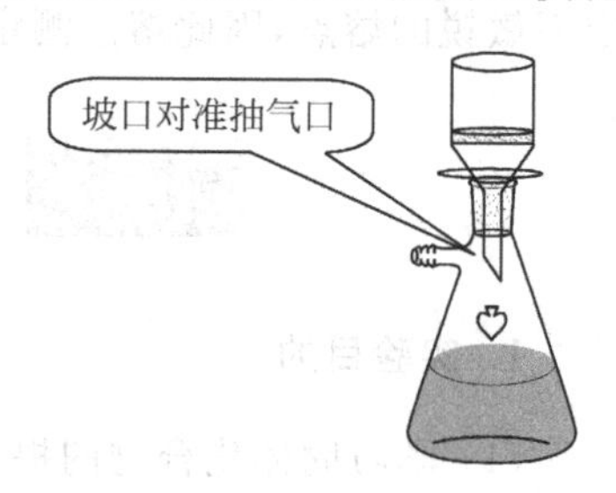

图 4-1　布氏漏斗正确安装方法

(6) 干燥：一般晶体在室温下自然干燥最好，但是由于学时有限，在实验室常用红外灯烘干。烘干时应经常翻动晶体，以加快干燥速度和防止局部样品发生碳化、聚合、升华等。

样品干燥后称重，测熔点，计算回收率。

纯的呋喃甲酸，mp：133～134℃，bp：230～232℃。

5. 注意事项

(1) 热过滤操作时，最好戴上手套，以免烫手。

(2) 脱色时，根据粗品颜色确定加入活性炭的量，颜色深多加一些，颜色浅少加一些，一般不超过一平勺。

(3) 用新鲜溶剂洗涤产品时，用量不要大，以免造成晶体大量损失，或晶体全部被溶剂溶解到母液中。如果发生此现象应将母液浓缩，再重新结晶过滤。

(4) 干燥时，红外灯不要离产品太近，以免发生爆溅，损坏红外灯。

6. 思考题（参见 3.4 节重结晶）

实验 9　对氨基苯甲酸粗品的重结晶(常量法)

1. 实验目的

(1) 学习固体化合物的提纯方法。

(2) 掌握重结晶的操作方法及原理。

(3) 熟练掌握重结晶的操作过程。

(4) 学习固体化合物熔点测定的方法及原理。

2. 预习内容与学时

预习 3.4 节的内容,可参考实验 8 的具体操作。本实验需 3～4 学时。

3. 主要药品与仪器

(1) 药品:对氨基苯甲酸粗品。

(2) 仪器:200mL 烧杯、玻璃棒、表面皿、量筒、布氏漏斗、抽滤瓶、药匙、滴管。

4. 实验步骤

(1) 饱和溶液制备:取 5g 对氨基苯甲酸粗品,放入 200mL 的烧杯中,先加入 50mL 水,加热。当接近沸腾时,如固体没有完全溶解,用滴管补加水,直至固体全部溶解,再加入 30%左右的过量水。

(2) 脱色:待饱和溶液稍冷却后,加入适量的活性炭,加热煮沸 15～20min 进行脱色。然后热过滤,将活性炭和不溶性杂质去除。

(3) 热过滤:先将热过滤用的滤纸按图 3-31 的方法折叠好,备用。将烧杯和普通漏斗烘热,按图 3-30(c)将装置搭好,热的烧杯放在已经关掉的电热套中利用余热保温,漏斗用烧瓶夹固定在铁架台上,将折叠好的滤纸放在漏斗中。一切准备就绪,将烧杯中的热溶液边搅拌边迅速倒入漏斗中。

(4) 冷却结晶:让溶液在室温下,自然冷却到少量晶体析出后,再用冷水或冰水冷却,让晶体析出完全。待晶体全部析出后,进行抽滤并干燥晶体(具体操作同实验 8)。待晶体干燥后称量,测熔点,计算回收率。

纯品对氨基苯甲酸,mp:189℃。

本实验注意事项及思考题同实验 8。

实验 10　粗萘的混合溶剂重结晶

1. 实验目的

(1) 学习利用混合溶剂进行重结晶的方法。

(2) 了解如何选择和配制混合溶剂。

2. 预习内容与学时

预习 3.4 节的内容,可参考实验 8 的具体操作。本实验需 3～4 学时。

3. 主要药品与仪器

(1) 药品:工业级萘。

(2) 仪器:100mL 烧杯、玻璃棒、表面皿、量筒、布氏漏斗、抽滤瓶、药匙、滴管、50mL 圆底烧瓶、球形冷凝管。

4. 实验步骤

称取 1.5g 粗萘，加入到 50mL 的圆底烧瓶中，再加入 10mL 已经配制好的 70%乙醇和 1～2 粒沸石，按图 3-29 搭好装置，在冷凝管中通入冷凝水，加热，并不时摇动圆底烧瓶，以加快溶解速度。当溶液接近沸腾或已经沸腾，粗萘还不能完全溶解，应从冷凝管上端继续加入少量 70%的乙醇，直至固体全部溶解，停止加热。然后向饱和溶液中再加入 20% 的过量溶剂。待溶液稍冷却后，加入适量活性炭，并稍加摇动使活性炭分散在溶液中，加热煮沸 10～15min 进行脱色。

用抽滤的方法进行热过滤，先将洗干净的抽滤瓶和布氏漏斗稍微加热，按图 4-1 安装好，用少量热溶液将滤纸湿润，打开真空泵抽滤，将滤纸与布氏漏斗底部贴紧，然后将经过脱色的溶液趁热倒入布氏漏斗中，抽滤。待液体全部被抽到吸滤瓶中后，停止抽滤。用少量热的 70%的乙醇洗涤布氏漏斗中的活性炭 1～2 次。在此操作过程中，真空度不要太低，以免乙醇挥发使晶体过早地在抽滤瓶中析出。将滤液转移至烧杯中，冷却结晶。

此实验也可以先用 95%的乙醇将粗萘溶解，加活性炭脱色热过滤后，在溶液中加水直至溶液变混浊，再加热使溶液变透明，冷却结晶。

冷却结晶时，先在室温下冷却，待溶液冷却至室温时，再放入冰水中冷却，让晶体完全析出。待晶体全部析出后，进行抽滤并干燥晶体（具体操作同实验 8）。样品干燥后称重，测熔点，计算回收率。

纯品萘，mp：80.2℃，bp：217.7℃。

5. 注意事项

（1）由于乙醇沸点低，易燃，操作时应安全注意。尤其是在热过滤时，应注意周围不能有明火。

（2）由于萘的熔点低于 70%乙醇的沸点，因此，当加入乙醇的量不足时，虽然液体已经沸腾，但是萘呈熔融状态，此时溶液不透明，应继续加溶剂直至萘完全溶解，溶液呈透明状态。

（3）抽滤瓶的玻璃耐温性较差，热的抽滤瓶接触到冷的物体（如桌面、石板、冷水等）很容易炸裂，操作应注意在下面垫木板或石棉垫。

6. 思考题

（1）如何选择混合溶剂进行重结晶？

（2）如果不知道混合溶剂的比例，应该怎样进行实验？

（3）使用有毒或易燃溶剂重结晶时应注意哪些问题？

实验 11　显微熔点仪熔点测定法

1. 实验目的

（1）学习固体化合物熔点的特性及原理。

（2）了解熔点测定的意义。

（3）学习熔点仪的使用方法和测定原理。

2. 预习内容与学时

预习2.1.1节的内容。本实验需2学时。

3. 主要药品与仪器

(1) 药品：呋喃甲酸粗品和重结晶后产品，2～3种未知样品。

(2) 仪器：显微熔点仪、圆形玻璃板、盖薄片、载玻片、隔热板、镊子、散热片。

4. 实验步骤

(1) 样品准备：在两片干净且干燥的盖玻片中间放入微量被测样品，并且用拇指和食指将两片盖玻片捻实，防止空气对熔点测定的干扰，然后放在载玻片的一端，手拿载玻片的另一端，从加热台的凹槽处，将样品放入加热台中间，盖上防止散热的圆形玻璃板。

(2) 样品测试：将显微镜镜头对准样品，用调焦手轮调节焦距，直到从目镜中可以清楚地看到经过放大的晶体，再打开调压测温仪上的电源开关，然后用旋钮1和2调节加热电压至100V左右。当温度升至低于被测样品熔点20℃时，用旋钮2调节加热速度，使升温速度控制在1～2℃/min。当晶体棱角开始变圆有液体出现时，表示样品开始熔化，直至晶体全部熔化，记录熔程。

第一个熔点测完后，用旋钮1和2将电压调到零，停止加热，稍微冷却后，用镊子取下圆形玻璃板放在已经准备好的磁盘中，再将载玻片和盖玻片一起取出，热的盖玻片放在老师已经准备好的放废盖玻片的容器中，将铝制散热片放在加热台上，可以加快加热台的冷却速度。当调压测温仪上温度显示低于第二个被测样品熔点20℃以下时，可以进行下一个样品的测试。

5. 注意事项

(1) 测完熔点后加热台上所有物品，包括热的散热片不要直接用手摸，以免烫伤，要用镊子将其一一取下。热的散热片取下来后不要直接放在桌子上，以免烫坏桌子，应将其放在专门配置的隔热板上。

(2) 利用显微熔点仪测熔点可以看到样品熔化的全过程，如结晶的失水、晶体形状的变化、分解及升华等现象，因此在测量过程中应注意观察。同时还可以观察到冷却时晶体形成的过程。

(3) 未知样品测定时由于不知道熔点，可以一直在100V下加热直至固体熔化，测出大概的熔点范围，然后再利用已知样品的测试方法进行精确测定。

6. 思考题

(1) 为什么说纯的固体化合物有固定而又敏锐的熔点？

(2) 为什么混合物的熔点总是比纯物质的熔点低，熔程长？

(3) 当混合物样品组分恰好与共熔混合物组分相同时，在最低共熔点处会显示出固定而且敏锐的熔点，这时往往会误将混合物当作纯物质。应如何加以区分？

(4) 什么是熔点？

实验 12 毛细管熔点测定法

1. 实验目的

(1) 学习固体化合物熔点的特性及原理。

(2) 了解熔点测定的意义。

(3) 学习利用提勒管测定熔点的方法。

2. 预习内容与学时

预习 2.1.1 节的内容。本实验约需 2 学时。

3. 主要药品与仪器

(1) 药品:萘的粗品和重结晶后产品、2～3 种未知样品、液体石蜡。

(2) 仪器:提勒管、温度计、带豁口的橡胶塞、熔点管、乳胶圈、酒精灯、表面皿、玻璃等。

4. 实验步骤

(1) 样品准备:将干燥好的待测固体样品用玻璃塞或玻璃棒碾成粉末状,堆放在表面皿上。取出自己制备好的熔点管,将熔点管开口端向下插入样品中,取少量粉末于熔点管中,然后把熔点管倒过来,开口端向上。取一支老师准备好的玻璃管或用 300mm 左右长的空气冷凝管,将表面皿倒扣在桌面上,使玻璃管垂直放在表面皿上,将装有样品的熔点管开口端向上,从玻璃管上端放入玻璃管中,形成自由下落,如图 2-5 所示。待样品全部落到毛细管底部时,重复上述操作 2～3 次,直至毛细管中样品高度达 2～3mm,并且没有空隙,使样品紧密堆积在毛细管底部。

(2) 熔点测定:将提勒管用 S 扣和烧瓶夹固定在铁架台上,在提勒管中加入 20～30mL 液体石蜡,高度应在提勒管上支管口上方 3～5mm 处。按图 2-6 装好熔点测定装置。毛细管用剪好的乳胶管圈固定在温度计上,开始加热。为了使整个提勒管内浴液温度均匀,火源位置应在侧管下端,这时受热浴液将沿侧管底部作上升运动,促使浴液在提勒管中形成循环,使温度变化比较均匀。当加热温度低于样品熔点 20℃时,开始控制温度上升速度为 1～2℃/min。待样品开始出现塌陷,记录初熔温度,样品全部熔化后,记录终熔温度。第一个样品测完后,待浴液温度低于 60℃时可以测第二个样品。

5. 注意事项

(1) 固定熔点管用的乳胶管圈不要浸入浴液中,以免加热时造成乳胶管圈熔胀而断裂。

(2) 若测已知样品的熔点,开始加热可以快一些,当温度低于被测样品熔点 20℃左右时,需调整火焰或来回移动火焰慢慢加热,升温速度控制在 1～2℃/min。

(3) 在测未知物熔点时,至少制备两支装好样品的熔点管,先用一支熔点管以较快的加热速度测出样品的熔点范围,再用另一支根据所测定的熔点值调节加热速度,精确测出样品的熔点。

(4) 有的样品长时间加热易分解,可先加热提勒管中的浴液,当温度低于样品熔点 20℃

时，再将熔点管放入其中。

(5) 在测易升华物质熔点时，样品装好后将开口端也用同样的方法封起来，测熔点时将毛细管全部浸入到浴液中。

(6) 在测熔点的过程中，还要注意观察和记录在加热过程中固体是否有萎缩、变色、发泡、升华及碳化等现象，以提供对样品的进一步分析的资料。

(7) 停止加热，酒精灯熄灭时，一般用盖子先盖一下火焰，当火焰熄灭后将盖子打开，然后再盖上。

6. 思考题

(1) 用毛细管测熔点时，应注意什么？

(2) 不封口的熔点管装上样品后为什么不能浸入到浴液中？

(3) 酒精灯熄灭时，为什么要先盖一下，然后打开，再盖上？

4.5　萃取分离

萃取就是利用液体混合物中各组分在两种互不相溶的溶剂中，溶解度和分配系数不同，使易溶组分较多地进入溶剂相，难溶组分仍然留在原来的液相中，实现混合液的分离。萃取(洗涤)是实验室常用的一种分离提纯的方法。

实验 13　分离苯甲酸和萘的混合物

1. 实验目的

(1) 学习萃取分离技术和方法。

(2) 了解萃取分离原理。

(3) 掌握利用萃取的方法分离混合物。

(4) 学习蒸馏乙醚的操作。

2. 预习内容与学时

预习 1.1.2 节，2.1.1 节，3.1.2 节、3.2 节、3.4 节的内容。本实验约需 6 学时。

3. 主要药品与仪器

(1) 药品：已经按物质的量比配好的苯甲酸和萘的混合物、乙醚、0.5mol/L 碳酸钠溶液，4mol/L 盐酸、无水硫酸镁。

(2) 仪器：锥形瓶、分液漏斗、圆底烧瓶、直形冷凝管、单股接引管、蒸馏头、烧杯、量筒。

4. 实验步骤

在 50mL 的锥形瓶中，加入 1g 苯甲酸和萘的混合物，用乙醚使其溶解，然后边搅拌边滴加 0.5mol/L 碳酸钠溶液，使 pH 值等于 8～9。将溶液转移至 100mL 的分液漏斗中，静置，待溶液分层后，将水相放出，保存在小烧杯中，待处理。

有机相用10mL水洗涤2次,将附着在有机物表面的碱性水溶液去除。分液后,将有机相倒入一个干燥并且干净的锥形瓶中,用适量的无水硫酸镁干燥10~15min,将干燥剂滤掉。搭好乙醚蒸馏装置,在单股接引管的出气口出处接一根橡胶管,引入有流动水的水池中,接收瓶用冷水浴冷却。用热水浴作为热源,将乙醚蒸出,乙醚蒸馏装置图如4-2所示。将蒸馏瓶中剩余液体趁热倒入表面皿或蒸发皿中,如果溶剂剩余比较多,先在红外灯下将溶剂烘干,然后再冷却至室温,用冰-水冷却,使其固化。

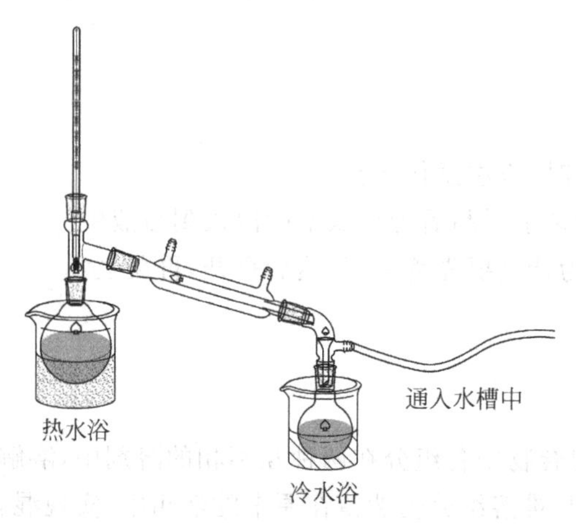

图4-2 乙醚蒸馏装置图

水相小心地用4mol/L盐酸来酸化,使pH为2左右,并有大量固体出现。用布氏漏斗和吸滤瓶进行真空抽滤,收集固体。用少量冷水洗涤滤纸上的固体,待抽干后转移到表面皿上,让产物自然干燥或用红外灯干燥。

产品干燥后,测定每个粗产品的质量和熔点。并用重结晶的方法进一步提纯,测每个纯物质的熔点。

纯的苯甲酸,mp:122.4℃。

5. 注意事项

(1) 由于乙醚的饱和蒸气压比较大(20℃时,58.6kPa,440mmHg),在萃取(洗涤)操作过程中要及时放气。

(2) 在洗涤过程中放气时,应注意周围情况,千万不能对着人放气。

(3) 实验中由于使用的乙醚量比较大,应注意安全,实验室内不能有明火并且注意室内的通风。

(4) 用盐酸酸化水相时,加入酸的速度不宜过快,应逐滴加入。当有固体出现时再测pH,使pH=2。

6. 思考题

(1) 在萃取过程中为什么要不断放气,不放气会出现什么后果?

(2) 在萃取(洗涤)过程中出现分层不明显是什么原因造成的,应该如何解决?

(3) 如果在萃取(洗涤)过程中出现乳化现象应该如何解决?

实验14　三组分混合物的分离(设计性实验)

1. 实验目的

(1) 学习利用化合物的性质分离混合物的方法。
(2) 练习设计实验步骤的能力。
(3) 复习各种基本操作。
(4) 培养团队协作精神。

2. 预习内容与学时

预习2.1.1节、3.1.2节、3.2节、3.4节的内容。本实验需3～4学时。

3. 主要药品与仪器

(1) 药品:甲苯、苯甲醛、苯甲酸、2-萘酚、萘等,由老师提供三组分混合物。
(2) 仪器:根据实验学生自己来确定。

4. 实验内容(此实验为2～3人一组)

(1) 每组量取13mL混合物,其中大约有甲苯10mL(0.094mol)、苯甲醛3mL(0.030mol)、苯甲酸1g(0.008mol)。根据它们各自的性质设计分离方案和具体操作步骤,并通过实验将其分离,指出每一步分离出来的是什么物质。用重结晶的方法提纯苯甲酸,测苯甲酸粗品和提纯后的熔点。

(2) 每组取0.5g苯甲酸、2-萘酚和萘的固体混合物。根据它们各自的性质设计分离方案和具体操作步骤,并通过实验将其分离,指出每一步分离出来的是什么物质。用重结晶的方法将各种物质提纯,并测定粗品和提纯后的熔点。

5. 注意事项

(1) 在设计实验之前应查出每种物质的物理化学性质,如熔点、沸点、折射率、密度、酸碱性等数据。
(2) 在设计步骤时先画出流程图,然后再详细设计实验步骤。
(3) 在整个实验过程中,小组成员之间应做到分工明确,配合默契。
(4) 在以上的两组实验中选择其中一组即可。

6. 思考题

(1) 在以上实验中,各组分的性质是什么?
(2) 在分离过程中各组分发生了什么变化?
(3) 根据苯甲酸在水中的溶解度,假如在90℃下制备饱和溶液,计算1g苯甲酸需要多少水?苯甲酸在水中不同温度的溶解度如下:

t/℃	0	10	20	25	30	50	60	70	80	90	95
溶解度/(g/L)	1.7	2.1	2.9	5.4	4.2	9.5	12.0	17.7	27.5	45.5	68.0

实验15 连续萃取法提取咖啡因(固液萃取法)

1. 实验目的

(1) 学习利用固液萃取法从天然植物中提取有机化合物的方法和原理。
(2) 掌握索氏(Soxhlet)提取器的使用方法。
(3) 学习连续萃取的方法。

2. 预习内容与学时

预习3.2.2节的内容。本实验约需6学时。

3. 主要药品与仪器

(1) 药品：市售的茶叶、工业乙醇。
(2) 仪器：索氏提取器、球形冷凝管、烧杯、量筒、蒸发皿。

4. 实验步骤

按图3-24(a)搭好装置。称取8g茶叶，放入卷好的滤纸筒中，将滤纸筒装入索氏提取器中。从索氏提取器上口，加入适量的工业乙醇，加到虹吸管刚好溢流时，再多加入25mL为宜，记录实际加入的溶剂量。加热回流，当索氏提取器中溶剂量达到虹吸管顶部时，再次发生溢流，记录每两次虹吸溢流的时间间隔，一般发生虹吸现象3～4次以后，液体颜色变淡，此时，可以将最后一次的溶剂留在索氏提取器中，即在发生虹吸溢流之前，停止加热。将索氏提取器中的溶剂倒入溶剂回收瓶中，烧瓶中的剩余溶液倒入蒸发皿中，晾干，待下次实验用。也可以用蒸馏的方法将溶剂蒸出，剩余约20mL溶液后，停止加热。蒸出的溶剂倒入回收瓶中，烧瓶中剩余液体倒入蒸发皿中，晾干，待用。废茶叶放入垃圾桶中。

5. 注意事项

(1) 在提取过程中应注意调节温度，因为随着提取过程的进行，蒸馏瓶内的液体不断减少，当从固体物质中提取出来的溶质较多时，温度过高会使溶质在瓶壁上结垢或碳化。

(2) 物质受热易分解和萃取剂沸点较高时，不宜使用此方法。

(3) 开始加热速度慢一些，让固体在溶剂中多浸泡一段时间，约30min。然后每次发生虹吸的时间控制在20min左右。

6. 思考题

(1) 市售茶叶中的主要成分是什么？
(2) 咖啡因对人体有哪些作用？

4.6 升华

升华是固体化合物提纯的一种手段。当某些固体物质具有较高的蒸气压时，往往不经过熔融状态就直接变成蒸气，蒸气直接冷凝变成固体，这个过程称为升华。但是，不是所有化合物都具有升华的性质，只有结构对称的非极性化合物才有这种性质。

实验 16　升华提纯咖啡因

1. 实验目的

(1) 了解升华原理和方法。
(2) 分别利用常压升华和减压升华分离咖啡因。
(3) 学习常压升华和减压升华的操作方法。

2. 预习内容与学时

预习 3.5 节的内容。本实验约需 6 学时。

3. 主要药品与仪器

(1) 药品：CaO 和学生自己的茶叶提取液。
(2) 仪器：普通漏斗、蒸发皿、砂浴、电炉、减压升华装置(冷凝指、圆底烧瓶)。

4. 实验步骤

(1) 样品的制备：将放有茶叶提取液的蒸发皿在红外灯下烘烤(温度不宜太高，避免升华)，待大部分溶剂被蒸发后(也可以将茶叶提取液在室温下放置一周)成粘稠物。称取 1.5g CaO，研成粉末，拌入其中形成茶砂。在红外灯下炒干后，分成两份，待用。

(2) 常压升华：将其中一份研碎炒干的样品平铺在蒸发皿中。选一张略大于普通漏斗底口的滤纸，在滤纸上扎一些小孔，在漏斗颈口处用少量棉花堵住，以免蒸气外逸，造成产品损失，用带孔的滤纸把普通玻璃漏斗包起来，然后盖在蒸发皿上。将蒸发皿放在砂浴上，用电炉或电热套加热，如图 3-34(a)所示。在加热过程中应注意控制温度，使升华过程在熔点以下慢慢进行。当蒸气开始通过滤纸上升至漏斗中时，可以看到滤纸和漏斗壁上有晶体出现。如果晶体不能及时析出，可在漏斗外面用湿布冷却，以利于蒸气冷凝。待产品全部升华后，停止加热，此时不要急于取下蒸发皿，待砂浴温度降到 170℃以下，再取下蒸发皿。将产品从滤纸和漏斗上刮下来，称重。

(3) 减压升华：将另一份研碎炒干的样品放在圆底烧瓶中，将指形冷凝器放在圆底烧瓶上，接通冷凝水，抽气口与水泵连接好，打开水泵，关闭安全瓶上的放空阀，进行抽气，如图 3-35 所示。将此装置放入电热套中缓慢加热，使固体在一定压力和温度下升华。在此过程中，固体可以在较低的温度下升华，蒸气遇到指形冷凝器又变成固体，并凝聚在指形冷凝器的底部。待产品全部升华后，先停止加热，打开安全瓶上的放空阀，缓慢通大气，再关掉水泵开关。取出指形冷凝器将产品刮下来，称重。合并产物，计算产率，测定咖啡因的熔点，将产品回收至产品回收瓶中。

纯的咖啡因为无色针状晶体，熔点为 234～237℃，178℃升华，100℃失去结晶水。

5. 注意事项

(1) 制备样品时，注意控制温度不要太高，一般在 50～60℃即可。温度太高会使产物提前升华。

（2）所制成的茶砂必须烘干，否则，漏斗上会聚集水珠，不利于升华后的咖啡因粘附在漏斗壁上，或由于溶剂的存在使升华后的咖啡因再次被溶解。

（3）滤纸上的孔应尽量扎的大一些，以便蒸气上升时顺利通过，在滤纸上面和漏斗中结晶，否则会影响晶体的析出。

（4）减压升华操作应控制好电热套控制器上的电压，使温度缓慢上升，并且不宜太高。可以参考咖啡因的熔点来控制真空度和温度。

6. 思考题

（1）具有什么结构的物质才能够用升华方法提纯？
（2）升华操作的关键是什么？
（3）本实验用 CaO 的作用是什么？

4.7　色谱分离

在有机化学实验中常用的色谱分离技术有薄层色谱和柱色谱。其原理是利用混合物中各组分在不相混溶的两相（流动相和固定相）中吸附和解吸的能力不同，也可以说，在两相中的分配不同。当混合物随流动相流过固定相时，发生反复多次的吸附和解吸过程，从而使混合物分离成两种或多种单一的纯组分。

薄层色谱（thin layer chromatography，TLC）和柱色谱是实验室常用的分离和检测技术，吸附薄层色谱在有机实验室使用最为广泛。离子交换薄层色谱和凝胶薄层色谱，在分析实验中也有着广泛的应用。

实验 17　薄层色谱分离绿色植物中的色素

1. 实验目的

（1）学习薄层色谱的分离原理和方法。
（2）掌握薄层色谱的操作技术。
（3）学习展开剂的选择和配比。
（4）用薄层色谱法分离和指认绿色植物中的色素斑点。

2. 预习内容与学时

预习 3.2 节、3.3 节、3.6.1 节、3.6.3 节的相关内容。本实验需 5～6 学时。

3. 主要药品与仪器

（1）药品：石油醚、乙醇、丙酮、正丁醇、乙酸乙酯、菠菜（或其他绿色植物）、无水硫酸镁。
（2）仪器：每人 4 块已经制备好的薄板、展开缸、烧杯、玻璃塞、离心试管 2 只、滴管。

4. 实验步骤

（1）样品制备：将一片洗净并且擦干净的菠菜叶，用剪刀剪碎或手撕碎放入小烧杯中，在其中加入4mL石油醚和3mL乙醇,用玻璃塞继续进行研磨,直至有绿色浆液出现,植物的颜色变浅。取一支自己拉制的不带胶帽的滴管(或由老师提供),在里面放一小块棉花,用另一支滴管将提取液吸出来放入其中过滤提取液。将提取液转移至离心试管中,加入等体积的饱和食盐水,用微量萃取法轻轻洗涤和萃取提取液,待溶液静止分层后,用滴管将水相分离出来(图3-23),再用等体积的水洗涤两次。将有机相转移至另一支干净并且干燥的离心试管(或其他小的容器)中,加入少量无水硫酸镁干燥,约10min。如果溶剂比较多,可以用空气或氮气流来除去部分溶剂,使提取液浓缩,便于下一步的操作。

(2) 薄板的制备:取2.7g硅胶G,加入8～10mL 0.7%的羧甲基纤维素钠水溶液,调成糊状。将糊状硅胶均匀地倒在4块干净并且干燥的载玻片上,先用玻璃棒铺平,然后用手轻轻振动至平(请阅读3.6.3节相关内容)。铺板时尽可能将吸附剂铺均匀,不能有气泡或干的颗粒存在,厚度不能太厚也不能太薄,一般为0.5～1mm。板铺好后,应放在比较平的地方晾干,然后转移至试管架上,慢慢地自然晾干后再活化。

(3) 点样及展开:将活化好的薄板在距板的一端10mm处,用铅笔轻轻地画一条横线作为点样的起点线,在距薄层板的另一端5mm处,再画一条横线作为展开剂向上爬行的终点线,参见图3-40。用内径小于1mm干净并且干燥的毛细管吸取少量的样品,轻轻触及薄板的起点线(即点样),然后立即抬起,待溶剂挥发后,再触及第二次。根据样品的浓度确定点样的数,一般点3～5次即可,如果样品浓度低可多点几次,样品浓度高点1次即可。

配制石油醚∶丙酮为3∶2的混合溶液5mL,倒入展开缸中,将点好样品的薄板斜着放到展开缸中,待溶剂前沿达到终点线时,将薄板取出,用铅笔将有色斑点圈下来。再配制4∶1石油醚∶丙酮的展开剂,将第二块薄板展开,并且与第一块薄板比较有什么不同。然后再用3∶2的石油醚∶乙酸乙酯混合溶剂对第三块薄板进行展开,再与第一块薄板比较有什么不同。第四块薄板由自己来选择合适的溶剂及配比将样品点全部展开。

一个好的分离结果可以观察到多达8个有色斑点。按R_f递减的顺序是:β-胡萝卜素(2点,橘黄色),叶绿素a(青绿色),叶黄素(4点,黄色)和叶绿素b(绿色)。计算所有斑点的R_f值,并且按1∶1的比例将展开的薄板画在实验报告上,并且指出哪种混合展开剂配比最好。

5. 注意事项

(1) 将用过的展开剂和提取液分别倒在老师准备好的回收瓶中。

(2) 薄板的制备应在前一次实验中完成,放置本次实验使用,开始时由老师统一活化。

(3) 点样时应做到“少量多次”,即每次点的样品量要少一些,点的次数可以多一些,这样可以保证样品点即有足够的浓度点又小。

(4) 点好样品的薄层板待溶剂挥发后再放入展开缸中进行展开。

(5) 在展开过程中应将展开缸盖子拧紧,以免溶剂挥发影响展开效果,并且由于展开缸内上下溶剂浓度不一样也会影响展开效果。

6. 思考题

(1) 什么是R_f值?为什么在操作条件一定的情况下可以用R_f值来确定未知化合物?

(2) 如果化合物是无色的应该用什么方法来确定它们的R_f值?

(3) 展开剂高度若超过点样线会出现什么后果?

实验 18 柱色谱分离碱性品红与酸性品红

1. 实验目的

(1) 学习柱色谱的分离原理和方法。
(2) 掌握柱色谱的操作技术和方法。
(3) 学习利用柱色谱分离混合物的方法。

2. 预习内容与学时

预习 3.6.1 节、3.6.2 节的相关内容。本实验需 3～4 学时。

3. 主要药品与仪器

(1) 药品：中性氧化铝(100～200 目)、无水乙醇、石油醚、1%～2%的碱性品红乙醇溶液、1%～2%的酸性品红水溶液。

(2) 仪器：每人 3 块已经制备好的薄板、展开缸、烧杯、玻璃塞、离心试管 2 只、滴管、色谱柱、锥形瓶。

4. 实验步骤

(1) 装柱：选一支合适的色谱柱，洗干净，并且干燥好。用烧瓶夹和 S 扣垂直固定在铁架台上，用镊子取一小块脱脂棉放入色谱柱中，用玻璃棒将棉花送入底部，稍微塞紧。然后在脱脂棉上盖一层厚 2～3mm 的石英砂，用 50mL 锥形瓶作为接收瓶接收洗脱剂。

称取 10g 100～200 目的中性氧化铝，放入烧杯中，加入适量石油醚调成糊状，用湿法装柱。先在柱内加入约 3/4 柱高的石油醚，再将调好的吸附剂边敲打边倒入柱中，同时，打开下旋活塞，当装入的吸附剂有一定高度时，洗脱剂流速变慢。在此过程中，应不断敲打色谱柱，以使吸附剂填充均匀并没有气泡。柱子填充完后，在吸附剂上端再覆盖一层 2～3mm 厚的石英砂。如图 3-39 所示。

(2) 上样：各取 0.5mL 已经配好的碱性品红和酸性品红溶液，当柱内洗脱剂排至上层石英砂底部时，关闭活塞，停止排液，用滴管将混合液加入到石英砂中，样品尽量一次加完。打开活塞，使样品进入石英砂层后再加入少量的无水乙醇将壁上的样品洗下来。待这部分液体进入石英砂层后，再加入大量的无水乙醇进行淋洗。

(3) 洗脱：从色谱柱的上端分批加入无水乙醇，约 30mL。也可以将 30mL 无水乙醇加入到滴液漏斗中，固定在色谱柱上口处。控制洗脱剂的流出速率为 1 滴/s(此时若速率减慢，可将接收器改成小抽滤瓶，安装合适的塞子，接上水泵，少许减压以保持流速)。很快可以看到有一个红色带随着无水乙醇向下移动，另一个红色物质则留在柱顶部。当下移的红色带流出后，换一个接收瓶，改用水作洗脱剂，此时柱顶的红色带随洗脱剂开始下移。当色带快要流出时，换另一个接收瓶收集色带，直至色带全部洗脱出来为止。这样可以分别得到碱性品红和酸性品红两种染料的纯溶液。

(4) 鉴定：将得到的两种溶液用旋转蒸发仪浓缩至 1～2mL。用薄层色谱法鉴定哪个物质是碱性品红，哪个是酸性品红。

5. 注意事项

(1) 加入石英砂的目的是使加料时不致把吸附剂冲起，影响分离效果。若无石英砂也可用玻璃毛或用滤纸代替。

(2) 洗脱剂应连续平稳地加入，不能中断。为了保持柱子的均一性，应使整个吸附剂浸泡在洗脱剂中，否则，当洗脱剂流干和缺少时，就会使装好的吸附剂干裂，影响洗脱效果。

(3) 在加入样品时，应注意滴管尽量向下靠近石英砂表面，以免样品溅到色谱柱壁上或破坏石英砂表面。

6. 思考题

(1) 查出碱性品红和酸性品红的结构和性质，根据它们的性质判断哪一个红色带是碱性品红，哪一个红色带是酸性品红。

(2) 样品在柱内的下移速度为什么不能太快？如果太快会有什么后果？

(3) 在装柱过程中为什么要边敲打边装柱？

(4) 在洗脱过程中应该如何改变洗脱剂的极性？

实验 19　去痛片组分的分离(设计性实验)

1. 实验目的

(1) 学习设计柱色谱分离的方案和实验步骤。

(2) 学习展开剂和洗脱剂的选择方法。

(3) 学习从药物中提取有机化合物。

2. 预习内容与学时

预习 3.6.1～3.6.3 节的相关内容。本实验需 6～8 学时。

3. 主要药品与仪器

(1) 药品：柱层析硅胶(100～200 目)、1%乙酰水杨酸的乙醇标准溶液、1% 非那西丁的乙醇标准溶液、1% 咖啡因的乙醇标准溶液、95%乙醇、无水乙醚、二氯甲烷、冰醋酸、丙酮。

(2) 仪器：每人 5 块已经制备好的薄板、展开缸、烧杯、玻璃塞、离心试管 2 只、滴管、色谱柱、锥形瓶。

4. 实验内容

普通去痛片(APC)主要由乙酰水杨酸(阿司匹林)、非那西丁、咖啡因和其他药物成分组成，是白色片剂。本实验通过用 95%的乙醇将以上 3 种主要成分从药片中提取出来，然后用薄层色谱的方法确定柱色谱的分离条件，最后用柱色谱将其分离成 3 种纯物质，并且对每种物质进行鉴定。由于这 3 种组分均为无色，需要用紫外灯或碘熏显色的方法来确定各组分，然后用薄层色谱法和标准溶液鉴定出它们分别是什么物质。

此实验每两人一组，每组一片去痛片(APC)。先将药片碾成粉末，放入一支试管或锥形瓶中，加入 5mL 95%乙醇，搅拌萃取，然后过滤，将过滤后的溶液浓缩至 1mL 左右。

下面的分离鉴定实验由学生自己设计实验步骤和方法。

5. 注意事项

(1) 过滤提取液时，可取一个小的玻璃漏斗，在颈部放一小块棉花。

(2) 浓缩样品时，可以用旋蒸，也可以用简单蒸馏的方法。

(3) 在设计实验步骤时，应结合样品的结构进行分析，下面是 3 种样品的结构：

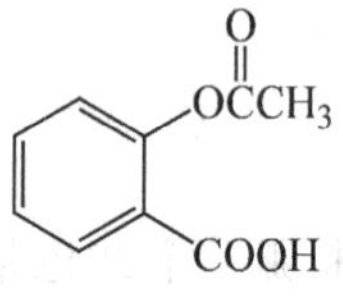

乙酰水杨酸 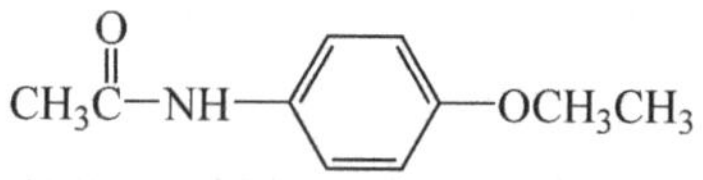　　　　非那西丁 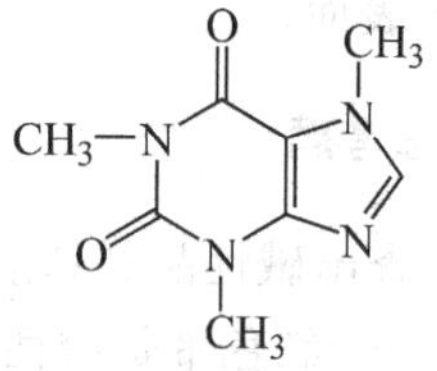　　　　咖啡因

(4) 薄板应在前一次实验制备好，干燥后待用。

6. 思考题

(1) 在设计实验步骤过程中应该注意什么问题？

(2) 请说出设计实验步骤的大致思路？

(3) 在此实验过程中应该如何判断何时流出的是产物？

(4) 应该用何种方法鉴定流出物是哪种化合物？

第5章　有机化合物的制备与合成实验

有机制备和有机合成是两个紧密相关，但又内涵不尽相同的技术术语，有机制备侧重于反应类型及该类反应中应注意的事项；有机合成则对合成操作进行详细的描述。有机合成是有机化学的灵魂，是创造新的有机化合物的基础。然而，有机化合物浩瀚无涯，有机新物质和新反应层出不穷。

本章实验以有机化学实验中基本合成内容为主，增加了综合性、设计性和研究型实验内容。通过学习各种类型化合物的制备与合成方法，学生可以进一步掌握和巩固基本操作技能，了解各种类型化合物在合成过程中的相同点和不同点，通过学习与实践，加深对有机化学理论知识的感性认识，为以后的学习和工作打下良好的基础。本章分为3部分：基本合成实验、多步合成与综合性实验、研究型与设计性实验，由浅入深，循序渐进让学生掌握有机化合物制备与合成的真谛。

5.1　基本合成实验

5.1.1　卤代烃的制备与合成

卤代烷是一类重要的有机溶剂，也常常作为有机合成的中间体出现在反应体系中，如在格氏反应中需要用卤代烃作为反应原料制备格氏试剂。卤代烷在自然界存在很少，一般都是通过合成制备的。

由醇与氢卤酸反应制备卤代烷，是卤代烷制备中的重要方法。如正溴丁烷（n-butyl bromide）和溴乙烷（bromoethane）等的制备就是通过相应的醇与氢卤酸反应制备而成的。氢卤酸是一种极易挥发的无机酸，无论是液体还是气体刺激性都很强。因此，一般在实验中均采用溴化钠与硫酸或氯化锌与盐酸等作用生产氢卤酸的方法，并在反应装置中加入气体吸收装置，将外逸的氢卤酸气体吸收，以免造成对环境的污染。在反应中，过量的无极酸还可以起到移动平衡的作用，通过产生更高浓度的氢卤酸促使反应加速，还可以将反应中生成的水质子化，阻止卤代烷通过水的亲核进攻而返回到醇。

实验20　正溴丁烷的合成

1. 实验目的

（1）学习卤代烃制备的原理和方法。
（2）学习气体吸收装置的搭装。
（3）复习回流、蒸馏、萃取和干燥等基本操作。

2. 反应原理

本实验主要反应：

$$NaBr + H_2SO_4 \longrightarrow HBr + NaHSO_4$$

$$HO\text{/\/\/} + HBr \xrightarrow[\text{回流}]{\text{加热}} Br\text{/\/\/} + H_2O$$

反应历程和副反应由学生根据有机化学理论知识自己写出。

本实验需要 6～8 学时。

3. 主要药品与仪器

(1) 药品：正丁醇、溴化钠、浓硫酸、饱和碳酸钠溶液、无水氯化钙。

(2) 仪器：50mL 圆底烧瓶、球形冷凝管、烧杯、普通漏斗、直形冷凝管、蒸馏头、单股接引管、接收瓶、分液漏斗、锥形瓶、温度计及温度计套管、药匙、滴管。

4. 实验步骤

在 50mL 的圆底烧瓶中，加入 10mL 水和滴入 12mL 浓硫酸，混合冷却，加入 7.5mL 正丁醇(0.08mol)，混合均匀后加入 10g(0.097mol)研细的溴化钠，充分摇动，加沸石 1～2 粒。按图 1-3(c)装好回流冷凝管、干燥管及气体吸收装置，在烧瓶中加入 5%氢氧化钠作吸收液。

加热回流 40min，在此期间应不断地摇动反应装置，以使反应物充分接触。冷却后改为蒸馏装置，蒸出正溴丁烷(*n*-butylbromide)粗品，剩余液体趁热倒入烧杯中，待冷却后，再倒入装有饱和亚硫酸氢钠的废液桶中。

正溴丁烷粗品倒入分液漏斗中，加 10mL 水洗涤，分出水层，将有机层倒入另一干燥的分液漏斗中，用 5mL 浓硫酸洗涤，分出酸层(经中和后倒入下水道)。有机层分别用 10mL 水、10mL 饱和碳酸氢钠水溶液和 10mL 水洗涤后，用无水氯化钙干燥。常压蒸馏收集 99～103℃的馏分，产率约 60%。测定产品的折射率，将产品保存好待下次做格氏反应用。

纯的正溴丁烷，bp：101.6℃，d_4^{20}：1.2760，n_D^{20}：1.4399。

图 5-1(a)为正溴丁烷的红外光谱图，(b)为正溴丁烷的^{1}H NMR 谱图。该化合物^{13}C NMR 的 δ 分别为 13.2，21.5，33.1，35.0。

5. 注意事项

(1) 本实验应按操作步骤中给出的顺序加入原料，千万不能颠倒。

(2) 正溴丁烷粗品是否蒸完，可用以下 3 种方法进行判断：①馏出液是否由混浊变为清亮；②蒸馏瓶中液体上层的油层是否消失；③取一表面皿收集几滴馏出液，加入少量水摇动，观察是否有油珠存在，无油珠说明正溴丁烷已蒸完。

这一步相当于简易水蒸气蒸馏法将合成出来的粗产物从反应体系中分离出来。

(3) 分液时，根据液体的密度来判断产物在上层还是在下层，如果一时难以判断，应将两相全部留下来。

(4) 洗涤后产物如有红色，说明含有溴，应再加适量饱和亚硫酸氢钠溶液进行洗涤，将溴全部去除。

(5) 正丁醇与溴丁烷可以形成共沸物(沸点为 98.6℃，含质量分数为 13%的正丁醇)，蒸馏时很难去除。因此在用浓硫酸洗涤时，应充分振荡。

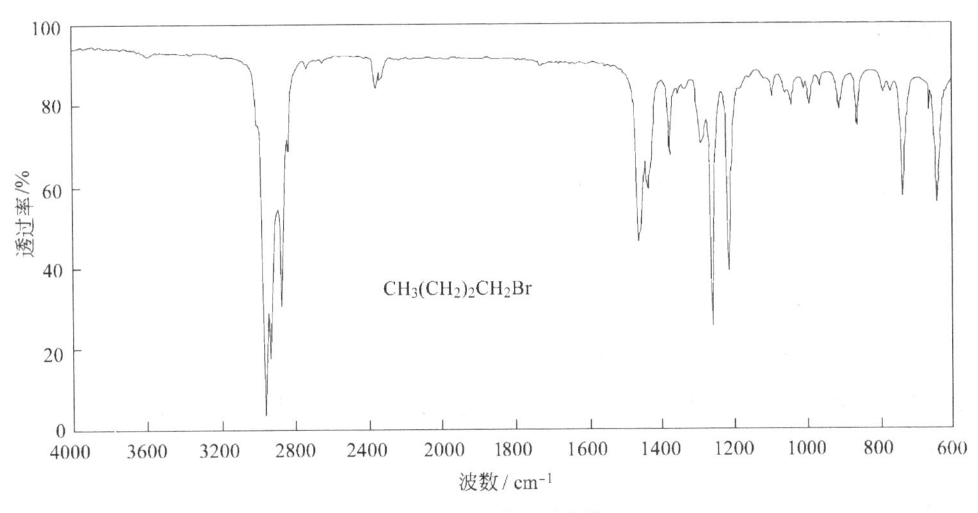

(a) 正溴丁烷的红外光谱图

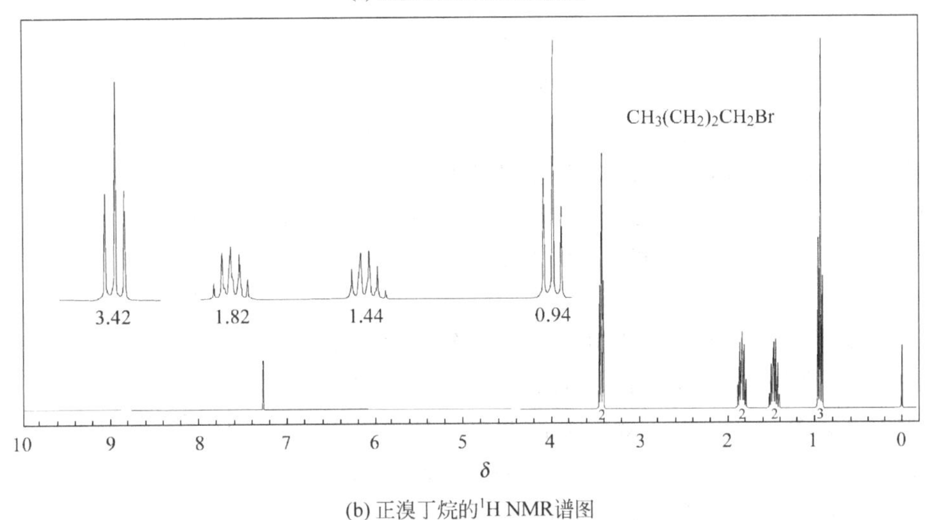

(b) 正溴丁烷的^1H NMR谱图

图 5-1　正溴丁烷的谱图

6. 思考题

(1) 本实验可能有哪些副反应发生?

(2) 各洗涤步骤洗涤目的是什么?

(3) 加原料时如不按实验操作顺序加入会出现什么后果?

(4) 为什么用饱和碳酸氢钠溶液洗涤之前要用水先洗涤一次。

实验 21　溴乙烷的合成

1. 实验目的

(1) 学习以乙醇为原料制备溴乙烷(bromoethane)的合成方法及原理。

(2) 学习回流、蒸馏、萃取和干燥等基本操作。

2. 反应原理

本实验主要反应：

$$C_2H_5OH + HBr + H_2SO_4 \longrightarrow C_2H_5Br + H_2O$$

反应历程和副反应由学生根据有机化学理论知识自己写出。

本实验约需 6 学时。

3. 主要药品与仪器

(1) 药品：95%乙醇、溴化钠、浓硫酸、饱和碳酸钠溶液、无水氯化钙。

(2) 仪器：50mL 圆底烧瓶、烧杯、普通漏斗、直形冷凝管、蒸馏头、单股接引管、接收瓶、分液漏斗、锥形瓶。

4. 实验步骤

在 50mL 圆底烧瓶中加入 3mL(0.052mol)95%乙醇和 3mL 水，在不断振摇和冷水浴冷却下慢慢滴加 6.5mL 浓硫酸，冷却至室温后，加入新研细的溴化钠 5g(0.049mol)，混合均匀，加入 1～2 粒沸石，按图 5-2 搭好蒸馏装置，在接收瓶内放入冰水，使接引管的末端刚好与冰水接触为宜，并且接收瓶用冰水浴冷却。一切准备无误，开始加热，加热时，应慢慢升高温度，直至无油状物馏出时，停止加热。

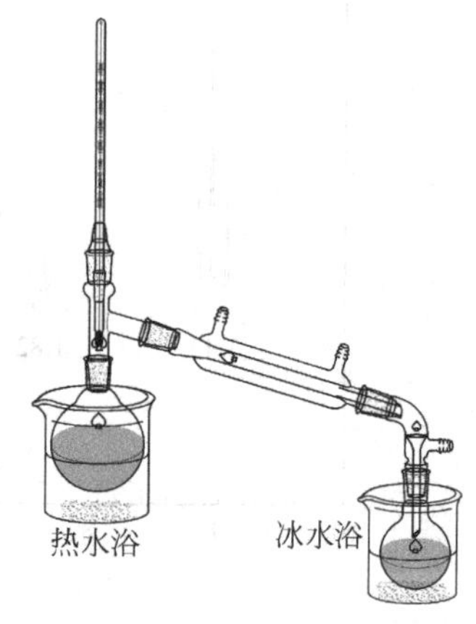

图 5-2 溴乙烷合成装置

将馏出物倒入分液漏斗中，分出的有机层转移至一个干燥的锥形瓶中，边冷却边振荡，慢慢滴加浓硫酸，直至有明显的硫酸层出现为止。然后用一个干燥的分液漏斗尽量将硫酸层分出，用 5mL 冰水洗涤，分出有机层。粗产品用无水氯化钙干燥后，用水浴加热进行蒸馏，接收瓶用冰水浴冷却，收集 37～40℃ 的馏分，产率约 62%。

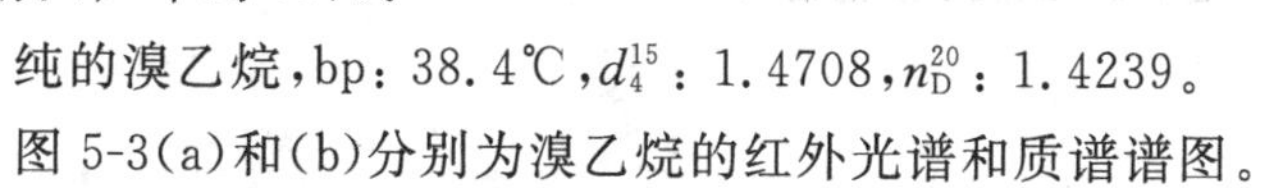

纯的溴乙烷，bp：38.4℃，d_4^{15}：1.4708，n_D^{20}：1.4239。

图 5-3(a)和(b)分别为溴乙烷的红外光谱和质谱谱图。

5. 注意事项

(1) 加入少量水可以防止反应时产生大量泡沫，减少副产物乙醚的生成和避免氢溴酸的挥发。

(2) 本实验可用 KBr 代替 NaBr。

(3) 由于溴乙烷沸点较低，蒸馏时一定要慢慢加热，以防反应物冲出蒸馏瓶或由于蒸气来不及冷凝，造成产品损失。

(4) 由于接收瓶中加入了冰水，故在蒸馏时应防止馏出液倒吸。

(5) 馏出液用分液漏斗分液时尽可能将水除尽，以免用硫酸洗涤时，因产生热量较多而使产品挥发，造成产品的损失。

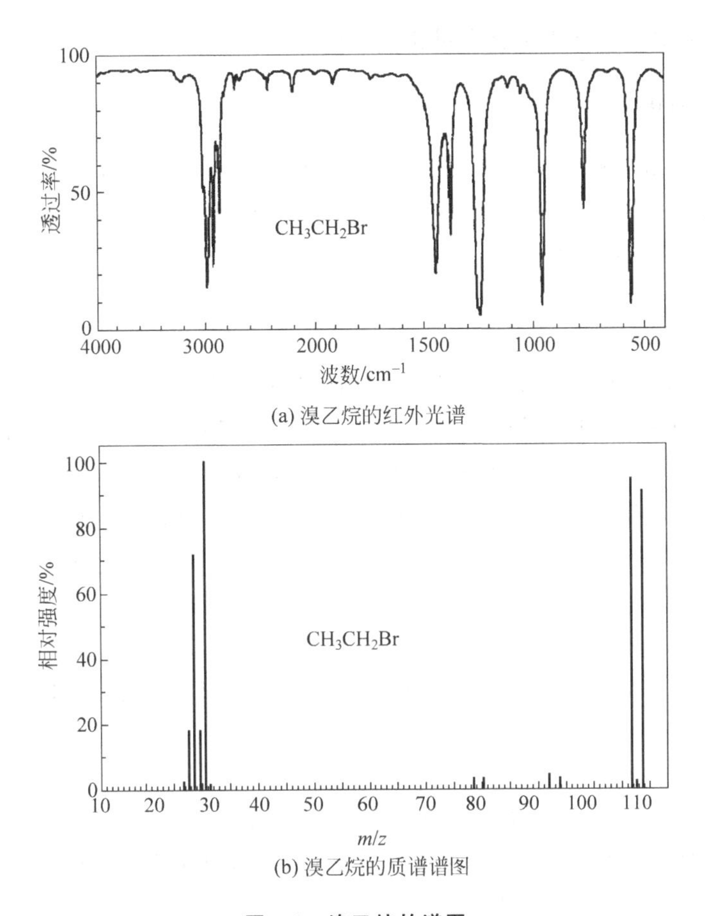

(a) 溴乙烷的红外光谱

(b) 溴乙烷的质谱谱图

图 5-3　溴乙烷的谱图

6. 思考题

(1) 造成本实验产量不高的主要原因是什么？

(2) 蒸馏时为什么可以在接收瓶内加入冰水，加入冰水的目的是什么？

(3) 粗产品中有哪些副产物？如何去除？

实验 22　2-氯丁烷的合成

1. 实验目的

(1) 学习利用盐酸和仲醇准备卤代烷的方法及原理。

(2) 学习回流、蒸馏、萃取、洗涤和干燥等基本操作。

2. 反应原理

$$CH_3CH(OH)CH_2CH_3 + HCl \xrightarrow{ZnCl_2} CH_3CHClCH_2CH_3 + H_2O$$

反应历程和副反应由学生根据有机化学理论知识自己写出。

3. 主要药品与仪器

(1) 药品：仲丁醇、无水氯化锌、浓盐酸、5%NaOH 溶液、无水氯化钙。

(2) 仪器：50mL 圆底烧瓶、球形冷凝管、烧杯、普通漏斗、直形冷凝管、蒸馏头、单股接引管、接收瓶、分液漏斗、锥形瓶。

4. 实验步骤

在 50mL 圆底烧瓶上装好回流冷凝器及气体吸收装置，向反应瓶中加入 8g(0.05mol)无水氯化锌和 4mL 浓盐酸，使其溶为均相，加入 1～2 粒沸石，使溶液冷却至室温后，再加入 2.5mL(2.125g，27.5mmol)仲丁醇，缓和回流 40min。改用蒸馏装置收集 115℃以下的馏分。用分液漏斗分出有机相，依次用 3mL 水、1mL 5%NaOH 溶液、3mL 水洗涤，分出有机层。将有机层放入一个干燥并且干净的锥形瓶中，用无水 $CaCl_2$ 干燥，约 10min。

按图 3-6 搭好简单分馏装置，收集 67～69℃的馏分。产率 70%～75%。测定旋光度和折射率。

纯的 2-氯丁烷(2-chlorobutane)，bp：68.25℃，d_4^{20}：0.8732，n_D^{20}：1.3971。

5. 注意事项

(1) 仲丁醇与氯负离子极易发生反应生成 2-氯丁烷。产物 2-氯丁烷不溶于酸，当反应瓶上层出现油珠状物质即为反应发生的标志。本反应中生成的烯烃，在蒸馏时已从产物中去除。用色谱-质谱联用仪器可检测到烯烃的存在。

(2) 由于 2-氯丁烷沸点较低，操作时动作要快，以免挥发而造成产品损失。

(3) 本产品为手性化合物，可以用测定旋光度的方法鉴定其纯度。

6. 思考题

(1) 为什么用分馏装置收集产品而不用蒸馏装置收集产品？

(2) 在实验过程中，哪些因素会使产率降低？

5.1.2　格氏反应

格氏(Grignard)反应是实验室制备醇的重要方法之一。镁与许多脂肪族、芳香族卤代烃反应生成烃基卤代镁，即格氏试剂。格氏试剂是化学性质非常活泼的金属有机化合物，它能与醛、酮、酯和二氧化碳反应生成相应的醇或羧酸，与含有活泼氢的化合物(如水、醇、羧酸等)反应生成相应的烷烃等。

由于格氏试剂化学性质活泼，在实验中应避免水、氧和二氧化碳的存在。因此，实验所用的仪器应全部干燥，试剂应经过严格无水处理。格氏反应通常是在无水乙醚溶液中进行的，反应时乙醚的蒸气可以把格氏试剂与空气隔绝开，因此，反应时不用惰性气体保护，但是如果过夜保存，则需要用惰性气体保存。

实验23 2-甲基-2-己醇的合成

1. 实验目的

(1) 学习格氏反应的基本原理和操作。
(2) 了解影响制备格氏试剂的因素。
(3) 掌握在无水条件下进行反应的方法和技巧。
(4) 巩固蒸馏、萃取、干燥以及蒸馏乙醚的安全操作方法。

2. 反应原理

本实验利用格氏试剂与酮发生亲核反应经水解生成醇,具体反应:

$$n\text{-}C_4H_9{-}Br + Mg \xrightarrow{\text{无水乙醇}} n\text{-}C_4H_9{-}MgBr$$

$$n\text{-}C_4H_9{-}MgBr + CH_3COCH_3 \xrightarrow{\text{无水乙醇}} n\text{-}C_4H_9{-}\underset{\substack{|\\ OMgBr}}{\overset{\substack{CH_3\\ |}}{C}}{-}CH_3 \xrightarrow[H^+]{H_2O} n\text{-}C_4H_9{-}\underset{\substack{|\\ OH}}{\overset{\substack{CH_3\\ |}}{C}}{-}CH_3$$

3. 主要药品与仪器

(1) 药品:正溴丁烷、镁、无水乙醚、丙酮、乙醚、20%硫酸、无水碳酸钾、15%碳酸钠,碘。
(2) 仪器:50mL二口瓶、球形冷凝管、烧杯、普通漏斗、直形冷凝管、蒸馏头、单股接引管、接收瓶、分液漏斗、锥形瓶、温度计及温度计套管、药匙、滴管、电磁搅拌器或机械搅拌器、加热套等。

4. 实验步骤

(1) 正丁基溴化镁的制备

在50mL二口瓶上分别装恒压滴液漏斗和回流冷凝管,并在回流冷凝管上安装有无水氯化钙的弯型干燥管,如图5-4所示。

向二口瓶中加入0.8g(33mmol)剪碎的镁条及5mL无水乙醚。在恒压滴液漏斗中加入5mL无水乙醚和3mL(33mmol)自己合成的正溴丁烷,混合均匀。先往反应瓶中加入2mL左右正溴丁烷-无水乙醚混合液,数分钟后反应开始,反应液呈灰色并微沸,待反应由激烈转入缓和后,开始滴加正溴丁烷-无水乙醚混合液,注意滴加速度不宜太快,边滴加边搅拌。滴加完毕再由恒压滴液漏斗中补加9mL无水乙醚,加完后,继续反应10min,使镁完全作用。

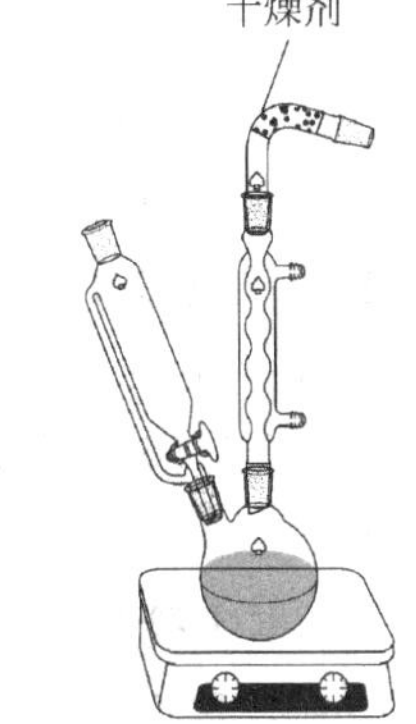

图5-4 制备格氏试剂的装置

(2) 2-甲基-2-己醇(2-methyl-2-hexanol)的合成

在冷水浴冷却下,边搅拌边向制备好的格氏试剂中加入2.5mL(2g,33mmol)经过干燥处理的无水丙酮和3.3mL无水乙醚的混合液,控制加入速度,保持微沸,加完后继续搅拌振荡5min,此时,溶液呈黑灰色粘稠状。

将 15mL 20%的硫酸水溶液加入到恒压滴液漏斗中，在冷水浴并且搅拌条件下，慢慢滴加到反应系统中，使产物分解。加完后，再搅拌 10min 左右，待产物完全分解，将液体转入 100mL 的分液漏斗中，分出乙醚层。水层分别用 10mL 和 5mL 乙醚萃取，合并乙醚溶液，并用 10mL 15%的碳酸钠水溶液洗涤一次，用无水 K_2CO_3 干燥有机相，约 15min。

按图 4-2 搭好乙醚蒸馏装置，用热水浴先蒸出乙醚。然后改用电热套加热蒸出产品，收集 139～143℃的馏分，产率为 50%～60%。本实验约需 6～8 学时。

纯 2-甲基-2-己醇，bp：143℃，d_4^{20}：0.8119，n_D^{20}：1.4175。

图 5-5 为 2-甲基-2-己醇的红外光谱图。

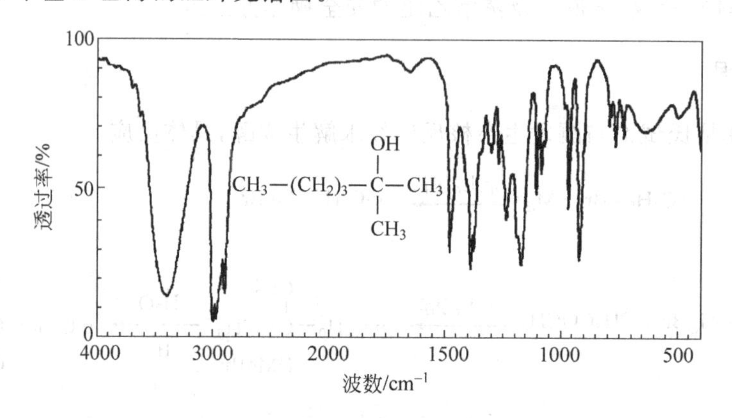

图 5-5　2-甲基-2-己醇的红外光谱图

5. 注意事项

(1) 实验中所用试剂需预先处理，正溴丁烷和无水乙醚应事先用无水氯化钙干燥，丙酮用无水碳酸钾干燥，一周后使用，必要时应经过蒸馏纯化或无水处理。

(2) 本实验要求在无水、无氧、无二氧化碳的条件下进行，因此反应所需的仪器和试剂都必须经过干燥处理。反应体系在实验过程中，用装有无水 $CaCl_2$ 的干燥管放在球形冷凝管的上端与空气隔绝，实验装置的磨口处需用凡士林进行密封处理。

(3) 镁条上的氧化层要用砂纸打磨干净，然后剪成 2mm 左右(越细越好)长的小块备用。实验中通常先称取 1g 未经过打磨的镁条，边打磨边剪边放入反应瓶中，以免镁条因在空气中暴露时间过长而被氧化。

(4) 格氏反应有一个引发过程，在反应体系未引发之前，千万不要开动搅拌，以免正溴丁烷混合溶液局部浓度太低，使反应难以进行。正溴丁烷-无水乙醚混合溶液最多加入 3mL，以免引发后反应过于剧烈，同时生成副产物。当反应未引发时，可向反应体系中加入少量的碘，促使反应引发。

(5) 滴加溴丁烷液不能太快，要充分搅拌，避免偶联反应的发生，滴加速度以乙醚自行回流为宜。

(6) 本实验使用大量的乙醚，要求实验室内绝对无明火和注意通风。

(7) 蒸馏乙醚的操作要求：①用水浴加热蒸馏瓶；②接收瓶用冷水浴冷却；③接引管尾气出口用冷却水管将蒸气导入水槽中。

(8) 将乙醚常压蒸馏完后，再换空气冷凝管(或将冷凝管中的水放掉当空气冷凝管用)，在常压下将产物蒸馏出或用减压蒸馏的方法蒸出产物。

6. 思考题

(1) 本实验中应防止哪些副反应发生？如何避免？
(2) 乙醚在本实验各步骤中的作用是什么？
(3) 使用乙醚应注意哪些安全问题？
(4) 为什么碘能促使反应引发？
(5) 卤代烷与格氏试剂反应的活性顺序如何？
(6) 芳香族氯化物和氯乙烯型化合物能否发生格氏反应？

实验 24　3-己醇的合成

1. 实验目的

(1) 学习格氏试剂的制备方法及原理。
(2) 学习并掌握在无水条件下进行反应的方法和技巧。
(3) 学习用格氏试剂与醛反应的基本操作方法。
(4) 巩固萃取、干燥以及蒸馏乙醚的安全操作。

2. 反应原理

本实验利用格氏试剂与醛发生亲核反应经水解生成醇，具体反应如下：

$$C_2H_5{-}Br + Mg \xrightarrow{\text{无水乙醚}} C_2H_5{-}MgBr$$

$$n\text{-}C_3H_7CHO + C_2H_5{-}MgBr \longrightarrow n\text{-}C_3H_7{-}\overset{\overset{\displaystyle OMg}{|}}{\underset{\underset{\displaystyle H}{|}}{C}}{-}C_2H_5 \xrightarrow{H_3^+O} n\text{-}C_3H_7{-}\overset{\overset{\displaystyle OH}{|}}{\underset{\underset{\displaystyle H}{|}}{C}}{-}C_2H_5$$

3. 主要药品与仪器

(1) 药品：溴乙烷、镁、正丁醛、无水乙醚、乙醚、无水硫酸镁、15%硫酸。

(2) 仪器：50mL 三口瓶、球形冷凝管、恒压滴液漏斗、弯形干燥管、烧杯、普通漏斗、直形冷凝管、蒸馏头、单股接引管、接收瓶、分液漏斗、锥形瓶、温度计及温度计套管、药匙、滴管、搅拌器、加热套等。

4. 实验步骤

(1) 乙基溴化镁的制备

在干燥的 50mL 三口瓶上，装上恒压滴液漏斗、回流冷凝管并与装有氯化钙的弯形干燥管相连。在反应瓶中加入 0.6g 镁及 3mL 无水乙醚，在恒压滴液漏斗中加入 2.8g 溴乙烷和 7mL 无水乙醚，混合均匀后，先向反应瓶中加入 2mL 左右的混合液，待反应引发并平稳后，开动搅拌器，慢慢将恒压滴液漏斗中的混合液滴入，并保持反应液微沸。若反应过于猛烈，可用冷水冷却。混合液滴加完毕，在水浴上回流 10min，冷却至室温。

(2) 3-己醇的制备

将 1.8g 正丁醛和 4mL 无水乙醚混合均匀，倒入滴液漏斗中，慢慢滴加至反应瓶中，注意控制滴加速度，勿使反应过于激烈。滴完后搅拌约 5min 使镁几乎完全溶解，将反应液倒入盛有 25g 冰的烧杯中，然后加入约 18mL 15%的硫酸使产物分解。

将溶液倒入分液漏斗中，分出有机相。水相用 15mL 乙醚分 3 次萃取。将提取液与有机相合并，用无水硫酸镁干燥，用水浴蒸出乙醚(回收)，再蒸出产品，收集 133～136℃的馏分，产率为 45%～50%。

纯 3-己醇(3-hexanol)，bp：135℃，d_4^{20}：0.8182，n_D^{20}：1.4167。

5. 注意事项

(1) 溴乙烷应事先用无水氯化钙干燥后蒸馏，正丁醛用无水硫酸钠干燥后蒸馏，无水乙醚应是市售分析纯无水乙醚，应用无水氯化钙干燥一周后使用。

(2) 其余注意事项同实验 26 和实验 27。

6. 思考题

(1) 若反应长时间不能引发，你准备采取哪些措施？

(2) 实验中可能发生哪些副反应？应如何避免？

实验 25 2-甲基丁酸的合成

2-甲基丁酸(2-methyl butanoic acid)，又名旋光性异戊酸。它微溶于水，易溶于乙醚和乙醇。存在于当归根油、咖啡、熏衣草油中。浓度低时，具有令人愉快的水果香味，是食用香精的原料。

1. 实验目的

(1) 学习格氏反应的基本原理和操作。

(2) 学习利用格氏试剂制备手性化合物的方法。

(3) 掌握气相反应的条件和技巧。

(4) 巩固萃取、干燥以及蒸馏乙醚的安全操作方法。

2. 反应原理

$$CH_3CH_2CH(CH_3)Cl + Mg \xrightarrow{\text{干醚}} CH_3CH_2CH(CH_3)MgCl + CO_2 \xrightarrow{\text{干醚}} CH_3CH_2CH(CH_3)COOMgCl$$

$$CH_3CH_2CH(CH_3)COOMgCl \xrightarrow[\text{冰-水}]{HCl} CH_3CH_2CH(CH_3)COOH$$

3. 主要药品与仪器

(1) 药品：2-氯丁烷、镁、无水乙醚、浓盐酸、乙醚、25%氢氧化钠、氯化钠、碘、无水硫酸钙。

(2) 仪器：100mL 三口瓶、球形冷凝管、弯形干燥管、恒压滴液漏斗、Y 形管、装有二氧化碳的气球、带橡胶塞的二通导气管、烧杯、普通漏斗、直形冷凝管、蒸馏头、单股接引管、接收瓶、分液漏斗、锥形瓶、温度计及温度计套管、药匙、滴管、机械搅拌器、加热套等。

4. 实验步骤

(1) 2-丁基氯化镁的制备

在 100mL 的三口瓶上，装好机械搅拌器、回流冷凝器和恒压滴液漏斗，在回流冷凝器上装好带有 $CaCl_2$ 干燥剂的干燥管。准备好冰-水浴、二氧化碳气球及导气管等。此实验装置如图 5-6 所示。

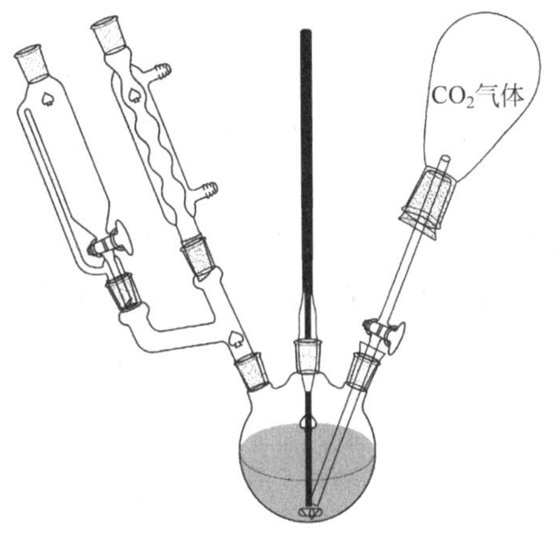

图 5-6 合成 2-甲基丁酸的装置图

向 100mL 三口瓶中加入 8mL 干乙醚、0.8g(约 33.3mmol)剪碎的镁条和一小粒碘，再加入 0.5g(约 0.6mL)纯的 2-氯丁烷。待反应开始(有灰色固体出现)后，稍微加热或用反应自身放热回流 10min，然后向反应体系中补加 6mL 干乙醚。

将 3.5mL(约 33.3mmol)2-氯丁烷与 7mL 干乙醚混匀，倒入滴液漏斗中，在 10～15min 之内滴加完毕，再反应 10min。反应过于激烈时，可用冷水浴冷却反应瓶。当反应高峰过后再回流 40min。冷却反应液至 8℃，再补加 8mL 干乙醚。

(2) 2-甲基丁酸的制备

打开 CO_2 气球上的二通活塞，将导气管插入反应液底部，向反应液中通入 CO_2 气体，温度控制在 10℃以下，当反应液温度不再上升时，可以停止反应，加入 CO_2 约 1L。

在 200mL 的烧杯中放入 25g 冰-水及 7mL 浓盐酸混匀，边搅拌边将反应液倒入其中，搅拌至胶状物分解，明显出现液体分层。用分液漏斗将有机相和水相分开。水相用 10mL 乙醚分 2 次萃取，合并有机相。在水浴下，小心地向有机相中加入 5mL 25%的氢氧化钠水溶液，使 pH 大于 8。蒸馏水相，直至体积减少 10%。向水相中加入浓盐酸使 pH 小于 5，分出有机相，再继续蒸馏水相，直至馏出液中无油珠出现。在馏出液中加入氯化钠，直至饱和，将上层有机酸与有机相合并，用无水硫酸钙干燥，蒸馏收集 173～174℃的馏分。产率约 65%～70%。

L 型 2-甲基丁酸，bp：176～177℃，d_4^{20}：0.934，$[\alpha]_D^t$：$-6°\sim-8°$。

D 型 2-甲基丁酸，bp：176℃，d_4^{20}：0.934，$[\alpha]_D^t$：$+16°\sim+21°$。

DL 型 2-甲基丁酸，bp：173～174℃，d_4^{20}：0.9332。

5. 注意事项

(1) 由于格氏试剂非常活泼，操作中应无水、无氧、无醇等。药品仪器应事先干燥。操作时，应强烈搅拌。

(2) 本实验的成羧反应，采用冰-水浴下慢慢通入 CO_2 气体的方法，使反应易于控制，而且

CO_2 气体的纯度比干冰高，同时可防止干冰灼伤。

(3) 对于本实验，用氯丁烷比溴代烷更好，一是廉价，二是产率较高。

6. **思考题**

(1) 怎样检验及消除乙醚中产生的过氧化物？过氧化物存在会造成什么危险？

(2) 本实验中乙醚都起什么作用？

(3) 实验中为什么要强烈搅拌？

5.1.3　付氏反应

付氏(Friedel-Crafts)酰基化反应是制备芳香族酮最常用的方法，而且产量很高。当苯环上氢原子被一个酰基取代后，由于酰基是间位指示剂，而使苯环的活性降低，因此反应就会立刻停止，不会生成多元取代的混合物。与付氏烷基化反应相比，这也是酰基化反应的最大优点。酰基化反应与烷基化反应的另一不同点是反应中不存在重排，通常认为是由于酰基正离子的电荷分散而增加了产物的稳定性。酰基化反应机理和烷基化类似，也是在催化剂无水三氯化铝的作用下，首先生成酰基正离子，然后酰氯或酸酐与比较活泼的芳香族化合物发生亲电取代反应，产物是芳基烷酮或二芳基酮：

$$RCOCl + AlCl_3 \longrightarrow R\overset{+}{C}O + AlCl_4^-$$

$$C_6H_6 + R\overset{+}{C}O \longrightarrow C_6H_6COR + H^+$$

$$AlCl_4^- + H^+ \longrightarrow HCl + AlCl_3$$

常用的酰化试剂以酰卤、酸酐最为普遍，使用酸酐作为酰基化试剂产率一般比酰氯要好。

在付氏反应中常用的催化剂有三氯化铝、三氟化硼、四氯化锡、氯化锌，此外也可用质子酸，如硫酸、氢氟酸、多聚磷酸等。催化剂的作用是使酰基碳原子获得最大的正电荷，有利于对芳烃的亲电进攻。催化剂活性顺序为：$AlCl_3 > BF_3 > SnCl_4 > ZnCl_2$。

催化剂用量：在使用酰氯时，三氯化铝的用量至少要一个当量，因为三氯化铝与酰氯生成下列络合物：

$$RCOCl + AlCl_3 \longrightarrow R\overset{+}{C}O \cdot AlCl_4^-$$

而用酸酐作为酰基化试剂时，每分子的酸酐至少需要两分子的三氯化铝，因为酸酐含有两个羰基，可以形成下列络合物：

$$\begin{array}{l} O\cdot AlCl_4^- \\ | \\ R\overset{+}{C} \\ \quad \diagdown \\ \quad\quad O \\ \quad \diagup \\ R\overset{+}{C} \\ | \\ O\cdot AlCl_4^- \end{array}$$

一般催化剂用量稍微多一些，使少量的过量三氯化铝再发生催化作用使反应进行。

在付氏反应中由于所用试剂极易发生水解，因此，反应需在无水条件下进行，要求所用仪器必须经过干燥处理。

实验 26 苯乙酮的合成

1. 实验目的

(1) 学习付氏酰基化反应的基本原理。

(2) 学习利用付氏酰基化反应制备芳香酮的方法。

(3) 了解催化剂在有机合成实验中的作用。

(4) 学习使用气体吸收装置,并巩固萃取、洗涤、干燥和减压蒸馏等操作。

2. 反应原理

苯乙酮(acetophenone)是利用苯与乙酸酐在路易斯酸催化剂三氯化铝的作用下,经过亲电取代使苯环上的一个氢被酸酐上的一个酰基取代反应而成。具体反应如下:

$$C_6H_6 + (CH_3CO)_2O \xrightarrow{AlCl_3} C_6H_5\overset{\overset{O}{\parallel}}{C}-CH_3 + CH_3\overset{\overset{O}{\parallel}}{C}-OH$$

3. 主要药品与仪器

(1) 药品:苯、乙酸酐、无水三氯化铝、浓盐酸、石油醚、5%氢氧化钠溶液、无水硫酸镁。

(2) 仪器:50mL 二口瓶或三口瓶、球形冷凝管、弯形干燥管、恒压滴液漏斗、烧杯、普通漏斗、直形冷凝管、蒸馏头、单股和双股接引管、接收瓶、分液漏斗、锥形瓶、量筒、温度计及温度计套管、药匙、滴管、电磁搅拌器、加热套等。

4. 实验步骤

在 50mL 的二口瓶的一个口上装恒压滴液漏斗,在另一个口上装回流冷凝管。在冷凝管的上口接一个装有无水氯化钙的干燥管,并连接气体吸收装置。在烧杯中加入 5%NaOH 溶液作为吸收剂,吸收反应中产生 HCl 气体。漏斗出口与液面距离 1～2mm 为宜,千万不要全部插入到液体中,以防倒吸。装好电磁搅拌器,装置如图 5-7 所示。

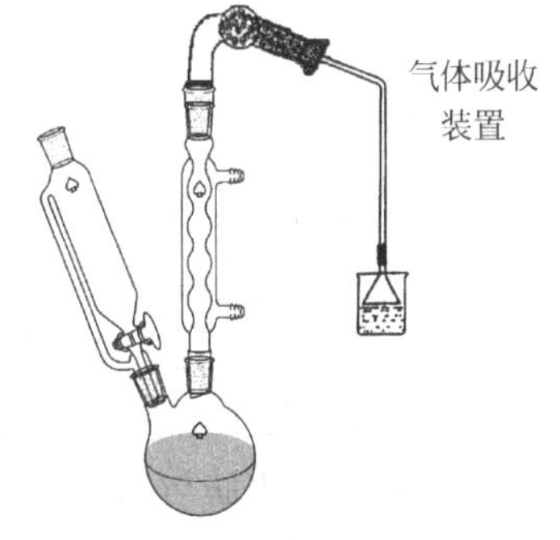

图 5-7 苯乙酮合成装置图

在二口瓶中加入 6g(0.045mol)无水三氯化铝和 8mL(0.09mol)无水无噻吩苯,开动搅拌器,边搅拌边滴加 2mL(0.021mol)乙酸酐,开始先少加几滴,待反应发生后再继续滴加。此反应为放热反应,应注意控制滴加速度,切勿使反应过于激烈,必要时可用冷水冷却,此过程需 10min 左右。待反应缓和后,加热回流并搅拌,直至无 HCl 气体逸出为止。

待反应液冷却后进行水解,将反应液倾入盛有 10mL 浓盐酸和 20g 碎冰的烧杯中(此操作最好在通风橱中进行),若还有固体存在,应补加浓盐酸使其溶解。然后将反应液倒入分液漏斗中,分出上层有机相。用 20mL 石油醚分 2 次萃取下层水相,合并有机相,依次用 5mL 10%NaOH 和 5mL 水洗至中性。用无水硫酸镁干燥。在用电热套加热蒸出石油醚和苯后,再用常压蒸馏或减压蒸馏蒸出产品，常压蒸馏收集 198～202℃的馏分。产品为无色透明液体，产率约 65%。

纯苯乙酮，bp：202℃（1013kPa），95℃（2.579kPa），79（1.290kPa），mp：19.62℃，d_4^{20}：1.0281，n_D^{20}：1.5338。

图 5-8(a)、(b)分别为苯乙酮的红外光谱图和^{1}H NMR 谱图。

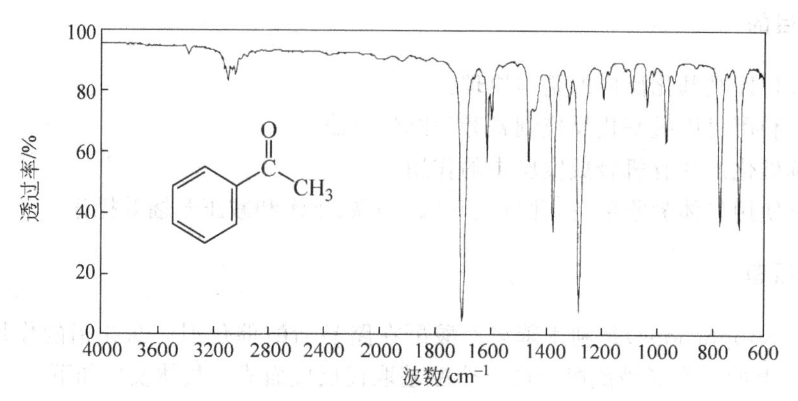

(a) 苯乙酮的红外光谱图

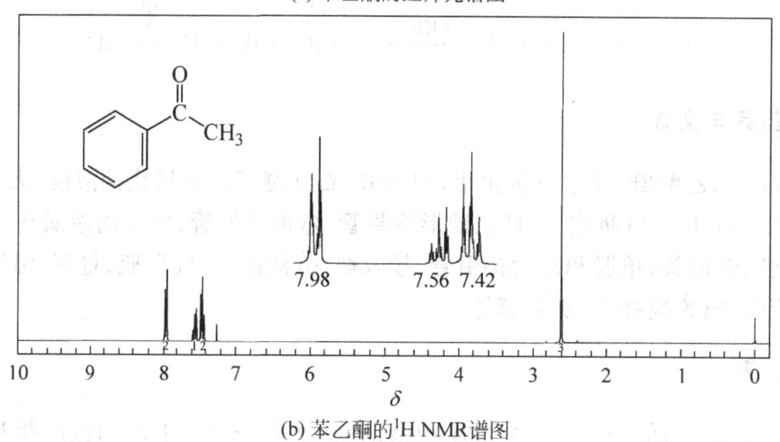

(b) 苯乙酮的^{1}H NMR谱图

图 5-8　苯乙酮的光谱图

5. 注意事项

(1) 此实验应在无水条件下进行，所用药品及仪器需要全部干燥。

(2) 无水三氯化铝在空气中容易吸潮分解，在称量过程中动作要快，称完后及时倒入烧瓶中，将烧瓶和药品瓶盖子及时盖好。苯用 $CaCl_2$ 干燥过夜后再用。放置时间较长的乙酸酐应蒸馏后再用，收集 137～140℃的馏分。

(3) 应避免皮肤与无水三氯化铝接触，以免被灼伤。

(4) 反应温度不宜过高，一般控制反应液温度在 60℃左右为宜。反应时间长一些，可以提高产率。

(5) 加乙酸酐时，开始慢一些，过快会引起暴沸，反应高峰过后可以加快速度。

(6) 如果用常压蒸馏，当低沸点溶剂蒸馏完后，应换空气冷凝管蒸馏苯乙酮，或将水冷凝管中的水放掉当空气冷凝管用。

(7) 由于苯对人体的伤害比较大，此反应也可以用甲苯代替苯来进行反应，产物为邻、对位混合物，以对位为主。

纯对甲基苯乙酮，bp：226℃，mp：22～24℃，d_4^{20}：1.0051，n_D^{20}：1.5328。

6. 思考题

(1) 反应中为什么要用过量的苯和无水三氯化铝？
(2) 为什么要用含酸的冰水来分解产物？

实验 27　二苯甲酮的合成

1. 实验目的

(1) 学习付氏酰基化反应的基本原理。
(2) 学习利用付氏反应制备二芳基酮的方法。
(3) 了解催化剂在有机合成实验中的作用。
(4) 学习使用气体吸收装置，并巩固萃取、洗涤、干燥和减压蒸馏等操作。

2. 反应原理

二苯甲酮(benzophenone)是利用苯与四氯化碳在三氯化铝的作用下，分别取代两个苯环上的氢，再经过水解而生成的。具体反应如下：

$$C_6H_6 + CCl_4 \xrightarrow{AlCl_3} C_6H_5-CCl_2-C_6H_5 \xrightarrow{H_2O} C_6H_5-CO-C_6H_5$$

3. 主要药品与仪器

(1) 药品：无水无噻吩苯、无水三氯化铝、无硫四氯化碳、无水硫酸钠。
(2) 仪器：100mL 三口瓶、球形冷凝管、弯形干燥管、恒压滴液漏斗、烧杯、普通漏斗、直形冷凝管、蒸馏头、单股和双股接引管、接收瓶、分液漏斗、锥形瓶、量筒、温度计及温度计套管、电磁搅拌器、加热套等。

4. 实验步骤

在干燥的 100mL 三口瓶上分别装上回流冷凝管、恒压滴液漏斗和温度计，在冷凝管的上口接一个装有无水氯化钙的干燥管，并与气体吸收装置连接，在烧杯中放入 5%氢氧化钠溶液作为吸收剂，吸收反应中产生的 HCl 气体，漏斗出气口与液面距离 1～2mm 为宜，千万不要全部插入液体中。装置图如 5-9 图所示。

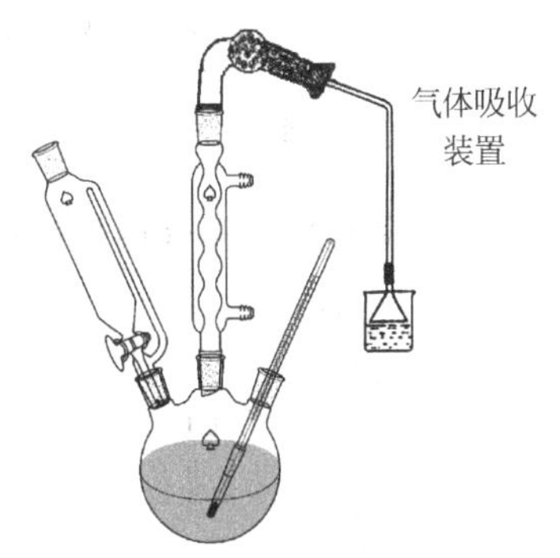

图 5-9　二苯甲酮合成装置图

在三口瓶中迅速加入 3g 无水三氯化铝和 7mL 四氯化碳，用冰-水冷却至 10～15℃。开动搅拌器，边搅拌边慢慢滴加 4mL 无水无噻吩苯和 3mL 四氯化碳的混合液，在此期间温度控制在5～10℃。滴加完毕，在 10℃左右搅拌反应 1h。然后改用冰-水浴，在搅拌条件下，慢慢滴加 50mL 水使其水解。然后改用蒸馏装置，蒸出过量的四氯化碳，再加热 30min

使其完全水解。

冷却混合液，将其转移到分液漏斗中，分出有机相。水相用蒸出来的四氯化碳萃取一次，合并有机相并用无水硫酸钠干燥。蒸出四氯化碳后，改用减压蒸馏，蒸出产品，收集187℃～189℃，2.00kPa(15mmHg)的馏分。本品为无色透明液体，冷却后固化，产率为70%～80%。

纯二苯甲酮分为α型和β型，bp：305.4℃，α型mp：48.5℃，d_4^{25}：1.083，β型mp：26.5℃，d_4^{25}：1.108。

5. 注意事项

(1) 注意事项参见苯乙酮的合成。

(2) 二苯甲酮的两种结晶构型：α型晶体为正交棱晶，比较稳定；β型晶体为单斜晶，不太稳定。

(3) 纯化产品时，可以不用减压蒸馏，在蒸出溶剂后，粗产品可用60～90℃的石油醚进行重结晶。

6. 思考题

(1) 制备二苯甲酮的方法很多，请再写出两种制备二苯甲酮的方法。

(2) 写出本反应的可能历程。

实验28　2-丙基对二甲苯的合成

另一个重要的付氏反应是烷基化反应，在工业上同样有重要的应用价值。但付氏烷基化反应有一定的适用范围：①如果芳环上连有强吸电子取代基，如硝基、氨基正离子、酰基和氰基，反应不能进行；②当芳环上引入一个烷基后，增强了芳环的亲核性，会产生多烷基取代产物；③当引入3个碳以上的烷基时，会发生重排，产生异构化产物。实验表明，一般重排产物的量取决于所用芳烃的亲核性。与苯比较对二甲苯与丙基溴发生付氏烷基化反应的异构化产物应小于相应未取代的芳烃。本实验结果可以验证上述理论。

1. 实验目的

(1) 学习付氏烷基化反应的基本原理。

(2) 学习利用付氏反应制备烷基芳香性化合物的方法。

(3) 学习微量合成的操作和技巧。

2. 反应原理

对二甲苯与1-溴代丙烷在催化剂三氯化铝的作用下发生付氏烷基化反应：

$$CH_3C_6H_4CH_3 + CH_3CH_2CH_2Br \xrightarrow{AlCl_3} (CH_3)_2C_6H_3CH_2CH_2CH_3 + (CH_3)_2C_6H_3CH(CH_3)_2$$

3. 主要药品与仪器

(1) 药品：1-溴丙烷、对二甲苯、无水 $AlCl_3$、无水 $CaCl_2$。

(2) 仪器：二口瓶、圆底烧瓶、球形冷凝管、弯形干燥管、恒压滴液漏斗、烧杯、普通漏斗、直形冷凝管、蒸馏头、单股和双股接引管、接收瓶、分液漏斗、锥形瓶、量筒、温度计及温度计套管、分馏柱、电磁搅拌器、加热套等。

4. 实验步骤

50mL 二口瓶一个口上先安装一套常压蒸馏装置，另一个口用塞子塞好。在反应瓶中加入 10mL(约 81mmol)对二甲苯，开始蒸馏对二甲苯。当馏出液变清亮时(2～3mL)，停止蒸馏。待剩余的对二甲苯冷却至室温后，迅速向反应体系中加入 0.5g 无水 $AlCl_3$ 粉末。并且将蒸馏装置改成带气体吸收的回流装置，另一个口放上恒压滴液漏斗，见图 5-8，圆底烧瓶用冰-水浴冷却。在恒压滴液漏斗中加入 5mL(61.9mmol)1-溴丙烷，开动磁力搅拌，边搅拌边向反应体系中缓慢加入 1-溴丙烷，约 15min 滴加完毕。加完后，继续搅拌 30min，将反应液倒入放有 7g 碎冰的烧杯中，搅拌直到冰完全融化，将混合液倒入梨形分液漏斗中，分去水层。有机相放在一个干燥并且干净的锥形瓶中，加入少量无水 $CaCl_2$ 干燥。

干燥后的液体倒入 25mL 圆底烧瓶中，安装成分馏装置(图 3-6)，先收集前馏分，即过量的对二甲苯，常压沸点为 138.4℃。然后改成减压蒸馏装置，收集 90～98℃，2.66kPa(20mmHg)的馏分，产率约 70%。

可用气相色谱(GC)来分析两种异构体的含量。在标准条件下采用 0.25mm×25m 的以 100%二甲基硅氧烷为单体的 AT-1 Helifex 色谱柱，温度 185℃，气体流速为 40mL/min。可以测出 2-正丙基对二甲苯和 2-异丙基对二甲苯的相对含量比约为 3∶1。

纯 2-正丙基对二甲苯，bp：204℃；2-异丙基对二甲苯，bp：196℃。

图 5-10(a)、(b)分别为 2-正丙基对二甲苯和 2-异丙基对二甲苯的红外光谱图。

图 5-11(a)、(b)分别为 2-正丙基对二甲苯和 2-异丙基对二甲苯的^{1}H NMR 谱图。

2-正丙基对二甲苯的^{13}C NMR 的 δ 为 14.2，18.8，21.0，23.5，126.4，129.7，129.9，132.7，135.1，140.7；2-异丙基对二甲苯的^{13}C NMR 的 δ 为 18.8，21.2，23.2，29.1，125.4，126.2，130.1，131.8，135.4，146.6。

5. 注意事项

(1) 在滴加 1-溴丙烷时，如果反应比较迅速，应减慢滴加速度。

(2) 最后的蒸馏也可以用常压蒸馏，但是蒸馏温度不能超过 220℃。

6. 思考题

(1) 本实验中在加入无水 $AlCl_3$ 前为什么要先蒸出一些对二甲苯？

(2) 收集了 2-丙基对二甲苯后，体系中剩余较高沸点的残余物可能是何种化合物？

(3) 根据本实验气相色谱的定量分析结果，讨论取代基对重排反应的影响。例如，用邻二甲苯进行类似反应时，异构体的比例如何变化？

(4) 当甲苯与 1-溴丙烷反应时，可产生几种产物？写出这些化合物的分子式，并根据对二甲苯的反应结果，预料所得产物的相对含量。

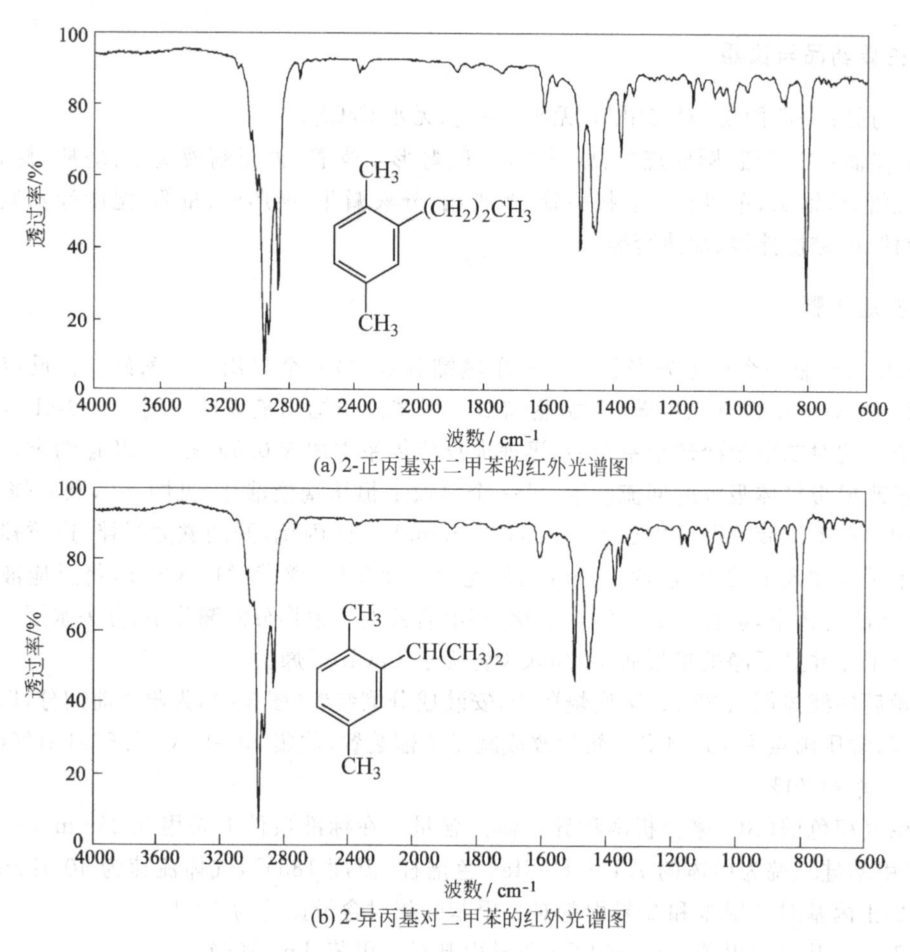

(a) 2-正丙基对二甲苯的红外光谱图

(b) 2-异丙基对二甲苯的红外光谱图

图 5-10　红外光谱图

5.1.4　羧酸及其衍生物的制备

制备羧酸的方法很多，如醇、烷烃、烯烃在强酸条件下与 CO 发生亲电进攻反应都可以制得羧酸，其反应历程如下：

$$\begin{matrix} ROH \\ RH \end{matrix} \xrightarrow{H^+} R^+ \xrightarrow{CO} RC^+{=}O \xrightarrow{OH^-} RCOOH$$

这种反应也称为羰化反应。金属化合物对二氧化碳的亲核进攻称为羧化反应。利用格氏试剂与 CO_2 反应也可以制备相应的羧酸，如实验 29 介绍的 2-甲基丁酸的合成。羧酸衍生物的水解也是制备羧酸的重要途径，一般认为酯、酰胺、酸酐、酰卤的水解反应历程是：这些化合物与水发生了亲核加成-消除反应。其反应活性顺序为：

$$RCOCl > (RCO)_2O > RCO_2R > RCONH_2 \approx RCN$$

但是在实验室中最常用最经典的方法还是一级醇和醛直接氧化成羧酸的反应。在制备过程中一般采用催化氧化法。常用的催化氧化剂有高锰酸钾、重铬酸钾、钯、氧化银等。这种制备方法一般是在碱性条件下进行的，主要是因为在酸性条件下，反应物醇易与生成物酸发生酯化反应。

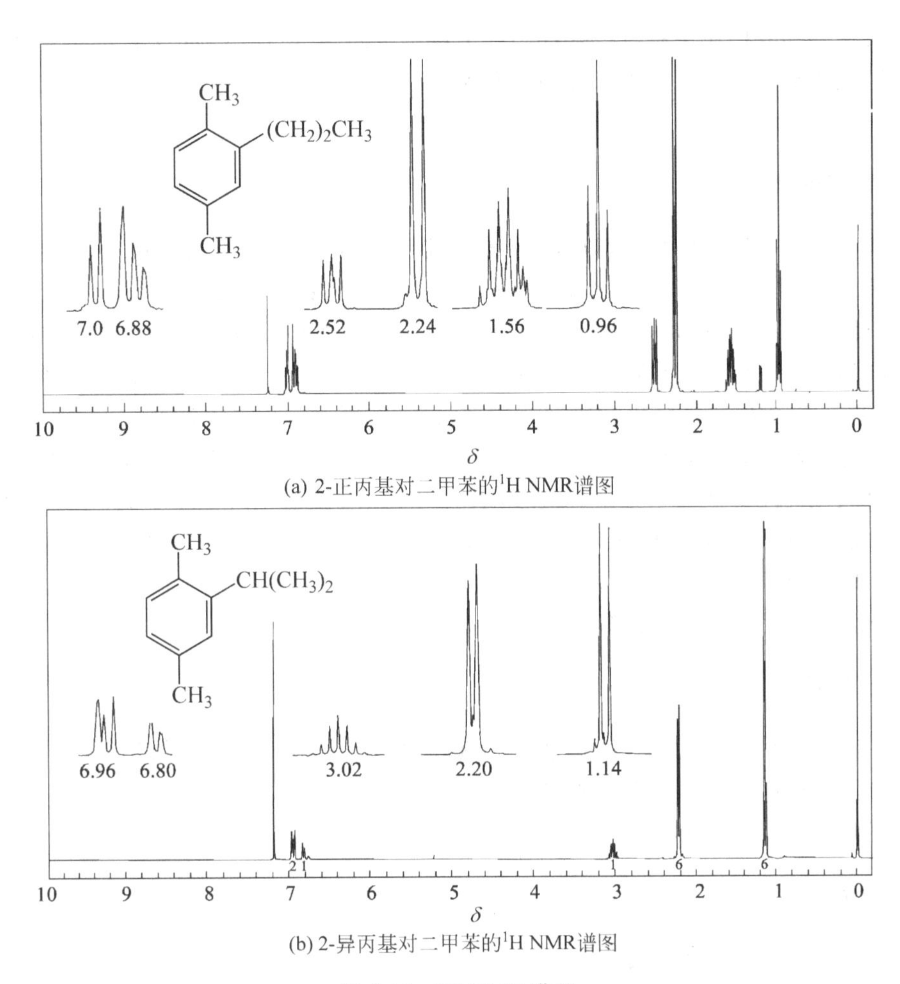

(a) 2-正丙基对二甲苯的^{1}H NMR谱图

(b) 2-异丙基对二甲苯的^{1}H NMR谱图

图 5-11　^{1}H NMR 谱图

实验 29　戊酸的合成

1. 实验目的

(1) 学习醇氧化成酸的反应原理和基本操作。

(2) 了解氧化剂在本反应中的作用。

(3) 巩固萃取、洗涤、干燥以及蒸馏等操作。

2. 反应原理

醇被高锰酸钾直接氧化可以得到羧酸：

$$CH_3(CH_2)_3CH_2OH + KMnO_4 \longrightarrow CH_3(CH_2)_3\overset{\overset{\large O}{\|}}{C}-OH$$

3. 主要药品与仪器

(1) 药品：高锰酸钾、氢氧化钠、戊醇、冰、四氯化碳、50%硫酸、无水硫酸钠。

(2) 仪器：250mL 三口瓶、球形冷凝管、恒压滴液漏斗、烧杯、普通漏斗、直形冷凝管、蒸馏头、单股管、接收瓶、分液漏斗、锥形瓶、量筒、温度计及温度计套管、药匙、滴管、电磁搅拌器、加热套等。

4. 实验步骤

在 250mL 的三口瓶上，装上恒压滴液漏斗、温度计和回流冷凝管。在三口瓶中加入 12g (76mmol)研细的高锰酸钾、5mL 水和 2g(53mmol)氢氧化钠，将 5g(约 4mL，57mmol)戊醇加入到恒压滴液漏斗中，在搅拌条件下，于 40min 内慢慢滴加到反应体系中。同时，向反应物中加入约 80g 碎冰，使反应液温度保持在18～24℃。戊醇加毕后，将反应物再搅拌约 30min，然后放置约 12h。将析出的二氧化锰用抽滤的方法滤出，用 20mL 热水洗涤，合并滤液。搭好蒸馏装置将大部分水除去，剩余液约为 15mL。冷却，用 13g(约 19mL)冷的 50%硫酸酸化，至刚果红试纸呈酸性。用分液漏斗分出有机层，水层用 24mL 四氯化碳萃取 3 次，合并有机相。有机相用无水硫酸钠干燥，约 10min，用常压蒸馏蒸出溶剂后，换上空气冷凝管蒸出戊酸(valeric acid)，收集 184～187℃的馏分，产品收率约为 70%。

纯戊酸为无色液体，bp：185℃，d_4^{20}：0. 9390，n_D^{20}：1. 4080。

5. 注意事项

(1) 此反应使用了大量的强酸和强氧化剂，在操作时应注意安全，保护好手和眼睛，最好在取药品和操作时戴上防护手套和眼镜。

(2) 用类似的方法可从相应的长链伯醇合成相应的酸。

6. 思考题

(1) 试写出本反应的反应机理。

(2) 请设计出用戊醛制备戊醇的反应步骤。

实验 30　3-噻吩甲酸的合成

1. 实验目的

(1) 学习醛氧化成酸的反应原理和基本操作。

(2) 了解金属氧化剂在本反应中的作用。

(3) 学习机械搅拌器的使用。

(4) 巩固固体抽滤、干燥、洗涤及重结晶等操作。

2. 反应原理

醛在氧化银的作用下直接氧化可以得到相应的羧酸：

$$\text{3-噻吩甲醛 (CHO)} + Ag_2O \longrightarrow \text{3-噻吩甲酸 (COOH)}$$

3. 主要药品与仪器

(1) 药品：3-噻吩甲醛、氢氧化钠、硝酸银、5%硫酸。

(2) 仪器：100mL 三口瓶、球形冷凝管、恒压滴液漏斗、抽滤瓶、布氏漏斗、烧杯、药匙、滴管、机械搅拌器等。

4. 实验步骤

在 100mL 三口瓶上装恒压滴液漏斗、球形冷凝管、机械搅拌器。在三口瓶中加入 3.5g (87.5mmol)的氢氧化钠和 15mL 水，将 7.5g(44.5mmol) 硝酸银溶解在 15mL 水中，加入到恒压滴液漏斗中。开动机械搅拌器，在搅拌下慢慢将混合液滴加到反应体系中，滴完再搅拌一会儿，使棕色半固体物生成完全。然后在冰-水冷却和搅拌条件下，滴加 2.4g(21mmol)3-噻吩甲醛，滴完再搅拌 5min。

将黑色单质银过滤，并用热水洗涤黑色固体几次，将滤液合并，用 5%的硫酸酸化，得 3-噻吩甲酸固体，产率约 97%，熔点 136～137℃，用水进行重结晶后可以使产品熔点提高到 137～138℃。

纯 3-噻吩甲酸(3-thenoic acid，3-thiophene carboxylic acid)为白色针状晶体，mp：140～141℃，可溶于热水，微溶于冷水。

5. 注意事项

氧化银是醛的特效氧化剂，收率很高。采用类似的方法还可以合成 2-噻吩甲酸，收率大于 97%。

6. 参考文献

(1) Campaigne E，Lesuer W M. Org Synth，1963，4：919

(2) Campaigne E，Lesuer W M. J Am Chem Soc，1948，70：1555

实验 31　肉桂酸的合成

1. 实验目的

(1) 了解帕金(Perkin)反应及原理。

(2) 学习水蒸气蒸馏的原理、操作方法及装置。

(3) 巩固回流、固体结晶、抽滤等操作。

(4) 了解空气冷凝管的用途和适用范围。

2. 预习内容与学时

预习 3.1.6 节的相关内容。本实验需 6～8 学时。

3. 反应原理

苯甲醛与酸酐在强碱条件下反应，形成碳负离子，进攻苯甲醛上的羰基碳离子，形成 α，β-不饱和酸：

$$\text{(苯甲醛)} + \text{(乙酸酐)} \xrightarrow[170\sim175℃]{CH_3COOK} \text{(肉桂酸)}$$

4. 主要药品与仪器

（1）药品：苯甲醛、乙酸酐、无水醋酸钾、碳酸钠、浓盐酸、活性炭。

（2）仪器：100mL 三口瓶、球形冷凝管、恒压滴液漏斗、抽滤瓶、布氏漏斗、烧杯、药匙、滴管、机械搅拌器等。

5. 实验步骤

取 1.8g 无水醋酸钾，放入蒸发皿中在电炉或电热套上使其熔化，取下研碎，及时放入 100mL 三口瓶中。在三口瓶中再加入 1.5mL(14.8mmol)苯甲醛及 3mL(31.8mmol)乙酸酐，混合均匀后，装上空气冷凝器及温度计，加热回流 1h，维持反应温度在 150～170℃。

反应完毕，待冷却后向反应液中加 30mL 水，边加热边振荡一会儿，再慢慢加入碳酸钠中和反应液至 pH 等于 8。然后搭好水蒸气蒸馏装置进行水蒸气蒸馏，直至馏出液中无油珠出现，约 10min，装置图见图 3-13。

待三口瓶中的剩余液体冷却后，加入活性炭煮沸 10～15min，进行热抽滤，用浓盐酸调节滤液至 pH 等于 3，冷却，待晶体析出后进行抽滤，用少量水洗涤晶体，并抽干，在红外灯下将晶体烘干。产品为白色晶体，可用 95%乙醇进行重结晶。产率约 60%，熔点 131～133℃。

纯肉桂酸(cinnamic acid)为白色固体，mp：133℃，bp：300℃，d_4^{20}：1.245。

6. 注意事项

（1）可用无水醋酸钠或无水碳酸钾代替无水醋酸钾。

（2）所用的无水乙酸钾一定要在电炉上用蒸发皿熔融，进一步除去水分。因为乙酸钾中含水易使酸酐分解影响碳负离子的生成，使反应难以进行。熔融时，不断搅拌使水分尽快蒸发，同时，防止碳化变黑。熔融后，用玻璃塞子将固体研碎倒入反应瓶中，动作要快，不要在空气中暴露时间过长。

（3）开始加热不要过猛，以防醋酸酐受热分解而挥发，白色烟雾不要超过空气冷凝器高度的 1/3。如果产生大量的白色烟雾，使用一支空气冷凝管不行时可再加一支。

（4）在进行水蒸气蒸馏时，应注意安全，不要烫手。如果天气太冷，用电热套将反应瓶保温，以免蒸汽冷凝在蒸馏瓶中，使反应瓶内液体体积加大。

（5）久置的苯甲醛会自行氧化成苯甲酸，混入产品中不易去除，影响产品纯度，故在使用前应将其去除。

7. 思考题

（1）为什么说帕金反应是变相的羟醛缩合反应？

（2）请写出此反应的机理。

（3）本实验用水蒸气蒸馏的目的是什么？

(4) 如何判断水蒸气蒸馏的终点?

(5) 在水蒸气蒸馏前为什么要在反应液中加入碳酸钠进行中和?

实验 32　乙酸正丁酯的合成

酯化反应最常用的方法是在强酸催化下,羧酸或酸酐和醇直接反应生成酯合物。这种酯化反应是一个平衡的反应,如果用等摩尔的原料进行反应,达到平衡后,只有 2/3 摩尔的羧酸和醇转化成为酯。为了提高酯的产量,通常采用过量的羧酸或醇,或者采用共沸蒸馏的方法将反应中生成的水不断地从反应体系中蒸馏出来,使平衡向生成物方向移动。实验中究竟采用哪种方法,取决于原料来源的难易以及操作等因素。例如,在制备乙酸乙酯时是用过量的乙醇,这是因为乙醇价廉;而在制备乙酸正丁酯时,则使用过量的乙酸和反应生成的水形成共沸混合物,采用恒沸蒸馏的方法来实现。

酯化反应常用的催化剂有硫酸、盐酸、磺酸、强酸性阳离子交换树脂。如果加入的酸稍多于催化量,可提高酯的产量。在制备甲酸酯时,不需加酸催化。使用新的酯化催化剂可以使反应操作更简化,反应条件温和,例如,在 1-甲基-2-氯吡啶盐作用下,苯乙酸与苄醇在二氯甲烷中,室温下即可反应,并定量地生成酯。如果用强酸性阳离子交换树脂作为催化剂,操作更为简便,反应在室温下进行,不但催化剂可以再生使用,而且产率较高。分子筛也可作为酯化脱水剂,酯化产率可达 96%。

乙酸正丁酯(*n*-butyl acetate)是优良的有机溶剂,对乙酸纤维素、乙基纤维素、氯化橡胶、聚苯乙烯、甲基丙烯酸树脂以及许多天然橡胶,如烤胶、马尼拉胶、达马树脂等均有良好的溶解性能。在油漆、人造革、纺织物及塑料加工过程中常用作溶剂;在各种石油加工和制药过程中用作萃取剂;也常常用作香料的添加剂。乙酸正丁酯是无色透明液体,有水果香味。

1. 实验目的

(1) 学习醇酸脱水成酯的基本原理。

(2) 学习共沸蒸馏原理,了解常见的共沸体系。

(3) 学习共沸蒸馏的操作,熟悉分水器的使用。

(4) 学习回流、萃取、干燥等操作。

2. 预习内容与学时

预习 3.1.5 节、3.2.1 节和 3.3.1 节的相关内容。本实验约需 6 学时。

3. 反应原理

醇与羧酸在强酸催化下可以形成酯:

$$CH_3C(=O)OH + CH_3CH_2CH_2CH_2OH \xrightarrow{H_2SO_4} CH_3C(=O)OC_4H_9 + H_2O$$

4. 主要药品与仪器

(1) 药品:正丁醇、冰醋酸、浓硫酸、10%碳酸钠溶液、无水硫酸镁。

(2) 仪器：25mL 圆底烧瓶、分水器、球形冷凝管、分液漏斗、锥形瓶、直形冷凝管、单股接引管、10mL 圆底烧瓶、量筒、滴管等。

5. 实验步骤

在 25mL 圆底烧瓶上装上分水器及球形冷凝管，在分水器带活塞的一侧预先加入一定量的水，水的高度略低于支管口。装置如图 5-12 所示。

向反应瓶中加入 5mL(54.5mmol)正丁醇和 3.5mL(61mmol)冰醋酸，再滴入 1 滴浓硫酸，混合均匀，加沸石 1 粒。在 80℃左右加热 15min 后，提高温度使反应处于回流状态，此时应从分水器安装球形冷凝管的一侧看到水从有机相成水珠状态落入到水相，使水层液面不断上升。当水层液面上升到支管口要流回到反应瓶中时，打开活塞将水放出，使水层液面继续保持在原来的位置上。当看不到水珠穿行或水层液面不在上升时，说明反应结束，时间约 25min。记录放水量(约 1.2mL)。

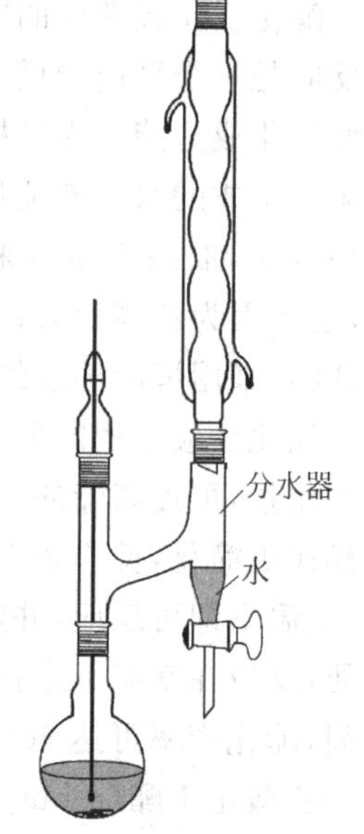

图 5-12　利用分水器进行合成的装置图

冷却后将分水器中的液体全部倒回反应瓶中，用分液漏斗将水层分出，用 5mL 10%碳酸钠水溶液洗涤有机层，使有机层 pH 等于 7，再用 5mL 水洗 1 次，分出水层，有机层倒入一个干燥的锥形瓶中，用无水硫酸镁干燥。常压蒸馏产品，收集 124～126℃的馏分，产率为 68%～75%。

纯乙酸正丁酯为无色液体，bp：126.3℃，d_4^{18}：0.8824，n_D^{20}：1.3947。

6. 注意事项

(1) 滴加浓硫酸时，要边加边摇，以免局部碳化，必要时可用冷水冷却。

(2) 本实验利用形成的共沸混合物将生成的水去除。共沸物的沸点：乙酸正丁酯-水沸点为 90.7℃，正丁醇-水沸点为 93℃，乙酸正丁酯-正丁醇沸点为 117.6℃，乙酸正丁酯-正丁醇-水沸点为 90.7℃。

(3) 分水器中应预先加入一定量的水，在分水器上用笔做一标记。在反应过程中，生成的水由分水器放出，但水层液面不能低于标记处。由生成的水量可以判断反应进行的程度。

(4) 在反应刚开始时，一定要控制好升温速度，要在 80℃左右加热 15min 后再开始加热回流，以防乙酸过早蒸出，影响产率。

(5) 用 10% Na_2CO_3 洗涤时，因为有 CO_2 气体放出，所以在洗涤操作时，应注意及时放气，同时洗涤时摇动不要太厉害，否则，会使溶液乳化不易分层。

(6) pH 试纸使用时，要放在表面皿中。

(7) 用来干燥粗产物的锥形瓶和最后蒸馏用的仪器必须要经过干燥处理。

7. 思考题

(1) 本实验为什么能发生水珠穿行的现象？

(2) 实验中根据什么原理将水相分出？

(3) 使用分水器的目的是什么？

(4) 在实验中如果控制不好反应条件，会发生什么副反应？

实验 33　苯甲酸乙酯的合成

苯甲酸乙酯(ethyl benzoate)又名安息香酸乙酯，为无色或淡黄色液体，有略似依兰油的香气，呈较强的冬青油和水果香味，略带甜，是允许使用的食用香料，可用于配制人造依兰油及月下香油，少量用于皂用香精和烟草类香精，常应用在软饮料、布丁、冰淇淋、焙烤类食品、香烟及酒类等产品中。

1. 实验目的

(1) 学习合成苯甲酸乙酯的基本方法和原理。

(2) 学习共沸蒸馏原理，了解常见的共沸体系。

(3) 学习共沸蒸馏的操作，熟悉微型分水器的使用。

(4) 学习回流、微量萃取法、干燥，减压蒸馏等操作。

2. 反应原理

乙醇和苯甲酸在浓硫酸催化下可以形成酯：

$$C_6H_5COOH + CH_3CH_2OH \xrightleftharpoons{H_2SO_4} C_6H_5COOC_2H_5 + H_2O$$

目前有报道用聚氯乙烯-吡啶树脂作催化剂，在对甲苯磺酸的作用下苯甲酸和乙醇反应生成酯，本方法在合成过程中避免了大量使用强酸，不腐蚀设备，大大降低了对环境的污染，而且酯化率高，可以达到 97%以上。其反应式如下：

$$C_6H_5COOH + CH_3CH_2OH \xrightleftharpoons[\text{对甲苯磺酸}]{\text{聚氯乙烯-吡啶树脂}} C_6H_5COOC_2H_5 + H_2O$$

3. 主要药品与仪器

(1) 药品：苯甲酸、95%乙醇、苯、浓硫酸、碳酸钠、乙醚、无水氯化钙。

(2) 仪器：10mL 圆底烧瓶、微型分水器、冷凝管、分液漏斗、锥形瓶、单股接引管、量筒、滴管、电磁搅拌器等。

4. 实验步骤

图 5-13　微型分水装置

在 10mL 圆底烧瓶中，加入 1.2g(10mmol)苯甲酸和 3mL 95%乙醇，开动电磁搅拌器，边搅拌边加入 0.5mL 浓硫酸及 2.5mL 苯，加入沸石。装上微型蒸馏头及冷凝器，向微型蒸馏头的馏出液承接阱中加入约 3mL 水，如装置图 5-13 所示。然后开始加热，回流约 25min，停止加热。待溶液冷却后，将微型蒸馏头内的液体转移至离心分液管中，在冷水浴中冷却，出现分层，共 3 层。搭好常压蒸馏装置将多余的苯和乙醇蒸出。将反应瓶中的残留液体倒入盛有 8mL 冷水的烧杯中，边搅拌边分批加入碳酸钠粉末至无 CO_2 气体产生，pH 等于 7。

用 5mL 无水乙醚萃取，分出有机层，用无水氯化钙干燥。水浴蒸出乙醚，减压或常压蒸馏蒸出产品，产品为无色或淡黄色液体。产品沸点为 210～213℃，产率约 80%。

纯苯甲酸乙酯，bp：212.6℃，mp：－34.6℃，d_4^{25}：1.050，n_D^{20}：1.5052。

图 5-14(a)、(b)分别为苯甲酸乙酯的红外谱图、^{1}H NMR 谱图。

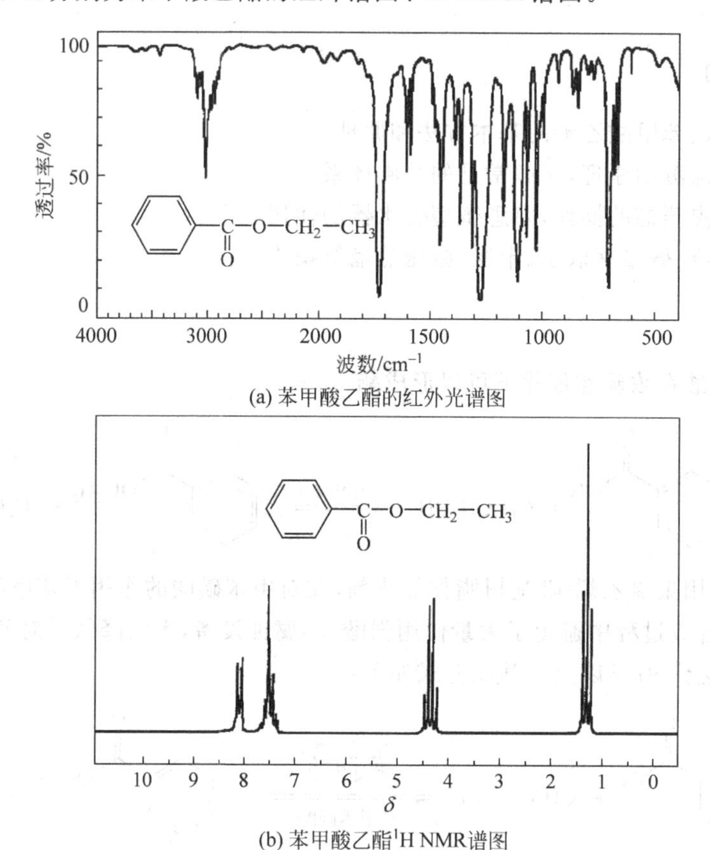

(a) 苯甲酸乙酯的红外光谱图

(b) 苯甲酸乙酯^{1}H NMR谱图

图 5-14　苯甲酸乙酯的谱图

5. 注意事项

(1) 碳酸钠必须研成粉末，开始要慢慢加，以免产生大量泡沫。

(2) 若粗产品含有大量絮状物，可直接加乙醚萃取。

(3) 由反应瓶内蒸出的三元共沸物沸点为 64.6℃(体积分数：苯 74.1%，乙醇 18.5%，水 7.4%)，上层体积占 84%(体积分数：苯 86%，乙醇 12.7%，水1.3%)，中层体积占 16%(体积分数：苯 4.8%，乙醇 52.1%，水 43.1%)，下层为原来加入的水。

(4) 水浴蒸馏乙醚时，要防止液体冲出。

6. 思考题

(1) 本实验采用什么原理和措施提高产率？

(2) 在实验中，如何运用化合物的物理常数分析现象及指导操作？

(3) 在此反应中为什么要加入苯,作用是什么?

(4) 为什么要加入过量的乙醇?

实验34 乙酰水杨酸的合成

水杨酸(邻羟基苯甲酸)是用来制备乙酰水杨酸(acetyl salicylic acid)的原料之一,是具有双官能团的化合物:一个是酚羟基,一个是羧基。羟基和羧基都会发生酯化,而且还可以形成分子内氢键,阻碍酰化和酯化反应的发生。水杨酸也可以止痛,常用于治疗风湿病和关节炎。

水杨酸与酸酐在磷酸的催化下反应生成乙酰水杨酸,即阿司匹林(Aspirin)。阿司匹林是非常普遍的治疗感冒的药物,有解热止痛的效用,同时还可软化血管。

1. 实验目的

(1) 学习乙酰水杨酸的制备方法和原理。

(2) 了解酚羟基的性质。

(3) 巩固固体抽滤、结晶、干燥等操作。

2. 反应原理

水杨酸与乙酸酐在磷酸催化下可以很快反应得到乙酰水杨酸。其反应如下:

$$o\text{-}HOC_6H_4COOH + (CH_3CO)_2O \xrightarrow{H^+} o\text{-}CH_3COOC_6H_4COOH + CH_3COOH$$

3. 主要药品与仪器

(1) 药品:水杨酸、乙酸酐、饱和碳酸氢钠水溶液、1%三氯化铁溶液、85%磷酸。

(2) 仪器:圆底烧瓶、锥形瓶、球形冷凝管、烧杯、布氏漏斗、吸滤瓶。

4. 实验步骤

在25mL圆底烧瓶中,加入0.5g(约3.6mmol)水杨酸,加入1.25mL醋酸酐,用滴管滴加2滴85%磷酸。装上回流冷凝管,水浴加热,并摇动反应瓶使水杨酸溶解,回流约15min。趁热将反应液倒入盛有10mL冷水的烧杯中,可得到白色沉淀。用冰-水浴冷却,使晶体完全析出。抽滤,并用少量冷水洗涤晶体,抽干后自然晾干。粗产品可用1%的三氯化铁溶液检验是否有酚羟基存在。产率约80%,熔点134~136℃。

纯乙酰水杨酸,mp:135~138℃。

图5-15(a)和(b)分别为水杨酸和乙酰水杨酸的红外光谱图。

5. 注意事项

(1) 由于分子内氢键的作用,水杨酸与醋酸酐直接反应需在150~160℃才能生成乙酰水杨酸。加入磷酸的目的主要是破坏氢键的存在,使反应在较低的温度(90℃)下就可以进行,而且可以大大减少副产物,因此实验中要注意控制好温度。

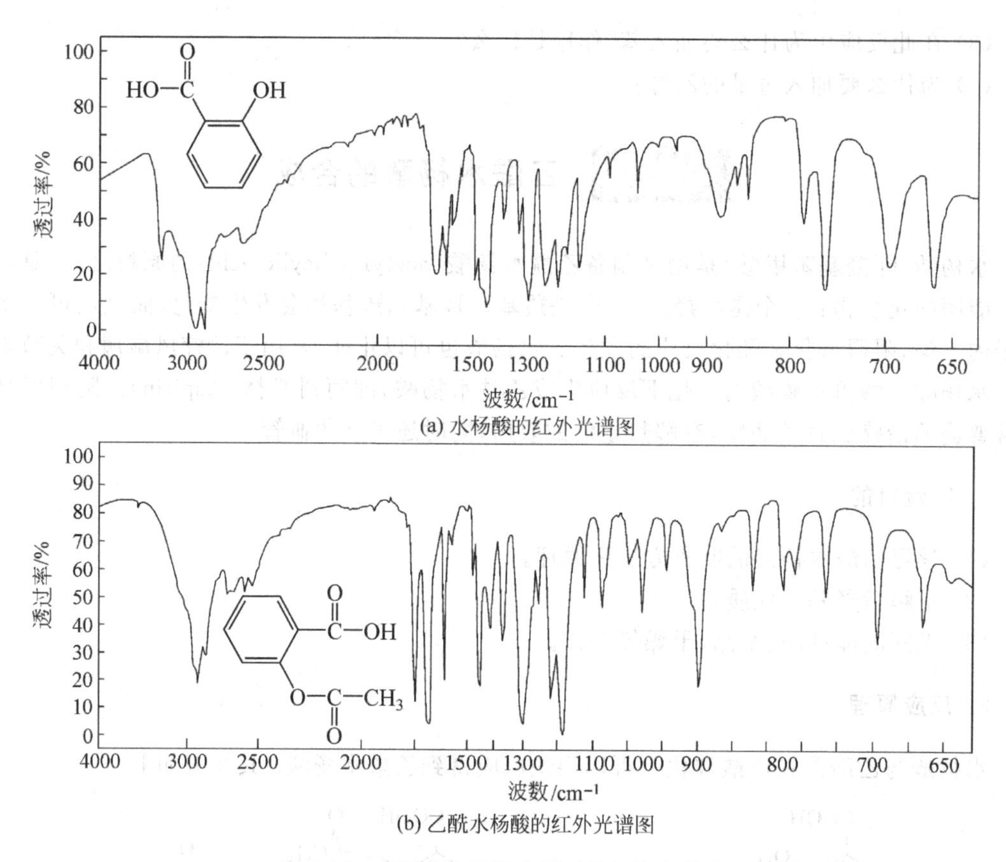

(a) 水杨酸的红外光谱图

(b) 乙酰水杨酸的红外光谱图

图 5-15　水杨酸和乙酰水杨酸的红外光谱图

(2) 由于酸酐易分解，此反应开始时，仪器应经过干燥处理，药品也要事先干燥。

(3) 粗产品可用乙醇-水，或体积比为 1∶1 的稀盐酸，或苯和石油醚(30～60℃)的混合溶剂进行重结晶。

(4) 乙酰水杨酸受热后易分解，分解温度为 126～135℃，因此在烘干、重结晶、熔点测定时均不宜长时间加热。

(5) 如果粗产品中混有水杨酸，用 1%三氯化铁检验时会显紫色。

6. 思考题

(1) 本实验中可产生哪些副产物?

(2) 通过什么样的简便方法可以鉴定出阿司匹林是否变质?

(3) 如果在硫酸存在下，水杨酸与乙醇作用会得到什么产物? 请写出反应方程式。

实验 35　苯甲酸丁酯的合成

1. 实验目的

(1) 学习苯甲酸丁酯(*n*-butyl benzoate)的制备方法和原理。

(2) 了解酚羟基的性质。

(3) 巩固固体抽滤、结晶、干燥等操作。

2. 反应原理

卤代烷与苯甲酸钠在相转移催化剂的作用下也可以生成酯。其反应式如下：

$$C_6H_5COONa + CH_3CH_2CH_2CH_2Br \xrightarrow{(CH_3(CH_2)_6)_3N^+CH_3Cl^-} C_6H_5COOCH_2CH_2CH_2CH_3 + NaBr$$

3. 主要药品与仪器

(1) 药品：正溴丁烷、苯甲酸钠、三庚基甲基氯化铵、无水硫酸钠、氯化钠。
(2) 仪器：锥形瓶、球形冷凝管、烧杯、布氏漏斗、吸滤瓶。

4. 实验步骤

在 50mL 圆底烧瓶中分别加入 2.0mL(约 18.6mmol)正溴丁烷、3.0g(约22.7mmol)苯甲酸钠、5.0mL 水和 4 滴相转移催化剂三庚基甲基氯化铵。在圆底烧瓶上放上球形冷凝管，通入冷却水，打开加热器和搅拌器开关。边搅拌边加热，使反应保持回流约 1h。停止加热和搅拌，使反应液冷却至室温，如果冷却中出现固体，加 2～3mL 水，塞上塞子，摇动反应瓶至固体溶解。然后在反应液中加入 15mL 二氯甲烷和 10mL 水，转移至分液漏斗中充分振荡摇匀，然后静止分液。有机相用 5mL 15%的氯化钠水溶液洗涤一次，放入一个干燥并且干净的锥形瓶中，加入少量无水硫酸钠干燥，约 10min。将溶液过滤到一个干净并且干燥的圆底烧瓶中，搭好减压蒸馏装置，先常压蒸馏蒸出溶剂。然后再减压蒸馏蒸出产品，120℃，1.330kPa (10mmHg)产物为无色或淡黄色液体。称重计算苯甲酸丁酯产率，对产物分别进行红外光谱、^{1}H NMR 和^{13}C NMR 谱图分析。

纯苯甲酸丁酯，bp：250℃，mp：−22℃，d_4^{20}：1.000，n_D^{20}：1.4960。

5. 思考题

(1) 用反应式表示相转移反应的反应过程。
(2) 说明操作过程中用饱和氯化钠溶液洗涤的目的。
(3) 如何从产物中除去本实验中使用稍过量的苯甲酸钠？
(4) 红外光谱图中何处的吸收峰可以表明产物中存在水？怎样除去它？

实验 36　邻氯苯甲酰氯的合成

酰化反应中最重要的反应是酰氯和酰胺的制备。酰氯最常用的制备方法是用羧酸与亚硫酰氯、草酰氯反应制备：

$$C_6H_5COOH \xrightarrow{SOCl_2(bp 79℃)} C_6H_5COCl + SO_2\uparrow + HCl\uparrow$$

mp 122℃　　　　bp 197℃

也可以用三氯化磷或五氯化磷与羧酸或磺酸反应制备：

$$3CH_3CH_2CH_2\overset{O}{\overset{\|}{C}}OH \xrightarrow{PCl_3(bp75℃)} 3CH_3CH_2CH_2\overset{O}{\overset{\|}{C}}Cl + H_3PO_3$$

bp 163℃　　bp 98～102℃　200℃

$$CH_3(CH_2)_6\overset{O}{\overset{\|}{C}}OH \xrightarrow{PCl_5(mp166℃)} CH_3(CH_2)_6\overset{O}{\overset{\|}{C}}Cl + POCl_3 + HCl\uparrow$$

bp 196℃　bp 107℃

这 3 种方法可以互相补充使用，也可以利用磺化反应制备芳基磺酰氯。

酰氯易水解，一般采用蒸馏方法提纯，因此要求反应物、各种产物、试剂的沸点要有一定温度差。实验中最常用的酰化试剂是亚硫酰氯(又称氯化亚砜)，反应条件温和，在室温或稍加热即可反应，产物除酰氯外，其他均为气体，在反应过程中即可分离出去，只要使用稍过量亚硫酰氯，使羧酸反应完全，反应后把稍过量的亚硫酰氯通过蒸馏分离出来，产物往往不需提纯即可应用，纯度好，产率高。

酰胺的制备通常是用羧酸铵盐加热部分失水制备而成，也常用酰氯、酸酐、酯的氨解制备。通过贝克曼(Beckmann)重排也可以制备酰胺。在含水的盐酸、硫酸及氢氧化钠水溶液存在下，腈可以水解成酸，中间经过酰胺阶段，控制合适的反应条件可以使反应停留在酰胺阶段。

1. 实验目的

(1) 学习羧酸与酰化试剂反应制备酰氯的方法和原理。

(2) 巩固回流、搅拌、减压蒸馏等基本操作。

2. 反应原理

邻氯苯甲酸与亚硫酰氯反应生成邻氯苯甲酰氯(*o*-chlorobenzoyl chloride)：

$$\text{o-ClC}_6\text{H}_4\text{COOH} \xrightarrow{SOCl_2} \text{o-ClC}_6\text{H}_4\text{COCl}$$

普遍认为羧酸与亚硫酰氯的反应历程是氯负离子“内返”形成酰氯：

$$R\overset{O}{\overset{\|}{C}}OH + Cl\overset{O}{\overset{\|}{S}}Cl \longrightarrow \left[\begin{array}{c} R\overset{O}{\overset{\|}{C}}-O \\ Cl-\overset{|}{S}=O \end{array}\right] + HCl \longrightarrow R\overset{O}{\overset{\|}{C}}Cl + SO_2$$

3. 主要药品与仪器

(1) 药品：邻氯苯甲酸、亚硫酰氯、二甲基甲酰胺、氢氧化钠。

(2) 仪器：50mL 圆底烧瓶、球形冷凝管、普通漏斗、烧杯、直形冷凝管、接引管、接收瓶、搅拌器等。

4. 实验步骤

在50mL的圆底烧瓶上安装球形冷凝管，并且在冷凝管上方加气体吸收装置，在气体吸收装置的烧杯中加入5%的氢氧化钠溶液，参照图1-3(c)。

在圆底烧瓶中加入4g(约25.5mmol)邻氯苯甲酸、4.5g(38mmol)亚硫酰氯和1滴DMF，开动搅拌器，在搅拌条件下回流，直至二氧化硫和氯化氢气体消失，此过程约要求2h。反应完成后，蒸出过量的亚硫酰氯和其他混合物，然后在减压条件下收集100～102℃，1.60kPa(约12mmHg)的产物，产物为无色至淡黄色液体，产率约89%。

纯的邻氯苯甲酰氯，bp：238℃，mp：－4～－3℃，d_4^{20}：1.389，n_D^{20}：1.5718。

5. 注意事项

(1) 实验中接触到的亚硫酰氯和产物邻氯苯甲酰氯均对皮肤和粘膜有刺激作用，应避免与皮肤接触。

(2) 气体吸收装置的漏斗不能完全浸入到氢氧化钠水溶液中，以免倒吸。

实验37　对乙酰氨基苯磺酰氯的合成

1. 实验目的

(1) 学习利用磺化反应制备芳基磺酰氯的方法和原理。

(2) 巩固固体抽滤、结晶、干燥、重结晶等基本操作。

2. 反应原理

利用磺化反应可以制备芳基磺酰氯，反应中先经过中间体芳基磺酸，磺酸再进一步与氯磺酸作用得到磺酰氯。磺酰氯是制备一系列磺胺类药物的基本原料。对乙酰氨基苯磺酰氯(*p*-acetamido benzene sulfonyl chloride)与氨或氨的衍生物反应是制备磺胺类药物的关键一步，因此必须首先合成对乙酰氧基苯磺酰氯。其反应如下：

$$C_6H_5NHCOCH_3 + 2HOSO_2Cl \longrightarrow p\text{-}ClO_2S\text{-}C_6H_4\text{-}NHCOCH_3 + H_2SO_4 + HCl$$

3. 主要药品与仪器

(1) 药品：乙酰苯胺、氯磺酸、5%氢氧化钠。

(2) 仪器：锥形瓶、球形冷凝管、烧杯、布氏漏斗、吸滤瓶。

4. 实验步骤

在100mL干燥的锥形瓶中，加入5g(约37mmol)干燥的乙酰苯胺，在锥形瓶上安装球形冷凝管，放在石棉网上用小火加热使之熔化，若瓶壁上出现少量水珠，用滤纸擦干。待固体全部熔化后，取下锥形瓶在水浴中冷却，乙酰苯胺在瓶底上结成一薄膜，经冰-水浴冷却后，一次加入 6.5mL(约 0.1mol)的氯磺酸，立即放入带有氯化氢吸收装置的球形冷凝管上(注意防止反吸)，反应很快发生。

若反应过于剧烈，可用水浴冷却，待反应缓和后，微微摇动锥形瓶以使固体全部反应，然后于温水浴上加热至不再有氯化氢气体产生为止。冷却后，在通风橱中，边搅拌边将反应液慢慢倒入盛有 75mL 冰-水的烧杯中，用大约 10mL 冷水洗涤烧瓶，将洗涤液一起倒入烧杯中，搅拌数分钟，出现白色粒状固体，减压过滤，用冷水洗净，压紧抽干，立即进行下一步制备磺胺的反应。若制备纯品，可进行提纯。

把粗品放入 250mL 圆底烧瓶内，先加入少量二氯甲烷，加热回流，再逐渐加入二氯甲烷直至固体全部溶解，然后将溶液迅速移入 250mL 分液漏斗中，分出二氯甲烷，在冰-水浴中冷却，即有结晶析出。减压过滤，用少量二氯甲烷洗涤结晶，抽干，称量，测定熔点。

纯的对乙酰氨基苯磺酰氯，mp：149℃。

5. 注意事项

(1) 由于氯磺化反应猛烈，难以控制，将乙酰苯胺凝结后再反应，可以使反应平稳进行。

(2) 氯磺酸的腐蚀性较强，遇水发生猛烈的放热反应，甚至爆炸，在空气中即冒出大量氯化氢气体而使人窒息，故取用时须特别小心，应在通风橱中进行。

(3) 反应所用的仪器及药品均需要十分干燥。

(4) 含有氯磺酸的废液不可倒入水槽，应倒入专门的容器中回收。

(5) 在反应中必须防止局部过热，否则会造成苯磺酰氯的水解，这是做好本实验的关键。

(6) 实验中需用大量的冰，加入反应液时应缓慢进行，并且要充分搅拌。

(7) 应尽可能除尽固体表面附着的盐酸，否则影响下一步反应。

(8) 对乙酰氨基苯磺酰氯的粗产品不稳定，易分解，不宜放置过久。

6. 思考题

(1) 为什么苯胺要乙酰化后再氯磺化？直接氯磺化行吗？

(2) 为什么氯磺化后，要把产物倒入冰-水中水解剩余的氯磺酸？

(3) 如果直接倒入水中，会有什么副反应发生？

实验 38 DL-10-樟脑磺酰氯的合成

1. 实验目的

(1) 学习利用磺化反应制备磺酰氯的方法和原理。

(2) 巩固固体抽滤、结晶、干燥、重结晶等基本操作。

2. 反应原理

DL-10-樟脑磺酸与五氯化磷反应直接生成 DL-10-樟脑磺酰氯(DL-10-camphorsulfonyl chloride)，其反应式如下：

$$HO_3SH_2C\text{-(樟脑)} \xrightarrow{PCl_5} ClO_2SH_2C\text{-(樟脑)}$$

3. 主要药品与仪器

(1) 药品：DL-10-樟脑磺酸、五氯化磷、石油醚。

(2) 仪器：三口瓶、球形冷凝管、烧杯、布氏漏斗、吸滤瓶。

4. 实验步骤

在 100mL 的三口瓶上安放球形冷凝管，在三口瓶中加入 4.64g(20mmol)DL-10-樟脑磺酸和 4.16g(20mmol)五氯化磷，用冰-水浴冷却，当混合物出现液体后，开始缓慢地搅拌，以促进固体溶解。开始反应比较激烈，当反应平稳后撤去冰-水浴，静置约 1h。准备两个盛有 5g 碎冰的 250mL 烧杯，先将反应液倒入一个烧杯中，然后又立刻倒入另一个烧杯中，接着又倒回原来的烧杯中，如此反复操作，直到无明显的反应发生为止。静止片刻，过滤，用冷水洗涤多次，干燥，得 5g 左右产品，产率约 100%。用石油醚重结晶可得纯品。

纯的 DL-10-樟脑磺酰氯，mp：83～84℃。

5. 注意事项

(1) 由于粗产物中含有没有反应完的五氯化磷，因而采用倒来倒去的方法，促使其水解而不让磺酰氯水解。

(2) 具有光学活性的樟脑磺酰氯是用于醇和胺的拆分试剂。

6. 参考文献

(1) Bartlett P, Knox L H. Org Synth, 1973, 5: 196

(2) Sutherland H, Shrine R L. J Am Chem Soc, 1936, 58: 62

实验 39　乙酰苯胺的合成

1. 实验目的

(1) 学习制备酰胺的反应原理。

(2) 了解酰化试剂在反应中的作用。

(3) 掌握保护易反应基团的方法。

2. 反应原理

芳香胺的酰化在有机合成中有着非常重要的作用。尤其是作为一种胺基的保护措施，使一级或二级芳香胺在合成中先与酰化试剂反应转化成酰胺，降低胺基的敏感性，使胺基不能参与其他反应，而被保护下来。在合成完成后，酰胺很容易通过酸、碱水解反应重新还原成胺基。同时，由于酰基的存在，降低了芳香环的活性，在芳香环的亲电取代反应(特别是卤代反应)中，使反应由多元取代变为有用的一元取代。

芳香胺的酰化反应同样可使用酰氯、酸酐、冰醋酸作为酰化试剂。冰醋酸试剂易得，价格便宜，但反应时间较长，适合较大规模的合成。使用酸酐时，由于常常伴有二乙酰胺[$ArN(COCH_3)_2$]的生成。反应一般先生成盐酸盐，然后在醋酸钠缓冲溶液中进行酰化，可以得到高纯度的产物。但这一方法不适合于碱性较弱的芳香胺的酰化。这两种反应分别如下：

$$C_6H_5NH_2 + CH_3COOH \longrightarrow C_6H_5NHCOCH_3 + H_2O$$

$$C_6H_5NH_2 + HCl \longrightarrow C_6H_5\overset{+}{N}H_3Cl^- \xrightarrow[CH_3COONa]{(CH_3CO)_2O} C_6H_5NHCOCH_3 + 2CH_3COOH + NaCl$$

3. 主要药品与仪器

(1) 药品：苯胺、冰乙酸、锌粉、醋酸酐、醋酸钠、浓盐酸。

(2) 仪器：圆底烧瓶、带有分馏柱的蒸馏头、直形冷凝管、单股接引管、接收瓶、烧杯、布氏漏斗、吸滤瓶。

4. 实验步骤

方法一：用醋酸作为酰化试剂的合成方法

用 25mL 圆底烧瓶搭成简单分馏装置，如图 5-16 所示。

在反应瓶中加入 5mL(55mmol) 新蒸的苯胺、7.5mL(0.124mol) 冰乙酸和约 0.05g 锌粉，摇匀。开始加热，保持反应液微沸约 20min，逐渐升高温度，使反应温度维持在 100～105℃，反应 1h。然后将温度升至 110℃，蒸出大部分水和剩余的乙酸，温度出现波动时，可认为反应结束。

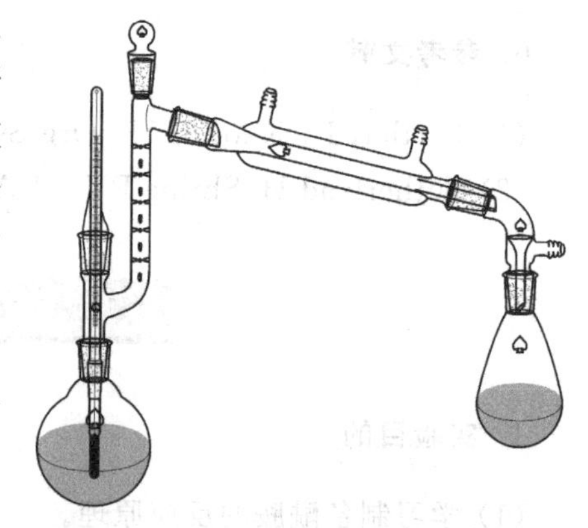

图 5-16　合成乙酰苯胺的反应装置图

趁热将反应液倒入盛有 100mL 冷水的烧杯中，即有白色固体析出，稍加搅拌冷却，抽滤，用少量水洗涤晶体，抽干后在红外灯下烘干。粗产品可用水重结晶，产率约 65%，熔点 113～114℃。

方法二：用酸酐作为酰化试剂的合成方法

在 50mL 两口瓶上，一个口放球形冷凝管，另一个口放恒压滴液漏斗。在瓶中加入 24mL 水和 2mL 浓盐酸，在恒压滴液漏斗中加入 2mL 苯胺。在搅拌条件下，慢慢加入到反应瓶中，待苯胺溶解后，再加入约 0.4g 活性炭。开始加热，将溶液煮沸，约 5min，用热过滤的方法，趁热滤去活性炭和其他不溶物质。将滤液转移到 50mL 锥形瓶中，冷却至 50℃时，加入 3mL 醋酸酐和事先配制好的溶有 3.2g 醋酸钠的水溶液 10mL，充分搅拌。

然后将混合物放入冰-水浴中冷却，使其析出晶体。减压过滤，用少量冷水洗涤，干燥后称重，产率约 80%，熔点 113～114℃。用此法制备的乙酰苯胺已足够纯净，可直接进行下一步合成。如需进一步纯化可用水进行重结晶。

纯乙酰苯胺(acetanilide),mp：114.2℃,bp：304℃,d_4^{15}：1.2190。

图 5-17(a)、(b)分别为乙酰苯胺的红外光谱图、^{1}H NMR 谱图。

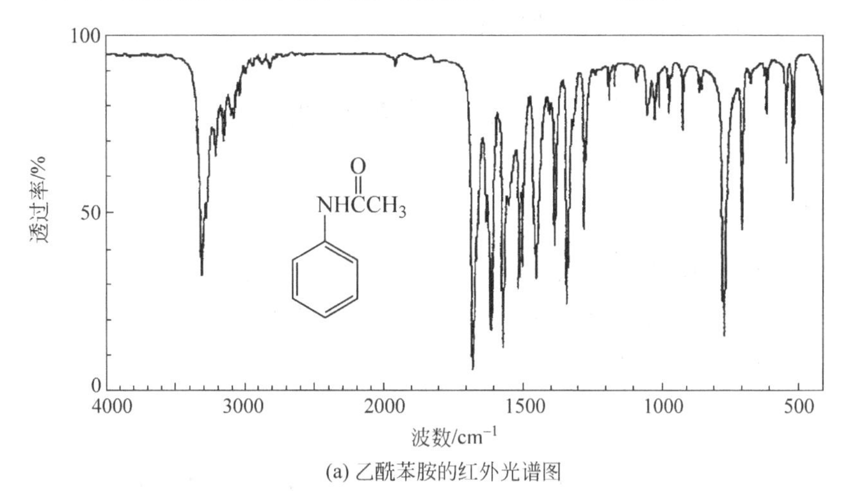

(a) 乙酰苯胺的红外光谱图

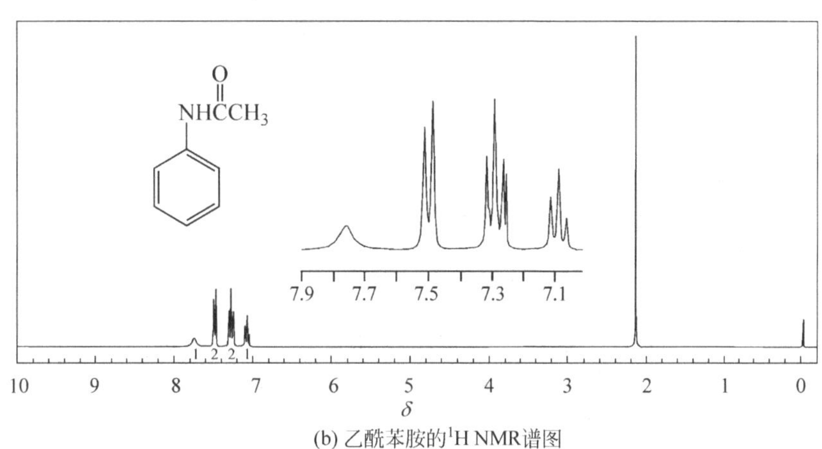

(b) 乙酰苯胺的^{1}H NMR谱图

图 5-17　乙酰苯胺的谱图

5. 注意事项

(1) 苯胺应经过蒸馏处理后再用,因为苯胺易氧化,久置颜色加深,且有杂质存在。

(2) 方法一中加入锌粉是为了防止苯胺在反应过程中被氧化,而生成带有颜色的杂质。

(3) 使残液直接冷却,产物易粘附在烧瓶上,不易处理。趁热倒入冷水中,则操作方便易行。

(4) 在不同温度下,乙酰苯胺在 100mL 水中的溶解度如下：

温度/℃	20	25	50	80	100
溶解度/(g/℃)	0.46	0.48	0.56	3.45	5.5

6. 思考题

(1) 本实验方法一为什么要用分馏装置?

(2) 为什么要严格控制反应温度？
(3) 常用的乙酰化试剂有哪些？比较它们的乙酰化能力？
(4) 苯胺的乙酰化反应有什么用途？
(5) 请设计出一种以乙酰苯胺为原料的产品。

实验 40　ε-己内酰胺的合成

1. 实验目的

(1) 学习环己酮肟的制备方法和原理。
(2) 通过环己酮肟的贝克曼(Beckmann)重排，学习己内酰胺的制备方法。
(3) 了解贝克曼重排的反应历程。

2. 反应原理

酮与羟胺作用生成肟。肟在酸性条件下，如硫酸、多聚磷酸、苯磺酰氯等作用下，发生分子重排，生成酰胺，此反应称为贝克曼重排反应。反应历程如下：

$$>C=O + NH_2OH \longrightarrow >C=NOH + H_2O$$

$$RR'C=N{-}OH \xrightarrow{H^+} RR'C=N{-}OH_2^+ \xrightarrow{-H_2O} RR'C=N^+ \longrightarrow R'C^+=NR \xrightarrow{H_2O}$$

$$H_2O^+{-}C(R')=NR \xrightarrow{-H^+} [HO{-}C(R')=NR] \longrightarrow O=C(R'){-}NHR$$

贝克曼重排反应在有机合成中非常重要，不仅可以用来测定酮的结构，而且有一定的应用价值。如本实验通过环己酮肟重排得到 ε-己内酰胺(ε-caprolactam)，其反应如下：

$$\text{环己酮} + NH_2OH \longrightarrow \text{环己酮肟 (=N-OH)} + H_2O$$

$$\text{环己酮肟} \xrightarrow{H_2SO_4} \text{(环状亚胺醇，N=C-OH)} \xrightarrow{NH_3 \cdot H_2O} \text{ε-己内酰胺 (HN-C=O)}$$

己内酰胺经过开环聚合反应可以得到尼龙-6。

3. 主要药品与仪器

(1) 药品：环己酮、盐酸羟胺、结晶乙酸钠、85% H_2SO_4、20%氨水、二氯甲烷、无水硫酸钠。

（2）仪器：圆底烧瓶、两口瓶、烧杯、抽滤瓶、布氏漏斗、锥形瓶、分液漏斗、毛细滴管。

4. 实验步骤

（1）环己酮肟的制备

在25mL圆底烧瓶中加入1.5g结晶乙酸钠、1g盐酸羟胺和5mL水，振荡使其溶解。加入准确量取的1.1mL（约10.6mmol）环己酮，加塞，剧烈振荡2～3min。环己酮肟以白色结晶析出。冷却后抽滤，并用少量冷水洗涤晶体，抽干。晾干后称重，产率约95%，熔点为89～90℃。

（2）环己酮肟重排制备己内酰胺

在50mL二口瓶中加入0.8g（7.4mmol）干燥的环己酮肟，并加入1.3mL 85%硫酸。振荡反应瓶将两种物质混合均匀，边搅拌边慢慢加热，当反应液中有气泡产生时（温度约120℃），立即将热源撤走。此时，发生强烈的放热反应，温度自行上升至190℃左右，反应很快完成，冷却反应液至室温。

在二口瓶上装上恒压滴液漏斗和温度计，放入冰-盐浴中继续冷却至0℃，边搅拌边将约12mL 20%的氨水从恒压滴液漏斗中慢慢滴加到反应瓶中，使反应液呈弱碱性（pH≈8）。在此过程中，温度应控制在10℃以下。

将反应液转移至分液漏斗中分出有机层，水层用8mL二氯甲烷分2次萃取，合并有机相，用等体积水洗涤两次，有机相用无水硫酸钠干燥。搭好蒸馏装置，蒸出二氯甲烷，并在减压条件下将二氯甲烷抽净。剩余液体倒入蒸发皿中，冷却结晶。产率约50%，可用己烷进行重结晶。

己内酰胺，mp：69～70℃（文献值）。

图5-18（a）、（b）分别为ε-己内酰胺的红外光谱图和质谱谱图。

5. 注意事项

（1）振荡要剧烈，如环己酮肟呈白色小球状，说明反应还不完全，应继续振荡。

（2）重排反应比较激烈，应在较大容器中进行，以利于散热，使反应尽量平稳。

（3）85%的硫酸由5倍体积的浓硫酸和1倍的水混合而成。环己酮肟的纯度对反应影响较大。

（4）在重排反应完成后如果出现硫酸铵晶体，应过滤除掉后，再进行分液、萃取和洗涤。

（5）洗涤后如果二氯甲烷溶液颜色较深可以加活性炭脱色，或用己烷进行重结晶。

（6）如果晶体不易析出可加入少量石油醚，降低溶剂极性。己内酰胺易吸潮，应储存于密闭容器中。

6. 思考题

（1）制备环己酮肟时，加入醋酸钠的目的是什么？

（2）现有一个化合物经过贝克曼重排后结构为：$C_3H_7\overset{O}{\overset{\|}{C}}NHCH_3$，请试推测此化合物原来的结构。

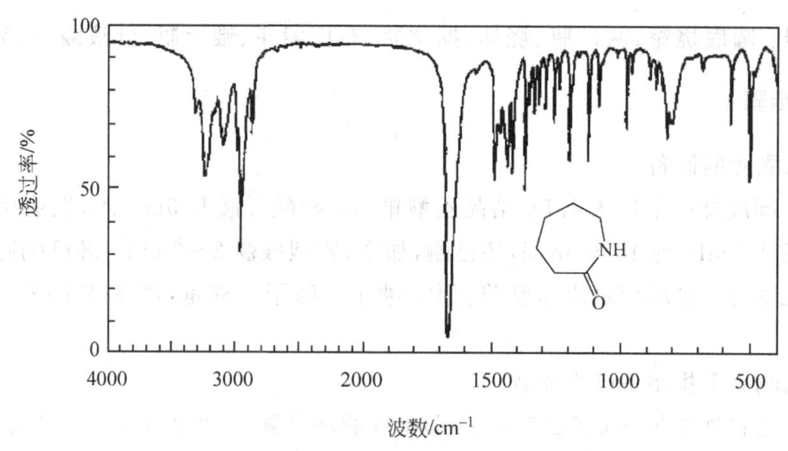

(a) ε-己内酰胺的红外光谱图

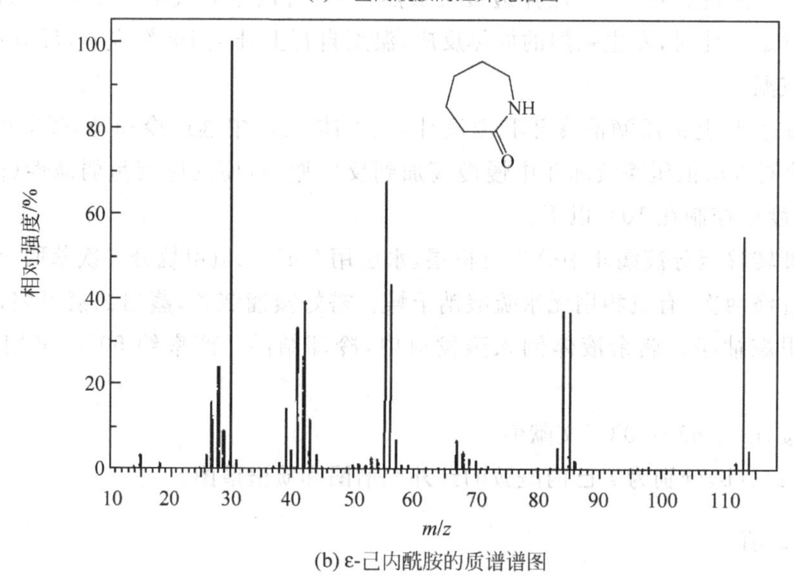

(b) ε-己内酰胺的质谱谱图

图 5-18　己内酰胺的谱图

5.1.5　醚的制备与合成

醚的制备方法大致有以下几种：①在酸催化下 2 分子醇发生分子间脱水；②威廉森(Williamson)合成法；③烷氧汞化-去汞法。

(1) 酸催化醇分子间脱水

在酸的作用下，两分子醇可进行分子间脱水反应，此方法是制备对称醚的常用方法。反应的进行是通过氢离子和醇先形成𬭩盐，使碳氧键的极性增强，烷基中的碳原子带有部分正电荷，另一个分子醇的羟基与其发生亲核取代，生成二烷基𬭩盐离子，然后失去质子得醚。反应历程如下：

$$\mathrm{ROH} \xrightleftharpoons{\mathrm{H^+}} \mathrm{R{-}\overset{+}{O}H{-}H} \xrightleftharpoons[-\mathrm{H_2O}]{\mathrm{ROH}} \mathrm{R{-}\overset{+}{O}R{-}H} \xrightleftharpoons{-\mathrm{H^+}} \mathrm{R{-}O{-}R}$$

这是一个平衡反应，为了使反应向右进行，一是增加原料，二是在反应过程中不断将产物醚蒸出来。此反应会产生副产物，反应过程中生成什么物质与反应温度关系很大，在 90℃以下醇与硫酸失水生成硫酸酯；在 140℃左右反应，醇分子间脱水成醚；温度高于 170℃，醇分子内脱水生成烯烃。因此要获得哪种产物，主要依靠控制反应条件。然而无论在哪一条件下，副产物总是不可避免的。

对于一级醇，其分子间失水是双分子亲核取代反应(S_N2)。二级、三级醇一般按单分子亲核取代(S_N1)历程进行。不同结构的醇发生消除反应的倾向性为：三级醇＞二级醇＞一级醇。因此用醇失水法制醚时，最好用一级醇，可以获得较高的产率。

(2) Williamson 法合成醚

Williamson 法合成醚是利用醇或酚的钠盐与卤代烷作用。此方法可以制备对称醚(即单醚)，也可以制备不对称醚(即混合醚)，主要用于制备不对称醚，特别是制备芳基烷基醚时产率较高。这种合成方法的反应机理是烷氧(或酚氧)负离子对卤代烷或硫酸酯进行亲核取代反应，即 S_N2 反应。

制备多氧大环醚——冠醚的常用方法就是 Williamson 法。由于烷氧负离子是一个较强的碱，在与卤代烷反应时总伴随有卤代烷的消除反应，产物是烯烃，随着所用卤代烷结构的不同，E_2 的竞争反应影响加大。尤其在使用三级卤代烷时，主要产物是消除产物烯烃。因此，用 Williamson 法制备醚，不能用三级卤代烷，主要用一级卤代烷。烷氧负离子的亲核能力随烷基的结构不同也有所差异，即三级＞二级＞一级。

直接连在芳环上的卤素不容易被亲核试剂取代，因此由芳烃和脂肪烃组成的醚，不用卤代芳烃和脂肪醇钠制备，而用相应的酚与相应脂肪卤代烃制备，酚是比水强的酸，因此酚的钠盐可以用酚和氢氧化钠制备。

而醇的酸性比水弱，因此醇钠必须用金属钠和干燥的醇制备。

(3) 烷氧汞化-去汞法

这是一个相当于烯烃加醇制备醚的方法。反应遵循马氏加成规则，但是中间要经过一个先加汞盐(三氟乙酸汞)，再还原去汞的过程。此方法不会发生消除反应，因此，是一个比 Williamson 法制备醚更有用的方法。例如，3-乙氧基-2,2-二甲基丁烷的制备反应：

$$(CH_3)_3C{-}CH{=}CH_2 + (CF_3COO)_2Hg + CH_3CH_2OH \longrightarrow$$

$$(CH_3)_3C{-}CH(OCH_2CH_3){-}CH_2{-}Hg{-}OCOCF_3 \xrightarrow{NaBH_4} (CH_3)_3C{-}CH(OCH_2CH_3){-}CH_3$$

3-乙氧基-2,2-二甲基丁烷

但是由于反应中使用了汞，在学生实验中一般不安排这类实验。

这个方法可能是由于空间位阻的原因不能用于制备三级丁醚。

实验 41　正丁醚的合成

1. 实验目的

(1) 掌握醇脱水制醚的反应原理和方法。

(2) 学习分水器的使用。

(3) 巩固萃取、洗涤、干燥、蒸馏等操作。

2. 反应原理

在特定温度下2分子醇发生分子间脱水生成醚，是制备对称醚的常用方法：

$$\text{CH}_3\text{CH}_2\text{CH}_2\text{CH}_2\text{OH} \xrightarrow[140℃]{H^+} \text{CH}_3\text{CH}_2\text{CH}_2\text{CH}_2\text{OCH}_2\text{CH}_2\text{CH}_2\text{CH}_3 + H_2O$$

此反应的主要副反应如下：

$$\text{CH}_3\text{CH}_2\text{CH}_2\text{CH}_2\text{OH} \xrightarrow{H^+} \text{CH}_3\text{CH}_2\text{CH}{=}\text{CH}_2 + H_2O$$

3. 主要药品与仪器

(1) 药品：正丁醇、浓硫酸、50％硫酸、无水氯化钙。

(2) 仪器：圆底烧瓶、分水器、球形冷凝管、0～300℃温度计、分液漏斗、锥形瓶、蒸馏瓶、直形冷凝管、蒸馏头、单股接引管等。

4. 实验步骤

在50mL圆底烧瓶上安装分水器，在分水器与圆底烧瓶连接的口上装温度计，温度计要插入液面中；在分水器的另端装回流冷凝管。在分水器带活塞的支管中要先加入一定量的水，并把水的位置做好记号，如图5-12所示。

在圆底烧瓶中加入15.5mL正丁醇，边摇边慢慢加入2.5mL浓硫酸，使浓硫酸与正丁醇混合均匀，并加入几粒沸石。打开电热套开关加热，开始电压不要调得太高，先在100～115℃加热约20min，使反应达到平衡。然后加大电压提高温度，保持反应液为回流状态约40min。随着反应的进行，分水器中的水层不断增加，反应液的温度也不断上升。当分水器中的水层超过了支管要流回烧瓶时，打开分水器上的活塞放掉一部分水，水层界面还保持在原来记号处。当分水器中的水层界面不再上升，反应液温度到达150℃左右时，停止加热。如果加热时间过长，溶液会变黑，并有大量副产物烯生成。

待反应液稍冷，拆下分水器，将仪器改成蒸馏装置，再加1粒沸石，进行蒸馏至无馏出液流出为止。

将馏出液倒入分液漏斗中，分去水层。粗产物用15mL冷的50％硫酸洗涤2次，再用水洗涤2次，最后用1g无水氯化钙干燥。将干燥后的粗产物倒入25mL圆底烧瓶中(注意不要把氯化钙倒进瓶中!)进行蒸馏，收集140～144℃的馏分，产量3～4g。

纯正丁醚(dibutyl ether)为无色液体，bp：142.4℃，d_4^{20}：0.7689，n_D^{20}：1.3992。

图5-19给出了正丁醚的红外光谱图。

5. 注意事项

(1) 本实验利用共沸蒸馏的方法，利用分水器将反应中生成的水分走，主要目的是破坏反应平衡，使反应向生成物方向进行，以提高产率。在反应过程中应保证上层的有机相不断流回到反应瓶中，继续参加反应，而水则不能流回反应体系中。因此需要控制好分水器中水与有机层界面在一定的高度。

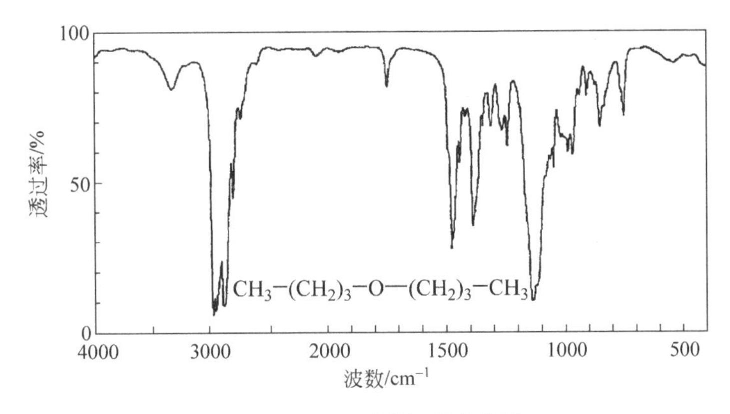

图5-19　正丁醚的红外光谱图

(2) 实际分出水的体积要略大于理论计算量，否则产率很低。

(3) 50%硫酸的配制方法：20mL浓硫酸边搅拌边缓慢加入到34mL水中。

(4) 在此操作过程中丁醇能溶于50%硫酸，而正丁醚则溶解很少。

(5) 加入浓硫酸时，如不充分摇动，硫酸局部过浓，加热后易使反应液变黑。

(6) 如果分水器中水相与有机相不分层可以加入一定量的盐使水相饱和，以降低正丁醇和正丁醚在水中的溶解度。

(7) 在反应溶液中，正丁醚和水形成的共沸物沸点为94.1℃，含水33.4%；正丁醇和水形成的共沸物沸点为93℃，含水44.5%；正丁醚和正丁醇形成的二元恒沸物沸点为117.6℃，含正丁醇82.5%；此外，正丁醚还能和正丁醇、水形成三元恒沸物，沸点为90.6℃，含正丁醇34.6%，含水29.9%。

6. 思考题

(1) 计算理论上应分出的水量。若实验中分出的水量超过理论数值，试分析其原因。

(2) 如何判断反应已经完全？

实验42　苯乙醚的合成

苯乙醚(ethyl phenolate)是无色油状液体，有芳香气味。不溶于水，易溶于醇和醚。对碱和稀酸稳定，与浓氢碘酸共热可分解为苯酚和碘乙烷，苯环上易发生亲电取代反应，不易被氧化。可由苯酚钠与溴(或氯)乙烷或硫酸二乙酯反应制得。主要用作合成原料和有机反应的助溶剂。

1. 实验目的

(1) 学习利用Williamson法制备醚的反应原理和方法。

(2) 巩固萃取、洗涤、干燥、减压蒸馏等操作。

2. 反应原理

苯酚与氢氧化钠反应生成苯酚钠，再与溴乙烷作用生成苯乙醚。其反应如下：

$$C_6H_5OH + NaOH \longrightarrow C_6H_5ONa + H_2O$$

$$C_6H_5ONa + CH_3CH_2Br \longrightarrow C_6H_5OCH_2CH_3 + NaBr$$

3. 主要药品与仪器

(1) 药品：苯酚、氢氧化钠、溴乙烷、乙醚、无水氯化钙、饱和食盐水。

(2) 仪器：二口瓶、恒压滴液漏斗、球形冷凝管、0～150℃温度计、电磁搅拌器。

4. 实验步骤

在 50mL 二口瓶上安装回流冷凝管和恒压滴液漏斗。将 4g(42.5mmol)苯酚、2g(50mmol)氢氧化钠和 2mL 水加入反应瓶中，开动电磁搅拌器，用水浴加热使固体全部溶解，控制水浴温度在 80～90℃。将 4mL(54mmol)溴乙烷加入到恒压滴液漏斗中，并慢慢滴加到反应瓶中，在 40min 左右滴加完毕。然后继续保温搅拌 1h，停止加热。反应液温度降至室温，加入适量水(5～10mL)使固体刚好全部溶解。将液体转移到分液漏斗中，分出水相。有机相用等体积饱和食盐水洗两次(若有乳化现象，应将乳化层尽量破坏掉)，分出有机相，将两次洗涤液与水相合并。水相用 8mL 乙醚分 2 次萃取，将两次萃取液与有机相合并，用无水氯化钙干燥。先用水浴蒸出乙醚，然后常压蒸馏收集 171～183℃的馏分。产物为无色透明液体，产率约 60%。

纯苯乙醚，bp：172℃，mp：−30℃，d_4^{20}：0.9670，n_D^{20}：1.5070。

图 5-20 给出了苯乙醚的红外光谱图。

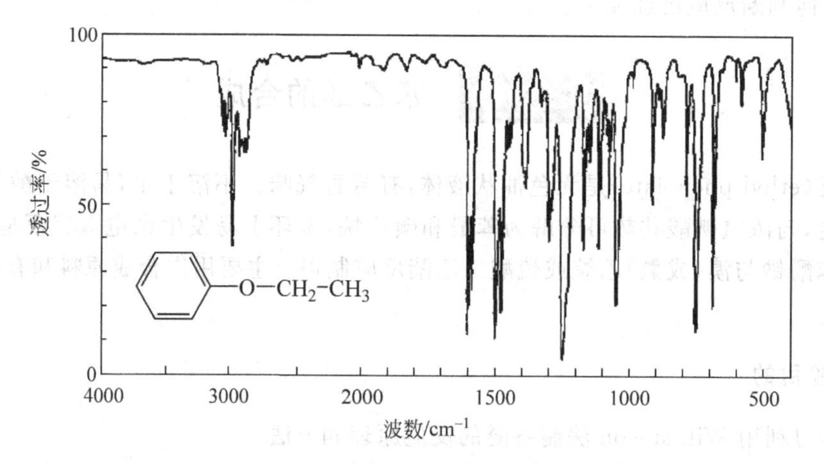

图 5-20　苯乙醚的红外光谱图

5. 注意事项

(1) 溴乙烷沸点低，实验时回流冷却水流量要大，才能保证有足够量的溴乙烷参与反应。

(2) 若有结块出现，则停止滴加溴乙烷，待充分搅拌后再继续滴加。

(3) 蒸除乙醚时不能用明火加热。将尾气通入下水道，接收瓶放在冷水浴中，以防乙醚蒸气外逸引起着火。

(4) 苯乙醚在水中有一定的溶解度，加水时不宜过多，以免影响产率。

6. 思考题

(1) 制备苯乙醚时，用饱和食盐水洗涤的目的是什么？

(2) 反应中，回流的液体是什么？出现的固体又是什么？

(3) 为什么恒温到后期回流不明显了？

5.1.6 坎尼扎罗反应

坎尼扎罗(Cannizzaro)反应是指不含α活泼氢的醛，在强碱存在下，进行的自身氧化还原反应，一个分子醛被氧化成酸，另一个分子醛被还原为醇。

实验43 呋喃甲酸与呋喃甲醇的合成

1. 实验目的

(1) 学习坎尼扎罗反应的基本原理。

(2) 掌握利用坎尼扎罗反应制备化合物的方法。

(3) 掌握乙醚蒸馏的安全操作方法。

(4) 学习固体化合物的分离方法。

2. 反应原理

利用在氢氧化钠的作用下，呋喃甲醛发生自身的氧化还原反应制备呋喃甲醇(2-furylalcohol)和呋喃甲酸(2-furoic acid)。具体反应：

$$\text{(呋喃环)}\text{—CHO} + NaOH \longrightarrow \text{(呋喃环)}\text{—}CH_2OH + \text{(呋喃环)}\text{—COONa}$$

$$\text{(呋喃环)}\text{—COONa} + HCl \longrightarrow \text{(呋喃环)}\text{—COOH} + NaCl$$

3. 主要药品与仪器

(1) 药品：呋喃甲醛、氢氧化钠、乙醚、盐酸、无水硫酸镁。

(2) 仪器：烧杯、玻璃棒、温度计及温度计套管、分液漏斗、布氏漏斗、抽滤瓶、表面皿、量筒、药匙、普通漏斗、锥形瓶、玻璃塞、滴管、50mL圆底烧瓶、直形冷凝管、蒸馏头、单股接引管、加热套等。

4. 实验步骤

将3mL 43%氢氧化钠溶液放入50mL烧杯中，冰水浴冷至5℃左右，手动搅拌下滴加呋喃甲醛 3.3mL，约需 10min，维持反应温度在 8～12℃。加完后，继续搅拌反应约 20min，得到黄色浆状物。

在搅拌下加入适量的水（约 5mL）使固体全溶。将反应液转入分液漏斗中，分别用乙醚 12，7，5mL 萃取 3 次，合并有机相液，用无水硫酸镁干燥后，水浴蒸馏乙醚，再蒸馏收集 169～172℃馏分，得到的液体产品约 1.2g。

乙醚萃取过的水溶液，用浓盐酸酸化至 pH＝3，待结晶全部析出，抽滤，用少许水洗涤，抽干。粗品干燥，待下次实验用来重结晶。粗品质量 1.5g 左右，为黄色粉末状固体。

纯呋喃甲醇为无色透明液体，bp：171℃，n_D^{20}：1.4868。

纯呋喃甲酸为白色晶体，mp：133～134℃。

图 5-21 为呋喃甲酸的红外光谱图，图 5-22 为呋喃甲醇的红外光谱图。

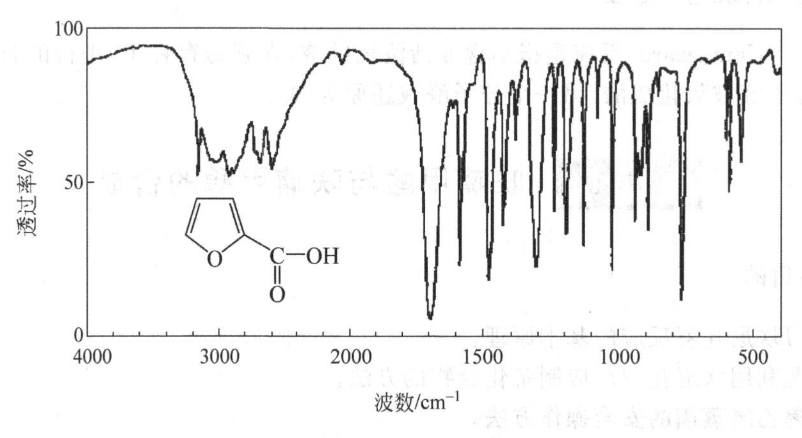

图 5-21 呋喃甲酸的红外光谱图

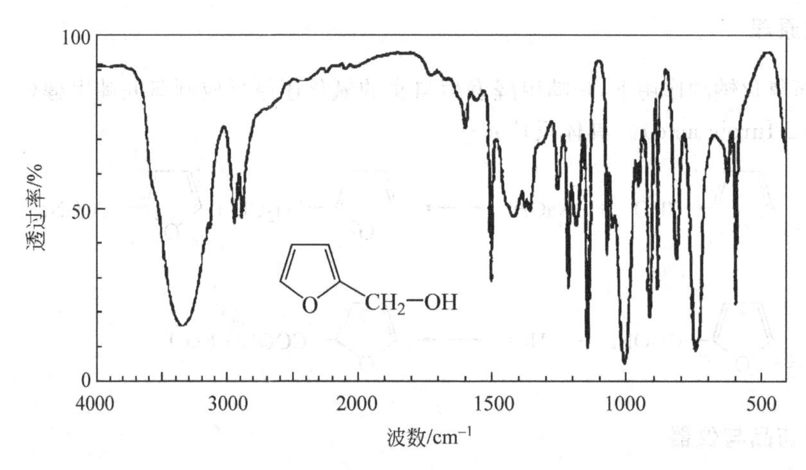

图 5-22 呋喃甲醇的红外光谱图

5. 注意事项

（1）这个反应是在两相间进行的，欲使反应正常进行，必须充分搅拌。

（2）纯呋喃甲醛为无色或浅黄色液体，但久存呈棕色，用前蒸馏纯化收集 155～162℃馏分，最好减压蒸馏收集 54～55℃，17mmHg 的馏分。

（3）反应温度若低于 8℃，反应太慢；若高于 15℃，则反应温度极易上升而难于控制，反应物会变成深红色。也可采用将氢氧化钠溶液滴加到呋喃甲醛中的方法。这两种方法产率相仿。

(4) 加入适量水溶解呋喃甲酸钠使呈溶液。若加水量多，会导致部分产品溶解在母液中使产率降低。

(5) 酸量一定要加够，保证酸化后真正达到 pH=3，使呋喃甲酸充分游离出来。这一步骤是影响呋喃甲酸收率的关键，当 pH<3 时产量也会降低。

(6) 从水中得到的呋喃甲酸呈叶状晶体，100℃有部分升华，最好自然晾干。

6. 思考题

(1) 根据什么原理来分离提纯呋喃甲醇和呋喃甲酸？

(2) 在反应过程中析出的黄色浆状物是什么？

(3) 使用乙醚应注意哪些安全问题？

(4) 为什么 pH<3 时产量也会降低？

(5) 乙醚萃取过的水溶液，若用 50%硫酸酸化，是否合适？

实验 44　苯甲酸与苯甲醇的合成

1. 实验目的

(1) 学习坎尼扎罗反应的基本原理。

(2) 掌握利用坎尼扎罗反应制备化合物的方法。

(3) 掌握乙醚蒸馏的安全操作方法。

(4) 学习固体化合物的分离方法。

2. 反应原理

利用在氢氧化钠的作用下，苯甲醛发生自身的氧化还原反应制备苯甲酸(benzoic acid)和苯甲醇(benzyl alcohol)。具体反应：

$$2\,C_6H_5CHO \xrightarrow{\text{浓}NaOH} C_6H_5COONa + C_6H_5CH_2OH$$

$$C_6H_5COONa + HCl \longrightarrow C_6H_5COOH + NaCl$$

3. 主要药品与仪器

(1) 药品：苯甲醛、氢氧化钠、浓盐酸、乙醚、饱和亚硫酸氢钠溶液、10%碳酸钠溶液、无水硫酸镁。

(2) 仪器：锥形瓶、玻璃塞、烧杯、玻璃棒、温度计及温度计套管、分液漏斗、布氏漏斗、抽滤瓶、表面皿、量筒、药匙、普通漏斗、滴管、25mL 圆底烧瓶、直形冷凝管、蒸馏头、单股接引管、加热套等。

4. 实验步骤

在 50mL 锥形瓶中配制 2.75g 氢氧化钠和 2.75mL 水的溶液。冷却至室温后，在不断摇动下，分次将 3.15mL 新蒸馏过的苯甲醛加入到瓶中，每次约加 0.75mL，每次加完后都应盖紧瓶塞，用力振摇，使反应物充分混合。若温度过高，可适时地把锥形瓶放入冷水浴中冷却。最后反应物变成白色糊状物，放置 24h 以上。

向反应混合物中逐渐加入足够量的水(10～12.5mL)，微热，不断搅拌使其中的苯甲酸盐全部溶解。冷却后将溶液倒入分液漏斗中，用 10mL 乙醚分 3 次萃取苯甲醇。将乙醚萃取过的水溶液保存好。合并乙醚萃取液，依次用 3mL 饱和亚硫酸氢钠溶液、5mL 10%碳酸钠溶液和 3mL 冷水洗涤。分离出乙醚溶液，用无水硫酸镁干燥。

将干燥后的乙醚溶液倒入 25mL 圆底烧瓶中，用热水浴加热蒸出乙醚(乙醚回收)。蒸完乙醚后，改用空气冷凝管，在电热套中继续加热，蒸馏苯甲醇，收集 198～204℃ 的馏分。产量约 1.1g。

在不断搅拌下，向剩余的水溶液中慢慢滴加 10mL 浓盐酸、10mL 水和 6g 碎冰的混合物。充分冷却使苯甲酸完全析出，抽滤，用少量冷水洗涤，挤压去水分，取出产物，烘干。粗苯甲酸可用水重结晶，产量约 1.7g。

纯苯甲醇为无色液体，bp：205.4℃，d_4^{20}：1.045，n_D^{20}：1.5396。

纯苯甲酸为无色针状晶体，mp：122.4℃。

5. 注意事项

充分振摇是反应成功的关键。如混合充分，放置 24h 后混合物在瓶内固化，苯甲醛气味消失。

6. 思考题

(1) 苯甲醛为什么要在实验前重蒸？

(2) 苯甲醛长期放置后含有什么杂质？如果不除去，对本实验会有什么影响？

(3) 本实验中的苯甲醇和苯甲酸是依据什么原理分离提纯的？

(4) 用饱和亚硫酸氢钠溶液洗涤乙醚萃取液的目的是什么？

实验 45 对氯苯甲酸与对氯苯甲醇的合成

1. 实验目的

(1) 学习并掌握坎尼扎罗反应的基本原理、特点和应用。

(2) 巩固液体有机物的萃取、洗涤和干燥等基本操作。

(3) 掌握升华法纯化固体产物的操作方法。

2. 反应原理

利用在氢氧化钠的作用下，对氯苯甲醛发生自身的氧化还原反应制备对氯苯甲酸(4-chlorobenzoic acid)和对氯苯甲醇(4-chlorobenzyl alcohol)。具体反应：

$$\text{Cl-C}_6\text{H}_4\text{-CHO} \xrightarrow[\text{(2) HCl}]{\text{(1) KOH}} \text{Cl-C}_6\text{H}_4\text{-CH}_2\text{OH} + \text{Cl-C}_6\text{H}_4\text{-COOH}$$

3. 主要药品与仪器

(1) 药品：对氯苯甲醛、95%乙醇、11mol/L 氢氧化钾、硅胶 GF_{254} 薄层板、二氯甲烷、饱和碳酸氢钠、浓盐酸、无水硫酸钠。

(2) 仪器：10mL 圆底烧瓶、球形冷凝管、锥形瓶、玻璃塞、烧杯、玻璃棒、温度计及温度计套管、分液漏斗、离心试管、真空冷指、玻璃钉漏斗、抽滤瓶、表面皿、量筒、药匙、普通漏斗、滴管、电磁搅拌器、加热套、紫外分析仪、毛细管等。

4. 实验步骤

(1) 对氯苯甲酸与对氯苯甲醇的制备

将 0.15g 对氯苯甲醛和 0.4mL 95%乙醇倒入 10mL 圆底烧瓶中，装上冷凝管，开动电磁搅拌器，待固体全部溶解后，在不断搅拌下加入 0.4mL 的 11mol/L 氢氧化钾溶液，将反应物在电热套中加热搅拌 1h，维持反应温度 65～75℃。至此，用薄板跟踪反应进程，判断反应终点。将制备好的硅胶 GF_{254} 薄层板，用二氯甲烷作展开剂，用毛细管点样后，在紫外分析仪下观察斑点的情况。若原料点基本消失，可认为反应结束；若还比较明显，则可以适当延长反应时间，每隔 10min 进行一次薄层色谱分析，直至原料点基本消失为止。

将反应混合物冷却至室温后，加入 2mL 蒸馏水，然后再用 0.5mL 二氯甲烷提取，重复提取 3 次。每次提取完后，用滴管将下层二氯甲烷液移入到 3mL 离心试管中，并保留上层水层，待后面使用。

将二氯甲烷提取液用饱和碳酸氢钠溶液洗 2 次，每次用 0.3mL，洗完后，再用 0.5mL 蒸馏水洗 1 次，弃去上层水相，二氯甲烷提取液用无水硫酸钠干燥。干燥完后，用滴管将提取液移入到已称重的 5mL 离心试管中，而用过的干燥剂用0.3mL 二氯甲烷洗涤，将洗涤液也移入离心试管中，将离心试管置于电热套中，在干燥的氮气流下(可用氮气包作气源)，在通风柜中将二氯甲烷蒸发至干，得到约 60mg 淡黄色对氯苯甲醇粗品，可用升华法将产品进一步纯化。

(2) 利用升华的方法纯化产物

将真空冷指插入盛有粗产品对氯苯甲醇的离心试管中，在电热套中用水浴加热，将真空冷指通上冷却水，当温度达到 50～60℃时，对氯苯甲醇慢慢升华并在冷指上结晶。如果试管底的物料熔化，应立即撤去电热套，当试管中物料冷却凝固后，再重复升华操作，直到管底只留下一点黄色固状物时停止。撤去热源，当离心试管冷至室温后，将冷却水关掉，小心取出冷指，用小刀刮下其外壁上的白色长针状晶体，可得约 40mg 较纯的对氯苯甲醇，产率约 51%。

(3) 水相处理

在前面保存的碱性水层中加入 0.2mL 水，滴加 0.4mL 浓盐酸，酸化至强酸性(pH=2～3)，此时有白色固体析出，用玻璃钉漏斗进行抽气过滤，滤饼用 2mL 冷的蒸馏水洗涤，抽滤，烘干。将烘干后的粗产品用 95%乙醇重结晶，可以得到约 50mg 的对氯苯甲酸晶体，产率约 58%。对氯苯甲酸的熔点为 240～242℃(文献值为 243℃)。

图 5-23(a)、(b)分别为对氯苯甲酸和对氯苯甲醇的红外光谱图，图 5-24(a)、(b)分别为它们的^{1}H NMR 谱图。对氯苯甲酸的^{13}C NMR 的 δ 为 128.5，129.8，131.1，138.3，166.8；对氯苯甲醇的^{13}C NMR 的 δ 为 64.3，128.2，128.6，133.2，139.2。

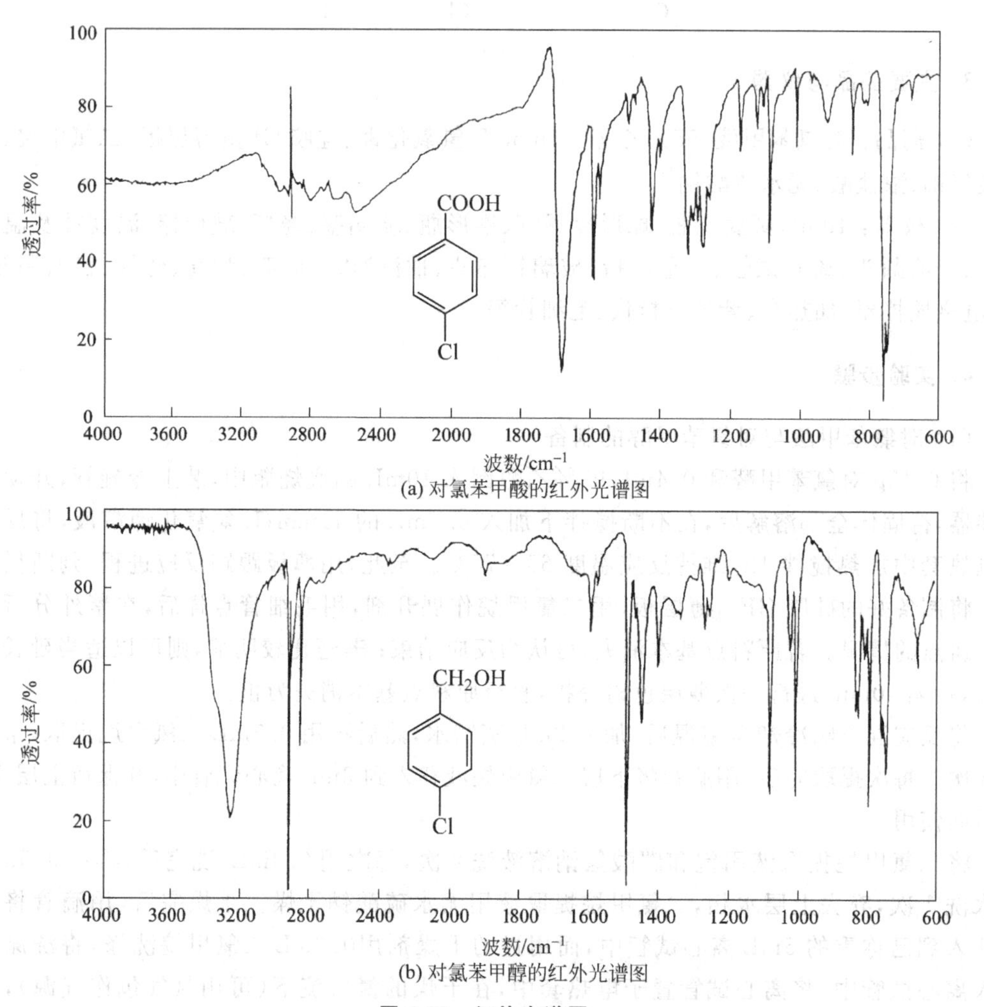

(a) 对氯苯甲酸的红外光谱图

(b) 对氯苯甲醇的红外光谱图

图 5-23　红外光谱图

5. 注意事项

(1) 如果在搅拌、加热初期有固体析出，可以从冷凝管上口小心补加少许乙醇，至沉淀刚好溶解。但乙醇不可以过量，否则氢氧化钾浓度将明显降低。

(2) 提取是否完全不仅影响对氯苯甲醇的产率，而且还严重影响对氯苯甲酸的产品质量。

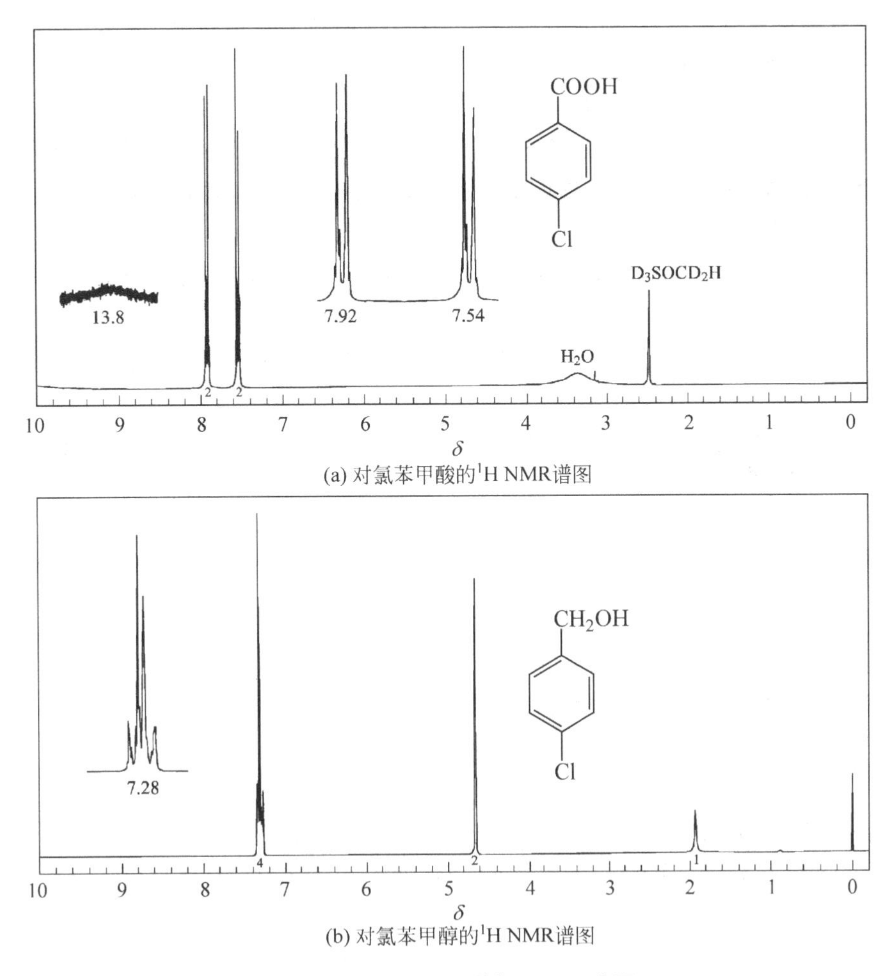

(a) 对氯苯甲酸的^{1}H NMR谱图

(b) 对氯苯甲醇的^{1}H NMR谱图

图 5-24　300MHz 下的^{1}H NMR 谱图

6. 思考题

(1) 本实验中的对氯苯甲醇和对氯苯甲酸是依据什么原理分离提纯的?

(2) 用饱和碳酸氢钠溶液洗涤二氯甲烷提取液的目的是什么?

(3) 二氯甲烷提取过的水溶液,若用浓盐酸酸化到中性是否合适? 为什么?

5.1.7 Diels-Alder 反应

Diels-Alder 反应是重要的一类环加成反应,也是制备六元环有机化合物的巧妙而重要的方法,在有机化学理论上占有重要的位置。此反应是一个具有双键的烯烃对一个共轭双烯的1,4 加成,即一个含 2π 电子体系对一个 4π 电子体系的加成反应。因此,该反应也称为[4+2]环加成反应。例如,在光和热的作用下,两分子的 1,3-丁二烯可以发生自身环加成反应:

2 ⟶(150℃) [H_2C … CH_2] ⟶(150℃) [H_2C … CH_2]

当共轭双烯上连有烷基、烷氧基等给电子基团，或烯烃上连有羰基、羧基、酯基、氰基等吸电子基团时，可以加快反应速率。

此反应过程是一种协同反应，与离子型及自由基型反应不同。Diels-Alder 反应不存在形成活泼反应中间体的过程，其反应过渡态是双烯的 π 键轨道和烯烃的 π 键轨道交叠，形成环状体系的过渡态，而逐渐转化为产物，即旧键的断裂和新键的形成是同时发生的。

Diels-Alder 反应的特点：

(1) 反应可逆。例如环戊二烯在室温下聚合成双环戊二烯，而后者在 180℃加热时解聚成环戊二烯。

(2) 是立体定向的顺式加成反应，即加成产物仍保持共轭双烯和烯烃原来的顺、反结构。

实验 46　双环[2.2.1]-2-庚烯-5,6-二酸酐的合成

1. 实验目的

(1) 学习并掌握 Diels-Alder 反应的原理。

(2) 掌握 Diels-Alder 反应合成环状化合物的实验方法和特点。

(3) 进一步掌握重结晶、过滤、熔点测定等基本操作。

2. 反应原理

马来酸酐(顺丁烯二酸酐)和环戊二烯发生 Diels-Alder 反应，制备双环[2.2.1]-2-庚烯-5,6-二酸酐(bicyclo[2.2.1]-2-hepten-5,6-dicarboxylic anhydride)。具体反应如下：

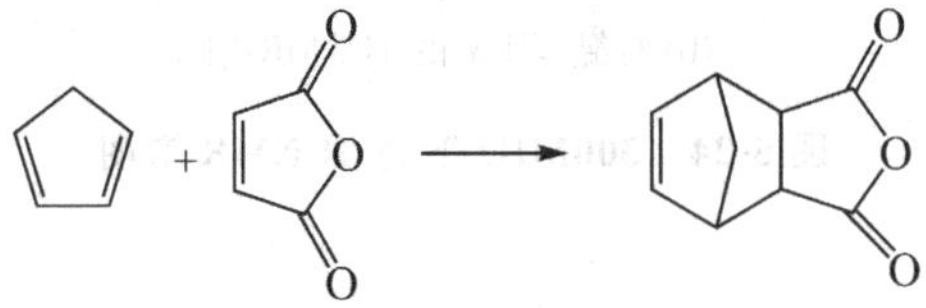

3. 主要药品与仪器

(1) 药品：马来酸酐(顺丁烯二酸酐)、乙酸乙酯、石油醚(60～90℃)、环戊二烯。

(2) 仪器：锥形瓶、温度计及温度计套管、布氏漏斗、抽滤瓶、表面皿、量筒、药匙、烧杯、玻璃棒、加热套、显微熔点测定仪等。

4. 实验步骤

将 1.5g 马来酸酐和 5mL 乙酸乙酯倒入 25mL 锥形瓶中，用热水浴加热使固体物全部溶解，然后加入 5mL 石油醚(60～90℃)。冷却至室温后再用冰-水冷却(这时可能会析出少量沉淀，但不会影响反应)，再加入 1.5mL(约 1.2g)新蒸的环戊二烯。将反应液在冰浴中不断摇动，直到有白色固体析出。用水浴加热使析出的固体全部溶解，然后再让其缓缓地冷却，得到白色针状结晶，抽滤，干燥，称重。测定熔点。

双环[2.2.1]-2-庚烯-5,6-二酸酐，mp：160℃(文献值)。

图 5-25(a)和(b)分别为双环[2.2.1]-2-庚烯-5,6-二酸酐的红外光谱和 ^{1}H NMR 谱图，

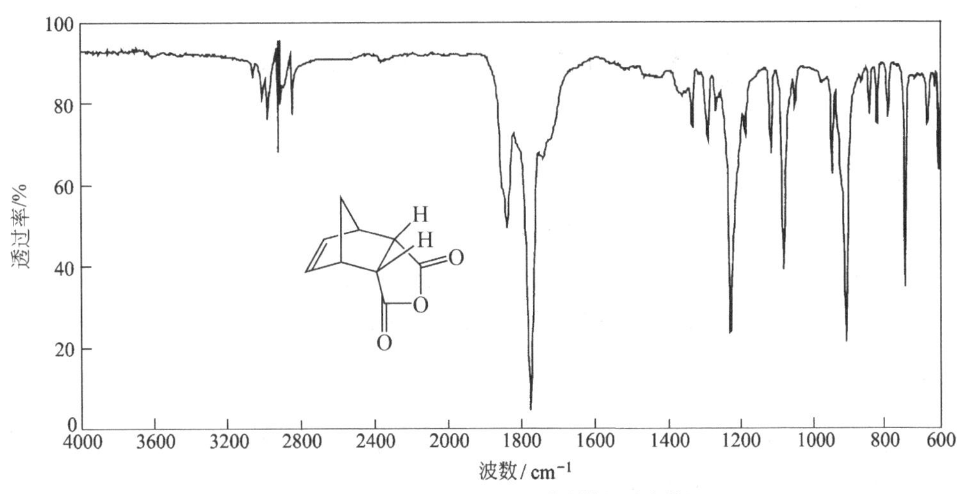

(a) 双环[2.2.1]-2-庚烯-5,6-二酸酐的红外光谱图

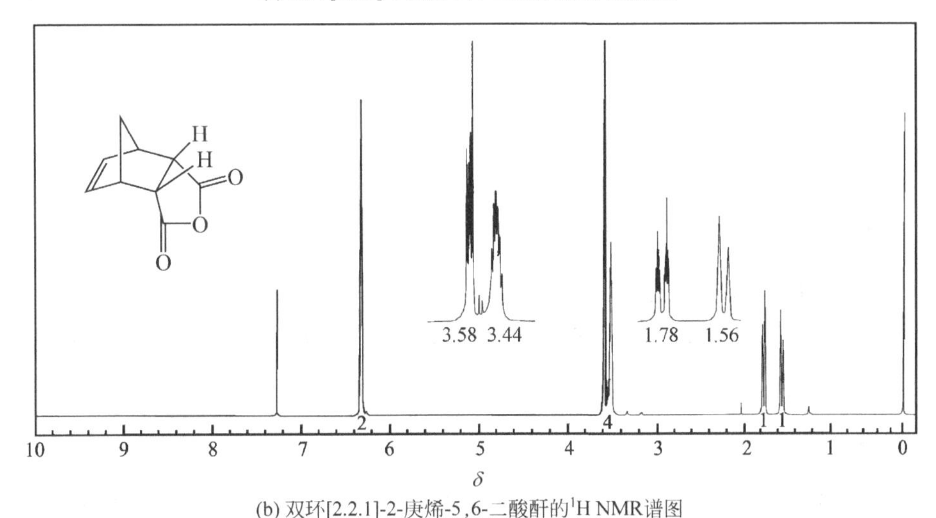

(b) 双环[2.2.1]-2-庚烯-5,6-二酸酐的^{1}H NMR谱图

图 5-25　双环[2.2.1]-2-庚烯-5,6-二酸酐的谱图

^{13}C NMR 谱图的 δ 值为：46.8,48.7,49.1,135.6,174.4。

5. 注意事项

(1) Diels-Alder 反应为可逆反应,实验中应注意控制反应温度。

(2) 所得产物的酸酐结构很容易水解为二羧酸产物,因此反应过程中需要无水操作。

(3) 环戊二烯、乙酸乙酯和石油醚均属于易燃危险品,注意预防火灾。

(4) 马来酸酐、环戊二烯和产物双环[2.2.1]-2-庚烯-5,6-二酸酐有刺激性,实验中应注意防护。

6. 思考题

(1) 何谓 Diels-Alder 反应,有哪些特点?

(2) 为什么需要新蒸的环戊二烯进行反应?

(3) 写出室温下环戊二烯聚合和解聚的化学方程式。

实验 47 3,6-内氧桥-4-环己烯二甲酸酐的合成

1. 实验目的

(1) 学习并掌握 Diels-Alder 反应的原理。

(2) 掌握 Diels-Alder 反应合成环状化合物的实验方法和特点。

(3) 进一步掌握重结晶、过滤、熔点测定等基本操作。

2. 反应原理

呋喃可以和顺丁烯二酸酐发生双烯合成反应,形成氧桥环化合物。反应是可逆的,在熔点时分解为双烯和嗜双烯。具体反应:

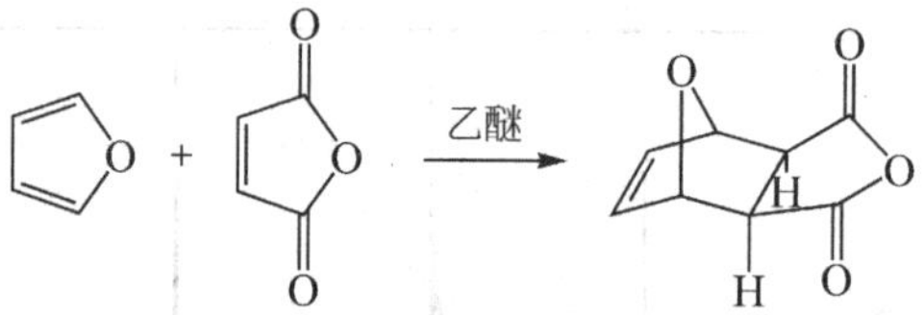

乙醚

3. 主要药品与仪器

(1) 药品:呋喃、顺丁烯二酸酐、乙醚。

(2) 仪器:锥形瓶、研钵、布氏漏斗、抽滤瓶、表面皿、量筒、药匙、玻璃棒、显微熔点测定仪等。

4. 实验步骤

在 50mL 的锥形瓶中,加入充分研磨细的 2g 顺丁烯二酸酐至 5mL 乙醚中,待完全溶解后,加入 1.4g 新蒸的呋喃,充分搅拌。在室温放置 24～48h 后,有固体出现,减压过滤,得白色结晶,约 3g,产率 85%～90%。

纯 3,6-内氧桥-4-环己烯二甲酸酐(3,6-endoxy-4-cyclohexenediformicanhydride),mp:118～119℃。

3,6-内氧桥-4-环己烯二甲酸酐的红外光谱和核磁数据:IR(KBr):ν/cm^{-1} = 3400,3000(—CH,—CH_2),1875,1790(—C—O),1210,1045,1010。^1H NMR($CDCl_3$):δ = 3.10(s,2H),5.45(s,2H),6.50(s,2H)。

5. 注意事项

(1) 加成产物的内型(*endo-*)结构和外型(*exo-*)结构:研究环戊二烯与顺丁烯二酸酐等的 Diels-Alder 反应,以轨道对称理论,解释了形成内型加成物优先于外型加成物。与此相反,呋喃与顺丁烯二酸酐的 Diels-Alder 反应却给出外型加成产物,而内型加成产物却从没有报道过[1],外型产物的熔点为 117℃(也有报道为 122～125℃,伴随分解)[2]。实验与文献[1]证明,呋喃与顺丁烯二酸酐加成产物仅得到外型加成物,可能是因为需形成热力学稳定的构型[3]。

(2) 实验证明,该反应的产率随反应时间的延长而增高,在室温下放置 1 周后可得到 90%

以上的产物。

6. 思考题

(1) 何谓 Diels-Alder 反应？有哪些特点？
(2) 为什么需要新制备的呋喃进行反应？久置的呋喃中可能存在什么杂质？
(3) 所得产物属于内型结构还是外型结构？

7. 参考文献

(1) Anet F A L. Tetrahedron Letters, 1962, 25: 1219
(2) Miller J A, Neuzil E F. Modern Experimental Organic Chemistry. D. C. Heath and Company, 1982. 489
(3) Ronfrow W B, Hawkins P J. Organic Chemistry Laboratory Operations. Macmillan, 1962. 63

5.1.8 重氮化反应

芳香族伯胺和亚硝酸钠在冷的无机酸水溶液中反应生成重氮盐的反应称为重氮化反应：

$$PhNH_2 + NaNO_2 + HCl \longrightarrow Ph{-}N^+ \equiv NCl^- + NaCl + H_2O$$

最常用的无机酸是盐酸和硫酸，一般制备重氮盐的方法是将一级芳香胺溶于 1∶1 的盐酸水溶液中，制成盐酸盐水溶液。然后冷却至 0～5℃，在此温度下慢慢滴加稍过量的亚硝酸钠水溶液进行反应，得到重氮盐的水溶液，如继续反应则不需要分离。

重氮盐的用途很广，其反应可分为两类：一类是在卤化或氰化亚铜或其他试剂的作用下，重氮基被—H，—OH，—F，—Cl，—Br，—CN，$—NO_2$，—SH 等基团取代，制备出相应的芳香族化合物；另一类是偶联反应，可以制备染料。偶联反应一般在弱酸或弱碱介质中进行。

实验 48　对氯甲苯的合成

1. 实验目的

(1) 学习桑德迈尔(Sandmeyer)反应的基本原理。
(2) 学习制备重氮盐的基本操作以及重氮化法制备对氯甲苯(*p*-chlorotoluene)的方法。
(3) 巩固水蒸气蒸馏等基本操作。

2. 反应原理

对甲苯胺与亚硝酸钠在低温和酸性介质中发生重氮化反应，生成重氮盐。具体反应：

$$H_3C{-}C_6H_4{-}NH_2 + NaNO_2 + HCl \xrightarrow{0\sim5℃} \left[H_3C{-}C_6H_4{-}\overset{+}{N}{\equiv}N\right]Cl^- + NaCl + H_2O$$

$$2CuSO_4 + 2NaCl + NaHSO_3 + 2NaOH \longrightarrow 2CuCl\downarrow + 2Na_2SO_4 + NaHSO_4 + H_2O$$

$$\left[H_3C-C_6H_4-\overset{+}{N}\equiv N\right]Cl^- \xrightarrow[HCl]{CuCl} H_3C-C_6H_4-Cl + N_2\uparrow$$

3. 主要药品与仪器

(1) 药品：硫酸铜、精制盐、亚硫酸氢钠、氢氧化钠、浓盐酸、对甲苯胺、亚硝酸钠、淀粉-碘化钾试纸、浓硫酸、无水氯化钙。

(2) 仪器：100mL 三口瓶、恒压滴液漏斗、球形冷凝管、25mL 烧杯、水蒸气蒸馏装置、分液漏斗、干燥管等。

4. 实验步骤

(1) 氯化亚酮的制备

在 100mL 的三口瓶上安装球形冷凝管和恒压滴液漏斗，在三口瓶中加入 3g(12mmol)五水硫酸铜($CuSO_4 \cdot 5H_2O$)、0.9g(16mmol)精制盐和 10mL 水，在恒压滴液漏斗中加入 0.8g(7.65mmol)亚硫酸氢钠、0.5g(12.5mmol)氢氧化钠和 5mL 水配制成的溶液。开始加热，使反应液温度保持在 60～70℃，在此温度下，边搅拌边将混合液滴入到反应瓶中。此时，溶液由蓝色变为浅绿色，底部有白色粉末状固体出现。用冷水冷却，静置至室温，倾倒出上层液体(尽量将上层液体倒干净)。固体用水洗涤 2 次，得到白色粉末状氯化亚铜，加入 5mL 冷的浓盐酸使沉淀溶解，得到褐色溶液，塞好瓶盖置于冰浴中冷却，备用。

(2) 重氮盐溶液的制备

在 25mL 的烧杯中加入 1∶1 盐酸-水溶液 6mL 和 1g(9.26mmol)对甲苯胺，加热使对甲苯胺溶解。冷却后置于冰盐浴中，搅拌成糊状，使溶液温度降为 0℃。在搅拌下，用毛细管将 0.7g(10.14mmol)亚硝酸钠和 2mL 水配成的溶液慢慢加入，温度始终不应超过 5℃。当 85%～90%的亚硝酸钠溶液加入后，用淀粉-碘化钾试纸检验，若试纸立即变为深蓝色，表示亚硝酸钠已适量，再搅拌片刻。

(3) 对氯甲苯的制备

在 2min 内，将对甲苯胺重氮盐溶液边搅拌边慢慢加入到已冷却至 0℃的氯化亚铜盐酸溶液中，反应液温度保持在 15℃以下，很快会析出橙红色重氮盐-氯化亚铜的复合物。在室温下放置 15～30min 后，用 50～60℃的水浴加热分解复合物，直至无氮气逸出。产物进行水蒸气蒸馏，收集馏分 12～14mL，分出有机层。水层用 6mL 环已烷分 2 次萃取。合并有机相，并依次用 2mL 5%氢氧化钠和 2mL 水洗涤，换一个干燥的分液漏斗，再用 2mL 浓硫酸和 2mL 水分别洗涤一次。然后用无水氯化钙干燥，约 10min。常压下蒸出溶剂，然后换成空气冷凝管继续蒸馏，收集 156℃左右的馏分，产率约 50%。产物为无色透明液体。

纯对氯甲苯，bp：162℃，d_4^{20}：1.072，n_D^{20}：1.5210。

5. 注意事项

(1) 亚硫酸氢钠容易氧化变质，必须用优质品，否则会影响产率。

(2) 在 60～70℃下制得的氯化亚铜质量较好，颗粒较粗，易于漂洗。

(3) 实验中如发现溶液仍呈蓝绿色，表明还原不完全，应酌情多加亚硫酸氢钠溶液；若发现沉淀呈黄褐色，应立即加入几滴盐酸并稍加振荡，使氢氧化亚铜转化成氯化亚铜，但是应控制好所加酸的量，因为氯化亚铜会溶解于酸中。

(4) 用水洗涤氯化亚铜时，要轻轻晃动，否则难以沉淀。

(5) 氯化亚铜在空气中遇热或光易氧化，重氮盐久置会分解，一旦制备好应立即反应。

(6) 因接近终点时重氮化反应较慢，在用淀粉-碘化钾试纸检验时，应搅拌几分钟后再进行检验。

(7) 在重氮化过程中应不断用刚果红试纸检查，使溶液始终保持酸性。

(8) 若加入过量的亚硝酸，可用尿素分解。

(9) 在制备对氯甲苯时，倒入重氮盐的速度不易太快，否则会出现较多的副产物偶氮苯。

(10) 重氮盐-氯化亚铜复合物不稳定，在 15℃时可自行放出氮气，因此温度应控制在 15℃以下。

(11) 浓硫酸可以去除副产物偶氮苯。

6. 思考题

(1) 什么叫重氮化反应？

(2) 重氮化反应在有机合成中有何用途？

(3) 为什么重氮化反应必须在低温下进行？

(4) 如果反应温度过高或溶液酸度不够会产生什么副反应？

(5) 为什么不直接将甲苯氯化用桑德迈尔反应制备邻和对氯甲苯？

(6) 氯化亚铜在盐酸存在下，被亚硝酸氧化，可看到有红棕色气体放出，试解释这一现象，并用反应式来表示。此气体对人身体有何害处？

实验 49　甲基橙的制备

甲基橙(methyl orange)为橙黄色鳞片状晶体或粉末，又称为对二甲氨基偶氮对苯磺酸钠。微溶于水，较易溶于热水，不溶于乙醇。常用于 pH 的测定，变色范围 pH＝3.1～4.4 由红色变为黄色。

1. 实验目的

(1) 学习重氮化、偶联反应的基本原理及在合成中的应用。

(2) 通过甲基橙的制备学习重氮盐的制备和偶联反应的操作方法。

(3) 巩固重结晶等基本操作。

2. 反应原理

对氨基苯磺酸与亚硝酸钠在低温和酸性条件下偶联反应，生成甲基橙。其反应式如下：

$$H_2N-C_6H_4-SO_3H + NaOH \longrightarrow H_2N-C_6H_4-SO_3Na + H_2O$$

$$H_2N-C_6H_4-SO_3Na \xrightarrow[0\sim5℃]{NaNO_2,\ HCl} \left[HO_3S-C_6H_4-\overset{+}{N}\equiv N\right]Cl^-$$

$$\xrightarrow[HOAc]{PhN(CH_3)_2} \left[HO_3S-C_6H_4-N=N-C_6H_4-NMe_2\right]^+ OAc^-$$

$$\xrightarrow{NaOH} NaO_3S-C_6H_4-N=N-C_6H_4-NMe_2 + NaOAc + H_2O$$

3. 主要药品与仪器

(1) 药品：对氨基苯磺酸、5％氢氧化钠水溶液、亚硝酸钠、浓盐酸、*N*,*N*-二甲基苯胺、冰乙酸、95％乙醇、乙醚。

(2) 仪器：试管、50mL 烧杯、抽滤瓶、布氏漏斗等。

4. 实验步骤

(1) 对氨基苯磺酸重氮盐的制备

在一只试管中加入 1g(5.77mmol)对氨基苯磺酸、5mL 5％的氢氧化钠溶液，使其溶解。将 0.4g(5.8mmol)亚硝酸钠溶于 3mL 水中，加入到上述反应液中。在冰盐浴冷却并搅拌下，将该混合液慢慢滴加到盛有 5mL 水和 1.5mL 浓盐酸的 50mL 烧杯中，温度始终保持在 5℃以下，反应液由橙黄变为乳黄色，并有白色沉淀产生。滴加完毕继续在冰水浴中反应 5～7min。

(2) 偶联制备甲基橙

在试管中将 0.7mL(5.1mmol)*N*,*N*-二甲基苯胺和 0.5mL 冰乙酸，混合均匀。在搅拌下，将该溶液慢慢滴加至冷却的重氮盐溶液中，加完后继续搅拌 10min，此时溶液为深红色。在搅拌下慢慢加入 12.5mL 5％的氢氧化钠溶液，此时有固体析出，反应物成为橙黄色浆状物，搅拌均匀。在沸水浴上加热 5min(使固体陈化)，冷却使晶体完全析出。抽滤，依次用少量水、乙醇、乙醚洗涤，压干或抽干，得到紫色晶体，产率 40％～50％。

(3) 重结晶

将粗产品用 0.4％的氢氧化钠水溶液(每克粗产品加 15～20mL)进行重结晶。得到橙黄色明亮的小叶片状晶体。

取少量甲基橙溶解于水中，加几滴盐酸，然后用稀氢氧化钠溶液中和，观察溶液的颜色变化。

纯甲基橙为橙黄色鳞片状晶体。

图 5-26 给出了甲基橙的红外光谱图。

5. 注意事项

(1) *N*,*N*-二甲基苯胺久置易被氧化，因此需要重新蒸馏后再使用。该有机物有毒，蒸馏时应在通风橱中进行。

(2) 用乙醇、乙醚洗涤产品的目的是使产品迅速干燥。

(3) 甲基橙在水中溶解度较大，重结晶时加水不宜过多。

(4) 重结晶时，操作要迅速，因为产物呈碱性，温度高时易变质，使颜色加深，此时可先将

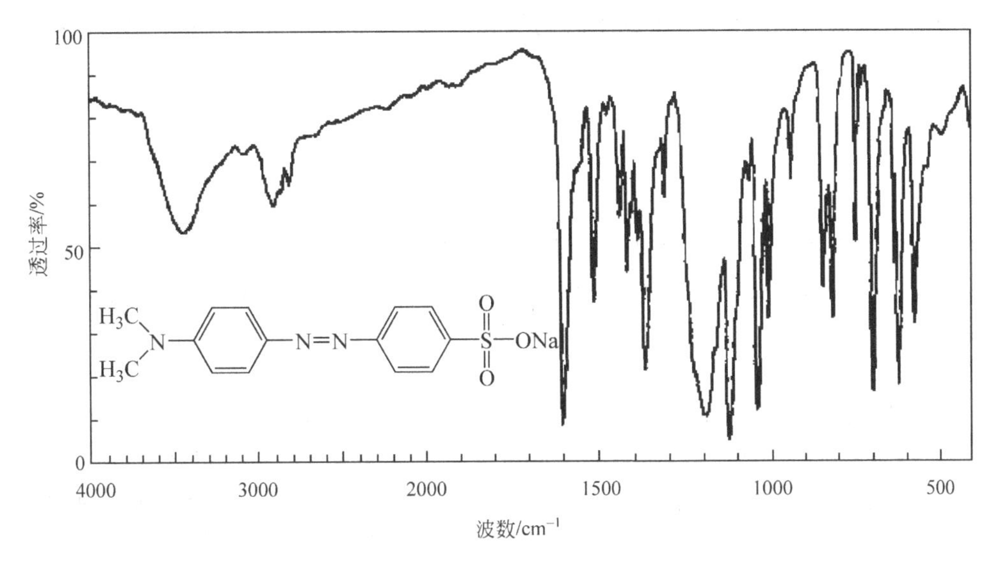

图 5-26 甲基橙的红外光谱图

水煮沸，再加入晶体。

6. 思考题

(1) 什么叫偶联反应？结合本实验讨论偶联反应的条件。

(2) 在本实验中制备重氮盐时，为什么要把对氨基苯磺酸变成钠盐？是否可以直接与盐酸混合？

(3) 试解释甲基橙在酸性介质中变色的原因，用反应式表示。

5.1.9 氧化还原反应

在有机化合物的合成过程中，氧化还原反应是极其普遍而重要的反应。通常把有化合物加氧或脱氢的反应称为氧化，而加氢或基团被氢取代的反应称为还原。

由于在有机化合物的氧化还原反应中，分子中各原子没有明显的价数的改变(如醇的脱氢成醛，分子中各原子价数不变)，因此，不能用无机化学中电子得失、化合价的降低升高的概念来阐明有机化合物的氧化还原反应。一般，可以用氧化态的概念，来阐明有机化合物的氧化还原反应。

元素的中性原子，其氧化态定为 0。如果它失去 n 个电子，其氧化态变为 $+n$；如果它得到 n 个电子，则其氧化态变为 $-n$。例如：

$$\overset{0}{H\cdot}\quad \overset{+1}{H^+}\quad \overset{-1}{H:^-}\quad \overset{0}{Zn:}\quad \overset{+2}{Zn^{++}}\quad \overset{0}{:\ddot{\underset{..}{F}}:}\quad \overset{-1}{:\ddot{\underset{..}{F}}:^-}\quad \overset{0}{:\ddot{\underset{..}{O}}}\quad \overset{-2}{:\ddot{\underset{..}{O}}:^{--}}$$

如果在一个有机反应中，碳原子总的氧化态是增高的反应，则该反应是氧化；如果碳原子总的氧化态是降低的，则该反应是还原反应。例如，乙烯与过氧酸作用，生成环氧乙烷的反应，碳原子总的氧化态从 -4 增高至 -2。所以，这个反应过程，对乙烯而言，是氧化：

$$\underset{-2}{CH_2}=\underset{-2}{CH_2} \xrightarrow{RCOOOH} \underset{-1}{H_2C}\overset{O}{\overset{\diagup\diagdown}{—}}\underset{-1}{CH_2}$$

乙醛加氢生成乙醇的反应，碳原子总的氧化态从－2降低至－4。所以，对乙醛而言，是还原：

$$\underset{-3}{H_3C}-\underset{+1}{C}(=O)H \xrightarrow{H_2} \underset{-3}{CH_3}\underset{-1}{CH_2OH}$$

从氧化态改变的观点来看，芳香族化合物的硝化、磺化、卤代以及不饱和化合物与卤素、次卤酸等的加成、饱和烃的卤代等反应中，碳原子总的氧化态都是升高的，而在烃的脱氢、二卤化合物脱卤素等反应中，碳原子总氧化态都是降低的。但是，这些反应通常是不包括在氧化还原反应中加以讨论的。

一级醇及二级醇在氧化剂的作用下，被氧化生成醛、酮或羧酸。一级醇与一般氧化剂作用，反应均不能停留在醛的阶段，而是继续反应最终生成羧酸。但是在费兹纳(Pfitzner)及莫发特(Moffatt)试剂的作用下，可以得到产率非常高的醛。这个试剂是二甲基亚砜和二环己基碳二亚胺。二级醇被氧化可以停留在酮的阶段，如继续反应(或反应条件剧烈时)可以断键生成羧酸，如环己醇可以被氧化成环己酮，也可以被氧化成己二酸。醇氧化常使用铬酸为氧化剂，在氧化过程中首先形成中间体酯，随后断裂成产物和一个被还原了的无机物：

$$(H)R'RC(H)OH + H_2CrO_4 \longrightarrow (H)R'RC(H)-O-CrO_3H \longrightarrow R'RC{=}O$$

在此反应中，铬从＋6价被还原到不稳定的＋4价状态，＋4价铬和＋6价铬之间迅速进行歧化形成＋5价铬，同时继续氧化醇，最终生成稳定的深绿色的3价铬。利用这个反应可以检验一级醇和二级醇的存在。

实验50　环己酮的合成

1. 实验目的

(1) 学习重铬酸氧化制备环己酮(cyclohexanone)的基本原理。

(2) 学习氧化反应的基本操作方法。

(3) 巩固蒸馏、干燥、萃取等操作。

2. 反应原理

环己醇与重铬酸钠或次氯酸钠反应被氧化，可以生成环己酮，其反应式如下：

$$Na_2Cr_2O_7 + H_2SO_4 \longrightarrow 2CrO_3 + Na_2SO_4 + H_2O$$

$$6\ C_6H_{11}OH + 2CrO_3 \longrightarrow 6\ C_6H_{10}{=}O + Cr_2O_3 + 3H_2O$$

3. 主要药品与仪器

(1) 药品：浓硫酸、环己醇、重铬酸钠、草酸、氯化钠、无水碳酸钾、次氯酸钠、无水三氯化铝、碘化钾-淀粉试纸、乙醚等。

(2) 仪器：100mL 三口瓶、搅拌器、Y 形管、球形冷凝管、恒压滴液漏斗、分液漏斗、圆底烧瓶、直形冷凝管、空气冷凝管、蒸馏头、接收瓶、单股接引管、烧杯、锥形瓶等。

4. 实验步骤

方法一：铬酸氧化法

在 100mL 三口瓶上分别装上搅拌器、温度计及 Y 形管，在 Y 形管上分别装上球形冷凝管和恒压滴液漏斗。

向反应瓶中加入 30mL 冰水，边摇边慢慢滴加 5mL 浓硫酸，充分摇匀，小心加入 5g(约 5.25mL，50mmol)环己醇。在恒压滴液漏斗中加入刚刚配好的 5.3g 重铬酸钠($NaCr_2O_7 \cdot 2H_2O$ 17.8mmol)和 3mL 水的混合溶液(重铬酸钠应溶解)。待反应瓶内溶液温度降至 30℃以下，开动搅拌器，边搅拌边将重铬酸钠水溶液慢慢滴入反应瓶中。氧化反应开始，混合物变热，橙红色的重铬酸钠溶液变成绿色。当温度达到 55℃时，控制滴加速度，维持温度在 55～60℃，加完后继续搅拌，直至温度自行下降。然后加入少量草酸(约 0.25g)，使溶液变成墨绿色，以破坏过量的重铬酸钠盐。

在反应瓶内加入 25mL 水、2 粒沸石，改为蒸馏装置，将环己酮和水一起蒸出，共沸蒸馏温度为 95℃。直至馏出液不再混浊，再多蒸出 5～7mL。向馏出液中加入氯化钠使溶液饱和，用分液漏斗分出有机层，用无水碳酸钾干燥，用空气冷凝管进行常压蒸馏，收集 150～156℃的馏分，产率约 60%。

方法二：次氯酸氧化法

在研钵中加入 2g 次氯酸钠，逐滴加入水，边加边研，使之成为均匀糊状物，最后加总水量约 3.3mL，磨匀，转移至烧杯中，放入冰水浴中冷却备用。用 1mL 移液管吸取 0.5mL 环己醇，加入到 10mL 圆底烧瓶中，再加入冰乙酸 3.3mL，搅拌，将制得的糊状次氯酸钠慢慢加入反应瓶中，加入过程中保持反应液温度在 25～30℃(可用冰水冷却)。搅拌 5min 后，用碘化钾-淀粉试纸检验呈蓝色，否则应再加入糊状次氯酸钠 0.1～0.2mL。然后在 25～30℃下反应 50～60min，加饱和亚硫酸钠溶液约 0.6mL 至反应液对碘化钾-淀粉试纸不显蓝色为止。将反应液转移至 10mL 蒸馏瓶中(用 2mL 水洗涤原反应瓶，一并倒入蒸馏瓶中)，加入无水三氯化铝 0.3g、沸石 1 粒，摇匀。进行简易水蒸气蒸馏，蒸至无油珠出现为止，用 10mL 离心分液管收集馏出液。

静止分液，用滴管将有机层取出。水层用 3mL 乙醚分 3 次萃取，合并有机相。有机相用 5%碳酸钠水溶液(约 1mL)洗涤 1 次，用水洗涤 3 次。用滴管将醚层取出，用微型干燥柱进行干燥。最后用少量乙醚淋洗干燥柱，用已称重的干燥锥形瓶收集乙醚溶液。在锥形瓶上装好微型蒸馏头和真空冷指，用水浴蒸出乙醚。产率约为 75%。

纯环己酮，bp：155.6℃，d_4^{20}：0.9478，n_D^{20}：1.4507。

图 5-27(a)和(b)分别为环己酮的红外光谱和^1H NMR 谱图。它的^{13}C NMR 的 δ 为 25.1，27.2，41.9 和 211.2。

5. 注意事项

(1) 加水蒸馏产品实际上是简化了的水蒸气蒸馏。

(2) 水的馏出量不宜过多，否则即使使用盐析仍不可避免少量环己酮溶于水中。

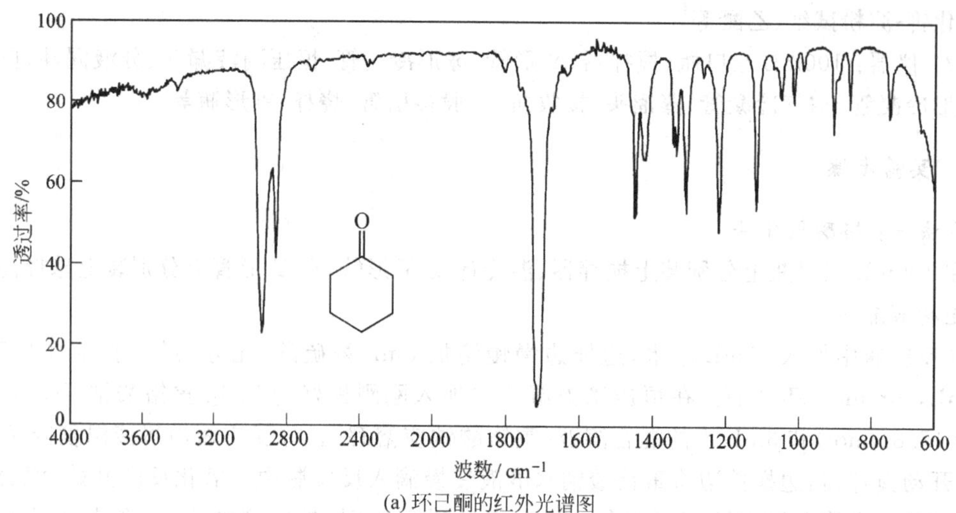

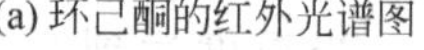
(a) 环己酮的红外光谱图

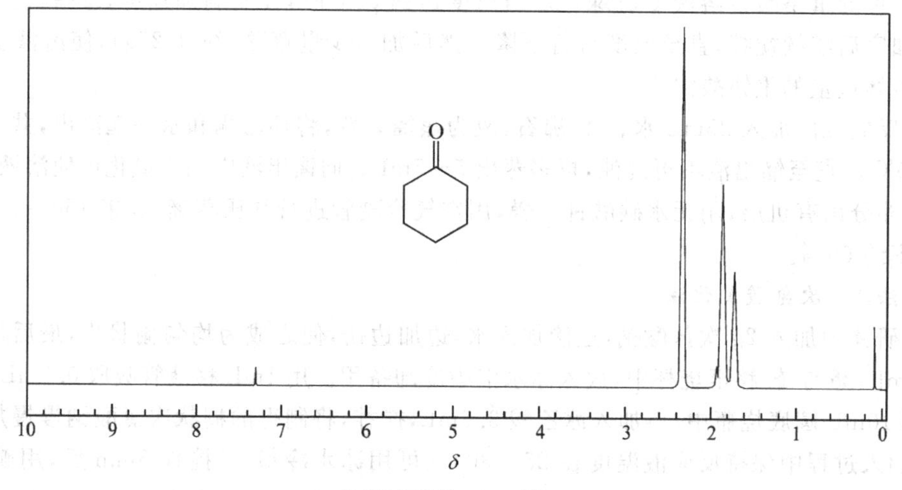

(b) 环己酮的^{1}H NMR谱图

图 5-27　环己酮的谱图

(3) 次氯酸法与重铬酸钠法相比，其优点是避免使用有致癌危险的铬盐。但此法有氯气逸出，操作时应在通风橱中进行。

(4) 加入无水三氯化铝的目的是防止蒸馏时发泡。

(5) 水蒸气蒸馏时，馏出液沸程为 94～100℃，除含水和乙酸外，还含有易燃的环己酮，应注意防火。

(6) 分液时如看不清界面可加入少量的乙醚或水。

(7) 微量洗涤过程：将 10mL 离心分液管加盖塞子，振荡，放出气体，静置分层，用滴管吸出有机层。

(8) 干燥柱用一只干燥的玻璃管按顺序加入少量棉花、0.05g 石英砂、1g 无水氧化铝、1g 无水硫酸镁、0.05g 石英砂填塞而成，并用无水乙醚湿润柱体。

6. 思考题

(1) 氧化反应结束后为什么要加入草酸？

(2) 盐析的作用是什么?

(3) 有机反应中常用氧化剂有哪些?

实验 51　偶氮苯的合成

1. 实验目的

(1) 学习用硝基苯还原制备偶氮苯(azobenzene)的基本原理。

(2) 学习还原反应的方法和操作。

(3) 巩固固体提纯的操作方法。

2. 反应原理

用金属铁、锡等在强酸性条件下还原硝基苯，经过羟胺、偶氮苯、氧化偶氮苯、氢化偶氮苯等一系列中间体，最后还原成苯胺。在强酸性条件下，这些中间体都很活泼，不能被分离出来。但是在碱性条件下，金属镁、锌可以将硝基苯还原制备成偶氮苯。其反应式如下：

$$2\,C_6H_5{-}NO_2 + 4Mg + 8MeOH \longrightarrow C_6H_5{-}N{=}N{-}C_6H_5 + 4Mg(OMe)_2 + 4H_2O$$

$$2\,C_6H_5{-}NO_2 + 4Zn + 8NaOH \longrightarrow C_6H_5{-}N{=}N{-}C_6H_5 + 4Na_2ZnO_2 + 4H_2O$$

3. 主要药品与仪器

(1) 药品：硝基苯、镁、无水甲醇、碘、乙酸、95%乙醇。

(2) 仪器：100mL 圆底烧瓶、球形冷凝管、烧杯、量筒、抽滤装置一套等。

4. 实验步骤

在 100mL 圆底烧瓶中加入 1.3g(10.56mmol)硝基苯、22.5mL 无水甲醇、0.75g(30.86mmol)剪碎的镁条和 1 粒碘。装上球形冷凝管。反应很快发生，溶液沸腾，若反应过于剧烈，可用冷水冷却。待大部分镁作用完后，在 70～80℃的水浴上回流 30min。

将反应液倒入 50mL 冰-水中，用乙酸中和至中性或弱酸性，即有大量红色固体析出，继续在冰-水浴中冷却，待固体全部析出后，抽滤，用少量水洗涤固体，得到偶氮苯粗品。粗品可用 95%乙醇重结晶，得到橙红色针状晶体。产率在 60%左右，熔点为 67～69℃。

纯偶氮苯，mp：68.3℃，bp：293℃，d_4^{20}：1.2000。

5. 注意事项

(1) 使用镁或锌粉还原硝基苯制备偶氮苯时应注意控制镁、锌的用量和反应时间，因为过量的还原剂和延长反应时间都可以使偶氮苯继续被还原生成氢化偶氮苯。

(2) 使用锌粉还原，反应速度很慢，约需要 10h 以上。如果在反应中加入高沸点的三聚乙二醇，可以使反应时间缩短到 30min 左右。

(3) 由于镁条与空气接触会产生一层氧化层，在使用时应用砂纸打磨干净，以免影响反应。

6. 思考题

(1) 为什么使用锌粉还原硝基苯时反应速度慢?

(2) 为什么使用过量的镁或锌粉对反应不利?

(3) 试写出继续反应生成氢化偶氮苯的历程。

(4) 本实验为什么要加碘,其作用是什么?

实验 52　偶氮苯的光异构化反应

偶氮苯常见的形式是反式异构体,反式偶氮苯用 365nm 的紫外光照射,有 90%以上转化为不稳定的顺式偶氮苯,用日光灯照射只有略高于 50%的顺式偶氮苯。利用薄层色谱可以检测出顺反异构体的存在。

本实验与实验 51 偶氮苯的合成可以作为一个系列实验来安排。实验前应预习 3.6.3 节的相关内容。

1. 实验目的

(1) 学习偶氮苯光化学异构化的基本原理。

(2) 学习光化学异构化反应的基本操作方法。

2. 实验原理

偶氮苯在紫外光的作用下可以发生异构化,反应式如下:

N=N $\xrightarrow{h\nu}$ N=N

3. 主要药品与仪器

(1) 药品:(自制)偶氮苯、苯、环己烷、石油醚、氯仿、硅胶和 7%羧甲基纤维素钠制成的薄层板。

(2) 仪器:试管、紫外灯、黑纸、薄层色谱板、点样毛细管、展开缸。

4. 实验步骤

取 0.1g 偶氮苯放入一试管中,加入 5mL 苯使其溶解,然后分成 2 份,放入 2 个试管中。其中一个试管在日光灯下照射 1h 或在 365nm 的紫外灯下照射 30min 进行光异构化反应;另一试管用黑纸包好避免光的照射。

取一块已制备好并经过活化的硅胶板,按照薄层色谱中的有关操作进行点样。在一块板上点两个样品点:一个是经过光照射的偶氮苯,另一个是未经过光照射的偶氮苯,两样点间距

1cm，待样点干燥后，放入盛有 5mL 环己烷与苯体积比为3∶1 的展开剂的棕色展开缸中展开，当展开剂到达薄板前沿时取出，立即记下展开剂前沿的位置。晾干后观察两个样品点的展开情况，经过光照的偶氮苯应有两个黄色斑点，判断哪个是顺式偶氮苯的斑点，哪个是反式偶氮苯的斑点，并计算 R_f 值。

5. 注意事项

(1) 薄板提前放入烘箱中，在 110℃下活化 30min，冷却后待用。
(2) 展开剂可以用石油醚与氯仿体积比为 9∶1 的混合液。
(3) 展开过程应避光进行，以免样品发生变化。
(4) 展开后的样品斑点应及时用铅笔圈好。

6. 思考题

(1) 试写出经过光照射后，偶氮苯的变化历程。
(2) 试判断经过展开后，顺式偶氮苯和反式偶氮苯哪个 R_f 值大，哪个 R_f 值小，为什么？

实验 53　9-芴醇的合成

羰基化合物一般可由催化加氢或金属氢化物还原成醇。催化加氢是工业上常用的方法，在实验室研究工作中一般用氢化锂铝（$LiAlH_4$）和硼氢化钠（$NaBH_4$）及它们的衍生物作为还原剂。由于硼氢化钠与羰基化合物的反应比在溶剂中快得多，因而反应可在醇甚至是水溶液中进行。氢化锂铝在质子溶剂中反应迅速，因此必须在无水醚溶液中进行，如经过干燥处理的无水乙醚和四氢呋喃溶液。

1. 实验目的

(1) 学习硼氢化钠还原制备 9-芴醇(fluroenol)的原理和方法。
(2) 巩固萃取、减压蒸馏以及重结晶等基本操作。

2. 实验原理

9-芴酮与硼氢化钠反应被还原，生成 9-芴醇。其反应式如下：

$$4\ \text{(9-芴酮)}{=}O + NaBH_4 \xrightarrow{MeOH} \left(\text{(9-芴基, H)}{-}O\right)_4 B^-Na^+ \xrightarrow[\Delta]{H_3O^+} \text{(9-芴基, H)}{-}OH$$

3. 主要药品与仪器

(1) 药品：9-芴酮、甲醇、硼氢化钠、硫酸。
(2) 仪器：50mL 两口瓶、球形冷凝管、量筒、锥形瓶、磁力搅拌器、试管、抽滤装置。

4. 实验步骤

在50mL的两口瓶上安装球形冷凝管和塞子。在反应瓶中加入9mL无水甲醇和0.9g(约5mmol)9-芴酮,开动磁力搅拌器使芴酮慢慢溶解。

在一支干燥的试管中快速称量0.1g(2.7mmol)硼氢化钠,塞上塞子避免接触湿气。分若干次将硼氢化钠加入反应瓶中,当所有硼氢化钠都溶解后,关闭搅拌器将反应体系在室温下放置20min。如果此时溶液仍未变成无色,添加少量硼氢化钠,搅拌使反应继续。

边搅拌边向反应混合物中加入4mL 3mol/L的硫酸,适当加热,反应温度维持在40℃左右,以防溶剂挥发。如果固体不能完全溶解,可添加适量的甲醇,继续加热使固体完全溶解。当所有固体都溶解后,停止反应,将反应瓶于冰-水浴中放置10～15min,待固体全部析出后,过滤,粗产物用水洗至中性,干燥,可用甲醇和水的混合溶剂进行重结晶。收率约70%,熔点153～154℃。如果时间允许,可进行原料和目标产物的红外和核磁共振分析,并与标准物质的谱图进行比较。

图5-28(a)和(b)分别为9-芴酮和9-芴醇的红外光谱图,图5-29(a)和(b)分别为它们的^{1}H NMR谱图。9-芴酮的^{13}C NMR的δ为120.1,123.8,128.8,133.9,134.4,144.1和193.1;9-芴醇的^{13}C NMR的δ为73.8,119.6,125.0,127.2,128.2,139.5,146.8。

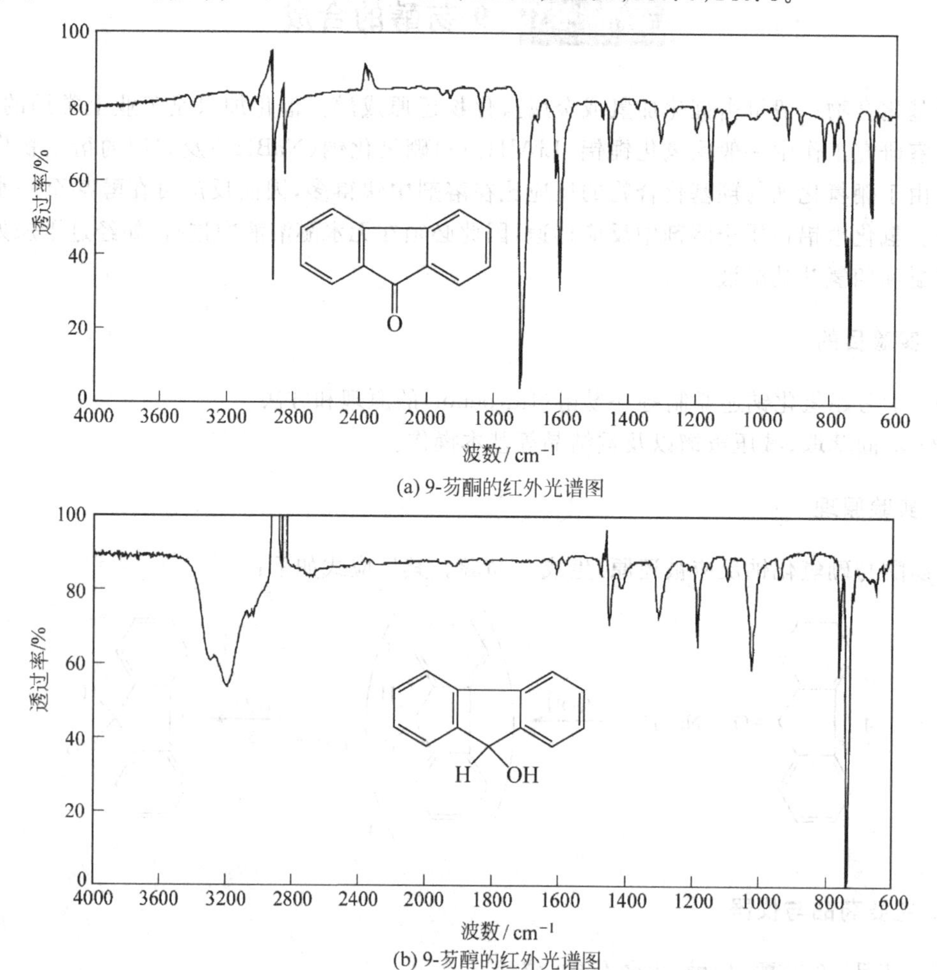

(a) 9-芴酮的红外光谱图

(b) 9-芴醇的红外光谱图

图5-28　红外光谱图

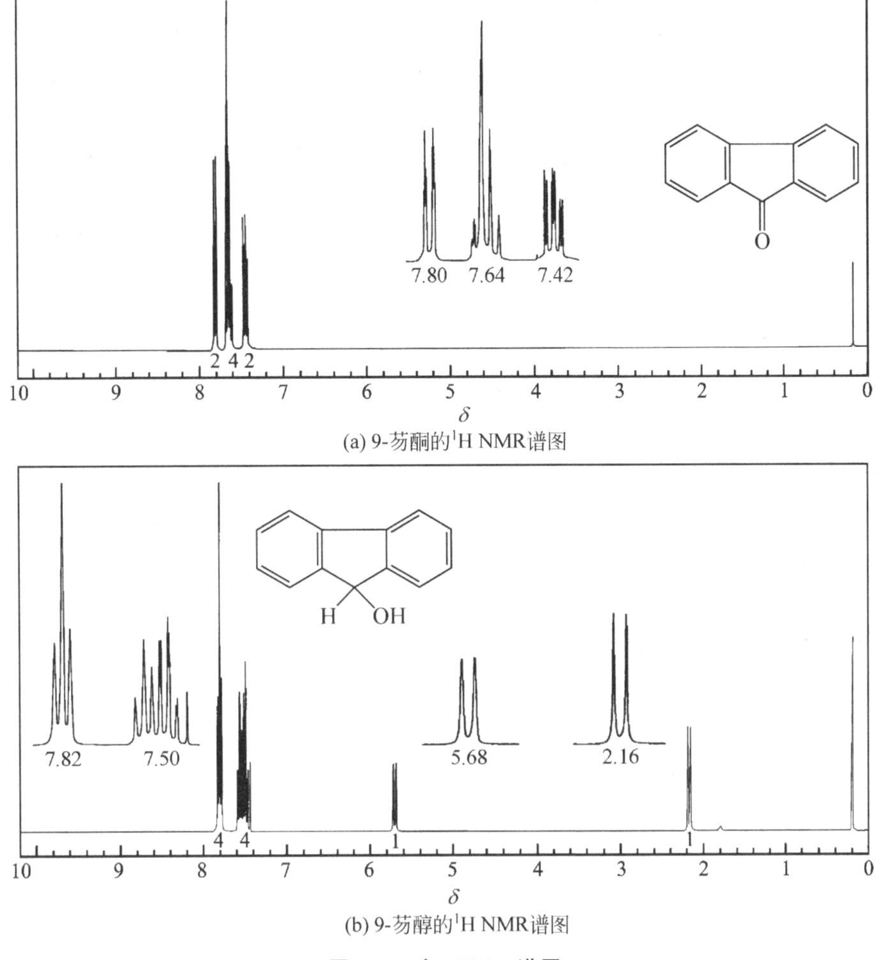

(a) 9-芴酮的^{1}H NMR谱图

(b) 9-芴醇的^{1}H NMR谱图

图 5-29 ^{1}H NMR 谱图

5. 注意事项

(1) 硼氢化钠易吸潮，在使用过程中应尽量避免与空气接触。

(2) 在实验中由于使用了甲醇，应避免蒸气外溢，最好在通风橱中进行，或用乙醇代替。

(3) 实验中由于使用了有腐蚀性的试剂，操作时应戴好防护用具。

6. 思考题

(1) 根据反应操作步骤，解释该反应中9-芴醇羟基氢原子的来源？

(2) 试推测9-芴酮与硼氢化钠反应中生成的白色沉淀物的结构。

(3) 硫酸加入反应混合物中会产生何种气体？

(4) 指出下列化合物与硼氢化钠完全反应所生成产物的结构：

(a)环己酮；(b)3-环己烯基酮；(c)1,4-丁二醛；(d)4-氧代己醛；(e)苯乙酮。

5.1.10 羟醛缩合反应

羟醛缩合反应是制备α,β不饱和酮的重要方法。缩合反应往往利用两种羰基化合物在反应能力上的差异，避免两个醛分子或两个酮分子间同时发生缩合。由于醛与亚甲基反应比酮快得多，可先在酮不起反应的条件下配制酮和碱性缩合剂的混合物，然后再向其中缓缓滴加醛；也可以用无α氢的芳香醛滴加至有α氢的醛、酮与碱混合提供负碳离子的反应液中，采取这样的特殊操作可显著提高产率，减少副反应。反应温度一般在室温下，醇醛脱水生成α,β不饱和化合物。脱水难易除与温度有关以外，还与缩合剂有关，在碱性试剂中最常用的是氢氧化钠水溶液和醇溶液，也可用甲醇钠、乙醇钠，除此而外，还可用氯化锌或强酸（硫酸、盐酸）。

在醇醛、醇酮类型的反应中，碱缩合剂一般是催化量的，常用氢氧化钠等，产物一般是α,β不饱和醛、酮、酸（酯）酯。缩合反应中，碱缩合剂用量是当量的，常用醇钠、氨基钠、醇钾等，产物是β二羰基化合物。

实验54　苄叉丙酮的合成

1. 实验目的

（1）学习利用羟醛缩合反应合成苄叉丙酮（benzal acetone）的原理和方法。
（2）学习利用反应物的投料比控制反应产物。

2. 实验原理

无α-氢的苯甲醛与丙酮在稀的碱性条件下，可用发生缩合反应。其反应如下：

$$C_6H_5CHO + CH_3COCH_3 \xrightarrow{OH^-} C_6H_5CH{=}CHCOCH_3 + H_2O$$

3. 主要药品与仪器

（1）药品：苯甲醛、丙酮、10%氢氧化钠水溶液、甲苯、2%盐酸水溶液。
（2）仪器：50mL三口瓶、电磁搅拌器、温度计、恒压滴液漏斗、球形冷凝器、分液漏斗。

4. 实验步骤

在50mL三口瓶上分别装上电磁搅拌器、温度计、恒压滴液漏斗、球形冷凝器。向三口瓶中加入2.5mL(2.6g,25mmol)新蒸馏过的苯甲醛、5mL(4g,70mmol)丙酮和2.5mL水。开动搅拌器，慢慢加入1mL 10%氢氧化钠水溶液，控制反应温度在25～30℃，必要时可用冷水浴冷却。滴加完毕，在室温下继续搅拌1h。

然后滴加2%的盐酸溶液（约4mL），使反应液呈中性。将反应液倒入分液漏斗中，分出有机层。水层用3mL甲苯萃取，萃取液与有机层合并，并用3mL水洗涤，用无水硫酸镁干燥。先用常压蒸出甲苯，再用水泵减压抽去残余的甲苯。然后减压蒸馏收集产品。产物在0.93kPa(7mmHg)下的沸点为120～130℃，在2.13kPa(16mmHg)下的沸点为140℃。产物冷却后为淡黄色固体，熔点38～40℃，产率65%～70%。测定化合物的红外光谱，并指出其主要特征峰。

纯苄叉丙酮，mp：42℃。

5. 注意事项

（1）苄叉丙酮对皮肤有刺激作用，处理时应小心，防止与皮肤接触。

(2) 如果氢氧化钠滴加太快,反应温度过高,会使产率下降。

(3) 产品中如果含有甲苯,冷却后不易固化。

(4) 将甲苯抽干后也可采用冰-水浴冷却的方法使产物固化,抽滤得到固体。重结晶纯化产物。

6. 思考题

(1) 以本实验为例,分别写出羟醛缩合反应在碱和酸催化下的反应机理。

(2) 碱的浓度偏高,可能会产生哪些副反应?

(3) 说明原料苯甲醛和产物红外光谱中羰基峰的位置为什么不同?

(4) 自行设计合成二苄叉丙酮的实验方法及步骤。

实验 55　苯亚甲基苯乙酮的合成

1. 实验目的

(1) 学习羟醛缩合反应制备 α,β-不饱和醛酮的原理和方法。

(2) 巩固抽滤、重结晶以及熔点测定等基本操作。

2. 反应原理

苯甲醛与苯己酮在氢氧化钠的作用下缩合得苯亚甲基苯乙酮(1,3-diphenyl-2-propen-1-one)。它是一大类植物色素的母体化合物。反应如下:

$$C_6H_5CHO + CH_3COC_6H_5 \xrightarrow{OH^-} C_6H_5CH{=}CHCOC_6H_5 + H_2O$$

3. 主要药品与仪器

(1) 药品:苯乙酮、苯甲醛、10%氢氧化钠水溶液、95%乙醇等。

(2) 仪器:50mL 三口瓶、恒压滴液漏斗、电磁搅拌器等。

4. 实验步骤

在 50mL 三口瓶中,加入 5mL 10%氢氧化钠水溶液、5mL 95%乙醇和 1.30g(10.82mmol)苯乙酮,在 20℃搅拌下,慢慢滴加 1.18g(11.12mmol)新蒸过的苯甲醛,维持温度在 20～25℃。滴加完毕,继续搅拌 45min,将反应液在水浴中冷却,使结晶析出,过滤,用少量水洗涤产品至中性。粗产品可用 95%的乙醇重结晶。产率 87%左右,熔点为 55～58℃。

纯苯亚甲基苯乙酮,mp:57～58℃,bp:208℃,d_4^{62}:1.0712,n_D^{62}:1.6458。

5. 注意事项

(1) 反应温度高于 30℃或低于 15℃时,对反应均不利。

(2) 由于产物熔点较低,重结晶回流时产品可能会呈现出熔融状态,此时,应补加溶剂使其呈均相。

(3) 苯亚甲基苯乙酮能使某些人皮肤过敏，使用时应避免与皮肤接触。

6. 思考题

(1) 试解释本实验中，苯甲醛与苯乙酮加成后为什么不稳定并会立即失水？

(2) 本实验可能有哪些副反应，如何避免副反应的发生？

实验 56　二苄叉丙酮的合成

1. 实验目的

(1) 学习利用羟醛缩合反应制备二苄叉丙酮(dibenzalacetone)的基本原理和方法。

(2) 学习利用反应物的投料比控制反应产物。

2. 实验原理

无 α-氢的苯甲醛与丙酮在稀的碱性条件下，还可用发生二次缩合生成二苄叉丙酮。其反应式如下：

$$2\ C_6H_5CHO + CH_3COCH_3 \xrightarrow{OH^-} C_6H_5CH=CHCOCH=CHC_6H_5$$

3. 主要药品与仪器

(1) 药品：苯甲醛、丙酮、乙醇、氢氧化钠。

(2) 仪器：25mL 烧杯、离心试管、锥形瓶、熔点仪等。

4. 实验步骤

方法一

在 25mL 烧杯中加入 1mL(约 1.04g，9.8mmol)苯甲醛、0.25mL(约 0.32g，5mmol)丙酮和 6mL 95%乙醇，搅拌使混合均匀。边搅拌边缓慢滴加 1.5mL 10% NaOH 溶液，搅拌至有沉淀生成，继续搅拌反应 20min。

反应结束后，将烧杯置于冰-水中冷却 5～10min，溶液分层后，用滴管吸去上层清液。其余固体用 4mL 冰-水分两次充分洗涤，用滴管吸去水层。最后用 95%乙醇进行重结晶。过滤，干燥，称重，计算产率，测定熔点。二苄叉丙酮的熔点为 110～111℃。

方法二

在 10mL 锥形瓶中加入 5.0mL 苯甲醛的氢氧化钠溶液(0.5mol/L 苯甲醛和 0.25mol/L NaOH 在乙醇与水体积比为 1∶1 的溶液)和 0.1mL 丙酮。摇动锥形瓶使混合均匀，在室温下保持反应 10min 并随时摇动反应瓶。

过滤，用水洗涤固体 2 次。将得到的固体在试管中加入乙醇加热溶解，滴水至溶液混浊，再滴入 1～2 滴乙醇，加热使溶液清亮，将试管静置使结晶生成。如果没有出现晶体，可用冰水冷却试管以使结晶生成。过滤，干燥结晶，称重，计算产率，测定熔点。如果有时间可以进行质谱分析，以区别所得产物是苄叉丙酮还是二苄叉丙酮。

纯二苄叉丙酮，mp：110～111℃。

5. 注意事项

(1) 放置过程中应不时搅拌，使之充分反应。
(2) 苯甲醛及丙酮的量必须准确量取。

6. 思考题

(1) 用分步的反应机理表明苯甲醛与乙醛交叉的羟醛缩合过程，并指出在这类反应中加入氢氧化钠的作用。
(2) 如果苯甲醛或者丙酮过量会有哪些副产物生成？
(3) 用简单的化学方法区别下列各对化合物：
(a)戊醛和 2-戊酮；(b)2-戊酮和 3-戊酮；(c)戊醛和戊醇。
(4) 如何应用红外光谱法区别下列各对化合物？并指出它们存在何种特征吸收峰。
(a)二苯酮和 3-戊酮；(b)2-戊酮和 2-戊醇；(c)对甲基苯甲醛和苯乙酮。
(5) 如何用^{1}H NMR 区别问题(3)中的各对化合物？试画出这些化合物的^{1}H NMR 示意图。

实验 57 反-对甲氧基苄叉苯乙酮的合成

1. 实验目的

(1) 学习羟醛缩合反应基本原理。
(2) 学习制备反-对甲氧基苄叉苯乙酮(*trans*-anisalacetophenone)的方法。
(3) 巩固冰-盐浴制作、重结晶、熔点测定等基本操作。

2. 反应原理

对甲氧基苯甲醛与苯乙酮在浓碱性条件下，通过交叉的羟醛缩合反应合成 α,β-不饱和羰基化合物。其反应式如下：

$$\text{MeO}-\text{C}_6\text{H}_4-\text{CHO} + \text{C}_6\text{H}_5\text{COCH}_3 \xrightarrow{\text{OH}^-} \text{MeO}-\text{C}_6\text{H}_4-\text{CH}=\text{CH}-\text{CO}-\text{C}_6\text{H}_5 + \text{H}_2\text{O}$$

3. 主要药品与仪器

(1) 药品：对甲氧基苯甲醛、苯乙酮、氢氧化钠、乙醇。
(2) 仪器：烧杯、试管、熔点仪。

4. 实验步骤

在小烧杯中加入 1mL 水溶解 1g 氢氧化钠制成的质量分数为 50%的氢氧化钠水溶液。可稍微加热使其溶解，冷至室温后放置备用。在小试管中加入 3.0mL 95% 的乙醇、1.0mL 对甲氧基苯甲醛和 1.0mL 苯乙酮。慢慢摇动试管使反应物充分混匀。

用滴管向试管中加入 5 滴质量分数为 50%的氢氧化钠水溶液，摇动试管 1～2min 使溶液呈均相，在室温下放置 15min，可不时摇动试管。将试管置于冰-水浴中，如果没有结晶生成，可用冰-盐浴冷冻试管，诱发结晶生成。过滤收集结晶，用 1～2mL 95%的冷乙醇洗涤结晶。如要得到纯的反-对甲氧基苄叉苯乙酮，可用甲醇进行重结晶。称重，计算产率，测定产物的熔点。进行原料和产物的红外光谱和 ^{1}H NMR 分析，并与标准谱图进行对照。若有时间，还可在二氯甲烷的溴溶液中观察 α,β-不饱和羰基化合物的褪色反应。

图 5-30(a)和(b)分别为反-对甲氧基苄叉苯乙酮的红外光谱图和 ^{1}H NMR 谱图。反-对甲氧基苄叉苯乙酮的 ^{13}C NMR 的 δ 为 55.3，114.4，19.7，127.6，128.4，128.5，130.2，132.5，138.5，144.6，161.7，190.4。

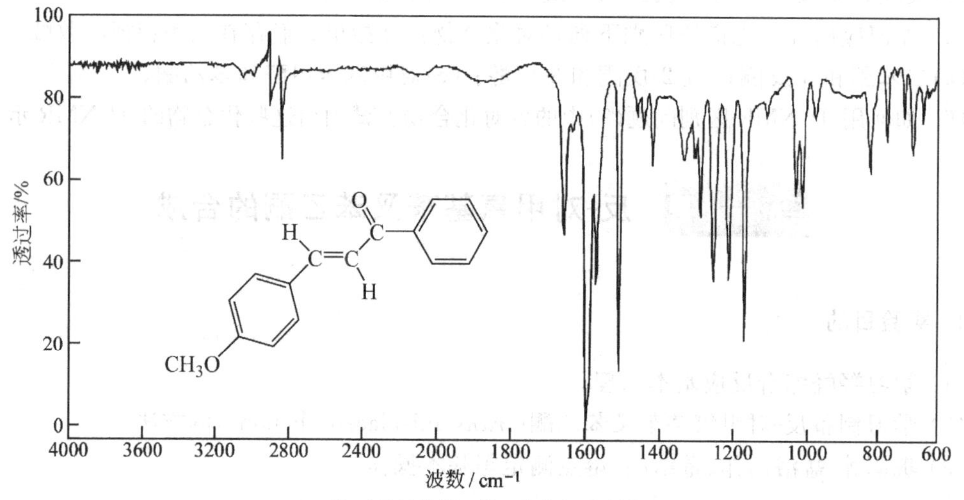

(a) 反-对甲氧基苄叉苯乙酮的红外光谱图

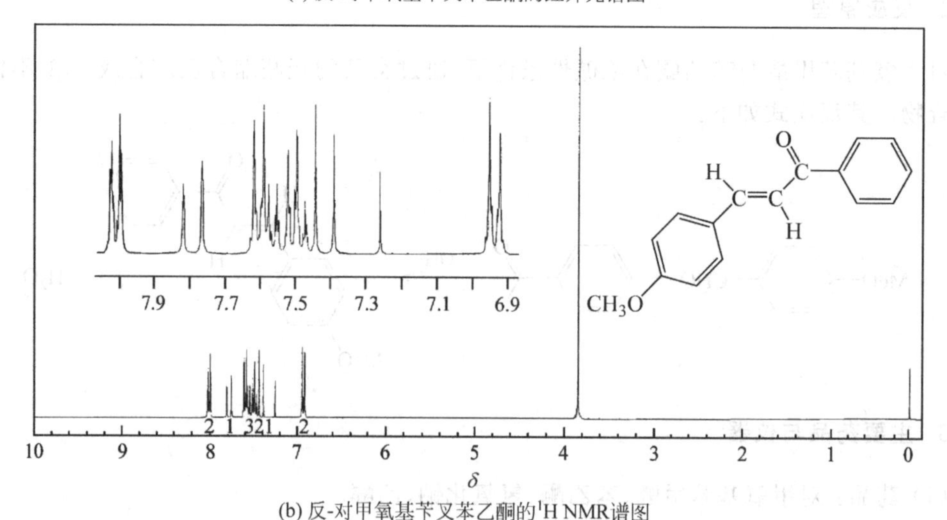

(b) 反-对甲氧基苄叉苯乙酮的 ^{1}H NMR 谱图

图 5-30　反-对甲氧基苄叉苯乙酮的谱图

5. 思考题

(1) 计算等摩尔的苯乙酮和羟基负离子生成烯醇式产物的反应平衡常数 K_{eq}，已知苯乙酮和水的 pK_a 值分别为 19.0 和 15.7。

(2) 解释为什么苯乙酮和对甲氧基苯甲醛之间的主要反应是两者的羟醛缩合反应，而不是苯乙酮的自缩合反应或者对甲氧基苯甲醛的坎尼扎罗反应。

(3) 解释为什么本实验得到的是反-对甲氧基苄叉苯乙酮而不是其顺式异构体。用何种方法可以鉴别它们?

5.2　多步合成与综合性实验

多步合成在有机合成中是常见的合成方法，无论在工业生产还是在实验室中，如果没有合适的反应原料，要想合成较复杂的有机化合物，常常需要从起始原料即简单化合物开始经过几步甚至几十步的反应，才能合成较复杂的分子，如一些药物的合成。

多步有机合成实验的产率一般不会很高，因为每步的实际产量都低于理论产量，一般产率在 60%～70%已经是比较好的，产率能达到 90%以上就是选择性非常高的反应。在多步有机合成中，总产率是各步产率的乘积。如合成一个物质要经过 6 步反应，假定每步反应产率均为 80%，则总产率只有$(80\%)^6=26\%$。因此，在起始原料的投放上应考虑最终的收率。

在多步骤有机合成中，有的中间体必须分离提纯，有的则可以不经提纯，直接用于下一步反应，这主要是根据对每步有机反应的深入理解和实验的需要，恰当地做出选择。在前面很多实验都可以作为多步合成实验来安排，如卤代烷与格氏反应中 2-甲基-2-己醇的合成：

$$n\text{-}C_4H_9\text{—}Br + Mg \xrightarrow{\text{无水乙醇}} n\text{-}C_4H_9\text{—}MgBr$$

$$n\text{-}C_4H_9\text{—}MgBr + CH_3COCH_3 \xrightarrow{\text{无水乙醇}} n\text{-}C_4H_9\text{—}\underset{OMgBr}{\overset{CH_3}{C}}\text{—}CH_3 \xrightarrow[H^+]{H_2O} n\text{-}C_4H_9\text{—}\underset{OH}{\overset{CH_3}{C}}\text{—}CH_3$$

可以先安排正溴丁烷的合成然后让学生用自己合成出来的正溴丁烷作为原料进行格氏反应，这样既节约经费又锻炼学生的能力。又如，ε-己内酰胺的合成可以与环己酮的合成作为一个系列合成实验来安排。

做好多步合成实验，研究获得高产率的反应并发展完善实验技术以减少每一步的损失，是研究有机合成方法工作者必备的基本技能和素质。

5.2.1　7,7-二氯双环[4.1.0]庚烷的多步合成

在有机化学实验中，经常会遇到水相和有机相同时参与的非均相反应，这些反应速率慢、产率低、条件苛刻，有些甚至不能发生。1965 年 Makosza 首先发现铀类化合物能使水相的反应物转移到有机相中参与反应，从而加快了反应速率，提高了产率，简化了操作，并使一些不能进行的反应得以顺利完成，开辟了相转移(phase transfer)催化法这一新的合成方法。目前，相转移催化反应在有机合成实验中得到了非常广泛的应用。

本实验从环己醇在酸性条件下脱水得到环己烯的合成开始，经过相转移催化剂三乙基苄基氯化铵的合成，氯仿在碱性条件下 α-消除产生二氯卡宾，二氯卡宾再与环己烯进行碳碳双键加成来合成产物。

实验 58　环己烯的合成

1. 实验目的

(1) 学习、掌握由环己醇制备环己烯(cyclohexene)的原理及方法。

(2) 了解分馏原理及实验操作。

(3) 练习并掌握蒸馏、分液、干燥等实验操作方法。

2. 反应原理

OH

$\xrightarrow{H^+}$ $+ H_2O$

3. 主要药品与仪器

(1) 药品：环己醇、浓硫酸、无水氯化钙、氯化钠、5%碳酸钠水溶液。

(2) 仪器：50mL 圆底烧瓶、分馏柱、分液漏斗、锥形瓶、直形冷凝管、蒸馏头、单股接引管、接收瓶、温度计及温度计套管等。

4. 实验步骤

在 50mL 圆底烧瓶中，放入 10mL 环己醇，在冷却条件下，边摇边滴加 3 滴浓硫酸，使两种液体混合均匀，放入 2 粒沸石，搭好简单分馏装置，如图 3-6 所示。

用电热套慢慢升温至反应液沸腾，控制分馏柱顶温度不超过 90℃，正常时稳定在 69～83℃，直到无馏出液滴出为止。向馏出液中逐渐加 NaCl 至饱和，再加1.5～2mL 5%碳酸钠溶液，用 50mL 梨形分液漏斗洗涤分液，分出产品层，用无水氯化钙干燥 15min 后，把粗产品倾入 25mL 圆底烧瓶中，常压蒸馏纯化产品，收集 82～84℃馏分。产品质量 5～6g。

纯环己烯为无色透明液体，bp：83℃，d_4^{20} 为 0.8102，n_D^{20} 为 1.4465。

图 5-31 为环己烯的红外谱图。

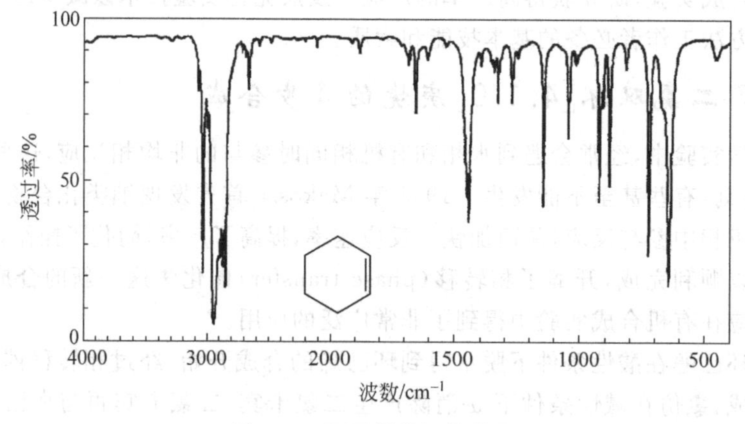

图 5-31　环己烯的红外谱图

5. 注意事项

(1) 加入浓硫酸时，要注意防止局部过热，发生聚合或碳化作用。

(2) 收集和转移环己烯时，应保持充分冷却(如将接收瓶放在冷水浴中)，以免因挥发而损失。

(3) 产品是否清亮透明，是本实验的一个质量标准，因此要求用来干燥产品的锥形瓶和最后蒸馏产品的仪器必须全部干燥。

(4) 当粗产品干燥好后，向烧瓶中倾倒时要防止干燥剂混出，可在普通玻璃漏斗颈处稍塞一团疏松的脱脂棉或玻璃棉过滤。

(5) 环己醇与水形成共沸物(含80%体积的水，沸点97.8℃)。环己烯与水形成共沸物(含10%体积的水，沸点70.8℃)。

6. 思考题

(1) 本实验采用什么措施提高收率？乙醚在本实验各步骤中的作用是什么？

(2) 哪一步骤操作不当会降低收率？本实验的操作关键是什么？

(3) 把食盐加入到馏出液中的目的是什么？

(4) 用无水氯化钙作干燥剂有何优点？

(5) 反应时柱顶温度控制在何值最佳？

(6) 怎样量取环己醇才能保证加料量准确？

实验59 三乙基苄基氯化铵的合成

三乙基苄基氯化铵(triethyl benzyl ammonium chloride，TEBA)和四丁基硫酸氢铵(TBAB)是常用的季铵盐类相转移催化剂。常用相转移催化剂主要有两类：一是盐类化合物，如，季铵盐、季鏻盐、砷盐、硫盐。在这类化合物中，烃基是油溶性基团，若烃基太小，则油溶性差，一般要求烃基的总量大于150g/mol。另一类是冠醚，常用的冠醚有18-冠-6、二苯基-18-冠-6、二环己基-18-冠-6。冠醚能与某些金属离子络合，而溶于有机相中。例如，18-冠-6能与氰化钾水溶液中的K^+离子络合，而络合离子形成离子对的CN^-随之进入有机相。

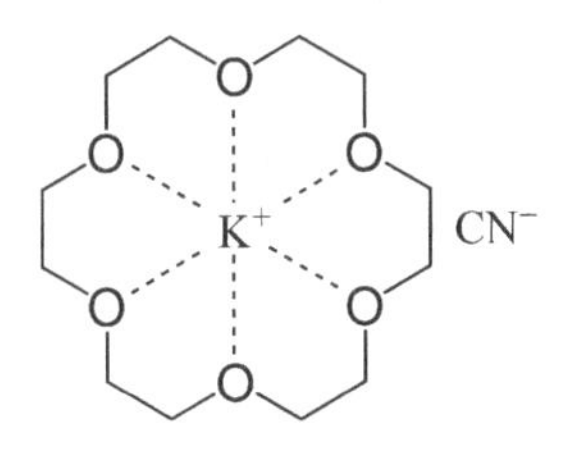

1. 实验目的

(1) 掌握季铵盐类相转移催化剂的合成方法。

(2) 了解相转移催化剂在实验中的作用及原理。

2. 反应原理

$$PhCH_2Cl + (C_2H_5)_3N \longrightarrow PhCH_2^+N(C_2H_5)_3Cl^-$$

3．主要药品与仪器

（1）药品：氯化苄、三乙胺、1，2-二氯乙烷。

（2）仪器：三口瓶、搅拌器、冷凝管、抽滤装置等。

4．实验步骤

在 50mL 三口瓶装上搅拌器和回流冷凝管，向瓶中加入 2.7mL 氯化苄、3.5mL 三乙胺和 9.5mL 1，2-二氯乙烷。然后回流搅拌 0.5～1.0h，将反应液冷却，析出结晶。待晶体全部析出后抽滤，并用少量的 1，2-二氯乙烷洗涤 2 次，洗涤完后将产品取出烘干，将烘干后的产品保存在干燥器中以免在空气中潮解，产量约 5g。

实验 60　7，7-二氯双环[4.1.0]庚烷的合成

1．实验目的

（1）学习卡宾反应的基本原理。

（2）掌握相转移催化剂的使用方法和催化原理。

2．反应原理

本实验为卡宾反应，三氯甲烷在 50％NaOH 水溶液中发生 α-消除反应，生成二氯卡宾：二氯卡宾再与环己烯进行碳碳双键加成来合成目标产物。由于反应在两相中进行，为了提高产率和加快反应速度，在反应中使用了相转移催化剂。其反应如下：

$$\text{环己烯} + CHCl_3 \xrightarrow[\text{TEBA}]{\text{NaOH}} \text{7,7-二氯双环[4.1.0]庚烷}$$

实验中相转移催化剂的作用如下：

$$\text{(水相)}\ PhCH_2\overset{+}{N}Et_3Cl^- + NaOH \rightleftharpoons PhCH_2\overset{+}{N}Et_3OH^- + NaCl$$

$$PhCH_2\overset{+}{N}Et_3OH^-$$

$$\xrightarrow{CHCl_3}$$

$$\text{(有机相)}\ PhCH_2\overset{+}{N}Et_3Cl^- + CCl_2 \rightleftharpoons PhCH_2\overset{+}{N}Et_3CCl^-{}_3 + H_2O$$

$$CCl_2 \xrightarrow{\text{环己烯}} \text{7,7-二氯双环[4.1.0]庚烷}$$

3. 主要药品与仪器

(1) 药品：环己烯、氯仿、三乙基苄基氯化铵(TEBA)、氢氧化钠、石油醚、2mol/L 盐酸、无水硫酸镁。

(2) 仪器：三口瓶、电动搅拌器、球形冷凝管、温度计、分液漏斗。

4. 实验步骤

在 100mL 三口瓶上装电动搅拌器、球形冷凝管及温度计。将 5mL (约 4g，50mmol)环己烯、12mL(约 18g，0.15mol)氯仿、0.2g TEBA 加入反应瓶。开动搅拌器，从冷凝器上口慢慢用滴管将 16mL 50%新配的氢氧化钠水溶液加入反应瓶中。反应混合物自动升温并形成乳浊液，并于 13min 内自行升温至 50～55℃，保持此温度，搅拌反应 40min。加入 20mL 冰-水，将反应液倒入分液漏斗中，静置分液，收存下层氯仿层，碱性水层各用 7.5mL 石油醚(60～90℃)萃取 2 次，合并石油醚萃取液与氯仿层，用 12.5mL 2mol/L 盐酸洗涤，再各用 12.5mL 水洗涤 2 次，用无水硫酸镁干燥。蒸除溶剂，在 79～80℃，15mmHg(2kPa)下减压蒸馏收集馏分，产量 5g，产率约 40%。

纯 7,7-二氯双环[4.1.0]庚烷(7,7-dichloro bicyclo[4.1.0]heptane)为无色液体，mp：197～198℃，n_D^{20}：1.5014。

5. 注意事项

(1) 所配制的碱浓度应准确，其液温与反应液相适宜时加入最好，否则，反应温度波动较大。经条件实验证实用 50%NaOH 收率较高。

(2) 反应温度必须控制在 50～55℃，低于 50℃则反应不完全，高于 60℃反应液颜色加深，粘稠，产率低，原料或中间体卡宾均可能挥发损失。

(3) 搅拌效果要好，既搅拌强烈又不把反应物翻到瓶壁上部而影响配比及均匀性。要增加反应接触面，以提高收率。

(4) 相转移催化剂可用固体也可配成溶液，加入后充分搅拌混合均匀，用量经条件实验验证，半微量合成中以 0.2g 为宜。

(5) 反应后在搅拌下加入冰-水，使反应混合物中的固体(盐类)全部溶解，以利于后处理。

(6) 经条件实验验证，反应时间在 1～2h 内产率较高，在 0.5～1h 内产量提高较快。

(7) 用乙醚和石油醚萃取收率相仿，但用石油醚安全。萃取操作应规范，分液时间较长才会分离较好。

6. 思考题

(1) 为什么本实验在水存在下，二氯碳烯可以和烯烃发生加成反应？

(2) 相转移催化反应的原理是什么？

(3) 若合成 7,7-二溴双环[4.1.0]庚烷，试写出其相转移循环式。

5.2.2　4-苯基-2-丁酮亚硫酸氢钠加成物的多步合成

4-苯基-2-丁酮存在于植物挥发油中，具有很好的药用价值，但是不好保存，通常制成亚硫酸盐的加成物加以保存。本实验以乙酸乙酯为原料经过克莱森酯缩合反应，合成乙酰乙酸乙酯，再通过麦克尔(Michael)反应制备 4-苯基-2-丁酮，然后与亚硫酸氢钠反应生成其加成物。

一个亲电的共轭体系(受体)和一个亲核的碳负离子(给体)进行共轭加成，称为麦克尔反应。此反应一般是指含有活泼甲基或亚甲基的醛、酮、酯以及β-二羰基化合物，在强碱条件下，对醛、酮、酯上羰基的亲核加成或加成-消除反应以及对卤代烷的亲核取代反应。缩合反应和麦克尔反应在有机合成中占有十分重要的地位，是延长碳链的重要途径。

实验 61　乙酰乙酸乙酯的合成

1. 实验目的

(1) 学习并掌握克莱森(Claisen)酯缩合反应的基本原理与操作。

(2) 学习金属钠的安全使用方法及注意事项。

2. 反应原理

两分子乙酸乙酯在强碱作用下缩合，再经过水解生成乙酰乙酸乙酯(ethyl actoacetate)，此反应称为克莱森酯缩合反应。

本实验利用金属钠与市售乙酸乙酯中含有的少量乙醇生成乙醇钠作为碱性缩合剂，促使反应发生。其反应如下：

$$C_2H_5OH + Na \longrightarrow C_2H_5ONa$$

$$2\,CH_3COOCH_2CH_3 \xrightleftharpoons{C_2H_5ONa} \left[CH_3CO\bar{C}HCOOCH_2CH_3\right]^- Na^+$$

$$\xrightarrow{H^+} CH_3COCH_2COOCH_2CH_3$$

3. 主要药品与仪器

(1) 药品：乙酸乙酯、钠、50%乙酸、饱和食盐水、无水硫酸镁。

(2) 仪器：50mL圆底烧瓶、分液漏斗、干燥管、球形冷凝器、直形冷凝管、蒸馏头、双股接引管、温度计及温度计套管。

4. 实验步骤

(1) 乙酰乙酸乙酯的制备

在50mL的圆底烧瓶中加入18mL(16.2g，0.184mol)分析纯的乙酸乙酯，加入1.8g(78mmol)刚刚切成小薄片的金属钠，迅速装上球形冷凝器并与带有干燥剂氯化钙的干燥管相连。反应立即开始，使反应保持微沸状态，直至金属钠全部反应完。此时，反应瓶内溶液呈棕红色并有白色固体出现。冷却反应液，边摇边加入50%乙酸(约15mL)使反应液pH等于6，此时，固体应全部溶解；若还有固体，可加水使其溶解。

将反应液倒入分液漏斗中，加入等体积的饱和食盐水洗涤，分出有机层，并且用无水硫酸镁干燥有机相。用常压蒸馏的方法，蒸出过量的乙酸乙酯。再用减压蒸馏的方法，蒸出产品，产率约50%。

(2) 性质实验

由于乙酰乙酸乙酯存在酮式和烯醇式互变异构体，因此，既有酮羰基的性质，又有烯醇的性质。在这种结构中存在着两个配位中心，可以与一些金属离子形成螯合物，利用这一性质可以进行定性检测：①与2,4-二硝基苯肼的反应。在一试管中加入3滴新配制的2,4-二硝基苯肼溶液，然后加入2滴乙酰乙酸乙酯，微热后冷却，可见黄色沉淀物。②与溴水和三氯化铁的反应。在试管中加入2滴乙酰乙酸乙酯和1滴1%的三氯化铁溶液，观察溶液的颜色有何变化。然后再加入几滴溴水，振荡，观察溶液的颜色变化，放置片刻再观察颜色变化。记录这些现象并解释之。

纯乙酰乙酸乙酯，bp：180.4℃，d_4^{20}：1.025，n_D^{20}：1.4198。

乙酰乙酸乙酯沸点与压力的关系如下：

压力/Pa	10 640	7980	5320	3990	2660	1995	1596
沸点/℃	100	97	92	88	82	73	71

图5-32为乙酰乙酸乙酯的红外光谱图。

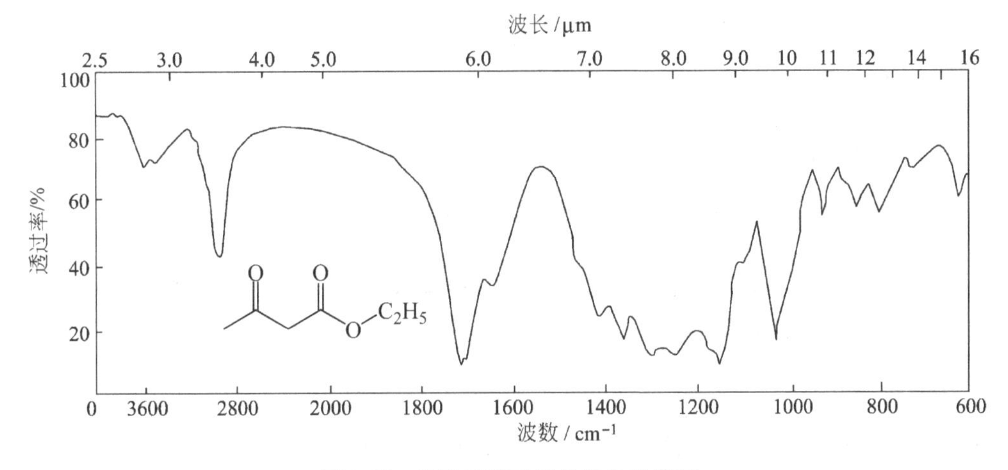

图5-32　乙酰乙酸乙酯的红外光谱图

5. 注意事项

(1) 将钠切成小薄片的动作要快，以防金属钠表面被氧化。

(2) 金属钠为易燃物质，遇水可自燃，操作时应十分小心。

(3) 一定要等大部分钠反应完后，再加乙酸水溶液，以防着火。

(4) 要避免加入过量的乙酸溶液，否则会增加酯在水中的溶解度。另外，酸度过高，会促使副产物去水乙酸的生成，从而降低产量。

(5) 乙酰乙酸乙酯常压蒸馏时，易发生分解。最好减压蒸馏产品，温度低于100℃。

6. 思考题

(1) 本实验应以哪种物质为基准计算产率？为什么？

(2) 请写出本实验的反应历程。使用乙醚应注意哪些安全问题？

(3) 如何证明本产物是两种互变异构体的平衡产物？

实验62　4-苯基-2-丁酮的合成

1. 实验目的

(1) 学习活泼亚甲基反应的基本原理和特点。

(2) 了解麦克尔(Michael)加成的基本原理和方法。

(3) 学习金属钠的安全使用方法及注意事项。

2. 实验原理

$$CH_3COCH_2COOCH_2CH_3 \xrightarrow[EtOH]{EtONa} \left[CH_3CO\overset{-}{C}HCOOCH_2CH_3\right]^- Na^+ \xrightarrow{PhCH_2Cl}$$

$$CH_3COCH(CH_2Ph)COOCH_2CH_3 \xrightarrow[H_2O]{NaOH} CH_3COCH(CH_2Ph)COO^-Na^+ \xrightarrow[-CO_2]{HCl} CH_3COCH_2CH_2Ph$$

3. 主要药品与仪器

(1) 药品：无水乙醇、金属钠、乙酰乙酸乙酯、氯化苄、10%氢氧化钠、浓盐酸、乙醚、无水氯化钙。

(2) 仪器：三口瓶、冷凝器、恒压滴液漏斗、分液漏斗、直形冷凝管、蒸馏头、单股接引管、接收瓶、温度计及温度计套管等。

4. 实验步骤

在50mL干燥的三口瓶上安装回流冷凝器、恒压滴液漏斗和搅拌装置。在反应瓶中加入5mL(109mmol)的无水乙醇、0.46g(20mmol)金属钠，搅拌至金属钠全部溶解。室温下，慢慢滴加2.6mL乙酰乙酸乙酯，加完后搅拌10min，继续滴加2.3mL氯化苄，加热回流30min。此时，反应物呈米黄色乳状。停止加热，稍冷却后，边搅拌边慢慢加入5mL 10%氢氧化钠，约需5min加完，这时溶液pH约为11。再加热回流30min，冷却至40℃以下，慢慢滴加3mL浓盐酸，使pH在2～3。再加热搅拌至无CO_2气体逸出为止(约30min)。然后用水浴将低沸点物质蒸出，馏出液2.0～4.0mL。

冷却反应液至室温，用10%氢氧化钠溶液调节pH为中性。倒入分液漏斗中，分出上层有机相，水层用10mL乙醚提取1次。提取液与有机相合并，用5mL水洗涤1次，用无水氯化钙干燥有机层。在水浴上蒸出乙醚，减压蒸馏蒸出产品，收集5.53kPa(约40mmHg)下132～140℃，或1.07～1.2kPa下96～102℃时的馏分。本产品为无色透明液体，产率48%～59%。

纯4-苯基-2-丁酮(4-phenyl-2-butanone)为无色透明液体，bp：233～234℃，n_D^{20}：1.5110。

5. 注意事项

(1) 用酸分解反应物时，会有二氧化碳气体放出，因此，加酸时应慢慢滴加。

(2) 本实验的产物存在于天然烈香杜鹃的挥发油中，具有止咳、祛痰作用。

6. 思考题

(1) 简述乙酰乙酸乙酯和丙二酸二乙酯在有机合成中的用途。

(2) 利用乙酰乙酸乙酯，设计合成正辛酸和2,6-庚酮的反应路线与实验操作步骤。

(3) 反应完后，如果用40%的氢氧化钠分解反应物，将会得到什么产物？请写出反应式和实验操作过程。

(4) 烷基取代的乙酰乙酸乙酯与稀碱和浓碱作用分别得到什么产物？

(5) 写出利用乙酰乙酸乙酯合成下列化合物的反应方程式：

(a)2-庚酮；(b)4-甲基-2-己酮；(c)苯甲酰乙酸乙酯；(d)2,6-庚二酮。

实验63　4-苯基-2-丁酮亚硫酸氢钠加成物的合成

1. 实验目的

(1) 学习酮的基本性质和化学鉴别。

(2) 了解本实验在实际中的应用。

2. 反应原理

$$CH_3C(=O)CH_2CH_2Ph \xrightarrow[H_2O]{NaHSO_3} H_3C\text{-}C(OH)(SO_3^-\,Na^+)CH_2CH_2Ph$$

3. 主要药品与仪器

(1) 药品：4-苯基-2-丁酮、亚硫酸氢钠、95%乙醇。

(2) 仪器：锥形瓶、三口瓶、球形冷凝器、温度计、搅拌器等。

4. 实验步骤

在50mL的锥形瓶中加入自制的4-苯基-2-丁酮和约12mL 95%的乙醇。用水浴加热至60℃，得到溶液甲。

在装有球形冷凝器和温度计的100mL三口瓶中，加入约2g的亚硫酸氢钠和约9mL水，加热至80℃左右，搅拌使固体溶解，得到溶液乙。

在搅拌下，趁热将溶液甲慢慢加入到溶液乙中，加热回流15min，得到透明溶液。冷却，使其结晶，抽滤，用少量乙醇洗涤晶体2次，抽干后在红外灯下烘干，得到4-苯基-2-丁酮亚硫酸氢钠(bisulfite addition product of 4-phenyl-2-butanone)，为白色片状晶体，产率约80%。可用70%的乙醇重结晶。

5. 注意事项

(1) 加入亚硫酸氢钠的量是根据加入4-苯基-2-丁酮的量计算的。

(2) 若溶液乙不透明应趁热过滤。

6. 思考题

(1) 为什么4-苯基-2-丁酮不好保存要制成它的加成物来保存？

(2) 为什么不能直接将亚硫酸氢钠加入到4-苯基-2-丁酮的乙醇溶液中?

5.2.3　正丁基巴比妥酸的多步合成

巴比妥及其衍生物是一类广泛用于镇静、催眠的药物。巴比妥类(barbiturates)为巴比妥酸在C_5位上进行取代而得的一组中枢神经抑制药。该药物由Adolf von Baeyer在1864年首先用丙二酸与尿素合成。该类药物的共同结构是丙二酰尿衍生物,因此其合成方法也相似。一般利用丙二酸二乙酯和卤代烃在醇钠催化下制得取代丙二酸二乙酯,再在醇钠催化下与尿素或硫脲缩合而生成一系列巴比妥酸类的嘧啶衍生物。

实验64　正丁基丙二酸二乙酯的合成

1. 实验目的

(1) 学习利用活泼亚甲基进行的反应原理和基本操作。
(2) 学习金属钠的使用与使用时的安全措施。
(3) 巩固洗涤、干燥、蒸馏和减压蒸馏等基本操作。

2. 反应原理

丙二酸二乙酯与正溴丁烷在醇钠的作用下,与活泼亚甲基上的氢原子发生取代反应,生成正丁基丙二酸二乙酯(*n*-butyl-diethylmalonate):

$$H_2C(COOC_2H_5)_2 \xrightarrow[CH_3CH_2OH]{CH_3CH_2ONa} {}^{+}Na^{-}CH(COOC_2H_5)_2 + CH_3CH_2CH_2CH_2Br$$

$$\longrightarrow CH_3CH_2CH_2CH_2CH(COOC_2H_5)_2 + NaBr$$

3. 主要药品与仪器

(1) 药品:丙二酸二乙酯、正溴丁烷、无水乙醇、金属钠、乙醚、无水碘化钾、无水硫酸镁。
(2) 仪器:二口瓶、干燥管、冷凝器、恒压滴液漏斗、分液漏斗、蒸馏头、单股接引管、接收瓶、温度计及温度计套管等。

4. 实验步骤

在50mL二口瓶上,装好带有无水氯化钙干燥管的回流冷凝器和恒压滴液漏斗。

向反应瓶中迅速加入0.24g切成小块的金属钠,在滴液漏斗中加入4mL无水乙醇,慢慢滴入反应瓶中,在搅拌下使金属钠作用完全。再加入0.14g无水碘化钾粉末,水浴加热至沸,搅拌使固体溶解,然后慢慢滴加1.5mL(1.6g,10mmol)丙二酸二乙酯,水浴加热回流搅拌

10～20min 后，慢慢滴入 1.1mL(1.36g,10mmol)正溴丁烷，再加入 1mL 乙醇将滴液漏斗中药品冲入反应瓶中，加热回流搅拌 1h。

待反应液冷却后，加入 7mL 水使沉淀全部溶解。用分液漏斗分出有机层，水层用 8mL 乙醚分 2 次萃取。合并有机相，用无水硫酸镁干燥。水浴蒸出乙醚，换空气冷凝器常压蒸出产品，收集 220～240℃的馏分。也可以减压蒸馏收集 1006 Pa(7.6mmHg)下 110～118℃，或 2.7kPa(20mmHg)下 130～135℃的馏分。

纯正丁基丙二酸二乙酯，bp：235～240℃。

图 5-33(a)和(b)分别为正丁基丙二酸二乙酯的红外光谱图和^{1}H NMR 谱图。

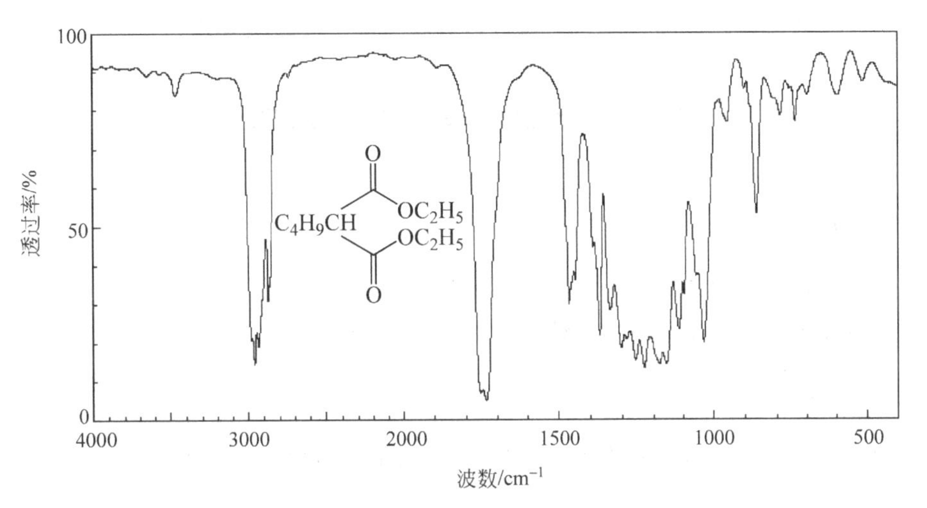

(a) 正丁基丙二酸二乙酯的红外光谱图

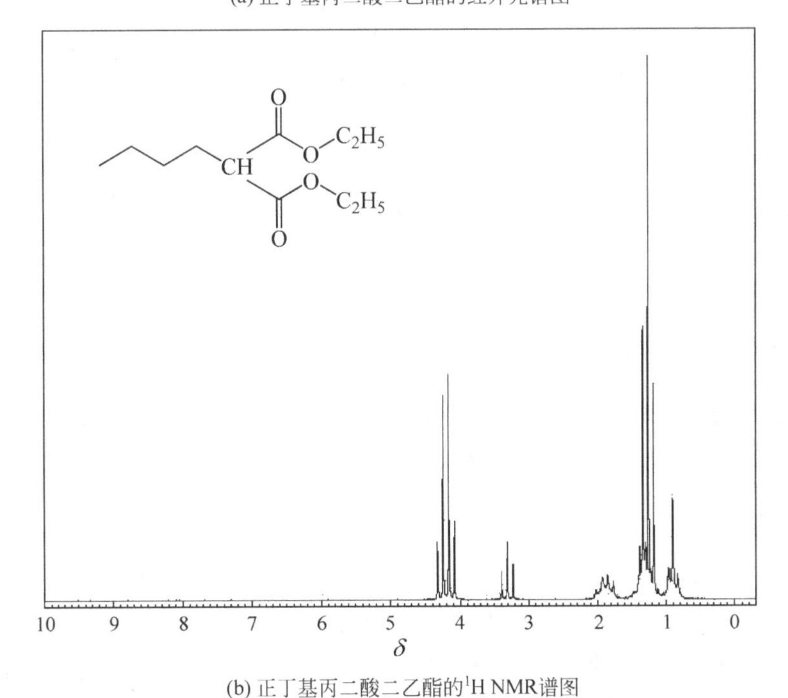

(b) 正丁基丙二酸二乙酯的^{1}H NMR谱图

图 5-33　正丁基丙二酸二乙酯的谱图

5. 注意事项

(1) 滴加速度以乙醇微沸为准。

(2) 切钠时，动作要快以免时间过长金属钠表面被氧化。

6. 思考题

(1) 反应中为什么要加入无水碘化钾？其作用是什么？

(2) 如何用正丁基丙二酸二乙酯合成正己酸？

(3) 写出用丙二酸二乙酯和适当的原料合成环己基甲酸的反应式。

实验 65　5-正丁基巴比妥酸的合成

1. 实验目的

(1) 学习制备内酰胺环类化合物巴比妥类药物的制备。

(2) 掌握和了解巴比妥类药物的结构特点、性质和药理活性。

2. 反应原理

正丁基丙二酸二乙酯与尿素在醇钠作用下，缩合而生成巴比妥酸类药物。其反应式如下：

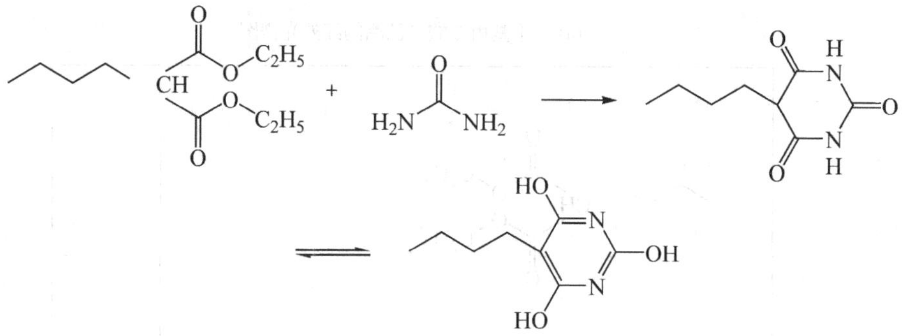

3. 主要药品与仪器

(1) 药品：正丁基丙二酸二乙酯(自制)、无水乙醇、金属钠、尿素、浓盐酸、石油醚。

(2) 仪器：三口瓶、冷凝器、干燥管、减压过滤装置等。

4. 实验步骤

在 50mL 三口瓶上，装好带有无水氯化钙干燥管的回流冷凝器，装好电磁搅拌器。

向反应瓶迅速加入 0.09g 刚刚切成小块的金属钠和 4mL 无水乙醇，开动搅拌器，水浴加热使金属钠溶解。从三口瓶的另一个口加入自制的 0.8g 正丁基丙二酸二乙酯，搅拌均匀。再加入 0.24g 干燥过的尿素，用约 4mL 的无水乙醇冲洗瓶壁，在 70℃ 的水浴上加热回流搅拌 1.5h，冷却后，加入 3.2mL 水使固体溶解，然后用约 0.4mL 浓盐酸酸化。冰水冷却使固体析出，抽滤，用少量石油醚洗涤固体。粗产品为灰白色晶体，可用水重结晶。

纯5-正丁基巴比妥酸(*n*-butyl-barbituric acid),mp：209～210℃。

5. 注意事项

尿素需在105～110℃烘箱中烘干,放在干燥器内冷却备用。

6. 思考题

(1) 乙醇钠在本实验中起什么作用?
(2) 请写出本反应的历程。

5.2.4　以安息香为原料的多步合成

本实验从原料安息香的合成开始,经过氧化得到二苯基乙二酮。二苯基乙二酮是不能烯醇化的α-二酮,当用碱处理时发生碳架的重排,得到二苯基乙醇酸,此反应称为二苯基乙醇酸重排。这一重排反应可普遍用于芳香族α-二酮的转化,某些脂肪族α-二酮也可以发生类似的反应。

实验66　安息香的合成

1. 实验目的

(1) 学习安息香(benzoin)合成的基本原理和方法。
(2) 了解调节pH在合成过程中的作用。
(3) 巩固固体抽滤,洗涤,干燥等基本操作。

2. 反应原理

两分子苯甲醛在碱性条件下,通过维生素B_1的催化,发生缩合反应生成安息香,其反应如下：

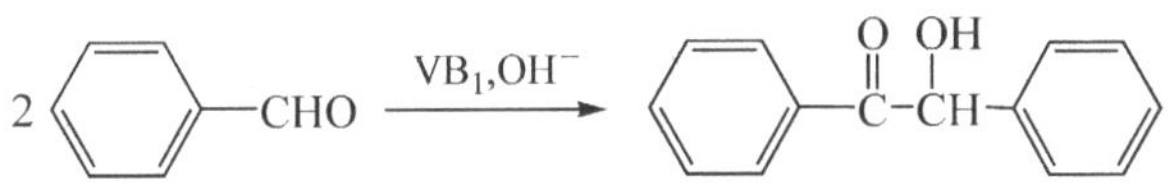

$$2\,C_6H_5CHO \xrightarrow{VB_1,OH^-} C_6H_5-\overset{O}{\overset{\|}{C}}-\overset{OH}{\overset{|}{CH}}-C_6H_5$$

反应历程：

$$\text{(thiamine, thiazolium C2-H)} + B: \longrightarrow \text{(thiazolium ylide, C2}^-\text{)} + BH$$

(H₂N, N, N, H₃C pyrimidine ring; $CH_2-\overset{+}{N}$; CH_3; C_2H_5OH; S)

$$PhCHO + \text{ylide }(R'-\overset{+}{N},\ CH_3,\ R,\ S) \longrightarrow Ph-\underset{O^-}{\overset{H}{C}}-\text{thiazolium} \rightleftharpoons Ph-\underset{OH}{C}=\text{thiazoline}$$

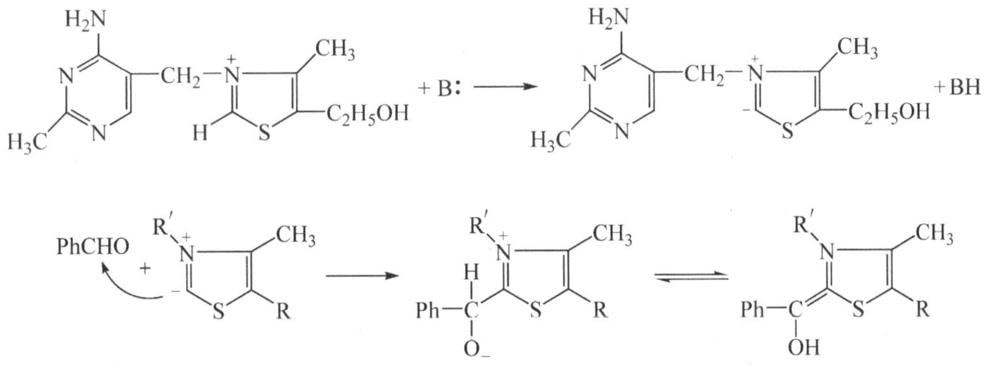

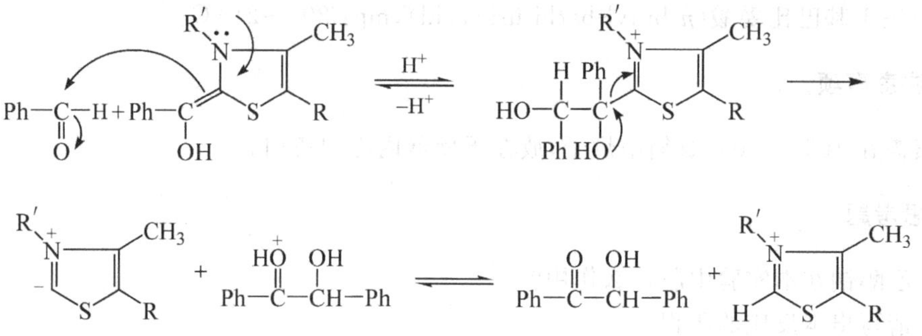

3. 主要药品与仪器

(1) 药品：苯甲醛、维生素 B_1、95％乙醇、3mol/L 氢氧化钠。

(2) 仪器：25mL 锥形瓶中、抽滤瓶、布氏漏斗、加热套、100mL 烧杯、红外灯等。

4. 实验步骤

在 25mL 锥形瓶中，加入 0.9g 维生素 B_1 与 2mL 水混匀，加入 8mL 95％乙醇，得清澈溶液，用 3mol/L 氢氧化钠溶液调反应液 pH=8，立即加入新蒸过的苯甲醛 5mL，混合均匀，再调 pH=9.5，置于 35～40℃水浴中，很快(有时要等一周)有产物晶体析出，待晶体全部析出后，抽滤，用少量冷水洗涤固体，得到白色固体约 3g。可用 95％乙醇进行重结晶。

纯安息香，mp：134～136℃，bp：334～344℃，d_4^{20}：1.3100。

图 5-34 为安息香在 $CHCl_3$ 中的红外光谱图。

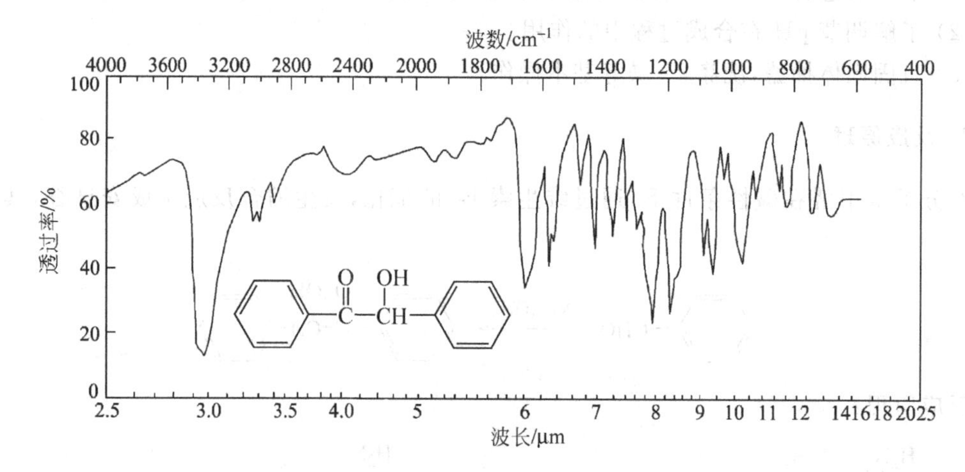

图 5-34　安息香在 $CHCl_3$ 中的红外光谱图

5. 注意事项

(1) 羰基作为亲电试剂在合成中有着普遍的应用。能否把羰基的亲电性质改为亲核性质？如果在醛的羰基上加入一个基团，可形成负碳离子，它可与亲电试剂作用，反应后的加成物分解时又再生成羰基。

(2) 维生素 B_1 又称硫胺素、硫胺、噻胺，市售品为其盐酸盐，便于储存。维生素 B_1 易吸水，受热易变质，但在酸性条件下是稳定的。应置于冰箱内保存，用后再放入冰箱中。

(3) 本实验操作的关键是控制好 pH 值。

(4) 本实验若采用 60～70℃回流，加热 90min，也可得到产品。

(5) 若要纯化粗产品，每克产物可用约 6mL 95％乙醇重结晶。

(6) 安息香又称苯偶姻，是一种香料，DL 型为白色六边形单斜菱形结晶，D 型和 L 型都是针状结晶。

6. 思考题

(1) 为什么加入苯甲醛后，反应混合物的 pH 值要保持在 9～10?

(2) 溶液 pH 值过小对反应有什么影响?

实验 67　二苯基乙二酮的合成

1. 实验目的

(1) 学习二苯基乙二酮(binzil)合成的基本原理。

(2) 掌握如何用薄层分析方法追踪反应进程。

(3) 巩固重结晶的操作方法。

2. 反应原理

$$C_6H_5-\overset{O}{\overset{\|}{C}}-\overset{OH}{\overset{|}{C}H}-C_6H_5 \xrightarrow[HOAc]{HNO_3} C_6H_5-\overset{O}{\overset{\|}{C}}-\overset{O}{\overset{\|}{C}}-C_6H_5$$

3. 主要药品与仪器

(1) 药品：安息香、浓硝酸、冰乙酸、硅胶 GF_{254}、二氯甲烷、1％羧甲基纤维素钠溶液、95％乙醇、冰水。

(2) 仪器：100mL 三口瓶、球形冷凝管、烧杯、普通漏斗、球形冷凝管、温度计及温度计套管、展缸、毛细管、抽滤瓶、布氏漏斗、药匙、滴管、电磁搅拌器、加热套、气体吸收装置等。

4. 实验步骤

(1) 二苯基乙二酮的合成

在 100mL 三口瓶上安装温度计、回流冷凝器、气体吸收装置和磁力搅拌器。向反应瓶中加入 1.5g 安息香、10mL 冰乙酸和 5mL 浓硝酸。在沸水浴中加热，搅拌 10～12min，反应液温度 85～95℃，每隔 10min 用毛细管取样，用薄层分析追踪反应的进程。当反应完全后，加入 25mL 冰水，有黄色晶体析出，冷却，抽滤，干燥，可用 95％乙醇重结晶，得黄色针状晶体约 1.15g，熔点 94～96℃。

(2) 薄层色谱法跟踪反应进程的方法

薄板的制备：将 2g 硅胶 GF_{254} 与 6mL 0.7％～1％羧甲基纤维素钠溶液混匀，均匀地铺在 3 块载玻片上，晾干保存，此项工作应在前一周完成。如果薄板不干，应在实验前，在 110℃下烘 30～60min 进行活化，自然冷却后使用。

点样时，用毛细管取样在薄层板的起始线上点上反应液，在反应液样品点旁 1cm 处点上原料安息香，以便比较。当样品点溶剂挥发后再放入展开缸中展开。

在洗净烘干的展开缸中加入 5mL 二氯甲烷。放入点样后的薄板，观察展开剂爬到薄板前沿时立即取出，使溶剂挥发。把展开后的薄板放在紫外分析仪的紫外灯下，可观察到原料及产物的变化情况，将展开迹象临摹到实验记录中，以表达不同反应时间的反应状况。最后算出原料及产物的 R_f 值。

纯二苯基乙二酮，mp：94.9℃，bp：346℃，d_4^{20}：1.5210。

图 5-35 为二苯基乙二酮的红外光谱图。

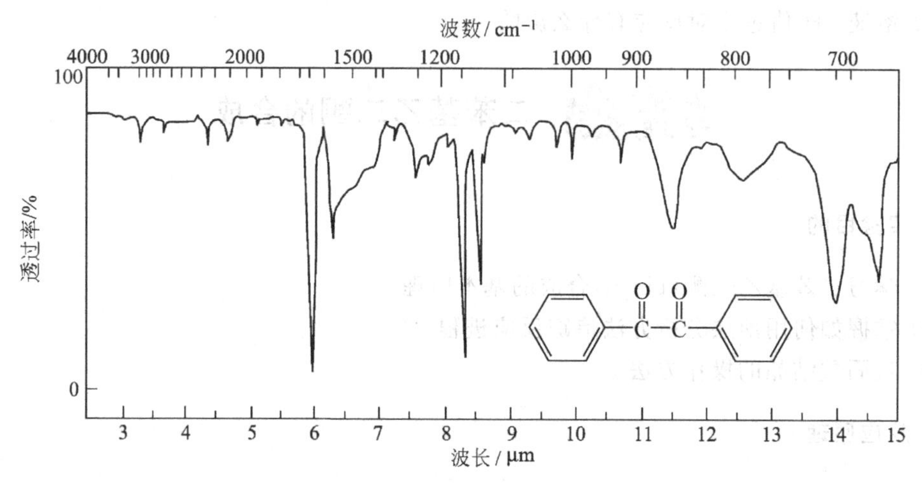

图 5-35　二苯基乙二酮的红外光谱图

5. 注意事项

(1) 加热时不易太快，以免反应物局部碳化。

(2) 薄板的制备工作需要提前一周进行，否则会因为薄板干燥不充分而影响分析结果。

实验 68　二苯基乙醇酸的合成

1. 实验目的

(1) 学习二苯基乙醇酸(binzile acid)合成的基本原理和方法。

(2) 了解化合物共轭体系大小对反应液颜色的影响。

(3) 巩固有机物脱色、重结晶等基本操作方法。

2. 反应原理

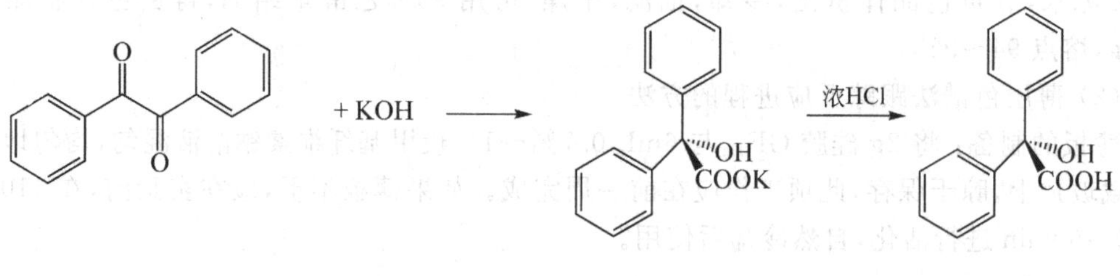

+ KOH ⟶ (OH, COOK) —浓HCl⟶ (OH, COOH)

3. 主要药品与仪器

(1) 药品：二苯基乙二酮、氢氧化钾、95%乙醇、活性炭、浓盐酸。

(2) 仪器：50mL 三口瓶、球形冷凝管、烧杯、恒压滴液漏斗、布氏漏斗、抽滤瓶、红外灯、直形冷凝管、蒸馏头、单股接引管、接收瓶、电磁搅拌器、加热套等。

4. 实验步骤

先用 1g 氢氧化钾与 2.5mL 水混溶均匀并冷至室温。在 50mL 圆底烧瓶中加入 1g 二苯基乙二酮和 4mL 95%乙醇，微微加热使其溶解，边搅拌边将碱液加入其中。在圆底烧瓶上安装球形冷凝管。水浴加热回流 15min，在此期间反应液由最初的黑色转为棕色。加入 12.5mL 水及活性炭，煮沸，热过滤。滤液冷却后，加浓盐酸调节 pH＝2。待固体全部析出后，抽滤得到晶体，并用少量冷水洗涤，抽滤。将抽干的晶体转移至表面皿中，干燥，粗品约 0.9g。可用水：乙醇体积比为 3：1 的溶液进行重结晶。

纯二苯基乙醇酸，mp：153℃，bp：180℃/22mmHg。

图 5-36 为二苯基乙醇酸的红外光谱图。

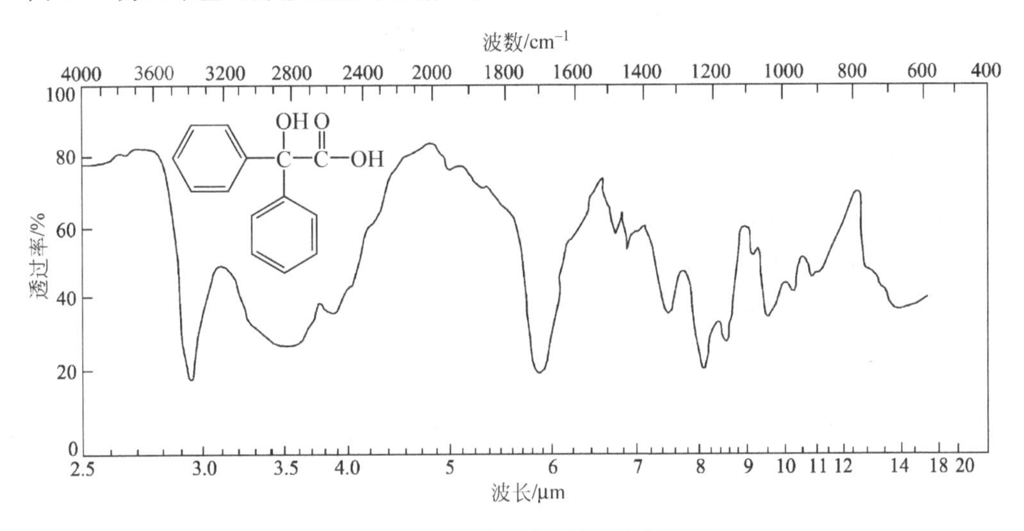

图 5-36　二苯基乙醇酸的红外光谱图

5. 注意事项

(1) 滤液应充分冷却再慢慢加酸，酸化太快会出现油状物，冷却后析出固体颜色较深。

(2) 用盐酸调节 pH 值时，注意一定要到 2，pH 的大小对产率的影响比较大。

6. 思考题

(1) 写出由二苯基乙二酮合成二苯基乙醇酸的重排反应机理。

(2) 如果该反应使用甲醇钠在甲醇溶液中反应，估计相应的反应产物。

5.2.5　二茂铁及其衍生物的合成与柱色谱分离

二茂铁(ferrocene)的发现是有机化学的一个重要事件，开创了金属有机化学这门学科，促进了化学键理论的发展，扩大了配合物的研究领域。二茂铁($Fe(C_5H_5)_2$)具有夹心式结构：

这种结构是由英国威尔金森(G. Wilkinson)和德国费歇尔(E. O. Fischer)确定的，为此他们荣获了1973年诺贝尔化学奖。至今茂金属催化的高分子聚合反应仍为研究领域的前沿热点。

二茂铁是具有芳香族性质的有机过渡金属化合物，能进行一系列的取代反应。常温下为橙黄色粉末，有樟脑气味；100℃以上能升华；不溶于水，易溶于苯、乙醚、汽油、柴油等有机溶剂；与酸、碱、紫外线不发生作用；分子呈现极性，具有高度热稳定性(400℃以内不分解)、化学稳定性和耐辐射性，化学性质非常稳定。在工业、农业、医药、航天、节能、环保等行业中具有广泛的应用，可用作火箭燃料的添加剂、汽油的抗爆剂和紫外光吸收剂等。

实验69 二茂铁的合成

1. 实验目的

(1) 学习合成金属有机化合物的基本原理和方法。

(2) 了解制备二茂铁的影响因素。

(3) 掌握在无氧条件下进行反应的方法和技巧。

2. 反应原理

环戊二烯在溶剂二甲基亚砜(DMSO)中，在碱性的条件下与氯化亚铁反应生成夹心式结构的二茂铁。其反应式如下：

$$2\,C_5H_6 + FeCl_2\cdot 4H_2O \xrightarrow[\text{DMSO}]{HO^-} Fe(C_5H_5)_2$$

3. 主要药品与仪器

(1) 药品：环戊二烯、KOH、$FeCl_2\cdot 4H_2O$、DMSO、氮气、2mol/L 盐酸。

(2) 仪器：50mL 二口瓶、球形冷凝管、恒压滴液漏斗、布氏漏斗、抽滤瓶、烧杯、红外灯、表面皿、脱脂棉、电磁搅拌器等。

4. 实验步骤

在50mL 二口瓶中加入0.5g(约9mmol) KOH、15mL DMSO 及1.5mL(约18mmol)环戊

二烯，装好磁力搅拌器、恒压滴液漏斗和球形冷凝管，并在球形冷凝管上安装一个装有氮气的气球，如图 5-37 所示。开动搅拌器，打开通氮气的阀门，将氮气通入到反应体系中，同时打开恒压滴液漏斗上的塞子放气，约 2min，停止放气。待形成环戊二烯钾黑色溶液后，滴加由 1.8g(约 9mmol) $FeCl_2 \cdot 4H_2O$ 和12.5mL DMSO 刚配置好的混合液，同时加强搅拌，在用氮气保护下进行反应，滴加完毕后继续搅拌反应 20min。将反应液倾入 25g 冰和 25g 水的混合物中，搅动均匀，用 2mol/L 盐酸调反应液 pH＝3～5，待黄色固体完全析出后，抽滤，分 4 次各用 5mL 水洗滤饼，烘干，产率约 70%。

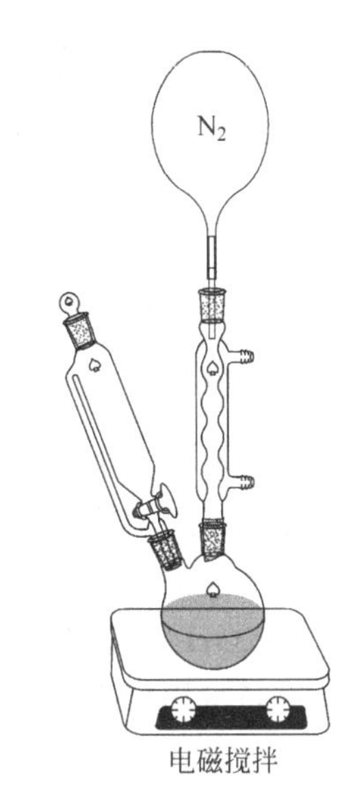

图 5-37　二茂铁合成装置图

若需进一步纯化，可将粗产品干燥后，放入干燥的 200mL 烧杯中，上盖表皿，用脱脂棉塞住烧杯嘴，缓缓加热烧杯，表皿外边用湿布冷却，常压 100℃升华可得黄色片状光亮的晶体。

纯二茂铁，mp：173～174℃，bp：249℃。

图 5-38(a)、(b)分别为二茂铁的红外光谱图和^{1}H NMR 谱图。

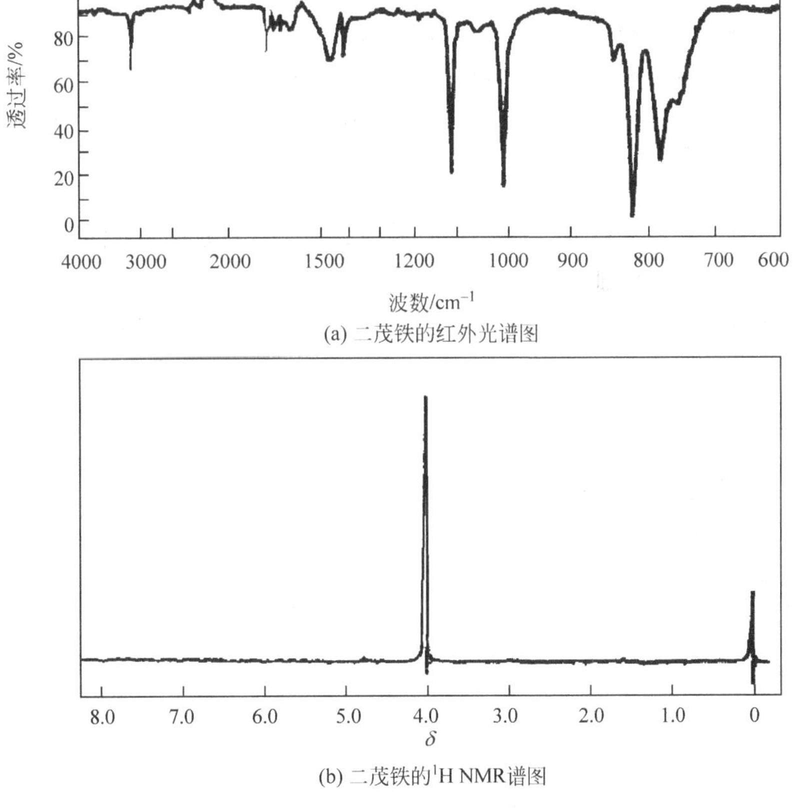

(a) 二茂铁的红外光谱图

(b) 二茂铁的^{1}H NMR谱图

图 5-38　二茂铁的谱图

5. **注意事项**

(1) 环戊二烯在常温下发生双烯合成反应，形成环戊二烯二聚体(又称联环戊二烯)。使用之前采用简单分馏方法，用电热套加热烧瓶，接收瓶应冷却，柱顶温度控制在 40～43℃，环戊二烯可平稳地被蒸出，应立即使用或暂时置于冰箱低温保存。

(2) 在空气中，二茂铁能被氧化成蓝色的正离子 $Fe^{3+}(C_5H_5)_2$，$FeCl_2 \cdot 4H_2O$ 在 DMSO 中也会使 Fe^{2+} 变成 Fe^{3+}，因此要用氮气保护以隔绝空气。

(3) $FeCl_2 \cdot 4H_2O$ 如果变成棕色可用乙醇或乙醚洗成淡绿色再用，用前应研细溶解。

(4) KOH 应研细加入，由于易吸潮加入时动作要快。

6. 思考题

(1) 二茂铁比苯更易发生亲电取代反应，但用混合酸($HNO_3+H_2SO_4$)使二茂铁发生硝化反应时，实验却是失败的。为什么？

(2) 盐酸加得不够或过量会有何后果？

(3) KOH 可否用 NaOH 代替？碱过量又会有何影响？

(4) 还可用何物质代替 DMSO？它在本实验中的作用是什么？

(5) 二茂铁有何用途？二茂铁的合成曾起过什么样的历史作用？

实验 70　乙酰基二茂铁和二乙酰基二茂铁的合成及柱色谱分离

二茂铁不能像环戊二烯那样进行加成反应，而容易进行 Friedel-Crafts 酰化等芳香亲电取代反应。酰化时由于催化剂和酰化条件的不同，可以获得以乙酰基二茂铁(acetylferrocene)或1,1′-二乙酰基二茂铁(1,1′-diacetylferrocene)为主的产物。双取代物的结构已得到证实，两个酰基并不在同一个环上，这是由于乙酰基的钝化作用使得第二个亲电基团对环的进攻困难了。

虽然结构式所示的交叉构象应是占优势的，但发现的二乙酰基二茂铁只有一种，说明环戊二烯能够绕着与金属键合的轴转动。

二茂铁乙酰化的反应过程可以用薄层色谱跟踪，其产物与原料之间的分离可以用柱色谱进行。

1. 实验目的

(1) 学习二茂铁乙酰化的基本原理和方法。

(2) 了解影响二茂铁乙酰化的因素。

(3) 掌握薄层色谱跟踪反应进程的方法。

(4) 学习利用柱色谱分离混合物的原理、方法和技巧。

2. 反应原理

Fe + 乙酸酐 —催化剂→ 乙酰基二茂铁 + 乙酸酐 —催化剂→ 1,1′-二乙酰基二茂铁

3. 主要药品与仪器

（1）药品：二茂铁、乙酸酐、85%磷酸、氯化钙、碎冰、碳酸氢钠。

（2）仪器：50mL 二口瓶、球形冷凝股、恒压滴液漏斗、布氏漏斗、抽滤瓶、烧杯、红外灯、表面皿和电磁搅拌器等。

4. 实验步骤

（1）合成部分

在 50mL 二口瓶上安装带有干燥剂干燥管的球形冷凝管和恒压滴液漏斗。在反应瓶中加入 1g(5.4mmol)二茂铁和 3mL(31.8mmol)乙酸酐。开动磁力搅拌器，使溶液混合均匀。慢慢滴加 1mL 85%磷酸，加热回流约 5min，点板观察反应进行情况，当发现没有原料点或原料很浅时，停止反应。待反应液冷却后，将反应液倒入 100mL 的烧杯中，并注入 10g 碎冰，搅拌使冰全部溶化，然后加 $NaHCO_3$ 中和反应液，此时，有 CO_2 冒出，调节 pH=7，冷水浴并搅拌反应 15min，抽滤，用水洗涤滤饼，烘干，得粗产品。

（2）柱色谱法分离纯化产品

用中性氧化铝约 25g 及石油醚(60～90℃)湿法装柱。将 0.1g 粗品溶于 1～2mL 苯中，上样后先用石油醚淋洗，分离出二茂铁色带，再用石油醚与乙醚体积比为 3∶1 的混合溶剂淋洗，当橙色的乙酰基二茂铁色带清晰分出后，可继续淋洗直到乙酰基二茂铁色带全部洗出；改用纯乙醚作淋洗剂，可淋洗到橙棕色固体二乙酰基二茂铁。分别用圆底烧瓶收集产物，蒸除溶剂，当残液剩约 1mL 时，倒在培养皿中，在通风橱中用红外灯烘去少量溶剂，可见针状晶体。

纯乙酰基二茂铁，mp：81～83℃，bp：160～163℃/4mmHg。

纯二乙酰基二茂铁，mp：130～131℃。

图 5-39 为乙酰基二茂铁的红外光谱图。

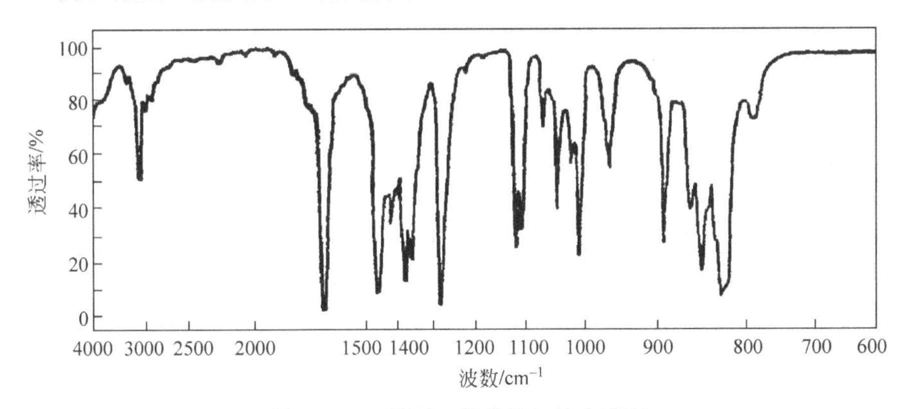

图 5-39　乙酰基二茂铁的红外光谱图

5. 注意事项

（1）可用固体 $NaHCO_3$ 来中和反应液。

（2）小心加入 $NaHCO_3$ 直至无气泡冒出时，即可认为反应液已为中性，不可用试纸检验反应液是否呈中性，因反应液有时呈橙色有时呈暗棕色，用试纸难以正确判定。

（3）展开剂可以用石油醚和乙醚的混合液，学生自己调配比。

6. 思考题

(1) 用 $NaHCO_3$ 中和反应液的目的是什么？

(2) 为什么乙酰基二茂铁进一步酰化时，第二个酰基进入异环而不是进入同环？

(3) 在上述柱层析中，二茂铁与乙酰基二茂铁，哪一个被 Al_2O_3 吸附得更强一些？为什么？

(4) 色带是否整齐，分离的效果好不好，与柱层析操作中哪些因素有关？

5.2.6 魏梯希反应

魏梯希(Wittig)反应是近20～30年发展起来的，广泛应用于烯烃的合成。利用鏻盐与醇钠、醇锂、氢氧化钠水溶液产生叶立德试剂(ylid)与醛、酮反应生成烯烃。这种方法的优点是生成的双键处于原羰基的位置；与α,β-不饱和羰基化合物反应时，不发生1,4加成，适用于多烯类化合物的合成；反应具有一定的立体选择性，利用不同试剂，控制一定的反应条件，可以获得一定构型的产物。

Wittig-Horner反应是近年来发展起来的一种制备烯烃的新方法，这种方法是对Wittig试剂的发展。膦酸酯在四氢呋喃中与丁基锂反应，生成膦酸酯负离子，与羰基化合物反应生成烯烃，现已广泛应用于各类烯烃的合成。许多活泼的膦酸酯在相转移催化剂存在下，在氢氧化钠水溶液中可与醛、酮缩合成烯，该方法简便、经济。膦酰胺可方便地由卤代烃制备，某些情况下，使用膦酰胺与醛、酮反应制备取代烯烃也是一种很好的途径。

实验71 1,4-二苯基-1,3-丁二烯的合成

1. 实验目的

(1) 学习魏梯希反应的基本原理和历程。

(2) 学习三苯基鏻盐的制备方法

(3) 学习叶立德试剂的制备方法和应用。

2. 反应原理

三苯基膦与氯化苄反应生成苄基三苯基鏻盐，此盐在碱性条件下分解重排生成叶立德试剂，叶立德试剂与肉桂醛反应生成1,4-二苯基-1,3-丁二烯。其反应式如下：

$$Ph_3P + PhCH_2Cl \xrightarrow[\triangle]{\text{二甲苯}} Ph_3P^+CH_2PhCl^-$$

$$Ph_3P^+CH_2PhCl^- \xrightarrow{NaOH} Ph_3P{=}CHPh + H_2O + NaCl$$

+ ⟶ PhCH=CHCH=CHPh +

3. 主要药品与仪器

(1) 药品：氯化苄、三苯基膦、二甲苯、肉桂醛、95%乙醇、无水乙醇、25%氢氧化钠。

(2) 仪器：50mL 圆底烧瓶、药匙、量筒、球形冷凝管、抽滤瓶、布氏漏斗、25mL 锥形瓶、磁力搅拌器、量筒、滴管、加热套、普通漏斗、直形冷凝管、蒸馏头、单股接引管、接收瓶。

4. 实验步骤

(1) 苄基三苯基鏻氯化物的制备

在 50mL 圆底烧瓶中，加入 1g 氯化苄、1.3g 三苯基膦和 10mL 二甲苯，回流 2h，并不时摇动，以免生成的产物被反应物包裹。抽滤，用少量二甲苯洗涤，烘干，得到无色结晶产品，收率约 85%，熔点 310～312℃。

纯苄基三苯基氯化物，mp：310～312℃。

(2) 1,4-二苯基-1,3-丁二烯的制备

取 1g 制备好的苄基三苯基鏻盐放入 25mL 锥形瓶中，加入 12mL 95%乙醇使其溶解，然后再加入 0.4g 肉桂醛。在磁力搅拌下，于室温逐滴加入 1.5mL 25%NaOH 水溶液。这时，反应液开始变成淡黄色，随后出现浑浊，并伴随有白色沉淀生成。继续搅拌 2h，减压过滤。用少量 95%乙醇洗涤，干燥后得淡黄色鳞片状结晶，产率为 60%～70%，熔点 150～151℃。对产物进行红外光谱和核磁共振分析，确定所得烯烃的立体构型。

纯 1,4-二苯基-1,3-丁二烯(1,4-diphenyl-1,3-butadiene)，mp：150～151℃。

5. 注意事项

(1) 三氯化磷和季鏻盐有毒并且有刺激性气味，在实验过程中应注意安全。

(2) 苄基氯具有刺激性和催泪性，应慎防与皮肤接触或吸入其蒸气。

(3) 此实验也可以用亚磷酸三酯代替苄基三苯基鏻盐，具体制备方法如下：

亚磷酸三酯的制备：在 50mL 的二口瓶上安装恒压滴液漏斗和球形冷凝管，在球形冷凝管上安装带有氯化钙干燥剂的干燥管。在反应瓶内加入 3.0mL 经过干燥处理的绝对无水乙醇，6g(约 50mmol)*N*,*N*-二甲苯胺和 15mL 无水石油醚(30～60℃)的溶液，在恒压滴液漏斗内加入 2.3g 三氯化磷和 8.0mL 无水石油醚。边搅拌边将混合液滴加到反应体系中，并且控制滴加速率使反应液维持微沸，由于反应放热，必要时，可用冷水浴冷却。滴加过程中，逐渐在反应瓶内出现白色沉淀物。滴加完毕，再继续搅拌 1h，待反应物冷至室温，抽滤，固体用无水石油醚洗涤两次。滤液转移至蒸馏瓶内，在水浴上蒸去石油醚，然后减压蒸馏，收集 57～58℃，2.13kPa(16mmHg)的馏分。产率约 82%。

纯亚磷酸三乙酯，bp：156.5℃。

6. 思考题

(1) 写出魏梯希反应的历程以及产物的主要构型。
(2) 举例说明魏梯希反应在有机合成中的应用。
(3) 请比较通过魏梯希反应合成双键与用消除法制备烯烃在立体选择性上有什么区别?

实验 72 (*E*)-1,2-二苯乙烯和(*Z*)-1,2-二苯乙烯的合成

1. 实验目的

(1) 学习魏梯希反应的基本原理和历程。
(2) 掌握 1,2-二苯乙烯的光异构化反应。

2. 反应原理

叶立德试剂与苯甲醛反应生成(*E*)-1,2-二苯乙烯和(*Z*)-1,2-二苯乙烯，在 I_2 的作用下经过光照顺式二苯乙烯可以转变为结构稳定的反式二苯乙烯。其反应式如下：

$$Ph_3P{=}CHPh + PhCHO \longrightarrow (E)\text{-}PhCH{=}CHPh + (Z)\text{-}PhCH{=}CHPh + Ph_3P{=}O$$

$$(Z)\text{-}PhCH{=}CHPh \xrightarrow[h\nu]{I_2} (E)\text{-}PhCH{=}CHPh$$

3. 主要药品与仪器

(1) 药品：苯甲醛、苄基三苯基鏻盐、二氯甲烷、50%氢氧化钠、饱和硫酸钠水溶液、无水硫酸钠、亚硫酸氢钠、碘、乙醇。

(2) 仪器：50mL 二口瓶、球形冷凝管、恒压滴液漏斗、分液漏斗、25mL 圆底烧瓶、磁力搅拌器、加热套、滴管、锥形瓶、旋转蒸发仪、红外灯等。

4. 实验步骤

(1) 1,2-二苯乙烯的合成

在 50mL 二口瓶上安装球形冷凝管和恒压滴液漏斗，在反应瓶中加入 1.0g 新蒸的苯甲醛，3.8g 实验 54 制备的苄基三苯基鏻盐和 10mL 二氯甲烷。开动磁力搅拌器，加热缓慢回流，在恒压滴液漏斗中加入 5mL 50%的氢氧化钠水溶液，并且慢慢滴加到反应瓶中，加完后，继续回流 30min。

当反应瓶冷却至室温后，移入分液漏斗中，分别用10mL水和15mL饱和硫酸钠水溶液洗涤有机相，最后用水洗至中性。分出有机相至干燥并且干净的锥形瓶中，用无水硫酸钠进行干燥，不断摇动锥形瓶。如果溶液浑浊，再加入少量干燥剂。通过旋转蒸发仪除去体系中的二氯甲烷。粗产物可进行^{1}H NMR分析，确定所得烯烃的立体异构比例。

(2) (*E*)-1,2-二苯乙烯的制备

在25mL圆底烧瓶中加入少量经过干燥的二氯甲烷、75mg碘和上述混合烯烃。磁力搅拌下，用150W红外灯照射1h。将反应物转移至分液漏斗中，用5mL饱和亚硫酸氢钠水溶液洗涤有机相，使有机相脱色，分出有机相至锥形瓶中，用无水硫酸钠进行干燥，不断摇动锥形瓶。如果溶液浑浊，再加入少量干燥剂。通过旋转蒸发仪除去体系中的二氯甲烷。可进行^{1}H NMR分析，确定(*E*)-1,2-二苯乙烯的纯度。

粗产物可用95%的乙醇重结晶，空气干燥后，称重，计算产率并测定产物的熔点。将所得的(*E*)-1,2-二苯乙烯进行红外光谱和^{1}H NMR分析，并与标准谱图和(*Z*)-1,2-二苯乙烯的谱图进行比较。

图5-40(a)和(b)分别为(*Z*)-1,2-二苯乙烯和(*E*)-1,2-二苯乙烯的红外光谱图和^{1}H NMR谱图。它们的^{13}C NMR的δ分别为127.3,128.4,129.1,130.5,137.5和126.3,127.8,128.9,129.0,137.6。

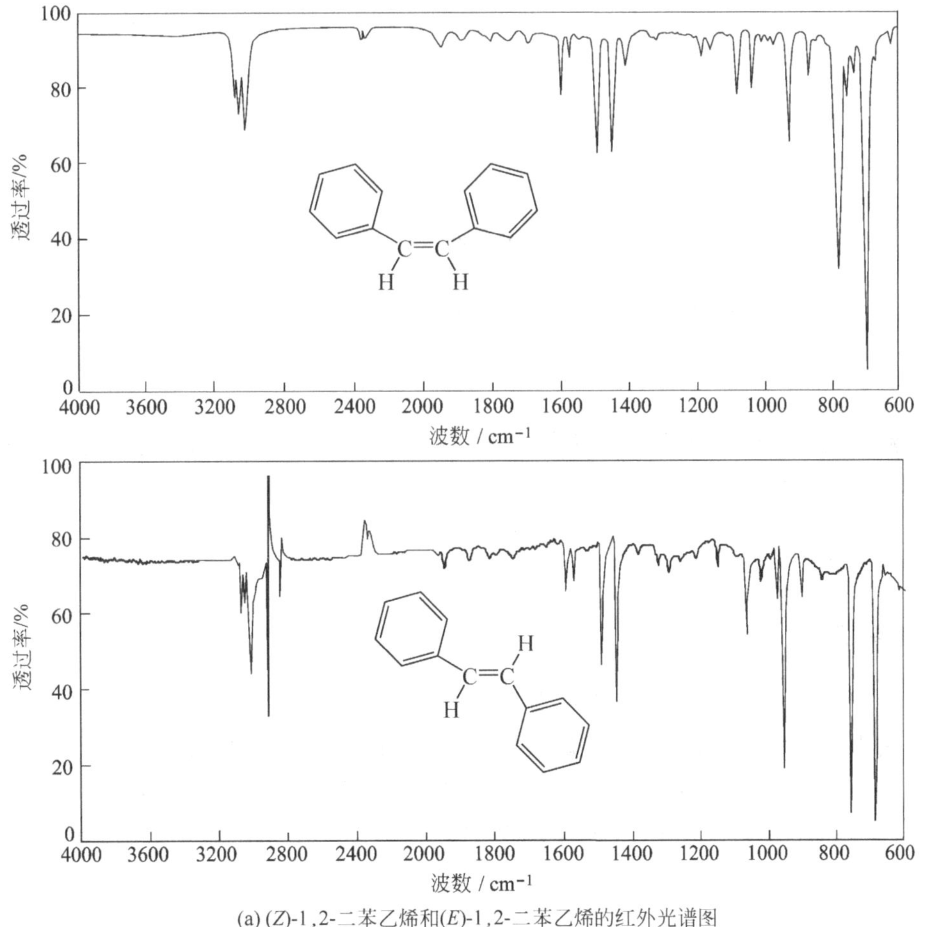

(a) (*Z*)-1,2-二苯乙烯和(*E*)-1,2-二苯乙烯的红外光谱图

图5-40　(*Z*)-1,2-二苯乙烯和(*E*)-1,2-二苯乙烯的谱图

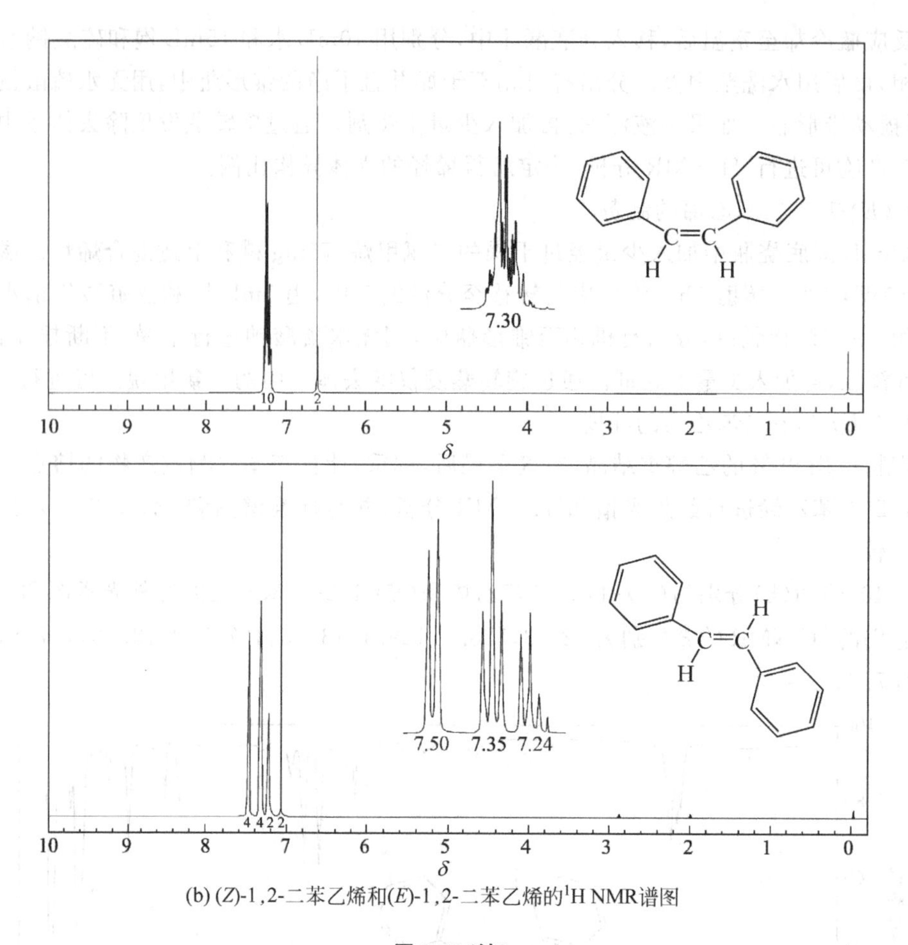

(b) (Z)-1,2-二苯乙烯和(E)-1,2-二苯乙烯的¹H NMR谱图

图 5-40(续)

纯(E)-1,2-二苯乙烯,mp：124℃，bp：206～207℃，d_4^{20}：0.9700。

5. 注意事项

(1) 滴加氢氧化钠溶液时,加快搅拌,可提高反应收率。应防止氢氧化钠触及皮肤,一旦发生,立即用大量水清洗。

(2) 禁止碘暴露在空气中并防止其触及皮肤。

(3) 注意防止水溅到红外灯上。

6. 思考题

(1) 为什么在魏梯希反应中要除去苯甲醛中含有的苯甲酸?

(2) 指出反应后处理中用饱和亚硫酸氢钠溶液洗涤粗产物的目的。

(3) 写出在碘存在下,(Z)-1,2-二苯乙烯光化异构化生成(E)-1,2-二苯乙烯的反应机理。

(4) 讨论观察到的(Z)-1,2-二苯乙烯和(E)-1,2-二苯乙烯红外光谱和核磁共振谱图的差异。

5.2.7 其他类型综合性实验

实验73 氢化肉桂酸(3-苯基丙酸)的合成

烯烃与氢发生加成反应，生成烷烃，并放出一定的热量。烯烃与氢的加成需要很高的活化能，事实上，二者较难反应。但使用催化剂可以降低活化能，使反应容易进行。适于氢化的催化剂有铂、钯、铑、钌、镍，这些金属都不溶于有机溶剂，称为异相催化剂。

通过把过渡金属钯、铂、钌、铑、镍等制成不同形式的催化剂进行催化氢化，是广泛采用、比较容易进行的方法。催化剂的活性与金属种类以及催化剂的制备方法有关，一般催化剂活性按 Pt＞Pd＞Pu＝Rh＞Ni 的次序。氢化速率随着双键上取代基的数目、取代基的体积大小以及取代基电子效应的不同而不同。一般，双键上取代基数目越多，体积越大，双键对催化剂的吸附作用越小，反应速率也越慢。当双键上有吸电子基团时会使反应的活性降低。

实验室中常用的异相催化剂有氧化铂、钯炭、兰尼镍(RaneyNi)。兰尼镍是一种价格便宜、制备方法简单、活性也较理想的催化剂。钯炭催化剂的性能比兰尼镍要好，并且可以重复使用多次。目前在实验室也经常使用能溶于有机溶剂的均相催化剂，这种催化剂的好处是，避免了前者可能使烯烃重排、分解的缺点。这种催化剂包括氯化铑或氯化钌与三苯基膦的络合物，例如，$[(C_6H_5)_3P]_3RuClH$，$[(C_6H_5)_3P]_3RhCl$。均相催化剂的发现在有机合成中是一个很大的进展。

烯烃的催化加氢反应机制，一般公认的是氢和烯烃都被吸附在催化剂的表面上，氢分子在催化剂上发生键的断裂，形成活泼的氢原子，氢原子与双键的碳原子结合，形成碳游离基，它再与氢原子结合被还原成烷烃，然后马上脱离催化剂表面。氢的加成多数是顺式加成。

此外，由于催化加氢反应为三相反应，即气相(氢气)、固相(催化剂)、液相(溶剂和溶解在溶剂中的样品)，故反应时，分子相互间的接触碰撞的机会相对较少。因此，除了催化剂活性是影响反应速度的关键因素以外，搅拌的强度和均匀程度也是影响反应速度的关键因素。

1. 实验目的

(1) 学习氢化反应的基本原理和操作。
(2) 了解影响制备镍催化剂活性的因素。
(3) 学习加氢体系的安装以及气密性的检查。

2. 反应原理

$$2Ni\text{-}Al + 2NaOH + 2H_2O \longrightarrow 2Ni + 2NaAlO_2 + 3H_2\uparrow$$

$$C_6H_5CH{=}CHCOOH + H_2 \xrightarrow{Ni} C_6H_5CH_2CH_2COOH$$

3. 主要药品与仪器

(1) 药品：肉桂酸、镍铝合金(含镍 40%～50%)、氢氧化钠、无水乙醇、蒸馏水、氢气。

(2) 仪器：100mL 烧杯、50mL 二口圆底烧瓶、50mL 单口圆底烧瓶、玻璃棒、抽滤瓶、布氏漏斗、加氢系统装置、直形冷凝管、蒸馏头、尾接管、培养皿、红外灯、电磁搅拌器、加热套等。

4. 实验步骤

(1) 兰尼镍的制备

在 100mL 烧杯中，加入 1.5g 镍铝合金和 15mL 蒸馏水，开动搅拌器连续搅拌，将 2g 氢氧化钠分批缓慢加入到烧杯中，加碱的速度以泡沫不溢出为准。反应过程比较激烈，有 H_2 逸出，应注意防火。加完后再搅拌 10min，在 55℃水浴下继续反应 30min。倾倒出上层清液，采用倾倒法用蒸馏水洗涤接近中性，再用 9mL 无水乙醇分 3 次洗涤，然后将制备好的催化剂倒入氢化瓶中，加入少量乙醇覆盖备用。

(2) 氢化肉桂酸的制备

按图 5-41 将反应装置搭好。向氢化瓶加入 1g 肉桂酸、15mL 无水乙醇，振荡使固体溶解。

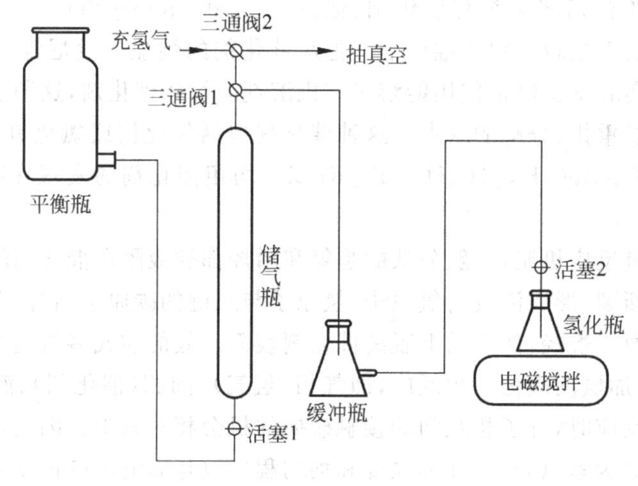

图 5-41　催化加氢装置图

检查装置是否漏气：打开水泵，抽真空，观察压力计是否变化，若装置漏气应排除后再继续下面的步骤。

排除装置中的空气：将储气瓶中充满水，关上活塞 1，打开活塞 2，将三通阀 1 全部打开，在三通阀 2 处将抽气与加氢系统打开，充气系统关闭。打开水泵抽气，将装置内空气抽净，待真空表所显示压力稳定后，在三通阀 2 处将抽气系统关闭，充气系统打开。打开氢气袋上的阀门，使装置内充满氢气。以上操作反复 2～3 次，即可将装置内空气赶尽。

关闭活塞 2，降低平衡瓶的位置。打开活塞 1，边充气边降低储气瓶中的水位，待气体充到一定体积后(根据理想气体方程式计算出理论用气量，再多加 100～150mL)。关上充气阀，将三通阀 1 处于储气系统与氢化系统打开状态，抽充气系统关闭。

将平衡瓶与储气瓶水位持平，记录储气瓶内氢气的体积，然后将平衡瓶放回原位。打开活塞 2，开动搅拌器，进行氢化反应。在反应过程中，应定时记录氢气的消耗量(测量氢气消耗量时，平衡瓶水位应与储气瓶水位持平)。当氢气消耗量不变时，氢化反应结束(约 2h)。

抽滤，将催化剂去除，注意不要抽得太干，以防催化剂自燃。取出滤液，用常压蒸馏蒸出乙醇，剩余 1～2mL 溶液趁热倒在培养皿上，冷却后得到白色(略带绿色)蜡片状固体，熔点为

46～48℃。利用红外光谱检验产品。

纯氢化肉桂酸(hydrocinnamic acid),mp：48～49℃,bp：280℃,d_4^{20}：1.0710。

5. 注意事项

(1) 处理条件不同时,所得催化剂活性不同。本方法制得的是高活性碱性兰尼镍。制好后取一小粒,放在纸上待溶剂干后应可自燃,否则要重新制备。新制备的催化剂应马上放入氢化瓶,用乙醇覆盖住备用。

(2) 在制备催化剂的过程中严禁兰尼镍与自来水接触。

(3) 使用过的催化剂不要随便乱倒,应倒在老师指定的容器内。

(4) 在抽气、充气过程中,要充分熟悉三通阀的方向,切不要搞错。

(5) 在整个实验中,应避免有明火存在,以防着火、爆炸事故发生。

6. 思考题

(1) 在制备催化剂时,为什么不能使用自来水?

(2) 使用过的催化剂为什么不能随便乱倒? 乱倒会出现什么后果?

(3) 本实验应如何计算产率?

实验 74　鲁米诺的制备与性质实验

鲁米诺(luminol)又被称为发光氨,英文名称 5-amino-2,3-dihvdro-1,4phthalazine-dione。它在常温下是黄色晶体或者米黄色粉末,是一种比较稳定的化学试剂,同时,又是强酸,对眼睛、皮肤、呼吸道都有一定的刺激作用。

鲁米诺早在 1853 年就被合成出来了。1928 年,化学家首次发现这种化合物有一个奇妙的特性,它被氧化时能发出蓝光。几年以后,就有人想到利用这种特性去检测血迹。血液中含有血红蛋白,人们从空气中吸入的氧气就是靠这种蛋白质输送到全身各部分的。血红蛋白含有铁,而铁能催化过氧化氢的分解,让过氧化氢变成水和单氧,单氧再氧化鲁米诺让它发光。在检验血痕时,鲁米诺与血红素(hemoglobin,血红蛋白中负责运输氧的一种蛋白质)发生反应,显出蓝绿色的荧光。这种检测方法极为灵敏,能检测只有百万分之一含量的血,即使血液浓度很稀也能被检测出来。

在法医学上,鲁米诺反应又叫氨基苯二酰一肼反应,可以鉴别经过擦洗、很久以前的血痕。生物学上则使用鲁米诺来检测细胞中的铜、铁及氰化物的存在。

1. 实验目的

(1) 学习鲁米诺的制备原理和实验方法。

(2) 了解鲁米诺化学发光的原理。

2. 反应原理

本实验以 3-硝基-邻苯二甲酸和肼作为原料,经过胺解,然后再将硝基还原为氨基,制得目标产物鲁米诺。其反应如下:

$$\text{NO}_2\text{-C}_6\text{H}_3(\text{COOH})_2 + \text{NH}_2\text{NH}_2 \xrightarrow[-2\text{H}_2\text{O}]{\triangle} \text{NO}_2\text{-C}_6\text{H}_3(\text{CO})_2(\text{NH})_2 \xrightarrow{\text{Na}_2\text{S}_2\text{O}_4} \text{NH}_2\text{-C}_6\text{H}_3(\text{CO})_2(\text{NH})_2$$

然后研究其化学发光特性。

3. 主要药品与仪器

(1) 药品：3-硝基-邻苯二甲酸、10%水合肼、一缩二乙二醇、10%氢氧化钠水溶液、二水合连二亚硫酸钠、冰醋酸、氢氧化钾、二甲亚砜。

(2) 仪器：三口瓶、球形冷凝管、温度计、安全瓶、烧杯、锥形瓶、布氏漏斗。

4. 实验步骤

(1) 3-硝基-邻苯二甲酰肼的合成。

在 50mL 三口瓶中加入 2g(约 9.5mmol) 3-硝基邻苯二甲酸和 4mL 10%水合肼，用电热套加热至固体溶解后，再加入 5mL 一缩二乙二醇，将三口瓶垂直固定在铁架台上，加入沸石并插入温度计和球形冷凝管，将三口瓶的一支口通过安全瓶与水泵相连。打开水泵，并加热三口反应瓶，瓶内反应物剧烈沸腾，蒸出的水蒸气由导管抽走。大约 5min 后，温度快速升至 160℃以上，继续加热，使反应温度维持在 160～168℃，约 2min，溶液呈深红色，停止加热，用余温继续反应。当溶液中出现黄色固体时，打开安全瓶上活塞使反应体系与大气相通，停止抽气。加入 20mL 热水，让反应液冷却至室温，过滤，收集黄色晶体，即得到 3-硝基-邻苯二甲酰肼中间体，得到的中间体可以直接进行下一步反应。

(2) 3-胺基-邻苯二甲酰肼(鲁米诺)的合成

将中间体转入 50mL 小烧杯中，加入 10mL 10%氢氧化钠，搅拌使固体溶解，分次加入 6g 二水合连二亚硫酸钠，然后加热至沸腾并不断搅拌，保持 5min，稍冷后，加入 3.5mL 冰醋酸，继而在冷水浴中冷却至室温，有大量浅黄色晶体析出，过滤、洗涤后收集产物 3-胺基-邻苯二甲酰肼，即鲁米诺，产量约 1g，测定熔点。

纯鲁米诺为浅黄色晶体，mp：319～320℃。

图 5-42 为鲁米诺的红外光谱图。

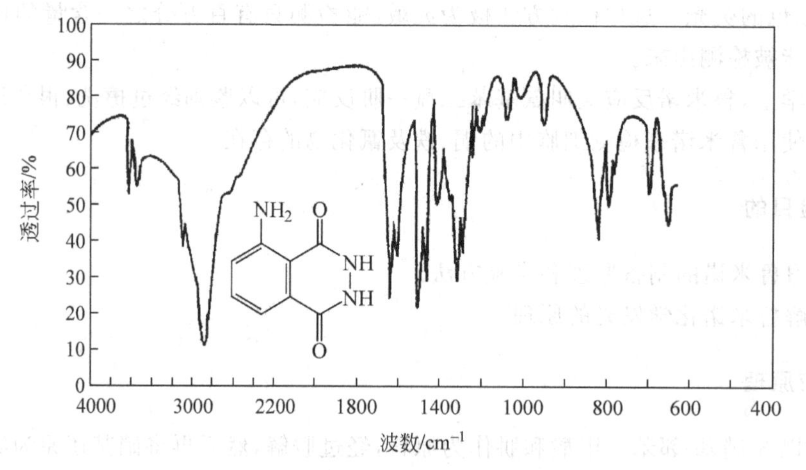

图 5-42　鲁米诺的红外光谱图

(3) 发光反应

在 100mL 锥形瓶中依次加入 3～5g 氢氧化钾、10mL 二甲亚砜和少量(约 0.2g)未经干燥的鲁米诺,加瓶塞。剧烈摇荡使溶液与空气充分接触,此时,在暗处就能观察到锥形瓶中发出的微弱蓝色荧光。继续摇荡并不时打开瓶塞让新鲜空气进入瓶内,瓶中的荧光会越来越亮。

若将不同荧光染色剂(1～5mg)分别溶于 2～3mL 水中,并加入到鲁米诺二甲亚砜溶液中就可获得不同颜色的荧光。无染料为蓝白色光,曙红为橙红色,罗丹明 B 为绿色,荧光素为黄绿色。

(4) 验血反应

取 1 滴血放入 50mL 水中,搅拌使溶液变为透明。取少量(约 0.2g)鲁米诺放入锥形瓶中,加水使鲁米诺溶解,加入少量 5%的双氧水。将 1 滴稀释过的血液滴到鲁米诺溶液中,不断搅拌,在暗室中或无光处可以观察到蓝色荧光。

5. 注意事项

(1) 停止加热时,一定要先打开安全瓶上的活塞,使反应体系与大气连通,否则容易发生倒吸。

(2) 本实验也可以用邻苯二甲酸酐为原料,经过硝化可以得到 3-硝基-邻苯二甲酸和 4-硝基-邻苯二甲酸的混合物,经过用水溶解混合物得到纯的 3-硝基-邻苯二甲酸。具体操作:取 6g 邻苯二甲酸酐倒入 100mL 的三口瓶中,依次加入 25mL 浓硝酸和 50mL 浓硫酸,搅拌直至原料溶解。在三口瓶上加球形冷凝管和温度计,边搅拌边加热,使混合液温度控制在 100～110℃,维持反应约 30min。停止加热,冷却反应液至室温。在 200mL 的烧瓶中加入 40mL 的冷水,将反应液慢慢地边搅拌边倒入其中。当有固体出现时将烧瓶放入冰-水浴中冷却,再向混合液中加入 10mL 冷水,搅拌,使 4-硝基-邻苯二甲酸充分溶于水中。抽滤,收集固体即得到 3-硝基-邻苯二甲酸。

纯 3-硝基-邻苯二甲酸,mp: 270～272℃。

(3) 也可以用二缩三乙二醇为溶剂。

(4) 鲁米诺在碱性溶液中转变为 2 价负离子,当与氧发生反应时,生成一种过氧化物,这种过氧化物不稳定而发生分解,形成具有发光性能的激发态中间体:

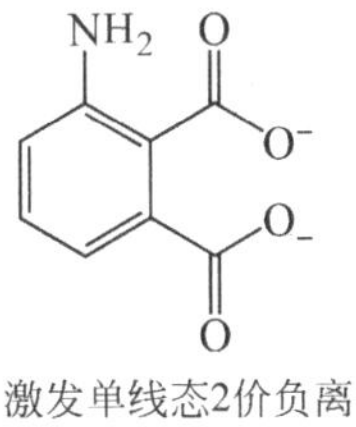

NH_2　O　O^-　O^-　O

激发单线态2价负离子

当激发单线态离子返回基态时就会产生荧光。

6. 思考题

(1) 用反应式将上述鲁米诺的发光原理表示出来。

(2) 本实验在做鲁米诺发光演示时,为什么要不时打开瓶盖剧烈振摇?

(3) 试写出用邻苯二甲酸酐制备 3-硝基-邻苯二甲酸的反应式。

实验 75　环己烷杯[4]吡咯的合成

杯[4]吡咯类化合物是很有潜力的阴离子和中性分子受体，最近几年引起人们的研究兴趣。从结构上来看，这种由 4 个(有些可以到 6 个)吡咯与醛、酮缩合形成的环状大分子结构对称，是良好的金属有机化合物的配体，可能产生功能性分子。对这类分子进行修饰改造，可以在催化、电化学传感器、分子识别等领域得到新的应用。

1. 实验目的

(1) 学习大环化合物的制备方法和基本原理。

(2) 巩固有机化学实验的基本操作。

2. 反应原理

醛、酮与吡咯在酸性条件下可以生成 4 个或 6 个吡咯和醛、酮的大环化合物。以吡咯和环己酮为例，其反应式如下：

$$\text{吡咯} + \text{环己酮} \xrightarrow{EtOH,HCl} \text{环己烷杯[4]吡咯} + H_2O$$

3. 主要药品与仪器

(1) 药品：新蒸的吡咯、环己酮、无水乙醇、浓 HCl、浓硫酸、乙酸乙酯、氯仿。

(2) 仪器：三口瓶、恒压滴液漏斗、球形冷凝管、圆底烧瓶、直形冷凝管、单股接引管、接收瓶、蒸馏头、吸滤瓶、布氏漏斗、电磁搅拌器等。

4. 实验步骤

将 100mL 三口瓶置于冰-水浴中，3 个口分别装上恒压滴液漏斗、球形冷凝管。在三口瓶中加入 15mL 乙醇、2.2mL 环己酮和 0.2mL 浓 HCl(直接通 HCl 气体更佳，可以避免在体系中引入不必要的水分)。在搅拌下，滴加 1.5mL 吡咯。反应可以在 1～2min 内完成，并放出大量的热。产生白色或粉色粉末状固体，抽滤，得到产品。若颜色较红，可用乙醇稍洗。干燥，称重，计算产率，产率约 90%。可用一定量的乙酸乙酯进行重结晶，得到白色片状晶体，熔点 295℃。

图 5-43(a)和(b)分别为环己烷杯[4]吡咯的红外光谱和 ^1H NMR 谱图。

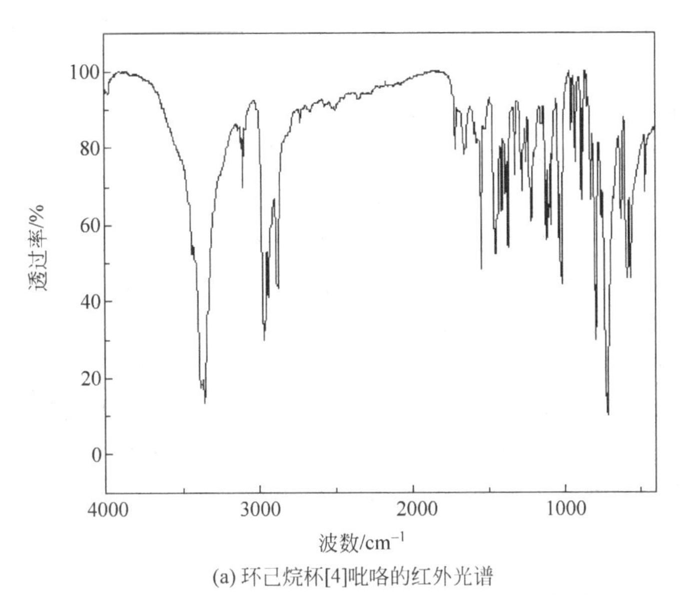

(a) 环己烷杯[4]吡咯的红外光谱

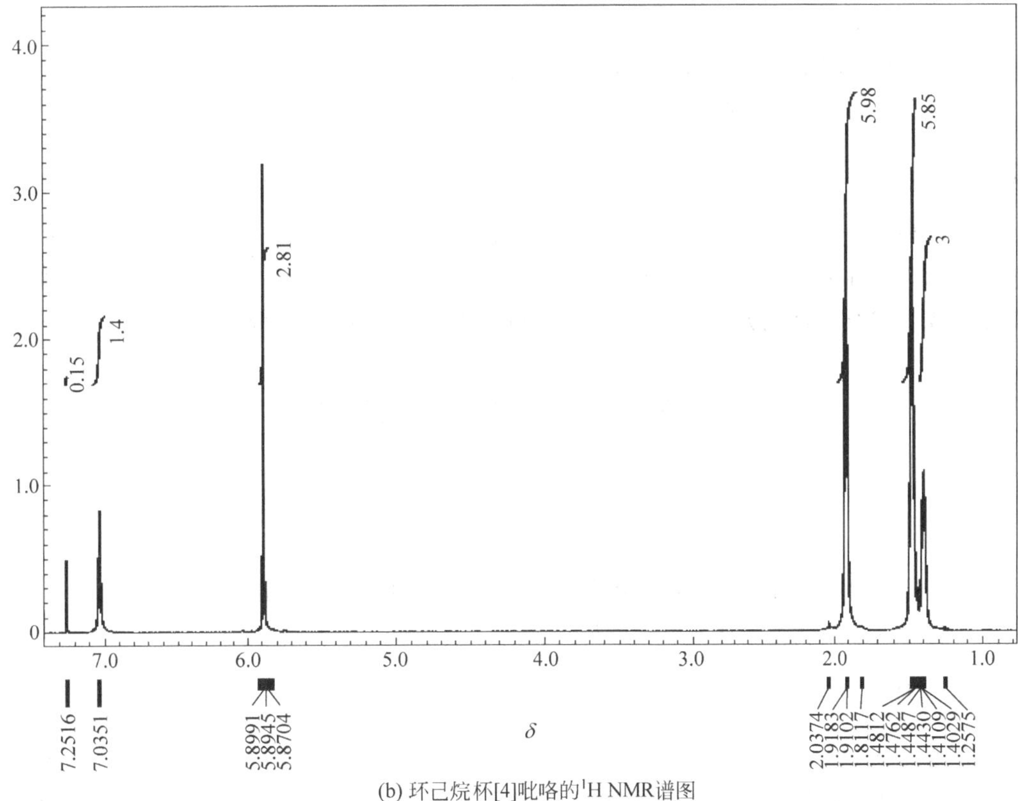

(b) 环己烷杯[4]吡咯的^{1}H NMR谱图

图 5-43　环己烷[4]吡咯的谱图

5. 注意事项

(1) 利用本方法得到的粗产品产率可以达到90%，重结晶后仍可以达到70%，产量很高。反应时间很短，几乎不需等待。

(2) 在合成过程中，乙醇对于产品的溶解度较低，使得大部分产品能够析出。同时乙醇又能溶解一部分反应中产生的高聚物(反应液常呈红色,含有聚合产物),使得产品纯度较好。利用此法得到的产品,可以直接进行核磁共振的测定,谱图中未见明显杂质峰。

(3) 水的存在不利于反应的进行,可能的原因是环己烷和吡咯在水中的溶解度很小,尤其是在酸性条件下形成了水包裹着的乳浊液,阻碍了反应物之间的接触,也造成了反应物在体系中分散不均,使得局部产生线性聚合物,而影响反应的进行。

(4) 该聚合反应是一个很强的放热反应。在冰-水浴下进行该反应,产率略有提高,纯度稍好,反应液红色较浅。加热会导致大量的粘性聚合物产生,对反应不利。

(5) 增加酸的浓度,反应液红色加深,反应速率过快,产生固体红色变深,夹带有少量粘稠状聚合物;降低酸的浓度,反应略为减慢。酸的加入量一般控制在0.5～2mL比较合适。

(6) 该物质在270℃左右有升华现象。凝固时,在显微镜下可见到针状晶体。在乙酸乙酯中进行重结晶,可析出方形片状晶体。该物质几乎不溶于水,在乙醇中溶解度也较小。在三氯甲烷和四氢呋喃等强极性有机溶剂中溶解度很大。

6. 思考题

(1) 试画出本反应的反应机理图。

(2) 酸在本反应中是如何催化反应进行的?

(3) 本反应的主要副反应是什么?

5.2.8　高分子聚合物

高分子聚合物是具有高分子质量的一类化合物。其相对分子质量可以从几千到几百万,一般是由称为单体的物质(简单重复结构单元)构成。聚合物可来源于自然界,也可由实验室或工业合成。聚合物合成方法很多,但主要是链式聚合和逐步聚合两种方法。

实验76　聚苯乙烯的制备

1. 实验目的

(1) 学习自由基聚合反应的反应历程,了解常见的自由基引发剂。

(2) 掌握实验室制备简单聚合物的操作方法。

2. 反应原理

聚苯乙烯(polystyrene)是重要的高分子化工产品。由苯乙烯通过热或自由基引发剂合成聚苯乙烯的过程是典型的自由基链式反应,其机理与烃类自由基的卤化反应相类似。本实验采用一种热引发剂分解来启动,所用的引发剂为叔丁基过氧化苯甲酰。当加热时,该化合物分解产生两个自由基。如果用In·表示该类自由基,苯乙烯链式聚合的过程可表示如下:

链引发:

$$(CH_3)_3CO{-}OCOC_6H_5 \xrightarrow{\text{热}} (CH_3)_3CO\cdot + \cdot OCOC_6H_5$$

$$In\cdot + CH_2{=}CH{-}Ph \longrightarrow In{-}CH_2{-}\dot{C}H{-}Ph$$

链增长：

$$\mathrm{In{-}CH_2\dot{C}H(Ph)} + n\mathrm{CH_2{=}CH{-}Ph} \longrightarrow \mathrm{In{+}CH_2CH(Ph){+}_n CH_2\dot{C}H(Ph)}$$

链终止：

$$2\mathrm{In{+}CH_2CH(Ph){+}_n CH_2\dot{C}H(Ph)} \longrightarrow \mathrm{In{+}CH_2CH(Ph){+}_n CH_2CH(Ph){-}}$$

$$\mathrm{{-}CH(Ph)CH_2{+}CH(Ph)CH_2{+}_n In} + \mathrm{In{+}CH_2CH(Ph){+}_n CH_2CH_2Ph}$$

$$+\ \mathrm{{-}In{+}CH_2CH(Ph){+}_n CH{=}CHPh}$$

3. 主要药品与仪器

(1) 药品：苯乙烯、氢氧化钠、无水氯化钙、叔丁基过氧化苯甲酰、二甲苯、甲醇。

(2) 仪器：分液漏斗、锥形瓶、软质玻璃试管、滴管、温度计、圆底烧瓶、回流冷凝管、加热套、表面皿等。

4. 实验步骤

(1) 苯乙烯的解聚

为了防止苯乙烯单体在储存和运输过程中自聚，常常加入一些酚类化合物作为自由基聚合的阻聚剂，在聚合前需要将其除去。除去的方法是：取约 10mL 的苯乙烯于分液漏斗中，加入 10%的氢氧化钠溶液 10mL，充分摇动混合物使两层分离，分去水层，用水洗涤有机层 3 次，每次 8mL 水，仔细分去水层，将苯乙烯倾入含有少量无水氯化钙的锥形瓶中干燥，并稍摇动锥形瓶，保持干燥 20min。弃去干燥剂，干燥的苯乙烯用于下列聚合反应(如果有必要，可以将苯乙烯进行减压蒸馏纯化)。

(2) 苯乙烯的本体聚合反应

在一小的软质玻璃试管中放置 2～3mL 干燥苯乙烯，加入 2～3 滴叔丁基过氧化苯甲酰。垂直夹住试管在加热器上加热，试管内插一温度计，水银球触及液面。当温度达到 140℃时暂时移去热源，使体系保持微沸。随着反应的进行，可以观察到沸腾的速度迅速增加。

聚合反应开始后体系温度可达 180～190℃，远高于苯乙烯的沸点。在这期间液体的粘度将迅速增加，一旦体系的温度开始下降，移去温度计。取出温度计时可以观察到生成的聚合物纤维。聚苯乙烯的固化速度取决于所用引发剂的量、反应温度和反应加热的时间。

(3) 苯乙烯的溶液聚合反应

在 25mL 圆底烧瓶中加入 2～3mL 干燥苯乙烯和 5mL 二甲苯，用滴管滴入7～8 滴叔丁基过氧化苯甲酰。安装加热回流装置，加热回流 20～30min。将溶液冷却至室温，将其中二分之一倾入 25mL 甲醇中使其沉淀，使固、液分离。得到的聚苯乙烯在强烈的搅拌下于新鲜甲醇中再悬浮，过滤收集聚苯乙烯并在通风橱中干燥。

将另一半聚苯乙烯溶液倒在玻璃表皿或大口烧杯中，于通风橱中使溶剂挥发，可以得到透明的聚苯乙烯薄膜。称重所得的聚合物，计算转化率。测定苯乙烯和聚苯乙烯的红外光谱。

5. 思考题

(1) 写出叔丁基邻苯二酚(TBC)与链自由基反应的反应产物和可能的反应机理。
(2) 讨论醇类(如环己醇)能否作为自由基聚合的捕获剂，两者的氢原子有何差异？
(3) 写出氢氧化钠水溶液从苯乙烯中萃取除去叔丁基邻苯二酚的反应历程。
(4) 在一定反应温度条件下，减少引发剂的用量对聚苯乙烯的分子质量产生什么影响？
(5) 讨论苯乙烯和聚苯乙烯红外光谱和^{1}H NMR 谱的差异。

实验 77　聚邻苯二甲酸乙二醇酯的制备

1. 实验目的

(1) 学习和掌握逐步增长聚合反应的反应历程，了解不同聚合反应的区别。
(2) 进一步巩固实验室制备少量聚合物的操作方法。

2. 反应原理

逐步增长聚合反应涉及两种或两种以上不同双官能团单体之间的反应，每一单体的官能团之间相互反应生成聚合物，例如本实验以二元酸和二元醇在酸催化作用下生成聚酯。反应如下：

$$\text{邻苯二甲酸酐} + HOCH_2CH_2OH \longrightarrow HO\overset{O}{\overset{\|}{C}}-C_6H_4-\overset{O}{\overset{\|}{C}}OCH_2CH_2OH$$

$$HOOCCH_2CH_2OH + HO\overset{O}{\overset{\|}{C}}-C_6H_4-\overset{O}{\overset{\|}{C}}OCH_2CH_2OH \longrightarrow \longrightarrow -OCH_2CH_2O\overset{O}{\overset{\|}{C}}-C_6H_4-\overset{O}{\overset{\|}{C}}OCH_2CH_2O- + H_2O$$

该反应由二元酸羧基和二元醇的羟基通过酸催化引发产生酯和一分子水，生成的二聚体中游离的羧基和羟基再与另一单体或二聚体中合适的官能团进一步反应，以该方式重复这一过程，直到所有单体转化为二聚体、三聚体、四聚体，直至聚合物。随着聚合物的增长，形成了新的分子间键并伴随小分子水的产生，这种类型的聚合反应称为逐步聚合反应。

聚合物的逐步增长过程，一方面，要比链式反应过程慢得多，由于这类反应具有较高的活化能，要保持一定的反应速率需要加热进行；另一方面，这类反应都存在一个平衡过程，要使反应向聚合物方向进行，必须不断移去体系中的小分子。值得指出的是，逐步聚合物一般要比链式聚合物的平均分子质量低。

作为逐步聚合反应的一个例子，本实验将制备线形和交联型的聚酯，并比较它们的粘度和脆性。线形聚合物可以通过两种双官能团的单体来制备。

这种线形聚酯是涤纶的一种异构体，它们都属于热塑性的聚合物。如果使用一种多于两个官能团的单体参加反应，聚合物的链可以向多方向增长，形成三维的网状交联的聚酯。例如，用丙三醇代替乙二醇进行聚合会产生交联的热固性聚酯，这种结构通常比线型聚酯更具刚性，广泛用作油漆和涂料。反应如下：

$$C_6H_4(CO)_2O + HOCH_2CH(OH)CH_2OH \longrightarrow HOOC{-}C_6H_4{-}COOCH_2CH(OH)CH_2OH$$

$$HOOCCH_2CH(OH)CH_2OH + HOOC{-}C_6H_4{-}COOCH_2CH(OH)CH_2OH \longrightarrow \longrightarrow {-}OCH_2CH(O{-})CH_2OOC{-}C_6H_4{-}COOCH_2CH(O{-})CH_2O{-} + H_2O$$

3. 主要药品与仪器

(1) 药品：邻苯二甲酸酐、乙酸钠、乙二醇。

(2) 仪器：小试管、加热器。

4. 实验步骤

在两支小试管中同时加入 2g 邻苯二甲酸酐和 0.1g 乙酸钠，在一支试管中加入 0.8mL 乙二醇，另一支试管中加入 0.8mL 丙三醇，将试管置于加热器中缓慢加热至沸腾，可以观察到水蒸气溢出。继续加热 5～10min，停止加热。待试管冷至室温，比较两种聚酯的粘度和物理性质。将聚合物倒在两块玻璃板上或表面皿中观测它们的成膜情况。

5. 思考题

(1) 链式聚合反应和逐步聚合反应的主要差别有哪些？

(2) 举出 2～3 例线型和体型聚合物，并说明它们之间的差异。

(3) 聚酯和聚酰胺在聚合反应动力学上有何差异？

(4) 尼龙-6 是从己内酰胺通过加入少量碱，然后加热到 270℃ 制备的。写出该反应的表达式，提出该反应的机理，并指出它属于链式聚合反应还是逐步聚合反应？

实验 78　聚乙烯醇缩甲醛的合成

聚乙烯醇是维尼纶生产的主要中间产品之一，分子链中每隔一个碳原子有一个羟基，用甲醛对这些羟基进行部分缩醛化处理，所得产品具有初粘性好、粘合力强、储存稳定、不易变质、成本低廉、使用方便等优点。可作为粘合剂和建筑涂料，广泛应用在纸张粘接、书籍装帧、纸盒纸袋生产、办公用胶水等许多方面。

1. 实验目的

(1) 了解缩醛反应在生产实际中的应用。

(2) 掌握聚乙烯醇缩甲醛(polyvinyl formal)的制备方法。

(3) 了解聚乙烯醇缩甲醛的应用。

2. 反应原理

聚乙烯醇在酸性条件下与甲醛缩合生成聚乙烯醇缩甲醛，其反应如下：

$$\sim\sim\sim CH_2\underset{\mathrm{OH}}{\underset{|}{C}H}CH_2\underset{\mathrm{OH}}{\underset{|}{C}H}\sim\sim\sim \xrightarrow[H^+]{HCHO} \sim\sim\sim CH_2\underset{|}{C}HCH_2\underset{|}{C}H\sim\sim\sim \ (\text{O-CH}_2\text{-O})$$

3. 主要药品与仪器

(1) 药品：聚乙烯醇(17-99 或 17-88)、甲醛、盐酸、氨水、香精。

(2) 仪器：三口瓶、球形冷凝管、磁力搅拌器。

4. 实验步骤

在 50mL 二口瓶中加入 0.2g 聚乙烯醇、16mL 水。一个口装上回流冷凝管，另一个口用塞子塞住，水浴加热至 90℃左右并不断搅拌，使聚乙烯醇完全溶解。然后降温至 75℃，加入 10%盐酸，调节 pH＝2.5，加入 37%甲醛 1.4mL，并在 75～80℃下搅拌，反应 60～90min，控制好此过程的温度，随时观察反应物的粘度变化和起泡现象，当反应体系中出现气泡和粘度急剧上升时，停止加热并立即加入氨水中和，调节 pH＝7 左右，然后再加入 12mL 水和少量香精，搅拌均匀。降温至 40℃以下，出料即得产品。

5. 注意事项

(1) 聚乙烯醇可用 17-99 (聚合度 1700，皂化度 99%)，也可用 17-88(聚合度 1700，皂化度 88%)的。

(2) 加热时需用水浴，否则聚乙烯醇会出现碳化现象。

(3) 注意控制好反应温度和时间，过度缩合，反应物将失去粘合力。

6. 思考题

(1) 对聚乙烯醇进行缩醛化处理有何实际意义？

(2) 反应先后调节 pH 的作用是什么？

(3) 缩合过程中为什么要严格控制温度和时间？

5.2.9 离子液体与表面活性剂

离子液体是由带正电的离子和带负电的离子组成的化合物，一般在低于 100℃时，呈粘稠的带有熔盐性质的液体状态。早在 19 世纪，科学家就在研究离子液体，但当时没有引起人们的广泛兴趣。20世纪70年代初，美国空军学院的科学家威尔克斯开始倾心研究离子液体，以尝试为导弹和空间探测器开发更好的电池。他在研究中发现，一种离子液体可用作电池的液态电解质。到了20世纪90年代末，已有许多科学家参与离子液体的研究。

离子液体的发明者梅斯等人最近发现，离子液体不仅是一种绿色溶剂，它还可用作新材料生产过程中的酶催化剂。威尔克斯最近还发现，离子液体还可以用于处理废旧轮胎，回收其中的聚合物。科学家最近的研究成果还表明，用离子液体可有效地提取工业废气中的二氧化碳。

与典型的有机溶剂不一样，在离子液体中没有电中性的分子，100％是阴离子和阳离子，具有良好的热稳定性和导电性，在很大程度上允许动力学控制。对大多数无机物、有机物和高分子材料来说，离子液体是优良的溶剂和催化剂。离子液体具有无味、无恶臭、无污染、不易燃、易与产物分离、易回收、可反复多次循环使用并且使用方便等优点，是传统挥发性溶剂的理想替代品，它有效地避免了传统有机溶剂在使用过程中所造成的环境污染、对人体健康的影响、使用过程的安全以及设备腐蚀等问题，因此是环境友好的绿色溶剂，适合于当前所倡导的清洁技术和可持续发展的要求，已经越来越被人们广泛认可和接受。

离子液体种类繁多，改变阳离子和阴离子的不同组合，可以设计合成出不同的离子液体。一般阳离子为有机成分，并根据阳离子的不同来分类。离子液体中常见的阳离子类型有烷基铵阳离子、烷基鏻阳离子、*N*-烷基吡啶阳离子和*N*,*N'*-二烷基咪唑阳离子等，其中最常见的为*N*，*N'*-二烷基咪唑阳离子。

表面活性剂是由疏水基团和亲水基团组成的能显著降低液体表面张力的化合物。其分子的一端有较长的非极性烃链，不溶于水能溶于油类，称为亲油基或疏水基；另一端是较短的极性基团，能溶于水但不溶于油类物质，称为亲水基或疏油基。这2个基团不仅具有防止油、水两相互相排斥的功能，而且它能被吸附于界面之间，呈现出特有的界面活性，在浓度极低的条件下，能显著改变界面物质的性质。

表面活性剂按极性基团的解离性质，可分为①阴离子表面活性剂，主要有硬脂酸、十二烷基苯磺酸钠；②阳离子表面活性剂，主要有季铵盐类化合物；③两性离子表面活性剂，主要有卵磷脂、氨基酸型、甜菜碱型化合物；④非离子表面活性剂，主要有脂肪酸甘油酯、脂肪酸山梨坦（司盘）、聚山梨酯（吐温）。

由于表面活性剂的特殊性质使得它的应用非常广泛，实验室常用的相转移催化剂也是表面活性剂，有些离子液体也具有表面活性剂的性质，可以作为表面活性剂来使用。在工业上，表面活性剂的应用几乎覆盖了所有的精细化工领域。

实验79 溴化*N*-十六烷基-*N'*-甲基咪唑的合成

溴化*N*-十六烷基-*N'*-甲基咪唑在水溶液中可以形成带正电荷的胶束，是一种很好的离子液体，可以作为表面活性剂使用，也是很好的制备孔型材料的有机原料。

1. 实验目的

(1) 学习和了解离子液体的基本知识和合成方法。

(2) 掌握利用微波进行反应的方法。

2. 反应原理

溴化 N-十六烷基-N'-甲基咪唑是由 N-甲基咪唑和溴代十六烷，在加热回流或微波作用下完成。其反应式如下：

$$\text{N-甲基咪唑} + CH_3(CH_2)_{14}CH_2Br \longrightarrow [\text{H}_3\text{C-咪唑}^+\text{-}(CH_2)_{14}CH_2CH_3]Br^-$$

传统的制备方法是采用在溶剂中加热回流。此方法需使用大量有机溶剂，并且反应时间长（约 10h）。本次实验采用无溶剂间歇式微波法制取，与常规加热法相比较不但节约了溶剂，而且大大缩短了反应时间，提高了收率，使操作更加简便易行。

3. 主要药品与仪器

(1) 药品：N-甲基咪唑（$C_4H_6N_2$，分析纯）、溴代十六烷（$C_{16}H_{33}Br$，分析纯）、四氢呋喃、氢氧化钠、无水乙醇。

(2) 仪器：圆底烧瓶、锥形瓶（50mL）、三口瓶（250mL）、回流冷凝管，温度计（150℃）及温度计套管、培养皿、烧杯（100mL）、量筒（5mL，10mL，50mL）、电热套、电磁搅拌器、磁子、真空干燥箱、玻璃棒、特氟龙衬里不锈钢反应釜、马弗炉（电阻炉）、电子天平、布氏漏斗、抽滤瓶、真空气泵、微波炉。

4. 实验步骤

在 50mL 圆底烧瓶中，加入 1.6mL（约 20mmol）N-甲基咪唑和 6.25mL（约 20mmol）溴代十六烷，开动电磁搅拌，将溶液混合均匀。然后将烧瓶放入微波反应器中，接好冷凝装置，微波功率选择低火，加热 30s，停止加热。从微波反应器中取出反应瓶对混合物进行充分搅拌，使反应物均匀分散，搅拌时间 30s，如此操作重复 6 次。

反应结束后冷却至室温，得到黄色粘稠液体，即离子液体粗产物。将得到的反应产物冷却至室温后，用 25mL 四氢呋喃溶解。然后置于冰-水混合物中冷却结晶。抽滤得到离子液体的固体产物，再用 7.5mL 四氢呋喃分两次洗涤。在 50℃条件下干燥，即可制得纯净的离子液体的晶体，称重，测熔点，产率约 100%。

图 5-44 为溴化 N-十六烷基-N'-甲基咪唑的红外光谱图。

5. 注意事项

(1) 在使用微波反应器加热反应物时，开始应选择低火，以免液体冲出反应体系。

(2) 在室温下搅拌反应物时，由于温度低使反应体系呈粘稠状胶体，可以适当加热。加热时，最好在圆底烧瓶上放上球形冷凝管。

6. 思考题

(1) 根据合成离子液体的基本方法，请设计出 3 种不同用途的离子液体。

(2) 试写出离子液体合成的反应机理。

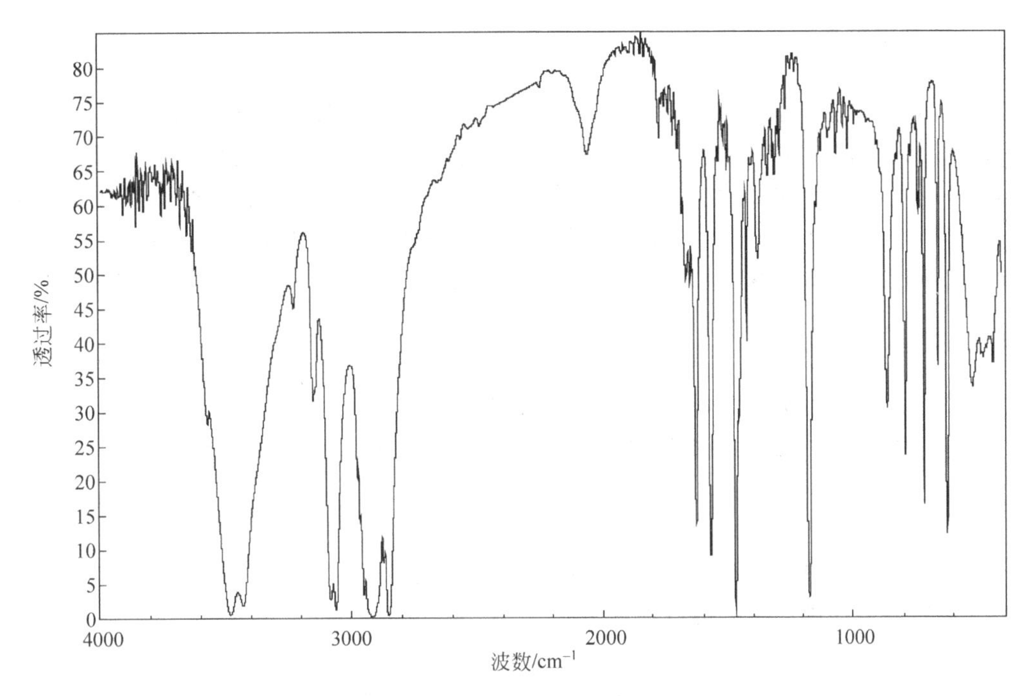

图 5-44　溴化 *N*-十六烷基-*N*′-甲基咪唑的红外光谱图

实验 80　十二烷基硫酸钠的合成

十二烷基硫酸酯钠(lauryl sodium sulface)盐是阴离子表面活性剂的一个典型代表，它的泡沫性能好、去污力强、乳化效力高，能被生物降解、耐酸、耐硬水，但在强酸性溶液中易发生水解，稳定性较磺酸盐差，它被广泛用作水乳型粘合剂、涂料、农药、洗涤剂的乳化剂和分散剂。

1. 实验目的

(1) 了解阴离子表面活性剂的性能及用途。

(2) 掌握高级醇硫酸盐阴离子表面活硅剂的合成方法。

2. 反应原理

十二烷基硫酸钠是用月桂醇与氯磺酸反应，再加碱中和而成的，是一个有机分子硫酸化的过程，即在有机分子中引入—OSO_3H 基，生成 C—O—S 键。其反应式如下：

$$n\text{-}C_{12}H_{25}OH + ClSO_3H \longrightarrow n\text{-}C_{12}H_{25}OSO_3H + HCl$$

$$n\text{-}C_{12}H_{25}OSO_3H + NaOH \longrightarrow n\text{-}C_{12}H_{25}OSO_3Na + H_2O$$

3. 主要药品与仪器

(1) 药品：月桂醇、氯磺酸、氢氧化钠、双氧水。

(2) 仪器：三口瓶、磁力搅拌器、温度计、气体吸收装置、界面张力仪、泡沫测定仪等。

4. 实验步骤

在 50mL 三口瓶中加入 9.3g 月桂醇，装上滴液漏斗、温度计和气体吸收装置的球形冷凝管，开动磁力搅拌器，搅拌。边搅拌边于室温下，通过恒压滴液漏斗慢慢滴加 6.4g 氯磺酸。加完后，在 40～45℃下反应 2h 左右。停止搅拌，冷却反应液至 25℃左右，再慢慢滴加 30%氢氧化钠水溶液，直到反应物呈中性为止。将反应物倒入烧杯中，边搅拌边滴加 50mL 30%的双氧水，搅拌继续反应 30min 得到十二烷基硫酸钠粘稠液体。测定其含量、表面张力和泡沫性能。

5. 注意事项

(1) 因氯磺酸遇水会分解，故所用玻璃仪器必须干燥。
(2) 氯磺酸为腐蚀性很强的酸，使用时必须戴好防护用具，并在通风橱内量取。

6. 思考题

(1) 举出几种常见的阴离子表面活性剂，并写出其结构。
(2) 高级醇硫酸酯盐有哪些特性和用途？

实验 81 十二烷基二甲基甜菜碱的合成

十二烷基二甲基甜菜碱(lauryl dimethyl betaine)是分子中既有阳离子又有阴离子的两性表面活性剂，具有良好的去污、渗透及抗静电的性能。杀菌性能温和、刺激性小，对人体没有伤害。

1. 实验目的

(1) 了解两性表面活性剂的性能及用途。
(2) 了解两性表面活性剂的合成方法。

2. 反应原理

两性表面活性剂离子液体在多数情况下，阳离子部分由铵盐或季铵盐作为亲水基，阴离子部分大多为羧酸盐或磺酸盐。由季铵盐构成的阳离子部分叫甜菜碱型两性表面活性剂，这种物质无论在酸性、碱性或中性条件下都溶于水，在 pH 等于任何值时均可使用。其反应式如下：

$$ClCH_2COONa + C_{12}H_{25}N(CH_3)_2 \longrightarrow C_{12}H_{25}-\overset{\overset{\large CH_3}{|}}{\underset{\underset{\large CH_3}{|}}{N^+}}-CH_2COO^- + NaCl$$

3. 主要药品与仪器

(1) 药品：氯乙酸钠、*N*,*N*-二甲基十二烷基胺、乙醇、盐酸。
(2) 仪器：三口烧瓶、温度计、磁力搅拌器、球形冷凝管、抽滤瓶、布氏漏斗等。

4. 实验步骤

在 25mL 二口瓶中，加入 2.2g *N*，*N*-二甲基十二烷胺、1.2g 氯乙酸钠和 6mL 50%乙醇，装上温度计和球形冷凝管。开动磁力搅拌器和电热套，边搅拌边将反应温度提高到 60～80℃，在此温度下回流至液体成为透明状。停止反应，冷却至室温，在搅拌下慢慢滴加浓盐酸，直至出现乳状液不再消失为止。在冰-水浴中冷却结晶(或放置过夜结晶)，粗产品用 1mL 体积比为 1∶1 的乙醇和水混合液洗涤两次，干燥。

粗产品可以用乙醇∶乙醚的体积比为 2∶1 的混合液重结晶，得到精制的产品，测定熔点，计算产率。

5. 注意事项

(1) 浓盐酸滴加得不能太多，以乳状液不再消失为准。

(2) 洗涤粗产品时溶剂用量不能太大。

6. 思考题

(1) 两性表面活性剂有哪些类型，它们有何用途?

(2) 甜菜碱型两性表面活性剂在性能上有何特点?

5.2.10 天然产物的提取与分离

天然产物种类繁多，广泛存在于自然界中。多数天然产物的提取物具有特殊的生理和药理效能，可用作药物、香料和染料。天然产物的分离、提纯和鉴定是有机化学中十分活跃的研究领域。我国有着独特和丰富的天然中药资源，因而对中药有效成分的分离和研究十分重要。随着现代色谱和波谱技术的发展，对天然产物的分离和鉴定变得更为方便。本节介绍几种较为典型的天然产物的提取与分离方法。

实验 82　咖啡因的提取与提纯

茶叶中含有多种生物碱、丹宁酸、茶多酚、纤维素和蛋白质等物质。咖啡因是其中的一种生物碱，是白色针状结晶，熔点为 234～237℃，100℃失去结晶水，178℃升华，在茶叶中含量为 1%～5%，属于杂环化合物嘌呤的衍生物，化学名称为 1，3，7-三甲基-2，6-二氧嘌呤，结构与茶碱和可可碱相似。这几种物质的结构式如下：

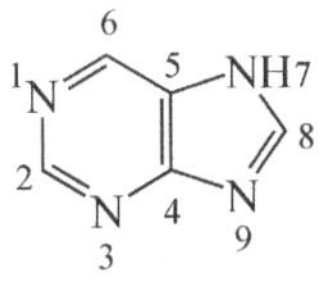

嘌呤(purine) 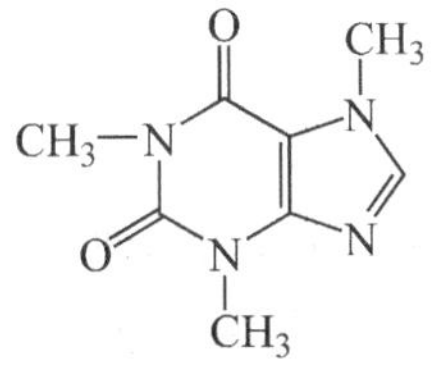　　1,3,7-三甲基-2,6-二氧嘌呤 咖啡因(caffeine)　　茶碱(guanine) 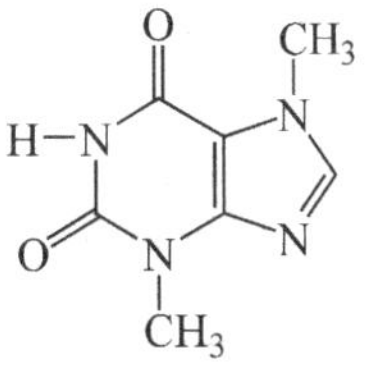　　可可碱(adenine)

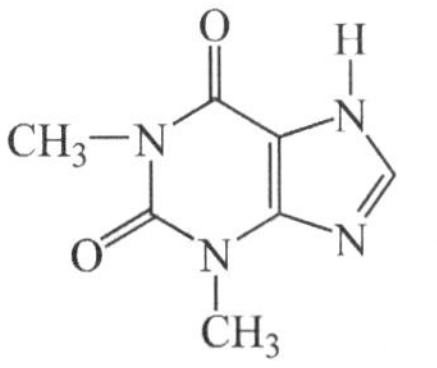

咖啡因不仅可以通过测定熔点和用光谱法加以鉴别，还可以通过制备咖啡因水杨酸盐衍生物进一步得到确认。作为弱碱性化合物，咖啡因可与水杨酸作用生成熔点为 137℃的水杨酸盐：

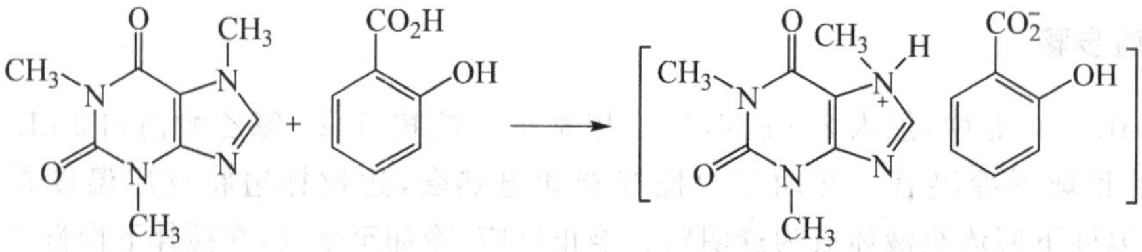

咖啡因 + 水杨酸 → 咖啡因水杨酸盐

咖啡因具有刺激心脏，兴奋中枢神经和利尿的作用，在很多药物中都有应用，如复方阿司匹林(APC)。在工业上，一般用合成的方法得到咖啡因。

1. 实验目的

(1) 学习利用萃取的方法从天然植物中提取有效成分。

(2) 学习液固萃取的基本原理和操作方法。

2. 基本原理

(1) 提取原理

在欲提取的天然植物中加入一种与其不溶或部分互溶的液体萃取剂，形成两相系统，利用天然植物中各组分在萃取剂中的溶解度和分配系数不同的性质，使易溶组分较多地进入溶剂相，从而实现与植物的分离。

提取咖啡因的方法一般有两种：一是利用索氏提取器进行连续提取，二是利用浸取法提取。第一种方法在第 4 章(见实验 18)基本操作实验中已经介绍过，本实验重点介绍浸取法。

(2) 提纯原理

由于咖啡因具有升华的性质，因此利用升华的方法纯化比较方便。升华是利用固体混合物的蒸气压或挥发度不同，将不纯净的固体化合物在固体熔点温度以下加热，利用产物蒸气压高，杂质蒸气压低的特点，使产物不经液体过程而直接气化，遇冷后固化，而杂质则不发生这个过程，达到分离的目的。

3. 主要药品与仪器

(1) 药品：茶叶、无水碳酸钠、二氯甲烷、无水硫酸钠、氧化钙。

(2) 仪器：锥形瓶、球形冷凝管、分液漏斗、量筒、玻璃棒、烧杯、蒸发皿、普通漏斗、圆底烧瓶、冷凝指、电炉、砂浴、试管。

4. 实验步骤

(1) 咖啡因提取

在 50mL 锥形瓶中加入 1.5g 无水碳酸钠和 15mL 水，加热使固体溶解。加入市售的袋泡茶一袋(1.5～2.0g)，在锥形瓶上加球形冷凝管，继续加热使溶液微沸，保持加热 30～40min，停止加热。待溶液冷却后，倒入分液漏斗中，用一玻璃棒尽量将茶袋中液体滗干。用 3mL 二氯甲烷萃取水溶液，分出有机层。水层继续用二氯甲烷萃取 3 次，每次 3mL，合并萃取液。由于溶液中多种物质共存，萃取液有乳化现象，可采用离心方法解决。

取一个普通漏斗，将下面支管口用少量棉花堵住，在棉花上将 2～3g 无水硫酸钠均匀铺开,将萃取液倒入进行过滤。用无水硫酸钠干燥有机相,约 15min,过滤掉干燥剂。用旋转蒸发仪除去溶剂,得灰白色的咖啡因粗品。

(2) 利用升华的方法提纯咖啡

常压升华装置见图 5-45,具体操作见 3.5 节和第 4 章实验 19。

采用减压升华方法提纯时,将干燥好的咖啡因粗品放在一个圆底烧瓶中,将冷凝指插入其中,接好冷凝水和真空泵,装置如图 5-46 所示。用水泵抽滤,注意控制真空度不要太大,待真空度稳定后,开始加热圆底烧瓶底部,进行升华。在此过程中注意控制好温度,以免咖啡因熔融。当所有咖啡因粗品升华到冷凝指底部后,停止加热和抽真空,小心将升华产物刮在称量纸上,称重,计算该茶叶中咖啡因的含量,测定熔点。进行红外光谱的测定并与标准品进行比较。

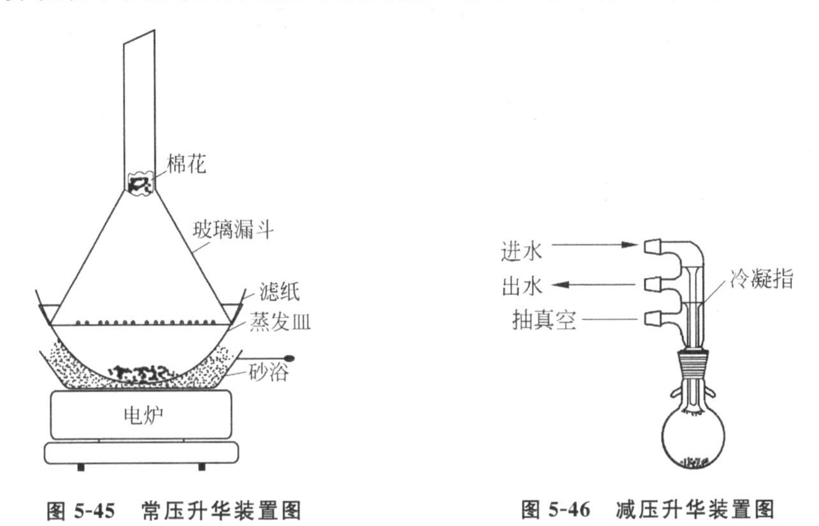

图 5-45 常压升华装置图

图 5-46 减压升华装置图

(3) 咖啡因水杨酸盐衍生物的制备

在试管中加入 50mg 咖啡因、37mg 水杨酸和 4mL 甲苯。在水浴上加热振摇使其溶解,然后加入 1mL 60～90℃的石油醚。在冰浴中冷却结晶。如无结晶析出,可用玻璃棒或刮刀摩擦管壁。用 Craig 管过滤收集产物,测定熔点。纯盐的熔点为 137℃。

纯咖啡因,mp: 234～237℃。

图 5-47 为咖啡因的红外光谱图。

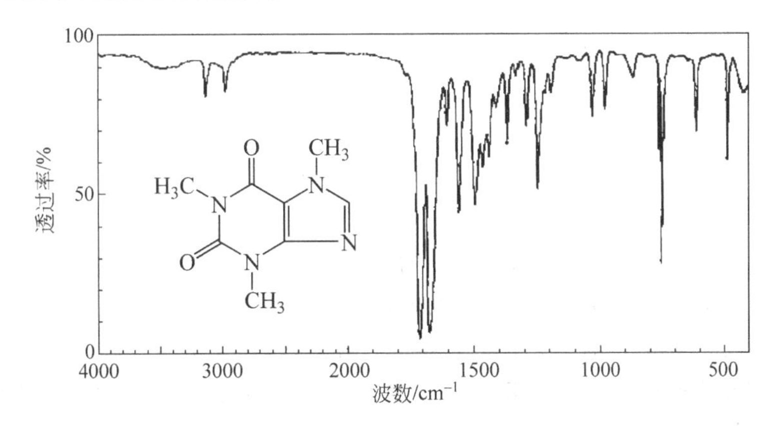

图 5-47 咖啡因的红外光谱图

5. 注意事项

(1) 升华时,加热不易太快,否则样品会碳化。

(2) 制备升华样品时,应将样品干燥彻底,否则会影响升华效果。

6. 思考题

(1) 咖啡因、茶碱和可可碱各有何用途?对人体有何利弊?

(2) 从茶叶中提取的粗咖啡因有绿色光泽,为什么?

实验 83　从番茄酱中提取番茄红素和β-胡萝卜素

类胡萝卜素(carotenoids)属于四萜类天然产物,具有α,β,γ型异构体,它们和番茄红素一样广泛分布在植物、动物和海洋生物中。胡萝卜素是一类天然色素,近来的研究发现,β-胡萝卜素具有良好的捕获自由基,阻止脂质过氧化的能力,可以防止和抵御多种疾病。其结构如下:

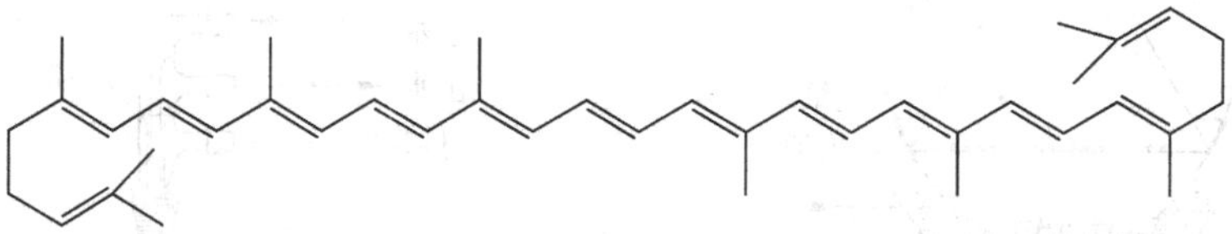

番茄红素
(熔点173℃)

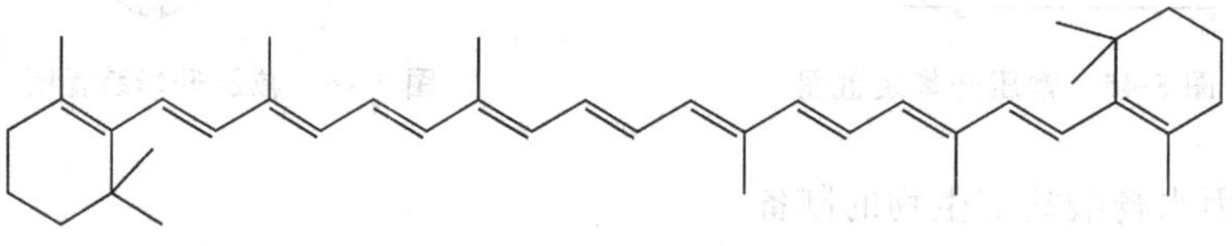

β-胡萝卜素
(熔点183℃)

从结构上可以看出这两种物质都是长链烷烃,它们在生物体内受酶的催化氧化可以断链生成维生素A。目前,β-胡萝卜素已经可以工业化生成,作为食品行业的添加剂。

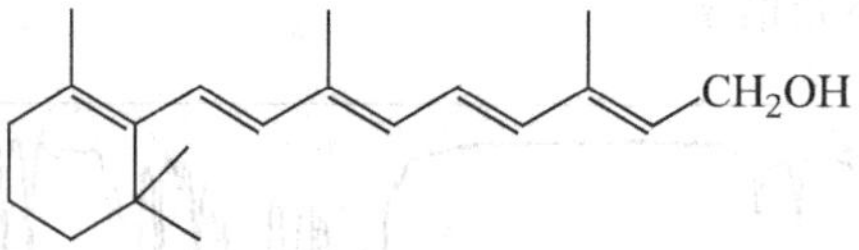

CH_2OH

维生素A

1. 实验目的

(1) 学习从天然产物中提取有机化合物的方法。

(2) 学习用薄层层析法检验有机化合物的基本原理和方法。

(3) 学习薄板的制备、点样、展开和 R_f 值的计算方法。

本实验采用浸取法提取番茄红素和β-胡萝卜素,根据相似相溶原理,在欲分离的固体样品中加入一种合适的溶剂,如极性物质选择极性溶剂,非极性物质选择非极性溶剂。利用样品中各组分在溶剂中的溶解度和分配系数不同,通过加热、萃取等方法,使样品中易溶组分溶解到溶剂中，与原来的样品分离。

2. 混合物分离与鉴定原理

实验前请预习3.6.3节的内容。

本实验采用薄层色谱法对混合物进行鉴定和分离。其原理为：利用混合物各组分在固定相和流动相中的溶解度不同，即在两相间分配系数不同。随着吸附—解析—再吸附—再解析这样一个交替过程的进行，使各组分分开。

在薄层层析过程中，主要发生物理吸附。由于物理吸附的普遍性、无选择性，当固体吸附剂与多元溶液接触时，可以吸附溶剂，也可吸附溶质，尽管由于溶质的性质不同，吸附量有所不同。另外，由于吸附过程是可逆的，被吸附的物质在一定条件下也可以被解析出来，而解析与吸附的无选择性和相互关联性使吸附过程比较复杂。

3. 主要药品与仪器

(1) 药品：番茄酱、95%乙醇、60～90℃石油醚、薄层层析用的硅胶G、0.7%CMC(羧甲基纤维素钠)、饱和食盐水、无水硫酸钠、丙酮。

(2) 仪器：圆底烧瓶、球形冷凝管、锥形瓶、14#/19#变口、梨形分液漏斗、量筒、滴管、药匙、搅拌棒、展开缸、塞子、普通漏斗、3块制备好的薄板。

4. 实验步骤

(1) 番茄红素和β-胡萝卜素的提取

在25mL圆底烧瓶上放上球形冷凝管，在烧瓶中加入约2g的市售番茄酱、5mL 95%的乙醇，加热回流约3min，停止加热，待溶液冷却后，过滤。

过滤方法：在普通漏斗底部塞一小块棉花，将出口堵住，在下面放一个25mL的锥形瓶，接收滤液，把冷却后的溶液倒入其中，过滤。

然后将棉花和滤渣一起放回原来的烧瓶中，加入5mL 60～90℃的石油醚，加热回流约10min，冷却提取液，按上述方法过滤。

将二次滤液合并到同一锥形瓶中，加入5mL饱和食盐水摇匀，用分液漏斗分出有机层。有机层加入无水硫酸钠，干燥约10min，开始点样。

(2) 薄板制备

将2g硅胶、6mL 1%的羧甲基纤维素钠溶液(1g CMC溶于99mL水中)拌成糊，均匀铺在3块玻璃片上晾干，一周后使用，具体制备方法及操作见3.6.3节。

(3) 点板及展开

用毛细管点样，分别用体积比为9∶1，12∶1，20∶1的石油醚∶丙酮混合液作为展开剂在展开缸中展开。分别计算3块板的R_f值。比较展开剂配比不同对分离效果的影响。

5. 注意事项

(1) 在加热之前，应用玻璃棒将固体搅散，使溶剂充分与固体样品接触，对提取过程有利。

(2) 在提取过程，应不断地摇动反应瓶，一方面有利于溶剂对样品的萃取，另一方面以免固体样品喷溅。

(3) 经过水洗和分液，乙醇主要进入水相，建议水相不要弃去。点样时，在一块板上点两个点：一为有机相，另一为水相。观察比较经过展开剂展开，结果有何不同。

(4) 展开剂的极性对展开结果影响比较大，因此应控制好展开剂的配比。

(5) 水是极性较大的溶剂，因此在样品或展开剂中有水对展开结果也有影响，在操作过程中应加以注意。

(6) 为了保证薄板在展开过程中，始终处于展开剂的氛围之中。因此在展开过程中，注意不要经常打开展开缸。

(7) 番茄红素为红色，β-胡萝卜素为黄色。因为β-胡萝卜素极易氧化，故在提取和展开过程中尽量避免样品与空气接触。

(8) 展开后的薄板放置一段时间，样品颜色会褪去，应及时将样品点用铅笔圈好。

(9) 薄板展开后临摹在实验报告上，板用后洗干净放回原处。

6. 思考题

(1) 薄层层析中的 R_f 值有何意义？

(2) 不同的展开系统对 R_f 值会产生什么影响？

(3) 番茄红素和β-胡萝卜素相比较，哪一个的 R_f 值大？颜色有何不同？为什么？

(4) 在提取液中加入干燥剂的目的是什么？

(5) 分液时，加入饱和食盐水的目的是什么？

实验 84 绿色植物中色素的提取和分离

绿色植物中含有叶绿素(绿色)、胡萝卜素(橙色)和叶黄素(黄色)等多种天然色素，如海洋生物、植物的根叶中，这些物质在菠菜中含量最为丰富，提取也比较容易。

在天然植物中，叶绿素以两种结构形式存在，即叶绿素 a($C_{55}H_{72}O_5N_4Mg$) 和叶绿素 b ($C_{55}H_{70}O_6N_4Mg$)，它们的区别在于结构中 R 基团，R 基团为 CH_3(甲基)是叶绿素 a，R 基团为 CHO(醛基)是叶绿素 b。它们都是吡咯衍生物与金属镁的络合物，也是植物进行光合作用所必需的催化剂。尽管叶绿素分子中含有一些极性基团，但是由于大的烃基结构的存在使它易溶于醚、石油醚等非极性溶剂。其结构式如下：

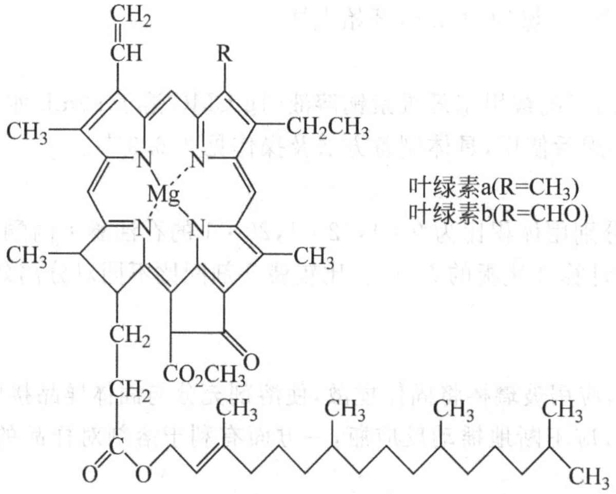

叶绿素a(R=CH_3)
叶绿素b(R=CHO)

叶黄素(lutein)($C_{40}H_{56}O_2$)是胡萝卜素的羟基衍生物，它在绿叶中的含量通常是胡萝卜素的 2 倍，与胡萝卜素相比，叶黄素易溶于醇，而在石油醚中溶解度较小。其结构式：

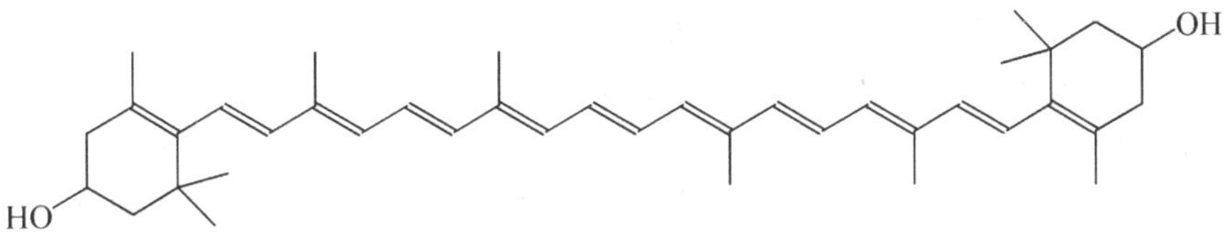

叶黄素

β-胡萝卜素见实验 83 的介绍。

1. 实验目的

(1) 学习从绿色植物中提取各种色素的方法和基本原理。
(2) 用薄层色谱法寻找合适的分离条件。
(3) 学习用柱色谱分离有机化合物的方法及操作。

2. 基本原理

(1) 提取原理

实验前请预习 3.2.2 节的内容。

本实验采用浸取法提取绿色植物中的各种色素。根据相似相溶原理，在欲分离的固体样品中加入合适的溶剂，如极性物质选择极性溶剂，非极性物质选择非极性溶剂。利用样品中各组分在溶剂中的溶解度和分配系数不同，通过研磨、萃取等方法，使样品中易溶组分溶解到溶剂中，与植物纤维分离。

(2) 柱色谱分离原理

预习 3.6.2 节的内容。

柱色谱一般有吸附色谱和分配色谱两种。实验室最常用的是吸附色谱法，其原理是利用混合物中各组分，在不相混溶的两相(即流动相和固定相)中吸附和解吸的能力不同，也可以说在两相中的分配不同，当混合物随流动相流过固定相时，发生反复多次的吸附和解吸过程，从而使混合物分离成两种或多种单一的纯组分。

3. 主要药品与仪器

(1) 药品：新鲜的菠菜、95%乙醇、石油醚、丙酮、乙酸乙酯、正丁醇、100～200 目的中性氧化铝。

(2) 仪器：剪刀、研钵、布氏漏斗、吸滤瓶、分液漏斗、量筒、锥形瓶、圆底烧瓶、旋转蒸发仪、烧瓶、每人 4 块制备好的薄板、展开缸、色谱柱。

4. 实验步骤

(1) 菠菜中色素(spinacine)的提取

称取 10g 洗净、晾干的新鲜菠菜叶，用剪刀剪碎并与 25mL 乙醇混合拌匀。在研钵中磨细，3～5min。然后用抽滤的方法将溶剂去除。

将经过处理的菠菜放回研钵中，用 10mL 体积比为 3∶2 的石油醚∶乙醇的混合液分 2 次萃取，每次需研磨 5min 左右，并且每次要用抽滤的方法将溶剂过滤出来。合并过滤出来的深绿色萃取液，将其转移至分液漏斗中，分别用 10mL 水洗涤 2 次，以除去萃取液中的乙醇。洗涤时，要轻轻振摇，以防止乳化。分去水层，有机层放入一个干燥、干净的锥形瓶中，用无水硫酸钠干燥，约 10min，然后滤入一个干燥、干净的圆底烧瓶中。用旋转蒸发仪(具体使用方法见

1.2.6 节中旋转蒸发仪的使用)浓缩溶液,剩余约 1mL 为止。

(2) 柱色谱分离化合物(具体操作方法见 3.6.2 节的内容)

色谱柱的制备:在 100mL 烧瓶中加入 15~20g 100~200 目层析用的中性氧化铝和 30mL 石油醚,搅拌使氧化铝浸润在石油醚中。在给定的色谱柱底部依次加入少量棉花、约 5mm 厚的石英砂,再加入约 2/3 高度的石油醚,边搅拌边将浸润在石油醚中的氧化铝迅速倒入色谱柱中,然后在上面铺 5mm 厚的石英砂。

上样:当洗脱剂石油醚全部进入到石英砂下面时,停止排液。将上述菠菜色素浓缩液用滴管小心加到层析柱顶部,加完后打开下端活塞,放出溶剂,使上层液面下降到柱内填装物以下 1mm 左右,关闭活塞,加入数滴石油醚,重新打开活塞,排液。此过程重复数次,使有色物质全部进入柱体内。

色带淋洗:用体积比为 9∶1 的石油醚∶丙酮洗脱剂进行洗脱,保持流出速度均匀。当第一个黄色物质流出时,换一个接收瓶接收,直到这个色带全部流出。得到的橙黄色溶液就是胡萝卜素。然后用体积比为 7∶3 的石油醚∶丙酮继续进行洗脱,分出第二个黄色带,它是叶黄素。再用体积比为 3∶1∶1 的丁醇∶乙醇∶水洗脱,可以得到蓝绿色的叶绿素 a 和黄绿色的叶绿素 b。

将上述带颜色的溶液经过浓缩和干燥待用。

(3) 薄层色谱分析(具体操作方法见 3.6.3 节)

薄板制备:取 4 块载玻片,将硅胶 G 用 0.07%~0.1% 的羧甲基纤维素钠水溶液调制成糊状,均匀后铺板,晾干后于 110℃活化 1h。

点样及展开:分别配制体积比为 4∶1 的石油醚∶丙酮和体积比为 3∶2 的石油醚∶乙酸乙酯为展开剂 a 和 b。取少量(约一滴)浓缩干燥后的混合液,在薄板上点样后,小心放入加有展开剂的展开缸中,待展开剂上升至规定高度时,取出薄层板,在空气中晾干,用铅笔作出标记。分别用展开剂 a 和 b 展开,比较不同展开剂的展开效果,注意在更换展开剂时,应干燥展开缸,不允许将前一种展开剂带入后一展开剂系统中。观察斑点在板上的位置并按 R_f 值的大小顺序排列胡萝卜素、叶绿素和叶黄素。

将分离得到的 4 种物质,用配比较好的展开剂分别进行薄层分析,测定 R_f 值,与前面薄层层析的结果进行比较。

5. 注意事项

(1) 在色素提前过程中绿色植物应与溶剂充分接触,以免因提取不充分,影响后面的分离。

(2) 薄板制备最好在实验前一周制备好,晾干待用,实验前再进行活化。

(3) 在装柱过程中,应边装边敲打色谱柱,使其填装均匀,但是不要过于用力,以免填装太紧溶剂流出速度太慢。

(4) 从嫩绿的菠菜中得到的提取液,其叶黄素的含量很少,不容易分离出来。有时洗脱条件控制不好会造成叶黄素(a)与叶绿素(b)分不开。因此应严格控制洗脱剂的配比和注意微量水对洗脱过程的影响。

6. 思考题

(1) 比较叶绿素、叶黄素和胡萝卜素的极性,为什么胡萝卜素在柱层析中移动得最快?

(2) 排列下列固定相对极性物质的吸附能力次序:

(a)纤维素;(b)硫酸镁;(c)硅胶;(d)氧化铝。

(3) 排列下列流动相对极性物质的溶剂化能力次序:

(a)戊烷；(b)环己烷；(c)二氯甲烷；(d)乙醚；(e)乙酸乙酯；(f)丙酮；(g)乙醇；(h)甲醇；(i)水。

实验 85　云香苷的提取与鉴定

云香苷(rutin)又称芦丁，有调节毛细血管壁渗透性的作用，临床上常用作毛细血管止血药物，作为高血压症的辅助治疗，它存在于槐花米和荞麦叶中。槐花米是槐系豆科槐属植物的花蕾，云香苷含量高达 12%～16%，荞麦叶中的含量为 8%。

云香苷是黄酮类植物的一种成分，黄酮类化合物存在于植物界并具有以下基本结构：

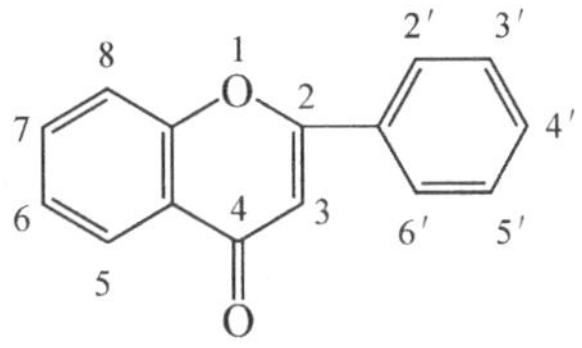

黄酮

这种化合物之所以称为黄酮是因为它们分子中有一个酮式羰基，而且又显黄色。黄酮的中草药成分几乎都带有一个上述羟基，还可能有甲氧基、烃基、烷氧基等其他取代基，在 3，5，7，3′，4′位置上带有羟基或甲氧基的机会最多。

1. 实验目的

(1) 学习和掌握碱溶酸沉法提取黄酮类化合物的基本原理与操作。

(2) 了解苷类结构研究的一般程序和方法。

(3) 了解 UV 在黄酮类化合物结构鉴定中的应用。

2. 基本原理

本实验采用浸取法从槐花米中提取云香苷。由于本品易溶于碱性溶液，因此实验中采取饱和石灰水溶液浸泡、加热提取的方法，使槐花米中的云香苷溶在碱性水溶液中，然后通过酸化得到产物——云香苷的粗品，达到与原来样品分离的目的，此方法称为碱溶酸沉法。

云香苷(俗名芦丁，学名槲皮素-3-*O*-葡萄糖-*O*-鼠李糖)是一种黄酮苷，其结构如下：

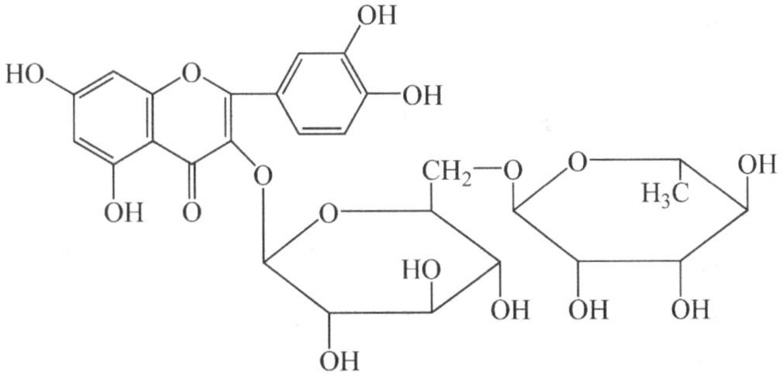

槲皮素-3-*O*-葡萄糖-*O*-鼠李糖

本产品为淡黄色针状结晶，不溶于乙醇、氯仿、石油醚、乙酸乙酯、丙酮等溶剂，易溶于碱性溶液中，呈黄色，酸化后可析出晶体。可溶于浓硫酸和浓盐酸，呈棕黄色，加水稀释可析出晶体。含 3 个结晶水的云香苷熔点为 174～188℃，无水物的熔点为 188℃。

3. 主要药品与仪器

(1) 药品：槐花米、饱和氧化钙水溶液、15%盐酸。

(2) 仪器：研钵、烧杯、布氏漏斗。

4. 操作步骤

(1) 云香苷的提取

称取5g槐花米于研钵中研成粉末，置于100mL烧杯中，加入50mL饱和氧化钙水溶液，在石棉网上加热至沸腾，边搅拌边煮沸15min，然后冷却，抽滤。滤渣再用30mL饱和氧化钙水溶液煮沸10min，然后冷却，抽滤。合并二次滤液，用15%的水溶液盐酸中和(约需2～3mL)，调节pH=3～4。放置1～2h，使沉淀完全，抽滤，沉淀用水洗涤2～3次，得到芦丁的粗产物。

(2) 云香苷的精制

将制得的粗芦丁置于50mL的烧杯中，加水30mL，于石棉网上加热至沸，边搅拌边慢慢加入约12mL饱和氧化钙水溶液，调节溶液的pH=8～9，待沉淀溶解后，趁热过滤。滤液置于50mL的烧杯中，用15%盐酸调节溶液的pH=4～5，静置30min，芦丁以浅黄色结晶析出，抽滤，产品用水洗涤1～2次，烘干后称重，约0.5g，测得熔点为174～178℃。

纯云香苷，mp：188℃。

图5-48为云香苷的红外光谱。

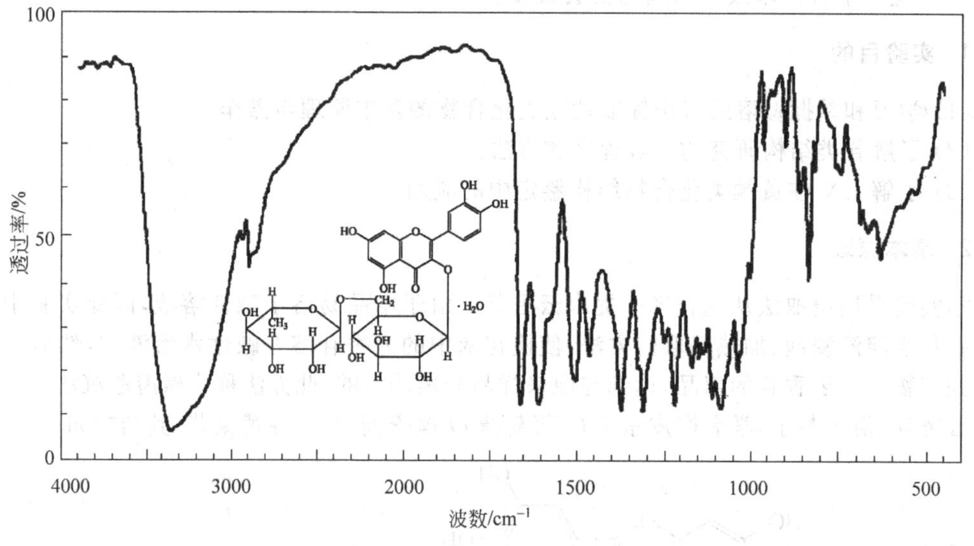

图5-48　云香苷的红外光谱

(3) 云香苷的鉴定

取3～4mg云香苷，加乙醇5～6mL使其溶解，分成3份做下述试验：①取上述溶液1～2mL，加2滴浓盐酸，再酌加少许镁粉，注意观察颜色变化。②取上述溶液1～2mL，然后加2% $ZrOCl_2$ 的甲醇溶液，并详细记录颜色变化。③取上述溶液1～2mL，加等体积的10% α-萘酚乙醇溶液，摇匀，沿着管壁滴加浓硫酸，注意观察两液界面的颜色变化。

5. 注意事项

(1) 加入饱和石灰水溶液既可以达到碱溶解提取云香苷的目的，又可以除去槐花米中大量多糖粘液质。也可直接加入 20mL 水和 0.5g $Ca(OH)_2$ 粉末，而不必配成饱和溶液，第二次溶解时只需加 10mL 水。

(2) 加石灰乳时 pH 不能过高，否则钙能与云香苷形成螯合物不溶于水而析出。

(3) 加热过程中要不断补充蒸发掉的水分，以保持 pH 8～9。

(4) 加酸调节 pH 值应注意，不宜过低，过低会使云香苷形成锌盐而增加水溶性，降低收率。

(5) 利用云香苷在冷、热水中溶解度差别达到重结晶提纯的目的。得到的沉淀要粗称一下，按云香苷在热水中 1∶200 的溶解度加入蒸馏水进行重结晶。

6. 思考题

(1) 本实验如果用氢氧化钠水溶液提取云香苷可以吗？为什么？

(2) 实验中两次用 15%的盐酸调节 pH 为什么值不一样？

(3) 苷类结构鉴定的大体程序如何？

(4) 怎样确定云香苷结构中糖基是否连接在槲皮素-3-*O*-上？

(5) 怎样证明云香苷分子中只含有一个葡萄糖和一个鼠李糖？

实验 86　从中草药黄连中提取黄连素

黄连为我国特产药材，有很强的抗菌能力，对急性结膜炎、口疮、急性细菌性痢疾、急性肠胃炎等均有很好的疗效。黄连中含有多种生物碱，以黄连素(berberine)(俗称小檗碱)为主要成分，随野生和栽培及产地的不同，黄连中黄连素的含量为 4%～10%。含黄连素的植物很多，如黄檗、三颗针、伏牛花、白屈菜、南天竹等均可作为提取黄连素的原料，但是黄连和黄檗中的含量比其他植物中的含量要高一些。

1. 实验目的

(1) 学习从中草药提取生物碱的原理和方法。

(2) 熟悉液固提取的装置及操作方法。

2. 基本原理

本实验采用浸取法或用索氏(Soxhlet)提取器采用连续提取法，从中草药黄连中提取黄连素。黄连素是黄色针状体，微溶于冷水和乙醇，但是在热水和热乙醇中溶解度较大，几乎不溶于乙醚，黄连素存在 3 种互变异构体，一般以较为稳定的季铵碱结构式为主。其结构式如下：

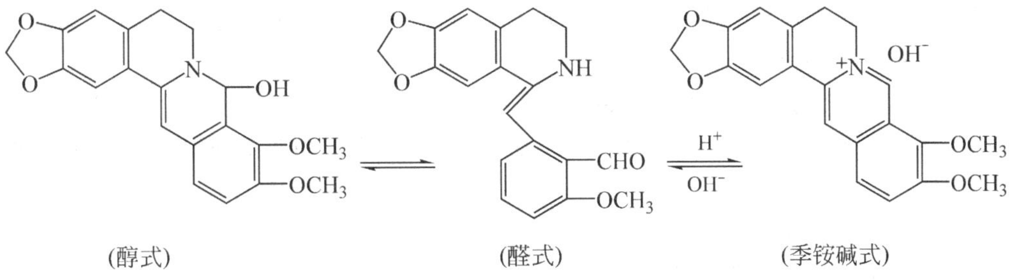

(醇式)　　(醛式)　　(季铵碱式)

在自然界中黄连素多以带两个结晶水的季铵盐形式存在，其结构式：

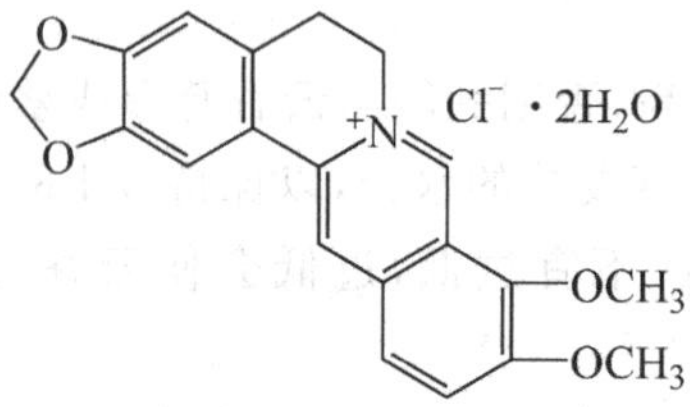

$$\mathrm{Cl^- \cdot 2H_2O}$$

黄连素的盐酸盐、氢碘酸盐、硫酸盐、硝酸盐均难溶于冷水，易溶于热水，其各种盐的纯化都比较容易。

3. 主要药品与仪器

(1) 药品：黄连、95%乙醇、浓盐酸、1%乙酸。

(2) 仪器：50mL圆底烧瓶、球形冷凝管、量筒、直形冷凝管、蒸馏头、双股接引管、布氏漏斗、抽滤瓶。

4. 操作步骤

(1) 浸取法

称取5g中药黄连切碎，研细，放入50mL圆底烧瓶中，加入25mL乙醇，装上球形冷凝管，在热水浴中加热回流30min，冷却并静置浸泡30min，抽滤。将滤渣重新放入圆底烧瓶中，加入15mL乙醇重复上述两次操作。合并3次所得滤液，用水泵进行减压蒸馏蒸出乙醇(或用旋转蒸发仪将乙醇蒸出)，再加入1%的醋酸溶液8～10mL，加热溶解，趁热抽滤以除去不溶物，然后在滤液中滴加浓盐酸(约需3mL)至溶液混浊为止，放置冷却，即有黄色针状晶体析出，抽滤，并用冰水洗涤两次，再用丙酮洗涤一次，干燥后称重，约0.5g，测熔点。

将得到的粗品加入热水刚好溶解，然后煮沸，用石灰乳调节pH＝8.5～9.8，冷却后除去杂质，滤液继续冷却到室温以下，即有针状体的黄连素析出，抽滤，将结晶在50～60℃下干燥，得到非常纯净的黄连素。

(2) 索氏提取器连续提取法

称取5g中药黄连切碎，研细，用滤纸卷成筒状将黄连倒入其中包好，注意勿使黄连从滤纸缝中漏出。将滤纸筒装入索式提取器中，在从索式提取器上口加入95%的乙醇，当发生虹吸溢流时，停止加入，液体停止流动时，再多加20mL过量的乙醇。加热回流(记录每两次虹吸溢流的时间间隔)，直到溢流液颜色很淡或无色时，停止加入，将提取器筒中的乙醇倒入回收瓶中。将下部烧瓶中的提取液在水泵减压下蒸出乙醇，直到溶液为棕红色糖浆状物。再加入1%醋酸(约10mL)，加热溶解，抽滤以除去不溶物，然后将清液倒入烧杯中，边搅拌边滴加浓盐酸(约10mL)，至溶液混浊为止，放置冷却，即有黄色针状的黄连素盐酸盐析出，抽滤，晶体用冰水洗涤两次，再用丙酮洗涤一次，干燥，得到粗品。

然后将粗品加热水至刚好溶解煮沸，用石灰乳调节pH＝8.5～9.8。冷却，滤除杂质，继续冷却至室温以下，即有黄连素结晶析出。抽滤，得到纯净的黄连素晶体。干燥后称重，测熔点。

纯黄连素，mp：145℃。

图5-49为黄连素的红外光谱图。

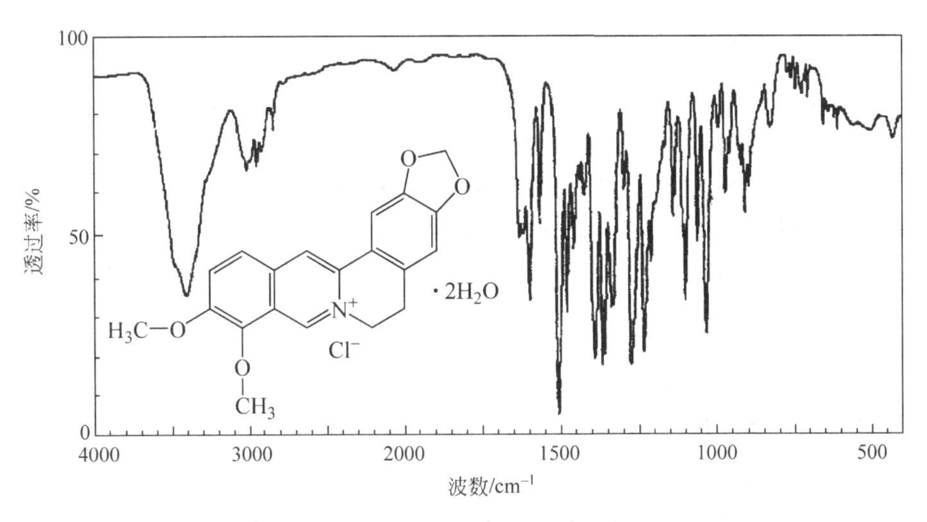

图 5-49　黄连素的红外光谱图

5. 注意事项

(1) 用索氏提取器连续提取时，所用时间比较长，约 4h。

(2) 冷却时，最好用冰水浴。

(3) 如果晶形不好，可用水再重结晶一次。

6. 思考题

(1) 黄连素为哪种生物碱类的化合物？

(2) 为何要用石灰乳来调节 pH，用强碱氢氧化钾(钠)行不行？为什么？

5.3　研究型与设计性实验

研究型与设计性实验考验学生能否将理论知识运用到实验中，是否能熟练掌握基本操作技术和方法来实现目标分子合成。近年来，我们结合科研工作和教学实验的特点，为学生开出了一系列研究型设计性实验。本实验是在学生完成了基础有机实验训练和有机化学理论课学习后进行的，目的是进一步提高学生的综合实验能力，并引起学生对有机合成化学的兴趣，为今后的研究工作奠定基础。经过几年的实践，已收到较好的教学效果。

实验 87　四氢咔唑及咔唑合成方法的研究

1. 研究背景

咔唑(9-氮杂芴)是重要的化工原料，是生产有机颜料重要的中间体。目前在工业上获得咔唑比较普遍的方法是从粗蒽中通过精馏的方法得到，但是由于咔唑的性质与蒽非常相近，此法获得的咔唑纯度不高。因此开发新的化学方法合成咔唑有着很好的应用前景。

2. 研究内容及要求

（1）利用不同的方法和条件对四氢咔唑（1,2,3,4-tetrahydrocarbazoles）和咔唑（carbazole）的合成进行研究，使学生掌握有机化学合成的全过程和方法。

（2）每组至少设计两种合成方案进行实验，对比这两种方法，并加以评价。

（3）优化组合实验条件，选择最佳的方法进行实验。

（4）对合成出来的目标产物进行表征，归纳和整理实验结果，按规定完成研究报告。

3. 目标产物的性质及谱图

（1）纯四氢咔唑为白色片状晶体，mp：119～120℃。

（2）纯咔唑为白色晶体，mp：245～246℃，bp：355℃。

图 5-50(a)和(b)分别为四氢咔唑和咔唑的红外光谱图。

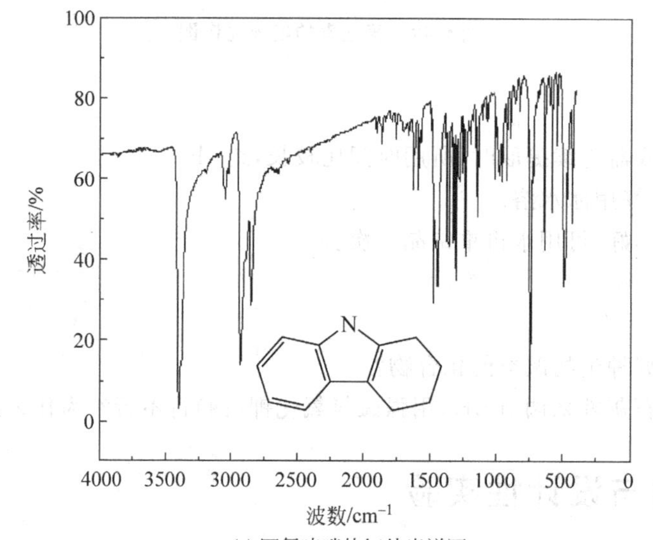

(a) 四氢咔唑的红外光谱图

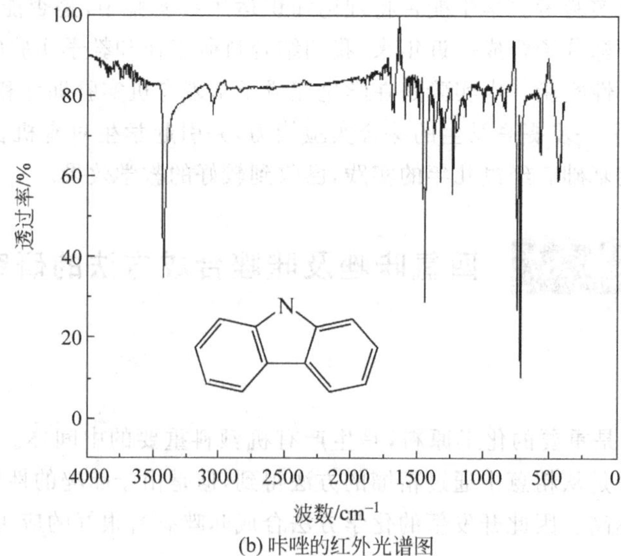

(b) 咔唑的红外光谱图

图 5-50　红外光谱图

4. 参考文献

(1) 花文廷编著. 杂环化学. 北京：北京大学出版社，1991

(2) Tietze L F, Eicher Th 著. 精细有机合成：有机化学实践中的合成与反应. 张进琪译. 南京：南京大学出版社，1990

(3) Zhu Fubin, Chen Guangming. A New Process of Refined Anthracene and Refined Carbazole Extracted from Anthracene. Fuel & Chemical Proncesses, 2003, (06)

(4) Yu Majin, Chen Zhongjun, Lu Dadong. Study on the Synthetic Method of Carbazole. 染料工业，1998，(03)：21～22

实验 88　吲哚并咔唑合成方法的研究

1. 研究背景

1977 年 Omura 等人从链霉菌星形孢子中分离得到 Staurosporine，并确证其母环结构是吲哚[2,3-a]并咔唑(indolo[2,3-a]carbazole)之后，相继有吲哚并咔唑类生物碱被分离得到，到目前已形成了具有广阔前景的一系列天然活性产物，如图 5-51 所示。

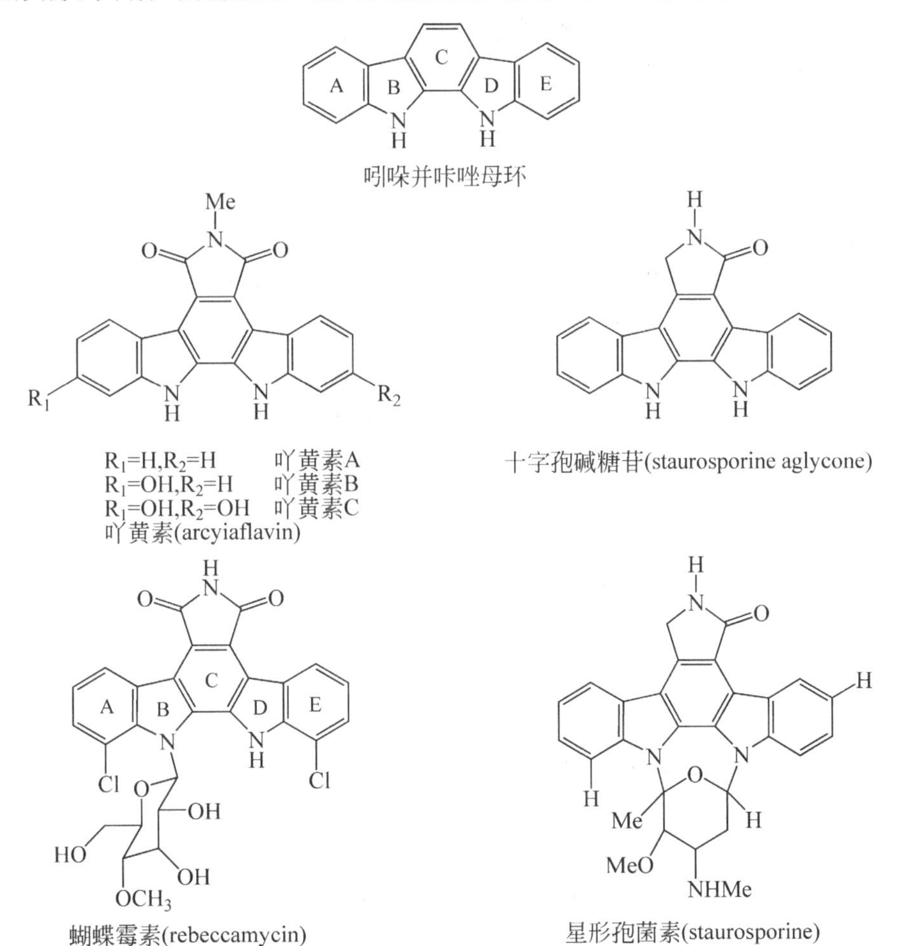

图 5-51　吲哚并咔唑及其具有代表性的衍生物结构

吲哚并咔唑类生物碱能在10多年内迅速成为科研热点，与其良好的生理效应和药理活性是分不开的。它能够降血压、抗真菌、抗细菌、抑制蛋白酶C、抑制血小板凝集、抗肿瘤以及细胞毒的作用，尤其是其能够抑制蛋白酶C和抑制拓扑异构酶Ⅰ的活性。其中以 staurosporine 和 rebeccamycin 为代表引起了科研工作者们的注意，关于这两个化合物及其类似结构的研究文献的报道已经很多。类似物中 BMS-181176，ED749，NB-506 等作为抗癌药物已用于临床实验。正是由于吲哚并咔唑生物碱具有优良的生物活性，迫切需要开发多种全合成吲哚并咔唑类生物碱的方法。

2. 研究内容及要求

(1) 本实验重点研究母环吲哚并咔唑的合成方法，其结构式如下：

(2) 本实验最佳路线是通过环己酮和苯肼在三氯乙酸的作用下生成四氢咔唑，然后在高碘酸的作用下，在水和甲醇中反应生成四氢咔唑酮。四氢咔唑酮再与苯肼反应，生成吲哚并咔唑。学生也可以自选路线进行目标化合物的合成，进行合成方法和条件的探索和研究。

(3) 对合成的目标产物利用 IR，MS^+，MS^- 和 ^1H NMR 进行表征，测定熔点等。

(4) 对实验结果进行归纳和整理，按规定完成研究报告。

3. 目标产物的性质及谱图

吲哚并咔唑为白色略带微黄色粉末，熔点高于250℃。

图5-52(a)、(b)分别为吲哚并咔唑的红外光谱图和 ^1H NMR 谱图。

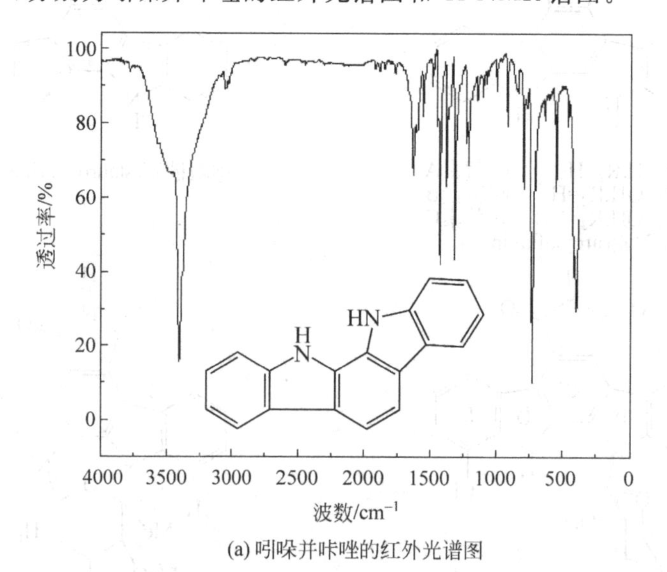

(a) 吲哚并咔唑的红外光谱图

图5-52　吲哚并咔唑的谱图

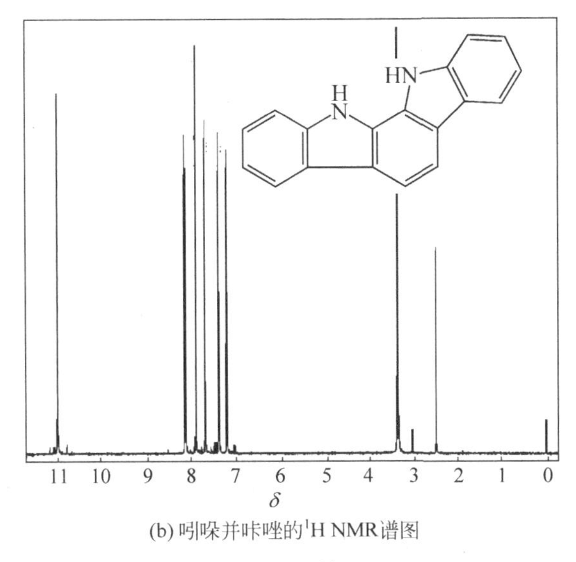

(b) 吲哚并咔唑的^{1}H NMR谱图

图 5-52(续)

4. 参考文献

(1) Hu Yong-Zhou, Chen You-Qin. An Efficient and General Synthesis of Indolo[2,3-a] Carbazoles Using the Fischer Indole Synthesis. Synlett,2005,1: 42～48

(2) Lipinska Teodozja M, Czarnocki Stefan J. A New Approach to Difficult Fischer Synthesis: The Use of Zinc Chloride Catalyst in Triethylene Glycol under Controlled Microwave Irradiation. Organic Letters,2006,8(3): 367～370

(3) Banerji Avijit, Bandyopadhyay Debasish, Basak Bidyut, et al. A new route to the synthesis of indolo[2,3-a]carbazoles. Chemistry Letters,2005,34(11): 1500～1501

实验 89　四氢咔唑酮合成方法的研究

1. 研究背景

四氢咔唑酮(1,2,3,4-tetrahydrocarbazol-4-one)是重要的药物及有机合成的中间体,可用于合成一些重要的吲哚并咔唑类生物碱,如 staurosporine 等。关于这一化合物,已知的合成方法有:①以对甲氧基苯重氮盐与 2-羟次甲基-5-甲基环己酮成环得到取代四氢咔唑;②以五氧化二碘在水及 THF 溶剂下,氧化四氢咔唑得到四氢咔唑酮;③以吲哚-3-丁酸在二氯亚砜作用下成环得到四氢咔唑酮;④以环己二酮与苯肼进行 Fisher 反应得到四氢咔唑酮;⑤以高碘酸氧化四氢咔唑得到四氢咔唑酮。其反应式如下:

方法一:

OCH_3 / N_2Cl + O / CHOH / H_3C → H_3CO / H N—N / O / CH_3

$\xrightarrow{CH_3COOH}$ (5-甲氧基-3-甲基-四氢咔唑-1-酮结构式：H_3CO，CH_3，NH，O)

方法二：

四氢咔唑 $\xrightarrow[H_2O, THF]{I_2O_5}$ 四氢咔唑-1-酮

方法三：

吲哚丁酸（COOH） $\xrightarrow{SOCl_2}$ 四氢咔唑-1-酮

方法四：

1,3-环己二酮 + 苯肼（$NHNH_2$） $\longrightarrow$ 四氢咔唑-1-酮

方法五：

四氢咔唑 $\xrightarrow[H_2O, THF]{HIO_4}$ 四氢咔唑-1-酮

2. 研究内容及要求

(1) 各组至少选择两种方法对四氢咔唑酮的合成方法进行研究，比较不同条件下合成产物的结果。

(2) 对不同合成方法和条件进行优化，给出最佳的合成路线和方法。

(3) 对目标产物进行表征，并测定物理化学常数，如熔点等。

(4) 对实验结果进行归纳和整理，按规定完成研究报告。

3. 四氢咔唑酮的性质及谱图

四氢咔唑酮为白色针状晶体，不溶于水，易溶于乙醚、苯等有机溶剂。分子式：$C_{12}H_{11}O$，相对分子质量：171.23，mp：219～221℃。

图 5-53(a)和(b)分别为四氢咔唑酮的红外光谱图和^{1}H NMR 谱图。

4. 参考文献

(1) Chakraborty A, Chowdhury B K, Bhattacharyyat P. Phytochemistry, 1995, 40(1): 295～298

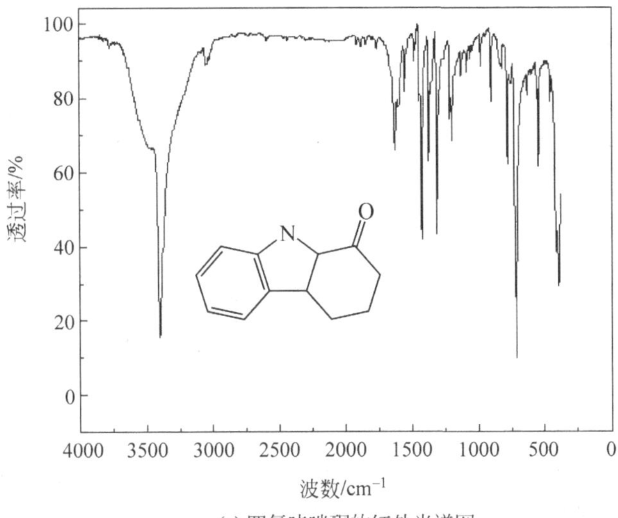

(a) 四氢咔唑酮的红外光谱图

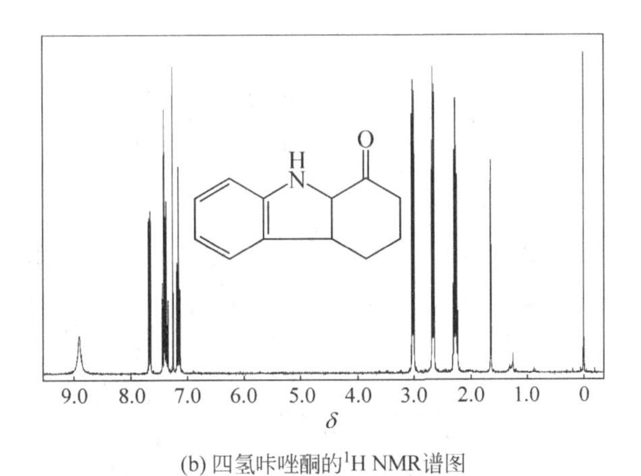

(b) 四氢咔唑酮的^{1}H NMR谱图

图 5-53　四氢咔唑酮的谱图

(2) 楚勇，吕丁，徐鸣夏. 中国药物化学杂志，2001，11(1)：37

(3) Romano Di Fabio，Riccardo Giovannini，Barbara Bertani，et al. Bioorganic & Medicinal Chemistry Letters，2006，(16)：1749～1752

(4) Mark C Bagley，Robert L Jenkins，Caterina M Lubinu，et al. J Org Chem，2005，70：7003～7006

实验 90　*N*-乙酸咔唑的合成与金属配合物的研究

1. 研究背景

近年来很多人花费大量的工作研究无机有机掺杂合成材料，由于有机配体的多样性导致了许多这样的材料有着特殊的性质，许多的工作都是在寻找适合的配体研究对应的特殊的性质。咔唑类化合物有着良好的光电转移能力，因此利用咔唑类化合物作为配体有可能合成出具有重要性质的发光材料。

2. 研究内容及要求

(1) 探索 *N*-乙酸咔唑(*N*-carbazolylacetates)的合成，并且优化实验条件，找出最佳的合成路线。*N*-乙酸咔唑结构式如下：

(2) 探索 *N*-乙酸咔唑与各种金属盐进行配位的反应条件，要求学生至少选择两种金属盐作为受体与 *N*-乙酸咔唑进行配位，并且研究合成出来的配合物的性质。*N*-乙酸咔唑的合成与金属铜的配合物结构式如下：

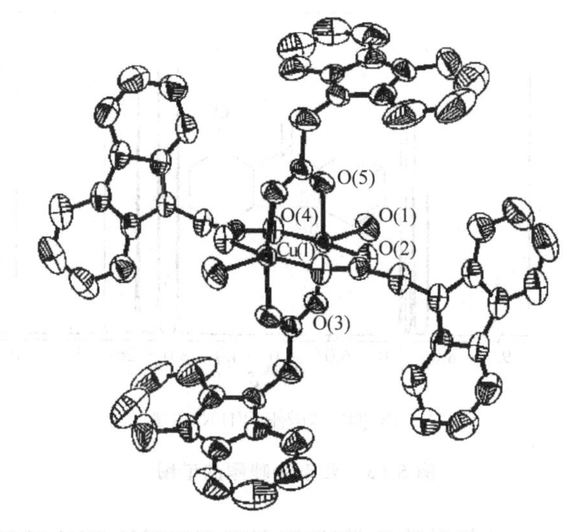

(3) 对目标产物进行表征，并测定物理化学常数，如熔点等。

(4) 对实验结果进行归纳和整理，按规定完成研究报告。

3. *N*-乙酸咔唑的性质及谱图

N-乙酸咔唑为白色针状晶体。相对分子质量：211.2；分子式：$C_{13}H_9NO_2$。mp：77～79℃。图 5-54(a)，(b)，(c)分别为 *N*-乙酸咔唑的紫外、红外光谱和 ^1H NMR 谱图。

4. 参考文献

(1) Yu-Peng Tian. New J Chem，2002，26：1468～1473

(2) Xuan-Jun Zhang. Polyhedron，2003，22：397～402

(3) Zhaohui Wang. Dyes and Pigments，1996，30(4)：261～269

(4) Stephen V Lowen. Macromolecules，1990，23：3242～3249

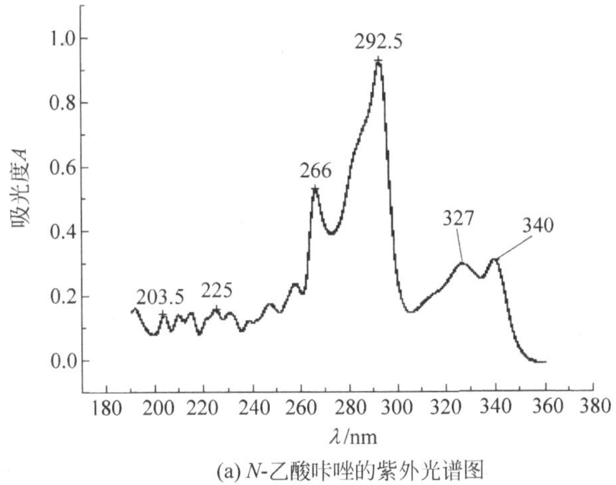

(a) N-乙酸咔唑的紫外光谱图

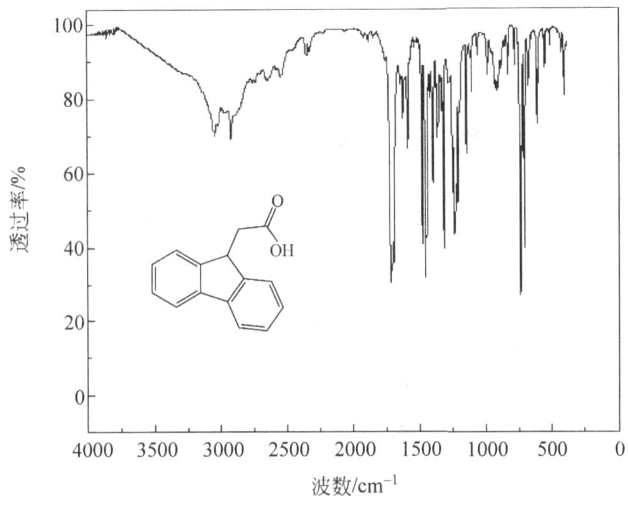

(b) N-乙酸咔唑的红外光谱图

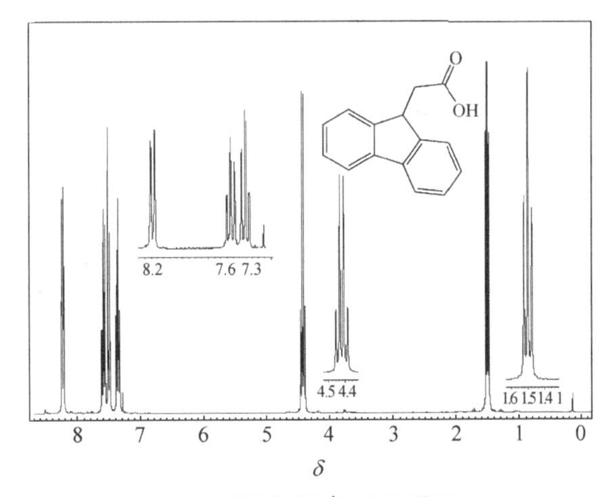

(c) N-乙酸咔唑的^{1}H NMR谱图

图 5-54　N-乙酸咔唑的谱图

实验 91 N-溴代烷基咔唑合成方法的研究

1. 研究背景

利用化学修饰的方法改变咔唑类分子的共轭程度，可以改善它的光、电传输性质和成膜性质，这方面的研究工作是目前备受关注的一个研究方向。其中，很多的衍生化反应都要经过N-溴代烷基咔唑中间体，由于它的烷基末端带有R—C—Br基团，为进一步化学修饰提供了反应活泼位点，如图5-55所示。

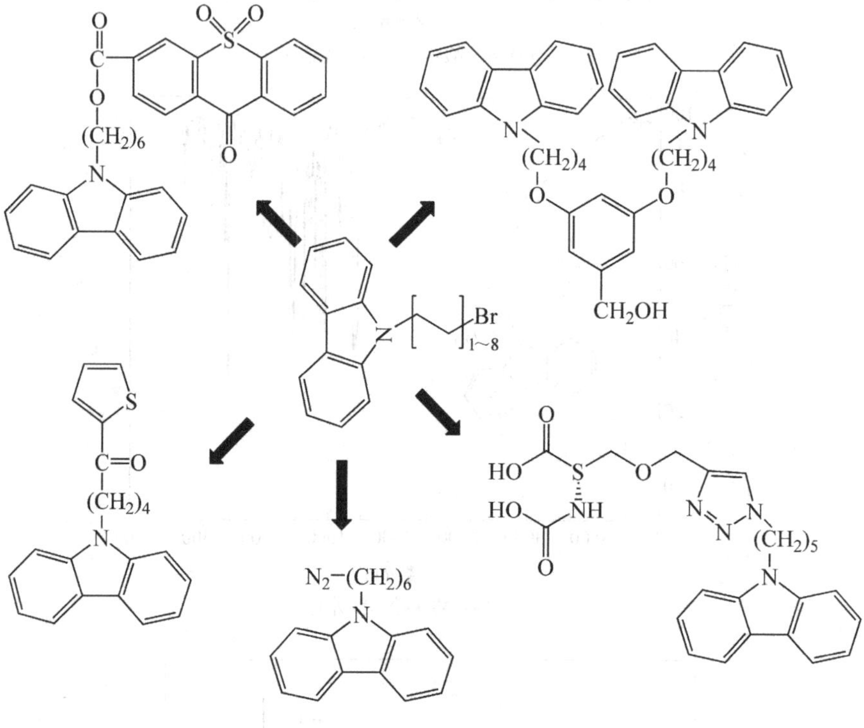

图 5-55 N-溴代烷基咔唑衍生物

2. 研究内容及要求

(1) 本实验可以提供多种二溴烷，如1,2-二溴乙烷，1,4-二溴丁烷，1,6-二溴己烷，1,8-二溴辛或更长链的二溴代烷，让学生进行选择，每组至少选择2种。目标产物结构式如下：

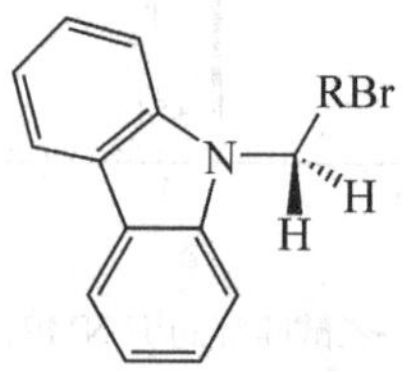

(2) 通过本实验比较由于烷基链长度的不同反应进行的难易程度和后处理的难易程度，并解释为什么。

(3) 优化合成方法,找出最佳的合成路线和方法。

(4) 对目标产物利用红外、核磁等仪器进行表征,并测定物理化学常数,如熔点等。

(5) 对实验结果进行归纳和整理,按规定完成研究报告。

3. *N*-(4-溴代丁基)-咔唑的性质及谱图

N-(4-溴代丁基)-咔唑(*N*-(4-bromobutyl)carbazole)为白色略带黄色的晶体,相对分子质量：302,分子式：$C_{16}H_{16}NBr$,mp：103～104℃。

图 5-56(a),(b)分别为 *N*-(4-溴代丁基)-咔唑的红外光谱图和^{1}H NMR 谱图。

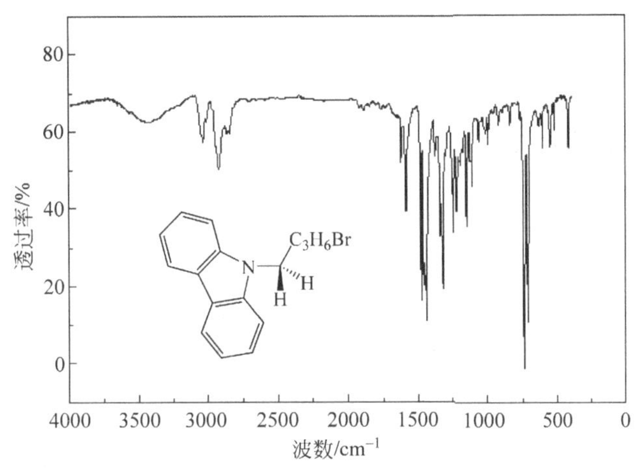

(a) *N*-(4-溴代丁基)-咔唑的红外光谱图

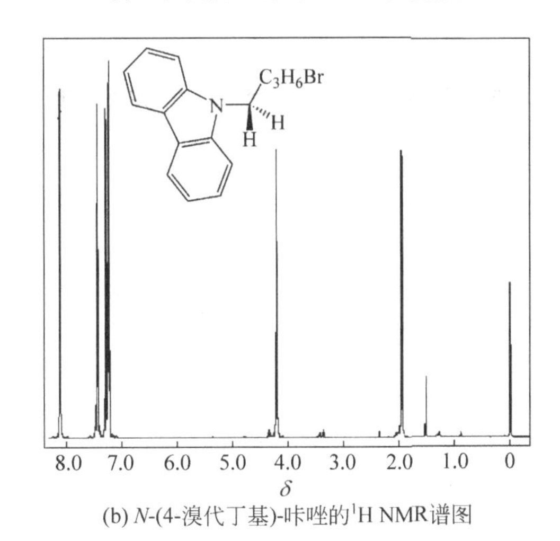

(b) *N*-(4-溴代丁基)-咔唑的^{1}H NMR谱图

图 5-56　*N*-(4-溴代丁基)-咔唑的谱图

4. 参考文献

(1) 梁利岩,张静娴,梅群波,等. 精细化工,2007,24：743～746

(2) Wei Z,Xu J,Nie G,et al. Electroanal Chem,2006,589：112～119

(3) Bloxham J,Moody C J,Slawin A M Z. Tetrahedron, 2002,58：3709～3720

(4) Bugatti V,Concilio S,Iannelli P,et al. Synthetic Metals,2006,156：13～20

5. 注释

四氢咔唑和咔唑衍生物的合成还可以设计出很多化合物，如四氢咔唑与吡咯在甲醛和乙醇中反应可以生成 *N*-甲基吡咯烷四氢咔唑，其反应式如下：

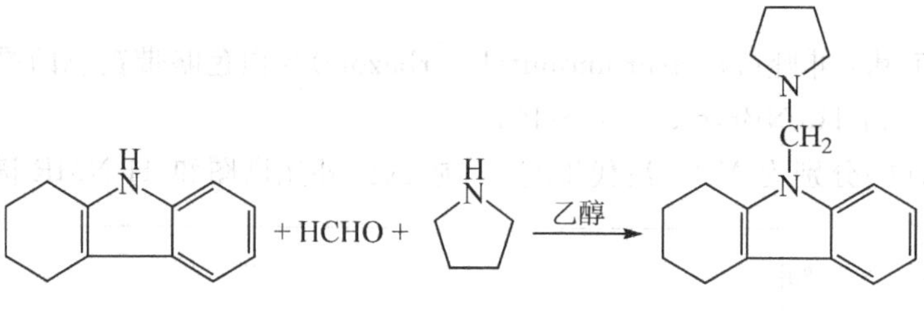

$$\text{四氢咔唑} + HCHO + \text{吡咯烷} \xrightarrow{\text{乙醇}} \text{N-(吡咯烷-1-基甲基)四氢咔唑}\ (75\%)$$

N-溴代丁基或己基咔唑与丙二酸二乙酯反应可以合成出 *N*-四烷基或六烷基丙二酸咔唑，其结构式如下：

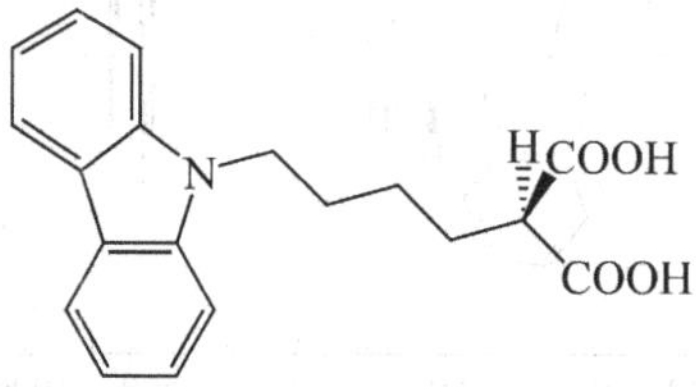

这个化合物是一个很好的有机配体，可以继续与金属盐配位，得到不同的金属配位化合物。

实验 92 2-羟基-4-正辛氧基二苯甲酮的合成研究

1. 研究背景

2-羟基-4-正辛氧基二苯甲酮(2-hydroxy-4-*n*-octoxybenzophenone)又称为 UV-531，是一种紫外吸收剂，其结构如下：

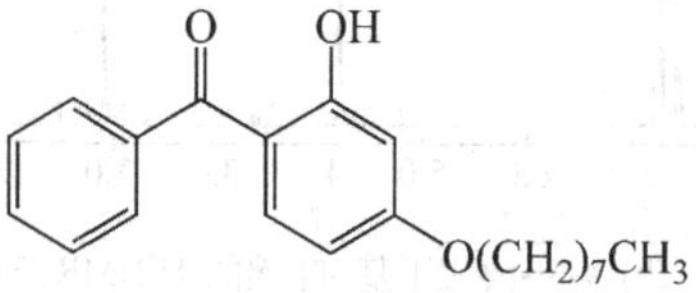

紫外线吸收剂是光稳定剂，能吸收阳光及荧光光源中的紫外线部分 而本身又不发生变化。UV-531 在紫外光谱范围(尤其在 300～400nm)具有高度吸收紫外线的能力，而且具有非常低的挥发性、优异的耐热性和无毒等优点，经常作为塑料制品的添加剂，在塑胶加工过程中，不会使塑胶品质变坏或挥发。因含有辛氧取代基，对热可塑性树脂有极佳的相溶性，在加工时均匀分布于塑胶聚合物内。本产品经常应用于聚烯烃、聚乙烯基树脂、聚苯乙烯、纤维素塑料、聚酯、聚酰胺等塑料、纤维及涂料中。

2. 研究内容及要求

(1) 本实验首先是以三氯甲苯和间苯二酚为原料合成中间体 2,4-二羟基二苯基甲酮,即(UV-214)。然后,该中间体与正溴辛烷反应生成 UV-531。两步反应式如下:

$$C_6H_5CCl_3 + C_6H_4(OH)_2 \xrightarrow{\text{催化剂}} C_6H_5CO\text{-}C_6H_3(OH)_2$$

$$C_6H_5CO\text{-}C_6H_3(OH)_2 + CH_3(CH_2)_6CH_2Cl \xrightarrow{\text{催化剂}} C_6H_5CO\text{-}C_6H_3(OH)O(CH_2)_7CH_3$$

学生也可以自己设计更好的合成路线来实现目标化合物的合成。

(2) 每组至少要选择 4 种不同的反应条件进行实验,并对实验条件和方法进行优化。

(3) 利用红外、核磁、质谱等仪器对产物进行表征,测定必要的常数,如熔点、沸点等。

(4) 对实验结果进行归纳和整理,按规定完成研究报告。

3. UV-214 和 UV-531 的性质

2,4-二羟基二苯基甲酮(UV-214)为黄色晶体,相对分子质量:202,分子式:$C_{12}H_{10}O_3$,mp:145~147℃。

2-羟基-4-正辛氧基二苯甲酮(UV-531)为微黄色或白色结晶,不溶于水,溶于丙酮、苯、乙醇。相对分子质量:326,分子式:$C_{21}H_{26}O_3$,mp:48~49℃。

4. 参考文献

(1) Haga Takeyoshi. 2,4-Dhydroxybenzophenone. JP 74-88 844,1974

(2) Trofimov V A. Synthesis of Bis (3-hydroxy-4-acylphenyl) 5,5′-thiodivalerates. Zh PriklKhim (Leningrad),1975,(1):149~152

(3) 孟波,柳玉英,周丽,王捷. 紫外线吸收剂 UV-531 的合成新工艺,山东化工,2004,33(1):7~8

实验 93 利用 Wittig 与 Wittig-Horner 方法合成烯烃

1. 研究背景

1954 年德国化学家 Wittig 制得了叶立德试剂,并研究了该试剂和醛酮的反应。1979 年 Wittig 获得诺贝尔化学奖。1949 年,他尝试把苯基锂加入卤化四甲胺,脱氢后与二苯甲酮生成羟基铵盐。然后他换用氯化四甲鏻,得到类似的结果。1953 年,当他换用三苯基膦时,结果获得了烯烃。他继续研究,最终成功发展了 Wittig 合成方法。Wittig 反应是经典的合成烯烃的方法,其好处在于可以事先设计双键两边的结构,再作连接,给了实验者很大的发挥空间。

1958年出现了Wittig-Horner反应,该方法是对传统Wittig反应的改进。该改进的好处在于:①氧化膦试剂的羰负离子较叶立德试剂具有更强的亲核性,更容易与羰基化合物反应,而且反应条件温和,对外界条件不敏感。例如,用Horner方法可以实现与酮的反应,而对于普通Wittig试剂是比较难的。②在传统的Wittig反应的操作中,产物烯烃和氧化膦不容易分离,而在Wittig-Horner反应中,所得到的次膦酸或膦酸阴离子都溶于水,易与烯烃分离。③叶立德试剂需要比较昂贵的叔膦作为起始原料,而烷基膦酸酯则可用比较便宜的试剂,制备方法也简便。④经典的Wittig反应,在特定条件下往往得到Z型异构体为主的产物,而Wittig-Horner反应,在大多情况下得到E型异构体为主的产物。

但值得注意的是,Wittig-Horner反应至今仍不能取代传统的Wittig反应。特别是在复杂的药物和天然产物的修饰与合成中,只有Wittig反应才能成功接上双键,这可能与Horner反应使用的碱太强而在天然产物中不宜使用有关。因此,根据反应的实际特点选择两者中恰当的方法是非常重要的。

2. 研究内容及要求

(1) 每组学生自己选择2种不同的醛或酮类化合物分别用Wittig和Wittig-Horner反应制备烯烃,并且对反应条件进行优化。

(2) 对两种方法制备出来的烯烃进行结构鉴定,分析其结果,并且给出正确的解释。

(3) 对实验结果进行归纳和整理,按规定完成研究报告。

3. 参考文献

(1) Kaboudin B, Balakrishman M S. Synthetic Communications, 2001, 31(18): 2773～2776

(2) 钱建华,刘琳. Wittig反应及Wittig-Horner反应在有机合成上的应用. 石油化工高等学校学报,1994,7(4): 18～24

(3) 李红霞,黄现强,等. 微波促进苄基溴化锌与肉桂醛的烯基化反应. 合成化学,2005,13(5): 492～493

实验94　不同取代基杯[4]吡咯合成方法及其性质研究

1. 研究背景

杯吡咯(calixpyrrole)是由吡咯环和sp^3杂化碳原子通过吡咯环α位连接而成的大环化合物,是杯芳烃的类似物。这类新型主体分子具有以下特点:①构象柔顺;②空腔结构大小可以调节;③容易制备和进行化学修饰;④熔点高、热稳定性和化学稳定性好,在大多数有机溶剂中具有一定的溶解度。杯吡咯通过母体中多个吡咯环上的亚氨基能与底物形成多氢键,可以很好地识别在生物学上具有重要意义的阴离子(如Cl^-,$H_2PO_4^-$)、过渡金属离子和中性分子。阴离子和中性分子比阳离子更难识别,而杯吡咯对阴离子和中性分子的卓越识别能力,使得该类主体分子在生物学、超分子化学和配位化学等领域有着重要的研究与应用价值。

目前,合成的杯吡咯大环化合物基本上都是杯[4]吡咯,即环体中含4个吡咯单元。主体分子的晶体结构均显示了与杯芳烃类似的非平面柔性环四聚构象。八甲基杯[4]吡咯的结构如图5-57所示。

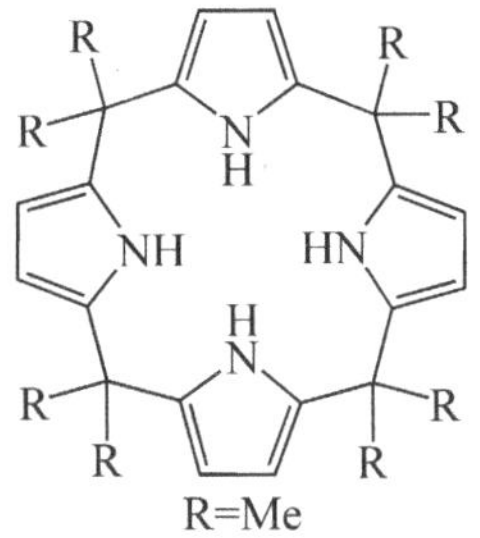

R=Me

图 5-57 八甲基杯[4]吡咯的结构

杯吡咯及其衍生物的结构式如下：

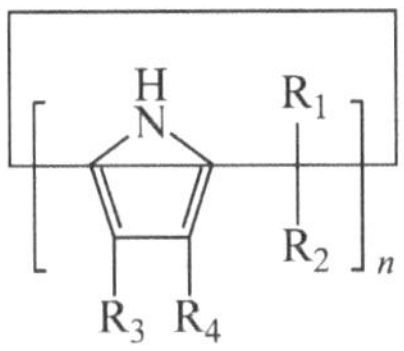

式中，R_1，R_2，R_3，R_4可以是H，CH_3，CH_2，Ph或其他基团。

环己烷杯[4]吡咯的构象如图5-58所示。

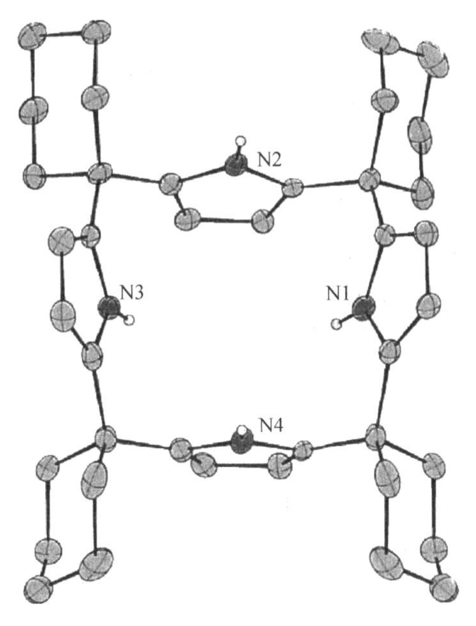

图 5-58 环己烷杯[4]吡咯的构象

杯吡咯化合物是一类特殊的杯芳烃，再度引起人们的兴趣是由于它对阴离子和中性分子的识别能力。分子识别可以理解为底物与给定受体选择性地键合，并可能具有专一性。识别过程往往引起体系的电学、光学性质及构象的变化，甚至发生化学变化，这些变化意味着对化学信息的表述、存储、传递及处理。杯芳烃及其类似物生成的大环化合物，具有空腔可调、构象可变、易于修饰等优点，可借助氢键、静电、分子作用力、堆积等非共价键作用来识别客体分子，被誉为“第三代超分子”。

近几年，杯芳烃向着功能化方向发展，即在杯芳烃的母体成环基团及其上下沿进行有目的的化学改性，使得整个分子体系成为集特定结构和功能于一身的受体，并在络合物、分子催化以及与分子识别联用方面取得突破性进展。

目前，有两种利用杯[4]吡咯制作光学传感器的方法。第一种是在杯[4]吡咯骨架上共价连接一个可做比色分析或可发荧光的基团，当阴离子缔合时，使作为指示器的基团光学性质改变，通过可见光或荧光来探测其响应。第二种是利用置换分析的原理，当加入一种与杯[4]吡咯有更强结合力的阴离子时，原缔合的阴离子与杯吡咯的缔合体系会被离解。例如，当黄色的4-硝基苯酚阴离子与八甲基杯[4]吡咯缔合后，会失去它原来的深黄色，而在杯[4]吡咯-4-硝基苯酚盐络合物液中加入与杯[4]吡咯结合力更强的氟离子时，原络合物上的4-硝基苯酚被氟离子所取代，被置换出来的4-硝基苯酚使溶液又变为黄色，其反应式如下：

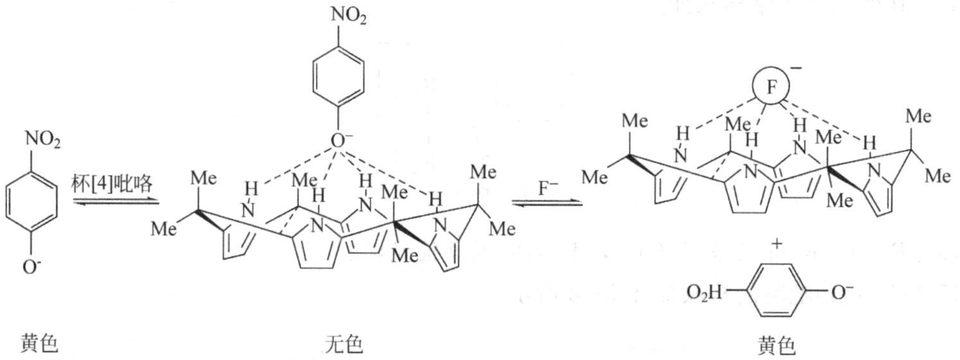

黄色　　无色　　黄色

杯[4]吡咯光学传感器示例

2. 研究内容与要求

(1) 每组学生选择两种醛或酮类化合物进行杯吡咯合成方法的研究，对反应条件进行摸索和改进，找出最佳的合成路线和方法。

(2) 对所合成出来的化合物进行结构分析，并且测定其物理化学常数，如熔点等。

(3) 对所合成出来的化合物性质进行研究。

(4) 对实验结果进行归纳和整理，按规定完成研究报告。

3. 参考文献

(1) Kent A Nielsen, et al. Binding Studies of Tetrathiafulvalene-calix[4]pyrroles with Electron-deficient Guests. Tetrahedron, 2008, 64: 8449～8463

(2) Xue Kui Ji, et al. Meso-indanyl calix[4]pyrrole Receptors. Tetrahedron, 2005, 61: 10705～10712

(3) Soumen Dey, et al. An Efficient and Eco-friendly Protocol to Synthesize Calyx [4] pyrroles. Tetrahedron Letters, 2006, 47: 5851～5854

(4) 刘冬美，等. 杯吡咯和杂杯吡咯的结构、合成与应用、有机化学，2008，28(3)：398～406

(5) 郭勇，邵士俊，等. 杯吡咯功能化合物的研究与应用. 化学进展，2003，15(4)，319～325

实验 95　有机-无机介孔材料的制备与性能表征

1. 研究背景

根据国际纯粹和应用化学联合会(IUPAC)的定义,孔径小于 2nm 的多孔材料称为微孔材料,如沸石分子筛之类;一般大于 50nm 的多孔材料称为大孔材料,如多孔陶瓷、气凝胶等;介于两者之间(2～50nm)的多孔材料则称为介孔材料。1992 年 Kresge 等在 Nature 杂志上首次报道了一种名为 MCM-41 的有序介孔材料,在材料科学界引起了广泛的关注,近年来已成为国际上跨学科的研究热点之一。有序介孔材料是一类新型的纳米结构材料,其特点是:孔道大小均匀、排列有序、孔径可以在 2～50nm 范围内调节,从而将分子筛的规则孔径从微孔拓展到介孔领域,同时,具有较高的比表面积和壁厚,以及很好的热稳定性。在吸附、分离、催化等方面,以及光、电、磁等领域具有广阔的应用前景。

此外,由于有序介孔材料具有规则可调的纳米级孔道结构,可以作为纳米粒子的微反应器,从而为人们从微观角度研究纳米材料的小尺寸效应、表面效应及量子效应等奇特性能提供了重要的基础。有序介孔材料作为一种新型纳米结构材料,从 20 世纪 90 年代迅速兴起。它是以表面活性剂形成的超分子结构为模板,利用溶胶-凝胶工艺,通过有机物-无机物界面的定向作用,组装成孔径在 2～50nm,孔径分布窄且有规则孔道结构的无机多孔材料。其组装过程如下:

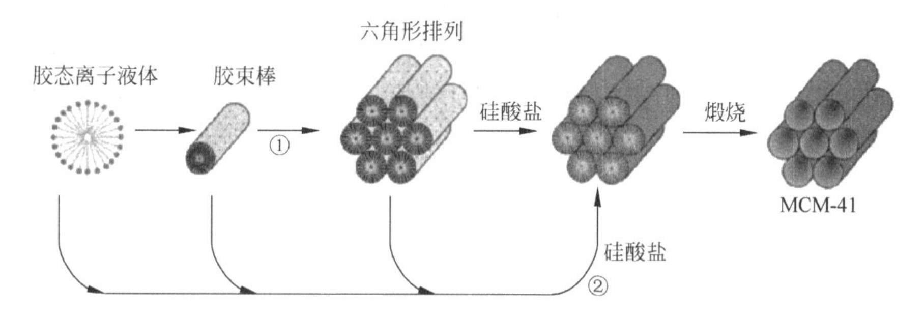

介孔材料的发展,不仅将分子筛由微孔范围扩展至介孔范围,而且使得大分子吸附、催化反应、药物存储、运输等工业应用得以实现。

自从 1992 年 Mobil 公司 Kresge 等人首次以烷基季铵盐型阳离子表面活性剂(CTAB)为模板,在碱性条件下合成了具有较大比表面、孔道呈规则六方形的有序介孔分子筛系列 CM-41S 以来,介孔材料的合成一直成为材料化学领域的热门课题之一。表面活性剂虽然是一种理想的模板剂,但是其毒性和挥发性对环境有很大影响,不符合绿色化学和环境友好化学的要求。作为一种绿色替代溶剂——离子液体(ionic liquid),具有非挥发性、零蒸气压、宽液程、高热稳定性、宽的电化学窗口、良好的离子导电性和导热性等特点。作为溶剂时可循环再利用,并且不会产生挥发性有机化合物污染,受到了化学和材料科学等各个领域的广泛关注。Cooper 等首次报道了离子液体 1-乙基-3-甲基咪唑溴盐(EmimBr)作为溶剂和模板剂合成磷酸铝沸石,为多孔材料的制备开辟了一条新的途径。

MCM-41 介孔分子筛是 M41S 族中典型代表,其孔道呈六方有序排列,具有很大的比表面积($>700m^2/g$)和吸附容量($>0.7cm^3/g$)以及孔径在 2～10nm 可以调节等优点,使其在沸石分子筛难以完成的大分子催化、吸附与分离等众多领域得到广泛应用。自 2001 年 Adams 首次采用离子液体 1-十六烷基-3-甲基咪唑溴盐为模板剂合成出介孔分子筛 MCM-41 以来，以离子液体为模板剂合成介孔分子筛的研究成为科研工作者的研究热点之一。

2. 研究内容及要求

(1) 本实验共分 3 步，第一步合成离子液体作为下一步实验的模板剂；第二步通过自组装原理合成介孔材料；第三步通过高温焙烧或溶剂萃取法去掉模板剂，形成具有实际应用价值的介孔材料。

(2) 每组选择 1～2 种 10 个碳以上的溴代烷基与 *N*-甲基咪唑反应制备离子液体，并且利用红外、核磁、熔点测定等手段对离子液体的性质进行表征。

(3) 自主设计、探究合成离子液体和介孔材料的最佳方法，并了解离子液体自组装的机理及自组装对合成介孔材料的作用，在实验过程中培养团队协作精神。

(4) 利用多晶 X 射线衍射仪(XRD)和透射电镜(TEM)等手段对材料进行表征，让学生接触较为先进的科学研究手段。

(5) 对实验结果进行归纳和整理，按规定完成研究报告。

3. 参考文献

(1) 徐如人，庞文琴. 分子筛与多孔材料化学. 北京：科学出版社，2004

(2) Huo Q S，Margolese D L，et al. Nature，1994，368(6469)：317～321

(3) Yang P D，Deng T，Zhao D Y，et al. Science，1998，282(5397)：2244～2246

(4) Firouzi A，Kumar D，Bull L M，et al. Science，1995，267(5201)：1138～1143

(5) Monnier A，Schuth F，Huo Q，et al，Science，1993，261(5126)：1299～1303

第 6 章　有机化合物性质与官能团测试实验

有机化学反应大多数为分子反应，分子中直接发生变化的部分一般都局限在官能团上，因此，有机官能团的基本特征，对于鉴定有机化合物的结构有着十分重要的意义。通过测试一个未知物的纯度、物理性质、波谱行为、溶解度等，可以基本合理地推断该化合物的具体结构。尤其是现代仪器分析的飞速发展，使有机化合物结构鉴定更加简便与快捷。但是，经典的化学分析，成本低廉、结果变化明显，便于直接观察，仍然是十分有效的分析方法，具有不可替代的作用。

6.1　碳氢化合物——烯烃、炔烃、芳香烃

烷烃、烯烃、炔烃和芳香烃类化合物分子中只含有碳和氢原子。它们的性质一般都比较稳定。尤其是烷烃在一般情况下比较稳定，在特殊条件下可发生取代反应。烷烃通常不用化学方法检测，主要依靠其物理性质和波谱性质来鉴定与表征。烯烃和炔烃由于分子中具有不饱和双键和叁键，所以它们不如烷烃稳定，很容易通过化学方法被检测到。而芳香烃虽然含有多个双键，但是由于形成了共轭体系，电子云密度平均化，使得芳香烃的性质比烯烃和炔烃稳定得多，只有在比较强烈的反应条件下才能发生取代反应。一些惰性比较强的芳香烃即使在最剧烈的反应条件下也不发生反应，这些芳香烃主要通过波谱和物理测试方法来表征。

实验 96　烯烃的性质鉴定

1. 实验目的

(1) 通过实验更加直观地了解烯烃的性质。

(2) 掌握烯烃性质实验的反应原理。

(3) 了解烯烃性质实验中试剂的安全使用方法。

2. 实验内容

1) 与溴溶液的反应

烯烃与溴反应可以形成加成产物，使溴的红棕色褪去，其反应式如下：

$$\rangle C{=}C\langle \; + \; Br_2 \longrightarrow -\overset{Br}{\underset{|}{\overset{|}{C}}}-\underset{Br}{\overset{|}{\underset{|}{C}}}-$$

烯烃　(红棕色)　1,2-二溴代烷(无色)

待测样品：2-戊烯、环己烯、1，2-二苯乙烯、己烷。

测试试剂：5%溴-CH_2Cl_2 溶液。

取 4 支试管，在其中加入 2mL CH_2Cl_2 溶液和 2～3 滴待测样品，振荡摇匀。边摇边滴加 5％溴-CH_2Cl_2 溶液，观察其颜色变化情况。

5％溴-CH_2Cl_2 溶液的配制方法：在 95mL 的 CH_2Cl_2 溶液中加入 5mL 溴，摇匀待用。

注意事项：

(1) 溴为强腐蚀性化学品，在使用时应注意保护好暴露的皮肤。取溴应在通风橱中进行，戴好橡胶手套、防护镜和口罩。

(2) 当被测试剂中含有烯醇、多酚和可烯醇化的物质时，也可以使溴褪色。

2) 与高锰酸钾溶液的反应

烯烃可以被 $KMnO_4$ 氧化成 1,2-二醇，锰也由紫色的 Mn^{+7} 还原为褐色的 MnO_2：

$$3\ \gt C{=}C\lt\ + 2KMnO_4 + 4H_2O \longrightarrow 3\ -\underset{OH}{\overset{|}{C}}-\underset{OH}{\overset{|}{C}}-\ + 2KOH + 2MnO_2(s)$$

烯烃　(紫色)　1,2-二醇　二氧化锰(褐色)

(1) Baeyer 实验——水溶液

待测样品：2-戊烯、苯甲醛、苯酚、己烷。

测试试剂：2％$KMnO_4$ 水溶液。

操作：取 4 支干净的试管，加入 2mL 水或乙醇，取 0.2mL 4 种待测样品分别加入到其中，逐滴加入 2％$KMnO_4$ 水溶液，摇动观察 4 支试管中溶液的颜色变化。

若 $KMnO_4$ 的颜色在 0.5～1min 内不变，则将试管间歇性剧烈摇动后放置 5min。若只轻微发生反应，可能是杂质导致的，应仔细判断。若紫色消失，同时试管底部出现褐色悬浮物二氧化锰，则表明有碳碳双键或叁键存在。

(2) 季铵盐相转移法

待测样品：2-戊烯、环己烯、1,2-二苯乙烯、己烷。

测试试剂：紫苯试剂。

操作：向试管中加入 5mL“紫苯”试剂、1 滴蒸馏水和约 0.01g(或 1～2 滴)待测样品。将试管口用塞子塞好，放在一张白纸上来回滚动，观察溶液颜色出紫色变为棕色。时间大约需要 30s～15min。

以上两个实验都是与高锰酸钾的反应，但是方法和试剂有所不同，前者只是用水作为溶剂而后者加入了苯，为了使高锰酸钾进入苯层加入了相转移催化剂四丁基铵。

“紫苯”试剂的配制方法：在 10mL 蒸馏水中溶解 2g NaCl 和 10mg $KMnO_4$，将溶液转移至 125mL 分液漏斗中，加入 10mL 苯。轻摇混合物，静置分层。注意：苯层是无色的，只有下面的水层呈紫色。然后加入 20mg 四丁基溴化铵，振摇后静置分层。苯层由于四丁基铵正离子将 MnO_4^- 由水层转移到苯层而变为深紫色。这个相转移并不完全，存在一个平衡。分出苯层，并观察 5min。若紫色变为棕色，说明季铵盐不纯，需要将季铵盐纯化后重新制备此溶剂。

注意事项：

(1) 苯是芳烃，不属于烯烃类，在 20℃时不被稀 $KMnO_4$ 氧化。

(2) 除四丁基溴化铵外，也可使用四戊基、四己基氯化铵(或溴化铵)及其他长链季铵卤化物。

(3) “紫苯”试剂制备后必须立即使用。

(4) 苯有毒，属致癌物质，需要在密闭状态下使用，不可吸入其蒸气，避免皮肤接触。

3. 注释

(1) 烯烃与溴溶液的反应广泛应用于测试物质中烯键或炔键,可与 $KMnO_4$ 实验联合应用。溴的二氯甲烷溶液可存放一年,应每年制备一次新溶液。

(2) 该试剂往往并不能准确测试物质的不饱和性。其原因是:①不是所有的烯烃都与溴反应;②当烯键与吸电子基团相连时,使加成反应变慢,甚至不发生。

(3) 对物质不饱和性测试的阳性反应结果是溴褪色的同时无 HBr 气体放出。

(4) 四氯化碳通常是溴化反应定性实验的首选溶剂,但是,它不适于反应机理的研究,因为非极性溶剂中反应很复杂。若有微量水分或酸存在,反应会被大大催化加速,若有氧存在则反应会被抑制。这就使实验难以得到可重复性数据,从而不能准确分析定性实验中的所有是阴性反应结果。在非极性溶剂中,加成反应分两步进行。首先是烯烃与溴反应生成溴鎓离子,然后溴离子从背面进攻三元环上的碳,最后形成反式加成产物。在极性溶剂比如水中,溴代醇是主要产物,并伴随放出 HBr。

(5) 溴褪色的同时伴随 HBr 放出,表明发生了取代反应,很多化合物都有此特性,如烯醇及许多酚和可烯醇化的物质。酮及其他羰基化合物反应时存在一个诱导期,因为需要释放出氢溴酸作为烯醇化催化剂。

(6) 简单的酯不发生反应,乙酰乙酸乙酯可使溶液立即褪色,丙二酸二乙酯则需要 1min 左右。很多活泼亚甲基化合物,如丙醛和环戊酮,室温下不使溴褪色,但在 70℃时可得到阳性反应结果。苯甲腈即使在 70℃时也需要几分钟才能发生反应。芳香族胺很特殊,因为最先产生的 HBr 与胺反应生成盐,而不是释放出来,故常被误认为是简单的加成反应:

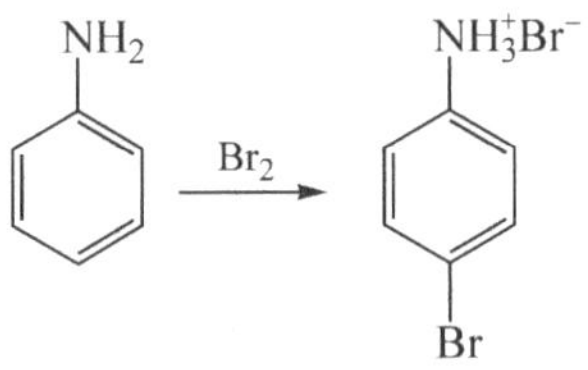

NH_2 $\xrightarrow{Br_2}$ $NH_3^+Br^-$ Br

苄胺与溴的反应类型比较少见,氮原子的氢被溴取代,随后分解成苯甲腈:

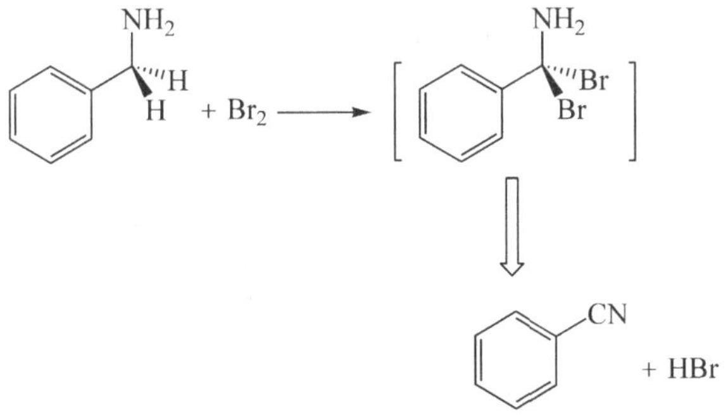

NH_2 H H $+ Br_2 \longrightarrow$ [NH_2 Br Br]

CN $+ HBr$

一些叔胺,如吡啶等,在用溴处理时形成过溴化物:

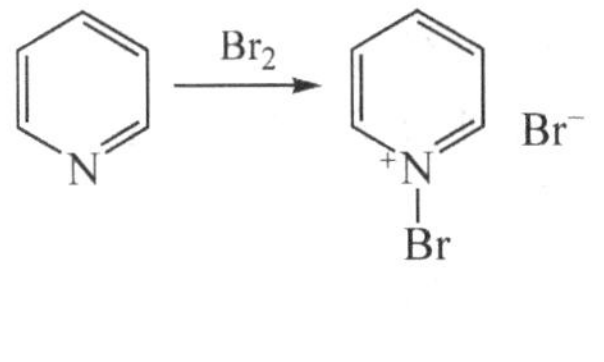

N $\xrightarrow{Br_2}$ $^+$N Br Br^-

各种脂肪族同样也可使溴褪色。

(7) Baeyer 实验可测烯烃的不饱和性，其原理是含烯键或炔键的化合物可使 $KMnO_4$ 溶液褪色。烯烃在冷、稀 $KMnO_4$ 溶液中反应的主产物是乙二醇，如果加热则发生氧化反应，最终导致碳链的断裂。Baeyer 实验检测不饱和化合物比溴实验效果好，但反应过程略显复杂。所有易氧化的物质都可进行此实验。有些羰基化合物可使溴溶液褪色，但通常在 Baeyer 实验中不反应，比如丙酮能使溴溶液迅速褪色，却可用作 Baeyer 实验的溶剂。醛可进行 Baeyer 实验，而很多醛，如苯甲醛和甲醛不使溴溶液褪色。甲酸酯含有 O═CH—基团，也能还原高锰酸盐。醇能使高锰酸盐溶液褪色，但与溴溶液不反应。纯净的醇不易被高锰酸盐氧化，但它们通常含有易氧化的杂质。其他类型的化合物也可能含有少量能使高锰酸盐溶液褪色的杂质。通常，若只能使一两滴高锰酸盐溶液褪色，不能认为得到了阳性反应结果。苯酚和芳胺也能还原高锰酸盐溶液，自身氧化成醌，醌可继续被试剂氧化，形成一系列的氧化产物，如顺丁烯二酸、草酸和 CO_2。

(8) 相转移技术可应用于多种类型的反应，常使用长链季铵盐或冠醚作相转移剂。季铵盐的相转移效果比较好，而且比冠醚便宜。例如四丁基溴铵 $(CH_3CH_2CH_2CH_2)_4NBr$，其离子特性使它易溶于水层，离子交换形成含高锰酸盐氧化剂的新盐 $Q^+MnO_4^-$ 进入有机层：

$$[Q^+ + Br^-] + [K^+ + MnO_4^-] \rightleftharpoons [Q^+ + MnO_4^-] + [K^+ + Br^-]$$

$$Q^+(aq) + MnO_4^-(aq) \rightleftharpoons \underset{(有机层)}{Q^+MnO_4^-}$$

有机层中，高锰酸盐氧化烯烃释放季铵碱，季铵碱返回水层再带回高锰酸盐，如此循环进行反应：

$$Q^+MnO_4^- + \gt C{=}C\lt \longrightarrow -\underset{OH}{\underset{|}{C}}-\underset{OH}{\underset{|}{C}}- + MnO_2 + Q^+OH^-$$

$$Q^+OH^- \xrightarrow{相转移} Q^+OH^-$$

$$[Q^+ + OH^-] + [K^+ + MnO_4^-] \rightleftharpoons [Q^+ + MnO_4^-] + [K^+ + OH^-]$$

冠醚则通过掩蔽 K^+ 形成溶于非极性溶剂的配合物：

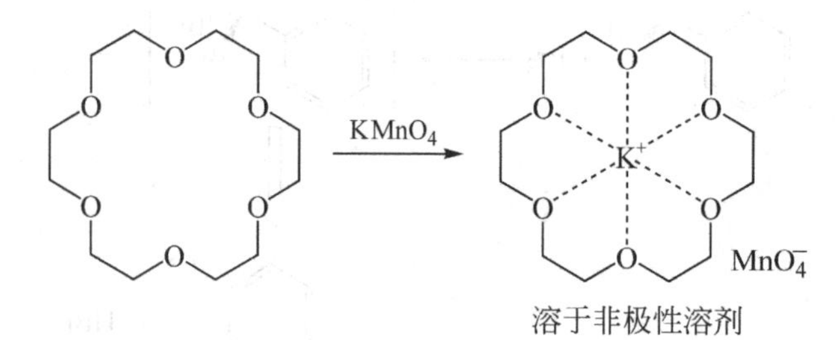

4. 思考题

(1) 何种官能既可用溴检测，也可用高锰酸盐检测？

(2) 要检测双键和叁键的存在，两种方法中哪种较好，为什么？

(3) 何种情况下需同时使用两种试剂进行检测实验？

(4) 在高锰酸盐检测实验中，利用相转移催化剂有何好处？

实验 97　乙炔的制备与炔烃的性质鉴定

1. 实验目的

(1) 通过实验更加直观地了解炔烃的性质。

(2) 掌握炔烃性质实验的反应原理。

(3) 学习乙炔气体的制备方法。

2. 实验内容

1) 乙炔的制备

$$CaC_2 + 2H_2O \longrightarrow HC \equiv CH \uparrow + Ca(OH)_2$$

取 5～6g 块状碳化钙(又称电石灰)，放在一个干燥并且干净的二口瓶中，按图 6-1 搭好装置。在恒压滴液漏斗中加入约 30mL 饱和食盐水溶液，通过控制恒压滴液漏斗的活塞将水逐滴滴入二口瓶中，反应立即开始，用逸出的乙炔气分别做下列试验。

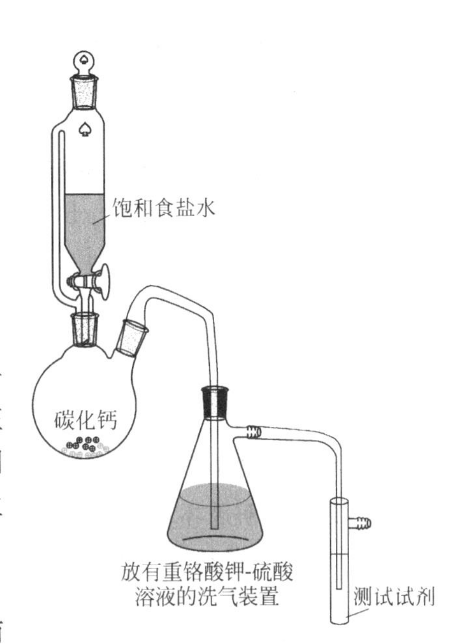

图 6-1　乙炔气体发生器

2) 与溴的加成

炔烃和烯烃一样与溴反应可以形成加成产物，而使溴的红棕色褪去。其反应式如下：

$$-C\equiv C- \xrightarrow[\text{(棕色)}]{Br_2} \underset{\text{1,2-二溴代烯(无色)}}{BrC=CBr} \xrightarrow[\text{(棕色)}]{Br_2} \underset{\text{1,1,2,2-四溴代烷(无色)}}{-CBr_2-CBr_2-}$$

炔

待测样品：乙炔。

测试试剂：溴水。

操作：将乙炔气通入盛有 10 滴溴水的试管中，观察溴水是否褪色。

3) 与高锰酸钾溶液的氧化反应

通常，炔键被 $KMnO_4$ 氧化后直接分解成羧酸。其反应式如下：

$$\underset{\text{紫色}}{R-C\equiv C-R' + 2KMnO_4 + 2H_2O} \longrightarrow RCOO^-K^+ + R'COO^-K^+ + 2H_2O + \underset{\text{褐色}}{2MnO_2}$$

待测样品：乙炔。

测试试剂：2%$KMnO_4$ 溶液。

操作：将乙炔气体通入盛有 1mL 2%$KMnO_4$ 水溶液的试管中，观察高锰酸钾溶液颜色的变化，紫色是否褪去，是否有褐色沉淀生成。

4) 与金属离子的反应

(1) 与硝酸银氨溶液的反应

炔烃与硝酸银氨溶液反应可以生成乙炔银白色沉淀。其反应式如下：

$$H-C\equiv C-H + 2[Ag(NH_3)_2]^+ \longrightarrow \underset{\text{乙炔银(白色)}}{AgC\equiv CAg\downarrow} + 2NH_4^+ + 2NH_3$$

待测样品：乙炔。

测试试剂：银氨溶液（由 5%$AgNO_3$ 溶液、5%NaOH 溶液和 5%NH_4OH 溶液组成）。

操作：将乙炔气通入新制备的银氨溶液中，即析出乙炔银沉淀，用玻棒取出少量（高粱米粒大）用滤纸吸干，将其放于砂盘中，用小火加热进行爆炸试验。

银氨溶液配制：在试管中加入 5 滴 5%$AgNO_3$ 溶液、1 滴 5%NaOH 溶液，再逐滴加入 5%NH_4OH 至沉淀恰好溶解。其反应如下：

$$AgNO_3 + NaOH \longrightarrow AgOH + NaNO_3$$

$$2AgOH \longrightarrow Ag_2O\downarrow + H_2O$$

$$Ag_2O + 4NH_4OH \longrightarrow 2[Ag(NH_3)_2]OH + 3H_2O$$

注意事项：

① 银氨溶液，即托伦试剂（Tollen's reagent）久置会析出爆炸性黑色沉淀物 Ag_3N，故不能储存，必须现用现配。

② 由于炔银干燥时易爆炸，因此实验做完必须将剩余的沉淀加入 3mL 稀硝酸，在水浴上加热煮沸，进行分解破坏：

$$Ag—C\equiv C—Ag + 2HNO_3 \longrightarrow 2AgNO_3 + HC\equiv CH\uparrow$$

（2）与酮氨溶液反应

炔烃与酮氨溶液反应可以生成乙炔亚铜红棕色沉淀。其反应如下：

$$H-C\equiv C-H + 2[Cu(NH_3)_2]^+ \longrightarrow \underset{\text{乙炔亚铜，红棕色}}{CuC\equiv CCu\downarrow} + 2NH_4^+ + 2NH_3$$

待测样品：乙炔。

测试试剂：氯化亚铜氨溶液。

操作：将乙炔气通入盛有 5 滴氯化亚铜氨溶液的试管中，析出乙炔亚铜沉淀，进行与乙炔银相同的爆炸试验，并破坏剩余物。

氯化亚铜氨溶液配制：将 3.5g $CuSO_4 \cdot 5H_2O$ 及 1g NaCl 溶于 12mL 热水中，在搅拌下加入由 1g $NaHSO_3$ 和 10mL 5%NaOH 组成的溶液，置暗处冷却，以免氧化。用倾倒法将溶液倒出，洗涤得到氯化亚铜沉淀，然后将其溶解在 10～15mL 用浓氨水与等量水配成的溶液中，即得到氯化亚铜氨溶液。其反应式为：

$$2CuSO_4 + NaCl + NaHSO_3 + H_2O \longrightarrow Cu_2Cl_2\downarrow + NaHSO_4$$

$$Cu_2Cl_2 + 4NH_4OH \longrightarrow Cu_2(NH_3)_4Cl_2 + 4H_2O$$

3. 注释

（1）由于乙炔及其一元取代物（R—C≡C—H）分别有两个或一个氢原子与碳碳叁键的碳原子直接相连，使它们显弱酸性，与强碱反应可以形成金属炔化物，如与金属钠反应生成炔化钠：

$$R-C\equiv C-H + Na \longrightarrow R-C\equiv C^-Na^+ + H_2\uparrow$$

与硝酸银氨溶液反应生成炔化银：

$$R-C\equiv C-H+[Ag(NH_3)_2]^+ \longrightarrow \underset{\text{炔化银,白色}}{R-C\equiv CAg\downarrow}+NH_4^+ +NH_3$$

与酮氨溶液反应生成炔化亚酮：

$$R-C\equiv C-H+[Cu(NH_3)_2]^+ \longrightarrow \underset{\text{炔化亚铜,红棕色}}{R-C\equiv CCu\downarrow}+NH_4^+ +NH_3$$

炔化物在鉴定乙炔和末端炔中是很重要的，通过这些反应可以鉴别出分子中含有末端炔（$-C\equiv C-H$）基团。这类化合物也是合成二元或多元炔基化合物的重要原料。这些化合物都有一定的爆炸性质，尤其是在与乙炔反应生成二取代产物时，在合成和使用时应注意。

（2）一元取代乙炔还可以通过下列反应生成汞化合物：

$$2R-C\equiv C-H+K_2HgI_4+2KOH \longrightarrow (RC\equiv C)_2Hg+4KI+2H_2O$$

此反应产物是无爆炸性的固体，可以用乙醇或苯进行重结晶提纯，通过测熔点可以确定原来化合物的结构。

（3）由于乙炔及其一元取代物的弱酸性，它们与格氏试剂也很容易发生反应，生成烷烃和炔基格氏试剂，炔基格氏试剂在合成中是非常有用的试剂。

4. 思考题

（1）写出区别 1-丁炔和 2-丁炔的化学反应式。

（2）在乙炔制备过程中使用饱和食盐水有什么好处？

（3）重铬酸钾-硫酸溶液洗气装置的作用是什么？

（4）设计出利用化学方法鉴定 2-戊醇、己烷、甲苯、1-丁炔的步骤。

实验 98　芳香烃的性质鉴定

1. 实验目的

（1）通过实验更加直观地了解芳香烃的性质。

（2）掌握芳香烃性质实验的反应原理及方法。

2. 实验内容

1）与氧化偶氮苯-$AlCl_3$ 反应

芳香烃化合物与氧化偶氮苯在 $AlCl_3$ 催化下反应生成 4-芳基偶氮苯，溶液或沉淀的颜色发生变化。反应式如下：

$$\underset{\text{芳基化合物}}{ArH} + \underset{\text{氧化偶氮苯}}{C_6H_5-\overset{O^-}{\overset{|}{N^+}}=N-C_6H_5} \xrightarrow{AlCl_3} \underset{\text{4-芳基氧化偶氮苯(有色配合物)}}{[Ar-C_6H_4-N=N-C_6H_5]AlCl_3}$$

待测样品：氯苯、萘、石油醚、溴乙烷。

测试试剂：氧化偶氮苯晶体、无水 $AlCl_3$。

操作：取4支干净并且用蒸馏水冲洗过，经过干燥处理的试管进行编号。分别向干燥的试管中加入0.5mL经过干燥处理的待测样品、1粒氧化偶氮苯晶体和约25mg无水$AlCl_3$，注意观察颜色变化。若反应开始没有出现颜色，加热几分钟，取出，30min后观察颜色变化。

注意事项：

(1) 本实验应在绝对无水的条件下进行，所使用的试管和样品应经过干燥处理。

(2) 若待测样品是固体，可取0.5g样品加入2mL无水CS_2溶解，然后进行实验。

(3) 反应所显现的颜色是4-芳基偶氮苯和$AlCl_3$配合物的颜色。很多含氧基团会干扰反应，使颜色不能正常变化。

(4) 实验中，芳烃及其卤素衍生物在溶液中呈深橙色至暗红色，或生成沉淀；稠环芳烃，如萘、蒽和菲呈棕色；脂肪烃为无色，最多显淡黄色。

2) 与氯仿-$AlCl_3$反应

芳香化合物与氯仿-$AlCl_3$反应生成多种颜色的三芳基碳正离子，其颜色依芳环上的官能团的不同而不同。其反应式为：

$$\underset{\text{芳香化合物}}{3ArH} + CHCl_3 \xrightarrow{AlCl_3} \underset{\text{三芳基甲烷}}{Ar_3CH} + 3HCl$$

$$\underset{\text{三芳基甲烷}}{Ar_3CH} + R^+ \longrightarrow \underset{\substack{\text{三芳基碳正离子} \\ \text{（有颜色）}}}{Ar_3C^+} + RH$$

三芳基碳正离子以$Ar_3C^+ AlCl_4^-$盐的形式存在于溶液中，易于观察颜色。

待测样品：联苯、氯苯、甲苯、萘、石油醚、己烷。

测试试剂：无水氯仿、无水$AlCl_3$。

操作：取6支干净并且用蒸馏水冲洗过，经过干燥处理的试管进行编号。分别向干燥的试管中加入2mL无水氯仿和0.1mL或0.1g待测样品，充分混合。倾斜试管使管壁润湿，加入0.5～1.0g无水$AlCl_3$，使部分粉末粘在管壁上，注意观察粉末及溶液的颜色变化。

3．注释

(1) 芳香化合物与氧化偶氮苯-$AlCl_3$反应的历程应该是：在$AlCl_3$的催化下，氧化偶氮苯对芳基进行亲电取代形成了4-芳基偶氮苯，然后脱去$AlCl_3$和水：

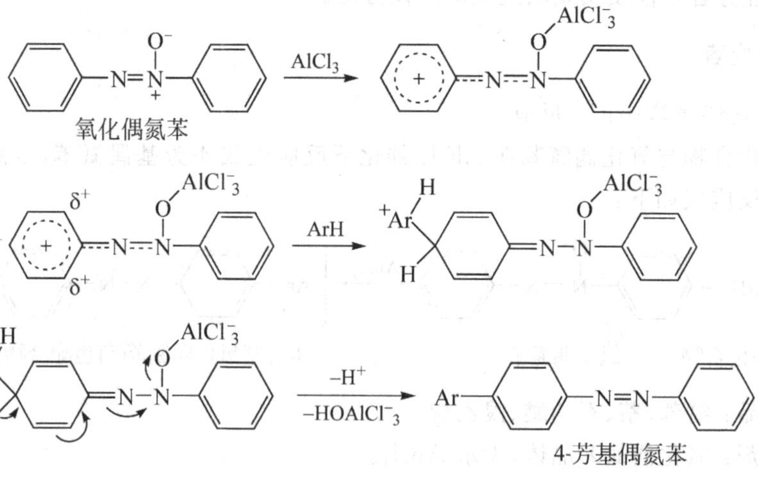

氧化偶氮苯 $\xrightarrow{AlCl_3}$ （$AlCl_3^-$配位中间体）

$\xrightarrow{ArH}$

$\xrightarrow[-HOAlCl_3^-]{-H^+}$ 4-芳基偶氮苯

(2) 芳香化合物和氯仿-$AlCl_3$ 反应生成的颜色具特征性。不溶于硫酸的脂肪族化合物不显色或仅显微弱黄色。表 6-1 给出了不同芳香化合物与氯仿-$AlCl_3$ 反应产生的颜色。

表 6-1 不同芳香化合物与氯仿-$AlCl_3$ 反应产生的颜色

化合物	苯及其同系物	芳基卤化物	萘	联苯	菲	蒽
颜色	橙至红色	橙至红色	蓝色	紫色	紫色	绿色

产生的颜色随时间变化成不同程度的棕色。用四氯化碳代替氯仿可产生相同的颜色。

芳香酯、酮、胺及其他含氧或含氯化合物也会形成蓝色或绿色，结合其他实验结果可确定样品是否有芳基结构存在。

(3) 芳香化合物和氯仿-$AlCl_3$ 反应的历程是：在路易斯酸 $AlCl_3$ 的催化下，芳环和氯代烃连续发生 3 次 Friedel-Crafts 烷基化反应，见下述反应①～③。由于氯和芳环的离域作用，使反应更易进行。

$$CHCl_3 + AlCl_3 \longrightarrow \overset{\delta^+}{CHCl_2}\cdots Cl\cdots \overset{\delta^-}{AlCl_3} \xrightarrow{-AlCl_4^-}$$

$$\left[H-\overset{\delta^+}{C}\genfrac{}{}{0pt}{}{\cdots Cl^{\delta^-}}{\cdots Cl^{\delta^-}}\right]^+ \xrightarrow[①]{ArH} \overset{\delta^+}{Ar}(H)(CHCl_2) \xrightarrow{-H^+} ArCHCl_2 \xrightarrow{AlCl_3}$$

$$Ar-\overset{+}{C}H-Cl \xrightarrow[②]{ArH} Ar-CH(Cl)-ArH^+ \xrightarrow{-H^+} Ar_2CHCl_2 \xrightarrow{AlCl_3}$$

$$Ar-\overset{+}{C}H-Ar \xrightarrow[③]{ArH} Ar-CH(Ar)-ArH^+ \xrightarrow{-H^+} Ar_3CH$$

取代的氯代物(Ar_2CHCl 或 $ArCHCl_2$)与 $AlCl_3$ 反应生成芳基碳正离子或二芳基碳正离子：

$$Ar_2CHCl + AlCl_3 \longrightarrow Ar-\overset{+}{C}H-Ar + AlCl_4^-$$

氢化产物脱离三芳基甲烷形成稳定的三芳基碳正离子：

$$Ar_3CH + Ar_3CH^+ \longrightarrow \underset{(有颜色)}{Ar_3C^+} + Ar_2CH_2$$

4. 思考题

试解释为什么没有形成四芳基甲烷。

6.2 卤代烃

有时，只通过波谱的方法不能正确地确定卤代烃的结构，还需要通过卤素定量分析来确定。这类取代反应很多，适当运用这些方法可以对化合物做更细致的鉴定。下面介绍的两种很有用的方法可以作为鉴定卤代烷结构的辅助手段。

实验 99　卤代烷与 $AgNO_3$-乙醇溶液反应

1. 实验目的

(1) 了解和掌握卤代烃的性质。

(2) 学习和掌握利用化学反应鉴定卤代烃的方法和原理。

2. 实验内容

卤代烷与 $AgNO_3$ 反应可以生成沉淀。其反应式如下：

$$\underset{\text{卤代烷}}{RX} + \underset{\text{硝酸银}}{AgNO_3} \xrightarrow{CH_3CH_2OH} \underset{\text{卤化银}}{AgX\downarrow} + RONO_2$$

此反应是碳正离子的 S_N1 历程，卤代烷的反应活性顺序如下：

$$R_3CX > R_2CHX > RCH_2X$$

待测样品：苯甲酰氯、氯代正丁烷、2-氯丁烷、2-氯-2-甲基丁烷、氯苯、氯化苄、氯乙酸。

测试试剂：2% AgNO-乙醇溶液、5%硝酸溶液。

操作：取 7 支干净并且用蒸馏水冲洗过，经过干燥处理的试管进行编号。在每支试管中加入 2mL 2%AgNO-乙醇溶液，然后取少量待测样品分别加入到 7 支试管中，记录每支试管中加入待测样品的名称，观察卤化银沉淀出现时间。10min 后，将未产生沉淀反应的试管加热至沸腾，注意观察是否有沉淀生成，若有沉淀，记录其颜色和时间。然后分别加 2 滴 5%硝酸溶液观察沉淀的溶解性情况。

注意事项

(1) 由于自来水中含有卤素，因此试管必须要用蒸馏水冲洗和进行干燥。

(2) 卤化银不溶于稀硝酸，有机酸银盐可溶于稀硝酸。

(3) 由于卤代烷常含有少量异构体杂质，使实验结果较难判断。可收集生成的卤化银并晾干称重。通常，样品的相对分子质量可从它的物理常数来估算，也可查阅相对分子质量表。将卤化银的理论产量与实际产量比较，如果有效产率很低，则可认为实验属阴性反应。

(4) 有的卤代烃反应缓慢，也只生成很少量卤化银。这时可将卤化银过滤分离，滤液中再加入过量的 $AgNO_3$ 进行实验。这样可将其与含有少量活性杂质的惰性卤代烃区分开来。

3. 注释

该试剂对已知含卤素化合物进行分类很有用。很多含卤物质与 $AgNO_3$ 反应生成卤化银沉淀，反应的速率代表该卤原子的反应活性，这一点很有价值，可以据此对分子的结构进行一定的推测。此外，还可以根据卤化银的颜色来鉴定该卤代物的类别，如 AgCl 为白色，AgBr 为淡黄色，AgI 为黄色。

反应活性最强的是离子型卤化物。有机物中，最常见的离子型卤化物是氢卤酸铵盐：

$$[RNH_3]^+X^-$$

含卤素离子的氧鎓盐和碳鎓盐则比较少见：

$$\left[R:\ddot{\underset{\cdot\cdot}{O}}:R\right]^+X^- \quad (R'\text{ 连于 O})$$

R′=烷基,H
氧𬭩盐

$$\left[\left(H_3C\right)_2CH-C_6H_4\right]_3-C^+Cl^-$$

结晶紫
碳𬭩盐

这些盐的水溶液与 $AgNO_3$ 水溶液反应立即生成卤化银沉淀。

概括起来：

(1) 对于水溶性化合物，如氢卤酸铵盐、氧𬭩盐、卤化碳𬭩盐、分子质量相对低的酰氯等，与 $AgNO_3$ 溶液反应立即生成卤化银沉淀。

(2) 对于水不溶性化合物在 $AgNO_3$-乙醇溶液中的反应行为，大体可分成 3 类：①化合物在室温下能迅速生成沉淀，如酰氯、三级卤代烷、碘代烷、苯甲型和烯丙型卤代烷、邻位上带有卤素原子和烷氧基的卤代烃；②化合物在室温下反应缓慢甚至不反应，但加热可以生成沉淀，如一级卤代烷、二级溴代和氯代烷，2,4-二硝基氯苯等；③当卤素直接与双键连接时，由于共轭作用，卤原子不易离去，通常加热也不与 $AgNO_3$-乙醇溶液反应，如乙烯型卤化物、卤代苯，以及两个以上的卤原子与同一个碳连接的化合物，如 $HCCl_3$ 等。

在与 $AgNO_3$ 的反应中，卤代环己烷比相应的开链仲卤代物反应活性弱。如氯代环己烷不反应，尽管溴代环己烷在 $AgNO_3$-乙醇溶液中也生成沉淀，但是溴代环己烷比 2-溴己烷的活性要弱。同样，1-甲基环己基氯比直链叔氯代烷的反应活性相对小一些。但是，1-甲基环戊基氯和 1-甲基环庚基氯的反应活性都比相应的开链卤代烷要强。在相同结构中不同的卤原子作为离去基团的反应活性如下：

$$RI > RBr > RCl > RF$$

卤代烷(RX)对 $AgNO_3$ 反应活性差异的主要因素是形成碳正离子的稳定性，很显然，碳正离子的稳定性越高，与 $AgNO_3$-乙醇溶液的反应速率就越快。

4. 思考题

(1) 试分析 $ClCH_2OR$ 对 $AgNO_3$ 具有反应活性吗？说明为什么(提示：由共振理论给出一个稳定的伯碳正离子来分析)。

(2) 说明为什么苄氯比环己甲基氯反应速率快。

(3) 说明为什么卤乙烯和芳基卤代物对 $AgNO_3$-乙醇溶液具有惰性。

(4) 如下所示的化合物，氯连在叔碳上，但对 $AgNO_3$-乙醇溶液呈惰性，请解释其原因。

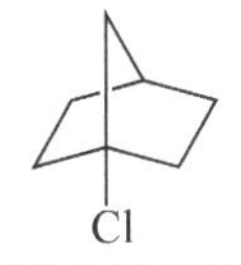

1-氯降莰烷(或称1-氯-双环[2.2.1]庚烷)

实验 100　卤代烷与 NaI-丙酮溶液反应

1. 实验目的

(1) 了解和掌握卤代烃的性质。

(2) 学习利用化学反应鉴定卤代烃的方法和原理。

2. 实验内容

溴代烷和氯代烷与 NaI-丙酮溶液反应可以发生置换，生成碘代烷和卤化盐，卤化盐不溶，从溶液中沉淀下来。其反应式如下：

$$\underset{\text{氯代烷}}{RCl} + \underset{\text{碘化钠}}{NaI} \xrightarrow{\text{丙酮}} \underset{\text{碘代烷}}{RI} + \underset{\text{氯化钠}}{NaCl\downarrow}$$

$$\underset{\text{溴代烷}}{RBr} + \underset{\text{碘化钠}}{NaI} \xrightarrow{\text{丙酮}} \underset{\text{碘代烷}}{RI} + \underset{\text{溴化钠}}{NaBr\downarrow}$$

待测样品：苯甲酰氯、正溴丁烷、2-溴丁烷、2-溴-2-甲基丁烷、溴苯、卞氯、氯乙酸。

测试试剂：15％ 的 NaI-丙酮溶液。

操作：取 7 支干净并且用蒸馏水冲洗过，经过干燥处理的试管进行编号。在每支试管中加入 1mL 15％ NaI-丙酮溶液，然后取少量待测样品分别加入到 7 支试管中，并且记录每支试管中加入待测样品的名称，振荡试管观察沉淀出现的时间，以及溶液是否变为红棕色(游离碘)。若 5min 内仍然没有沉淀出现，将未产生沉淀反应的试管于 50℃水浴中加热，约 6min 取出，将溶液冷却至室温，注意观察是否有反应发生。

NaI-丙酮试剂的配制：在 100mL 的丙酮溶液中溶解 15g NaI。开始时无色，后变为淡柠檬黄色，将溶液储于黑色瓶中。

注意事项

(1) 不可过分加热，否则会造成因丙酮挥发而使 NaI 沉淀出来，造成反应失败。

(2) NaI-丙酮试剂如有明显的红棕色出现，不可再用。

3. 注释

(1) 卤代烷与 NaI-丙酮和 $AgNO_3$-乙醇的反应活性不同，因此，要检测卤素化合物，这两种方法缺一不可。

(2) 该实验可用于对伯、仲、叔位的脂肪族氯和溴进行分类，其原理基于 NaCl 和 NaBr 几乎不溶于丙酮。反应过程是直接取代的 S_N2 历程，简单卤代物的反应活性顺序：伯＞仲＞叔。25℃下伯溴代烷与 NaI 在 3min 内就生成沉淀，伯氯代烷需加热至 50℃才发生反应；仲溴代烷和叔溴代烷需在 50℃下反应，而叔氯代烷的反应，要放置 1～2 天才能发生。这与 S_N2 历程相符。

$$R-X \xrightarrow{I^-} [I\cdots C\cdots X] \longrightarrow I-R$$

(3) 在 NaI-丙酮溶液反应中，环戊基氯的反应速率与支链仲氯代烷相当，而环己基氯的反应则相当缓慢。因此，环戊基氯和环戊基溴等化合物在 50℃下 6min 内不会与 NaI 发生明显的反应。

$ArCH_2X$ 和烯丙基卤对 NaI-丙酮溶液的反应活性很强，25℃下 3min 内就生成卤化钠沉淀。

三苯甲基氯的空间位阻很大，按照 S_N2 反应历程推测，应该不与碘离子发生取代反应，但事实上它比苄氯的反应速率还快得多。不过，这个反应并非简单的取代形成三苯甲基碘，因为可观察到有碘的颜色形成。这个例子说明对这类定性实验需要认真分析，即使是同类化合物与同一试剂作用，反应方式也可能不同，而对不同的反应方式来说，结构因素的影响就会有差异。

多溴化物，如溴仿和 1,1,2,2-四溴乙烷 50℃下与 NaI 反应生成沉淀和游离碘，四溴化碳在 25℃下即发生反应。

磺酰溴和磺酰氯也立即生成沉淀并释放游离碘。游离碘的形成可能是由于 NaI 与磺酰碘相互作用的原因：

$$ArSO_2X + NaI \longrightarrow ArSO_2I + NaX$$
$$ArSO_2I \xrightarrow{NaI} ArSO_2Na + I_2$$

磺酸烷基酯也可与之发生反应，生成相应的磺酸钠沉淀。若烷基(R)能生成稳定的碳正离子则发生 S_N1 反应，否则会与 S_N2 形成竞争反应：

$$ArSO_2OR + NaI \longrightarrow ArSO_2ONa + RI$$

如果要检测磺酸酯中的卤素，必须将此反应考虑在内。

1,2-二氯化物和 1,2-二溴化物不仅生成 NaCl 或 NaBr 沉淀，还释放出游离碘：

$$RCHBr-CHBrR + 2NaI \longrightarrow RHC=CHR + 2NaBr + I_2$$

NaI-丙酮溶液与二卤代乙烷反应结果如下：

二卤代乙烷分子式	沉淀时间
$BrCH_2CH_2Br$	1.5min(25℃)
$BrCH_2CH_2Cl$	3min(25℃)
$ClCH_2CH_2Cl$	不反应(50℃,2.5min 沉淀)

上述结果与卤代烷在 S_N2 反应中卤素离去能力大小一致，即 I>Br>Cl。

6.3　醇、酚、醚

醇、酚、醚都是含氧有机化合物，在性质上它们既有共性，又因氧原子所连接的基团或原子不同，具有各自的特性。

当碳氢化合物中的一个或几个氢原子被羟基(—OH)取代后，这个化合物称为醇。一个氢原子被取代叫一元醇；两个以上的氢原子被取代称为多元醇。在一元醇中，羟基所连接的碳原子的位置不同，又可分为伯醇、仲醇、叔醇 3 类。各种醇的性质与羟基的数目、烃基的结构有密切关系。在醇分子中，由于氧原子的电负性较强，因此与氧直接相连的键显有极性。醇可以发生取代、消除、氧化等反应。氧原子被硫原子取代(—SH)称为硫醇，硫醇的酸性比醇强。

酚可以看作苯环上的一个氢原子被羟基取代的产物。酚除了具有酚羟基的特性以外，还具有一些芳香烃的性质，因此反应比较复杂。两者的相互影响，使酚不仅有弱酸性(苯酚的 K_a 为 1.28×10^{-10})，而且还可以发生氧化反应、与三氯化铁溶液的颜色反应。

醚可以看作两个醇分子之间失去一分子水而得到的产物，其性质比较稳定。在一定的条件下可以发生醚键的断裂。醇和醚都能与酸生成锌盐。

实验 101　醇的性质鉴定

1. 实验目的

(1) 通过实验了解和掌握醇的性质。
(2) 学习利用化学反应鉴定醇的方法和原理。

2. 实验内容

1) 与金属钠反应检验活泼氢

醇与金属钠反应可以生成醇钠并且放出氢气。其反应式如下：

$$2ROH + 2Na \longrightarrow 2RO^-Na^+ + H_2\uparrow$$

该方法主要用于检验含 10 个碳以下的醇，含 10 个碳以上的醇由于反应缓慢，没有实验价值。

待测样品：甲醇、正丁醇、仲丁醇、叔丁醇、丙三醇、葡萄糖、苯甲醇、胆固醇。

测试试剂：金属钠、乙醚。

操作：取 8 支干净并且用蒸馏水冲洗过，经过干燥处理的试管进行编号。分别在试管中加入 0.5mL 或 0.25g 待测样品，加入新切的钠薄片，至钠不再溶解，观察有无氢气体放出。冷却溶液，然后加入等体积的乙醚，并随时观察溶液变化，若有固体盐析出，则可以进一步证明有活泼氢存在。

注意事项：

(1) 进行此实验前，所用仪器和试剂必须进行干燥处理，以免样品和仪器中含水，而水与钠呈现阳性反应。

(2) 测试固体样品或粘稠液体样品，可先用无水石油醚或甲苯溶解样品。

(3) 醇与钠的反应活性随相对分子质量的增加而降低。该测试方法的影响因素很多，实验结果应仔细分析。

(4) 金属钠切片时，如果空气湿度较大，其表面会吸收水分，即便放入无水溶剂，如苯中也会释放出 H_2，这是由于金属钠与所吸收的水发生了反应。

(5) 金属钠与酸反应很危险，因此切忌金属钠与酸反应。

2) 与硝酸铈铵反应

黄色的硝酸铈铵与醇反应生成的化合物呈红色。反应式如下：

$$\underset{\text{硝酸铈铵(黄色)}}{(NH_4)_2Ce(NO_3)_6} + \underset{\text{醇}}{ROH} \longrightarrow \underset{\text{(红色)}}{(NH_4)_2\overset{\overset{\displaystyle OR}{|}}{Ce}(NO_3)_5} + HNO_3$$

碳原子数不超过 10 的醇可得到阳性反应结果。

待测样品：甲醇、正丁醇、仲丁醇、叔丁醇、丙三醇、葡萄糖、苯甲醇、胆固醇。

测试试剂：硝酸铈铵试剂。

操作：

(1) 水溶性样品的检测方法：分别在试管中加入 1mL 硝酸铈铵试剂和 4～5 滴待测样品，充分混合并观察试剂是否由黄色变为红色。仔细观察并记录溶液褪成无色所用的时间。如果

15min 内无颜色变化，塞上试管，放置数小时或过夜。实验中还应注意是否有 CO_2 气泡逸出。

(2) 水不溶性化合物的检测：取 1 支干净的试管，分别在试管中加入 0.5mL 硝酸铈铵试剂和 1mL 冰醋酸，如果有沉淀，加入 3～4 滴水使之溶解，然后将少量苯甲醇加入到试管中，充分摇荡，观察反应液颜色是否由黄色变为红色。

(3) 硝酸铈铵试剂的配制：在室温(20～25℃)下，向 40mL 蒸馏水中加入1.3mL 浓硝酸，然后慢慢加入 10.96g 黄色的硝酸铈铵，搅拌，待固体溶解后，稀释至 50mL。

注意事项：

(1) 50～100℃的 Ce(Ⅳ)热溶液可氧化很多有机化合物。此试剂须在 1 个月内使用。

(2) 不溶性化合物检测的替代实验：在试管中，将 0.43g 硝酸铈铵溶于 2mL 乙腈中，然后加入约 0.1g 待测样品。用玻璃棒搅拌，并加热至刚好沸腾。1～6min 内颜色从黄色变为红色，即使是胆固醇($C_{27}H_{45}OH$)，也会变为橙红色。当醇基发生氧化时，红色会褪去。

(3) Ce(Ⅳ)溶液氧化醇所生成的红色 Ce(Ⅳ)中间体并不稳定，与 Ce(Ⅳ)配位的醇易被氧化，而有色的 Ce(Ⅳ)配合物则被还原为无色的 Ce(Ⅲ)配合物。因此该实验的第二阶段应观察到红色褪去现象。假定氧化步骤在一定时间内发生，那么此实验的阳性反应结果应该是先出现红色，然后红色再消失。表 6-3 给出了 20℃时，当醇氧化成醛或酮时，红色 Ce(Ⅳ)配合物还原成无色硝酸铈(Ⅲ)负离子所需时间，见下述注释。

(4) 若溶液只呈试剂自身的黄色，无红色配合物生成，则实验结果呈阴性。所有纯醛、酮、饱和酸，以及不饱和酸、醚、酯、二元酸及三元酸都得到阴性反应结果。二元酸，如草酸和丙二酸不产生红色，但能将黄色 Ce(Ⅳ)溶液还原成无色 Ce(Ⅲ)溶液。

废液处理：用 1mL 10%NaOH 溶液处理实验的反应混合物，经 10%盐酸中和后倒入废液回收器。

3) 与 Lucas 试验反应

在酸性条件下，易脱除羟基形成碳正离子的醇，容易与氯化锌-盐酸(即 Lucas 试剂)反应。其反应式如下：

$$\mathrm{R_2CH{-}OH} + \mathrm{HCl} \xrightarrow{\mathrm{ZnCl_2}} \mathrm{R_2CH{-}Cl} + \mathrm{H_2O}$$

2°醇　　　　卤代烷

$$\mathrm{R_3C{-}OH} + \mathrm{HCl} \xrightarrow{\mathrm{ZnCl_2}} \mathrm{R_3C{-}Cl} + \mathrm{H_2O}$$

3°醇　　　　卤代烷

因此，只有仲醇(2°醇)和叔醇(3°醇)能生成卤代烷，形成两相溶液。叔醇的活性最高，伯醇与氯化锌-盐酸反应很慢或不反应。此反应可以用来鉴别伯、仲、叔醇。

待测样品：正丁醇、仲丁醇、叔丁醇。

测试试剂：Lucas 试剂。

操作：分别取 5 滴正丁醇、仲丁醇和叔丁醇，加入 3 支干净的试管中，反应液温度在 26～27℃下加入 2mL 氯化锌-盐酸试剂。塞住试管振摇，静置。观察反应物是否变混浊和分层，并且记录所形成的时间。

对比实验：还是在这 3 种醇中，只加入 1.2mL 的浓盐酸，摇动试管，使其混合均匀。静止，仔细观察 2min 内的实验现象。

Lucas 试剂的配制：将 13.6g(0.1mol)无水 $ZnCl_2$ 溶于 10.5g(0.1mol)浓盐酸中，冷却后待用。

废物处理：向反应液中加入 Na_2CO_3，至不再有泡沫产生，倒入废液回收器中。

4) Jones 氧化反应

当与醇羟基相连的碳上有氢原子时，在三氧化铬和硫酸的作用下可发生氧化反应，此反应称 Jones 氧化反应。因此，只有伯醇和仲醇能被氧化成相应的羧酸和酮，叔醇在该条件下不被氧化。醇被氧化时，溶液由 Cr^{6+} 的橙红色转变为 Cr^{3+} 的蓝绿色。其反应式如下：

$$3\,RCH_2OH + 4CrO_3 + 6H_2SO_4 \longrightarrow 3\,RCOOH + 9H_2O + 2Cr_2(SO_4)_3$$

伯醇　(橙红色)　羧酸　(深蓝色至绿色)

$$3\,RCH(OH)CH_3 + 2CrO_3 + 3H_2SO_4 \longrightarrow 3\,RCOCH_3 + 6H_2O + 2Cr_2(SO_4)_3$$

仲醇　(橙红色)　酮　(深蓝色至绿色)

利用 Jones 氧化试验可以区分伯(1°醇)、仲(2°醇)和叔醇(3°醇)。

待测样品：正丁醇、仲丁醇、叔丁醇、丙酮。

测试试剂：Jones 试剂。

操作：在 3 支干净的试管中分别加入 1mL 丙酮和 1 滴或 10mg 待测样品，混合均匀。然后加入 1 滴 Jones 试剂，观察反应液在 2s 内的变化。另做一个丙酮的对照实验，比较两者的结果。

Jones 试剂的配制：取 25g 铬酐加入到 25mL 浓硫酸中，得到悬浮液体。边搅拌边将此悬浮液体缓慢地加入到 75mL 水中，冷却至室温即可使用。

注意事项：

(1) 实验中应使用高纯度的丙酮。有些丙酮样品可能会在 20s 内变浑浊，使溶液颜色变黄，但这对实验结果影响不大。如果丙酮得到阳性反应结果，则需要加入少量 $KMnO_4$ 并重新蒸馏来提纯丙酮。

(2) 伯醇、仲醇的阳性反应结果是有蓝绿色的不透明悬浮物产生。叔醇在 2s 内观察不到反应发生，溶液仍为橙色。2s 后发生的任何变化都不在考虑范围之内。

5) 与三氯异氰尿酸反应

三氯异氰尿酸(TCICA)与醇或醛反应，可以被还原成氰尿酸，此产物为白色固体：

$$C_3N_3O_3Cl_3 \xrightarrow{ROH\text{或}RCHO} C_3N_3O_3H_3$$

三氯异氰尿酸　氰尿酸(白色固体)

利用此反应可以鉴定伯、仲、叔醇。

待测样品：正丁醇、仲丁醇、叔丁醇、葡萄糖、胆固醇。

测试试剂：三氯异氰尿酸-乙腈溶液。

操作：在试管中依次加入 0.5mL TCICA-乙腈溶液、1 滴 1mol/L 盐酸、3 滴或 0.04g 待测样品。如固体样品不易溶解，可加入 5 滴甲醇。记录加入样品的时间。振摇试管直到有沉淀生成，记下沉淀出现的时间。

TCICA试剂的配制：在10mL乙腈加入0.3g三氯异氰尿酸(TCICA)，使其溶解。该试剂可常年存放于棕色瓶里。

注意事项：

(1) TCICA溶液是一种强氧化剂，如反应液洒出，须立即用$NaHSO_3$稀溶液清洗。

(2) TCICA的其他命名有1,3,5-三氯-1,3,5-三嗪-2,4,6-(1H,3H,5H)-三酮，或三氯-仲三嗪基三酮。TCICA商业有售，使用前需研磨。

(3) 在本实验中伯醇1～15min内发生发应，仲醇0.1～1min内反应，叔醇5h内不反应，糖1～5min内反应，胆固醇10～40s内反应。

废物处理：反应完的溶液应加几滴2-丙醇或少量$NaHSO_3$粉末进行处理，以除去未反应的TCICA，然后再将反应液倒入废液回收器。

6) 碘仿反应

碘仿试验主要用于检测甲基酮和羟基碳邻位有甲基的仲醇，这类醇在碘仿实验中先被氧化成甲基酮，在碱性条件下形成三碘化物中间体，然后被氧化成羧酸钠和碘仿。反应式如下：

$$R-CH(OH)-CH_3 + I_2 + 2NaOH \longrightarrow R-CO-CH_3 + 2NaI + 2H_2O$$

2°醇　　　　甲基酮

$$R-CO-CH_3 + 3I_2 + 3NaOH \longrightarrow R-CO-CI_3 + 3NaI + 3H_2O$$

甲基酮

$$R-CO-CI_3 + NaOH \longrightarrow R-CO-O^-Na^+ + CHI_3$$

羧酸钠　　　　碘仿(黄色固体)

碘仿是难闻的黄色沉淀。

待测样品：乙醇、仲丁醇、丙酮。

测试试剂：碘-碘化钾溶液。

操作：取5滴或0.1g水溶性待测样品及2mL水加入到试管中，振摇使样品溶解。加入1mL 10%的NaOH溶液，边摇动边缓慢加入碘-碘化钾溶液至稍过量，出现碘特有的暗黑色。如果加入的碘溶液少于2mL，可将试管放在60℃的水浴中。若溶液褪色，继续加碘溶液并且保持溶液温度为60℃，直到碘溶液微过量，并出现明显的暗黑色。这样反复加入碘溶液，直到在2min内，溶液温度在60℃下，暗黑色不再消失为止。边摇动边加入几滴10%的NaOH溶液以除去过量的碘。然后将试管加满水静置15min。若有难闻的黄色沉淀(碘仿)生成，则实验结果呈阳性。

过滤收集沉淀并晾干，测其熔点。碘仿在119～121℃熔化并分解，有特殊的臭味。如果碘仿略带红色，可用3～4mL二噁烷溶解，加入1mL 10%的NaOH溶液，摇动至溶液呈浅柠檬色，再加水稀释并过滤沉淀物。

碘仿试剂的配制：在80mL水中加入20g碘化钾和10g碘，搅拌至反应完全。I_3^-使溶液呈深褐色：

$$I_2 + KI \xrightarrow{H_2O} KI_3$$

注意事项：如果待测样品不溶于水，可以 5mL 二噁烷代替水。

废物处理：加入几滴丙酮除去反应液中未反应的碘，过滤，将滤出的碘仿放到有机卤化物废物回收器。滤液倒入废液回收器。

3. 注释

(1) 金属钠可检测含活泼氢的“中性”化合物。如官能团中 O,N,S 原子上连有氢就可能与钠发生反应，并释放 H_2：

$$\underset{\text{醇}}{2ROH} + 2Na \longrightarrow 2RO^- Na^+ + H_2\uparrow$$

$$\underset{1^\circ\text{胺}}{2RNH_2} + 2Na \longrightarrow 2RNH^- Na^+ + H_2\uparrow$$

$$\underset{2^\circ\text{胺}}{2R_2NH} + 2Na \longrightarrow 2R_2N^- Na^+ + H_2\uparrow$$

一般来说氢原子直接与碳相连是不能被金属置换的，但是邻近官能团能增强氢的活性时，也可以发生置换反应，如乙炔或末端炔，可以与钠发生置换反应：

$$\underset{\text{乙炔}}{H-C\equiv C-H} + 2Na \longrightarrow {}^{+}Na\ {}^{-}C-C\equiv C^- Na^+ + H_2\uparrow$$

$$\underset{\text{末端炔}}{2R-C\equiv C-H} + 2Na \longrightarrow 2R-C\equiv C^- Na^+ + H_2\uparrow$$

但由于生成的 H_2 随即与不饱和官能团发生反应，所以通常观察不到有 H_2 放出。

活泼亚甲基也可以与金属钠反应，但是所产生的 H_2 随即与原化合物中的不饱和键发生反应，所以一般很难观察到 H_2 放出。如乙酰乙酸乙酯与金属钠的反应：

$$H_3C\overset{O}{\overset{\|}{C}}-CH_2-\overset{O}{\overset{\|}{C}}-OCH_2CH_3 + 2Na \longrightarrow 2H_3C\overset{O}{\overset{\|}{C}}\bar{C}H\overset{O}{\overset{\|}{C}}OCH_2CH_3 + 2\overset{+}{Na} + H_2\uparrow$$

一些化合物特别是带有甲基的酮，如丙酮和苯乙酮，因为甲基具有反应活性，因此与钠反应除了生成酮的钠化物外，还得到缩合产物与还原产物的混合物。例如丙酮与钠反应可生成丙酮钠、异丙氧钠、频哪醇钠、异亚丙基丙酮、佛尔酮等。

总之，金属钠对检测各种类型的活泼氢化合物都很有用。已知液态醇的反应活性遵循以下规律：

$$CH_3OH > CH_3CH_2OH > (CH_3)_2CHOH > (CH_3)_3COH$$

在气相中，反应活性顺序则相反。一般认为，较大的烷基通过极化作用有利于稳定烷氧负离子，而靠近氧的大基团则对溶剂化作用不利。

(2) 羟基的活泼氢还可以用其他方法检测，例如，醇与乙酰氯反应可以形成带有水果香味的酯：

$$\underset{\text{醇}}{ROH} + \underset{\text{乙酰氯}}{H_3C-\overset{O}{\overset{\|}{C}}-Cl} \longrightarrow \underset{\text{酯}}{H_3C-\overset{O}{\overset{\|}{C}}-OR} + HCl\uparrow$$

在此反应中伯醇和仲醇可以很快反应生成酯，而叔醇则在氯化氢的作用下主要形成卤代烷。

(3) 硝酸铈铵试剂与不超过 10 个碳原子的伯醇、仲醇、叔醇可以发生反应，生成红色配合物；各种类型的甘醇、多元醇、碳水化合物、羟基酸、羟醛及羟基酮也可与硝酸铈铵试剂反应生成红色溶液；酚与硝酸铈铵试剂反应生成棕色溶液或沉淀：

$$\underset{\text{硝酸铈铵(黄色)}}{(NH_4)_2Ce(NO_3)_6} + \underset{\text{酚}}{ArOH} \longrightarrow \underset{\text{(棕色或黑色)}}{(NH_4)_2\overset{\overset{\displaystyle OAr}{|}}{Ce}(NO_3)_5} + HNO_3$$

(4) 不同的醇在与硝酸铈铵试剂反应时，由于红色的中间体 Ce(Ⅳ)不稳定，被还原为无色的 Ce(Ⅲ)配合物。表 6-2 给出了 20℃时，当醇氧化成醛或酮时，红色 Ce(Ⅳ)配合物还原成无色硝酸铈(Ⅲ)负离子所需的时间。

表 6-2　红色 Ce(Ⅳ)配合物还原成无色硝酸铈(Ⅲ)负离子所需的时间

化　合　物	时间*	化　合　物	时间*
伯醇		2,3-丁二醇	1min
烯丙醇	6min	丙三醇	10min
甲基溶纤剂	1.2h	丙二醇	15min
1-丙醇	3.6h	二甘醇	3h
苯甲醇	4.0h	乙二醇	5h
1-丁醇	4.1h	1,4-丁二醇	1h
2 甲基-l-丙醇	4.1h	1,4-丁炔二醇	36min
L-庚醇	5.0h	1,4-丁烯二醇(顺式为主)	3min
乙醇	5.5h	碳水化合物	
甲醇	7.0h	葡萄糖	1min
2-甲基-1-丁醇	7.0h	果糖	30s
1-癸醇	12.0h	半乳糖	1min
仲醇		乳糖	5min
环己醇	3.7h	麦芽糖	8min
2-丙醇	6.0h	蔗糖	12min
2-丁醇	9.0h	纤维素(不溶，无红色)	
2-戊醇	17.0h	淀粉(不溶，无红色)	
2-辛醇	16.0h	羟基酸	
二苯甲醇	12.0h	乳酸	15s(产生 CO_2)
叔醇		苹果酸	30s(产生 CO_2)
叔丁醇	>48h	酒石酸	1min(产生 CO_2)
叔戊醇	>48h	苦杏仁酸	1min(产生 CO_2)
3-甲基-3-羟基-卜丁炔	36h	柠檬酸	1min(产生 CO_2)
二醇，三醇，……，多元醇		羟基酮	
频哪醇	5s	3-羟基-2-丁酮	15s
甘露醇	38s	3-甲基-3-羟基-2-丁酮	10s

* 实验时每滴试剂的大小及试剂是否新配均会使反应时间有差异。

(5) 在醇与硝酸铈铵试剂反应中氧化速率取决醇的结构。以伯醇为例，其反应历程如下：

第一步 $(NH_4)_2Ce(NO_3)_6 + RCH_2OH \longrightarrow (NH_4)_2Ce(NO_3)_5(OCH_2R) + HNO_3$

(黄色)　　(红色)

第二步 $(NH_4)_2Ce(NO_3)_5(OCH_2R) \longrightarrow RCH_2O\cdot + (NH_4)_2Ce(NO_3)_5 + HNO_3$

(红色)　　(无色)

第三步 $RCH_2O\cdot + (NH_4)_2Ce(NO_3)_6 \longrightarrow RCHO + (NH_4)_2Ce(NO_3)_5 + HNO_3$

(黄色)　　(无色)

在简单醇中，甲醇产生的红色最深，随着醇相对分子质量的增加，颜色变淡并呈一定红棕色。

40%甲醛水溶液，即福尔马林可以产生红色，是由于溶液中有甲醇存在。乙醛常显红色，是因为含有3-羟基丁醛，即丁醇醛。另外，醛在水溶液中可发生水合反应生成偕二醇 $RCH(OH)_2$，也有可能氧化产生红色。

碱性脂肪胺会使试剂生成白色氢氧化铈沉淀。可将胺溶于稀硝酸得到胺的硝酸盐溶液，此稀硝酸溶液用铈试剂处理，不呈红色则说明除氨基外没有醇羟基存在，否则溶液会变红。例如，$HOCH_2CH_2NH_2$，$(HOCH_2CH_2)_2NH$，$(HOCH_2CH_2)_3N$ 的稀硝酸溶液都得到阳性反应结果，含卤素的醇可得到阳性反应结果。

(6) Lucas 试剂与醇的反应机理是单分子取代的 S_N1 过程，反应过程如下：

$$(CH_3)_3C\text{-}OH + ZnCl_2 \rightleftharpoons (CH_3)_3C\text{-}O(H)\cdots ZnCl_2 \xrightarrow{-[HOZnCl_2]} (CH_3)_3C^+ \xrightarrow{Cl^-} (CH_3)_3C\text{-}Cl$$

反应生成物氯代烷，不溶于酸，因此当反应呈现与酸不溶的油状物时，溶液分为两层，表示反应发生。由于这种原因也使该实验具有局限性，通常，己醇以下的一元醇和一些多元醇可用此方法检测。

氯化氢的酸性比碘化氢和溴化氢要弱，直接与醇反应要比它们慢得多。$ZnCl_2$ 的作用一是通过与氧形成络合物使碳氧键易于断裂，二是通过极性配位作用增加 HCl 的反应活性：

$$\overset{\delta^-}{Cl_2Zn}\cdots\overset{\delta^+}{H}\text{—}Cl$$

化合物的结构因素与其反应活性密切相关。各类醇与 Lucas 试剂的反应速率比较：

烯丙型或苯甲型醇＞三级醇＞二级醇＞一级醇

(7) Jones 氧化反应能迅速地将伯醇或仲醇与叔醇区分开来。伯醇或仲醇可以得到阳性反应结果，无相对分子质量的限制，甚至胆固醇($C_{27}H_{45}OH$)的结果也呈阳性。醛也可以得到阳性反应结果，但还须通过其他分类实验做进一步的检测。醛在5～15s内产生绿色，脂肪醛的反应速度比芳香醛快得多。酮不反应。不含醇杂质的烯烃、乙炔、胺、醚和酮等物质在2s内均得到阴性反应结果。烯醇可得到阳性反应结果，酚则形成暗黑色溶液，而不是特征性的蓝绿色。

(8) 利用三氯异氰尿酸可从仲醇制备酮。其反应式如下：

$$3\,R_2CHOH + \text{三氯异氰尿酸} + C_5H_5N \longrightarrow 3\,R_2C{=}O + \text{氰尿酸} + C_5H_5NH^+Cl^-$$

三氯异氰尿酸　　　　氰尿酸

在甲醇存下，醛与 TCICA 试剂也可以发生反应，认为其过程是生成一种半缩醛中间体，并很快被氧化为甲酯：

$$RCHO + CH_3OH + \text{三氯异氰尿酸} \longrightarrow [RCH(OH)OCH_3] \longrightarrow RCOOCH_3 + \text{氰尿酸}$$

醛　　三氯异氰尿酸　　半缩酸　　氰尿酸

(9) 能与碘-碘化钾溶液发生碘仿反应的化合物有：

CH_3CHO、CH_3CH_2OH、CH_3COR、$CH_3CH(OH)R$、$RCOCH_2COR$、$H_3CCH(OH)CH_2CH(OH)R$

R=所有烷基、芳基(邻二取代芳基除外)

但是取代基 R 过大，则会对碘仿反应产生空间抑制作用。

在下列这类化合物中虽然也有—$COCH_3$ 基团，但是，由于乙酰基能被反应试剂脱除变为乙酸，乙酸不发生碘代反应：

H_3CCOCH_2COOR、CH_3COCH_2CN、$CH_3COCH_2NO_2$

溴和氯也可以发生类似碘仿的反应，分别生成溴仿和氯仿。例如，乙醇与漂白粉水溶液反应，可以生成氯仿。

4. 思考题

(1) 试推测钠与苯酚、苯甲酸、肟、硝基甲烷和苯磺酰胺会发生什么反应。为什么不能用金属钠检测这些化合物？

(2) 金属钠作为分类试剂其主要缺点是什么？

(3) 写出丁醛和正丁醇在 Lucas 试验中得到阳性反应结果的两个实验，用化学方程式表示，应如何来区分这两个化合物？

(4) 在 6 个无标签的试剂瓶中分别有环己醇、叔丁醇、正丁醇、叔丁基氯、氯仿、正氯丁烷，请问如何将它们鉴别出来？

实验 102　酚的性质鉴定

与醇类似，酚羟基可用钠或乙酰氯检测。酚与黄色的硝酸铈铵反应生成棕色或黑色产物。酚在 1～15s 内可以使三氯异氰尿酸还原成白色固体氰尿酸，因此 TCICA 试剂也可用来鉴定酚羟基的存在。酚能使 $KMnO_4$ 溶液还原，自身被氧化成醌。$KMnO_4$ 试剂过量会生成一系列氧化产物，包括马来酸、草酸和 CO_2，高锰酸盐溶液由紫色的 Mn(Ⅶ)还原为褐色的 Mn(Ⅳ)。这些实验在前面有关章节中均介绍过，本实验中不再叙述。

1. 实验目的

(1) 通过实验了解和掌握酚的性质。

(2) 学习利用化学反应鉴定酚的方法和原理。

2. 实验内容

1) 酸性的检验

由于酚羟基的酸性，与氢氧化钠反应可以生成酚钠。其反应式如下：

$$C_6H_5OH + NaOH \longrightarrow C_6H_5ONa + H_2O$$

待测样品：苯酚、2-硝基苯酚、2-萘酚。

测试试剂：5%NaOH 溶液、2mol/L 盐酸溶液。

操作：在 3 支干净的试管中分别加入 5 滴水和待测样品，振荡摇匀，使溶液呈混浊。滴加 5%NaOH 溶液至溶液澄清。然后再滴加 2mol/L 盐酸溶液至溶液为酸性，观察其现象，并解释其原因。

2) 与三氯化铁试剂的反应

不同的酚与 $FeCl_3$ 试剂反应可以生成带有不同颜色的配合物。以苯酚为例，反应式如下：

$$3\,C_6H_5OH + 3\,C_5H_5N + FeCl_3 \longrightarrow Fe(OAr)_3 + 3\,C_5H_5NH^+Cl^-$$

酚　　(有色配合物)

待测样品：苯酚、邻苯二酚、对苯二酚、间苯二酚、2-萘酚、水杨酸、4-羟基苯甲酸。

测试试剂：1%$FeCl_3$-氯仿溶液。

操作：在干燥的试管中加入 2mL 纯氯仿，再加 4～5 滴或 30～50mg 待测样品，搅拌使其溶解。若样品不溶或部分溶解，可再加 2～3mL 氯仿并略加热。冷至 25℃，依次加入 2 滴 1% 无水 $FeCl_3$-氯仿溶液和 3 滴吡啶。摇动，注意观察立即生成的颜色，并且记录。放置几分钟后再观察颜色的变化。

1%$FeCl_3$-氯仿溶液的配制：在 100mL 纯氯仿中加入 1g 无水 $FeCl_3$ 黑色晶体。间歇性摇动 1h，静置使不溶性物质沉降。利用倾倒法将上层淡黄色清液到出，放在棕色或黑色瓶中密闭保存。

注意事项：

(1) 该实验必须密闭进行。

(2) 实验中若溶液呈蓝色、紫色、紫罗兰色、绿色或红棕色，则结果为阳性。其他颜色为阴性反应。产生的颜色在几分钟后会发生变化。

(3) 几种酚与三氯化铁反应生成物的颜色见表 6-3。

表 6-3　几种酚与三氯化铁反应生成物的颜色

酚类	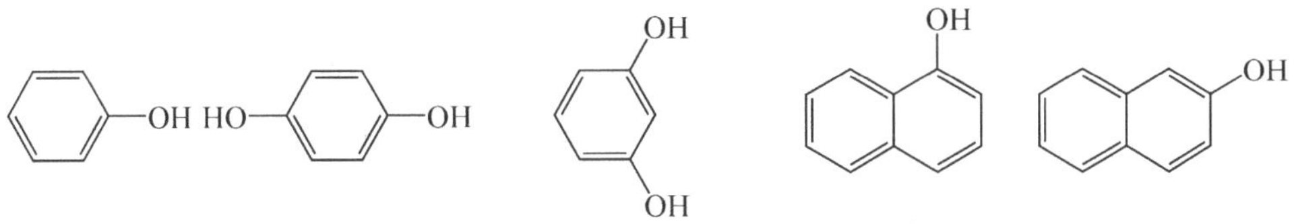 OH	HO— —OH	OH OH	OH	OH
生成物颜色	蓝紫色	深绿色结晶	蓝紫色	紫色(沉淀)	紫色(沉淀析出较慢)

(4) 用吡啶作溶剂，测试结果准确率达 90%，而用水或醇-水作溶剂的准确率仅为 50%。

废物处理：反应液倒入有机卤代物回收器。

3) 与溴水的反应

由于酚的芳核在亲电取代反应中的活性远大于苯，因此酚的溴代反应在温和条件下就可以发生，使溴褪色，以苯酚为例其反应式如下：

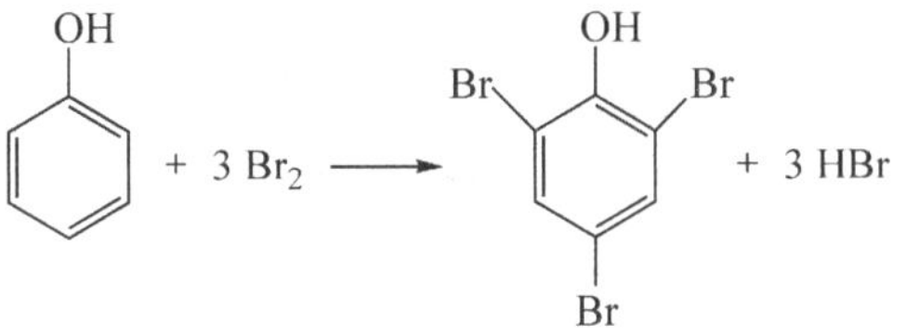

OH + 3 Br_2 ⟶ (OH, Br, Br, Br) + 3 HBr

苯酚　　　2,4,6-三溴苯酚

待测样品：苯酚、2-萘酚。

测试试剂：饱和溴水溶液。

操作：在 10mL 水中溶解 0.1g 待测物，逐滴加入溴水溶液，观察溴褪色和有无沉淀出现。

注意事项：出现白色沉淀说明有溴代酚生成。

废物处理：反应液倒入有机卤代物回收器。

3. 注释

(1) 由于共振对酚盐负离子的稳定作用比对酚的稳定作用要强一些，因此酚易解离出质子而显酸性。苯酚的酸性比羧酸和碳酸弱，比水和醇强，其 pK_a 值：羧酸约为 5，碳酸约为 6.35，2-萘酚为 9.65，苯酚为 10，水为 15.7，醇为 16～19。酚能溶于强碱，如氢氧化钠等，又能被酸从碱溶液中析出，利用这个性质可以从混合物中分离提纯酚。

(2) 利用 1% $FeCl_3$-氯仿溶液可检测与芳环直接相连的羟基。苯酚、萘酚及其环取代衍生物与本试剂反应，可以形成特有的蓝色、紫色、紫罗兰色、绿色或红棕色配合物。醇、醚、醛、酸、酮、烃和它们的卤素衍生物可以形成无色或淡黄色或棕褐色溶液。

该实验方法对不溶于水的取代苯酚或萘酚非常有用。只需配成约 5mL 的氯仿溶液，即使是 2,4,6-三溴苯酚、2,4,6-三氯苯酚、壬基苯酚、酚酞和百里酚酞也能得到阳性反应结果。得到阴性反应结果的酚有苦味酸、2,6-二叔丁基苯酚、羟基苯磺酸、羟基萘磺酸、对苯二酚、dl-酪氨酸、4-羟基苯基甘氨酸和 4-羟基苯甲酸。

实验中水杨酸(邻-羟基苯甲酸)显紫罗兰色,结果呈阳性;4-羟基苯甲酸呈明显的黄色,得到阴性反应结果;4-羟基苯甲酸酯可显紫色;4-羟基苯甲醛显紫罗兰色。

有些酮在结构上能发生互变异构形成酚羟基,可以得到阳性反应结果。如 5,5-甲基-1,3-环己二酮(双甲酮)虽然不属于酚,但也会形成漂亮的紫色,因为它存在着下面的互变异构体:

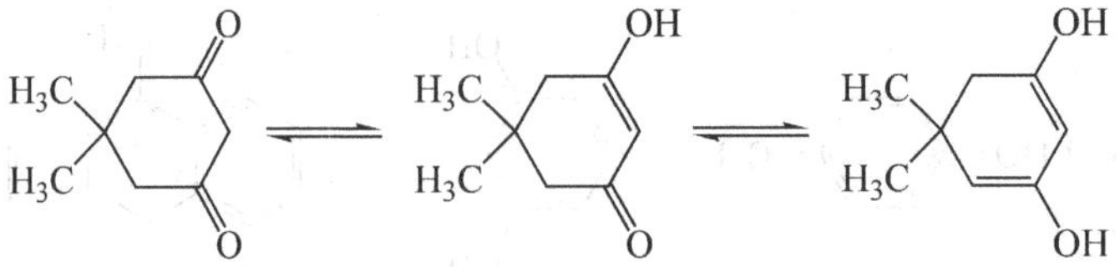

双甲酮

间苯二酚形成蓝紫色,它的互变异构体如下:

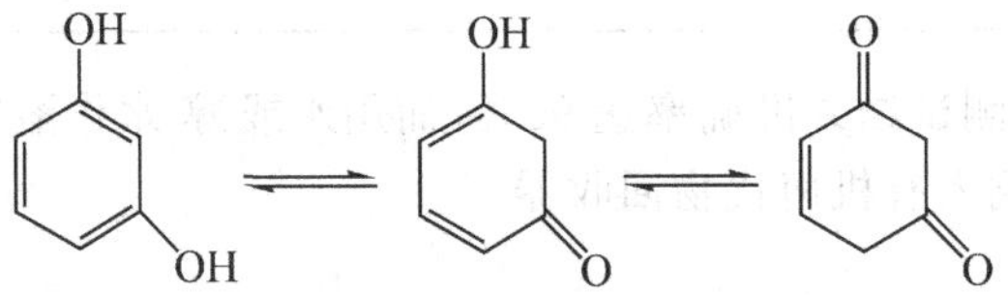

间苯二酚

水杨醛与 $FeCl_3$ 形成有色配合物:

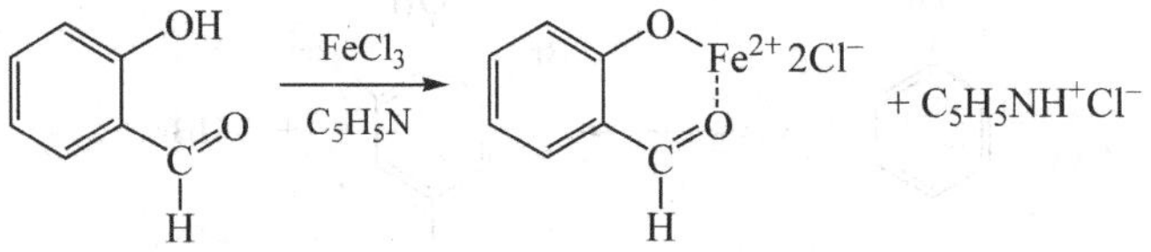

水杨醛　　有色配合物

在水溶液中,有 α-氢的醛或酮能互变成烯醇式与 $FeCl_3$-乙醇(或水)溶液形成紫色、红色或棕褐色配合物:

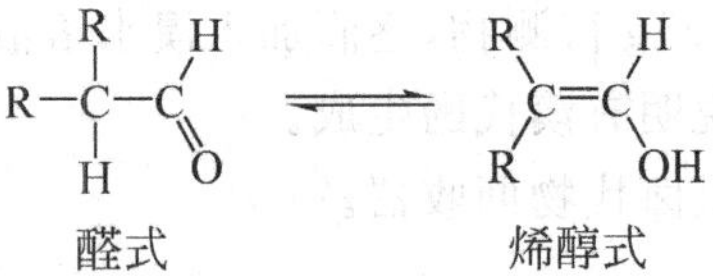

醛式　　烯醇式

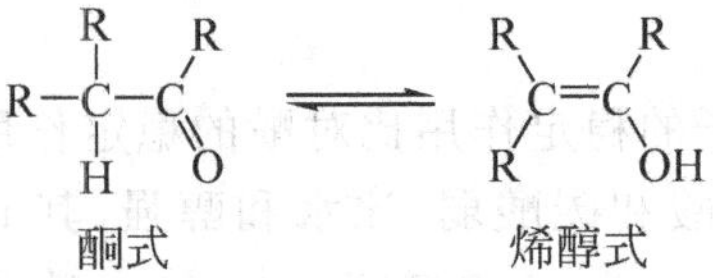

酮式　　烯醇式

肟和异羟肟酸的水溶液也可以发生此反应。但在本实验中,使用无水氯仿作溶剂,这些化合物则只形成黄色或淡棕褐色溶液,与酚完全不同。

(3) 水是强极性溶剂,通过离子机理可大大地提高溴化速率,因此溴水的溴化能力比其在四氯化碳或二氯甲烷中的溴化能力强。溴水过量时,三溴苯酚会继续溴化成黄色的四溴化物,即 2,4,4,6-四溴环己二烯酮,该四溴化物经 2%碘酸洗涤后又转变成三溴苯酚:

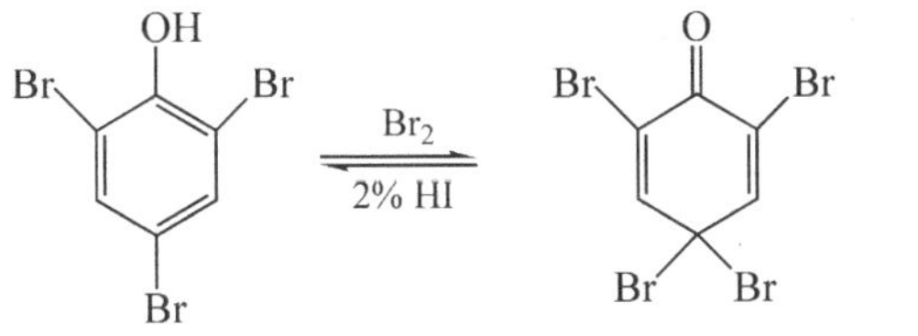

OH　Br　Br　Br　$\underset{2\%\ HI}{\overset{Br_2}{\rightleftharpoons}}$　O　Br　Br　Br　Br

2,4,6-三溴苯酚　　　2,4,4,6-四溴环己二烯酮

(4) 将 Liebermann 实验[见 6.6 节中实验 13(3)]略加改动即可用来检测酚。

4. 思考题

(1) 为什么 4-羟基苯甲酸在 1%$FeCl_3$-氯仿溶液得到阴性反应结果?

(2) 下面给出了几种化合物与溴水反应的活性顺序,请解释该排序的理由。

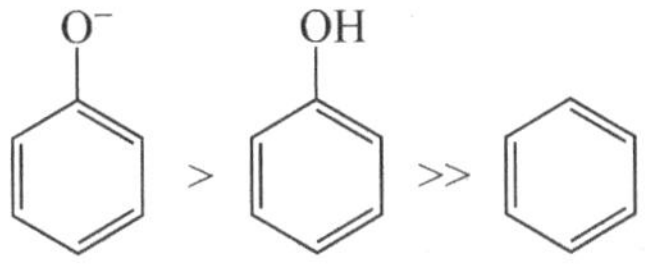

O^-　>　OH　>>

实验 103　醚的性质鉴定

醚的极性和反应活性只比烷烃或卤代烷稍大一些,醚键上的氧原子可被浓硫酸质子化:

$$R_2\ddot{O}: + H_2SO_4 \rightleftharpoons R_2\ddot{O}H + HSO_4^-$$

醚,特别是乙醚,在放置过程尤其是在空气或光照下会形成高爆炸性的过氧化物。绝对不可使用出现固体沉淀的液态醚。可用稀盐酸润湿的淀粉-碘试纸检测过氧化物的存在,试纸变蓝则有过氧化物存在。乙醚过氧化物危险性大,所以可用叔丁基甲基醚代替乙醚。

纯醚具有反应惰性,常可以此判断其存在,而不需进行反应性鉴定。

1. 实验目的

(1) 通过实验了解和掌握醚的性质。

(2) 学习利用化学反应鉴定醚的方法和原理。

2. 实验内容

1) 与氢碘酸的反应(Zeisel 烷氧基法)

醚用氢碘酸处理会使醚键断裂生成碘代烷,加热后产生的蒸气与硝酸汞反应生成橙色的碘化汞。其反应式如下:

$$R'OR + 2HI \longrightarrow R'I + RI + H_2O$$

醚　氢碘酸　碘代烷

$$ArOR + HI \longrightarrow RI + ArOH$$

醚　氢碘酸　碘代烷　苯酚

$$Hg(NO_3)_2 + 2R'I \xrightarrow{H_2O} HgI_2 + 2R'OH + 2HNO_3$$

硝酸汞　碘代烷　碘化汞

(橙色)

氢碘酸是强酸,它可使醚质子化,然后碘离子亲核取代质子化的烷氧基生成碘代烷。以伯烷氧基为例,主要经下列过程断裂:

$$\underset{\text{醚}}{ROR}+\underset{\text{氢碘酸}}{HI}\longrightarrow R_2\overset{+}{O}H\xrightarrow{I^-}RI+H_2O\xrightarrow{HI}R\overset{+}{O}H_2\xrightarrow{I^-}RI+H_2O$$

待测试样:乙醚、苯甲酸甲酯、1-丁醇、丙酮、己烷。

测试试剂:冰醋酸、57%氢碘酸、硝酸汞溶液、特制纱塞。

操作:取2支16mm×150mm试管,分别加入1.0g或0.1mL待测样品,用移液管小心加入1mL冰醋酸和1mL 57%氢碘酸($\rho=1.7g/cm^3$),再加1粒沸石。在试管口下4cm处塞一块特制的纱塞。用玻璃棒轻轻将2~3mm厚的脱脂棉平铺在纱塞的顶部。剪一张略小于试管内径的滤纸,用硝酸汞溶液润湿,置于棉盘上。将试管浸入到120~130℃油浴中4~5cm深度,继续加热。沸腾时,蒸气上升透过多孔塞,多孔塞通常变成灰色。卤代烷蒸气透过多孔塞与硝酸汞形成淡橙色或朱红包碘化汞。加热10min内试纸变橙色或朱红色,则结果呈阳性。通常黄色属阴性反应。

纱塞的制作:在1mL水中溶解0.1g乙酸铅,将其加入到6mL 1mol/L的NaOH溶液中,搅动至沉淀溶解。另外在1mL水中溶解0.5g水合$Na_2S_2O_3$,将其加入到上述溶液中,再加入0.5mL丙三醇,将溶液稀释至10mL。吸5mL溶液于2cm×45cm的双层纱布条上,晾干后即可进行实验。

硝酸汞溶液的配制:在24.5mL硝酸汞饱和溶液加入0.5mL浓盐酸。

注意事项:

(1) 本实验需要在密闭条件下进行,以免汞蒸气外溢。

(2) 汞化合物有毒,需小心操作。

(3) 有些醚需要剧烈条件才能断裂,可每0.1g样品用2mL氢碘酸、0.1g苯酚和1mL丙酸酐。

废物处理:将纱塞和滤纸放入有害固体回收器,反应液倒入卤代物回收器。

2) 与碘-CH_2Cl_2溶液的反应

醚与碘反应时,溶液的颜色由紫变棕褐色。不饱和烃也可以发生此反应,生成淡棕褐色固体。其反应式如下:

$$\underset{\text{烯}}{>C=C<}+I_2\longrightarrow >C=C<\longrightarrow I_2$$

$$\underset{\text{醚}}{R_2\ddot{O}:}+I_2\longrightarrow R_2\ddot{O}:\longrightarrow I_2$$

待测样品:乙醚、环己烯、1-丁醇、丙酮、甲苯、环己烷。

测试试剂:碘-CH_2Cl_2溶液。

操作:在0.5mL碘-CH_2Cl_2溶液中加入0.25mL或0.25g待测样品,观察溶液颜色变化。如果有醚存在,紫色溶液会变为棕褐色。芳烃、烷烃、氟代烷及氯代烷不发生反应。不饱和烃生成淡棕褐色固体,而溶液仍呈紫色。

碘-CH_2Cl_2溶液配制:在100mL CH_2Cl_2中加入几粒碘,在棕色瓶中密封保存。

注意事项:有些含孤对电子或π键电子的化合物可与碘形成电荷转移复合物。碘形成π复合物或与孤对电子(或π电子)发生电荷转移使溶液呈棕色。这个过程形成速度快而且有时可逆，因此需要观察一段时间才可对结果做出判断。这个实验也适用于其他含氧化合物的检测，如有些醇和酮也得到阳性反应结果。

3）铁氧化反应

铁氧化反应可区分醚和碳氢化合物。硫酸铁铵与硫氰酸钾反应生成六硫氰酸铁配合物，六硫氰酸铁配合物与醚等含氧化合物反应，可以生成红紫色溶液：

$$\underset{\text{硫酸铁铵}}{2Fe(NH_4)_2(SO_4)_2} + \underset{\text{硫氰酸钾}}{6KSCN} \longrightarrow \underset{\text{六硫氰酸铁配合物}}{Fe[Fe(SCN)_6]} + 3K_2SO_4 + (NH_4)_2SO_4$$

待测样品：乙醚、苯甲醚、丙酮、苯酚、己烷。

测试试剂：硫酸铁铵晶体、硫氰酸钾晶体、甲苯。

操作：用玻璃棒将硫酸铁铵晶体和硫氰酸钾晶体混合磨碎，形成的六硫氰酸铁配合物粘在玻璃棒上。

用少量甲苯溶解 30mg 或 3 滴待测样品。用粘有六硫氰酸铁配合物的玻璃棒搅动溶液，观察实验现象。若固体溶解并有红紫色出现，则说明化合物中含有氧。该实验结果应与其他测试结果合并分析。

3. 注释

（1）醚与氢碘酸的反应基础是 Zeisel 烷氧基法，经典 Zeisel 法是定量估算甲氧基或乙氧基的一种方法。含有甲氧基、乙氧基、正丙氧基或异丙氧基的化合物，可被氢碘酸分解成挥发性卤代烷，而丁氧基或更大烷氧基较难被分解且碘代烷沸点很高。虽然有时丁氧基化合物也能得到阳性反应结果，但不能采取本实验的操作条件（碘代丁烷的沸点是 131℃）。

该分类反应主要用于检测甲基或乙基与氧相连的醚、酯和乙缩醛，也可检测甲醇、乙醇、1-丙醇、2-丙醇和较高级的醇，如 1-丁醇和 3-甲基-1-丁醇等。该方法可用来测试大量生物碱和甲基化糖。含硫化合物与氢碘酸共热时会释放硫化氢，对反应会造成干扰。

（2）在铁氧化反应中能得到阳性反应结果的化合物还有芳醛、脂肪酸、脂肪醛、脂肪酮、脂肪酯、脂肪酸酐和脂肪醚。得到阴性反应结果的有碳氢化合物、卤代烷、二芳醚、高分子质量的醚，大部分与芳环或双键共轭的羰基氧得到阴性反应结果，包括肉桂酸、芳酸、芳酯、芳酸酐和芳酮，苯酚也得到阴性反应结果。

6.4 醛、酮

醛和酮统称为羰基化合物，都含有羰基（—C＝O）。由于结构相似在化学反应上它们有共性，如醛和酮都能发生亲核加成及活泼氢的卤代反应。但醛的羰基与一个烃基和一个氢原子相连；而酮的羰基则与两个烃基相连，由于结构上的差异又使醛和酮在化学反应上存在着各自的特殊性，如醛比较容易发生氧化反应，而酮一般不易被氧化。

实验 104 醛、酮的共性反应

1. 实验目的

（1）通过实验了解和掌握醛、酮的性质。

（2）学习利用化学反应鉴定醛、酮的原理和方法。

2. 实验内容

1）与2,4-二硝基苯肼的反应

醛、酮与2,4-二硝基苯肼反应可以形成2,4-二硝基苯腙沉淀：

$$\text{醛或酮} + \text{2,4-二硝基苯肼 } (O_2N\text{-}C_6H_3(NO_2)\text{-}NHNH_2) \xrightarrow[\text{醇}]{H_2SO_4} \text{2,4-二硝基苯腙 } (O_2N\text{-}C_6H_3(NO_2)\text{-}NHN{=}C\lt)$$

醛或酮　　2,4-二硝基苯肼　　2,4-二硝基苯腙

待测样品：乙醛、苯甲醛、苯乙酮、丙酮、乙酸乙酯。

测试试剂：2,4-二硝基苯肼试剂。

操作：取5支干净的试管，分别加入2mL 95%乙醇和1～2滴或50mg待测样品，溶解后，向此溶液滴加约3mL 2,4-二硝基苯肼试剂，剧烈振荡，观察有无沉淀生成和溶液的颜色变化。如果没有立即生成沉淀，静置15min。必要时可用乙醇对沉淀物进行重结晶。

2,4-二硝基苯肼试剂的配制：将3g 2,4-二硝基苯肼溶于15mL浓硫酸中。边搅拌边倒入20mL水和70mL 95%乙醇溶液中，充分混合并滤掉不溶物。

注意事项：

(1) 大多数醛、酮可生成不溶性固体二硝基苯腙。反应刚开始可能出现油状物，静置后通常可得晶体。但是，许多分子质量较高的酮只能得到油状的二硝基苯腙，如2-癸酮、6-十一酮及其类似物等。

(2) 如果实验在乙醇中不能顺利进行，可尝试在二甘醇二甲基醚、乙二醇单甲醚、DMF或DMSO中制备二硝基苯腙，但产物后处理时较难除去不挥发性的溶剂。也可用甲醇代替乙醇，但是挥发性醇会使产物难以纯化。

(3) 一些能被试剂氧化成醛或酮的烯丙醇衍生物也可以得到阳性反应结果。例如，肉桂醇、4-苯基-3-丁烯-2-醇、二苯甲醇及维生素A_1都能生成相应的2,4-二硝基苯腙沉淀，但产率很低。生成的腙类衍生物必要时可用乙醇等溶剂重结晶。

2）与亚硫酸氢钠的加合反应

多种羰基化合物可与$NaHSO_3$进行加成反应，生成亚硫酸盐加合物沉淀。反应式如下：

$$R\text{-}CHO + NaHSO_3 \longrightarrow R\text{-}CH(OH)\text{-}SO_3^-Na^+$$

醛或酮　亚硫酸氢钠　亚硫酸氢钠加合物

待测样品：庚醛、苯甲醛、苯乙酮、环己酮、丙酮、己烷。

测试试剂：饱和$NaHSO_3$溶液。

操作：取5支干燥并且干净的试管，各加入10滴饱和$NaHSO_3$溶液，再分别加入3滴待测样品，塞上塞子剧烈摇动，然后将试管放入冷水中冷却，观察有无结晶析出。有结晶析出为阳性反应。

饱和亚硫酸氢钠溶液的配制：在100mL 40%$NaHSO_3$水溶液中，加25mL不含醛的乙醇，滤掉析出的结晶，待用。此溶液要现用现配。

注意事项：

（1）与亚硫酸氢钠的加成反应不是所用的酮都能发生的，由于空间位阻的影响，只有醛和脂肪族甲基酮、少于 8 个碳的环酮，在与饱和亚硫酸氢钠溶液反应时才能生成亚硫酸氢盐加合物（a-羟基烷磺酸盐）。但是，有些甲基酮形成加合物的速度很慢，甚至完全不反应，如，芳基甲基酮、频哪酮和异亚丙基丙酮。肉桂醛可形成两分子亚硫酸氢盐的加合物。

（2）亚硫酸氢盐加合物与羰基化合物之间存在转换平衡，很容易被酸或碱分解生成原来的化合物，因此，加合物只能稳定存在于中性溶液中。分子质量相对低的羰基化合物形成的加合物易溶于水。亚硫酸氢盐加合物比较容易提纯。加合产物的 C—S 键比较活泼，易被负离子如 CN^- 进攻取代。

3）与盐酸羟胺的反应

醛、酮与盐酸羟胺反应生成肟的同时，释放出氯化氢气体，通过 pH 试纸由橙色变为红色可以检测。其反应式如下：

$$\underset{\text{醛或酮}}{\text{R}_2\text{C=O}} + \underset{\text{盐酸羟胺}}{\text{H}_2\text{N-OH}\cdot\text{HCl}} \longrightarrow \underset{\text{肟}}{\text{R}_2\text{C=N-OH}} + \text{HCl} + \text{H}_2\text{O}$$

待测样品：庚醛、苯甲醛、水杨醛、二苯甲酮、丙酮、葡萄糖。

测试试剂：Grammercy（或 Bogen）指示剂、盐酸羟胺试剂。

操作：

（1）中性醛的检测：在 5 支试管中分别加入 1mL Grammercy 指示剂和盐酸羟胺试剂的混合液，再分别加 1 滴或几粒待测样品，观察颜色变化。如室温下无明显的变化，加热至沸腾，颜色由橙色变红色为阳性反应结果。

（2）酸性醛或碱性醛的检测：取 6 支干净的试管，分别加入 1mL Grammercy 指示剂——盐酸羟胺试剂，摇匀。再取 6 支干净的试管分别加入 1mL 指示剂溶液和 0.2g 待测样品，用 1%NaOH 或 1%盐酸调节其颜色，与上述试管中液体颜色相同。将调节好的溶液分别加入到上述只有混合液的试管中，记录是否有红色出现。

Grammercy 指示剂的配制：用 5%NaOH 乙醇溶液和 5%盐酸乙醇溶液调节颜色至亮橙色（pH 为 3.7～3.9）。此溶液可存放数月。

Grammercy 指示剂——盐酸羟胺试剂的配制：将 500mg 盐酸羟胺溶于 100mL 95%的乙醇溶液中，加入 0.3mL Grammercy（或 Bogen）指示剂。

指示剂溶液的配制：在 100mL 95%乙醇中加入 0.3mL 上述试剂制得指示剂溶液。

注意事项：

（1）羰基化合物与盐酸羟胺反应生成肟并释放 HCl，肟的碱性很弱，不能与 HCl 成盐，从而使指示剂颜色发生变化。所有的醛和大多数酮都能使颜色立刻发生变化，一些相对分子质量大的酮，如二苯甲酮、二苯基乙二酮、苯偶姻和樟脑需要加热。糖、醌和空间位阻较大的酮，如 2-苯甲酰基苯甲酸得到阴性反应结果。

（2）由于空气自然氧化，许多醛含有相当量的酸，因此，实验前必须先用石蕊测试，一旦呈酸性，就必须用上述 3）操作中（2）的方法。这种方法也适于那些根据溶解性判断其酸碱性的化合物。

3. 注释

(1) 从生成物2,4-二硝基苯腙的颜色,可以推测相应醛、酮的结构。非共轭的醛、酮生成的二硝基苯腙衍生物呈黄色,而对于橙色或红色的二硝基苯腙应仔细分析原因,因为这可能是由于杂质存在造成的。碳碳双键或苯环的共轭作用会使化合物的最大吸收移至可见光区,很容易通过紫外光谱来进行检测,这也使化合物的颜色由黄色变为橙红色。

(2) 亚胺(Schiff 碱)与醛类似,也可以与 $NaHSO_3$ 反应生成加合物,其结构与伯胺和醛亚硫酸氢钠加合物反应产物相同:

$$RCH{=}NR' + NaHSO_3 \longrightarrow R{-}CH(SO_3^-Na^+){-}NHR'$$

$$R{-}CH(OH)(SO_3^-Na^+) + R'NH_2 \longrightarrow R{-}CH(SO_3^-Na^+){-}NHR'$$

(3) 羰基化合物与羟胺反应的机理类似于其与苯肼、二硝基苯肼和氨基脲的反应机理。其中研究得最透彻的是缩氨基脲的形成,在水溶液中,醛、酮在酸 HA 的催化下,其反应机理如下:

$$R_2C{=}O + HA + H_2NNHCONH_2 \rightleftharpoons R_2C{=}O\cdots H{-}A + H_2NNHCONH_2 \rightleftharpoons$$

$$R_2C(OH){-}N^+H_2{-}NHCONH_2 + A^- \rightleftharpoons R_2C(OH){-}NH{-}NHCONH_2 + HA \rightleftharpoons R_2C(O{\cdots}H{-}A)(H){-}NH{-}NHCONH_2 \rightleftharpoons$$

$$R_2C{=}N^+H{-}NHCONH_2 + H_2O + A^- \rightleftharpoons R_2C{=}N{-}NHCONH_2 + H_2O + HA$$

从中可以看出,溶液的酸性或碱性过强都会抑制反应的进行,因反应既需要游离氨基脲也需要质子源(HA),强酸性溶液会将游离氨基脲转变为共轭酸,使其失去活性,降低反应速率。而强碱性溶液则将酸 HA 转变为共轭碱,同样降低反应速率。当[HA]和[$NH_2NHCONH_2$]的浓度积最大时,反应条件最佳。

该反应是可逆反应。虽然弱酸性溶液使反应进行,但强酸会与氨基脲反应生成共轭酸,更有利于逆反应进行。因此,得到阴性反应结果。

4. 思考题

(1) 说明环己酮与 $NaHSO_3$ 易于发生反应,而3-戊酮则不能反应的原因。

(2) 频哪酮不能发生加成反应的原因是什么?苯乙酮呢?

(3) 用反应式说明肉桂醛与2,4-二硝基苯肼的反应历程。

(4) 为什么反应中要用 $NaHSO_3$-乙醇溶液?尝试用水溶液进行丙酮加合实验。

实验 105　区别醛、酮的反应

由于醛、酮在结构的差异，因此在反应上也有所表现。如本实验的几个反应只能与醛反应而很难与酮反应，当用波谱等手段不能区别醛、酮时，可以用这些反应方法鉴别醛的存在。

1. 实验目的

(1) 通过实验了解和掌握醛的特殊性质。
(2) 学习利用化学反应区别醛、酮的方法和原理。

2. 实验内容

1) 与 Tollens 试剂的反应(银镜反应)

醛与 Tollens 试剂反应醛被氧化成酸，银由 Ag^+ 离子还原为银单质，在反应瓶内壁上以银镜或胶银的形态沉积出来，因此也称为银镜反应。其反应式如下：

$$\underset{\text{醛}}{RCHO} + \underset{\text{Tollens试剂}}{2Ag(NH_3)_2OH} \longrightarrow 2Ag(s) + \underset{\text{羧酸盐}}{RCOO^-NH_4^+} + H_2O + 3NH_3$$

待测样品：庚醛、苯甲醛、丙酮、葡萄糖、乙酸乙酯。

测试试剂：Tollens 试剂(由 5% $AgNO_3$ 溶液、10% NaOH 溶液和 2% NH_4OH 溶液配制而成)。

操作：

取 5 支干净并且用蒸馏水冲洗过，经过干燥处理的试管进行编号，分别加新配制的 Tollens 试剂，取 1 滴或几粒待测样品分别加入到试管中。观察是否有黑色沉淀生成或在试管壁上出现银镜现象，如果出现则结果呈阳性。

Tollens 试剂的配制：先将试管经 10% NaOH 溶液清洗，然后加入 2mL 5% $AgNO_3$ 溶液和 1 滴 10% NaOH 溶液，边振荡边逐滴加入 2% 氨水，至氧化银沉淀全溶。

注意事项：

(1) 在配制 Tollens 试剂时，氨水不可过量，否则试剂灵敏度降低。该试剂必须现配现用，不可存放，因为溶剂在存放过程中会分解并生成爆炸性沉淀。

(2) 在反应过程中，如室温下反应不发生，可用蒸汽浴或热水浴略加热，切忌用明火加热，以免发生危险。加热时温度不易太高，否则会使试剂分解导致反应失败。

(3) 硝酸银溶液与皮肤接触，立刻形成难以洗去的黑色金属银，故在操作时应小心。

(4) 反应通过金属银自催化进行，通常需要几分钟的引发时间。

废物处理：将溶液倒入烧杯中，加几滴 5% 硝酸溶解银镜或胶银。合并所有反应液，经 5% 硝酸酸化后，用 Na_2CO_3 中和。加入 5mL NaCl 饱和溶液使形成 AgCl 沉淀，过滤分离，AgCl 置于无害固体物回收器，滤液倒入废液回收器。

2) 与 4-氨基-5-肼基 1,2,4-三唑-3-硫醇的反应(Purpald 试验)

Purpald 试验是快速检测醛的一种方法。醛与 4-氨基-5-肼基 1,2,4-三唑-3-硫醇反应生成紫色或铁锈色 6-巯基-*s*-三唑[4,3,*b*]-*s*-四嗪溶液：

$$HS\text{-}(NH_2)\text{-三唑-}NHNH_2 \xrightarrow[\text{醛}]{RCHO} \text{中间体} \xrightarrow{\text{空气氧化}} \text{产物}$$

6-巯基-*s*-三唑-[4,3,*b*]-*s*-四嗪
(铁锈色至紫色)

待测样品：丁醛、苯甲醛、丙酮、葡萄糖。

测试试剂：Purpald 试剂(4-氨基-5-肼基 1,2,4-三唑-3-硫醇)、PTC 溶液、10%NaOH 溶液。

操作：在两个试管中分别加入 10mg Purpald 试剂、10 滴 PTC 溶液及 1mL 甲苯。向其中一个试管加入 2 滴或 40mg 待测样品，然后向每个试管中加入 10 滴 10% NaOH 溶液。盖上塞子剧烈振动，记录颜色变化。如果 5min 内无颜色变化，可以在 70℃水浴上加热 2min，再观察颜色变化。

PTC 溶液的配制：在 100mL 甲苯中溶解 1g 三正辛基甲基氯化铵，振荡使其溶解后，待用。

注意事项：

(1) 醛的颜色变化依次为黄—绿—深铁锈色。但是在我们使用的样品中只能变为黄色。

(2) 此反应为两相反应——水相和有机相，因此在反应中使用 PTC 作为相转移催化剂。

(3) 二噁烷、1,4-丁二醇和二乙胺也错误地得到阳性反应结果。

3) 与斐林(Fehling)试剂的反应

醛与含铜络离子的斐林试剂反应，蓝色的 Cu^{2+} 络离子溶液被还原成为红色的氧化亚铜，从溶液中沉淀出来，蓝色消失，而醛被氧化成酸。其反应式为：

$$RCHO + Cu^{2+} + NaOH + H_2O \longrightarrow RCOONa + H^+ + Cu_2O\downarrow$$

深蓝色　　　　红色

待测样品：丁醛、苯偶姻、葡萄糖、丙酮、苯乙酮。

测试试剂：斐林试剂溶液。

操作：在 5 支干净的试管中分别加入斐林溶液 A 和斐林溶液 B 各 5 滴，然后分别加入 2～5 滴待测样品，振摇均匀后，在水浴中加热，仔细观察反应所发生的现象。

Fehling 试剂的配制：

斐林溶液 A：取 7g $CuSO_4 \cdot 5H_2O$ 加水至 100mL，使其溶解待用。斐林溶液 B：34.6g 酒石酸钾钠加 14g NaOH 溶于 100mL 水中，搅拌均匀，溶解后待用。因酒石酸钾钠和氢氧化铜的配合物不稳定，故需要分别配制和存放，试验时将两溶液等量混合。

注意事项：

(1) Fehling 溶液呈深蓝色，与醛共热后溶液颜色依次有下列变化：蓝色→绿色→黄色→红色。芳基醛不能与 Fehling 试剂反应。

(2) 甲醛被氧化成甲酸仍具有还原性，能将 Cu_2O 继续还原为金属铜，呈暗红色粉末或铜镜。

(3) 加热时间不宜过长，因为加热时间长试剂本身也能析出少量 Cu_2O 沉淀。

4) 与 Schiff 试剂的反应

醛与 Schiff 试剂反应生成紫色溶液，其反应式如下：

$$2\,RCHO + [H_3\overset{+}{N}-C_6H_4-C(SO_3H)(-C_6H_4-NHSO_2H)_2]\,Cl^- \longrightarrow$$

醛　　　　Schiff试剂(无色)

$$[H_2\overset{+}{N}=C_6H_4=C(-C_6H_4-NH-SO_2-CH(OH)R)_2]\,Cl^- + H_2SO_3$$

(紫色溶液)

待测样品：丁醛、苯甲醛、苯乙酮、丙酮。

测试试剂：Schiff 试剂(品红亚硫酸试剂)。

操作：取 5 支干净的试管分别加入 2 滴 Schiff 试剂，然后再各加入 2 滴或几粒待测样品，轻轻摇动试管，观察 3～4min 内的溶液颜色变化。

Schiff 试剂的配制：在 100mL 蒸馏水中加入 0.1g 碱性品红，加入 4mL $NaHSO_3$ 饱和溶液，静置 1h。加入 2mL 盐酸，静置过夜。该试剂几乎无色，灵敏度很高。

注意事项：Schiff 试剂应临时配制并密封保存，否则会因 SO_2 挥发而使溶液恢复品红的颜色。如果遇此种情况，应再通入 SO_2 待颜色消失后使用。试剂中过量的 SO_2 愈少，反应愈灵敏。

废物处理：实验溶液经过 Na_2CO_3 中和后倒入废液回收器中。

3. 注释

(1) 应当注意的是二苯胺、芳胺、1-萘酚及其他一些酚类化合物也能使 Tollens 试验得到阳性反应结果；α-烷氧基酮和 α-二烷氨基酮也能还原银氨溶液。另外，稳定的三氟乙醛水合物可得到阳性反应结果，水不溶性醛得到阴性反应结果。

(2) 醛与 Schiff 试剂的反应原理是：粉红色的三苯甲烷染料经 $NaHSO_3$ 处理生成无色的磺酸即品红。磺化反应中 H_2SO_3 对染料的醌核发生了 1,6 加成。无色的磺酸不稳定，与醛接触生成紫色醌染料：

$$[H_2N-C_6H_4]_2C=C_6H_4=\overset{+}{N}H_2\,Cl^- + 3H_2SO_3$$

(粉红色溶液)

$$\downarrow$$

$$[H_3\overset{+}{N}-C_6H_4-C(SO_3H)(-C_6H_4-NHSO_2H)_2]\,Cl^-$$

Schiff试剂(无色)

$$\downarrow\ RCHO$$

$$[H_2\overset{+}{N}=C_6H_4=C(-C_6H_4-NH-SO_2-CH(OH)R)_2]\,Cl^- + H_2SO_3$$

(紫色溶液)

这种紫色不同于原来品红的颜色，不是淡粉色而是紫中略带蓝色。有些酮或不饱和化合物能与硫酸反应，使 Schiff 试剂重新产生原来的品红颜色。因此，试剂中出现淡粉红色并非是醛的阳性反应结果。

(3) 还有一些反应可以用来区别醛、酮，如 TCICA 试验（具体方法见实验 101 中 5)）、碘仿反应（见实验 101 中 6)）、Benedict 溶液（见实验 113）等。

4. 思考题

(1) 鉴别醛和酮有哪些简便方法？

(2) 列举两种区分己醛和 3-己酮的实验方法。

6.5 羧酸及其衍生物

在羧酸化合物中都含有羧基(—COOH)这个基团，可视为烃分子的一个或几个氢原子被羧基取代后的产物。根据烃基的种类又分饱和羧酸、不饱和羧酸、芳香羧酸 3 类。若羧酸分子中含有卤素、羟基、氨基、羰基，分别称为卤代酸、羟基酸、氨基酸、羰基酸。羧酸的性质不仅取决于羧基，还与烃基数目、其他官能团相对位置以及空间排列等有关。羧酸主要通过波谱和溶解度来鉴定。羧酸的衍生物有酯、酰卤、酰胺、酸酐等。

实验 106 羧酸的性质鉴定

1. 实验目的

(1) 通过实验了解和掌握羧酸的性质。

(2) 学习利用化学反应鉴定羧酸的方法和原理。

2. 实验内容

1) 与 $NaHCO_3$ 反应成盐

羧酸与 $NaHCO_3$ 溶液反应生成羧酸钠和 CO_2 气体：

$$\underset{\text{羧酸}}{RCOOH} + NaHCO_3 \longrightarrow \underset{\text{羧酸钠}}{RCOO^-Na^+} + H_2O + CO_2\uparrow$$

待测样品：冰醋酸、苯甲酸、乙酸酐、丙酮。

测试试剂：$NaHCO_3$ 饱和溶液。

操作：在 1mL 乙醇溶液中加几滴或几粒待测样品，使其溶解，并将其缓慢加入到 1mL $NaHCO_3$ 饱和溶液中。若有 CO_2 气体放出说明有羧酸存在，则结果呈阳性。

2) 生成酯的反应

羧酸的另一检测实验是酯化反应，形成的酯分层并且带有水果香味，如羧酸与乙醇的反应：

$$RCOOH + CH_3CH_2OH \xrightarrow{H^+} RCOOCH_2CH_3 + H_2O$$

待测样品：冰醋酸、苯甲酸、丁酸、丙酮。

测试试剂：乙醇、浓硫酸。

操作：在 4 支干燥的试管中，各加入 1mL 冰醋酸和 1mL 乙醇，再加入 2 滴浓 H_2SO_4，振荡后，在水浴上加热约 10min。然后把试管取出，冷却。在每支试管各加 2mL $NaHCO_3$ 饱和溶液，观察是否有酯的香味和溶液分层现象，如果有，为阳性反应结果。

注意事项：分子质量相对较大的羧酸会生成无气味的酯。

废物处理：实验中生成的酯分离后倒入盛有机试剂的容器中，水层用 10%盐酸中和至 pH=7 后倒入废液回收器中。

3. 注释

羧酸也可以与硝酸银反应可以生成羧酸银(具体方法见实验 99)，羧酸银可溶于稀硝酸而卤化银则不溶。

$$\underset{\text{羧酸}}{RCOOH} + \underset{\text{硝酸银}}{AgNO_3} \longrightarrow \underset{\text{羧酸银}}{RCOO^-Ag^+} + HNO_3$$

实验 107　羧酸衍生物的性质鉴定

1. 实验目的

(1) 通过实验了解和掌握羧酸衍生物的性质。

(2) 学习利用化学反应鉴定羧酸衍生物的方法和原理。

2. 实验内容

1) 衍生物的水解反应

酯、酰卤、酸酐、酰胺均能发生水解反应，可根据其水解产物鉴别酯、酰卤、酸酐及酰胺。

待测样品：乙酸酐、乙酰氯、乙酸乙酯、乙酰胺。

测试试剂：2%硝酸银溶液、稀硝酸、3mol/L 硫酸、6mol/L 氢氧化钠。

(1) 酰氯的水解

操作：取一支干净的试管，在其中加入 1mL 蒸馏水和 3 滴乙酰氯，略加摇动。此时乙酰氯与水反应剧烈，放出热量，同时有 HCl 产生。反应趋于平稳后，将试管放入冷水浴中冷却，加入 1～2 滴 2%硝酸银溶液，观察有何变化。

(2) 酸酐的水解

操作：取一支干净的试管，在其中加入 1mL 蒸馏水和 3 滴乙酸酐。乙酸酐不溶于水，呈油珠状沉于底部，加热可以看到油珠消失，同时有醋酸的气味。加入 1～2 滴 2%硝酸银溶液，观察有何变化，再加入稀硝酸直到沉淀溶解。

(3) 酯的水解

操作：在 3 支干净的试管中分别加入 1mL 乙酸乙酯和 1mL 水，然后在第一支试管中加入 1mL 3mol/L 的硫酸溶液，在第二支试管中加入 1mL 6mol/L 的氢氧化钠溶液。将 3 支试管同时放入70～80℃的水浴中，边摇动边观察3支试管中酯层消失的情况。

(4) 酰胺的碱性水解

操作：在试管中加入0.5g乙酰胺和3mL 6mol/L的氢氧化钠溶液，煮沸，可以闻到氨的气味。

注意事项：

(1) 这些反应都可以生成乙酸，可以用鉴别羧酸的方法鉴别羧酸衍生物的存在，如与$NaHCO_3$反应有CO_2气体产生；与硝酸银反应可以生成羧酸银，但是用稀硝酸可以鉴别卤化银和羧酸银等。高级脂肪酸酐和芳酸酐不易水解，因此在这些反应中不可能得到阳性反应结果。

(2) 酰胺也可以用3mol/L的硫酸溶液进行酸性水解，但是没有氨的气味。

2) 异羟肟酸试验

酸酐、酰卤、酯、酰胺均能与羟胺反应生成羧酸和异羟肟酸，生成的异羟肟酸经$FeCl_3$处理能形成酒红色或紫红色异羟肟酸铁配合物。以酰卤为例，其反应式如下：

$$\underset{\text{酰卤}}{RC(=O)X} + \underset{\text{羟胺}}{H_2NOH} \longrightarrow \underset{\text{异羟肟酸}}{RC(=O)NHOH} + HX$$

$$3\,\underset{\text{异羟肟酸}}{RC(=O)NHOH} + FeCl_3 \longrightarrow \underset{\text{异羟肟酸铁配合物（酒红色或紫红色）}}{(RC(=O)NHO)_3Fe} + 3HCl$$

(1) 三氯化铁检测实验

待测样品：乙酸酐、乙酰氯、乙酸乙酯、乙腈、乙酰胺、苯甲酰胺、苯磺酰氯、苯磺酸。

测试试剂：95%乙醇溶液、1mol/L盐酸溶液、5%$FeCl_3$-乙醇溶液。

操作：首先对样品进行三氯化铁检测，如果有与三氯化铁起颜色反应的官能团，则不能用试验鉴别。具体方法：将1滴或几粒待测化合物溶于1mL 95%乙醇溶液中，加入1mL 1mol/L盐酸溶液，摇匀。然后加入1滴5%的$FeCl_3$-乙醇溶液，观察溶液的颜色变化。该溶液应该是黄色，如果溶液出现橘黄色、红色、蓝色或紫色，则不能进行下述检测酰基的实验。

注意事项：盐酸不要过多，否则会使许多酚和烯醇难与$FeCl_3$生成有色配合物。

(2) 由酸酐、酰卤、酯生成异羟肟酸的试验

待测样品：乙酸酐、乙酰氯、乙酸乙酯。

测试试剂：0.5mol/L盐酸羟胺-乙醇溶液、6mol/L NaOH、5%$FeCl_3$-乙醇溶液。

操作：将1滴或40mg待测样品与1mL 0.5mol/L盐酸羟胺的95%乙醇溶液及0.2mL 6mol/L NaOH溶液混合，并加热煮沸。待溶液自然冷却后，小心加入2mL 1mol/L的盐酸。如果溶液呈现浑浊，可加2mL 95%乙醇。然后再加入1滴5%$FeCl_3$-乙醇溶液，并观察溶液的颜色变化。如果加入$FeCl_3$溶液后，出现颜色又很快消失，可继续滴加$FeCl_3$溶液，至溶液颜色不再变化，并与三氯化铁检测实验中溶液颜色进行比较。如果溶液呈明显的酒红色或紫红色，说明异羟肟酸和$FeCl_3$反应生成了异羟肟酸铁配合物，则结果为阳性。

(3) 由腈或酰胺生成异羟肟酸的试验

腈或酰胺与羟胺反应生成异羟肟酸的反应式如下：

$$\underset{\text{腈}}{RC\equiv N} + \underset{\text{羟胺}}{NH_2OH} \longrightarrow R-C(=NH)-NHOH$$

$$R-C(=NH)-NHOH + H_2O \xrightarrow{H^+} \underset{\text{异羟肟酸}}{R-C(=O)-NHOH} + NH_4^+$$

$$\underset{\text{酰胺}}{R-C(=O)-NH_2} + \underset{\text{盐酸羟胺}}{NH_2OH\cdot HCl} \longrightarrow \underset{\text{异羟肟酸}}{R-C(=O)-NHOH} + NH_4Cl$$

$$3\,\underset{\text{异羟肟酸}}{R-C(=O)-NHOH} + FeCl_3 \longrightarrow \underset{\text{异羟肟酸铁配合物（酒红色或紫红色）}}{(R-C(=O)-NHO)_3Fe} + 3HCl$$

待测样品：乙腈、乙酰胺、苯甲酰胺。

测试试剂：1mol/L 盐酸羟胺-丙二醇溶液、1mL 1mol/L KOH，5% $FeCl_3$-乙醇溶液、丙二醇。

操作：取 1 滴或 30mg 待测样品溶于极少量丙二醇中，然后加入到 2mL 1mol/L 盐酸羟胺的丙二醇溶液中，再加入 1mL 1mol/L KOH 溶液。缓慢加热混合物至微沸，并保持微沸 2min。然后冷至室温，加入 0.5～1mL 5% $FeCl_3$-乙醇溶液。溶液呈紫红色结果为阳性；若无反应发生则呈黄色；如果呈褐色或出现沉淀，则无法确定实验结果。

(4) 由芳香伯酰胺生成异羟肟酸的试验

芳香酰胺不能顺利进行本实验(3)中的反应，可用以下实验步骤来检测芳香酰胺的存在：

$$\underset{\text{芳酰胺}}{Ar-C(=O)-NH_2} + H_2O_2 \longrightarrow \underset{\text{异羟肟酸}}{Ar-C(=O)-NHOH} + H_2O$$

$$3\,\underset{\text{异羟肟酸}}{R-C(=O)-NHOH} + FeCl_3 \longrightarrow \underset{\text{异羟肟酸铁配合物（酒红色或紫红色）}}{(R-C(=O)-NHO)_3Fe} + 3HCl$$

待测样品：苯甲酰胺、乙酰胺。

测试试剂：3% H_2O_2、5% $FeCl_3$-乙醇溶液。

操作：将 50mg 待测样品加入到 5mL 水中，再加入 0.5mL 3% H_2O_2 和 2 滴 5% $FeCl_3$ 溶液。加热溶液至沸腾。芳香酰胺和 H_2O_2 反应生成异羟肟酸，异羟肟酸随即与 $FeCl_3$ 反应生成异羟肟酸铁配合物。如果化合物是芳酰胺，则溶液应该为特征的紫红色。

（5）由磺酸或磺酰氯生成异羟肟酸的试验

$$\underset{\text{磺酸}}{ArSO_3H} + \underset{\text{氯化亚砜}}{SOCl_2} \longrightarrow \underset{\text{磺酰氯}}{ArSO_2Cl} + HCl + SO_2$$

$$\underset{\text{磺酰氯}}{ArSO_2Cl} + \underset{\text{盐酸羟胺}}{NH_2OH \cdot HCl} \longrightarrow ArSO_2NHOH + 2HCl$$

$$ArSO_2NHOH + \underset{\text{乙醛}}{CH_3CHO} \longrightarrow \underset{\text{异羟肟酸}}{CH_3CONHOH} + ArSO_2H$$

$$3\,\underset{\text{异羟肟酸}}{CH_3CONHOH} + FeCl_3 + 3KOH \longrightarrow \underset{\substack{\text{异羟肟酸铁配合物} \\ \text{(酒红色或紫红色)}}}{(CH_3CONHO)_3Fe} + H_2O + 3KCl$$

待测样品：苯磺酰氯、苯磺酸。

测试试剂：盐酸羟胺-甲醇饱和溶液、乙醛、2mol/L KOH-甲醇溶液、5%$FeCl_3$-乙醇溶液，0.5mol/L 盐酸。

操作：将 5 滴氯化亚砜和 100mg 磺酸在试管中混合，在沸水浴上加热 1min 得到磺酰氯。自然冷却，然后在试管中加入 0.5mL 盐酸羟胺的甲醇饱和溶液，再加入 1 滴乙醛。磺酰氯与羟胺反应生成的中间产物进一步与乙醛反应生成异羟肟酸。缓慢滴入 2mol/L KOH-甲醇溶液，直至 pH 试纸检测溶液呈弱碱性。将溶液加热至沸，然后冷至室温。滴加 0.5mol/L 盐酸使溶液酸化，至蓝色的石蕊试纸变红。此时向溶液中加入 1 滴 5%$FeCl_3$-乙醇溶液，异羟肟酸与 $FeCl_3$ 反应生成异羟肟酸铁配合物，溶液呈紫红色，则结果为阳性。

磺酰氯可与盐酸羟胺直接反应。如果待测样品是磺酸盐，可用盐酸中和，蒸干后再用氯化亚砜按上述方法处理。

注意事项：

（1）乙酸酐、乙酰氯和乙酸乙酯在实验（2）中得到阳性反应结果；乙腈和丁酰胺在实验（3）中得到阳性反应结果；苯甲酰胺在实验（4）中得到阳性反应结果；苯磺酰氯和苯磺酸在实验（5）中得到阳性反应结果。

（2）所有的羧酸酯，包括聚酯和内酯，实验中均不同程度地显示特征性的紫红色；酰氯、酸酐和三卤代化合物，如三氯甲基苯和氯仿，在实验中均显紫红色。

（3）甲酸在实验中会产生红色，其他羧酸则得到阴性反应结果；乳酸能得到阳性反应结果；邻苯二甲酸中常含有邻苯二酸酐，因此也能得到阳性反应结果。

（4）伯硝基或仲硝基化合物在实验中得到阳性反应结果。

（5）大多数酰亚胺在实验中能得到阳性反应结果；脂肪族酰胺和水杨酸酰胺在实验中显示浅紫红色；一些存在空间位阻的酰胺则得到阴性反应结果。

（6）没有 α-H 的醛可能会有不明显的阳性反应结果，其他的醛和酮则得到阴性反应结果。

废物处理：用 Na_2CO_3 中和实验中所有反应混合物，直到无泡沫产生，然后倒入废液回收器。

3）酯化反应

酸酐或酰卤与乙醇反应可以形成酯，在水溶液中可以分层。其反应式如下：

$$(RCO)_2O + CH_3CH_2OH \xrightarrow{NaOH} RCOOCH_2CH_3 + RCOOH$$

$$RCOX + CH_3CH_2OH \longrightarrow RCOOCH_2CH_3 + HX$$

此反应也称为 Schotten-Baumann 反应。

待测样品：乙酸酐、乙酰氯。

测试试剂：20%NaOH 溶液、乙醇。

操作：将 0.5mL 乙醇、1mL 水、0.2mL(或 0.2g)待测样品加入到小烧瓶中混合，剧烈振摇下加入 2mL 20%NaOH 溶液。用塞子塞住烧瓶口，继续振摇几分钟，用石蕊试纸检验，溶液应呈碱性。此时，酸酐或酰卤可与醇反应生成酯。酯不溶于水且密度比水小，因此在水溶液的上层会有酯形成，并且有酯的气味。

4) 酸酐和酰卤生成酰苯胺的反应

酸酐和酰卤与苯胺反应可以生成酰苯胺沉淀。其反应式如下：

$$\underset{\text{酸酐}}{(RCO)_2O} + \underset{\text{苯胺}}{2C_6H_5NH_2} \longrightarrow \underset{\text{酰苯胺}}{RCONHC_6H_5} + RCOO^-C_6H_5NH_3^+$$

$$\underset{\text{酰卤}}{RCOX} + \underset{\text{苯胺}}{2C_6H_5NH_2} \longrightarrow \underset{\text{酰苯胺}}{RCONHC_6H_5} + C_6H_5NH_3^+X^-$$

待测样品：乙酸酐、乙酰氯、丙酮。

测试试剂：20%NaOH、苯胺。

操作：

(1) 在试管加入几滴或几粒待测试样和 0.5mL 苯胺，混合后倒入 5mL 水中，如有酰苯胺沉淀生成，则结果为阳性。

(2) 将 0.2mL 苯胺、1mL 水、0.2mL(或 0.2g)待测样品加入到小烧瓶中混合，在剧烈振摇下分批加入 10mL 20%的 NaOH 溶液。用塞子塞住烧瓶口，继续振摇几分钟。用石蕊试纸检验，溶液应呈碱性。如有沉淀生成，则结果为阳性。

废物处理：滤出实验(1)和(2)中的固体产物，用有机固体回收器储存，滤液倒废液回收器。

3. 注释

(1) 酸酐、酰卤与乙醇成酯的反应，也是 Schotten-Baumann 反应，这个反应比较有意思。因反应介质中的水和 OH^- 可能与乙醇之间存在酰化竞争，从而大大降低了收率，但反应能够顺利进行，这可能是由于多种环境因素共同作用的结果。通常，在多相反应体系中，有机溶剂与未知酸酐(或酰卤)在同一相时，此反应也可能发生。有一种推测是这些有机试剂在有机相中反应，而酸碱中和反应则发生在无机相中。

(2) 酸酐或酰卤与苯胺反应生成酰苯胺沉淀，反应机理是游离苯胺直接进攻酸酐(或酰卤)：

$$R-C(=O)-X + C_6H_5NH_2 \longrightarrow R-C(O^-)(X)-\overset{+}{N}H_2C_6H_5 \xrightarrow{-X^-} R-C(=O)-\overset{+}{N}H_2C_6H_5 \xrightarrow{-H^+} R-C(=O)-NHC_6H_5$$

(3) 利用水解反应后卤化氢与 $AgNO_3$ 溶液反应，迅速生成卤化银沉淀，可以鉴别酸酐与酰卤，酰卤具有很难闻的气味，并具有催泪作用。

(4) 酯有特殊的甜水果香味，除了上述反应以外，还可以被氢碘酸(见实验 103)分解为碘代烷和羧酸。碘代烷用硝酸汞处理生成橙色碘化汞：

$$\underset{\text{酯}}{R-C(=O)-OR'} + HI \longrightarrow \underset{\text{碘代烷}}{R'I} + \underset{\text{羟酸}}{R-C(=O)-OH}$$

$$\underset{\text{硝酸汞}}{Hg(NO_3)_2} + \underset{\text{碘代烷}}{2R'I} \xrightarrow{H_2O} \underset{\text{碘化汞(橙色)}}{HgI_2} + 2R'OH + 2HNO_3$$

(5) 酰胺碱性水解生成的 NH_3 或胺可用 Hinsberg 法进行定性区分(见实验 108)。很多取代酰胺与 20% H_2SO_4 回流更容易水解。特别是羟基腈常用酸进行水解，如腈和浓盐酸共热即水解为酰胺，用水稀释反应液，继续加热 0.5～2h，进一步水解为羧酸。

4. 思考题

(1) 在酸酐和酰卤生成酰苯胺的反应中，实验(2)加入 20% NaOH 溶液的作用是什么?(提示：注意实验中使用了 2 倍量苯胺。)

(2) 下列物质应该用什么方法鉴别：丙酰氯、丙酸、苯磺酰氯、乙酸异戊酯、二苯甲酮? 用方程式表示。

(3) 试简要解释为什么酰卤通常比酸酐更活泼(提示：分别写出羟胺与乙酸酐、乙酰氯反应的机理，比较 Cl^- 与羟基离子离去能力的大小。)

(4) 酯、酰卤、酸酐、酰胺的水解产物分别是什么? 用反应式表示。

6.6　胺基与硝基化合物

胺可看作氨(NH_3)分子中的氢原子被烃基取代，—NH_2 称为氨基，它与脂肪烃基相连为脂肪胺，与芳基相连则称为芳胺。按氢原子被烃基取代的数目又分为伯胺、仲胺、叔胺。胺类化合物具有碱性，与酸反应可以生成铵盐，是判断这类化合物的重要依据。胺的性质较活泼，在制药及药物分析上具有重要意义。

实验 108　用 Hinsberg 法区分伯胺、仲胺、叔胺

1. 实验目的

(1) 学习利用 Hinsberg 法区分伯胺、仲胺、叔胺的原理和方法。

(2) 通过实验了解和掌握胺类化合物的性质。

2. 实验内容

利用 Hinsberg 法区分伯胺、仲胺和叔胺的反应，是苯磺酰氯在碱溶液中与伯胺反应生成磺酰胺钠盐，溶于反应体系。溶液酸化后磺酰胺从体系中沉淀出来：

$$\underset{1^{\circ}\text{胺}}{RNH_2} + \underset{\text{苯磺酰氯}}{C_6H_5SO_2Cl} + 2NaOH \longrightarrow \underset{(\text{可溶})}{C_6H_5SO_2NR^- Na^+} + NaCl + 2H_2O$$

$$\downarrow H^+$$

$$\underset{\text{磺酰胺}(\text{不溶})}{C_6H_5SO_2NHR}$$

仲胺在加入苯磺酰氯后即生成磺酰胺沉淀，对溶液酸化不能溶解磺酰胺：

$$\underset{2^{\circ}\text{胺}}{R_2NH} + \underset{\text{苯磺酰氯}}{C_6H_5SO_2Cl} + NaOH \longrightarrow \underset{\text{磺酰胺}(\text{可溶})}{C_6H_5SO_2NR_2} + NaCl + H_2O$$

$$\downarrow H^+$$

$$\text{不反应}$$

叔胺与苯磺酰氯反应生成磺酸季铵盐，磺酸季铵盐在碱溶液中生成磺酸钠和不溶性叔胺。酸化溶液后生成磺酸和可溶性铵盐：

$$\underset{3^{\circ}\text{胺}}{R_3N} + \underset{\text{苯磺酰氯}}{C_6H_5SO_2Cl} \longrightarrow C_6H_5SO_2N^+R_3Cl^-$$

$$\downarrow 2NaOH$$

$$\underset{(\text{可溶})}{C_6H_5SO_3^-Na^+} + \underset{(\text{不溶})}{NR_3} + NaCl + H_2O$$

$$\downarrow H^+$$

$$C_6H_5SO_3H + \underset{(\text{可溶})}{R_3\overset{+}{N}HCl^-} + 2NaCl$$

测试样品：苯胺、*N*-甲基苯胺、*N*、*N*-二甲基苯胺。

测试试剂：10%NaOH、苯磺酰氯、10%盐酸。

操作：取 3 支干净的试管，分别加入 0.3mL 或 300mg 样品，再加入 2mL 10%NaOH 溶液 0.4mL 苯磺酰氯。盖上塞子剧烈振摇。测试溶液 pH 值以确保其呈碱性。苯磺酰氯反应完全后，冷却。如果出现不溶物，过滤将其分离，用 10%盐酸测试其溶解性。若无不溶物出现，则再用 10%盐酸酸化溶液，观察溶液现象，是否有沉淀生成。

记录所有有关的沉淀物生成和溶解的实验现象，并用测量沉淀物的熔点来确定是胺还是磺酰胺。将反应生成的固体沉淀物分离提纯，固体的熔点应与原来的胺不同。

废物处理：滤出固体物倒入无害有机固体回收器。如果反应物是伯胺或仲胺，则用水稀释后倒入废液回收器。叔胺用 10%NaOH 溶液调至碱性，经石油醚萃取后，有机层倒入有机溶剂回收容器中，水层倒入废液回收器。

3. 注释

(1) 环癸胺和一些分子质量相对高的胺生成的环己磺酰胺钠盐不溶于 10%NaOH 溶液，

但通常可溶于水。有些伯胺会生成双磺酰衍生物，不溶于碱，可与 5%乙醇钠-无水乙醇溶液共煮 30min 使其水解。

(2) 如果反应放热比较剧烈，应进行冷却。因温度过高时有些 *N*,*N*-二甲基苯胺类化合物会生成一种紫色染料，该副反应在 15～20℃以下不发生。

(3) 可通过 Hinsberg 法分离混合胺，经水解后可以释放出纯胺：

$$C_6H_5SO_2NHR + H_2O + HCl \longrightarrow C_6H_5SO_3H + R\overset{+}{N}H_3Cl^-$$

2°苯磺酰胺　　苯磺酸　　1°铵盐

$$C_6H_5SO_2NR_2 + H_2O + HCl \longrightarrow C_6H_5SO_3H + R_2\overset{+}{N}H_2Cl^-$$

3°苯磺酰胺　　苯磺酸　　2°铵盐

水解磺酰胺时，可将 1.0g 磺酰胺和 10mL 25%盐酸回流，伯磺酰胺需回流24～36h，仲磺酰胺需 10～12h。反应完全后，冷却，用 20%NaOH 溶液调至碱性，用 15mL 乙醚分 3 次萃取。干燥后蒸除乙醚，并重蒸产物胺。对于高沸点或低沸点胺，可在干醚溶液中通入干燥氯化氢气体，以盐酸盐的形式提取出来。

(4) 很多磺酰胺难以水解，可用与 48%HBr-苯酚反应释放出胺。该反应不同于一般的水解，而是磺酰胺基的还原断裂，在这个过程中 HBr 被氧化成溴，磺酰胺变成二硫醚。加入苯酚的主要目的是通过形成 4-溴苯酚而除去反应生成的溴：

$$2\,C_6H_5SO_2NR_2 + 5HBr + 5\,C_6H_5OH \longrightarrow$$

3°磺酰胺

$$C_6H_5S{-}SC_6H_5 + 2R_2NH + 4H_2O + 5\,Br{-}C_6H_4{-}OH$$

4-溴苯酚

(5) 芳磺酰氯用来区分伯胺和仲胺非常有效。伯磺酰胺可溶于碱溶液，仲磺酰胺则不溶，这是 Hinsberg 法分离胺的依据。由于叔胺不能形成酰胺，故 Hinsberg 法可用来区分和分离这 3 类胺。不过，不能单以 Hinsberg 实验结果来判断胺的类型，还必须考虑原化合物的溶解性。如果原化合物是两性物质，既溶于酸也溶于碱，则 Hinsberg 法难以区分其类型。例如，4-(*N*-甲氨基)苯甲酸与苯磺酰氯、碱反应生成其 *N*-苯磺酰衍生物的钠盐溶液。酸化溶液使有机酸游离析出生成沉淀，但显然不能据此现象认为原化合物是伯胺而不是仲胺：

$$4\text{-}(CH_3NH)C_6H_4COOH + C_6H_5SO_2Cl + 2NaOH \longrightarrow 4\text{-}[CH_3N(SO_2C_6H_5)]C_6H_4COO^-Na^+ + NaCl + 2H_2O$$

4-(*N*-甲胺基)-苯甲酸　　苯磺酰氯　　苯磺酰胺衍生物

4. 思考题

(1) 请问用 Hinsberg 法如何分离伯胺、仲乙胺、叔乙胺？请用化学方程式表示。
(2) 试写出用 Hinsberg 法分离丙胺、二乙胺和三乙胺的试验过程及化学方程式。

实验 109 胺类化合物与亚硝酸的反应

胺与亚硝酸的反应不仅能区分伯胺、仲胺和叔胺，还能区分脂肪胺和芳胺。亚硝钠在盐酸的作用下生成亚硝酸和氯化钠。伯芳胺和伯脂肪胺与亚硝酸反应生成重氮盐中间体。脂肪族重氮盐，特别是与仲碳或叔碳相连的重氮盐能脱除 N_2 自分解，大多数芳香族重氮盐在 0℃下稳定，但室温时 N_2 就会渐渐脱除：

$$\underset{\text{亚硝酸钠}}{NaNO_2} + HCl \longrightarrow \underset{\text{亚硝酸}}{HONO} + NaCl$$

$$\underset{1^\circ\text{脂肪胺}}{RNH_2} + \underset{\text{亚硝酸}}{HONO} + 2HCl \longrightarrow \underset{\substack{\text{重氮盐}\\(0℃\text{不稳定})}}{[R\overset{+}{N}_2Cl^-]} \xrightarrow[\text{自分解}]{H_2O} N_2(g) + ROH + RCl + ROR + \text{烯}$$

$$\underset{1^\circ\text{芳胺}}{ArNH_2} + \underset{\text{亚硝酸}}{HONO} - HCl \longrightarrow \underset{\substack{\text{重氮盐}\\(0℃\text{稳定})}}{Ar\overset{+}{N}_2Cl^-} \xrightarrow{H_2O} N_2(g) + ArOH + HCl$$

伯芳胺重氮盐与2-萘酚钠反应生成一种橙红色偶氮染料：

$$\underset{1^\circ\text{芳胺重氮盐}}{Ar\overset{+}{N}_2Cl^-} + \underset{\text{2-萘酚钠}}{\text{(2-萘基)}O^-Na^+} + NaOH \longrightarrow \underset{\text{偶氮染料(橙红色)}}{\text{1-(}Ar{-}N{=}N\text{)-2-萘基}O^-Na^+} + NaCl + H_2O$$

仲胺与亚硝酸反应生成黄色固体 *N*-亚硝胺：

$$\underset{2^\circ\text{胺}}{R_2NH} + \underset{\text{亚硝酸}}{HONO} \longrightarrow \underset{\substack{N\text{-亚硝胺}\\(\text{黄色固体或油状物})}}{R_2N{-}N{=}O} + H_2O$$

脂肪族叔胺与亚硝酸不反应，但形成可溶性盐，反应液使淀粉-碘试纸立刻变色：

$$\underset{3^\circ\text{脂肪胺}}{R_3H} + H^+ \longrightarrow \underset{(\text{可溶})}{R_3NH^+}$$

叔芳胺与亚硝酸反应生成橙色的 *C*-亚硝胺盐酸盐，碱处理后释放出蓝色或绿色的 *C*-亚硝胺：

$$\text{C}_6\text{H}_5\text{-NR}_2 + \text{HONO} + \text{HCl} \longrightarrow \text{O=N-C}_6\text{H}_4\text{-}\overset{+}{\text{N}}\text{HR}_2\text{Cl}^- + \text{H}_2\text{O}$$

3°芳胺　　亚硝酸　　　　*C*-亚硝胺盐酸盐(橙色)

↓

$$\text{O=N-C}_6\text{H}_4\text{-NR}_2\text{(s)} + \text{NaCl} + \text{H}_2\text{O}$$

C-亚硝胺(绿色)

1. **实验目的**

(1) 学习利用胺与亚硝酸的反应区分胺类化合物的原理和方法。

(2) 通过实验了解和掌握胺类化合物的性质。

2. **实验内容**

1) 重氮化反应

待测样品：苯胺、*N*-甲基苯胺、*N*,*N*-二甲基苯胺、三乙胺。

测试试剂：2mol/L 浓盐酸、10% $NaNO_2$ 水溶液、淀粉-碘试纸。

操作：取 4 支干净的大试管，分别加入 5mL 2mol/L 盐酸溶液和 0.5mL 或 0.5g 待测样品，冰浴冷至 0～5℃。然后边摇动边滴加 10% $NaNO_2$ 水溶液，至用淀粉-碘试纸测试时试纸呈现蓝色，说明亚硝酸存在，停止滴加。另取试管移入 2mL 反应液，缓缓加热并检验是否有气体放出。

注意事项：

(1) 在 0～5℃下滴加亚硝酸钠水溶液时，若看到有气泡或泡沫迅速产生，则表明有脂肪族伯胺存在；若升温时放出气体则为芳香族伯胺，可将该反应液继续进行下面 2)的偶联反应。

(2) 如果并无气体放出，而是出现淡黄色油状物或低熔点固体(*N*-亚硝胺)，则样品为仲胺。将油状物或固体物分离，通过 Liebermann 亚硝基反应 3)可以检测 *N*-亚硝胺的存在。值得注意的是，**这类化合物很多是致癌物质，应当小心处理**。

(3) 如果滴加 $NaNO_2$ 溶液立刻检测到亚硝酸生成，也无气体放出，则该样品为脂肪族叔胺。脂肪族叔胺在反应液中质子化形成可溶性盐，但不与亚硝酸反应。

(4) 芳香族叔胺与亚硝酸反应生成深橙色溶液或析出橙色结晶固体，这是 *C*-亚硝胺盐酸盐。取 2mL 反应液用 10% NaOH 溶液或 Na_2CO_3 溶液处理，产生亮绿色或蓝色亚硝胺碱，可将其分离提纯后进行鉴定。

(5) 干燥的重氮化合物有爆炸危险，所以芳基重氮盐离子生成后应立即参与反应。

废物处理：伯芳胺可用 10mL 水稀释反应液并用 5g 活性炭吸附。活性炭倒入无害有机物回收器中，溶液倒入废液回收器。脂肪族伯胺或叔胺反应液用水稀释后倒入废液回收器。对于仲胺和芳香族叔胺，应将亚硝胺过滤，固体放入有害固体回收器中，滤液经 10% NaOH 中和后倒入废液回收器中。

2) 与 2-萘酚的偶联反应

待测样品：上述重氮化反应中得到的重氮盐。

测试试剂：2-萘酚、10%NaOH 溶液。

操作：在一支干净的试管中加入 0.1g 2-萘酚和 2mL 10%NaOH 溶液，振荡使其溶解，再加入 5mL 水稀释。在冷却下，将 2mL 冷的重氮盐溶液加入其中，观察现象。若有橙红色染料形成，且在重氮化反应中仅加热时才放出气体，则该样品为苯胺。

注意事项：有文献报道，有些重氮盐和苯酚之间的偶联反应是重氮盐离子与酚氧离子发生反应。如果溶液酸性很强，酚氧离子转变为苯酚，则偶联反应会受到抑制；如果溶液碱性很强，则重氮盐离子与 OH^- 反应生成不能偶联的重氮酸盐 ArN_2O^-。因此，必须使用适当的缓冲溶液进行偶联反应。

废物处理：过滤将固体物放入无害有机物回收器中，滤液倒入废液回收瓶中。

3) Liebermann 亚硝基反应

仲胺与亚硝酸反应生成黄色固体 *N*-亚硝胺。*N*-亚硝胺在硫酸中释放出亚硝酸，亚硝酸与苯酚反应生成黄色的 4-亚硝基苯酚(醌单肟)，4-亚硝基苯酚与体系中过量的苯酚反应形成苯酚靛酚，呈蓝色。该反应是具有一个邻位或对位未取代苯酚的特征反应：

$$\underset{N\text{-亚硝胺}}{R_2N{-}N{=}O} \xrightarrow{H_3O^+} R_2NH + HONO$$

$$C_6H_5OH \xrightarrow{HONO} HO{-}C_6H_4{-}NO \rightleftharpoons \underset{(\text{黄色})}{O{=}C_6H_4{=}NOH} + H_2O$$

$$\underset{(\text{黄色})}{O{=}C_6H_4{=}NOH} + C_6H_5OH + H_2SO_4 \longrightarrow \underset{(\text{蓝色})}{\left[HO{-}C_6H_4{-}N{=}C_6H_4{=}\overset{+}{O}H\ \ HSO_4^-\right]} \xrightarrow{H_2O}$$

$$\underset{(\text{红色})}{O{=}C_6H_4{=}N{-}C_6H_4{-}OH} \xrightarrow{NaOH} \underset{(\text{蓝色})}{O{=}C_6H_4{=}N{-}C_6H_4{-}O^-\,Na^+}$$

待测样品：上述重氮化反应中得到的黄色固体(*N*-甲基苯胺的重氮盐)、苯酚。

测试试剂：苯酚、浓硫酸、10%NaOH、$NaNO_2$。

操作：

(1) 将待测样品(生成黄色固体的反应物)经过滤、干燥处理后，取 0.05g 加入到试管中，再加入 0.05g 苯酚及 2mL 浓硫酸，温热 20s。稍冷却溶液，应有蓝色出现，将溶液倒入 20mL 冰-水中变成红色，加 10%NaOH 溶液调至碱性，溶液又呈蓝色。

(2) 向 2mL 浓硫酸中加入 $NaNO_2$ 晶粒，摇晃至溶解。加入 0.1g 苯酚，这时蓝色出现。将溶液倒入 20mL 冰-水中，溶液颜色变为红色。加入 10% NaOH 溶液调至碱性，溶液又呈蓝色。此反应可以用来检测苯酚的存在。

注意事项：芳香族重氮盐在 0℃溶液中很稳定。其水溶液在加热时，能迅速脱除 N_2，形成

芳基正离子 Ar^+，并立即与水反应生成苯酚，也可以用此反应鉴别。

废物处理：可用10%NaOH溶液将反应液调至碱性，倒入废液回收器中。

3. 注释

(1) 此反应也可以用于α-氨基酸的鉴别，实验中除了用乙酸代替盐酸外，其余操作与重氮化反应相同，有 N_2 放出，则结果呈阳性。α-氨基酸与亚硝酸反应生成的中间体分解成氮气和α-羟基酸：

$$\underset{\alpha\text{-氨基酸}}{\mathrm{RCH(NH_3^+)COO^-}} + \underset{\text{亚硝酸}}{\mathrm{HONO}} + \mathrm{H_3CCOOH} \longrightarrow \left[\mathrm{H_3CCOO^-}\quad \mathrm{^+N_2CH(R)COOH}\right] \xrightarrow{H_2O} \mathrm{N_2(g)} + \underset{\alpha\text{-羟基酸}}{\mathrm{HOCH(R)COOH}}$$

(2) 邻氨基苯甲酸重氮化后形成两性离子或环酰基重氮酸盐，该化合物不稳定，易脱除 CO_2 和 N_2 生成高反应活性的苯炔中间体。苯炔与乙醇结合生成苯乙醚，与马来酸二乙酯生成取代的苯并环丁烯，与蒽生成三蝶烯。如果在非质子溶剂，如二氯甲烷、THF或乙腈中用亚硝酸戊酯进行重氮化，则取代反应的产率最好。再次强调，重氮盐中间体是易爆物，必须小心处理。

(3) 亚硝酸与叔胺的化学反应相当复杂。在低pH、低温及稀溶液等反应条件下，叔胺不发生反应。在这种温度和反应条件下叔胺只是质子化形成盐。铵盐与碱反应能重新生成胺，可以此来辨别之。在高温、弱酸性等条件下，叔胺能与亚硝酸发生多种反应，脂肪族叔胺会形成 *N*-亚硝胺：

$$\underset{3^\circ\text{脂肪胺}}{\mathrm{R_3N}} + \underset{\text{亚硝酸}}{\mathrm{HONO}} \longrightarrow \underset{\substack{N\text{-亚硝胺}\\(\text{黄色固体或油状物})}}{\mathrm{R_2N{-}N{=}O}} + \mathrm{ROH}$$

芳香族叔胺会形成 *N*,*N*-二芳基-4-亚硝基苯胺：

$$\underset{3^\circ\text{芳胺}}{\mathrm{(C_6H_5)_2N{-}C_6H_5}} + \underset{\text{亚硝酸}}{\mathrm{HONO}} \longrightarrow \underset{N,N\text{-二芳基-4-亚硝基苯胺}}{\mathrm{(C_6H_5)_2N{-}C_6H_4{-}N{=}O}}$$

N 烷基取代的芳香族叔胺则得到 *N*-烷基-*N*-亚硝基苯胺和 *N*,*N*-二芳基-4-亚硝基苯胺：

$$C_6H_5-\ddot{N}R_2 + HONO \longrightarrow C_6H_5-\ddot{N}(R)-N{=}O + O{=}N-C_6H_4-\ddot{N}R_2$$

3°芳胺　亚硝酸　*N*-烷基-*N*-亚硝基苯胺　*N*,*N*-二芳基-4-亚硝基苯胺

(4) 亚硝酸对胺类化合物的鉴定很有用，但是它也与其他官能团反应，如与羰基相邻的亚甲基反应，可以使亚甲基变成肟基；与烷基硫醇反应则形成红色的亚硝酸硫代酯：

$$H_3C-CO-CH_2CH_3 + HONO \longrightarrow H_3C-CO-C(CH_3){=}N-OH + H_2O$$

肟

$$RCH_2SH + HONO \longrightarrow RH_2C-S-N{=}O + H_2O$$

亚硝酸硫代酯(红色)

实验 110 脂肪族仲胺和伯胺的鉴别

1. 实验目的

(1) 学习和掌握区别脂肪族仲胺和伯胺的原理和方法。

(2) 通过实验了解和掌握胺类化合物的性质。

2. 实验内容

1) 与 CS_2、氢氧化铵和 $NiCl_2$ 的反应

仲胺与 CS_2、氢氧化铵反应物经 $NiCl_2$ 处理后，可以生成固体产物。其反应式如下：

$$R_2NH + CS_2 + NH_4OH \longrightarrow R_2N-C(=S)-S^-NH_4^+ + H_2O$$

2°胺　二硫化碳

$$\xrightarrow{NiCl_2} (R_2N-C(=S)-S)_2Ni$$

(固体)

待测样品：苯胺、*N*-甲基苯胺、三乙胺。

测试试剂：$NiCl_2$-CS_2 试剂、浓盐酸、浓氢氧化铵。

操作：

(1) 待测样品的制备：取 3 支干净的试管，分别加入 5mL 水，将 1～2 滴苯胺、*N*-甲基苯胺、三乙胺分别加入到 3 支试管中，振荡制成溶液待用，必要时可加 1～2 滴浓盐酸。

(2) 鉴别：在另外 3 支试管中依次加入 1mL $NiCl_2$-CS_2 试剂、0.5～1mL 浓氢氧化铵，将

(1)中制备好的胺溶液样品分别加入到 3 支试管中，观察反应结果。出现明显沉淀表明样品是仲胺，轻微浑浊说明仲胺是以微量的杂质形式存在。

$NiCl_2$-CS_2 试剂的配制：在 100mL 水中加入 0.5g $NiCl_2 \cdot 6H_2O$，然后加入 CS_2，CS_2 的量以摇动混合物时有油珠附着瓶底时为准。密封保存，可长时间存放，若 CS_2 有挥发需补加。

注意事项：该实验适用于所有仲胺，但不适于伯胺。实验非常灵敏，很多市售的叔胺含有少量仲胺，会产生浑浊。煤焦油中分离出的取代吡啶、喹啉和异喹啉也存在此现象。

废物处理：过滤将固体物倒入有害固体回收器中，滤液倒入废液回收器中。

2）与 $NiCl_2$ 和 2-羟基-5-硝基苯甲醛的反应

脂肪族伯胺能与 2-羟基-5-硝基苯甲醛迅速发生反应，反应物经 $NiCl_2$ 处理后，在几分钟内可以生成沉淀。其反应式如下：

RNH_2 + 2 (2-羟基-5-硝基苯甲醛) ⟶ 2 (Schiff 碱，$H-C=N-R$) $\xrightarrow[NiCl_2]{2\,(HOCH_2CH_2)_3N}$ 镍配合物（固体）

1°胺　　2-羟基-5-硝基苯甲醛

(固体)

待测样品：苯胺、丁胺、*N*,*N*-二甲基苯胺、二乙胺。

测试试剂：$NiCl_2$ 与 2-羟基-5-硝基苯甲醛试剂、浓盐酸。

操作：

(1) 待测样品的制备：取 4 支干净的试管，分别加入 5mL 水，将 1～2 滴苯胺、丁胺、*N*,*N*-甲基苯胺、二乙胺分别加入到 4 支试管中，摇动使其溶解，必要时可加 1～2 滴浓盐酸溶解样品。

(2) 鉴别：另外取 4 支干净的试管分别加入 3mL $NiCl_2$ 与 2-羟基-5-硝基苯甲醛试剂，分别取 0.5mL 样品溶液加入其中，观察实验现象。伯脂肪胺迅速生成大量沉淀，而伯芳胺需要 2～3min 才能出现明显沉淀。出现轻微浑浊属阴性反应结果，说明伯胺是以微量的杂质形式存在。

$NiCl_2$ 与 2-羟基-5-硝基苯甲醛试剂的配制：在 10mL 水中溶解 0.5g $NiCl_2 \cdot 6H_2O$。在另外 25mL 水中溶解 0.5g 2-羟基-5-硝基苯甲醛，将其加入到 15mL 三乙醇胺中，然后加入 $NiCl_2$ 水溶液，补加水至 100mL。若三乙醇胺中含有乙醇胺，需补加 0.5g 醛并滤除产生的沉淀。

注意事项：该实验非常灵敏，必须认真观察分析。只有产生明显的大量沉淀才可能是伯胺；出现轻微浑浊说明伯胺以微量的杂质形式存在。实验时必须严格按照规定的试剂量加入样品，因为较多的仲胺溶液也会产生沉淀。很多市售的仲胺和叔胺含有微量伯胺，因此会产生浑浊。

废物处理：过滤固体物倒入有害固体回收器中，滤液倒入废液回收器中。

3. 注释

(1) 所有能与 2-羟基-5-硝基苯甲醛生成 Schiff 碱的伯胺都可进行此实验。

(2) 羟胺和只有一个氮原子上取代的肼可得到阳性反应结果。

(3) 酰胺不形成沉淀。

(4) 该实验不适用于氨基酸。

实验111 硝基化合物的性质鉴定

1. 实验目的

(1) 通过实验了解和掌握硝基化合物的性质。

(2) 学习鉴别硝基化合物的原理和方法。

2. 实验内容

1) 与 $Fe(OH)_2$ 的还原反应

在 $Fe(OH)_2$ 还原反应中,Fe(Ⅱ)被硝基氧化成 Fe(Ⅲ),颜色由绿色变为红褐色或褐色:

$$\underset{\text{硝基烷烃}}{RNO_2} + \underset{\substack{\text{氢氧化亚铁}\\(\text{绿色})}}{6Fe(OH)_2} + 4H_2O \longrightarrow RNH_2 + \underset{\substack{\text{氢氧化铁}\\(\text{红褐色或褐色})}}{6Fe(OH)_3}$$

待测样品:硝基苯、4-硝基苯甲酸、2-硝基萘、乙醇。

测试试剂:$FeSO_4$ 试剂、KOH-乙醇试剂。

操作:取2支干净的试管,分别加入1mL $FeSO_4$ 试剂和2滴或10mg待测样品,再加入0.7mL KOH-乙醇试剂。插入一根玻璃管至试管底部,通入惰性气体30s以除去空气。然后立即塞住试管口,振摇。注意观察1min后出现沉淀的颜色。有红褐色或褐色的 $Fe(OH)_3$ 沉淀生成,则结果为阳性。

硫酸亚铁试剂的配制:向100mL新过滤的蒸馏水中加入0.5g硫酸亚铁铵晶体,再加入0.4mL浓硫酸。加一个铁钉以防止氧化。

KOH-乙醇试剂的配制:在3mL蒸馏水中溶解3g KOH,将溶液倒入100mL 95%的乙醇中,摇动使其溶解。

注意事项:

(1) 红褐色或褐色的氢氧化铁(Ⅲ)沉淀是氢氧化亚铁(Ⅱ)被硝基氧化的产物,硝基化合物被还原成伯胺,绿色沉淀属阴性反应。有时反应中会出现暗黑色不完全氧化产物-氢氧化亚铁沉淀。

(2) 几乎所有的硝基化合物30s内都能得到阳性反应结果,其还原速率取决于它的溶解性。4-硝基苯甲酸可溶于碱性试剂,故实验中反应迅速,而2-硝基萘则必须摇动30s。

(3) 其他化合物,包括亚硝基化合物、醌、羟胺、硝酸烷基酯和亚硝酸烷基酯,也能氧化 $Fe(OH)_2$,得到阳性反应结果。颜色较深的化合物不适合用本实验进行鉴别。

废物处理:过滤固体物质放入无害固体回收器中。滤液经10%盐酸中和后倒入废液回收器中。

2) 与 Zn 和 NH_4Cl 的还原反应

硝基化合物中,只有脂肪族叔硝基化合物和芳香族硝基化合物能被锌-氯化铵还原成羟胺。通过 Tollens 试验生成金属银可检测羟胺的存在:

$$RNO_2 + 4[H] \xrightarrow[NH_4Cl]{Zn} RNHOH + H_2O$$

硝基化合物　　　　羟胺

$$RNHOH + 2\,Ag(NH_3)_2OH \longrightarrow RNO + 2\,H_2O + 2\,Ag + 4NH_3$$

Tollens试剂　　　　银（灰色沉淀或银镜）

待测样品：硝基苯、3-硝基苯胺、乙醇。

测试试剂：50％乙醇、NH_4Cl、锌粉、Tollens 试剂。

操作：在 4mL 50％乙醇中加入 0.2mL 或 0.2g 待测样品，再加入 0.2g NH_4Cl 和 0.2g 锌粉，摇动，加热至沸腾。静置 5min，过滤。将滤液与 Tollens 试剂反应（见实验 105），有黑色或灰色沉淀或银镜出现，则结果为阳性。

注意事项：

（1）该实验的关键在于能否将待测物顺利还原为肼、羟胺或氨基酸，这些化合物都能被 Tollens 试剂氧化。如果样品本身就能还原 Tollens 试剂，则不适用于该实验。

（2）脂肪族叔硝基化合物和芳香族硝基化合物能使实验顺利进行。亚硝基、氧化偶氮基和偶氮基化合物也可被锌-氯化铵还原，还原产物可被 Tollens 试剂氧化。

废物处理：将溶液倒入烧杯，加几滴 5％HNO_3 溶解银镜或胶银。合并所有溶液，用 5％ HNO_3 酸化，然后用 Na_2CO_3 中和。加 2mL NaCl 饱和溶液使银以 AgCl 形式沉淀出来。过滤分离氯化银放入无害固体回收器中。滤液倒入废液回收器中。

3）形成 Meisenheimer 配合物的反应

芳香族硝基化合物与 NaOH 反应可确定芳环上硝基的数目。在与 NaOH 反应的过程中，单硝基芳环无颜色变化，二硝基芳环呈蓝紫色，三硝基芳环呈红色。溶液显色的原因是由于形成了 Meisenheimer 配合物：

O_2N—（苯环，带 G 和 NO_2）$\xrightarrow{OH^-}$ O_2N—（环，带负电荷，OH，G，NO_2）

Meisenheimer配合物

待测样品：硝基苯、1,3-二硝基苯、乙醇。

测试试剂：20％NaOH 或 10％NaOH、乙醇或丙酮。

操作：在 5mL 20％NaOH 溶液中加入 2mL 乙醇和 1 滴（或 1 粒）待测样品，剧烈振摇。观察溶液颜色的变化。也可在 10mL 丙酮中溶解 0.1g 待测物，摇动下加入 2～3mL 10％NaOH 溶液。观察溶液颜色的变化。

注意事项：

（1）单硝基苯类化合物与试剂作用不显色或仅显微弱黄色。如果同一芳环上有 2 个硝基，则会出现蓝紫色。有 3 个硝基存在会形成血红色。

（2）氨基、取代氨基或羟基会抑制其特有的红色或紫色形成。

（3）多硝基化合物可形成 Meisenheimet 配合物，使溶液显色。

（4）硝基酚能形成高度共轭的稳定酚盐有色负离子。

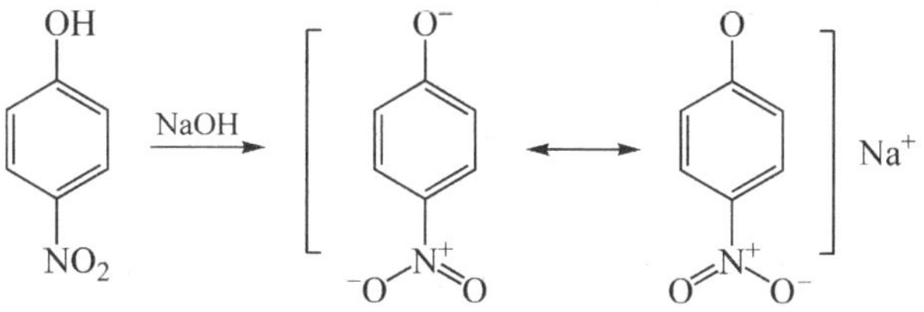

6.7　碳水化合物

碳水化合物是一大类化合物，其中较简单的称作糖，其通式为 $C_n(H_2O)_m$，如葡萄糖的分子式 $C_6H_{12}O_6$，蔗糖的分子式 $C_{12}(H_2O)_{11}$。碳水化合物不具有共性，通常是水溶性固体，熔化时分解。这些特点表明分子中含有大量的强极性官能团。

糖包括单糖、双糖、多糖等，其中最简单的是单糖。按官能团可分为醛糖、酮糖，按碳原子数目又可分为戊糖、己糖等。单糖的结构可看作是一个多羟基醛(醛糖)或多羟基酮(酮糖)，所以单糖具有一般醛、酮的性质，但因羰基与分子内的羟基形成环状半缩醛、半缩酮的结构，故其性质与一般醛、酮又有一些不同，如不与品红醛试剂反应，难以与亚硫酸氢钠发生加成反应等。但是它们又很多相同的反应，无论是醛糖还是酮糖都能被 Tollens 试剂和 Fehling 试剂氧化，具体实验方法见实验 105。

实验 112　糖生成糠醛及其衍生物的性质鉴定

1. 实验目的

(1) 通过实验了解和掌握糖类化合物的性质。
(2) 学习鉴别糖类化合物的原理和方法。

2. 实验内容

1) Molish 试验

Molish 试验是用于糖类化合物的一个通用试验，绝大多数的糖可被浓硫酸脱水，形成糠醛或 5-羟甲基糠醛。其反应式如下：

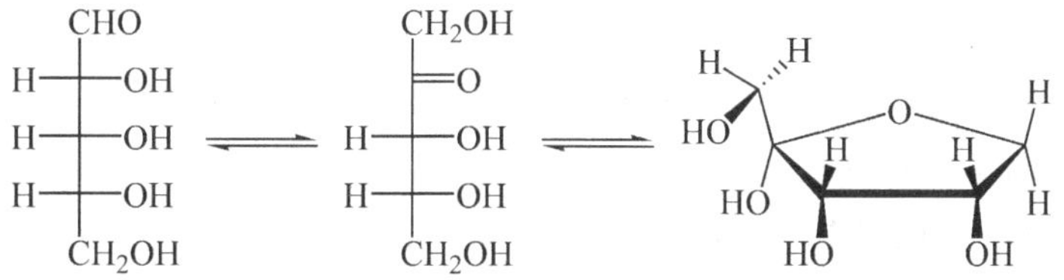

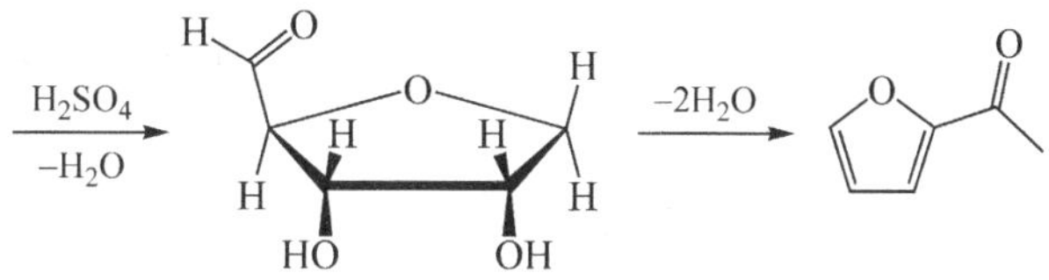

这些糠醛与α-萘酚作用生成紫色产物。

待测样品：5%葡萄糖水溶液、5%蔗糖水溶液、5%淀粉水溶液、5%丙三醇水溶液。

测试试剂：10%α-萘酚-乙醇溶液、浓硫酸。

操作：取4支干净的试管，分别加入0.5mL待测样品和2滴10%的α-萘酚-乙醇溶液，混合均匀后，将试管倾斜45°，沿管壁慢慢加入1mL浓硫酸，观察两层交界处是否出现紫色环。

注意事项：加入硫酸时请勿摇动试管。由于硫酸密度大，加入后在下层，样品在上层，两层交界处出现紫色环，表示溶液中含有糖类化合物，结果为阳性反应。

2) Bial试验

利用Bial试验可以区分戊糖和己糖。戊糖在酸性溶液中脱水成糠醛，糠醛与地衣酚和三氯化铁反应生成一种蓝绿色的缩合产物；己糖则生成5-羟甲基糠醛，与地衣酚和三氯化铁反应产生绿色、棕色或红棕色。

待测样品：5%木糖水溶液、5%阿拉伯糖水溶液、5%葡萄糖水溶液。

测试试剂：地衣酚-三氯化铁试剂、1-戊醇。

操作：在3支试管中，分别加入0.5mL待测样品，向每支试管中分别加入1mL地衣酚-三氯化铁试剂，混合均匀后，在燃气灯火焰上加热，至混合物刚开始沸腾，注意并记录每支试管中产生的颜色。若颜色不显著，向试管中加入2mL 1-戊醇，振摇后再观察。有色的缩合物会在1-戊醇层中被浓缩。

地衣酚-三氯化铁试剂的配制：在10mL浓盐酸中溶解30g地衣酚，将此溶液加入30mL 10%三氯化铁水溶液中，待用。

地衣酚结构式：

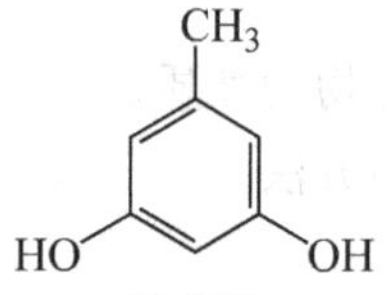

CH_3

HO　　OH

地衣酚

3) Seliwanoff试验

利用Seliwanoff试验可以区别己醛糖和己酮糖。在反应中己酮糖迅速脱水，生成5-羟甲基糠醛，而己醛糖则较缓慢地生成同一产物。5-羟甲基糠醛与间苯二酚生成暗红色缩合产物，根据反应时间的不同，可将两者分开。

待测样品：5%蔗糖水溶液、5%果糖水溶液、5%葡萄糖水溶液。

测试试剂：Seliwanoff试剂。

操作：在3支干净的试管中，分别加入3～5滴待测样品，再在每支试管中加入2mL Seliwanoff试剂，将试管同时放入沸水浴中加热，1min后取出观察现象并记录结果。将没有反应的试管再放入到沸水浴中，每隔1min观察一次结果。

Seliwanoff试剂的配制：在500mL 4mol/L的盐酸中，加入0.25g间苯二酚，振荡使其溶解，待用。

注意事项：一般实验5min后，蔗糖也会水解成果糖，产生暗红色。

实验 113　碳水化合物的氧化反应

1. 实验目的

(1) 通过实验了解和掌握碳水化合物的性质。

(2) 学习鉴别糖类化合物的原理和方法。

2. 实验内容

1) 与 HIO_4 的反应

如果碳水化合物中含有 α-二醇、1,2-二酮、α-羟基酮和 α-羟基醛，可以被 HIO_4 氧化。氧化产物随其结构不同而不同：

$$\underset{\text{邻二醇}}{RCH(OH)CH(OH)H} + \underset{\text{高碘酸}}{HIO_4} \longrightarrow 2\underset{\text{醛}}{RCHO} + H_2O + \underset{\text{碘酸}}{HIO_3}$$

$$\underset{\alpha\text{-羟基酮}}{RCH(OH)COR'} + \underset{\text{高碘酸}}{HIO_4} \longrightarrow \underset{\text{羧酸}}{R'COOH} + \underset{\text{醛}}{RCHO} + \underset{\text{碘酸}}{HIO_3}$$

$$\underset{\alpha\text{-羟基醛}}{RCH(OH)CHO} + \underset{\text{高碘酸}}{HIO_4} \longrightarrow \underset{\text{羧酸}}{HCOOH} + \underset{\text{醛}}{RCHO} + \underset{\text{碘酸}}{HIO_3}$$

$$\underset{1,2\text{-二酮}}{RCOCOR} + \underset{\text{高碘酸}}{HIO_4} + H_2O \longrightarrow 2\underset{\text{羧酸}}{RCOOH} + \underset{\text{碘酸}}{HIO_3}$$

产生的碘酸用 5%$AgNO_3$ 溶液检测，立刻生成碘酸银沉淀：

$$\underset{\text{碘酸}}{HIO_3} + \underset{\text{硝酸银}}{AgNO_3} \longrightarrow HNO_3 + \underset{\text{碘酸银(白色)}}{AgIO_3\downarrow}$$

待测样品：5%蔗糖水溶液、5%果糖水溶液、5%葡萄糖水溶液、乙二醇、丙酮。

测试试剂：HIO_4 试剂、浓硝酸、5%$AgNO_3$ 水溶液。

操作：取 5 支干净的试管，分别向试管中加入 2mL HIO_4 试剂，再加 1 滴浓硝酸(不可过量)摇匀。加入 1 滴或几粒待测样品，振摇 10～15s。加 1～2 滴 5%$AgNO_3$ 水溶液。观察其实验结果。

HIO_4 试剂的配制：在 100mL 蒸馏水中溶解 0.5g 高碘酸(H_5IO_6)。

注意事项：

(1) 加入 5%$AgNO_3$ 水溶液后，若立即有白色碘酸银沉淀生成则表示有机化合物被 HIO_4

氧化，HIO_4 还原成 HIO_3，结果为阳性；若不形成沉淀或有棕色沉淀生成且摇动后又消失，属阴性反应。

(2) 试剂和硝酸的使用量必须准确添加，这一点很重要。由于碘酸银微溶于稀硝酸而高碘酸银易溶，如果有过多的硝酸存在，将不会形成碘酸银沉淀。

(3) 烯烃、仲醇、1,3-二醇、酮和醛在上述条件下不被 HIO_4 氧化。HIO_4 实验最适于测定水溶性化合物。

2）与 Benedict 溶液的反应

Benedict 溶液和 Fehling 溶液可与还原性糖如：α-羟基酮和 α-羟基醛反应。溶液开始呈 Cu^{2+} 配合物的蓝色，随着反应的进行，形成红色、黄色或黄绿色 Cu^{+}（Ⅰ）沉淀：

$$RCH(OH)C(=O)R' + 2Cu^{2+} \longrightarrow RC(=O)C(=O)R' + Cu_2O\downarrow$$

α-羟基酮　(蓝色)　1,2-二酮　(红色、黄色或黄绿色)

$$RCH(OH)CHO + 2Cu^{2+} \longrightarrow RC(=O)CHO + Cu_2O\downarrow$$

α-羟基醛　(蓝色)　α-酮酸　(红色、黄色或黄绿色)

待测样品：5%蔗糖水溶液、5%果糖水溶液、5%葡萄糖水溶液、乙二醇、丙酮。

测试试剂：Benedict 溶液。

操作：

(1) 取 5 支试管，分别加入 5mL Benedict 溶液和 5 滴待测样品，观察其结果。若无沉淀生成，加热至沸腾然后冷却，注意观察是否有固体形成。有红色、黄色或黄绿色 Cu 沉淀，则结果为阳性。

(2) 取 1 支干净的试管，加入 5mL 水和 0.2g 蔗糖，使其溶解，再加入 2 滴浓盐酸，煮沸溶液 1min。冷却，用稀 NaOH 溶液中和，加入 Benedict 溶液。观察试验现象并解释结果。

Benedict 溶液的配制：在 80mL 水中加入 17.3g 柠檬酸钠、10g 无水 Na_2CO_3，加热至溶解。补加水，定容至 85mL。另在 10mL 水中溶解 17.3g 水合硫酸铜，摇动下将其缓慢加到柠檬酸钠和 Na_2CO_3 溶液中。加水使溶液体积定为 100mL。

废物处理：过滤除去有色铜配合物，放于无害固体回收器中。滤液倒入废液回收器中。

3. 注释

(1) 在与 HIO_4 的反应中，邻二醇的氧化机理可由下列反应说明：

$$-\overset{OH}{\underset{|}{C}}-\overset{OH}{\underset{|}{C}}- + HIO_4 \rightleftharpoons \text{(环状高碘酸酯中间体)} \xrightarrow{\text{转移两个质子}} \longrightarrow (HO)_2IO(OH) + >C=O + >C=O$$

$$(HO)_2IO(OH) \equiv H_3IO_4 \longrightarrow HIO_3 + H_2O$$

(2) Benedict 试剂和 Fehling 试剂都氧化糖。非还原糖可先加入少量 10%盐酸,加热水解,然后用 10% NaOH 中和,所得溶液在 Benedict 试剂和 Fehling 试剂中均得到阳性反应结果。

(3) 由于铜受配合物负离子的束缚,Benedict 试剂是一种选择性氧化剂,可代替强碱性的 Fehling 试剂。

(4) Benedict 试剂可检测 0.01%葡萄糖水溶液。沉淀的颜色根据待测物性质用量不同而不同,可以是红色、黄色或黄绿色。

(5) Benedict 试剂可被 α-羟基醛、α-羟基酮和 α-酮醛所还原,不氧化简单的芳醛、醇或酮。还可以氧化肼衍生物,如苯肼、二苯肼和其他还原剂。苯基羟胺、氨基苯酚和相关显影剂都能还原 Benedict 试剂:

$$\mathrm{Ar(H)N{-}N(H)Ar} + 2Cu^{2+} \longrightarrow \mathrm{ArN{=}NAr} + Cu_2O\downarrow$$

二芳肼 (蓝色) 偶氮化合物 (红色、黄色或黄绿色)

$$ArNHNH_2 + 2Cu^{2+} \longrightarrow ArH + ArOH + N_2(g) + Cu_2O\downarrow$$

芳肼 (蓝色) 酚 (红色、黄色或黄绿色)

实验 114 碳水化合物的其他性质鉴定

1. 实验目的

(1) 通过实验了解和掌握碳水化合物的性质。
(2) 学习鉴别碳水化合物的原理和方法。

2. 实验内容

1) 与硼砂的反应

邻二醇可用硼砂(十水合四硼酸钠)检测。硼砂以 $Na_2[B_4O_5(OH)_4]\cdot 8H_2O$ 形式存在。含有酚酞指示剂的溶液在室温下无色,但当温度升高时显粉红色:

$$2\ \ce{>C(OH)-C(OH)<} + [B_4O_5(OH)_4]^{2-}\,2Na^+ \rightleftharpoons [\text{(>C-O)}_2\text{B}(\text{O-C<})_2]^- H^+$$

待测样品:5%蔗糖水溶液、5%果糖水溶液、5%葡萄糖水溶液、乙二醇、己烷。

测试试剂:1%硼砂溶液,酚酞指示剂。

操作:向 0.5mL 1%硼砂溶液中加入几滴酚酞,形成粉红色溶液。加入几滴待测样品,若粉红色开始变淡,则继续加入待测样品至粉红色完全褪去。热水浴加热,若粉红色在加热时重新出现,冷却后又消失,则样品是多元醇,结果为阳性。

注意事项：在实验中糖类化合物和乙二醇得到阳性反应结果，己烷得到阴性反应结果。

2）成脎的反应

通过糖和苯肼的成脎反应及固体脎形成的时间来区分多种糖：

$$\underset{\text{糖}}{\mathrm{R{-}CO{-}CH_2OH}\ \left(\text{或}\ \mathrm{R{-}CH(OH){-}CHO}\right)} + 3H_2NNHC_6H_5 \longrightarrow \underset{\text{脎(固体)}}{\mathrm{R{-}C(=NNHC_6H_5){-}CH{=}NNHC_6H_5}} + C_6H_5NH_2 + NH_3 + 2H_2O$$

待测样品：葡萄糖、麦芽糖、蔗糖、半乳糖。

测试试剂：苯肼盐酸盐、乙酸钠。

操作：取4支干净的试管，分别加入0.2g待测样品、0.4g苯肼盐酸盐、0.6g乙酸钠晶体和4mL蒸馏水，振荡使其溶解。将4支试管同时放入沸水浴中加热，记录各个试管中出现沉淀的时间。

20min后，撤除沸水浴。冷却，取少许液固混合物置于玻璃表面皿上。将玻璃表面皿来回倾斜使晶体得以展开，用滤纸将母液吸收，注意不要弄碎晶体块。在低倍显微镜(80～100倍)下检查晶体，并与显微照片进行对比。

注意事项：

(1) 若需要分离脎测其熔点，反应加热前可加入0.5mL $NaHSO_3$ 饱和溶液来防止苯肼氧化产生焦油产物。

(2) 醋酸钠与苯肼盐酸盐作用生成苯肼醋酸盐，弱酸碱所生成的盐在水中容易水解成苯肼。苯肼毒性较大，操作时应小心，防止试剂溢出或沾到皮肤上。如不慎溅到皮肤上，应先用稀醋酸洗，然后用水清洗。

(3) 蔗糖不与苯肼作用生成脎，但经长时间加热，可能水解成葡萄糖与果糖，因而也有少量糖脎沉淀出现。

废物处理：固体产物置于无害有机固体回收器中。滤液中加入8mL 5.25%的次氯酸钠，45～50℃下加热2h以氧化胺，用10mL水稀释后倒入废液回收器中。

3. 注释

(1) 成脎时间对多种糖的区分很有帮助。表6-4给出了一些糖在热溶液中成脎后析出沉淀所需的时间。

表6-4　一些糖成脎后析出沉淀所需的时间

名称	果糖	葡萄糖	木糖	树胶醛糖	半乳糖	蜜三糖	乳糖	麦芽糖	甘露糖	蔗糖
时间/min	2	4～5	7	10	15～19	60	溶于热水	溶于热水	0.5	30

(2) 成脎过程是醛糖(C-1)或酮糖(C-2)成腙、醇基(C-1或C-2)氧化成酮(或醛)后也转变成腙。此时由于脎氢键的稳定作用使反应停止，不继续发生C-3的氧化。

(3) 用TCICA试验(具体实验方法见实验101)也可用来检测糖。三氯异氰尿酸还原成氰尿酸白色固体。糖在1～5min反应，胆固醇在10～40s反应。

6.8 氨基酸、蛋白质

蛋白质是生物体尤其是动物体的基本组成。这些生物细胞内除水外，其余 80%的物质都是蛋白质。蛋白质是 α-氨基酸的缩聚物，20 多种氨基酸以肽键相互连接成一个复杂的高分子化合物。多数蛋白质溶于水时形成亲水胶体溶液。在酸、碱和酶的作用下，蛋白质被水解成脲、胨、肽，最后形成氨基酸的混合物。

氨基酸以 α-氨基酸最为常见。除甘氨酸(CH_2NH_2COOH)外，其他天然氨基酸都含有手性碳原子，而且有旋光性。中性氨基酸含有一个氨基(—NH_2)和一个羧基(—COOH)，没有可以离解的侧链，所以都呈两性，具有等电点。氨基酸易溶于水而难溶于非极性有机溶剂。不同的氨基酸溶解性不相同，因此，利用此特点可用纸层析来分离混合的氨基酸。氨基酸是组成蛋白质的基础，它与某些试剂作用可发生不同的颜色反应。

实验 115 氨基酸的性质鉴定

1. 实验目的

(1) 通过实验了解和掌握氨基酸和蛋白质的性质。
(2) 学习鉴别氨基酸的原理和方法。

2. 实验内容

1) 与茚三酮的反应

α-氨基酸与茚三酮在水溶液中反应，能生成一种蓝色至蓝紫色的物质。反应式如下：

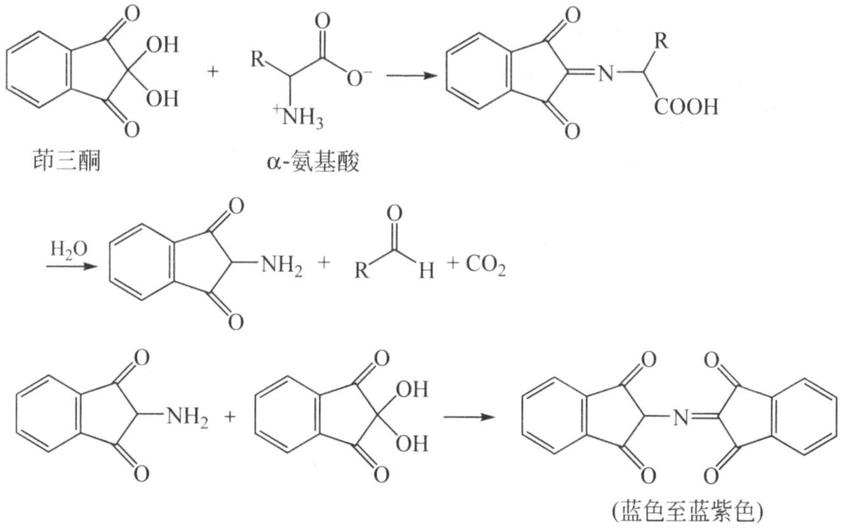

O OH OH O + R O O^- $^+NH_3$ ⟶ O =N R COOH O

茚三酮 α-氨基酸

$\xrightarrow{H_2O}$ O NH_2 O + R O H + CO_2

O NH_2 O + O OH OH O ⟶ O O N O O

(蓝色至蓝紫色)

待测样品：甘氨酸、缬氨酸、氨基乙酸、蛋白质溶液、苯胺。

测试试剂：0.5%茚三酮水溶液。

操作：取 5 支干净的试管，进行编号。在这 5 支试管中分别加入 2mL 0.5%茚三酮水溶液和5滴或0.5mg待测样品，加热煮沸1～2min。观察试管中溶液颜色的变化，并记录出现颜色变化的时间。

蛋白质溶液的制备：取30mL鸡蛋清放入200mL的烧杯中，加入150mL蒸馏水，搅拌均匀，然后用浸过水的纱布或脱脂棉过滤，即得到蛋白质溶液。

注意事项：

(1) 茚三酮水溶液的配置应该用蒸馏水。

(2) 反应结果溶液呈现蓝色至蓝紫色为阳性反应，其他颜色，如黄、橙、红，则属阴性反应。

2) 与硫酸铜的反应

当α-氨基酸与硫酸铜反应时，可以生成铜配合物，反应液呈深蓝色：

$$\underset{\alpha\text{-氨基酸}}{R\text{-}CH(\overset{+}{N}H_3)\text{-}COO^-} + Cu^{2+} \longrightarrow \underset{\text{铜配合物(蓝色)}}{[R\text{-}CH(NH_2)\text{-}COO]_2Cu}$$

待测样品：丙氨酸、赖氨酸、蛋白质溶液、蔗糖、苯胺。

测试试剂：1mol/L $CuSO_4$ 溶液。

操作：在1mL水中溶解少量样品，加入2滴1mol/L $CuSO_4$ 溶液。若未立刻生成蓝色，热水浴加热5min。观察实验结果，若形成蓝色至深蓝色溶液或蓝黑色固体，则结果为阳性。

3. 注释

(1) 与茚三酮的反应是氨基酸分析仪的化学基础，可用来区分不同类型的氨基酸。脯胺酸、羟基脯氨酸及2-，3-，4-氨基苯甲酸不使溶液显蓝色，但可显黄色。铵盐得到阳性反应结果，有些胺类化合物如苯胺，颜色由橙色变红色，属阴性反应结果。

这个实验很重要，它可以对氨基酸进行定量分析，是自动化氨基酸分析仪定量分析时吸收材料的来源。通过这个颜色反应，可用纸色谱检测氨基酸组分的位置。

(2) 在与硫酸铜溶液的反应时，有些α-氨基酸在冷水中溶解度不大，但溶于热水，加热反应液即得到阳性反应结果。脂肪胺产生蓝色沉淀；苯胺使溶液显棕色或绿色，但其他芳胺显蓝紫色。

(3) 用于检测氨基酸的方法比较多，如α-氨基酸与亚硝酸反应可以分解成 N_2 和α-羟基酸(具体实验方法见实验109)：

$$\underset{\alpha\text{-氨基酸}}{R\text{-}CH(\overset{+}{N}H_3)\text{-}COO^-} + \underset{\text{亚硝酸}}{HONO} + H_3C\text{-}COOH \longrightarrow \left[H_3C\text{-}COO^- + \overset{+}{N_2}\text{-}CH(R)\text{-}COOH\right]$$

$$\xrightarrow{H_2O} N_2\uparrow + \underset{\alpha\text{-羟基酸}}{HO\text{-}CH(R)\text{-}COOH}$$

表 6-5 给出了一些氨基酸的化学检测方法和颜色变化。

表 6-5　一些氨基酸的化学检测方法

氨基酸	反应名称	颜色
精氨酸	Sakaguchi 反应	红色
半胱氨酸	硝普盐反应	红色
半胱氨酸	Sullivan 反应	红色
组氨酸	Pauly 反应	红色
酪氨酸		
色氨酸	Ehrlich 反应	蓝色
色氨酸	乙醛酸反应(Hopkins-Cole 反应)	紫色
酪氨酸	Folin-Ciocalteu 反应	蓝色
酪氨酸	Millon 反应	红色
酪氨酸	黄色蛋白反应	
色氨酸		黄色
苯丙氨酸		

实验 116　蛋白质的显色反应

1. 实验目的

(1) 通过实验了解和掌握蛋白质的性质。
(2) 学习通过蛋白质水解鉴别氨基酸的原理和方法。

2. 实验内容

蛋白质中氨基酸之间的肽键和一般酰胺键一样，在酸性或碱性条件下可以发生水解反应而断键。根据不同的条件，蛋白质水解可以经过一系列中间产物，最后生成 α-氨基酸，即蛋白质→多肽→小肽→二肽→α-氨基酸。由于这些酰胺键和不同的氨基酸残基的存在，使蛋白质能与不同的试剂产生特有的显色反应。

1) 双缩脲反应

待测样品：蛋白质溶液、甘氨酸、苯丙胺酸、苯胺。

测试试剂：10%氢氧化钠溶液、5%硫酸铜溶液。

操作：在 4 支干净的试管中，分别加入 1mL 10%氢氧化钠溶液和 10 滴蛋白质溶液、2 滴苯胺溶液和 0.5g 甘氨酸和苯丙胺酸，混合均匀后，再分别加入 3～5 滴 5%硫酸铜溶液，边加边摇动，观察有何现象产生。溶液出现紫色或粉红色为阳性反应。

注意事项：硫酸铜溶液不能加过量，否则硫酸铜在碱性溶液中生成氢氧化铜沉淀，会遮蔽所产生的紫色反应。

2) 黄色反应

待测样品：蛋白质溶液。

测试试剂：浓硝酸、10%氢氧化钠溶液。

操作：取 1 支试管，加 4 滴蛋白质溶液及 2 滴浓硝酸(由于强酸作用，蛋白质出现白色沉淀)。然后放在水浴中加热，沉淀变成黄色，冷却后，再逐滴加入 10%氢氧化钠溶液，当反应液呈碱性时，颜色由黄色变成橙黄色。皮肤接触到硝酸，产生黄色就是这个原因。

3. 注释

(1) 几乎所有的蛋白质与硫酸铜在碱性条件下，都可以发生双缩脲反应。
(2) 发生黄色反应的蛋白质或氨基酸主要是酪氨酸和苯丙氨酸。
(3) 茚三酮也可以与蛋白质反应得到蓝色的阳性结果。

4. 思考题

(1) 写出双缩脲反应的方程式。
(2) 解释为什么皮肤接触硝酸后会产生黄色。

第7章 常用有机溶剂的纯化与干燥

1. 无水乙醇的制备

乙醇(absolute ethyl alcohl)的分子式 CH_3CH_2OH,相对分子质量为 46.1。

乙醇的性质,mp：78.3℃,n_D^{20}：1.3616,d_4^{20}：0.7893。是无色液体,有酒香的味道。

普通乙醇含量为 95%。与水形成恒沸溶液,不能用一般分馏法除去水分。初步脱水常以生石灰为脱水剂,这是因为生石灰来源方便,且生石灰或由它生成的氢氧化钙皆不溶于乙醇。

乙醇的纯化方法如下。

(1) 无水乙醇的制备

将 95%乙醇置于圆底烧瓶内,加入约溶剂量 1/6 新鲜煅烧的生石灰,放置过夜。然后在圆底烧瓶上加上球形冷凝管回流 5～6h,再将乙醇用蒸馏的方法蒸出。如此所得乙醇相当于市售无水乙醇,质量分数约为 99.5%。若需要绝对无水乙醇还必须选择下述方法进行处理。

(2) 绝对无水乙醇制备方法一

此方法脱水按下列反应进行：

$$Mg+2C_2H_5OH \longrightarrow H_2+Mg(OC_2H_5)_2$$

$$Mg(OC_2H_5)_2+2H_2O \longrightarrow Mg(OH)_2+2C_2H_5OH$$

在 1L 的圆底烧瓶上安装球形冷凝管,在冷凝管上端安装一个带有氯化钙干燥剂的干燥管,瓶内放置 2～3g 干燥而且洁净的镁条、0.3g 碘和 30mL 99.5%的乙醇,在水浴内加热至碘粒完全消失(如果不起反应,可再加入数小粒碘),然后继续加热,待镁完全溶解后,将 500mL 99.5%的乙醇加入,继续加热回流 1h。然后换成蒸馏装置蒸出乙醇,将先蒸出的 10mL 乙醇弃取,随后蒸出的乙醇收集在一个干燥并且干净的容器内储存。用此方法制备的乙醇纯度可超过 99.95%。

(3) 绝对无水乙醇制备方法二

采用金属钠也可以除去乙醇中含有的微量水分。金属钠与金属镁的作用是相似的。但是单用金属钠并不能达到完全去除乙醇中含有微量水分的目的。因为这一反应有如下的平衡：

$$C_2H_5OH+Na \longrightarrow C_2H_5ONa+\frac{1}{2}H\uparrow$$

$$C_2H_5ONa+H_2O \rightleftharpoons NaOH+C_2H_5OH$$

若要使平衡向右移动,可以加过量的金属钠,增加乙醇钠的生成量。但这样做,造成乙醇的浪费。因此,通常的办法是加入高沸点的酯,如邻苯二甲酸乙酯或琥珀酸乙酯,以消除反应中生成的氢氧化钠。这样制得的乙醇,只要能严格防潮,含水的质量分数可以低于 0.01%。

其反应式如下：

$$C_6H_4(COOC_2H_5)_2 + NaOH \longrightarrow C_6H_4(COONa)_2 + C_2H_5OH$$

取500mL 99.5%乙醇放入1L圆底烧瓶中，在圆底烧瓶上安装带有氯化钙干燥剂的干燥管的球形冷凝管，加入切碎的3.5g金属钠，待其完全作用后，再加入12.5g琥珀酸乙酯或14g邻苯二甲酸乙酯，回流2h，然后换成蒸馏装置蒸出乙醇，将先蒸出的10mL乙醇弃取，随后蒸出的乙醇收集在一个干燥并且干净的容器内储存。

(4) 乙醇中微量水分的测定

在乙醇中加入乙醇铝的苯溶液，若有大量的白色沉淀生成，证明乙醇中含有水的质量分数超过0.05%。用此法还可测定甲醇中含0.1%、乙醚中含0.005%及醋酸乙酯中含0.1%的水分。

注意事项：

(1) 由于无水乙醇具有非常强的吸湿性，在操作过程中，必须防止吸入水气，所用仪器需事先置于烘箱内干燥。

(2) 绝对无水乙醇制备方法一中，乙醇与镁的作用比较困难。如果在开始加入少量甲醇对反应有利。

(3) 金属钠非常活泼，遇水可以自燃，在使用过程中应注意安全。

2. 无水乙醚的制备

乙醚(absolute diethy ether)的分子式 $C_2H_5OC_2H_5$，相对分子质量为74.1。

乙醚的性质，bp：34.6℃，n_D^{20}：1.3527，d_4^{20}：0.7134。是无色强挥发性液体，有特殊的味道。

工业乙醚中，常含有水和乙醇。若储存不当，还可能产生过氧化物。这些杂质的存在，对于一些要求用无水乙醚作溶剂的实验是不适合的，特别是有过氧化物存在时，还有发生爆炸的危险。

乙醚的制备方法：

(1) 无水乙醚的制备

取500mL的普通乙醚，置于1L的分液漏斗内，加入50mL刚刚配制的10%亚硫酸氢钠溶液，或加入10mL硫酸亚铁溶液和100mL水充分振摇(若乙醚中不含过氧化物，则可省去这步操作)。然后分出醚层，用饱和食盐溶液洗涤两次，再用无水氯化钙干燥数天，过滤，蒸馏。将蒸出的乙醚放在干燥的磨口试剂瓶中，压入金属钠丝干燥。如果乙醚干燥不够，当压入钠丝时，即会产生大量气泡。遇到这种情况，暂时先用装有氯化钙干燥管的软木塞塞住，放置24h后，过滤到另一干燥试剂瓶中，再压入金属钠丝，至不再产生气泡，钠丝表面保持光泽，即可盖上磨口玻塞备用。

硫酸亚铁溶液的制备：取100mL水，慢慢加入6mL浓硫酸，再加入60g硫酸亚铁溶解即得。

(2) 绝对无水乙醚的制备

经无水氯化钙干燥后的乙醚，也可用4A型分子筛干燥，所得绝对无水乙醚能直接用于格氏反应。

注意事项：

(1) 为了防止乙醚在储存过程中生成过氧化物，应尽量避免与光和空气接触。

(2) 在乙醚内加入少许铁屑，或铜丝、铜屑，或干燥固体氢氧化钾，盛于棕色瓶内，储存于阴凉处。

(3) 为了防止发生事故，对在一般条件下保存的或储存过久的乙醚，除已鉴定不含过氧化物的以外，蒸馏时，都不要全部蒸干。

3. 无水甲醇的制备

甲醇(absolute methanol)的分子式 CH_3OH，相对分子质量为 32.04。

甲醇的性质，mp：64.96℃，n_D^{20}：1.3288，d_4^{20}：0.7914。是无色液体，略有酒精气味。

通常所用的甲醇均由合成而来，含水质量分数不超过 0.5%～1%。由于甲醇和水不能形成共沸点的混合物，因此可通过高效的精馏柱将少量水除去。精制甲醇含有 0.02%的丙酮和 0.1%的水，一般已可应用。

甲醇的制备方法：可用金属镁制得无水甲醇(具体步骤及方法参见“无水乙醇的制备”)。

$$Mg + 2CH_3OH \longrightarrow H_2 + Mg(OCH_3)_2$$

$$Mg(OCH_3)_2 + 2H_2O \longrightarrow Mg(OH)_2 + 2CH_3OH$$

注意事项：甲醇有毒，处理时应避免吸入其蒸气。

4. 无水无噻吩苯的制备

无噻吩苯(absolute benzene)的分子式 C_6H_6，相对分子质量为 78.11。

无噻吩苯的性质，mp：80.1℃，n_D^{20}：1.5011，d_4^{20}：0.8786。是无色透明液体，具有强烈芳香气味。

普通苯含有少量的水(可达 0.02%)，由煤焦油加工得来的苯还含有少量噻吩(沸点 84℃)，不能用分馏或分步结晶等方法分离除去。

制备方法：

(1) 无水无噻吩苯的制备

在分液漏斗内将普通苯及相当于苯体积 15%的浓硫酸一起摇荡，摇荡后将混合物静置，弃去底层的酸液，再加入新的浓硫酸，这样重复操作直至酸层呈现无色或淡黄色，且检验无噻吩为止。分去酸层，苯层依次用水、10%碳酸钠溶液和水洗涤，用氯化钙干燥，蒸馏收集 80℃的馏分。

噻吩通过下列反应进入水相而被去除：

$$\text{S} + H_2SO_4 \xrightarrow{25℃} \text{S}\text{—}SO_3H$$

(2) 绝对无水无噻吩苯的制备

若要高度干燥可加入钠丝进一步去水(方法见“无水乙醚的制备”)。

噻吩的检验：取 5 滴苯于小试管中，加入 5 滴浓硫酸及 1～2 滴 1%的 α,β-吲哚醌的浓硫酸溶液，振荡片刻。如呈墨绿色或蓝色，表示有噻吩存在。

注意事项：苯易燃有毒，为 IARC 第一类致癌物，需避免直接接触。

5. 无水丙酮的制备

无水丙酮(absolute acetone)的分子式 $CH_3C(O)CH_3$，相对分子质量为 58.05。

无水丙酮的性质，mp：56.2℃，n_D^{20}：1.3588，d_4^{20}：0.7899。是无色透明液体，具有辛辣气味。

普通丙酮中往往含有少量水及甲醇、乙醛等还原性杂质。通过下列反应可以将其去除：

$$5CH_3CHO+2KMnO_4+3H_2SO_4 \longrightarrow K_2SO_4+2MnSO_4+3H_2O+5CH_3COOH$$

$$CH_3CHO+2Ag(NH_3)^{2+}+2OH^- \longrightarrow CH_3COONH_4^+ +2Ag\downarrow +3NH_3\cdot H_2O$$

无水丙酮的制备方法：

(1) 无水丙酮的制备方法一

于1000mL丙酮中加入5g高锰酸钾回流，以除去还原性杂质。若高锰酸钾紫色很快消失，需要加入少量高锰酸钾继续回流，直至紫色不再消失为止。蒸出丙酮，用无水碳酸钾或无水硫酸钙干燥后，过滤，蒸馏收集55～56.5℃的馏分。

(2) 无水丙酮的制备方法二

于1000mL丙酮中加入40mL 10%硝酸银溶液及35mL 0.1mol/L氢氧化钠溶液，振荡10min，除去还原性杂质。过滤，滤液用无水硫酸钙干燥后，蒸馏收集55～56.5℃的馏分。

注意事项：丙酮对人体没有特殊的毒性，但吸入后可引起头痛、支气管炎等症状。如果大量吸入，还可能失去意识，故使用时仍需注意。

6. 无水乙酸乙酯的制备

无水乙酸乙酯(absolute ethyl acetate)的分子式 $CH_3COOCH_2CH_3$，相对分子质量为88.11。

无水乙酸乙酯的性质，mp：77.06℃，n_D^{20}：1.3723，d_4^{20}：0.9003。是无色透明液体，具有芳香气味。

乙酸乙酯沸点在76～77℃部分的质量分数达99%时，已可应用。普通乙酸乙酯含量为95%～98%，含有少量水、乙醇及醋酸。通过下列反应可以将其去除：

$$CH_3CH_2OH+(CH_3CO)_2O \xrightarrow[\triangle]{H_2SO_4} CH_3COOCH_2CH_3+CH_3COOH$$

无水乙酸乙酯的制备方法：于1000mL乙酸乙酯中加入100mL醋酸酐、10滴浓硫酸，加热回流4h，除去乙醇及水等杂质，然后进行分馏。馏液用20～30g无水碳酸钾振荡，再蒸馏。最后产物的沸点为77℃，纯度达99.7%。

7. 无水吡啶的制备

无水吡啶(absolute pyridine)的分子式 C_5H_5N，相对分子质量为79.10。

无水吡啶的性质，mp：115.5℃，n_D^{20}：1.5095，d_4^{20}：0.9819。是无色液体，有恶臭。

无水吡啶的制备方法：分析纯的吡啶含有少量水分，但已可供一般应用。如要制得无水吡啶，可与粒状氢氧化钾或氢氧化钠一同回流，然后隔绝潮气蒸出备用。干燥的吡啶吸水性很强，保存时应将容器口用石蜡封好。

注意事项：吡啶易燃，具有强刺激性气味。能麻醉中枢神经系统，对眼和上呼吸道有刺激作用，对皮肤有刺激性伤害，应避免直接接触。

8. 无水 *N*,*N*-二甲基甲酰胺的制备

无水 *N*,*N*-二甲基甲酰胺(dimethylformamide)的分子式 C_3H_7NO，相对分子质量为73.10。

无水 *N*,*N*-二甲基甲酰胺的性质，mp：149～156℃，n_D^{20}：1.4305，d_4^{20}：0.9487。是无色液体，有淡的胺味。

N,N-二甲基甲酰胺含有少量水分。在常压蒸馏时有些分解，产生二甲胺与一氧化碳。若有酸或碱存在，分解加快，所以加入固体氢氧化钾或氢氧化钠，在室温放置数小时后，即有部分分解。

无水 N,N-二甲基甲酰胺的制备方法：用硫酸钙、硫酸镁、氧化钡、硅胶或分子筛干燥，然后减压蒸馏，36mmHg 下收集 76℃的馏分。当其中含水较多时，可加入其体积 1/10 的苯，在常压及 80℃以下蒸去水和苯，然后用硫酸镁或氧化钡干燥，再进行减压蒸馏。

检验方法：N,N-二甲基甲酰胺中如有游离胺存在，可用 2,4-二硝基氟苯产生颜色来检查。

9. 无水四氢呋喃的制备

无水四氢呋喃(tetrahydrofuran)的分子式 C_4H_8O，相对分子质量为 72.11。

无水四氢呋喃的性质，mp：67℃，n_D^{20}：1.4050，d_4^{20}：0.8892。是无色透明液体，有类似乙醚气味。

市售的四氢呋喃常含有少量水分及过氧化物。

无水四氢呋喃的制备方法：与氢化锂铝在隔绝潮气下回流(通常 1000mL 需2～4g 氢化锂铝)除去其中的水和过氧化物，然后在常压下蒸馏，收集 66℃的馏分。精制后的液体应在氮气氛中保存，如需较久放置，应加质量分数为 0.025%的 2,6-二叔丁基-4-甲基苯酚作为抗氧化剂。

无水四氢呋喃的检验方法：四氢呋喃中的过氧化物可用酸化的碘化钾溶液来检验。如过氧化物很多，应另行处理。

注意事项：处理四氢呋喃时，应先用小量进行试验，以确定只有少量水和过氧化物，作用不过于猛烈时，方可进行。

10. 无水四氯化碳的制备

无水四氯化碳(carbon tetrachloride)的分子式 CCl_4，相对分子质量为 153.8。

无水四氯化碳的性质，bp：76.8℃，n_D^{20}：1.4693，d_4^{20}：1.5840。无色重液体，有愉快的气味，但有毒。

无水四氯化碳的制备方法如下。

方法一：四氯化碳中常含微量水，用直接蒸馏的方法，弃去初馏分，收集中间馏分，即得到可用的四氯化碳；用 4A 分子筛柱处理四氯化碳，然后蒸馏，也是干燥四氯化碳的简便方法；用活化过的氧化铝柱处理四氯化碳，然后与高锰酸钾一起蒸馏，不但可以去除水，还可以去除其他杂质。

方法二：在分液漏斗中加入四氯化碳和浓硫酸，摇荡至不再使酸层显色时，分出酸层，用水洗涤至中性分出四氯化碳，用无水氯化钙或高氯酸镁干燥，再与五氧化二磷一起蒸馏，可以制备出高纯度的四氯化碳。

注意事项：四氯化碳不能用金属钠干燥，否则有导致发生爆炸的危险。

11. 氯仿的纯化

氯仿(trichloromethane)的分子式 $CHCl_3$，相对分子质量为 145.5。

氯仿的性质，mp：61.7℃，n_D^{20}：1.4459，d_4^{20}：1.4832。是无色液体，极易挥发，味辛甜，具

有芳香气味。

氯仿的纯化方法：普通用氯仿含有质量分数为1%的乙醇，这是为了防止氯仿分解为有毒的光气，作为稳定剂加进去的。为了除去乙醇，可以将氯仿用其体积一半的水振荡数次，然后分出下层氯仿，用无水氯化钙干燥数小时后蒸馏。

氯仿的精制方法：将氯仿与小量浓硫酸一起振荡两三次。每1000mL氯仿，用浓硫酸50mL。分去酸层以后的氯仿用水洗涤，干燥，然后蒸馏。除去乙醇的无水氯仿应保存于棕色瓶子里，并且不要见光，以免分解。

注意事项：氯仿具有麻醉性，有毒，被认为是致癌物质。在日光、氧气、湿气中，特别是与Fe接触时，反应生成剧毒的光气。

12. 石油醚的纯化

石油醚(petroleum ether)的性质：石油醚为轻质石油产品，是低分子质量烃类(主要是戊烷和己烷)的混合物。其沸程为30～150℃，收集的温度区间一般为30℃左右，有30～60℃，60～90℃，90～120℃等沸程规格的石油醚。

石油醚中含有少量不饱和烃，沸点与烷烃相近，用蒸馏法无法分离，必要时可用浓硫酸和高锰酸钾除去。

石油醚的纯化方法：将石油醚用其体积1/10的浓硫酸洗涤2～3次，再用10%的硫酸加入高锰酸钾配成的饱和溶液洗涤，直至水层中的紫色不再消失为止。然后再用水洗，经无水氯化钙干燥后蒸馏。

干燥石油醚的制备：在已处理好的石油醚中加入钠丝除水(见“无水乙醚的制备”)。

13. 冰醋酸的纯化

冰醋酸(acetic acid glacial)的分子式CH_3CO_2H，相对分子质量为60.1。

冰醋酸的性质，mp：16.6℃，bp：118℃，n_D^{20}：1.3718，d_4^{20}：1.0492。是有刺激性气味的白色晶体，有强吸水性，是许多有机化合物的优良溶剂。通常所含的杂质是微量的乙醛、水和某些可氧化物。

冰醋酸的纯化方法：纯化时加入一些乙酐或五氧化二磷等易与水反应的物质，进行干燥处理。或加入2%～5%的高锰酸钾在低于沸点条件下加热2～6h，然后分馏，均可得到纯乙酸。还可加苯进行恒沸蒸馏或用冷冻结晶的方法除去乙酸中的微量水。

注意事项：冰醋酸具有一定的酸性，对皮肤和呼吸道有刺激，操作时切勿与皮肤和呼吸系统接触。冰醋酸不能用金属钠干燥，否则有导致发生爆炸的危险。

14. 乙腈的纯化

乙腈(acetonitrile)的分子式CH_3CN，相对分子质量为41.1。

乙腈的性质，bp：81.5℃，n_D^{20}：1.3441，n_D^{25}：1.3416，d_4^{20}：0.7822。

乙腈可以与水、醇、醚等互溶，与水形成共沸物，在76.7℃沸腾，含84.1%乙腈。

乙腈的纯化方法：工业上，乙腈是丙烯与氨反应生产丙烯腈的副产物，所以乙腈中常含水、丙烯腈、醚、胺等杂质，甚至还含有乙酸和氨等水解产物。

方法一：在乙腈中加入五氧化二磷(0.5～1mg/mL)，可以除去其中的大部分水。应避免加入过量的五氧化二磷，否则可能生成橙色聚合物。在馏出的乙腈中加入少量碳酸钾再蒸馏，可以除去痕量的五氧化二磷，最后用分馏柱分馏。

方法二：加入硅胶或 4Å 分子筛，摇荡，也可以除去乙腈中的大部分水。随后，加入氢化钙一起搅拌，至不再放出氢气为止，进行分馏。这样可以得到只含痕量水而不含乙酸的乙腈。进一步纯化可以与二氯甲烷、苯或三氯乙烯等夹带剂一起进行恒沸蒸馏，得到无水乙腈。

方法三：乙腈与约 1mL 1%的 KOH 溶液进行初回流，可以除去其中的不饱和腈。乙腈中含异腈（有特殊的臭味，说明此物质存在），可用浓盐酸除去，之后，用碳酸钾干燥，然后用蒸馏方法进一步纯化。

注意事项：乙腈有毒，对皮肤有刺激性，应避免吸入其蒸气。

15. 二硫化碳的纯化

二硫化碳（carbon disulfide）的分子式 CS_2，相对分子质量为 76.14。

二硫化碳的性质，mp：46.25℃，n_D^{20}：1.6319，d_4^{20}：1.2632。是无色液体，具有芳香甜味。

二硫化碳是有毒的化合物（使血液和神经组织中毒），又具有高度的挥发性和易燃性，所以在使用时必须注意，避免接触其蒸气。一般有机合成实验中对二硫化碳纯度要求不高。

二硫化碳的纯化方法：

(1) 普通二硫化碳制备方法：在普通二硫化碳中加入少量磨碎的无水氯化钙，干燥数小时，然后在水浴上蒸馏收集，水浴温度 55～65℃。

(2) 纯净二硫化碳的制备方法：将试剂级的二硫化碳用质量分数为 0.5%高锰酸钾水溶液洗涤 3 次，除去硫化氢，再用汞不断振荡除硫。最后用 2.5%硫酸汞溶液洗涤，除去所有恶臭（剩余的 H_2S），再经氯化钙干燥，蒸馏收集。其纯化过程的反应式如下：

$$3H_2S + 2KMnO_4 \longrightarrow 2MnO_2 + 3S + 2H_2O + 2KOH$$

$$Hg + S \longrightarrow HgS$$

$$HgSO_4 + H_2S \longrightarrow HgS\downarrow + H_2SO_4$$

注意事项：二硫化碳极度易燃，具有刺激性，且是损害神经和血管的毒物，应避免直接接触和远离火源。

16. 二甲基亚砜的纯化

二甲基亚砜（dimethyl sulfoxide，DMSO）的分子式 $(CH_3)_2SO$，相对分子质量为 78.1。

二甲基亚砜的性质，mp：18.5℃，bp：189℃，n_D^{20}：1.4783，d_4^{20}：1.1014。是强吸湿性液体。

二甲基亚砜的纯化方法：二甲基亚砜通常含有约 0.5%的水、微量的二甲硫醚和二甲砜。在一般情况下，将二甲基亚砜减压蒸馏一次即可应用。但蒸馏时温度不宜高于 90℃，否则会发生歧化反应，生成二甲砜和二甲硫醚。若要得到干燥的二甲基亚砜，可以在 500g 二甲基亚砜中加入 2～5g 氢化钙，加热回流数小时，然后在 N_2 保护下减压蒸馏。还可以用氧化钡、氧化钙、硫酸钙或 4Å 分子筛作干燥剂，进行干燥处理。纯化后的二甲亚砜应隔绝湿气，在安瓿中储存。

注意事项：二甲亚砜与氢化钠、高碘酸或高氯酸镁等混合时，可能发生爆炸。

17. 1,4-二噁烷的纯化

1,4-二噁烷（1,4-dioxane）的性质，fp（闪点）11.8℃，bp：101.3℃，n_D^{20}：1.4224，d_4^{20}：1.0338。是无色液体，有淡淡的香气。

二噁烷中的杂质为乙醛、乙二醇缩乙醛、乙酸和水。储存时间较长时可能含过氧化物。

1,4-二噁烷的纯化方法如下。

方法一：在二噁烷中，按质量加入10%的浓盐酸，加热回流3h时，同时慢慢通入N_2以带走生成的乙醛。冷却至室温，加入粒状氢氧化钾直至不再溶解。分去水层，再加粒状氢氧化钾干燥一天后，倒出，加入钠丝并加热回流数小时，蒸馏，压入钠丝储存。

方法二(柱色谱法)：二噁烷中的过氧化物可以用二氯化锡、氢化硼钠或氢化铝锂等还原性试剂处理除去，也可以用活化的3Å分子筛或碱性氧化铝吸附除去，3Å分子筛应在250℃活化24h(碱性氧化铝的活化与此相同)。按每升二噁烷用20g吸附剂处理的比例，填装色谱柱，将二噁烷缓慢地流过柱子(除去过氧化物)。然后加入钠丝回流几小时，最后在N_2或氩保护下蒸馏，用棕色瓶在黑暗处存放。

参考文献

Coetzee J F, Chang T H. Pure Appl Chem., 1985, 57: 633

18. 六甲基磷酰胺的纯化

六甲基磷酰胺(hexamethylphosphoramide, HMPA)的分子式$[(CH_3)_2N]_3PO$，相对分子质量为179.2。

六甲基磷酰胺的性质，fp：105℃，bp：233℃(68～70℃/133Pa)，mp：7.2℃，n_D^{20}：1.4588，d_4^{20}：1.0270。是无色吸水性液体。

HMPA中杂质一般为水、二甲胺及其盐酸盐。

六甲基磷酰胺的纯化方法：将HMPA与氧化钡或氧化钙在大约532Pa的N_2气氛中回流几小时，然后再与钠在N_2保护下进行减压蒸馏，收集沸点约90℃时的馏分，经过纯化所得的HMPA与4Å分子筛在N_2保护下储存在密闭瓶中，置于暗处，也可以与氢化钙一起在60℃进行减压蒸馏，并冷却至0℃结晶2次(在液氮中冷却得到的晶体作为晶种)。

注意事项：HMPA能致癌。

19. 正己烷的纯化

正己烷(*n*-hexane)的分子式$CH_3(CH_2)_4CH_3$，相对分子质量为86.17。

正己烷的性质，bp：68.7℃，n_D^{20}：1.3749，d_4^{20}：0.660。是无色液体。

正己烷的纯化方法如下。

方法一：如果含有少量甲基环戊烷等异构体，在正己烷中加入少量发烟硫酸(低含量SO_3)振荡，分出酸，如此反复处理，直到酸层只呈淡黄色，然后依次用硫酸、水、2%氢氧化钠溶液洗涤，最后用水洗涤，用固体氢氧化钾干燥，蒸馏。

方法二：如果含有不饱和化合物，将正己烷与硝化混酸(58%硫酸、25%浓硝酸及17%水，或50%硝酸和50%硫酸)一起振荡洗涤，分出烃层，用浓硫酸、水依次洗涤，干燥，在钠或丁基锂存在下蒸馏。

20. 异丙醚的纯化

异丙醚(isopropyl ether)的分子式$(CH_3)_2CHOCH(CH_3)_2$，相对分子质量为102.2。

异丙醚的性质，bp：68.3℃，n_D^{20}：1.3688，d_4^{20}：0.7258。是无色液体。

通常市售异丙醚中含有水和过氧化物。过氧化物的存在会给异丙醚的使用带来一定的危险,因此在使用前应先检查是否有过氧化物存在,如果结果为阳性应将其去除后再使用。

检查过氧化物的方法是:将0.5mL异丙醚加到1mL 10%的碘化钾溶液中。用0.5mL 1∶5的稀盐酸酸化,剧烈振荡,再加几滴淀粉溶液,呈现蓝色或蓝黑色为阳性反应。

异丙醚的纯化方法如下。

方法一:去除异丙醚中过氧化物的方法有多种,将异丙醚与亚硫酸钠水溶液、硫酸亚铁-硫酸溶液或氢化硼钠水溶液一起振荡洗涤,分出异丙醚,用水洗涤,用氯化钙干燥后,蒸馏纯化。

方法二:将异丙醚与氢化铝锂或氢化钙一起回流,用无水硫酸钙干燥;或用活性氧化铝作为吸附剂将异丙醚加入其中过滤,可以同时除去水和过氧化物。

其他可用于异丙醚的脱水剂有五氧化二磷、钠汞齐和钠。

附录1 化学中常见的英文缩写

缩写	英　文	中　文	缩写	英　文	中　文
aa	acetic acid	乙酸	infus	infusible	不熔的
abs	absolute	绝对的	lig	ligroin	石油英
ac	acid	酸	liq	liquid	液体,液态的
Ac	acetyl	乙酰基	m	melting	熔化
ace	acetone	丙酮	*m*-	meta	间(位)
al	alcohol	醇(乙醇)	Me	methyl	甲基
alk	alkali	碱	met	metallic	金属的
Am	amyl(pentyl)	戊基	min	mineral	矿石,无机的
anh	anhydrous	无水的	*n*-	normal chain	正、直链
aqu	aqueous	水溶液	*n*	refractive index	折射率
atm	atmosphere	大气压	*o*-	ortho	邻(位)
b	boiling	沸腾	org	organic	有机的
Bu	butyl	丁基	os	organic solvent	有机溶剂
bz	benzene	苯	*p*-	para	对(位)
chl	chloroform	氯仿	peth	petroleum ether	石油醚
comp	compound	化合物	Ph	phenyl	苯基
con	concentrated	浓的	pr	propyl	丙基
cr	crystals	结晶	py	pyridine	吡啶
ctc	carbon tetrachloride	四氯化碳	rac	racemic	外消旋的
cy	cyclohexane	环己烷	s	soluble	可溶解的
d	decomposes	分解	sl	slightly	轻微的
dil	diluted	稀释,稀的	so	solid	固体
diox	dioxane	二氧六环	sol	solution	溶液,溶解
DMF	dimethyl formamide	二甲基甲酰胺	solv	solvent	溶剂,有溶解力的
DMSO	dimethyl sulfone	二甲亚砜	sub	sublimes	升华
Et	ethyl	乙基	sulf	sulfuric acid	硫酸
eth	ether	醚,乙醚	sym	symmetrical	对称的
exp	explodes	爆炸	*t*-	tertiary	第三的,叔
et. ac	ethyl acetate	乙酸乙酯	temp	temperature	温度
flu	fluorescent	荧光的	tet	tetrahedron	四面体
h	hot	热	THF	tetrahydrofuran	四氢呋喃
h	hour	[小]时	to	toluene	甲苯
hp	heptane	庚烷	v	very	非常
hx	hexane	己烷	vac	vacuum	真空
hyd	hydrate	水合的	w	water	水
i	insoluble	不溶的	wh	white	白(色)的
i-	iso	异	wr	warm	温热的
in	inactive	不活泼的	xyl	xylene	二甲苯
inflam	inflammable	易燃的			

附录 2　常用有机化合物的物理常数

名　称	结　构　式	相对分子质量	密　　度	熔点/℃	沸点/℃	折射率(n_D^{20})	溶　解　度	
							在水中	在有机溶剂中
乙二胺	$H_2NCH_2CH_2NH_2$	60.11	0.8995 (20℃/20℃)	8.5	116.5	1.4568	易溶	与乙醇混溶
乙二酸(草酸)	HOOCCOOH	90.04	1.900(17℃)	189.5	157 (升华)	—	10(20℃) 120(100℃)	溶于乙醇
乙炔	$CH\equiv CH$	26.04	0.6208 (−82℃)	−80.8	−84.0 (升华)	1.000 51(℃)	100(18℃)	溶于丙酮、苯或氯仿
乙酸酐	$(CH_3CO)_2O$	102.09	1.0820	−73.1	139.55	1.390 06	12(冷) 分解(热)	与乙醚混溶，溶于乙醇或苯
乙烯	$CH_2=CH_2$	28.05	1.260	−169.15 −181(凝固)	−103.71	1.363 (−100℃)	25.6(0℃)	溶于乙醚
乙烯酮	$CH_2=CO$	42.04	—	−151	−56	—	分解	遇醇分解，微溶于乙醚或丙酮
乙烷	CH_3CH_3	30.07	0.572 (−108℃)	−183.3	−88.63	1.037 69(0℃，0.07MPa)	4.7(20℃) 1.8(80℃)	溶于苯
乙腈(氰基甲烷)	CH_3CN	41.05	0.7857	−45.72	81.6	1.344 23	∞	与乙醇、乙醚、丙酮或苯混溶
乙酰水杨酸(阿司匹林)	$CH_3COOC_6H_5—COOH$	180.17	—	135(急速加热)	—	—	溶于热水分解	溶于乙醇或乙醚
乙酰苯胺	$C_6H_5NHCOCH_3$	135.17	1.2190 (15℃)	114.3 (115～116)	304	—	0.53(6℃) 3.5(80℃)	溶于乙醇、乙醚、丙酮或苯
乙酰氯(氯化乙酰)	CH_3COCl	78.50	1.1051	−112	50.9	1.389 76	分解	在乙醇中分解，与乙醚、丙酮或苯混溶

续表

名称	结构式	相对分子质量	密度	熔点/℃	沸点/℃	折射率(n_D^{20})	溶解度	
							在水中	在有机溶剂中
乙酸	CH_3COOH	60.05	1.0492	16.604	117.9	1.3716	∞	与乙醇、乙醚、丙酮或苯混溶
乙酸乙酯	$CH_3COOC_2H_5$	88.12	0.9003	−83.578	77.06	1.3723	8.5(15℃)	与乙醇或乙醚混溶，溶于丙酮或苯
乙醇(酒精)	CH_3CH_2OH	46.07	0.7893	−117.3	78.5	1.3611	∞	与乙醚或丙酮混溶，溶于苯
乙醛	CH_3CHO	44.05	0.7834(18℃)	−121	20.8	1.3316	∞(热)	与乙醇、乙醚或苯混溶
二甲胺	$(CH_3)_2NH$	45.09	0.6804(0℃)	−93	7.4	1.350(17℃)	易溶	溶于乙醇或乙醚
N,*N*-二甲基苯胺	$C_6H_5N(CH_3)_2$	121.18	0.9557	2.45	194.15	1.5582	微溶	溶于乙醇、乙醚、丙酮或苯
二苯胺	$(C_6H_5)_2NH$	169.23	1.160(22℃)	54～55	302	—	不溶	溶于乙醇、乙醚或苯
1,2-二溴乙烷	$BrCH_2CH_2Br$	187.87	2.1792	9.79	131.36	1.5387	0.43(30℃)	与乙醚混溶，溶于乙醇、丙酮或苯
反丁烯二酸(延胡索酸、富马酸)	$HOOCCH=CH-COOH$	116.07	1.635	300～302	165(226.6 Pa 升华)	—	微溶(冷)溶(热)	溶于乙醇，微溶于乙醚或丙酮
丁醇	$CH_3(CH_2)_2-CH_2OH$	74.12	0.8098	89.53	117.25	1.39931	9(15℃)	与乙醇或乙醚混溶，溶于丙酮或苯
异丁醇	$(CH_3)_2CHCH_2OH$	74.12	0.7982	−108	108	1.3939	15(25℃)	与乙醇或乙醚混溶
仲丁醇	$CH_3CH_2CHOH-CH_3$	74.12	(25℃)0.8063	−114.7	99.5	(25℃)1.3978	12.5(20℃)	与乙醇或乙醚混溶
叔丁醇	$(CH_3)_3COH$	74.12	0.7887	25.5	82.2	1.3878	∞	与乙醇或乙醚混溶
己烷	$CH_3(CH_2)_4CH_3$	86.18	0.6603	−95	68.95	1.37506	不溶	溶于乙醇或乙醚
己酸	$CH_3(CH_2)_4COOH$	116.16	0.9274		205.4	1.4163	1.10(20℃)	溶于乙醇或乙醚
己醇	$CH_3(CH_2)_4CH_2-OH$	102.18	0.8136	−46.7	158	1.4078	0.6(20℃)	溶于乙醇或丙酮，与乙醚或苯混溶

续表

名称	结构式	相对分子质量	密度	熔点/℃	沸点/℃	折射率(n_D^{20})	溶解度	
							在水中	在有机溶剂中
丙三醇(甘油)	$HOCH_2CHOH—CH_2OH$	92.11	1.2613	20	290分解	1.4746	∞	与乙醇混溶，微溶于乙醚
丙烯	$CH_3CH=CH_2$	42.08	0.5193(液，饱和蒸气压)	−185.25	−47.4	1.3567(−70℃)	44.6	溶于乙醇
丙酮	CH_3COCH_3	58.08	0.7899	−95.35	56.2	1.3588	∞	与乙醇、乙醚或苯混溶
丙酸	CH_3CH_2COOH	74.08	0.9930	−20.8	140.99	1.3869	∞	与乙醇混溶，溶于乙醚
异丙醇	$(CH_3)_2CHOH$	60.11	0.7855	−89.5	82.4	1.3776	∞	与乙醇或乙醚混溶，溶于丙酮或苯
异戊醇	$(CH_3)_2(CH_2)_2—CH_2OH$	88.15	0.8092	−117.2	128.5	1.4053	2(14℃)	与乙醇或乙醚混溶，溶于丙酮
叶绿素a	$C_{55}H_{72}MgN_4O_5$	893.53	—	150～153	—	—	不溶	易溶于热乙醇或热乙醚
叶绿素b	$C_{55}H_{70}MgN_4O_6$	907.51	—	120～130	—	—	不溶	易溶于热乙醇或热乙醚
甲苯	$C_6H_5CH_3$	92.15	0.8669	−95	110.6	1.4961	不溶	与乙醇、乙醚或苯混溶，溶于丙酮
甲基红	$C_{15}H_{15}N_3O_2$	269.31	—	183	—	—	微溶	溶于乙醇，易溶于热丙酮或热苯，微溶于乙醇
甲基橙	$C_{14}H_{14}N_3O_3SNa$	327.34	—	分解	—	—	0.2(冷)	微溶于乙醇
甲烷	CH_4	16.04	0.5547(0℃)	−182.48	−164	—	3.3(20℃)	溶于乙醇、乙醚或苯，微溶于丙酮
甲酸(蚁酸)	$HCOOH$	46.03	1.220	8.4	100.7	1.3714	∞	与乙醇或乙醚混溶，溶于丙酮或苯
甲醇(木醇，木精)	CH_3OH	32.04	0.7914	−93.9	64.96	1.3288	∞	与乙醇、乙醚或丙酮混溶，溶于苯
呋喃(氧茂)	C_4H_4O	68.08	0.9514	−85.65	31.36	1.4214	不溶	溶于乙醇、乙醚、丙酮或苯

续表

名称	结构式	相对分子质量	密度	熔点/℃	沸点/℃	折射率(n_D^{20})	溶解度	
							在水中	在有机溶剂中
尿素(脲,碳酰胺)	$CO(NH_2)_2$	60.06	1.3230	135	分解	1.484 (1.602)	100(17℃) ∞(热)	溶于乙醇
尿酸(2,6,8-三羟基嘌呤)	$C_5H_4N_4O_3$	168.12	1.89	分解	分解	—	0.06(热)	不溶于乙醇或乙醚
环己烷	$\underbrace{CH_2(CH_2)_4CH_2}$	84.16	0.778 55	6.55	80.74	1.426 62	不溶	与乙醇、乙醚、丙酮或苯混溶
环己酮	$\underbrace{CH_2(CH_2)_4C}=O$	98.15	0.9478	−16.4	155.65	1.4507	溶	溶于乙醇、乙醚、丙酮或苯
环己醇	$\underbrace{CH_2(CH_2)_4CH}OH$	100.16	0.9624	25.15	161.1	1.4641	3.6(20℃)	与苯混溶,溶于乙醇、乙醚或丙酮
苯	C_6H_6	78.12	0.878 65	5.5	80.1	1.5011	0.07(22℃)	与乙醇、乙醚或丙酮混溶
苯乙烯	$C_6H_5CH=CH_2$	104.16	0.9060	−30.63	145.2	1.5468	不溶	与苯混溶,溶于乙醇、乙醚或丙酮
苯乙酮	$C_6H_5COCH_3$	120.16	1.0281	20.5	202.0	1.537 18	不溶	溶于乙醇、乙醚、丙酮或苯
间苯二酚	$C_6H_4(OH)_2$	110.11	1.2717		178	—	溶	溶于乙醇或乙醚
苯胺	$C_6H_5NH_2$	93.13	1.021 73	−6.3	184.13	1.5863	3.6(18℃)	与乙醇、乙醚、丙酮或苯混溶
α-苯酚	$C_{10}H_7OH$	144.19	1.0989	96	288	1.6224	微溶(热)	溶于乙醇、乙醚、丙酮或苯
β-苯酚	$C_{10}H_7OH$	144.19	1.28	123～124	295	—	0.1(冷) 1.25(热)	溶于乙醇、乙醚或乙苯
偶氮苯	$C_6H_5N=NC_6H_5$	182.23	顺式:— 反式:1.203	71 68.5	— 293	— 1.6266(78℃)	微溶	溶于乙醇、乙醚或苯
淀粉	$(C_6H_{10}O_5)_n$	$(162.14)_n$	—	分解	—	—	不溶	不溶于乙醇

续表

名称	结构式	相对分子质量	密度	熔点/℃	沸点/℃	折射率(n_D^{20})	溶解度	
							在水中	在有机溶剂中
硝基苯	$C_6H_5NO_2$	123.11	1.2037	5.7	210.8	1.5562	0.19(20℃)	易溶于乙醇、乙醚、丙酮或苯
氯乙烯	$CH_2=CHCl$	62.50	0.9106	−153.8	−13.37	1.3700	微溶	溶于乙醇或乙醚
氯乙烷	CH_3CH_2Cl	64.52	0.8978	−136.4	12.37	1.3673	0.45 (0℃)	与乙醚混溶，易溶于乙醇
溴苯	C_6H_5Br	157.02	1.4950	−30.82	156	1.5597	不溶	易溶于乙醇、乙醚或苯，溶于四氯化碳

说明：(1) 表序按中文名称笔画排列，别名在括号内注明。

(2) "密度"一项，对于固体、液体及液化的气体(标出"液"字)为20℃时的密度(g/mL)或20℃/4℃相对密度；对于气体则为标准状况下的密度(g/L)。特殊情况于括号内注明。

(3) 熔点与沸点，除另有注明者外，均指在0.10MPa时的温度。注明"分解"、"升华"者，表示该物质受热到相当温度时分解或升华。

(4) n_D^{20} 为20℃时对空气的折射率，条件不同时另行注明。D是指钠光灯中的D线(波长589.3nm)。

(5) 在水中的溶解度为每100g水能溶解的固体或液体的克数，对气体则为每100g水能溶解的气体毫升数。温度条件在括号内注明，不注明者为常温。"分解"指遇水分解，"∞"指能与水混溶。

在有机溶剂中的溶解度，易溶或可溶于某溶剂时，均列为溶于某溶剂，其他情况则分别注明。

(6) 化合物能生成水合物晶体者，其物理常数通常以相应的无水物的物理常数表示；分子式为水合物化学式者除外。

(7) 化合物名称中的D、L符号，指化合物的旋光性，即D表示右旋，L表示左旋，DL表示外消旋，*meso* 表示内消旋。

(8) 表中"—"表示暂无数据。

附录3　部分共沸混合物的性质

二元共沸混合物的性质

混合物的组分	760mmHg[2]时的沸点/℃		质量分数/%	
	纯组分	共沸物	第一组分	第二组分
水[1]	100			
甲苯	110.8	84.1	19.6	81.4
苯	80.2	69.3	8.9	91.1
乙酸乙酯	77.1	70.4	8.2	91.8
正丁酸丁酯	125	90.2	26.7	73.3
异丁酸丁酯	117.2	87.5	19.5	80.5
苯甲酸乙酯	212.4	99.4	84.0	16.0
2-戊酮	102.25	82.9	13.5	86.5
乙醇	78.4	78.1	4.5	95.5
正丁醇	117.8	92.4	38	62
异丁醇	108.0	90.0	33.2	66.8
仲丁醇	99.5	88.5	32.1	67.9
叔丁醇	82.8	79.9	11.7	88.3
苄醇	205.2	99.9	91	9
烯丙醇	97.0	88.2	27.1	72.9
甲酸	100.8	107.3(最高)	22.5	77.5
硝酸	86.0	120.5(最高)	32	68
氢碘酸	－34	127(最高)	43	57
氢溴酸	－67	126(最高)	52.5	47.5
氢氯酸	－84	110(最高)	79.76	20.24
乙醚	34.5	34.2	1.3	98.7
丁醛	75.7	68	6	94
三聚乙醛	115	91.4	30	70
乙酸乙酯	77.1			
二硫化碳	46.3	46.1	7.3	92.7
己烷	69			
苯	80.2	68.8	95	5
氯仿	61.2	60.8	28	72
丙酮	56.5			
二硫化碳	46.3	39.2	34	66
异丙醚	69.0	54.2	61	39
氯仿	61.2	65.5	20	80
四氯化碳	76.8			
乙酸乙酯	77.1	74.8	57	43
环己烷	80.8			
苯	80.2	77.8	45	55

① “～～～～”有此符号者为第一组分。

② 760.00mmHg＝101.325kPa。

三元共沸混合物的性质

第一组分		第二组分		第三组分		沸点/℃
名称	质量分数/%	名称	质量分数/%	名称	质量分数/%	
水	7.8	乙醇	9.0	乙酸乙酯	83.2	70.0
水	4.3	乙醇	9.7	四氯化碳	86.0	61.8
水	7.4	乙醇	18.5	苯	74.1	64.9
水	7	乙醇	17	环己烷	76	62.1
水	3.5	乙醇	4.0	氯仿	92.5	55.5
水	7.5	异丙醇	18.7	苯	73.8	66.5
水	0.81	二硫化碳	75.21	丙酮	23.98	38.042

附录 4　一些常用有机化合物的蒸气压

kPa

物　质	温度/℃						
	0	20	40	60	80	100	沸点
氯乙烷	62.0	128.8	255.9	453.4	748.4	1162.8	12.7
乙醚	24.7	59.0	122.8	303.3	525.1	852.3	34.6
溴乙烷	22.1	51.6	106.9	201.6	351.8	574.8	38.4
甲酸乙酯	9.65	25.7	60.0	113.7	228.1	393.4	54.4
丙酮		24.6	46.2	114.7	214.8	372.8	56.3
四氯化硅	10.4	26.1	57.3	111.6			56.8
乙酸甲酯	8.28	22.6	53.3	111.6	212.0	372.0	57.1
三氯甲烷	8.13	21.3	48.8	98.6	187.0	323.8	61.4
甲醇	3.95	12.8	34.7	83.3	178.8	349.8	64.5
正己烷	6.17	16.3	37.5	76.9	141.6	244.7	68.95
四氯化碳	4.40	12.1	28.8	60.1	112.4	195.0	76.75
乙酸乙酯	3.24	9.70	24.8	55.4	111.0	202.2	77.15
乙醇	1.63	5.85	18.0	47.0	108.3	218.5	78.3
丙酸甲酯	2.92	8.83	22.6	50.7	94.8	187.7	79.8
苯	3.53	9.96	24.1	51.8	100.5	179.2	80.1
环己烷	3.68	10.3	24.2	51.3	98.8	173.8	80.8
甲酸丙酯	2.85	8.52	21.8	48.6	97.9	179.0	81.1
正丙醇	0.45	1.93	6.69	19.6	50.1	112.4	97.2
正庚烷	1.53	4.73	12.3	27.9	56.9	106.0	98.4
丙酸乙酯	1.11	3.71	10.4	25.1	53.8	104.1	99.1
甲酸		4.41	11.0	25.0	53.1	100.4	100.5
丁酸甲酯	0.97	3.28	9.22	22.3	48.2	93.4	102.7
甲苯			7.88	18.6	38.6	77.0	110.8
醋酸		1.56	4.64	11.9	27.0	55.6	118.1
正辛烷	0.39	1.40	4.12	10.3	23.3	47.1	125.8
氯苯	0.33	1.17	3.47	8.73	19.3	39.0	132
乙苯	0.79	2.04	4.81	10.5	21.3	40.9	133.9
对二甲苯	1.11	2.19	4.53	9.41	18.9	36.1	138.3
间二甲苯	0.24	0.85	2.60	6.75	15.4	31.8	139.0
邻二甲苯	0.53	1.35	3.16	6.99	14.5	28.4	143.6
正丙苯	0.84	1.33	2.51	5.07	10.4	20.6	156.3
顺丁三烯酸				0.28	1.24	3.76	184.4
邻甲酚				0.48	1.53	4.21	190.1
间甲酚				0.24	0.85	2.55	200.5
对甲酚				0.23	0.83	2.44	201.1

附录5　官能团特征红外吸收频率

键	化合物类型	频率范围/cm^{-1}
	烃类	
C—H 伸缩振动	烷烃	2840～3000
	—CH_3	2872 和 2962(s)
	—CH_2	2853 和 2926
	—CH(3°)	2890(w)
	—CH_2 和—CH(环)	2990～3100
	烷基	2853～2962(m—s)
	烯烃	3010～3095(m)
	炔烃(RC≡CH)	3267～3333(s)
	芳烃	3000～3100
C—H 弯曲振动	烷烃	
	—CH_3	1375 和 1450
	—CH_2	1465 和 1150～1350
	—CH_2(直链≥7C)	720
	—$CH(CH_3)_2$	1365～1370,1380～1385 (s,d),和 919～922
	—$C(CH_3)_3$	1370(s),1385～1395(m)和 926～932(w)
	环己烷	1452
	环戊烷	1455
	环丙烷	1442
	烯烃	
	顺式二取代乙烯基	1416
	炔烃 RC≡CH,HC≡CH	 610～700(s,b)和 1220～1370(w,b)
C—H 面外弯曲振动	烯烃	650～1000(s)
	RCH═CH_2	905～915(s)和 985～995(s)
	R_2C═CH_2	885～895(s)
	RCH═CHR(顺式)	665～730(s)
	RCH═CHR(反式)	960～980(s)
	R_2C═CHR	790～840(m)
	烯烃═CH_2	850
	芳烃	675～900(s)
	单取代	690～710(s)和 730～770(s)
	邻二取代	735～770(s)

续表

键	化合物类型	频率范围/cm^{-1}
	间二取代	680～725(s)和750～810(s)
	对二取代	800～840(s)
C—H 面内弯曲振动	烯烃 $=CH_2$	1416
	芳烃	1000～1300
C═C 伸缩振动	烯烃	1620～1680(v)
	非共扼	1620～1680(m,w)
	$RCH=CH_2$	1638～1648
	$R_2C=CH_2$	1648～1658(m)
	$RCH=CHR$(顺)	1626～1662(v)
	$RCH=CHR$(反)	1668～1678(v)
	$R_2C=CHR$	1665～1675(m)
	$R_2C=CR_2$	1665～1675(w)
	$—CH=CF_2$	1754
	$—CF=CF_2$	1786
	环丙烯	1641
	环丁烯	1588
	α-取代环丁烯	1641
	共轭	1600和1650
	与芳环共轭	1625
	累积共轭	1900～2000
	芳烃	1400～1500和1585～1600
C≡C 伸缩振动	炔烃	2100～2260(w)
	对称	无吸收带
	$RC\equiv CH$	2100～2140
	$RC\equiv CR$(不对称)	2190～2260
	醇和酚	
O—H 伸缩振动	醇,酚(气相或极稀溶液)	3584～3650(s)
	醇,酚	3200～3550(b,s)
C—O 伸缩振动	醇	1000～1260(s)
	1°	
	α-不饱和/α-分支	<1050
	饱和	1050～1085
	2°	
	脂环族七元环或八元环,α-不饱和与α-分支,或双-α-不饱和	<1050
	脂环族五元环或六元环,α-不饱和	1050～1085
	饱和	1087～1124
	高度对称	1124～1205
	3°	
	高度α-不饱和	<1050
	α-不饱和或环状	1087～1124
	饱和	1124～1205

续表

键	化合物类型	频率范围/cm^{-1}
	酚	1180～1260 和 1330～1390
O—H 弯曲振动	醇	1330～1420
	1°,2°	1330 和 1420
	3°	1330～1420(1 个吸收带)
	醇、酚(液态)	650～769(b)
	醚、环氧化物和过氧化物	
C—O 伸缩振动	醚	
	脂肪醚	1085～1150(s,常在 1125 处)
	氧上带脂链的脂肪醚	1114～1170(t)
	芳基烷基醚	1020～1075 和 1200～1275
	乙烯基醚	1020～1075 和 1200～1225
	过氧化物	
	烷基、芳基过氧化物	1176～1198
	环氧化物	750～840,810～950 和 1250(各 1 个吸收带)
C═C 伸缩振动	醚	
	乙烯基醚	1610～1660(d)
C—H 伸缩振动	环氧化物	2990～3050
C═O 伸缩振动	过氧化物	
	芳基、芳酰基过氧化物	1754～1818(2 个吸收带)
	酮和醛	
C═O 伸缩振动	酮	1680～1750(s)
	饱和脂肪酮(纯组分)	1715(s)
	脂肪酮	1705～1720
	脂基芳基酮	1680～1700
	α,β-不饱和酮	1665～1680
	α,β-不饱和酮或芳酮	1666～1685(s)
	β-二酮	1580～1640(b,s)
	醌	
	两个 C═O 在一个环上	1655～1690(s)
	两个 C═O 在两个环上	1635～1655(s)
	α-氯代非环酮	1725 和 1745
	环己酮	1715(s)
	环戊酮	1751(s)
	环丁酮	1775(s)
	醛	1690～1740(s)
	脂族醛	1720～1740(s)
	α,β-不饱和醛	1680～1690(s)
	芳醛	1695～1715(s)
C═O 伸缩振动和弯曲振动	酮	1100～1300(m)
	脂族酮	1100～1230
O—H 伸缩振动	酮	

续表

键	化合物类型	频率范围/cm^{-1}
	烯醇式	2700～3000(b,弱)
C—H 伸缩振动	醛	2695～2830(常在 2720 处有 2 个中等吸收带)
	邻取代芳醛	2900
C—H 弯曲振动	醛	1390(w)
	羧酸和阴离子	
O—H 伸缩振动	羧酸	2500～3300(b,s,中心在 3000)
C═O 伸缩振动	羧酸	1710～1780(s)
	饱和脂肪酸单体	1760(s)
	二聚饱和脂肪酸	1706～1720(s)
	脂肪酸	1700～1725(s)
	α,β-不饱和脂肪酸	1690～1715(s)
	芳香酸	1680～1700(s)
	α,β-不饱和芳香酸	1680～1710(s)
	羧基阴离子	1550～1630
	羧酸阴离子	1550～1650(s)和 1400(w)
C—O 伸缩振动	羧酸	1210～1320
	二聚体	1280～1315
O—H 弯曲振动	羧酸	1395～1440(m)
	酯和内酯	
C═O 伸缩振动	酯	
	饱和脂肪族酯	1735～1750(s)
	甲酸酯、苯甲酸酯、α,β-不饱和酯	1715～1730(s)
	乙烯基酯	1776(s)
	苯基酯	1770(s)
	草酸酯、α-酮酸酯	1740～1755(s)
	β-酮酸酯	1650(s)
	脂肪族酯	1735～1750(s)
	芳香族酯	1715～1730(s)
	δ-内酯	
	饱和酯	1735～1750(s)
	α,β-不饱和酯	1750(s)
	β,δ-不饱和酯	1800(s)
	α-吡喃酮	1715～1775(2 个吸收带)
	τ-内酯	1760～1795
C—O 伸缩振动	酯	1000～1300
	除乙酸酯外的饱和酯	1163～1210(s)
	饱和醇的乙酸酯	1240
	乙酸乙烯基酯,乙酸苯酯	1140～1190
	α,β-不饱和酸酯	1160～1300
	芳香酸酯	1250～1310
	1°醇的酯	1031～1064
	2°醇的酯	1100

续表

键	化合物类型	频率范围/cm^{-1}
	1°醇的芳香酯	1111
	脂肪酸甲酯	1175(s),1205 和 1250(3 个吸收带)
	内酯	1111～1250
	酰卤	
C＝O 伸缩振动	非共轭酰氯	1785～1815(s)
	芳香酸酰氯	1770～1800(s)和 1735～1750(w)
	酰氯	1780～1850
	酰溴	1812
	酰氟	1869
	酸酐	
	酸酐	
	饱和非环酸酐	1750 和 1818
	共轭非环酸酐	1720 和 1775
	脂肪酸酐	1740～1790 和 1800～1850
	芳香酸酐	1730～1780 和 1780～1860
C—O 伸缩振动	酸酐	
	非共轭直链酸酐	1047(s)
	环状酸酐	909～952 和 1176～1299
	乙酸酐	1125
	酰胺	
N—H 伸缩振动	酰胺	
	1°(稀溶液)	3400(m)和 3520(m)
	(固体样品)	3180 和 3350
	2°(稀溶液)	3400～3500
	(浓溶液)	3060～3330
	内酰胺	3200(s)
C＝O 伸缩振动	酰胺	1630～1690(s)
	1°(固体样品)	1650(s)
	(稀溶液)	1690(s)
	2°(固体样品)	1640
	(稀溶液)	1680
	N-苯基酰胺	1700
	3°	1630～1680
	内酰胺(≥6C)	1650
	τ-内酰胺	1700～1750
	β-内酰胺	1730～1760
N—H 弯曲振动	酰胺	1515～1650 和 666～800(b,m)
	1°	
	研磨压片	1620～1655
	稀溶液	1590～1620
	2°非环酰胺	
	固体样品	1515～1570
	稀溶液	1510～1550

续表

键	化合物类型	频率范围/cm^{-1}
	内酰胺	700～800(b)
C—N 伸缩振动	1°酰胺	1400
	胺及铵盐	
N—H 伸缩振动	胺	3300～3500(m)
	1°	3300～3500(2 个吸收带)
	稀溶液	3400(w)和 3500(w)(2 个吸收带)
	脂肪族	3250～3330 和 3330～3400
	2°	3310～3350(w)(1 个吸收带)
	3°	3300～3500(无吸收带)
	铵盐	
	铵	3030～3300(b,s)和 1709～2000
	1°	2800～3000(b,s)和 2000～2800(m)
	2°	2700～3000(s)和 2000(m)
	3°	2250～2700
	4°	无吸收带
N—H 弯曲振动	胺	
	1°	1580～1650(m 或 s)
	2°脂肪胺	未测定
	芳香胺	1515
	1°,2°(液体样品)	666～909
	铵盐	
	铵	1429(b;s)
	1°	1504～1550 和 1575～1600
	2°	1560～1620
C—N 伸缩振动	胺	
	1°,2°或 3°脂肪胺	1020～1250(m,w)
	1°芳胺	1250～1340(s)
	2°芳胺	1280～1350(s)
	3°芳胺	1310～1360(s)
	氨基酸和氨基酸盐	
N—H 伸缩振动	1°游离氨基酸	2600～3100(b,s)
	氨基酸盐酸盐	2380～3333(s)
	氨基酸钠盐	3200～3400
N—H 弯曲振动	1°游离氨基酸	1485～1550(s),1610～1660(w)和 2000～2222(m)
	氨基酸盐酸盐	1481～1550(s)和 1590～1610(w)
C═O 伸缩振动	1°游离氨基酸	1590～1600(s)和 1400(w)
	氨基酸钠盐	1590～1600(s)和 1400(w)
O—C═O 伸缩振动	氨基酸盐酸盐	1190～1220(s)
C≡O 伸缩振动	α-氨基酸盐酸盐	1730～1755(s)
	其他氨基酸盐酸盐	1700～1730(s)
O—H 伸缩振动	氨基酸盐酸盐	2380～3333(s)

续表

键	化合物类型	频率范围/cm^{-1}
含有 C≡N,C=N,—N=C=O,—N=C=S 基团的化合物		
C≡N 伸缩振动	腈	2220～2260(m)
	脂肪族腈	2240～2260
	芳香族腈、共轭腈	2222～2240
	异氰化物、异氰酸酯、硫氰酸酯、异硫氰酸酯	2000～2273
	亚胺、肟、噻唑、碳酸亚胺、胍	1471～1689
具有氮-氧键的化合物		
N=O 伸缩振动	硝基化合物	1259～1389 和 1499～1661(s)
	硝基烷烃	1372 和 1550
	共轭脂肪族硝基化合物、芳香族硝基化合物	1290～1360 和 1500～1550
N—O 伸缩振动	硝酸酯	1255～1300(s)和 1625～1660(s)
	亚硝酸酯	750～850(s)
N=O 伸缩振动	硝酸酯	833～870
	亚硝酸酯	
	顺式异构体	1610～1625(s)
	反式异构体	1650～1680(s)
	亚硝基化合物	
	单体、叔亚硝基化合物脂肪族亚硝基化合物	1539～1585
	芳香族亚硝基化合物	1495～1511
N=O 弯曲振动	硝酸酯	690～763
C—N 伸缩振动	硝基芳香族化合物	870
有机卤化物		
C—X 伸缩振动	有机氯化物	
	脂肪族氯化物	550～850(s)
	芳基氯化物	1089～1096(s)
	有机溴化物	515～690(s)
	有机碘化物	500～600(s)
	有机氟化物	730～1400(s)
	单氟代烃	1000～1100(s)
	$—CF_2—$,$—CF_3$	1120～1350(s)
	芳基氟化物	1100～1250(s)
有机硫化合物		
S—H 键振动	脂肪族硫醇	
	硫酚	2550～2600(w)
	硫酮	2415(b)
C—S 伸缩振动	硫醚	600～700(w)
S—S 伸缩振动	二硫醚	400～500(w)
C=S 伸缩振动	硫代羰基	1020～1250
	硫代二苯甲酮	1207～1224

续表

键	化合物类型	频率范围/cm^{-1}
	含硫氧键的化合物	
S═O 伸缩振动	有机亚砜	1030～1070(s)
	砜	1120～1160(s)和 1300～1350(s)
	磺酰氯	1177～1204(s)和 1380～1410(s)
	磺酰胺	1155～1170(s)和 1335～1370(s)
	共价磺酸酯	1168～1195(s)和 1335～1372(d s)
	有机硫酸酯	1185～1200(s)和 1380～1415(s)
	磺酸	1150～1165(s)和 1342～1350(s)
	磺酸盐	1055(s)和 1175(s)
N—H 伸缩振动	磺酰胺	
	1°	3247～3300(s)和 3330～3390(s)
	2°	3265(s)
	有机硅化合物	
Si—H 伸缩振动		2200
Si—H 弯曲振动		800～950
SiO—H 伸缩振动		3200～3700
Si—O 伸缩振动		830～1110(s)
Si—X 伸缩振动	Si—F	800～1000
	Si—Cl	低于 666
	有机磷化合物	
P═O 伸缩振动	氧化膦	
	脂肪族氧化膦	1150
	芳香族氧化膦	1190
	磷酸酯	1250～1299
P—O 伸缩振动	P—OH 键	910～1040
	P—O—P 键	700(w),870～1000(s)
	P—O—C 键	
	脂肪族 P—O—C 键	770～830(s),970～1050(s)
	芳香族 P—O—C 键	855～994(s),1160～1260(s)
	芳香杂环化合物	
C—H 伸缩振动	吡啶、吡嗪、吡咯、呋喃、噻吩	3003～3077
N—H 伸缩振动	芳杂环	3220～3500
	吡咯、吲哚	
	稀溶液	3495
	浓溶液	3400
环伸编振动	芳杂环	1300～1600
C—H 面外弯曲振动	吡啶	
	2-取代	746～752 和 740～781
	3-取代	712～715 和 789～810
	4-取代	709～775 和 794～820
	呋喃	
	2-取代	
	—$CHCl_3$ 取代	780～835,884 和 925

续表

键	化合物类型	频率范围/cm^{-1}
	液体样品	725～780,875～890 和 915～960
	固体样品	723～750 和 793～821,860～887 和 906～955
	3-取代(液体样品)	741 和 870～885
	噻吩	
	2-取代($CHCl_3$)	803～843,853 和 925
	3-取代(液体样品)	755
	吡咯	
	2-芳基吡咯	755 和 740～774

注：表中缩写字母说明：s—强，m—中，w—弱，d—二重谱带，b—宽，v—可变，t—三重谱带。

参考文献

Silverstein R M, Webster F X. Spectrometric Identification of Organic Compounds. 6th ed. Wiley, New York: 1998; Solomons T W G, Fryhle C, Organic Chemistry. 7th ed. New York: Wiley, 2001

附录6 典型有机官能团^1H NMR的化学位移值

一些有机化合物中甲基的^1H NMR的化学位移 δ

化合物	δ	化合物	δ
CH_3NO_2	4.3	$C_6H_5CHCH_3$	1.2
CH_3F	4.3	CH_3CH_2OH	1.2
$(CH_3)_2SO_4$	3.9	$(CH_3CH_2)_2O$	1.2
$C_6H_5COOCH_3$	3.9	$CH_3(CH_2)_3Cl(Br,I)$	1.0
$C_6H_5—O—CH_3$	3.7	$CH_3(CH_2)_4CH_3$	0.9
CH_3COOCH_3	3.6	$(CH_3)_3CH$	0.9
CH_3OH	3.4	$EtOCOC(CH_3)=CH_2$	5.5
$(CH_3)_2O$	3.2	CH_2Cl_2	5.3
CH_3Cl	3.0	CH_2Br_2	4.9
$C_6H_5N(CH_3)_2$	2.9	$(CH_3)_2C=CH_2$	4.6
$(CH_3)_2NCHO$	2.8	$CH_3COO(CH_3)C=CH_2$	4.6
CH_3Br	2.7	$C_6H_5CH_2Cl$	4.5
CH_3COCl	2.7	$(CH_3O)_2CH_2$	4.5
CH_3SCN	2.6	$C_6H_5CH_2OH$	4.4
$C_6H_5COCH_3$	2.6	$CF_3COCH_2C_3H_7$	4.3
$(CH_3)_2SO$	2.5	$Et_2C(COOCH_2CH_3)_2$	4.1
$C_6H_5CH=CHCOCH_3$	2.3	$HC\equiv C—CH_2Cl$	4.1
$C_6H_5CH_3$	2.3	$CH_3COOCH_2CH_3$	4.0
$(CH_3CO)_2O$	2.2	$CH_2=CHCH_2Br$	3.8
$C_6H_5OCOCH_3$	2.2	$HC\equiv C—CH_2Br$	3.8
$C_6H_5CH_2N(CH_3)_2$	2.2	$BrCH_2COOCH_3$	3.7
CH_3CHO	2.2	CH_3CH_2NCS	3.6
CH_3I	2.2	CH_3CH_2OH	3.6
$(CH_3)_3N$	2.1	C_6H_5CHO	10.0
$CH_3CON(CH_3)_2$	2.1	4-ClC_6H_4CHO	9.9
$(CH_3)_2S$	2.1	4-$CH_3OC_6H_4CHO$	9.8
$CH_2=C(CN)CH_3$	2.0	CH_3CHO	9.7
CH_3COOCH_3	2.0	吡啶	8.5
CH_3CN	2.0	1,4-$C_6H_4(NO_2)_2$	8.4
CH_3CH_2I	1.9	$C_6H_5CH=CHCOCH_3$	7.9
$CH_2=CH—C(CH_3)=CH_2$	1.8	C_6H_5CHO	7.6
$(CH_3)_2C=CH_2$	1.7	呋喃(α-H)	7.4
CH_3CH_2Br	1.7	萘(β-H)	7.4
$C_6H_5C(CH_3)_3$	1.3	1,4-$C_6H_4I_2$	7.4
$C_6H_5CH(CH_3)_2$	1.2	1,4-$C_6H_4Br_2$	7.3
$(CH_3)_3COH$	1.2	1,4-$C_6H_4Cl_2$	7.2

续表

化 合 物	δ	化 合 物	δ
C_6H_6	7.3	$CH_3(CH_2)_4CH_3$	1.4
C_6H_5Br	7.3	环丙烷	0.2
$CH_3CH_2CH_2Cl$	3.5	C_6H_5Cl	7.2
$(CH_3CH_2)_4N^+I^-$	3.4	$CHCl_3$	7.2
CH_3CH_2Br	3.4	$CHBr_3$	6.8
$C_6H_5CH_2N(CH_3)_2$	3.3	对苯醌	6.8
$CH_3CH_2SO_2F$	3.3	$C_6H_5NH_2$	6.6
CH_3CH_2I	3.1	呋喃(β-H)	6.3
$C_6H_5CH_2CH_3$	2.6	$CH_3CH=CHCOCH_3$	5.8
CH_3CH_2SH	2.4	环己烯(烯 H)	5.6
$(CH_3CH_2)_3N$	2.4	$(CH_3)_2C=CHCH_3$	5.2
$(CH_3CH_2)_2CO$	2.4	$(CH_3)_2CHNO_2$	4.4
$BrCH_2CH_2CH_2Br$	2.4	环戊基溴(C_1—H)	4.4
环戊酮(α-CH_2)	2.0	$(CH_3)_2CHBr$	4.2
环己酮(α-CH_2)	2.0	$(CH_3)_2CHCl$	4.1
环戊烷	1.5	$C_6H_5C\equiv C—H$	2.9
环己烷	1.4	$(CH_3)_3C—H$	1.6

附录7　常用酸碱溶液的相对密度及组成

盐　　酸

HCl 质量分数 /%	相对密度 (d_4^{20})	100mL 水溶液中含 HCl 的质量 /g	HCl 质量分数 /%	相对密度 (d_4^{20})	100mL 水溶液中含 HCl 的质量 /g
1	1.0032	1.003	22	1.1083	24.38
2	1.0082	2.006	24	1.1187	26.85
4	1.0181	4.007	26	1.1290	29.35
6	1.0279	6.167	28	1.1392	31.90
8	1.0376	8.301	30	1.1492	34.48
10	1.0474	10.47	32	1.1593	37.10
12	1.0574	12.69	34	1.1691	39.75
14	1.0675	14.95	36	1.1789	42.44
16	1.0776	17.24	38	1.1885	45.16
18	1.0878	19.58	40	1.1980	47.92
20	1.0980	21.96			

硫　　酸

H_2SO_4 质量分数 /%	相对密度 (d_4^{20})	100mL 水溶液中含 H_2SO_4 的质量 /g	H_2SO_4 质量分数 /%	相对密度 (d_4^{20})	100mL 水溶液中含 H_2SO_4 的质量 /g
1	1.0051	1.005	65	1.5533	101.0
2	1.0118	2.024	70	1.6105	112.7
3	1.0184	3.055	75	1.6692	125.2
4	1.0250	4.100	80	1.7272	138.2
5	1.0317	5.159	85	1.7786	151.2
10	1.0661	10.66	90	1.8144	163.3
15	1.1020	16.53	91	1.8195	165.6
20	1.1394	22.79	92	1.8240	167.8
25	1.1783	29.46	93	1.8279	170.2
30	1.2185	36.56	94	1.8312	172.1
35	1.2599	44.10	95	1.8337	174.2
40	1.3028	52.11	96	1.8355	176.2
45	1.3476	60.64	97	1.8364	178.1
50	1.3951	69.76	98	1.8361	179.9
55	1.4453	79.49	99	1.8342	181.6
60	1.4983	89.90	100	1.8305	183.1

硝　酸

HNO_3 质量分数 /%	相对密度 (d_4^{20})	100mL 水溶液中含 HNO_3 的质量 /g	HNO_3 质量分数 /%	相对密度 (d_4^{20})	100mL 水溶液中含 HNO_3 的质量 /g
1	1.0036	1.004	65	1.3913	90.43
2	1.0091	2.018	70	1.4134	98.94
3	1.0146	3.044	75	1.4337	107.5
4	1.0201	4.080	80	1.4521	116.2
5	1.0256	5.128	85	1.4686	124.8
10	1.0543	10.54	90	1.4826	133.4
15	1.0842	16.26	91	1.4850	135.1
20	1.1150	22.30	92	1.4873	136.8
25	1.1469	28.67	93	1.4892	138.5
30	1.1800	35.40	94	1.4912	140.2
35	1.2140	42.49	95	1.4932	141.9
40	1.2463	49.85	96	1.4952	143.5
45	1.2783	57.52	97	1.4974	145.2
50	1.3100	65.50	98	1.5008	147.1
55	1.3393	73.66	99	1.5056	149.1
60	1.3667	82.00	100	1.5129	151.3

醋　酸

CH_3COOH 质量分数 /%	相对密度 (d_4^{20})	100mL 水溶液中含 CH_3COOH 的质量 /g	CH_3COOH 质量分数 /%	相对密度 (d_4^{20})	100mL 水溶液中含 CH_3COOH 的质量 /g
1	0.9996	0.9996	65	1.0666	69.33
2	1.0012	2.002	70	1.0685	74.88
3	1.0025	3.008	75	1.0696	80.22
4	1.0040	4.016	80	1.0700	85.60
5	1.0055	5.028	85	1.0689	90.86
10	1.0125	10.13	90	1.0661	95.95
15	1.0195	15.29	91	1.0652	96.93
20	1.0263	20.53	92	1.0643	97.92
25	1.0326	25.82	93	1.0632	98.88
30	1.0384	31.15	94	1.0619	99.82
35	1.0438	36.53	95	1.0605	100.7
40	1.0488	41.95	96	1.0588	101.6
45	1.0534	47.40	97	1.0570	102.5
50	1.0575	52.88	98	1.0549	103.4
55	1.0611	58.36	99	1.0524	104.2
60	1.0642	63.85	100	1.0498	105.0

氢 溴 酸

HBr 质量分数 /%	相对密度 (d_4^{20})	100mL 水溶液中含 HBr 的质量 /g	HBr 质量分数 /%	相对密度 (d_4^{20})	100mL 水溶液中含 HBr 的质量 /g
10	1.0723	10.7	45	1.4446	65.0
20	1.1579	23.2	50	1.5173	75.8
30	1.2580	37.7	55	1.5953	87.7
35	1.3150	46.0	60	1.6787	100.7
40	1.3772	56.1	65	1.7675	114.9

氢 碘 酸

HI 质量分数 /%	相对密度 (d_4^{20})	100mL 水溶液中含 HI 的质量 /g	HI 质量分数 /%	相对密度 (d_4^{20})	100mL 水溶液中含 HI 的质量 /g
20.77	1.1578	24.4	56.78	1.6998	96.6
31.77	1.2962	41.2	61.97	1.8218	112.8
42.7	1.4489	61.9			

氢 氧 化 钠

NaOH 质量分数 /%	相对密度 (d_4^{20})	100mL 水溶液中含 NaOH 的质量 /g	NaOH 质量分数 /%	相对密度 (d_4^{20})	100mL 水溶液中含 NaOH 的质量 /g
1	1.0095	1.010	26	1.2848	33.40
2	1.0207	2.041	28	1.3064	36.58
4	1.0428	4.171	30	1.3279	39.84
6	1.0648	6.389	32	1.3490	43.17
8	1.0869	8.695	34	1.3696	46.57
10	1.1089	11.09	36	1.3900	50.04
12	1.1309	13.57	38	1.4101	53.58
14	1.1530	16.14	40	1.4300	57.20
16	1.1751	18.80	42	1.4494	60.87
18	1.1972	21.55	44	1.4685	64.61
20	1.2191	24.38	46	1.4873	68.42
22	1.2411	27.30	48	1.5065	72.31
24	1.2629	30.31	50	1.5253	76.27

氢 氧 化 钾

KOH 质量分数 /%	相对密度 (d_4^{20})	100mL 水溶液中含 KOH 的质量 /g	KOH 质量分数 /%	相对密度 (d_4^{20})	100mL 水溶液中含 KOH 的质量 /g
1	1.0083	1.008	10	1.0918	10.92
2	1.0175	2.035	12	1.1108	13.33
4	1.0359	4.144	14	1.1299	15.82
6	1.0554	6.326	16	1.1493	19.70
8	1.0730	8.584	18	1.1588	21.04

续表

KOH质量分数/%	相对密度(d_4^{20})	100mL水溶液中含KOH的质量/g	KOH质量分数/%	相对密度(d_4^{20})	100mL水溶液中含KOH的质量/g
20	1.1884	23.77	38	1.3769	52.32
22	1.208	26.58	40	1.3991	55.96
24	1.2285	29.48	42	1.4215	59.70
26	1.2489	32.47	44	1.4443	63.55
28	1.2695	35.55	46	1.4673	67.50
30	1.2905	38.72	48	1.4907	71.55
32	1.3117	41.97	50	1.5143	75.72
34	1.3331	45.33	52	1.5382	79.99
36	1.3549	48.78			

氢氧化钠

NaOH质量分数/%	相对密度(d_4^{20})	100mL水溶液中含NaOH的质量/g	NaOH质量分数/%	相对密度(d_4^{20})	100mL水溶液中含NaOH的质量/g
1	1.0095	1.010	26	1.2848	33.40
2	1.0207	2.041	28	1.3064	36.58
4	1.0428	4.171	30	1.3279	39.84
6	1.0648	6.389	32	1.3490	43.17
8	1.0869	8.695	34	1.3696	46.57
10	1.1089	11.09	36	1.3900	50.04
12	1.1309	13.57	38	1.4101	53.58
14	1.1530	16.14	40	1.4300	57.20
16	1.1751	18.80	42	1.4494	60.87
18	1.1972	21.55	44	1.4685	64.61
20	1.2191	24.38	46	1.4873	68.42
22	1.2411	27.30	48	1.5065	72.31
24	1.2629	30.31	50	1.5253	76.27

碳酸钠

Na_2CO_3质量分数/%	相对密度(d_4^{20})	100mL水溶液中含Na_2CO_3的质量/g	Na_2CO_3质量分数/%	相对密度(d_4^{20})	100mL水溶液中含Na_2CO_3的质量/g
1	1.0086	1.009	12	1.1244	13.49
2	1.0190	2.038	14	1.1463	16.05
4	1.0398	4.159	16	1.1682	18.50
6	1.0606	6.364	18	1.1905	21.33
8	1.0816	8.653	20	1.2132	24.26
10	1.1029	11.03			

主要参考文献

1 李兆龙，阴金香，林天舒编. 有机化学实验. 北京：清华大学出版社，2001

2 兰州大学、复旦大学化学系有机化学教研室编. 有机化学实验. 第 2 版. 北京：高等教育出版社，1994

3 关烨第，李翠娟，葛树丰修订. 北京大学化学学院有机化学研究所编. 有机化学实验. 北京：北京大学出版社，2002

4 李霁良主编. 微型半微型有机化学实验. 北京：高等教育出版社，2003

5 徐家宁，张锁秦，张寒琦编. 基础化学实验(中册)，有机化学实验. 北京：高等教育出版社，2006

6 黄涛主编. 有机化学实验. 第 2 版. 北京：高等教育出版社，1999

7 王福来编著. 有机化学实验. 武汉：武汉大学出版社，2001

8 奚关根，赵长安，高建宝编著. 有机化学实验. 上海：华东理工大学出版社，1999

9 周宁怀，王德琳主编. 微型有机化学实验. 北京：科学出版社，1999

10 王尊本主编. 综合化学实验. 北京：科学出版社，2003

11 浙江大学，南京大学，北京大学，兰州大学主编. 综合化学实验. 北京：高等教育出版社，2001

12 邢其毅，徐瑞秋，周政，裴伟伟编. 基础有机化学. 第 2 版. 北京：高等教育出版社，1994

13 宁永成. 有机化合物结构鉴定与有机波谱学. 北京：清华大学出版社，1989

14 Ralph L Shriner，Christine K F Hermann，Terence C Morill 等. 有机化合物系统鉴定手册. 原著第 8 版. 张书圣，温永红，丁彩凤等译. 北京：化学工业出版社，2007

15 林爱光，阴金香编著. 化学工程基础. 第 2 版. 北京：清华大学出版社，2008

16 沈雯霞编. 物理化学核心教程. 北京：科学出版社，2004

17 K Peter C Vollhardt，Neil E Schore. 有机化学结构与功能. 原著第 4 版. 戴立信，席振峰，王梅祥等译. 北京：化学工业出版社，2006

18 陈立功，张卫红，冯亚青合编. 精细化学品的现代分离与分析. 北京：化学工业出版社，2000

19 道格西·哈奇森. 绿色有机化学——理念和实验. 任玉杰译，荣国斌校. 上海：华东理工大学出版社，2006

20 John C Gilbert，Stephen F Martin. Experimental Organic Chemistry：A Miniscale and Microscale Approach. New York：Brooks/Cole，2005

21 Bell C E，Clark A K，et al. Organic Chemistry Laboratory Standard & Microscale Experiments. 2nd Ed. New York：Saunders College Publishing，1997

22 Williamson K L. Macroscale and Microscale Organic Experiments. 3rd edition. Boston：Houghton Mifflin Co.，1999

23 Gilbert J C，et al. Experimental Organic Chemistry：A Miniscale and Microscale Approach. 3rd edition. New York：Brooks/Cole，2001

24 Mohrig J R，Hammond C N，Morrill T C，et al. Experimental Organic Chemistry：A Balanced Approach，Macroscale and Microscale. New York：W H Freeman，1998